全国本科院校机械类创新型应用人才培养规划教材

机械工程实训

主　编　侯书林　张　炜　杜新宇

副主编　马世榜　于文强　张建国

郭宏亮　侯艳君　刘　亮

北京大学出版社
PEKING UNIVERSITY PRESS

内容简介

本书是根据教育部2007年制定的机械类专业《高等工业学校金工实习教学基本要求》，由北京大学出版社组织国内多所院校经验丰富的一线教师结合各自学校近年来教学改革成果编写而成的。本书丰富了实训内容，强化了技能训练，增加了综合技能训练课题及实践中常见问题解析，便于学生理解与掌握。

全书内容包括绪论，金属材料与热处理，铸造，锻压，焊接，金属切削的基础与常用计量器具，钳工，车削加工，铣削加工，磨削加工，刨、拉、镗削加工，典型表面成型工艺，数控加工和特种加工技术。每章附有适量的复习思考题。

本书可作为高等工科院校、农林院校等机械类、近机类各专业的实训教材和参考书，也可供机械制造工程技术人员学习参考。

图书在版编目(CIP)数据

机械工程实训/侯书林，张炜，杜新宇主编. —北京：北京大学出版社，2015. 10
(全国本科院校机械类创新型应用人才培养规划教材)
ISBN 978-7-301-26114-9

Ⅰ. ①机… Ⅱ. ①侯…②张…③杜… Ⅲ. ①机械工程—高等学校—教材 Ⅳ. ①TH

中国版本图书馆CIP数据核字(2015)第171417号

书　　名　机械工程实训
Jixie Gongcheng Shixun
著作责任者　侯书林　张　炜　杜新宇　主编
策划编辑　童君鑫
责任编辑　黄红珍
标准书号　ISBN 978-7-301-26114-9
出版发行　北京大学出版社
地　　址　北京市海淀区成府路205号　100871
网　　址　http://www.pup.cn　新浪微博：@北京大学出版社
电子信箱　pup_6@163.com
电　　话　邮购部62752015　发行部62750672　编辑部62750667
印 刷 者　北京虎彩文化传播有限公司
经 销 者　新华书店
787毫米×1092毫米　16开本　24印张　572千字
2015年10月第1版　2021年9月第2次印刷
定　　价　52.00元

前　言

机械工程实训是高等工科院校教学中的一门重要的实践性技术基础课。该课程将为后续相关工程类课程的学习打下重要的基础。

近年来，随着社会对工科院校学生工程实践能力创新意识培养要求的提高，各个学校对机械工程实训教学进行了改革，对工程实训基地进行了建设和投入；加工工程技术的发展，新材料、新设备、新技术、新工艺大量涌现，急需对现行使用的教材进行更新补充和完善。

我们在总结各个学校近年来对机械工程实训教学改革的成功经验和基地建设的新成果基础上，参考教育部制定的《高等工业学校金工实习教学基本要求》完成了本实训教材的编写。本书在内容安排上，既有传统内容，又增加了大量代表先进制造技术的内容，而且丰富了实训内容，强化了技能训练，增加了综合技能训练课题及实践中常见问题解析，便于学生理解与掌握。全书内容包括绪论，金属材料与热处理，铸造，锻压，焊接，金属切削的基础与常用计量器具，钳工，车削加工，铣削加工，磨削加工，刨、拉、镗削加工，典型表面成型工艺，数控加工和特种加工技术。在教材插图处理方面，我们考虑到参加实习学生识图能力的限制，尽可能使用三维图，以方便学生识读。每章附有适量的复习思考题。

本书专业覆盖面宽，故内容的取舍有一定的伸缩性，以适应不同专业、不同学时的教学需求，从而启发学生的思维，提高学习兴趣。

参加本书编写的有中国农业大学侯书林，华北水利水电大学侯艳君（第 1 章），南阳师范学院马世榜（绪论，第 2、4 章，第 12 章 12.3～12.5 节，第 13 章），解放军军械工程学院刘亮（第 3 章），南阳理工学院魏飞（第 5 章）和杜新宇（第 6、7 章），甘肃农业大学张炜（第 8 章），山东理工大学于文强（第 9、10 章），晋中学院张建国（第 11 章），聊城大学郭宏亮（第 12 章 12.1、12.2 节）。全书由侯书林负责组织编写，侯书林、张炜、杜新宇担任主编，马世榜、于文强、张建国、郭宏亮、侯艳君、刘亮担任副主编。全书由南阳理工学院张林海老师统稿。

本书可作为高等工科院校、高等农林院校等机械类及近机类各专业的教材和参考书，也可供高职类工科院校选用及机械制造工程技术人员学习参考。

在本书的编写过程中，我们参考和引用了一些教材中的部分内容和插图，所用参考文献均已列于书后，在此对作者和相关出版社表示衷心感谢；同时得到了各参编院校及北京大学出版社的大力支持，在此一并表示由衷的谢意。

由于编者水平有限，书中不妥之处在所难免，我们衷心希望广大读者批评指正。

编　者

2015 年 6 月

目　　录

绪　论

机械制造业是整个工业的基础和重要组成部分，自第一次工业革命以来，机械制造业的水平就是衡量一个国家经济发展水平的重要标志。现代化的生产手段，无论在工业、农业或交通运输业，都是以机械化和自动化为标志的。而自动化也要以机械化为基础。机械是进行一切现代生产的基本手段。因此，传授机械制造基本知识和基本技能的机械工程实训，就成为绝大多数工科专业及部分理科专业大学生的必修课。对于机械类各专业学生，机械工程实训还是学习其他有关技术基础课程和专业课程的重要先修课。其中，机械工程实训与工程材料和机械制造基础（即机械制造基础及机械制造技术基础）课程有着特殊的关系，机械工程实训既是机械制造基础课程的必要先修课，又是它的实践环节和重要组成部分。

理工科大学培养的学生应具有工程技术人员的全面素质，即不仅具有优秀的思想品质、扎实的理论基础和专业知识，而且要有解决实际工程技术问题的能力。机械工程实训是一门实践性很强的技术基础课程，是对大学生进行工程训练，建立工程概念，提高综合素质，增强实践技能，掌握工艺知识，培养创新意识和创新能力的一个重要环节，所以机械工程实训是理工科大学一个很重要的教学环节，在培养学生的过程中具有重要的作用。

本课程的任务如下：

(1) 了解机械制造的一般过程。熟悉机械零件的常用加工方法及其所用主要设备的工作原理及典型结构、工夹量具的使用和安全操作技术。了解机械制造工艺知识和一些新工艺、新技术在机械制造中的应用。

(2) 初步对简单零件具有选择加工方法和进行工艺分析的能力。在主要工种上应具有独立完成简单零件加工制造的实践能力。

(3) 培养学生的动手能力与工程素质，训练学生形象思维能力和观察、分析、解决实际问题的能力。

(4) 在劳动观点、质量和经济观念、理论联系实际和科学作风等工程技术人员应具有的基本素质方面受到培养和锻炼。

第1章 金属材料与热处理

教学提示：金属材料是目前应用最广泛的材料。为了便于材料的生产、应用与管理，也为了便于材料的研究与开发，有必要了解其性能、晶体结构、相图、热处理方式、钢材的鉴别等。

教学要求：了解金属的晶体结构、金属的力学性能及测试、钢的热处理方法、金属材料的鉴别方法。重点掌握硬度测试、金相组织观察，钢的热处理方法及钢的火花鉴别方法。

1.1 金属材料基础知识

1.1.1 金属的晶体结构

一切物质都是由原子组成的，根据原子在物质内部排列的特征，固态物质可分为晶体与非晶体两类。晶体内部原子在空间呈一定的有规则排列，如金刚石、石墨、雪花、食盐等。晶体具有固定熔点和各向异性的特征。非晶体内部原子是无规则堆积在一起的，如玻璃、松香、沥青、石蜡、木材、棉花等。非晶体没有固定熔点，并具有各向同性。

金属在固态下通常都是晶体，在自然界中包括金属在内的绝大多数固体都是晶体。晶体之所以具有这种规则的原子排列，主要是由于各原子之间的相互吸引力和排斥力相平衡的结果。由于晶体内部原子排列的规律性，有时甚至可以见到某些物质的外形也具有规则的轮廓，如水晶、食盐、钻石、雪花等，而金属晶体一般看不到有这种规则的外形。晶体中原子排列情况如图 1.1(a)所示。

为了便于描述晶体中原子的排列规律，把每一个原子的核心视为一个几何点，用直线按一定的规律把这些几何点连接起来，形成空间格子，把这种假想的格子称为晶格，如图 1.1(b)所示。晶格所包含的原子数量相当多，不便于研究分析，将能够代表原子排列规律的最小单元体划分出来，这种最小的单元体称为晶胞，如图 1.1(c)所示。晶胞的大小和形状常以晶胞的棱边长度 a、b、c 和棱边间夹角 α、β、γ 来表示，其中 a、b、c 称作晶格常数。通过分析晶胞的结构可以了解金属的原子排列规律，判断金属的某些性能。

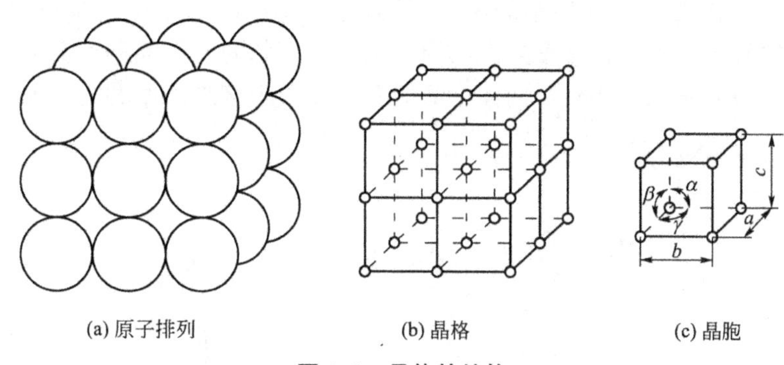

(a) 原子排列　　(b) 晶格　　(c) 晶胞

图 1.1　晶体的结构

金属的晶格类型有很多，纯金属常见的晶体结构主要为体心立方、面心立方及密排六方三种类型。

1. 体心立方晶格

体心立方晶格的晶胞如图 1.2 所示。其晶胞是一个正立方体，晶胞的 3 个棱边长度 $a=b=c$，晶胞棱边夹角 $\alpha=\beta=\gamma=90°$，其晶格常数通常只用一个晶格常数 a 表示即可。在体心立方晶胞的每个角上和晶胞中心都排列有一个原子。体心立方晶胞的每个角上的原子为相邻的 8 个晶胞所共有。体心立方晶胞中属于单个晶胞的原子数为$\frac{1}{8}\times8+1=2$个。

属于这种类型的金属有 Cr、Mo、W、V、α-Fe 等。它们大多具有较高的强度和韧性。

2. 面心立方晶格

面心立方晶格的晶胞如图 1.3 所示。其晶胞也是一个正立方体，晶胞的 3 个棱边长度 $a=b=c$，晶胞棱边夹角 $\alpha=\beta=\gamma=90°$，其晶格常数也只用一个晶格常数 a 表示。在面心立方晶胞的每个角上和立方体 6 个面的中心都排列有一个原子。面心立方晶胞的每个角上的原子为相邻的 8 个晶胞所共有，而每个面中心的原子为相邻的两个晶胞所共有。面心立方晶胞中属于单个晶胞的原子数为$\frac{1}{8}\times8+\frac{1}{2}\times6=4$个。

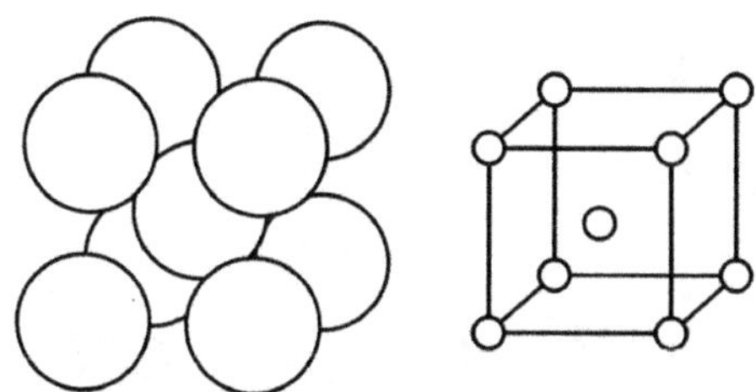

图 1.2　体心立方晶格的晶胞示意图

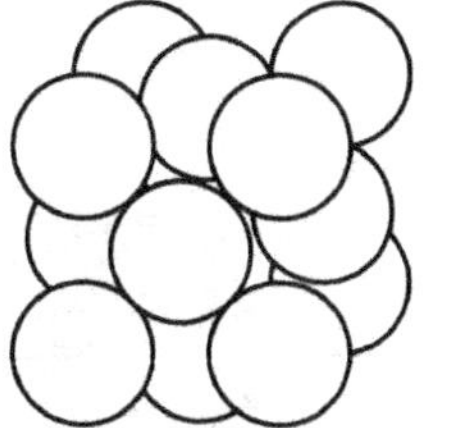
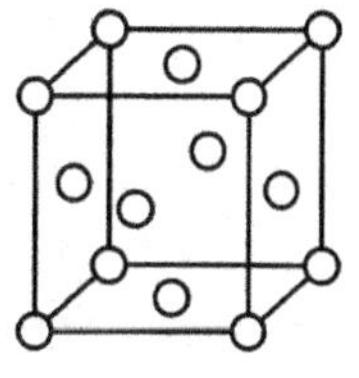

图 1.3　面心立方晶格的晶胞示意图

属于这种类型的金属有 Al、Cu、Ni、γ-Fe 等，它们大多具有较高的塑性。

3. 密排六方晶格

密排六方晶格的晶胞如图 1.4 所示。其晶胞是一个正六棱柱体，晶胞的 3 个棱边长度 $a=b\neq c$，晶胞棱边夹角 $\alpha=\beta=90°$、$\gamma=120°$，其晶格常数用正六边形底面的边长 a 和晶

胞的高度 c 表示。在密排六方晶胞的两个底面的中心处和 12 个角上都排列有一个原子，柱体内部还包含着 3 个原子。每个角上的原子同时为相邻的 6 个晶胞所共有，面中心的原子同时为相邻的两个晶胞所共有，而体中心的 3 个原子为该晶胞所独有。密排六方晶胞中属于单个晶胞的原子数为 $\frac{1}{6}\times12+\frac{1}{2}\times2+3=6$ 个。

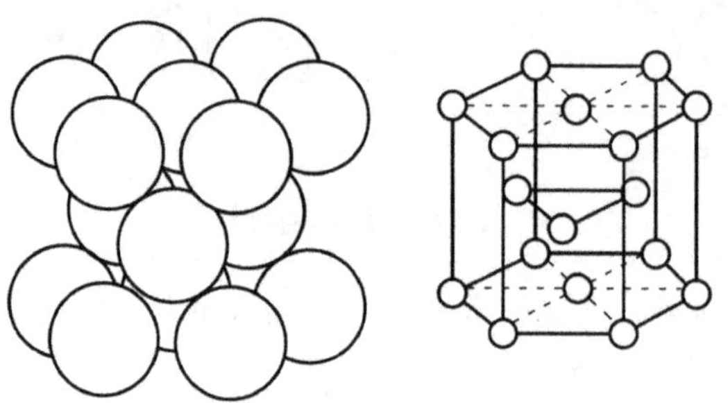

图 1.4　密排六方晶格的晶胞示意图

属于这种类型的金属有 Mg、Zn、Be、α-Ti、α-Co 等，它们大多具有较大的脆性，塑性较差。

1.1.2　铁碳合金相图

铁碳合金相图是研究铁碳合金的基础。由于 $w_C>6.69\%$ 的铁碳合金脆性极大，没有使用价值。另外，渗碳体中 $w_C=6.69\%$，是个稳定的金属化合物，可以作为一个组元。因此，研究的铁碳合金相图实际上是 $Fe-Fe_3C$ 相图，如图 1.5 所示。

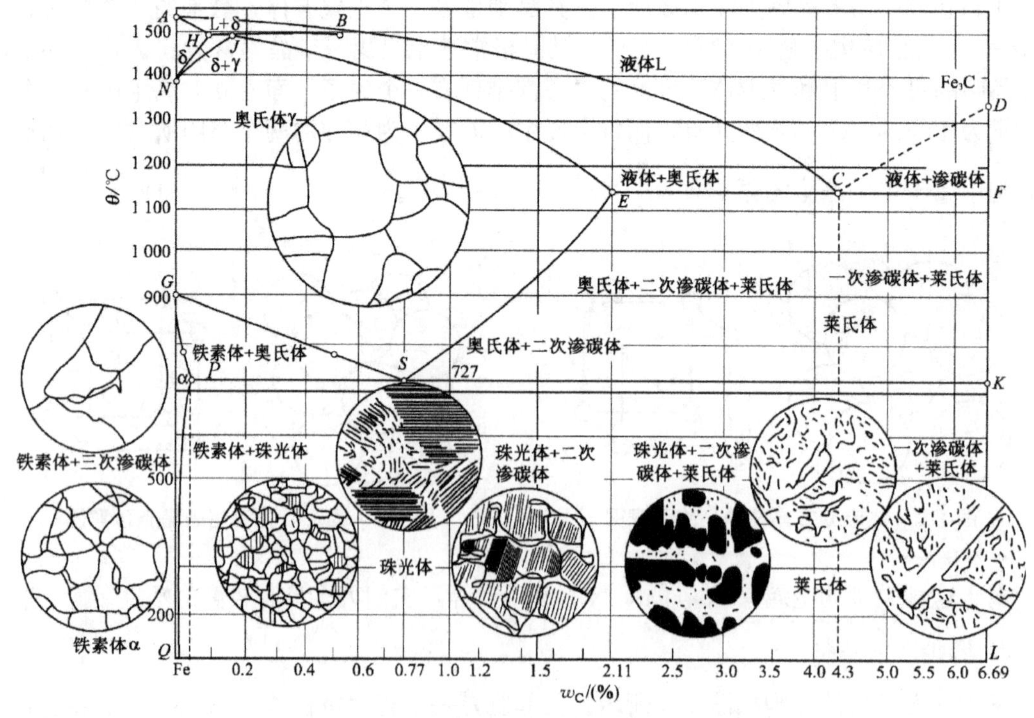

图 1.5　$Fe-Fe_3C$ 相图

1. 相图中的点、线、区

Fe-Fe_3C相图中各主要点的温度、含碳量及含义见表1-1。

表1-1 Fe-Fe_3C相图中各主要点的温度、含碳量及含义

点的符号	温度/℃	含碳量/(%)	说明
A	1538	0	纯铁的熔点
B	1495	0.53	包晶转变时液态合金成分
C	1148	4.3	共晶点
D	1227	6.69	渗碳体的熔点
E	1148	2.11	碳在γ-Fe中的最大溶解度
F	1148	6.69	渗碳体的成分
G	912	0	α-Fe$\rightleftharpoons$γ-Fe转变温度
H	1495	0.09	碳在δ-Fe中的最大溶解度
J	1495	0.17	包晶点
K	727	6.69	渗碳体的成分
N	1394	0	γ-Fe$\rightleftharpoons$δ-Fe转变温度
P	727	0.0218	碳在α-Fe中的最大溶解度
S	727	0.77	共析点
Q	室温	0.0008	室温时碳在α-Fe中的溶解度

相图中各主要线的意义如下。

*ABCD*线：液相线，该线以上的合金为液态，合金冷却至该线以下便开始结晶。

*AHJECF*线：固相线，该线以下合金为固态，加热时温度达到该线后合金开始融化。

*HJB*线：包晶线，含碳量为0.09%～0.53%的铁碳合金，在1495℃的恒温下均发生包晶反应，即

$$L_B+\delta_H \xrightarrow[\text{恒温}]{1495℃} A_J$$

*ECF*线：共晶线，含碳量大于2.11%的铁碳合金当冷却到该线时，液态合金均要发生共晶反应，即

$$L_C \xrightarrow[\text{恒温}]{1148℃} L_d(A_E+Fe_3C)$$

共晶反应的产物是奥氏体与渗碳体(或共晶渗碳体)的机械混合物，即莱氏体(L_d)。

*PSK*线：共析线。当奥氏体冷却到该线时发生共析反应，即

$$A_S \xrightarrow[\text{恒温}]{727℃} P(F_P+Fe_3C)$$

共析反应的产物是铁素体与渗碳体(或共析渗碳体)的机械混合物，即珠光体(P)。共晶反应所产生的莱氏体冷却至*PSK*线时，内部的奥氏体也要发生共析反应转变成为珠光体，这时的莱氏体叫低温莱氏体(或变态莱氏体)，用L'_d表示。*PSK*线又称A_1线。

NH、*NJ* 和*GS*、*GP* 线：固溶体的同素异构转变线。在 *NH* 与 *NJ* 线之间发生 δ－Fe⇌γ－Fe转变，*NJ* 线又称A_4线，在 *GS* 与 *GP* 之间发生 γ－Fe⇌α－Fe 转变，*GS* 线又称A_3线。

ES 和 *PQ* 线：溶解度曲线，分别表示碳在奥氏体和铁素体中的极限溶解度随温度的变化线，*ES* 线又称A_{cm}线。当奥氏体中碳的质量分数超过 *ES* 线时，就会从奥氏体中析出渗碳体，称为二次渗碳体，用 Fe_3C_{II} 表示。同样，当铁素体中碳的质量分数超过 *PQ* 线时，就会从铁素体中析出渗碳体，称为三次渗碳体，用 Fe_3C_{III} 表示。

此外，*CD* 线是从液体中结晶出渗碳体的起始线，从液体中结晶出的渗碳体称为一次渗碳体(Fe_3C_I)。

值得说明的是，本节讲述的一次渗碳体(Fe_3C_I)、二次渗碳体(Fe_3C_{II})、三次渗碳体(Fe_3C_{III})及共晶渗碳体、共析渗碳体，它们的化学成分、晶体结构、力学性能都是一致的，并没有本质上的差异，不同的命名仅表示它们的来源、结晶形态及在组织中的分布情况有所不同而已。

相图中有 5 个基本相，相应的有 5 个单相区：*ABCD* 以上为液相区 L，*AHNA* 区为 δ 固相区，*NJESGN* 区为奥氏体(A)相区，*GPQG* 区为铁素体(F)相区，*DFKL* 为渗碳体(Fe_3C)相区。

相图中有 7 个两相区：L＋δ，L＋A，L＋ Fe_3C_I，δ＋A，A＋F，A＋ Fe_3C_{II}，F＋ Fe_3C_{III}。

相图中有 3 个三相共存区：*HJB* 线(L＋δ＋ A)、*ECF* 线(L＋A＋Fe_3C)、*PSK* 线(A＋F＋ Fe_3C)。.

2. 图中铁碳合金的分类

Fe－Fe_3C 相图中不同成分的铁碳合金，在室温下将得到不同的显微组织，其性能也不同。

通常根据相图中的 *P* 点和 *E* 点将铁碳合金分为工业纯铁、钢及白口铸铁 3 类。

(1) 工业纯铁。工业纯铁是指室温下为铁素体和少量三次渗碳体的铁碳合金，*P* 点以左(含碳量小于 0.0218%)。

(2) 钢。钢是指高温固态组织为单相固溶体的一类铁碳合金，*P* 点成分与 *E* 点成分之间(含碳量 0.0218%～2.11%)，具有良好的塑性，适于锻造、轧制等压力加工，根据室温组织的不同又分为 3 种：

① 亚共析钢：*P* 点成分与 *S* 点成分之间(含碳量 0.0218%～0.77%)的铁碳合金。室温组织为铁素体＋珠光体，随着含碳量的增加，组织中珠光体的量增多。

② 共析钢：*S* 点成分(含碳量 0.77%)的铁碳合金，室温组织全部是珠光体的铁碳合金。

③ 过共析钢：*S* 点成分与 *E* 点成分之间(含碳量 0.77%～2.11%)的铁碳合金。室温组织为珠光体＋渗碳体，渗碳体分布于珠光体晶粒的周围(即晶界)，在金相显微镜下观察呈网状结构，故又称网状渗碳体。含碳量越高，渗碳体层越厚。

(3) 白口铸铁。白口铸铁是指 *E* 点成分以右(含碳量 2.11%～6.69%)的铁碳合金。有较低的熔点，流动性好，便于铸造加工，脆性大。根据室温组织的不同又分为 3 种：

① 亚共晶白口铸铁：*E* 点成分与 *C* 点成分之间 (含碳量 2.11%～4.3%)的铁碳合金。

室温组织为低温莱氏体＋珠光体＋二次渗碳体。

② 共晶白口铸铁：C 点成分(含碳量 4.3%)的铁碳合金。室温组织为低温莱氏体。

③ 过共晶白口铸铁：C 点成分以右(含碳量 4.3%～6.69%)的铁碳合金。室温组织为低温莱氏体＋一次渗碳体。

1.2 金属材料力学性能

材料的力学性能是指材料在外力作用下所表现出的抵抗能力。由于载荷的形式不同，材料可表现出不同的力学性能，如强度、硬度、塑性、韧度、疲劳强度等。材料的力学性能是零件设计、材料选择及工艺评定的主要依据。

1.2.1 强度

材料在外力作用下抵抗变形和断裂的能力称为材料的强度。根据外力的作用方式，材料的强度分为抗拉强度、抗压强度、抗弯强度和抗剪强度等。在使用中一般多以抗拉强度作为基本的强度指标，常简称为强度。强度单位为 MPa(MN/m^2)。

材料的强度、塑性是依据国家标准(GB/T 228.1—2010)通过静拉伸试验测定的。它是把一定尺寸和形状的试样装夹在拉力试验机上，然后对试样逐渐施加拉伸载荷，直至把试样拉断为止。拉伸前后的试样如图 1.6 所示。标准试样的截面有圆形的和矩形的，圆形试样用得较多，圆形试样有长试样($L_0=10d_0$)和短试样($L_0=5d_0$)。一般拉伸试验机上都带有自动记录装置，可绘制出载荷(F)与试样伸长量(ΔL)之间的关系曲线，并据此可测定应力(R)—伸长率(e)关系：$R=F/S_0$(S_0 为试样原始截面积)、$e=(L-L_0)/L_0$(%)。图 1.7 为低碳钢的应力—应变曲线($R-e$ 曲线)。研究表明低碳钢在外加载荷作用下的变形过程一般可分为三个阶段，即弹性变形、塑性变形和断裂。

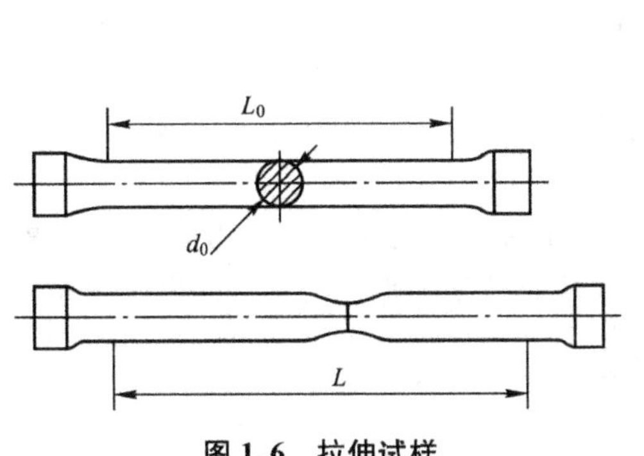

图 1.6 拉伸试样

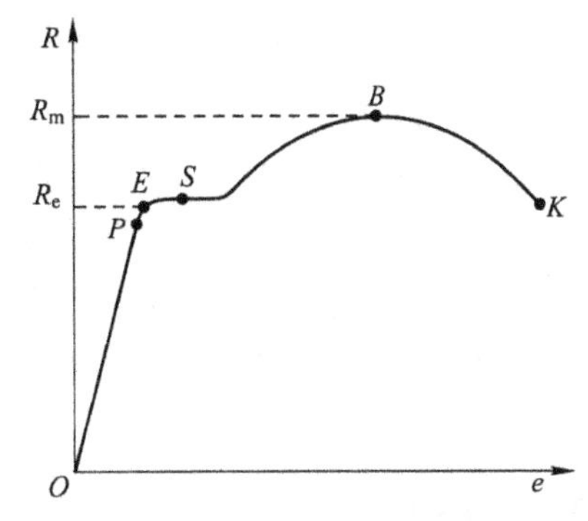

图 1.7 低碳钢的应力-应变曲线图

(1) 弹性极限。在图 1.7 中，OE 段为弹性阶段，即去掉外力后，变形立即恢复，这种变形称为弹性变形，其应变值很小，E 点的应力 R_e 称为弹性极限。OE 线中 OP 部分为一斜直线，因为应力与应变始终成比例，所以 P 点的应力 R_p 称为比例极限。由于 P 点和 E 点很接近，一般不作区分。

在弹性变形范围内，应力与应变的比值称为材料的弹性模量 E(MPa)。弹性模量 E 是衡量材料产生弹性变形难易程度的指标，工程上常把它叫作材料的刚度。E 值越大，则使其产生一定量弹性变形的应力也越大，即材料的刚度越大，说明材料抵抗产生弹性变形的能力越强，越不容易产生弹性变形。

(2) 屈服点。在 S 点附近，曲线较为平坦，不需要进一步的增大外力，便可以产生明显的塑性变形，该现象称为材料的屈服现象，S 点称为屈服点，R_s 称为屈服强度。

工业上使用的某些材料(如高碳钢、铸铁和某些经热处理后的钢等)在拉伸试验中没有明显的屈服现象发生，故无法确定屈服强度 R_s。国家标准规定，可用试样在拉伸过程中标距部分产生 0.2%塑性变形量的应力值来表征材料对微量塑性变形的抗力，称为屈服强度，即所谓的“条件屈服强度”，记为 $R_{0.2}$。

(3) 抗拉强度。经过一定的塑性变形后，必须进一步增加应力才能继续使材料变形。当达到 B 点时，R_m 为材料能够承受的最大应力，称为强度极限。超过 B 点后，试棒的局部迅速变细，产生颈缩现象，迅速伸长，应力明显下降，到达 K 点后断裂。

1.2.2 塑性

材料在外力作用下，产生永久变形而不致引起破坏的性能，称为塑性。许多零件和毛坯是通过塑性变形而成形的，要求材料有较高的塑性；并且为了防止零件工作时脆断，也要求材料有一定的塑性。塑性通常由伸长率和断面收缩率表示。

(1) 伸长率。

$$e=\frac{L-L_0}{L_0}\times 100\% \tag{1-1}$$

式中，e 为伸长率；L_0 为试棒原始标距长度(mm)；L 为试棒受拉伸断裂后的标距长度(mm)。

(2) 断面收缩率。

$$Z=\frac{S_0-S_v}{S_0}\times 100\% \tag{1-2}$$

式中，Z 为断面收缩率；S_0 为试棒原始截面积(mm^2)；S_v 为试棒受拉伸断裂后的截面积(mm^2)。

e 或 Z 值越大，材料的塑性越好。两者比较，用 Z 表示塑性更接近材料的真实应变。

长试样($L_0=10d_0$)的伸长率写成 e 或 e_{10}；短试样($L_0=5d_0$)的伸长率须写成 e_5。同一种材料 $e_5>e$，所以，对不同材料，e 值和 e_5 值不能直接比较。一般把 $e>5\%$ 的材料称为塑性材料，$e<5\%$ 的材料称为脆性材料。铸铁是典型的脆性材料，而低碳钢是黑色金属中塑性最好的材料。

1.2.3 冲击韧性

以很大速度作用于机件上的载荷称为冲击载荷，许多机器零件和工具在工作过程中，往往受到冲击载荷的作用，如蒸汽锤的锤杆、冲床上的一些部件、柴油机曲轴、飞机的起落架等。瞬时冲击的破坏作用远远大于静载荷的破坏作用，所以在设计受冲击载荷件时还要考虑抗冲击性能。材料在冲击载荷作用下抵抗变形和断裂的能力称为冲击韧度 α_K，常采用一次冲击试验来测量。

一次冲击试验通常是在摆锤式冲击试验机上进行的。试验时将带有缺口的试样放在试验机两支座上［图1.8(a)］，将质量为 m 的摆锤抬到 H 高度［图1.8(b)］，使摆锤具有的势能为 mHg(g 为重力加速度)。然后让摆锤由此高度下落将试样冲断，并向另一方向升高到 h 的高度，这时摆锤具有的势能为 mhg。因而冲击试样消耗的能量(即冲击功 A_K)为

$$A_K=m(H-h)g \tag{1-3}$$

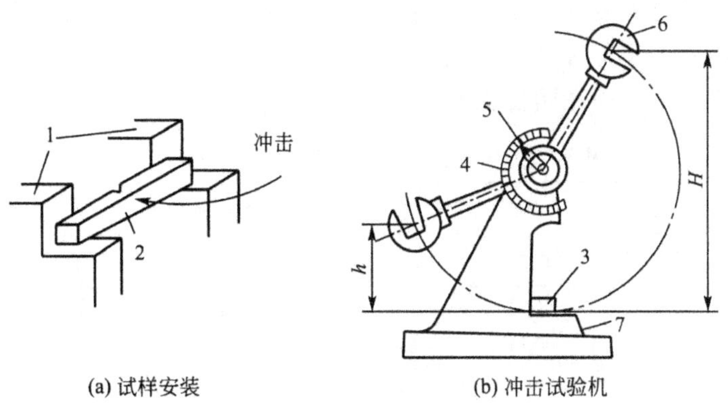

图1.8 冲击韧度试验原理

1、7—支座；2、3—试样；4—刻度盘；5—指针；6—摆锤

在试验时，冲击功 A_K 值可以从试验机的刻度盘上直接读得。标准试样断口处单位横截面所消耗的冲击功，即代表材料的冲击韧度的指标。

$$\alpha_K=\frac{A_K}{A_0} \tag{1-4}$$

式中，α_K 为试样的冲击韧度值(J/cm^2)；A_K 为冲断试样所消耗的冲击功(J)；A_0 为试样断口处的原始截面积(cm^2)。

α_K 的值越大，材料的冲击韧度越好。冲击韧度是对材料一次冲击破坏测得的。在实际应用中许多受冲击件，往往是受到较小冲击能量的多次冲击而破坏的，它受很多因素的影响。由于冲击韧度的影响因素较多，α_K 值仅作设计时的选材参考。

1.2.4 硬度

材料抵抗更硬物体压入的能力称为硬度。常用的硬度指标有布氏硬度、洛氏硬度等。

(1) 布氏硬度。图1.9是布氏硬度测试原理图，在载荷 F 的作用下迫使淬火钢球或硬质合金球压向被测试金属的表面，保持一定时间后卸除载荷，并形成凹痕。

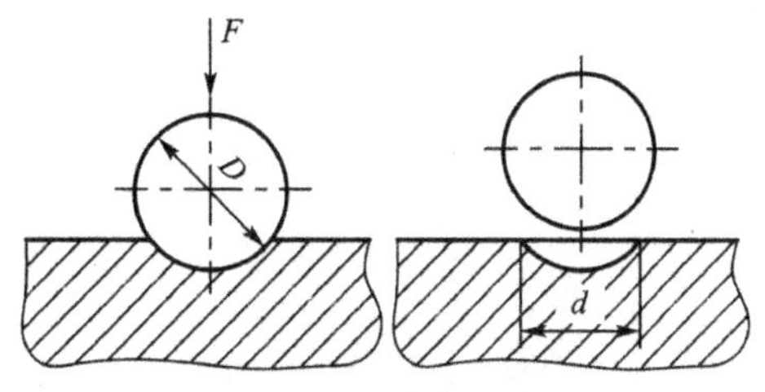

图1.9 布氏硬度测试原理

布氏硬度值按式(1-5)计算：

$$\text{HB}=\frac{\text{所加载荷}}{\text{压痕表面积}}(\text{N/mm}^2) \tag{1-5}$$

采用不同材料的压头测试的布氏硬度值，用不同的符号加以表示，当压头为淬火钢球时，硬度符号为HBS，适用于布氏硬度值低于450的金属材料；当压头为硬质合金球时，硬度符号为HBW，适用于布氏硬度值为450～650的金属材料。

布氏硬度试验适用于测量退火钢、正火钢及常见的铸铁和有色金属等较软材料。布氏

硬度试验的压痕面积较大，测试结果的重复性较好，但操作较烦琐。

布氏硬度试验是由瑞典工程师布利涅尔(J. B. Brinell)于 1900 年提出的。

(2) 洛氏硬度。洛氏硬度也是以规定的载荷，将坚硬的压头垂直压向被测金属来测定硬度的。它由压痕深度计算硬度。实际测试时，直接从刻度盘上读值。

为了适应不同材料的硬度测试，采用不同的压头与载荷组合成几种不同的洛氏硬度标尺，每一种标尺用一个字母在洛氏硬度符号后注明，如 HRA、HRB、HRC 等，几种常用洛氏硬度级别试验规范及应用范围见表 1-2。

表 1-2　常用洛氏硬度的级别及其应用范围

洛氏硬度	压头	总载荷/N	测量范围	适用材料
HRA	120°金刚石圆锥体	588.4	60～85	硬质合金材料、表面淬火钢等
HRB	ϕ1.588mm 淬火钢球	980.7	25～100	软钢、退火钢、铜合金等
HRC	120°金刚石圆锥体	1471.1	20～67	淬火钢、调质钢等

洛氏硬度试验测试方便，操作简捷；试验压痕较小，可测量成品件；测试硬度值范围宽，采用不同标尺可测定各种软硬不同和厚薄不同的材料，但应注意，不同级别的硬度值间无可比性。由于压痕较小，测试值的重复性差，必须进行多点测试，取平均值作为材料的硬度。

洛氏硬度试验是由美国洛克威尔(S. P. Rockwell 和 H. M. Rockwell)于 1919 年提出的。

1.3　零件热处理工艺

钢的热处理是将钢在固态下通过加热、保温、冷却的方法，使钢的组织结构发生变化，从而获得所需性能的工艺方法。热处理工艺过程，包括下列 3 个步骤。

(1) 加热。以一定的加热速度把零件加热到规定的温度范围。这个温度范围可根据不同的金属材料、不同的热处理要求确定。

(2) 保温。工件在规定温度下，恒温保持一定时间，使零件内外温度均匀。

(3) 冷却。保温后的零件以一定的冷却速度冷却下来。

1.3.1　退火与正火

1. 退火

退火是把钢加热到适当的温度(图 1.10)，经过一定时间的保温，然后缓慢冷却(一般为随炉冷却)，以获得接近平衡状态组织的热处理工艺。

退火可以降低钢的硬度，有利于切削加工；细化钢中的粗大晶粒，改善组织和性能；增加钢的塑性和韧性；消除内应力，为淬火做好组织准备。

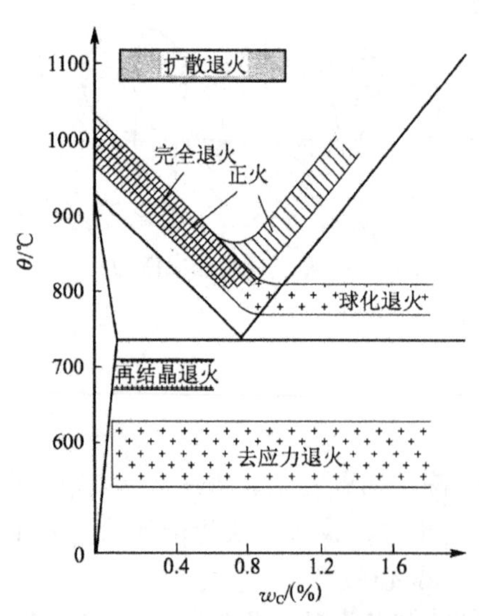

图 1.10　退火和正火的加热温度范围

退火的种类很多，包括完全退火、球化退火、扩散退火、再结晶退火及去应力退火等。完全退火最常见，主要用于亚共析钢的铸件、锻件和焊件。它是将工件加热到 A_3 线以上 30～50℃，保温一定的时间，使组织完全转变为均匀的奥氏体，然后缓慢冷却。获得铁素体和珠光体。完全退火可以使铸、锻、焊件中的粗大晶粒细化；改善钢铁中的不均匀组织，降低钢铁的硬度，利于切削加工。另外，完全退火也可以消除钢铁中的内应力。球化退火与完全退火的作用有所不同，这里不作详述。另外，铸铁件也经常采用完全退火，主要是为了消除应力、均匀组织和降低硬度等。

2. 正火

正火是将钢加热到 A_3（亚共析钢）、A_1（共析钢）和 A_{cm}（过共析钢）以上 30～50℃（图 1.10），保温适当时间后，出炉在空气中冷却的热处理工艺。

正火的作用与退火有许多相似之处，但正火的冷却速度较快，所得到的组织较细，如共析钢正火后得到索氏体组织，即细密的珠光体组织。

正火后钢的硬度和强度较退火略高，这对低、中碳钢的切削加工性能有利。但消除内应力不如退火彻底。过共析钢中的渗碳体有时以网状分布在晶界上，影响钢的正常性能，采用正火可以使网状渗碳体消除网状分布。正火的冷却过程不占用设备，因而生产上经常用正火来代替退火。

正火常用于普通构件，如螺钉、不重要的轴类等工件的最终热处理；较重要件大多利用正火作为预先热处理。

1.3.2 淬火与回火

1. 淬火

淬火是将钢加热到 A_3（亚共析钢）、A_1（共析钢和过共析钢）线以上 30～50℃（图 1.11），保温后在水或油中快速冷却的热处理工艺。

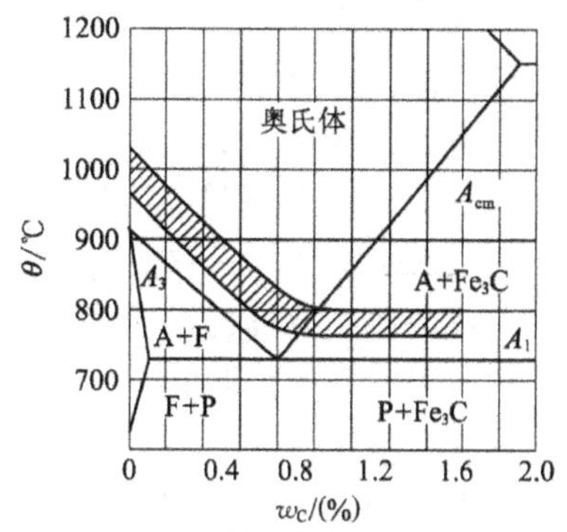

图 1.11 碳钢的淬火温度范围

马氏体强化是钢的主要强化手段，因此淬火的目的就是为了获得马氏体，提高钢的力学性能。淬火是钢的最重要的热处理工艺，也是热处理中应用最广泛的工艺之一。

淬火工艺的实质是奥氏体化后进行马氏体转变（或下贝氏体转变）。淬火钢得到的组织主要是马氏体（或下贝氏体），此外，还有少量的残余奥氏体及未溶的第二相。淬火热处理可以提高材料的硬度、强度和使用寿命。各种工具、模具和许多重要件都要能通过淬火来改善力学性能。

1）淬火介质

由于不同成分的钢所要求的冷却速度不同，故应通过使用不同的淬火介质来调整钢件淬火冷却速度。最常用的淬火介质有水、油、盐溶液和碱溶液及其他合成淬火介质。淬火冷却的基本要求是：既要使工件淬硬，又要避免产生变形和开裂。因此，选用合适的淬火介质对钢的淬火效果十分重要。

2）工件浸入淬火介质的操作方法

淬火操作时，应注意淬火工件浸入淬火剂的方式。如果浸入方式不正确，则可能因工件各部分的冷却速度不一致而造成极大的内应力，使工件发生变形和裂纹或产生局部淬火不硬等缺陷。浸入方式的根本原则是保证工件最均匀地冷却，具体操作如图 1.12 所示。

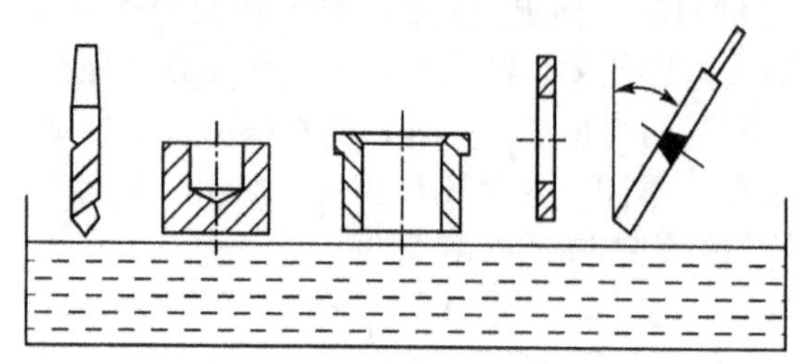

图 1.12　工件浸入淬火剂的正确方法

厚薄不均的零件，应使厚的部分先浸入淬火介质；细长的零件(如钻头、轴等)，应垂直浸入淬火介质中；薄而平的工件(如圆盘、铣刀等)，必须立着浸入淬火介质中；薄壁环状零件，浸入淬火介质时，它的轴线必须垂直于液面；有盲孔的工件，应将孔朝上浸入淬火介质中；截面不均的工件(如十字型或 H 型工件)，应斜着浸入淬火介质中，以使工件各部分的冷却速度接近。

淬火时还要根据工件的大小和形状设计合适的夹具，以便操作。淬火操作时，还必须穿戴防护用品，如工作服、手套及防护眼镜等，以防止淬火剂飞溅伤人。

2. 回火

回火是将淬火后的钢加热到 A_1 线以下某一温度，保温一定时间，然后冷却到室温的热处理工艺。淬火钢一般不直接使用，必须进行回火。其原因是：经淬火后得到的马氏体性能很脆，存在组织应力，容易产生变形和开裂，可利用回火降低脆性，消除或减少内应力。其次，淬火后得到的组织是淬火马氏体和少量的残余奥氏体，它们都是不稳定的组织，在工作中会发生分解，导致零件尺寸的变化。在随后的回火过程中，不稳定的淬火马氏体和残余奥氏体会转变为较稳定的铁素体和渗碳体或碳化物的两相混合物，从而保证了工件在使用过程中形状和尺寸的稳定性。此外，通过适当的回火可满足零件不同的使用要求，获得强度、硬度、塑性和韧性的适当配合。

淬火钢回火后的组织和性能取决于回火温度。按回火温度范围的不同，可将钢的回火分为 3 类。

(1) 低温回火。回火温度范围一般为 150～250℃。淬火钢经低温回火后，钢的淬火脆性降低，能够保持高硬度、高强度和良好的耐磨性，又适当提高了韧性。主要用来处理各种高碳钢工具、模具、滚动轴承及渗碳和表面淬火的零件。

(2) 中温回火。回火温度范围一般为 350～500℃。中温回火可以大大减轻淬火后的内应力，降低脆性，提高弹性极限和屈服强度，但硬度有所降低。中温回火适于各种弹性零件、锻模等。

(3) 高温回火。回火温度范围一般为 500～650℃。淬火钢经高温回火后，硬度为 25～35HRC，在保持较高强度的同时，又具有较好的塑性和韧性，即综合力学性能较好。通常把淬火加高温回火的热处理称为调质热处理。它广泛应用于处理各种重要的结构零件，如轴类、齿轮、连杆等。

1.3.3 钢的表面热处理

钢的表面热处理主要是用以强化零件表面的热处理方法。机械制造业中，许多零件如齿轮、凸轮、曲轴等在动载荷及摩擦条件下工作，表面要求高硬度、耐磨性和疲劳强度，而心部应有足够的塑性和韧性；一些零件如量规仅要求表面硬度高和耐磨；还有些零件要求表面具有抗氧化性和抗蚀性等。上述情况仅从选材角度考虑，可以选择某些钢种通过普通热处理就能满足性能要求，但不经济，有时也是不可能的。因此在生产中广泛采用表面热处理来解决。常用的表面热处理工艺可分为两类：一类是只改变表面组织而不改变表面化学成分的表面淬火；另一类是同时改变表面化学成分和组织的表面化学热处理。

1. 钢的表面淬火

很多承受弯曲、扭转、摩擦和冲击的机器零件，如轴、齿轮、凸轮等，要求表面具有高的强度、硬度和耐磨性，不易产生疲劳破坏，而心部则要求有足够的塑性和韧性。采用表面淬火可使钢的表面得到强化，满足工件这种"表硬心韧"的性能要求。

表面淬火是通过快速加热，在零件表面很快奥氏体化而内部还没有达到临界温度时迅速冷却，使零件表面获得马氏体组织而心部仍保持塑性韧性较好的原始组织的局部淬火方法，它不改变工件表面的化学成分。

表面淬火是钢表面强化的方法之一，具有工艺简单、变形小、生产率高等优点，应用较多的是感应加热法和火焰加热法。

2. 钢的表面化学热处理

化学热处理是将金属或合金置于一定温度的活性介质中保温，使一种或几种元素渗入它的表面，改变其化学成分和组织，达到改进表面性能，满足技术要求的热处理工艺。钢的化学热处理分为渗碳、渗氮、碳氮共渗、渗硫、渗硼、渗金属(铝、铬等)等，以渗碳、渗氮和碳氮共渗最为常用。化学热处理过程包括渗剂的分解、工件表面对活性原子的吸收和渗入表面的原子向内部扩散3个基本过程。

化学热处理后，再配合常规热处理，可使同一工件的表面与心部获得不同的组织和性能。

1.3.4 典型零件热处理工艺

如图1.13所示，零件名称：锤头，材料：45钢，数量：1，热处理要求：53～57HRC。

1) 确定锤头零件的工艺流程

下料—锻造—粗刨—钳工—淬火—低温回火—检验。

2) 分析工艺流程中热处理工序的作用

该工艺流程中的热处理工序是使锤头零件达到规定技术指标的最终工序。为使锤头表面硬度高并且耐磨性好，采用淬火工艺。但淬火后锤头产生了内应力，脆性增加，因此再采用低温回火，以消除淬火带来的不利因素，增加零件的韧性，达到硬度要求。

3) 确定工艺参数

(1) 加热温度。同一种钢，由于形状、尺寸、冷却方式不同，淬火加热温度也会不同。如果零件形状复杂、壁厚不均，为防止变形，淬火温度可低些。如图1.13所示，零件结构形状简单，断面均匀，因此变形倾向小，查有关淬火温度表知淬火温度可稍高些，取860℃±10℃。为减少锤头表面氮化、脱碳，淬火加热时在炉内放少量木炭并采用到温装炉。

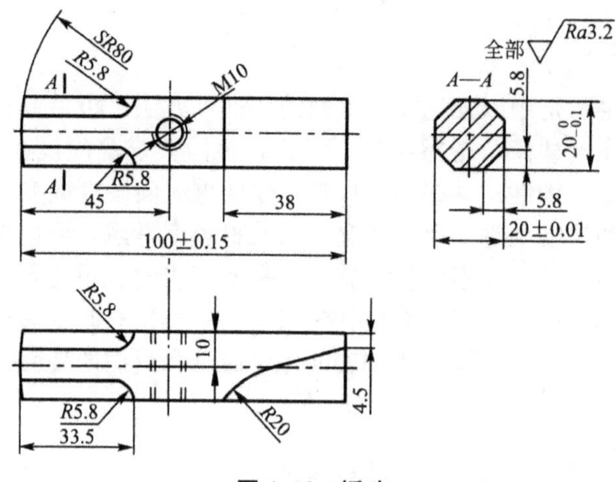

图 1.13　锤头

(2) 保温时间。因为工件在 800～900℃的箱式炉中加热，可取保温系数 $K=1\text{min/mm}$，根据保温时间公式得

$$T=KD=1\text{min/mm}\times 20\text{mm}=20\text{min}$$

(3) 淬火冷却。为防止淬火裂纹，对于有效厚度较大或形状复杂的零件可采用盐水-油双液淬火，而对于一般的碳钢零件常用盐水或水单液淬火。取水为冷却介质，手持钳子夹持锤头入水，并不断在水中搅动，以保证硬度均匀。

(4) 低温回火。根据硬度要求，确定 210℃±10℃为回火温度，保温 60min。对于没有特殊要求的零件，由于温度较低，回火冷却方式没有严格的要求；而对某些具有高温回火脆性的材料，回火需要在油中快速冷却。

4) 绘制热处理工艺曲线

锤头的热处理工艺曲线如图 1.14 所示。

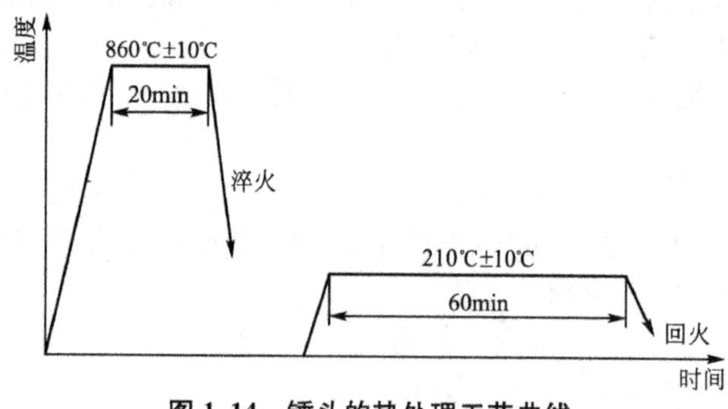

图 1.14　锤头的热处理工艺曲线

1.4　常用钢材的现场鉴别方法

钢铁材料的品种繁多，为便于识别，通常在材料的端面涂上各种规定的颜色；对于小断面捆轧材料，则系上打有印记的金属标牌。在生产中，常会遇到无标记钢料或废旧料的情况，这时可通过观察断口颜色及火花鉴别法鉴别。一般铸铁件断口为灰色，组织较粗的

为灰铸铁，组织较细的为球墨铸铁等，准确区分采用金相显微分析法；有色金属可通过其颜色判定，铜为金黄色，铝为银白色；钢的鉴别采用火花鉴别法。

1.4.1 火花鉴别法

火花鉴别法是利用钢铁材料在旋转的砂轮上磨削，根据所产生的火花形状、光亮度、色泽的不同特征来大致鉴别钢铁材料的化学成分。

1. 火花的构成

钢铁材料在砂轮上磨削时所射出的火花由根部火花、中部火花和尾部火花构成火花束。如图 1.15 所示。

磨削时由灼热粉末形成的线条状火花称为流线。流线在飞行途中爆炸而发出稍粗而明亮的点称为节点。火花在爆裂时所射出的线条称为芒线。芒线所组成的火花称为节花。节花分一次花、二次花、三次花等。芒线附近呈现明亮的小点称为花粉。火花束的构成如图 1.16所示。

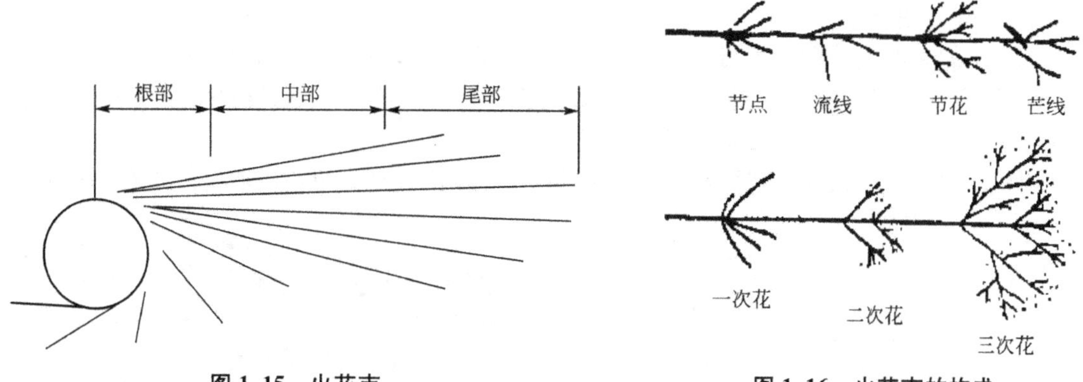

图 1.15 火花束

图 1.16 火花束的构成

由于钢铁材料的化学成分不同，流线尾部出现不同的尾部火花，称为尾花。尾花有苞状尾花、菊状尾花、狐尾花、羽状尾花等，如图 1.17 所示。

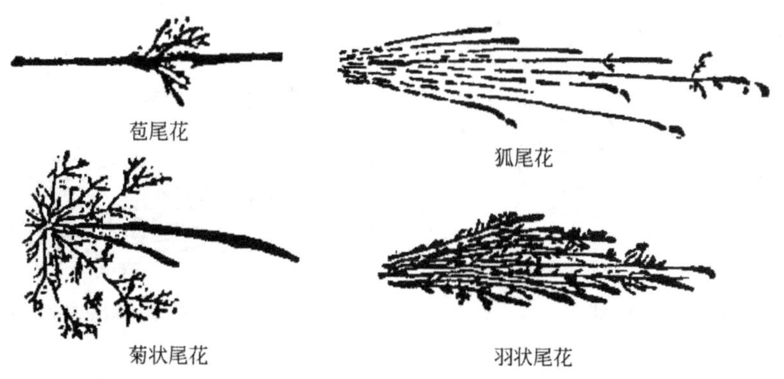

图 1.17 各种尾花形状

2. 常用钢的火花

碳是钢铁材料火花形成的基本元素，也是火花鉴别法测定的主要成分。由于含碳量的不同，其火花形状也不同。

1）碳素钢

碳素钢火花特征的规律是随着含碳量增加，流线由挺直转向抛物线，流线逐渐增多，火花束长度逐渐缩短，粗流线变细，芒线逐渐变得细而短。节花由一次花转向二次花、三次花，花的数量和花粉也逐渐增多，色泽由草黄色带暗红色逐渐转为黄亮色再转为暗红色。光亮度逐渐增高。砂轮附近的晦暗面积增大，磨削时，手感由软而渐渐变硬。图 1.18 是碳素钢火花特征示意图。

低碳钢的火花束为粗流线，流线量稀少，一次花较多，色泽草黄带暗红。

中碳钢流线较直，中部较粗大，根部稍细，二次花较多，色泽呈黄色。

高碳钢流线长，密而多，有二次花及三次花，色泽呈黄色且明亮。

2）合金钢

合金钢的火花特征与加入合金元素有关。如 Ni、Si、Mo、W 等有抑制爆裂的作用，而 Mn、V、Cr 却可以助长爆裂。所以对合金钢火花的鉴别较难掌握。图 1.19 是两种合金钢火花特征示意图。

40Cr 的火花流线稍粗、量多，火花附近有明亮节点，火束较大，色泽呈白亮色。

W18Cr4V 的火花中部为断续流线、尾部膨胀下垂，火束细长，火花极少，色泽呈暗红色。

3）灰铸铁

图 1.20 是灰铸铁火花特征示意图。灰铸铁火花束细而短，尾花呈羽状，色泽呈暗红色。

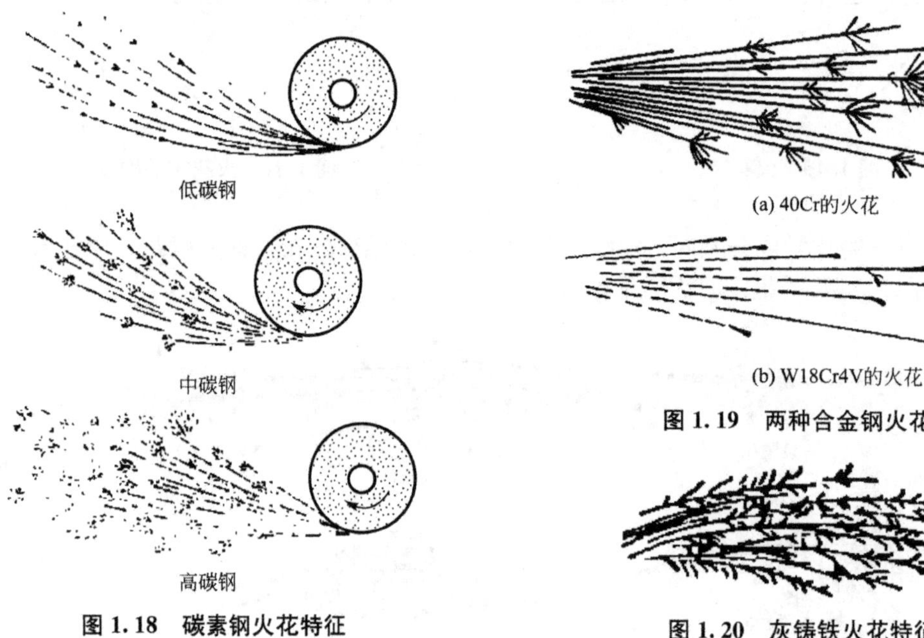

图 1.18　碳素钢火花特征

图 1.19　两种合金钢火花特征

图 1.20　灰铸铁火花特征

1.4.2　钢材的涂色标记

在管理钢材和使用钢材时，为了避免出差错，常在钢材的两端面涂上不同颜色的油漆作为标记，以便钢材的分类。所涂油漆的颜色和要求应严格按照标准执行。表 1－3 为常用钢材的涂色标记。

表1-3 常用钢材的涂色标记

类别	牌号或组别	涂色标记	类别	牌号或组别	涂色标记
优质碳素结构钢	05～15	白色	铬轴承钢	GCr15	蓝色一条
	20～25	棕色＋绿色		GCr15SiMn	绿色一条＋蓝色一条
	30～40	白色＋蓝色	不锈耐酸钢	铬钢	铝色＋黑色
	45～85	白色＋棕色		铬钛钢	铝色＋黄色
	15Mn～40Mn	白色二条		铬锰钢	铝色＋绿色
	45Mn～70Mn	绿色三条		铬钼钢	铝色＋白色
合金结构钢	锰钢	黄色＋蓝色		铬镍钢	铝色＋红色
	硅锰钢	红色＋黑色		铬锰镍钢	铝色＋棕色
	锰钒钢	蓝色＋绿色		铬镍钛钢	铝色＋蓝色
	铬钢	绿色＋黄色		铬镍铌钢	铝色＋蓝色
	铬硅钢	蓝色＋红色		铬钼钛钢	铝色＋白色＋黄色
	铬锰钢	蓝色＋黑色		铬钼钒钢	铝色＋红色＋黄色
	铬锰硅钢	红色＋紫色		铬镍钼钛钢	铝色＋紫色
	铬钒钢	绿色＋黑色		铬钼钒钴钢	铝色＋紫色
	铬锰钛钢	黄色＋黑色		铬镍铜钛钢	铝色＋蓝色＋白色
	铬钨钒钢	棕色＋黑色		铬镍钼铜钛钢	铝色＋黄色＋绿色
	钼钢	紫色		铬镍钼铜铌钢	铝色＋黄色＋绿色
	铬钼钢	绿色＋紫色		（铝色为宽条，余为窄色条）	
	铬锰钼钢	绿色＋白色	耐热钢	铬硅钢	红色＋白色
	铬钼钒钢	紫色＋棕色		铬钼钢	红色＋绿色
	铬硅钼钒钢	紫色＋棕色		铬硅钼钢	红色＋蓝色
	铬铝钢	铝白色		铬钢	铝色＋黑色
	铬钼铝钢	黄色＋紫色		铬钼钒钢	铝色＋紫色
	铬钨钒铝钢	黄色＋红色		铬镍钛钢	铝色＋蓝色
	硼钢	紫色＋蓝色		铬铝硅钢	红色＋黑色
	铬钼钨钒钢	紫色＋黑色		铬硅钛钢	红色＋黄色
高速工具钢	W12Cr4V4Mo	棕色一条＋黄色一条		铬硅钼钛钢	红色＋紫色
	W18Cr4V	棕色一条＋蓝色一条		铬硅钼钒钢	红色＋紫色
	W9Cr4V2	棕色二条		铬铝钢	红色＋铝色
	W9Cr4V	棕色一条		铬镍钨钼钛钢	红色＋棕色
铬轴承钢	GCr6	绿色一条＋白色一条		铬镍钨钼钢	红色＋棕色
	GCr9	白色一条＋黄色一条		铬镍钨钛钢	铝色＋白色＋红色
	GCr9SiMn	绿色二条		（前为宽色条，后为窄色条）	

1.5 综合技能训练课题

1.5.1 金属的力学性能的测试

1. 硬度

1）目的

（1）了解布氏、洛氏硬度计的构造及应用范围。

（2）熟悉布氏、洛氏硬度计的操作方法。

（3）根据不同金属零件的性能特点，能正确选择测定硬度的方法。

2）设备及材料

（1）设备：布氏硬度计、读数显微镜、洛氏硬度计。

（2）布氏硬度材料：退火状态的 20 钢、45 钢、T8 钢。

（3）洛氏硬度材料：退火状态的 20 钢、45 钢、T8 钢；淬火状态的 45 钢、60 钢、T8 钢、T12 钢。

3）注意事项

（1）试样两端要平行，表面要平整，若有油污或氧化皮，可用砂纸打磨，以免影响测试。

（2）圆柱形试样应放在带有 V 型槽的工作台上操作，以免试样滚动。

（3）加载时应细心操作，以免损坏压头。

（4）加预载荷(10kgf，1kgf＝9.80665N)时，若发现阻力太大，应停止加载，立即报告，检查原因。

（5）测定硬度值，卸掉载荷后，必须使压头完全离开试样后再取下试样。

（6）金刚石压头系贵重物件，质硬而脆，使用时要小心谨慎，严禁与试样或其他物体碰撞。

（7）应根据硬度计使用范围，按规定合理地选用不同的载荷和压头，超过使用范围将不能获得准确的硬度值。

2. 冲击韧性演示试验

1）目的

（1）了解冲击试验机的构造及使用方法。

（2）了解金属材料在常温下冲击韧性值的测定方法。

（3）比较 U 型缺口和 V 型缺口试样的冲击韧性。

2）设备及材料

（1）设备：摆锤式冲击试验机。

(2)材料：退火状态的 20 钢、45 钢、T8 钢、T12 钢的夏比冲击试样(U 型缺口和 V 型缺口)。

3）注意事项

在演示过程中，应特别注意安全，防止摆锤和击断的试样飞出伤人。

1.5.2 铁碳合金平衡组织观察

1. 目的

(1) 观察和识别铁碳合金(碳钢和白口铸铁)在平衡状态下的显微组织。
(2) 分析铁碳合金成分(碳的含量)、组织和性能之间的相互关系。

2. 设备及材料

(1) 设备：金相显微镜。
(2) 材料：金相图谱、各种铁碳合金的显微样品(表1-4)。

表1-4 几种碳钢和白口铸铁的显微样品

编号	材料	热处理	组织名称及特征	侵蚀剂
1	工业纯铁	退火	铁素体(呈等轴晶粒)和微量三次渗碳体(薄片状)	4%硝酸酒精溶液
2	20钢	退火	铁素体(呈块状)和少量的珠光体	4%硝酸酒精溶液
3	45钢	退火	铁素体(呈块状)和相当数量的珠光体	4%硝酸酒精溶液
4	T8钢	退火	铁素体(宽条状)和渗碳体(细条状)相间交替排列	4%硝酸酒精溶液
5	T12钢	退火	珠光体(暗色基底)和细网络状二次渗碳体	4%硝酸酒精溶液
6	T12钢	退火	珠光体(呈浅色晶粒)和二次渗碳体(黑色网状)	苦味酸钠溶液
7	亚共晶白口铁	铸态	珠光体(呈黑色枝晶状)、莱氏体(斑点状)和二次渗碳体(在枝晶周围)	4%硝酸酒精溶液
8	共晶白口铁	铸态	莱氏体，即珠光体(黑色细条及斑点状)和渗碳体(亮白色)	4%硝酸酒精溶液
9	过共晶白口铁	铸态	莱氏体(暗色斑点)和一次渗碳体(粗大条片状)	4%硝酸酒精溶液
10	待定铁碳合金	退火		4%硝酸酒精溶液

3. 方法与步骤

(1) 学生必须在金相显微镜下对所有试样进行组织观察。
(2) 首先将显微镜调到低倍对某一试样进行全面的观察，找出其中典型组织，然后用所确定的放大倍数，对找出的典型组织进行详细观察。
(3) 画出所观察试样的显微组织示意图。
(4) 用杠杆定律计算出待定铁碳合金的含碳量，指出此铁碳合金的牌号。

4. 注意事项

(1) 在观察显微组织时，可先用低倍镜全面地进行观察，找出典型组织，然后用高倍镜放大，对部分地区进行详细观察。
(2) 在移动金相试样时，不得用手指触摸试样表面或将试样重叠起来，以免引起显微组织模糊不清，影响观察。

(3) 画组织图时应抓住组织形态的特点，画出典型区域的组织，注意不要将磨痕或杂质画在图上。

1.5.3 碳钢的热处理

1. 碳钢的热处理工艺

1) 目的

(1) 了解钢的普通热处理(退火、正火、淬火及回火)工艺方法和操作过称。

(2) 初步掌握碳钢热处理工艺中加热温度、保温时间、冷却方法的确定原则及其对性能的影响。

2) 设备及材料

(1) 设备：中温箱式电阻炉及配套的控温仪表和装置、淬火水槽、洛氏硬度计及布氏硬度计。

(2) 材料：45 钢、T12 钢试样，砂纸粗细各备若干。

3) 方法与步骤

(1) 准备 45 钢和 T12 钢试样

(2) 将试样分别放入 750℃、860℃、1000℃的炉内加热(炉温预先升好)，当试样达到该炉内温度后，保温一定时间(按试样直径每毫米一分钟至一分半钟计算)，然后从炉内取出试样分别放入水、油和空气中进行冷却(炉冷试样可由实验教师预先处理好)。

(3) 将各种热处理后的试样表面用砂纸磨平，并测出硬度值。每个试样测定三点取平均值。

(4) 将经过正常淬火，并测过硬度值后的 45 钢、T12 钢试样，分别放入 200℃、400℃、600℃的炉内进行回火，回火时间为 20min，然后置于空气中冷却。

(5) 用砂纸将试样两端面磨平，测定不同温度回火后的硬度。

4) 注意事项

(1) 电炉必须接地，取、放试样时必须先切断电源。

(2) 向炉内放、取试样时，必须用夹钳，夹钳必须擦干，不得沾有油和水。开、关炉门要迅速。

(3) 从电炉内取出淬火试样时动作要迅速，以免影响淬火质量。

(4) 试样放入淬火冷却介质中应不断搅动，否则试样表面会由于冷却不均而出现软点。

(5) 淬火时水温应保持在 20～30℃，若水温过高应及时换水。

(6) 回火后的试样均要用砂纸打磨表面，去掉氧化皮后，再测硬度值。

2. 碳钢热处理后的显微组织观察

1) 目的

(1) 观察碳钢经不同热处理后的显微组织。

(2) 熟悉碳钢几种典型的热处理组织(马氏体、托氏体、索氏体、回火马氏体、回火托氏体、回火索氏体等)的形态及特征。

(3) 了解热处理工艺对碳钢组织和性能的影响。

2) 设备及材料

(1) 设备：金相显微镜。

(2) 材料：金相图谱或放大金相图片，经各种不同热处理后的45钢、T12钢金相样品。

1.5.4 铸铁、合金钢及有色金属的显微组织观察

1. 目的

(1) 认识各种铸铁、典型合金钢及有色合金的显微组织特征。
(2) 分析上述合金的成分、组织和性能之间的关系。

2. 设备与材料

(1) 设备：金相显微镜。
(2) 材料：金相图谱或放大金相图片、各类合金材料的金相显微试样。

1.5.5 钢铁材料的火花鉴别

1. 目的

(1) 了解钢铁火花鉴别的实际意义。
(2) 熟悉钢铁火花形成原理及火花的特征。
(3) 根据常用钢的火花特征来鉴别钢铁材料。

2. 设备与材料

(1) 设备：砂轮机一台。
(2)材料：标准试样一套，试样的材料分别为碳钢20钢、45钢、T10钢及合金钢40Cr钢、9SiCr钢和W18Cr4V钢等。

3. 注意事项

(1) 砂轮转速。一般转速为2800～4000r/min，固定砂轮和手提砂轮均可。
(2) 钢材与砂轮接触时压力适当。火束平行并与目光垂直，以利于观察(要戴上防护眼镜)。
(3) 不要在太暗处做试验，以免造成估计错误，最好有黑背景．试验者站在背光处，可增加分辨力。
(4) 注意安全。压砂轮时用力不要过猛，最好两人配合观察，以免发生意外。

1.6 实践中常见问题解析

(1) 硬度测量中，为什么有时压痕过小或过大?
解答：可能是载荷选择不正确。
(2) 金相观察时，视野里看到的和金相图谱不一样怎么办?
解答：首先明确是哪种试样，分析这种试样的组织特征。然后先用低倍镜全面地进行观察，找出典型组织，再用高倍镜放大，对部分地区进行详细的观察。这个过程中，注意排除试样上划痕或灰尘的干扰。

(3) 有一工件在热处理之后，发现晶粒粗大。为什么发生这种现象？有什么办法可以弥补？

解答：可能发生了过热。工件在热处理时，若加热温度过高或保温时间过长，使奥氏体晶粒显著长大的现象称为过热。过热一般可用正火来消除。另外，若加热温度接近开始熔化的温度，使晶界处产生熔化或氧化的现象称为过烧。过烧无法挽救只能报废。

(4) 什么是氧化？什么是脱碳？会有什么影响？应如何避免？

解答：氧化是指工件被加热介质中的 O_2、CO_2、H_2O 等氧化后，使其表面形成氧化皮的现象。脱碳是指工件表层的碳被加热介质中的 O_2、H_2、CO_2 等烧损，使其表层含碳量下降的现象。

氧化和脱碳不仅降低工件的表层硬度和疲劳强度而且增加淬火开裂的倾向。用箱式或井式电炉加热，高温时氧化和脱碳现象较严重；盐浴炉加热时，氧化和脱碳大为减轻。在现代热处理生产中，为防止氧化和脱碳，常采用可控气氛热处理和真空热处理。

(5) 有的工件进行热处理后，发现了变形，有的甚至开裂，请问这是什么原因？应如何减小和防止变形与开裂？

解答：工件在热处理时尺寸和形状发生的变化称为变形。变形是热处理较难解决的问题。一般是将变形量控制在一定范围内。开裂要绝对避免，因为工件开裂后只能报废。

热处理时工件的变形和开裂是由内应力引起的。根据内应力产生的原因不同，可分为热应力和组织应力。热应力是由于工件加热和冷却时内外温度不均匀，使工件各部分热胀冷缩不均所引起的应力。组织应力是由于零件各部位组织转变先后不一致而引起的应力。对每一个热处理工件来讲热应力和组织应力是同时存在的。当应力超过此工件的屈服点时，就产生变形，当应力超过工件的抗拉强度时就产生开裂。

为了减小和防止变形与开裂，应采取以下措施：正确选用钢材；合理进行结构设计；合理的锻造与预先热处理；采用合理的热处理工艺；冷、热加工密切配合及正确的操作方法等。

1.7 热处理实训安全技术

(1) 学生进入实训场地要听从指导教师的安排，穿好工作服，扎紧袖口，戴好工作帽；认真听讲，仔细观摩，严禁嬉戏打闹，保持场地干净整洁。

(2) 操作前要熟悉热处理工艺规程和所使用的设备，在掌握相关设备和工具的正确使用方法后，才能进行操作。

(3) 不得私自乱动场地内的电器开关、设备、仪表、工件等。

(4) 操作时必须穿戴必要的防护用品，如工作服、手套、防护眼镜等。

(5) 在热处理过程中，加热件附近不得存放易燃、可燃物品；禁止用易燃、可燃物作临时支撑。

(6) 用电阻炉加热时，工件进、出炉应先切断电源，以防触电。

(7) 开、关炉门要快，炉门打开的时间不能过长，以免炉温下降和降低炉膛的耐火材料与硅碳棒(电阻丝)的寿命。

(8) 在放、取试样时不能碰到硅碳棒(电阻丝)和热电偶，往炉中放、取试样时必须使用夹钳；夹钳必须擦干，不得沾有油和水。严禁徒手触摸训练场地内的各种工件，以免被烫伤。

(9) 试样由炉中取出淬火时动作要迅速，以免温度下降影响淬火质量。试样在淬火液中应不断搅动，否则试样表面会由于冷却不均匀而出现软点。淬火时水温应保持在 20～30℃，水温过高要及时换水。

(10) 工件冷却时要遵守操作规程，不准乱扔乱放，以免被烫伤。

(11) 使用显微镜时，手和样品要保持清洁，试样上不得有水和腐蚀剂残余。装卸显微镜附件要轻拿轻放，严禁用手或其他物品触摸镜头，更不要用嘴吹镜头。使用完毕后应关闭照明电源，盖好防尘罩。

(12) 使用硬度计时，试验面必须光滑，不应有氧化皮和污物，以免损伤硬度计。必须按照试验方法规定的测量硬度范围进行，以免压头使用不当而损坏。若不能确定被测试样的硬度范围，应先采用较小的试验力进行试验。硬度计使用完毕后应去除预载荷，取出试样，关闭电源。压头使用完毕后应用纱布擦拭干净，压头应涂上少许防锈油，以防锈蚀。硬度计应经常保持清洁，使用完毕盖好防尘罩。

(13) 进行钢铁火花鉴别时，不要正对着砂轮。

(14) 发生意外时要镇静，立即切断电源，保护现场，并向指导教师报告事故经过。

(15) 实训结束应做好仪器设备的复位工作，关闭电闸，把试样、工具等物品放到指定位置，保养好仪器设备。清扫室内卫生，关好门窗，在得到实训指导教师的允许后方可离开。

1.8 本章小结

金属的晶格类型有很多，纯金属常见的晶体结构主要为体心立方、面心立方及密排六方三种类型。

碳钢和铸铁是现代机械制造工业中应用最广泛的金属材料，本章分析了铁碳合金相图，即$Fe-Fe_3C$相图。

金属的力学性能是指材料在外力作用下所表现出的抵抗能力。由于载荷的形式不同，金属可表现出不同的力学性能，如强度、硬度、塑性、韧度、疲劳强度等。金属材料的各力学性能之间有一定的联系。一般提高金属的强度、硬度往往会降低其塑性、韧性。反之提高塑性、韧性，则会削弱其强度。

钢的热处理方法，包括普通热处理(退火、正火、淬火和回火)和钢的表面热处理。

钢材的现场鉴别方法有火花鉴别法、涂色标记法等。

另外还简述了综合技能训练课题，实践中常见问题的解析，热处理安全技术。

1.9 思考与练习

1. 思考题

(1) 金属材料的力学性能指标有哪些？各自的符号和单位是什么？

(2) 碳钢和白口铸铁在化学成分和性能特征上有何主要区别？为什么碳钢和白口铸铁

在性能特征上有如此大的差异?

(3) 实训车间的车床床身、齿轮、轴、螺栓、手锯、锤子、游标卡尺各是用什么材料制造出来的?

(4) Q235、45、T10A、QT600-3、20Cr、W18Cr4V 等材料牌号的意义是什么?

(5) 什么是调质处理? 调质后的材料在性能上有什么特点?

(6) 退火、正火、淬火在冷却方式上有什么不同? 什么是回火? 回火有哪几种? 各用于什么场合?

(7) 试为下列零件选择合适的热处理方法:锉刀、机床主轴、弹簧。

(8) 对低、中、高碳钢等材料怎样进行火花鉴别? 并说明其火花特征。

(9) 一堆钢材由于混杂,不知道化学成分,现抽出一根进行金相分析,其组织为铁素体和珠光体,其中珠光体的面积大约占 40%,问此钢材的含碳量大约为多少?

2. 实训题

(1) 金属材料的硬度实验。

(2) 钢铁材料的火花鉴别。

(3) 常用碳钢的平衡组织观察(20 钢、45 钢、T12 钢)。

(4) 45 钢不同热处理后的组织观察(退火、正火、淬火、低温回火、调质态)。

第2章 铸造

教学提示：铸造是机械制造中毛坯成形的主要工艺之一。在机械制造业中，铸造零件的应用十分广泛。在一般机械设备中，铸件的质量往往要占机械总质量的70%～80%，甚至更高。学习本章前，学生应预习机械工程材料及成型工艺基础中的相关理论内容，结合本章，注重理论联系实际。

教学要求：通过本章的学习，使学生对铸造工艺基础有初步了解；重点掌握砂型铸造的造型方法及工艺过程，理解铸件缺陷的产生及防止，了解特种铸造方法及铸造新技术的发展趋势。

将液态合金浇注、压射或吸入到与零件的形态、尺寸相适应的铸型空腔中，凝固后获得一定形状与性能铸件的成形方法叫作铸造。铸件可直接或经过切削加工后成为零件。铸造能够制成形态复杂的零件，而且铸件的大小几乎不受限制，铸造常用的原材料来源广泛，价格低廉，所以铸件的成本也较低。因此，铸造在机械制造业中应用极其广泛。

2.1 砂型铸造

将液体金属浇入用型砂紧实成的铸型中，待凝固冷却后，将铸型破坏，取出铸件的铸造方法称为砂型铸造。它适用于各种形状、大小及各种常用合金铸件的生产。砂型铸造工艺流程如图2.1所示。

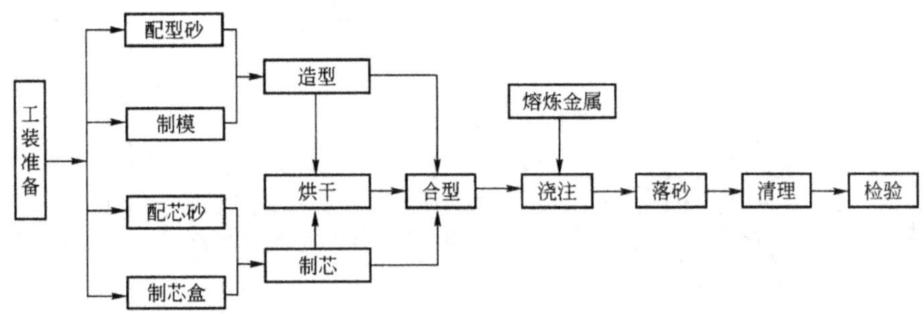

图2.1 砂型铸造工艺流程

2.1.1 造型材料

制造铸型的材料称为造型材料。它通常由原砂、黏结剂、水及其他附加物(如煤粉、木屑、重油等)按一定比例混制而成。根据黏结剂的种类不同，可分为黏土砂、树脂砂、水玻璃砂等。

1. 黏土砂

以黏土作黏结剂的型(芯)砂称为黏土砂。常用的黏土为膨润土和高岭土。此外，为防止铸件粘砂，还需在型砂中添加一定数量的煤粉或其他附加物。根据浇注时铸型的干燥情况可分为湿型、表干型及干型三种。湿型铸造具有生产效率高、铸件不易变形，适合于中、小型铸铁件大批量流水作业等优点，而干型或表干型铸造适用大型复杂铸铁件生产。

2. 树脂砂

以合成树脂做黏结剂的型(芯)砂称为树脂砂。常用的树脂黏结剂主要有酚醛树脂、尿醛树脂和糠醇树脂三类。用树脂砂制芯(型)主要有四种方法：壳芯法、热芯盒法、冷芯盒法和温芯盒法。树脂砂只用于制作形状复杂的砂芯及大铸件造型。

3. 水玻璃砂

用水玻璃做黏结剂的型(芯)砂称为水玻璃砂，为化学硬化砂。具有型砂要求的强度高、透气性好、流动性好；易于紧实，铸件缺陷少，内在质量高；造型(芯)周期短，耐火度高等特点，适合于制作大型铸铁件及所有铸钢件造型。目前国内以二氧化碳硬化水玻璃砂用得最多。

2.1.2 造型方法

造型是指用型砂及模样等工艺装备制造铸型的过程，通常分为手工造型和机器造型两大类。

1. 手工造型

手工造型是全部用手工或手动工具完成的造型工序。其特点是操作方便灵活、适应性强，模样生产准备时间短。但生产率低，劳动强度大。只适用于单件或小批量生产。

各种常用手工造型方法的特点及其适用范围见表2-1。

表2-1 常用手工造型方法的特点及其适用范围

造型方法			主要特点	适用范围
按砂箱特征区分	两箱造型	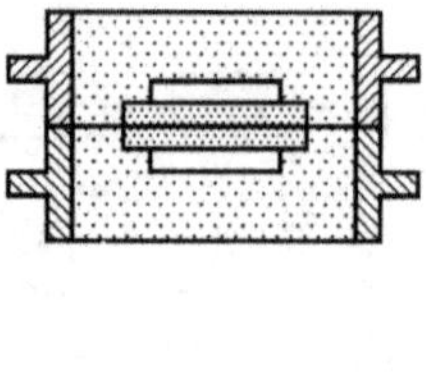	铸型由上型和下型组成，造型、起模、修型等操作方便，是造型最基本的方法	适用于各种生产批量，各种大、中、小铸件

（续）

造型方法		主要特点	适用范围
按砂箱特征区分	三箱造型	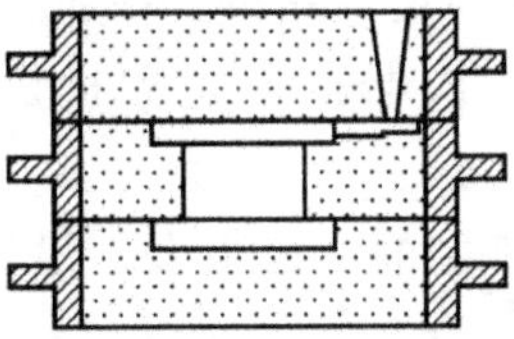 铸型由上、中、下三部分组成，中型的高度须与铸件两个分型面的间距相适应。三箱造型费工，应尽量避免使用	主要用于单件、小批量生产具有两个分型面的铸件
按模样特征区分	整模造型	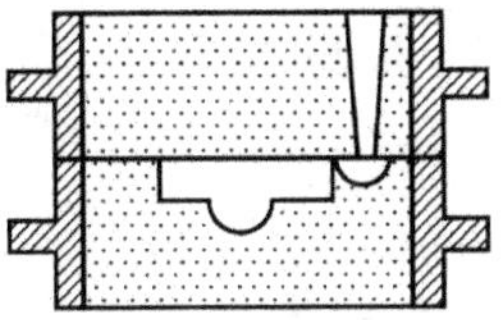 模样是整体的，分型面是平面，多数情况下，型腔全部在下半型内，上半型无型腔。造型简单，铸件不会产生错型缺陷	适用于一端为最大截面且为平面的铸件
	挖砂造型	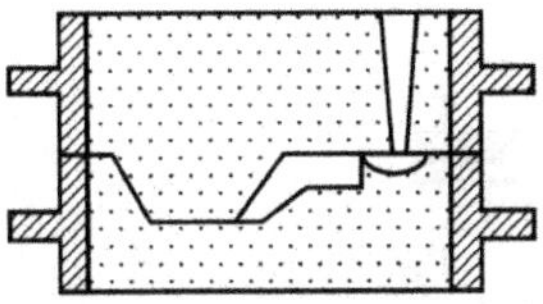 模样是整体的，但铸件的分型面是曲面。为了起模方便，造型时用手工挖去阻碍起模的型砂。每造一件，就挖砂一次，费工、生产率低	用于单件或小批量生产分型面不是平面的铸件
	假箱造型	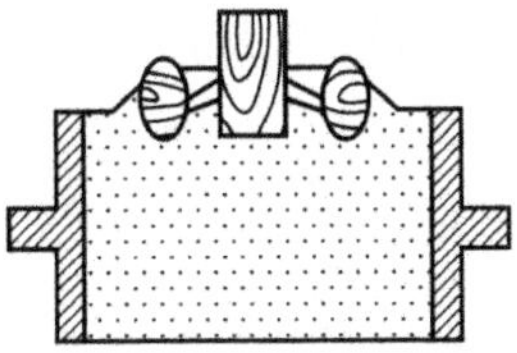 为了克服挖砂造型的缺点，先将模样放在一个预先作好的假箱上，然后放在假箱上造下型，假箱不参与浇注，省去挖砂操作。操作简便，分型面整齐	用于成批生产分型面不是平面的铸件
	分模造型	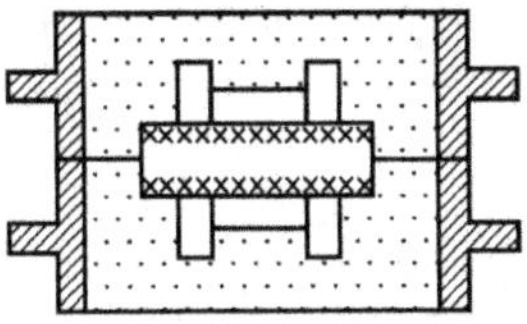 将模样沿最大截面处分为两半，型腔分别位于上、下两个半型内。造型简单，节省工时	常用于最大截面在中部的铸件
	活块造型	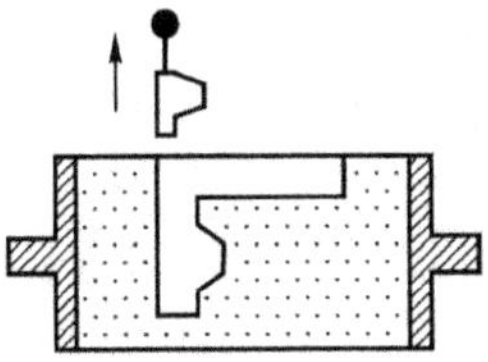 铸件上有妨碍起模的小凸台、肋条等。制模时将此部分作成活块，在主体模样起出后，从侧面取出活块。造型费工，要求操作者的技术水平较高	主要用于单件、小批量生产带有突出部分、难以起模的铸件
	刮板造型	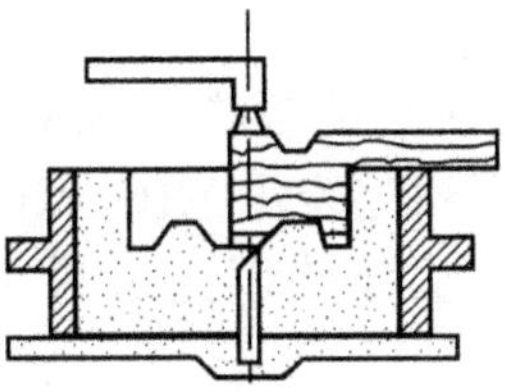 用刮板代替模样造型。可大大降低模样成本，节约木材，缩短生产周期。但生产率低，要求操作者的技术水平较高	主要用于有等截面的或回转体的大、中型铸件的单件或小批量生产

2. 机器造型

机器造型是指用机器全部完成或至少完成紧砂操作的造型工序。与手工造型相比，机器造型能够显著提高劳动生产率，并能提高铸件的尺寸精度、表面质量，使加工余量减小，改善劳动条件，但设备及工艺装备费用高。机器造型是大批量生产砂型的主要方法。

(1) 机器造型紧实砂型的方法。机器造型紧实砂型的方法很多，最常用的是振压紧实法和压实紧实法等。

振压紧实法如图 2.2 所示，砂箱放在带有模样的模板上，填满型砂后靠压缩空气的动力，使砂箱与模板一起振动而紧砂，再用压头压实型砂即可。

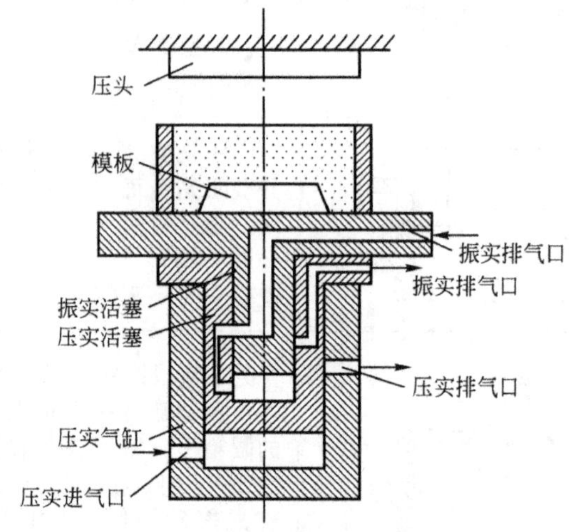

图 2.2　振压式造型机工作原理

压实法是直接在压力作用下使型砂得到紧实。如图 2.3 所示，固定在横梁上的压头将辅助框内的型砂从上面压入砂箱得以紧实。

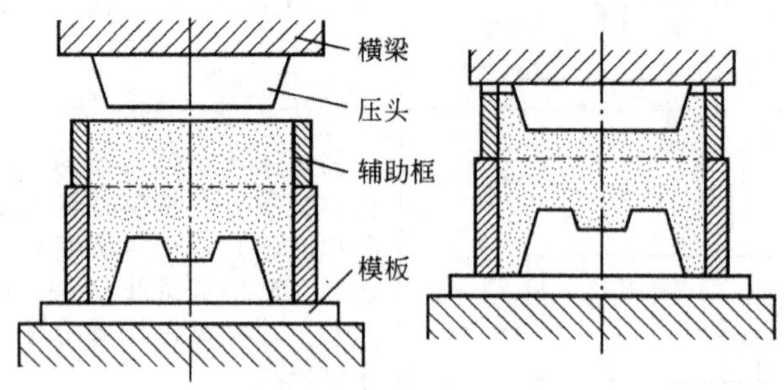

图 2.3　压实法示意图

(2) 起模方法。为了实现机械起模，机器造型所用的模样与底板连成一体，称为模板。模板上有定位销与砂箱精确定位。图 2.4 是顶箱起模示意图。起模时，4 个顶杆在起模液压缸的驱动下一起将砂箱顶起一定高度，从而使固定在模板上的模样与砂型脱离。

2.1.3 铸造工艺设计

铸造工艺包括：铸件浇注位置和分型面位置选择，加工余量、收缩率和拔模斜度等工艺参数选取，型芯和芯头结构，浇注系统、冒口和冷铁的布置等。铸造工艺图是在零件图上绘制出制造模样和铸型所需技术资料，并表达铸造工艺方案的图形。

1. 铸件浇注位置的选择

铸件的浇注位置是指浇注时铸件在铸型内所处的空间位置。浇注位置的选择，关系到铸件的内在质量和尺寸精度。浇注位置的选择一般应遵循以下几个原则。

(1) 铸件的重要加工面应处于型腔低面或位于侧面。因为浇注时气体、夹杂物易漂浮在金属液上面，下面金属质量纯净，组织致密。图 2.5 所示为车床床身铸件的浇注位置方案，重要的导轨面、加工面朝下保证其质量。

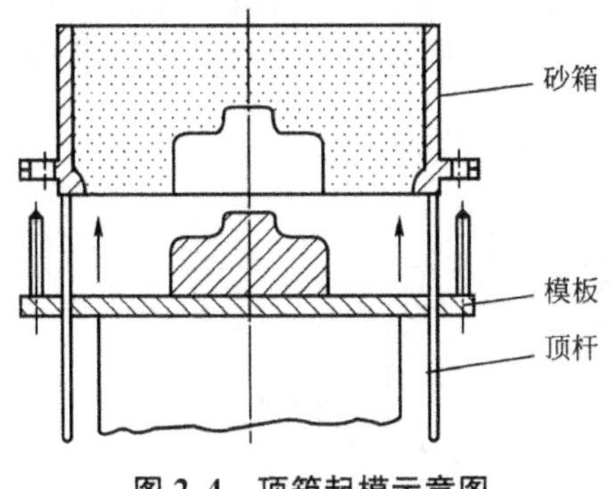

图 2.4 顶箱起模示意图

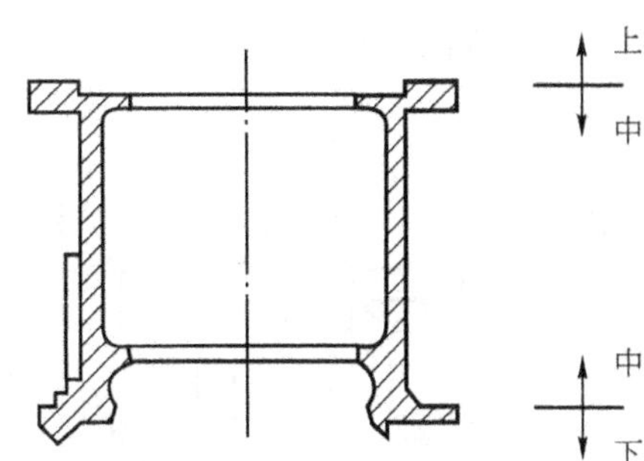

图 2.5 车床床身的浇注位置

(2) 铸件的大平面应朝下。防止金属液对型腔上表面有强烈的热辐射，使铸型拱起开裂形成夹砂缺陷。如图 2.6 所示，铸件的大平面朝下。

(3) 面积较大的薄壁部分置于铸型下部或使其处于垂直或倾斜位置，有利于金属的充填，防止铸件产生浇不足或冷隔等缺陷。图 2.7 所示为箱盖的合理浇注位置。

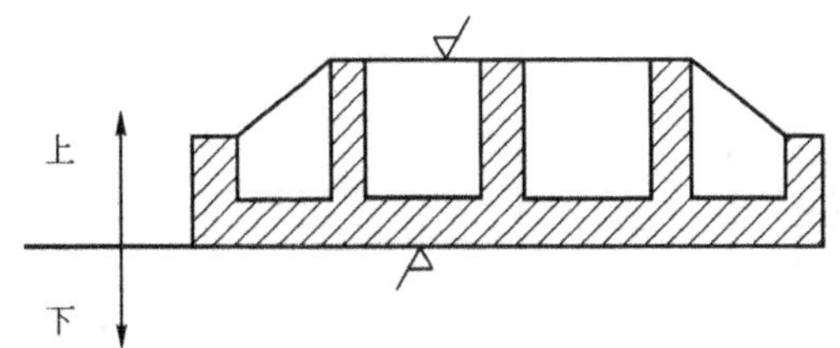

图 2.6 具有大平面的铸件的正确浇注位置示意图

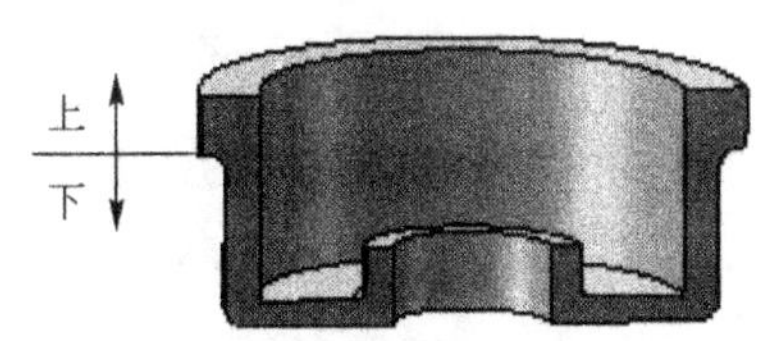

图 2.7 箱盖浇注时的正确位置示意图

(4) 对于容易产生缩孔的铸件，应将厚大部分放在分型面附近的上部或侧面，以便在铸件厚壁处直接安置冒口，实现自下而上的定向凝固。

2. 铸型分型面的选择原则

分型面是指铸件组元间的接合面。在选择分型面时应遵循以下原则。

(1) 分型面应尽量选在铸件的最大截面处，以便于起模。图 2.8 所示的铸件，按图(a)

确定分型面不便于起模，改为图(b)的最大截面处则便于起模。

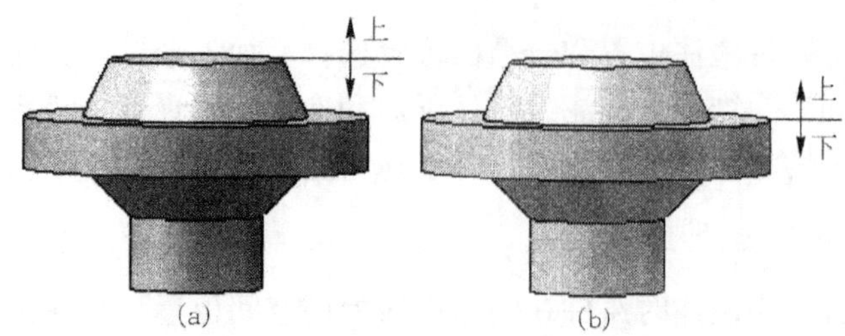

图 2.8　分型面应选在最大截面处示意图

(2) 应尽量使铸型只有一个分型面，以便采用工艺简便的两箱造型。分型面越多，造型越困难，误差越大，精度越低。图 2.9 所示的绳轮铸件，按图(a)方案，铸型须有两个分型面才能取出模样，需用三箱造型；采用图(b)方案，铸型只有一个分型面，采用两箱造型即可。

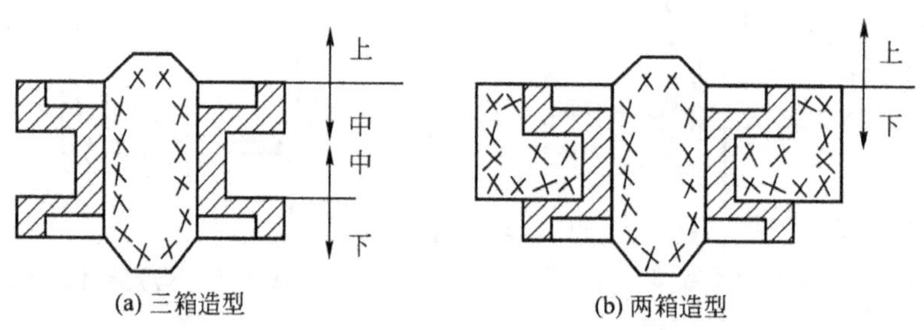

(a) 三箱造型　　(b) 两箱造型

图 2.9　绳轮采用型芯使三箱造型变为两箱造型

(3) 尽量使铸件全部或大部分置于同一砂箱内，并使铸件的重要加工面、工作面、加工基准面及主要型芯位于下型内。这样便于型芯的安放和检验，降低上型箱的高度，便于合箱，防止错箱，保证铸件的尺寸精度。图 2.10 所示为管子堵头分型面选择的对比。

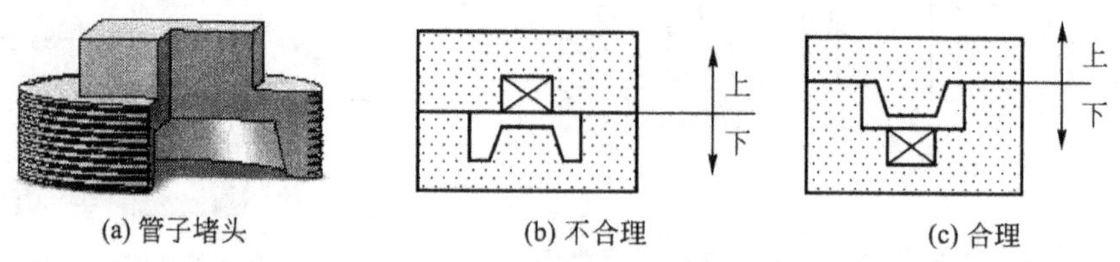

(a) 管子堵头　　(b) 不合理　　(c) 合理

图 2.10　管子堵头的分型面

(4) 铸件的非加工面上尽量避免有披缝，如图 2.11 所示。

在确定浇注位置和分型面时，一般情况下，应先保证铸件质量选择浇注位置，而后通过简化造型工艺确定分型面。在生产中，如二者的确相互矛盾，必须综合分析各种方案的利弊，选择最佳方案。

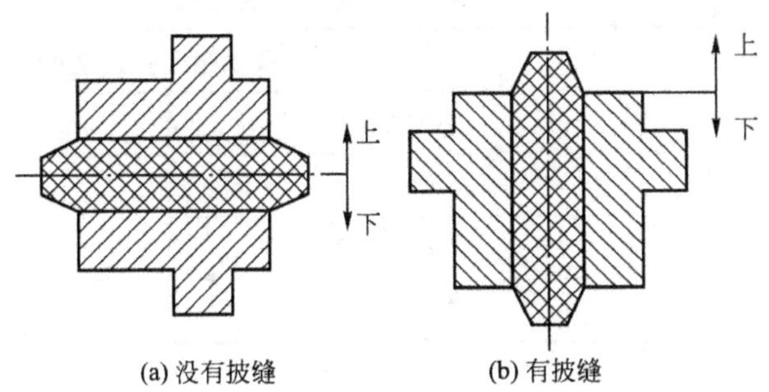

(a) 没有披缝　(b) 有披缝

图 2.11　非加工面上避免披缝的方式

3. 工艺参数的确定

铸造工艺参数是指铸造工艺设计时，需要确定的一些工艺数据。选择不当会影响铸件的精度、生产率和成本。常见的工艺参数有如下几项。

(1) 收缩率。铸件自高温冷却至室温时，尺寸的缩小值与铸件名义尺寸的百分比即铸造收缩率。收缩率 K 表达式为：

$$K=\frac{L_{模}-L_{件}}{L_{件}}\times 100\%$$

通常，灰铸铁的铸造收缩率为 0.7%～1.0%，铸造碳钢为 1.3%～2.0%，铸造锡青铜为 1.2%～1.4%。

(2) 加工余量。在铸件的加工面上为切削加工而加大的尺寸称为机械加工余量。灰铸铁的机械加工余量可参考表 2-2。

表 2-2　灰铸铁的机械加工余量　（单位：mm）

铸件最大尺寸	浇注时位置	加工面与基准面之间的距离					
		<50	50～120	>120～260	>260～500	>500～800	>800～1250
<120	顶面 底、侧面	3.5～4.5 2.5～3.5	4.0～4.5 3.0～3.5				
120～260	顶面 底、侧面	4.0～5.0 3.0～4.0	4.5～5.0 3.5～4.0	5.0～5.5 4.0～4.5			
>260～500	顶面 底、侧面	4.5～6.0 3.5～4.5	5.0～6.0 4.0～4.5	6.0～7.0 4.5～5.0	6.5～7.0 5.0～6.0		
>500～800	顶面 底、侧面	5.0～7.0 4.0～5.0	6.0～7.0 4.5～5.0	6.5～7.0 4.5～5.5	7.0～8.0 5.0～6.0	7.5～9.0 6.5～7.0	
>800～1250	顶面 底、侧面	6.0～7.0 4.0～5.5	6.5～7.5 5.0～5.5	7.0～8.0 5.0～6.0	7.5～8.0 5.5～6.0	8.0～9.0 5.5～7.0	8.5～10 6.5～7.5

(3) 最小铸出孔。对于铸件上的孔、槽，一般来说，较大的孔、槽应当铸出，较小的孔用机械加工较经济。最小铸出孔的参考数值见表 2-3。对于零件图上不要求加工的孔、槽及弯曲孔等，一般均应铸出。

表 2-3　铸件毛坯的最小铸出孔　　（单位：mm）

生产批量	最小铸出孔的直径	
	灰铸铁件	铸钢件
大量生产	12～15	—
成批生产	＞15～30	30～50
单件、小批量生产	＞30～50	＞50

(4) 起模斜度。平行于起模方向的模样壁的斜度称为起模斜度，如图 2.12 所示。起模斜度应根据模样高度及造型方法来确定。模样越高，斜度取值越小；内壁斜度比外壁斜度大，手工造型比机器造型的斜度大。

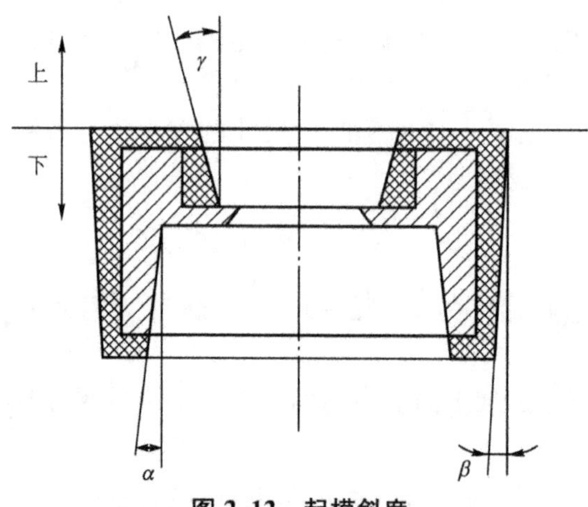

图 2.12　起模斜度

(5) 铸造圆角。铸件上相邻两壁之间的交角应设计成圆角，防止在尖角处产生冲砂及裂纹等缺陷。圆角半径一般为相交两壁平均厚度的 1/3～1/2。

(6) 型芯头。为保证型芯在铸型中的定位、固定和排气，在模样和型芯上都要设计出型芯头。型芯头可分为垂直芯头和水平芯头两大类，如图 2.13 所示。

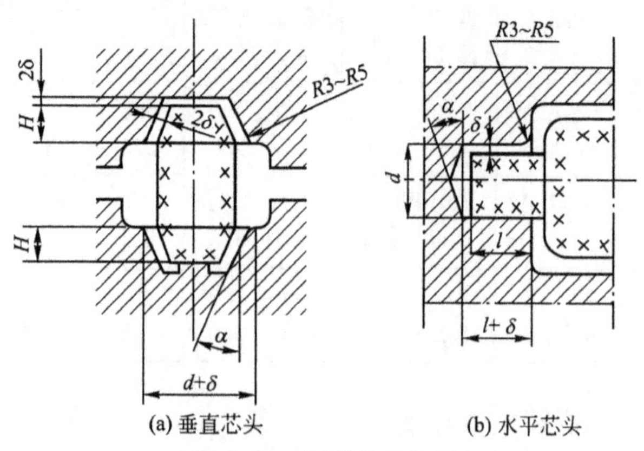

(a) 垂直芯头　　(b) 水平芯头

图 2.13　型芯头的构造

具体工艺参数的数值可在有关手册中查到。

4. 铸造工艺图的绘制

铸造工艺图是在零件图中用各种工艺符号、文字和颜色，表示出铸造工艺方案的图形。其中包括：铸件的浇注位置；铸型分型面；型芯的数量、形状、固定方法及下芯次序；加工余量；起模斜度；收缩率；浇注系统；冒口；冷铁的尺寸和布置等。铸造工艺图是指导模样(芯盒)设计及制造、生产准备、铸型制造和铸件检验的基本工艺文件。依据铸造工艺图，结合所选造型方法，便可绘制出模样(芯盒)图及铸型装配图(砂型合箱图)。如图 2.14 所示为一支座的铸造工艺图、模样图及合箱图。

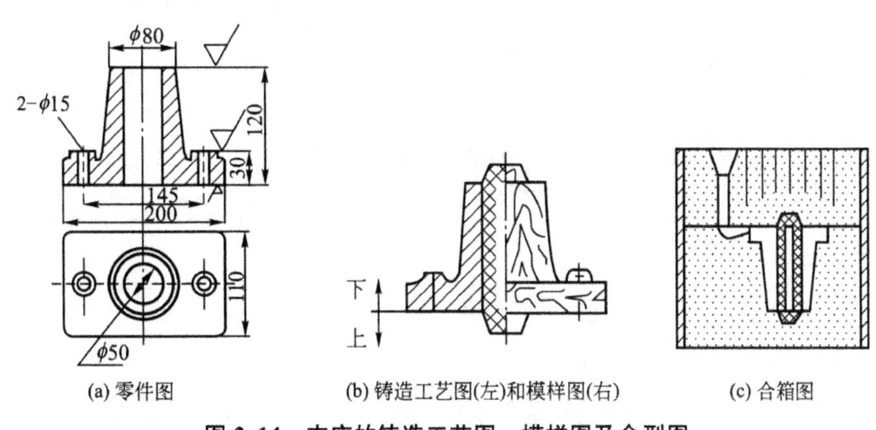

(a) 零件图　(b) 铸造工艺图(左)和模样图(右)　(c) 合箱图

图 2.14　支座的铸造工艺图、模样图及合型图

5. 铸造工艺设计的一般程序

铸造工艺设计主要是画铸造工艺图、铸型装配图和编写工艺卡片等，是生产的指导性文件，也是生产准备、管理和铸件验收的依据。铸造工艺设计的好坏，对铸件的质量、生产率及成本起着决定性的作用。铸造工艺设计的内容和一般程序见表 2-4。

表 2-4　铸造工艺设计的内容和一般程序

项目	内容	用途及应用范围	设计程序
铸造工艺图	在零件图上用规定的红、蓝等各色符号表示出：浇注位置和分型面，加工余量，收缩率，起模斜度，反变形量，浇、冒口系统，内外冷铁，铸肋，砂芯形状、数量及芯头大小等	制造模样、模底板、芯盒等工装及进行生产准备和验收的依据。适用于各种批量的生产	① 产品零件的技术条件和结构工艺性分析 ② 选择铸造及造型方法 ③ 确定浇注位置和分型面 ④ 选用工艺参数 ⑤ 设计浇冒口、冷铁和铸肋 ⑥ 型芯设计

（续）

项目	内容	用途及应用范围	设计程序
铸件图	把经过铸造工艺设计后，改变了零件形状、尺寸的地方都反映在铸件图上	铸件验收和机加工夹具设计的依据。适用于成批、大量生产或重要铸件的生产	⑦ 在完成铸造工艺图的基础上，画出铸件图
铸型装配图	表示出浇注位置，型芯数量、固定和下芯顺序，浇冒口和冷铁布置，砂箱结构和尺寸大小等	生产准备、合箱、检验、工艺调整的依据。适用于成批、大量生产的重要件，单件的重型铸件	⑧ 通常在完成砂箱设计后画出
铸造工艺卡片	说明造型、造芯、浇注、打箱、清理等工艺操作过程及要求	生产管理的重要依据。根据批量大小填写必要条件	⑨ 综合整个设计内容

2.2 特种铸造

除普通砂型铸造以外的铸造方法通称为特种铸造。它具有铸件精度和表面质量高、铸件内在性能好、原材料消耗低、工作环境好等优点。

2.2.1 熔模铸造(失蜡铸造)

熔模铸造又称失蜡铸造。

1. 熔模铸造的工艺过程

(1) 压型制造。压型［图 2.15(b)］是用来制造蜡模的专用模具，它是用根据铸件的形状和尺寸制作的母模［图 2.15(a)］来制造的。当铸件精度高或大批量生产时，压型一般用钢、铜合金或铝合金经切削加工制成；对于小批量生产或铸件精度要求不高时，可采用易熔合金(锡、铅等组成的合金)、塑料或石膏直接向母模上浇注而成。

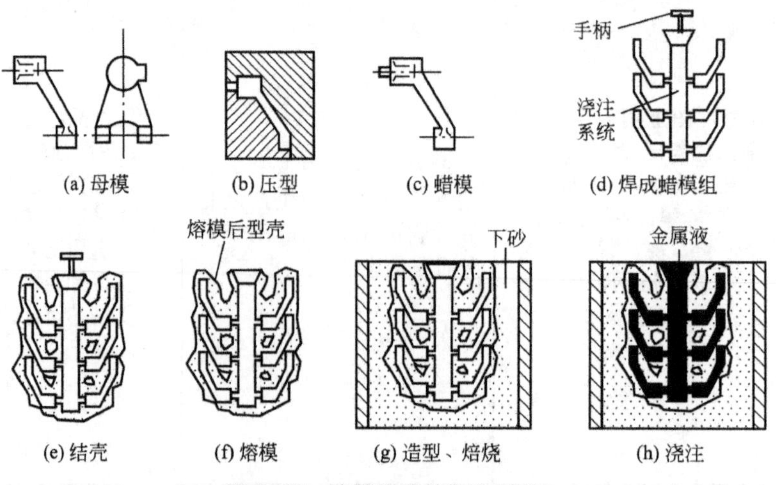

图 2.15 熔模铸造的工艺过程

(2) 制造蜡模。蜡模材料常用50%石蜡和50%硬脂酸配制而成。将蜡料加热至糊状，在一定的压力下压入型腔内，待冷却后，从压型中取出得到一个蜡模[图2.15(c)]。为提高生产率，常把数个蜡模熔焊在蜡棒上，形成蜡模组[图2.26(d)]。

(3) 制造型壳。在蜡模组表面浸挂一层以水玻璃和石英粉配制的涂料，然后在上面撒一层较细的硅砂，并放入固化剂(如氯化铵水溶液等)中硬化。使蜡模组外面形成由多层耐火材料组成的坚硬型壳(一般为4～10层)，型壳的总厚度为5～7mm[图2.15(e)]。

(4) 熔化蜡模(脱蜡)。通常将带有蜡模组的型壳放在80～90℃的热水中，使蜡料熔化后从浇注系统中流出，形成脱蜡后的型壳[图2.15(f)]。

(5) 型壳的焙烧。把脱蜡后的型壳放入加热炉中，加热到800～950℃，保温0.5～2h，烧去型壳内的残蜡和水分，洁净型腔。为使型壳强度进一步提高并防止型壳变形，可将其置于砂箱中，周围用粗砂充填，即造型[图2.15(g)]，然后进行焙烧。

(6) 浇注。将型壳从焙烧炉中取出后，周围堆放干砂，加固型壳，然后趁热(600～700℃)浇入合金液，并凝固冷却[图2.15(h)]。

(7) 脱壳和清理。用人工或机械方法去掉型壳、切除浇冒口，清理后即得铸件。

2. 熔模铸造的特点和应用

熔模铸造的特点如下：

(1) 由于铸型精密，没有分型面，型腔表面极光洁，故铸件精度高、表面质量好，是少、无切削加工工艺的重要方法之一。如熔模铸造的涡轮发动机叶片，铸件精度已达到无加工余量的要求。

(2) 可制造形状复杂铸件，其最小壁厚可达0.3mm，最小铸出孔径为0.5mm。对由几个零件组合成的复杂部件，可用熔模铸造一次铸出。

(3) 铸造合金种类不受限制，用于高熔点和难切削合金成型更具显著的优越性，如高合金钢、耐热合金等合金成型。

(4) 生产批量基本不受限制，既可成批、大批量生产，又可单件、小批量生产。

(5)工序繁杂，生产周期长，原辅材料费用比砂型铸造高，生产成本较高，铸件不宜太大、太长，一般限于25kg以下。

应用：生产汽轮机及燃气轮机的叶片，泵的叶轮，切削刀具，以及飞机、汽车、拖拉机、风动工具和机床上的小型零件。

2.2.2 金属型铸造

金属型铸造是将液体金属在重力作用下浇入金属铸型，以获得铸件的一种方法。铸型可以反复使用几百次到几千次，所以又称永久型铸造。

1. 金属型的结构与材料

根据分型面位置的不同，金属型可分为垂直分型式、水平分型式和复合分型式三种结构，其中垂直分型式金属型开设浇注系统和取出铸件比较方便，易实现机械化，应用较广，如图2.16所示。图2.17是铸造铝合金活塞用的垂直分型式金属型。

制造金属型的材料熔点一般应高于浇注合金的熔点。如浇注锡、锌、镁等低熔点合金，可用灰铸铁制造金属型；浇注铝、铜等合金，则要用合金铸铁或钢制金属型。金属型用的芯子有砂芯和金属芯两种，有色金属铸件常用金属型芯。

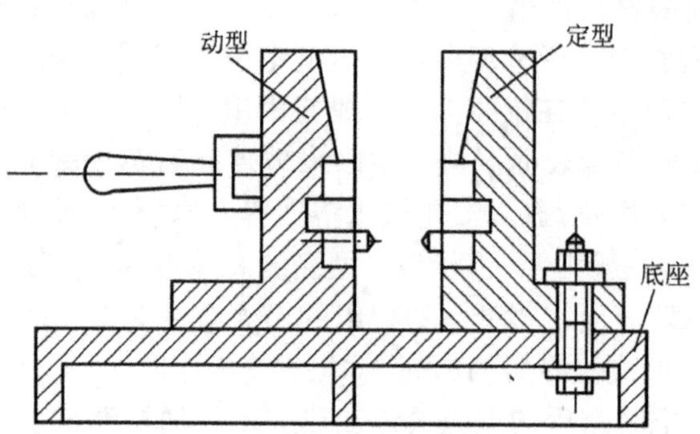

图 2.16　垂直分型式金属型图

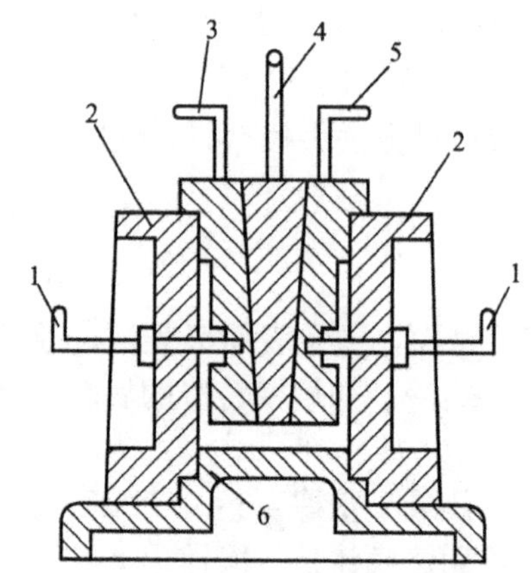

图 2.17　铝活塞用垂直分型式金属型简图

1—销孔金属型芯；2—左右半型；
3、4、5—分块金属型芯；6—底型

2. 金属型的铸造工艺措施

由于金属型导热速度快，没有退让性和透气性，直接浇注易产生浇不到、冷隔等缺陷及内应力和变形，且铸件易产生白口组织，为了确保获得优质铸件和延长金属型的使用寿命，必须采取下列工艺措施：

(1) 预热金属型，减缓铸型冷却速度。

(2) 表面喷刷防粘砂耐火涂料，以减缓铸件的冷却速度，防止金属液直接冲刷铸型。

(3) 控制开型时间，浇注时正确选定浇注温度和浇注速度，浇注后，待铸件冷凝后，应及时从铸型中取出，防止铸件开裂。通常铸铁件出型温度为 780～950℃，开型时间为 10～60s。

3. 金属型铸造的特点及应用范围

金属型铸造的特点如下：

(1) 尺寸精度高，尺寸公差等级为 IT12～IT14，表面质量好，表面粗糙度 Ra 值为 12.5～6.3μm，机械加工余量小。

(2) 铸件的晶粒较细，力学性能好。

(3) 可实现一型多铸，提高了劳动生产率，且节约造型材料。

但金属型的制造成本高，不宜生产大型、形状复杂和薄壁铸件；由于冷却速度快，铸铁件表面易产生白口组织，切削加工困难；受金属型材料熔点的限制，熔点高的合金不适宜用金属型铸造。

用途：铜合金、铝合金等铸件的大批量生产，如活塞、连杆、气缸盖等；铸铁件的金属型铸造目前也有所发展，但其尺寸限制在 300mm 以内，质量不超过 8kg，如电熨斗底板等。

2.2.3 压力铸造

压力铸造(简称压铸)是在高压作用下，使液态或半液态金属以较高的速度充填金属型型腔，并在压力下成形和凝固而获得铸件的方法。

1. 压铸机和压铸工艺过程

压铸是在压铸机上完成的，压铸机根据压室工作条件不同，分为冷压室压铸机和热压室压铸机两类。热压室压铸机的压室与坩埚连成一体，而冷压室压铸机的压室是与坩埚分开的。冷压室压铸机又可分为立式和卧式两种，目前以卧式冷压室压铸机应用较多，其工作原理如图 2.18 所示。压铸铸型称为压型，分为定型和动型。将定量金属液浇入压室，柱塞向前推进，金属液经浇道压入压铸模型腔中，经冷凝后开型，由推杆将铸件推出，完成压铸过程。冷压室压铸机，可用于压铸熔点较高的非铁金属，如铜、铝和镁合金等。

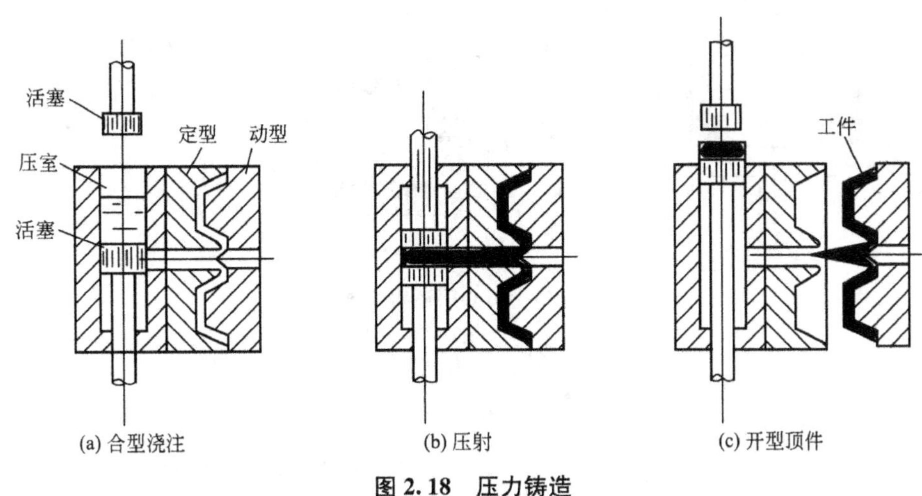

图 2.18 压力铸造

2. 压力铸造的特点及其应用

压铸具有如下优点：

(1) 压铸件尺寸精度高，表面质量好，尺寸公差等级为 IT10～IT12，表面粗糙度 Ra 值为 3.2～0.8μm，可不经机械加工直接使用，而且互换性好。

(2) 可以压铸壁薄、形状复杂及具有直径很小的孔和螺纹的铸件，如锌合金的压铸件最小壁厚可达 0.8mm，最小铸出孔直径可达 0.8mm、最小可铸螺距达 0.75mm，还能压铸镶嵌件。

(3) 压铸件的强度和表面硬度较高。由于压力下结晶，且冷却速度快，故铸件表层晶粒细密，其抗拉强度比砂型铸件高25%～40%，但延伸率有所下降。

(4) 生产率高，可实现半自动化及自动化生产。

缺点：气体难以排出，压铸件易产生皮下气孔，压铸件不能进行热处理，也不宜在高温下工作；金属液凝固快，厚壁处来不及补缩，易产生缩孔和缩松；设备投资大，铸型制造周期长、造价高，不宜小批量生产。

应用：生产锌合金、铝合金、镁合金和铜合金等铸件；汽车及拖拉机制造业，仪表和电子仪器工业、农业机械、国防工业、计算机、医疗器械等制造业。

2.2.4 离心铸造

离心铸造是指将熔融金属浇入旋转的铸型中，使液体金属在离心力的作用下充填铸型并凝固成形的一种铸造方法。

1. 离心铸造的类型

铸型采用金属型或砂型。离心铸造机通常可分为立式和卧式两大类，其工作原理如图2.19所示。铸型绕水平轴旋转的称为卧式离心铸造，适合浇注长径比较大的各种管件；铸型绕垂直轴旋转的称为立式离心铸造，适合浇注各种盘、环类铸件。

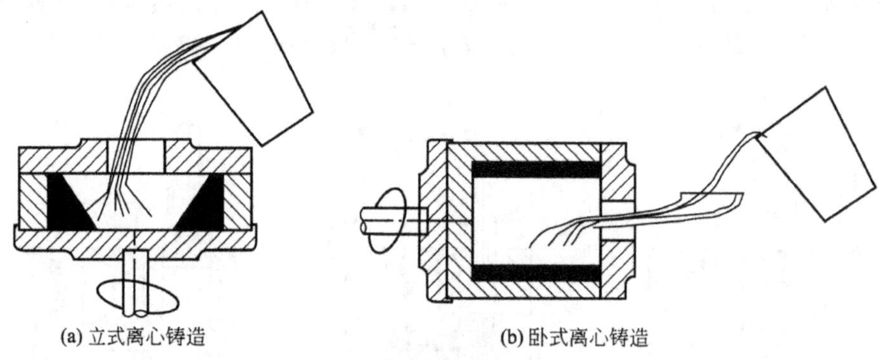

图2.19 离心铸造机原理图

2. 离心铸造的特点及应用范围

离心铸造的特点如下：

(1) 液体金属能在铸型中形成中空的自由表面，不用型芯即可铸出中空铸件，简化了套筒、管类铸件的生产过程。

(2) 可提高金属充填铸型的能力，一些流动性较差的合金和薄壁铸件都可以用离心铸造法生产。

(3) 由于离心力的作用，气体和非金属夹杂物也易于自金属液中排出，产生缩孔、缩松、气孔和夹杂等缺陷的概率较小。

(4) 无浇注系统和冒口，节约金属。

(5) 可进行双金属铸造，如钢套内镶铜轴承等。

(6) 铸件内表面质量较粗糙，内孔的尺寸不精确，需采用较大的余量；铸件易产生成分偏析和密度偏析。

应用：主要用于大批量生产的各种铸铁和铜合金的管类、套类、环类铸件和小型成形铸件，如铸铁管、气缸套、铜套、双金属轴承、特殊钢的无缝管坯、造纸机滚筒等铸件的生产。

2.3 铸件结构设计

2.3.1 铸造工艺对铸件结构的要求

铸件结构的设计应尽量使制模、造型、制芯、合型和清理等工序简化，提高生产率。铸件设计应遵循以下原则。

1. 铸件的外形必须力求简单、造型方便

(1) 避免外部侧凹。铸件在起模方向上若有侧凹，必将增加分型面的数量，使砂箱数量和造型工时增加，也使铸件容易产生错型，影响铸件的外形和尺寸精度。如图2.20(a)所示的端盖，由于上下法兰的存在，使铸件产生侧凹，铸件具有两个分型面，所以必须采用三箱造型，或增加环状外型芯，使造型工艺复杂。改为图2.20(b)所示结构，取消了上部法兰，使铸件只有一个分型面，可采用两箱造型，显著提高造型效率。

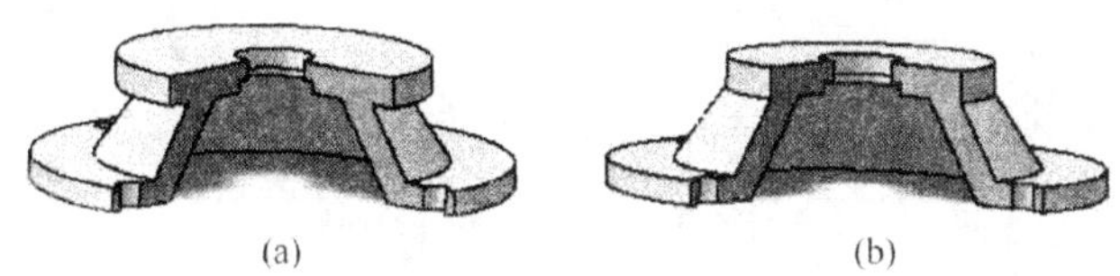

图2.20 端盖的设计

(2) 凸台、肋板的设计。设计铸件侧壁上的凸台、肋板时，要考虑到起模方便，尽量避免使用活块和型芯。图2.21(a)和图2.21(b)所示凸台均妨碍起模，应将相近的凸台连成一片，并延长到分型面，如图2.21(c)和图2.21(d)所示，就不需要活块和活型芯，便于起模。

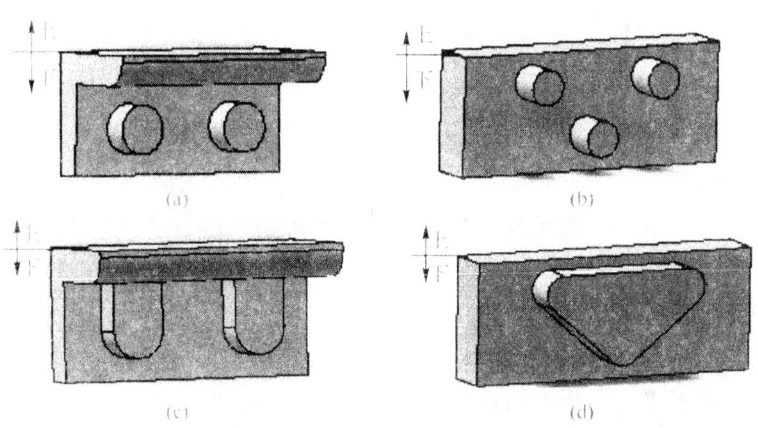

图2.21 凸台的设计

2. 合理设计铸件内腔

铸件的内腔通常由型芯形成，型芯处于高温金属液的包围之中，工作条件恶劣，极易产生各种铸造缺陷。故在铸件内腔的设计中，应尽可能地避免或减少型芯。

(1) 尽量避免或减少型芯。图 2.22(a)所示悬臂支架采用方形中空截面，为形成其内腔，必须采用悬臂型芯，型芯的固定、排气和出砂都很困难。若改为图 2.22(b)所示工字形开式截面，可省去型芯。

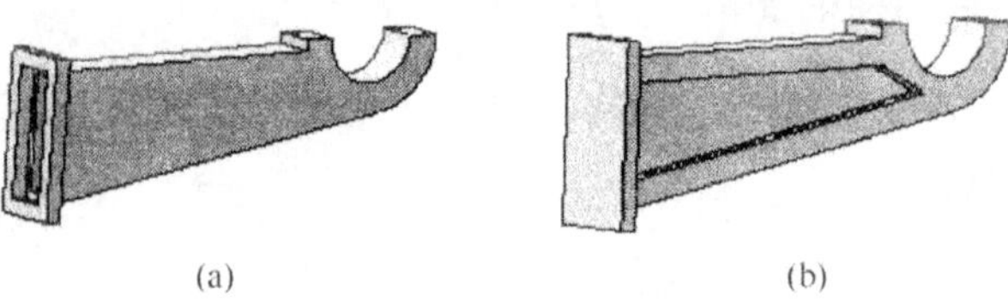

图 2.22　悬臂支架

(2) 型芯要便于固定、排气和清理。型芯在铸型中的支撑必须牢固，否则型芯经不住浇注时金属液的冲击而产生偏芯缺陷，造成废品。如图 2.23(a)所示的轴承架铸件，其内腔采用两个型芯，其中较大的呈悬臂状，需用型撑来加固，改为图 2.23(b)所示结构，则可采用一个整体型芯形成铸件的空腔，型芯既能很好地固定，而且下芯、排气、清理都很方便。

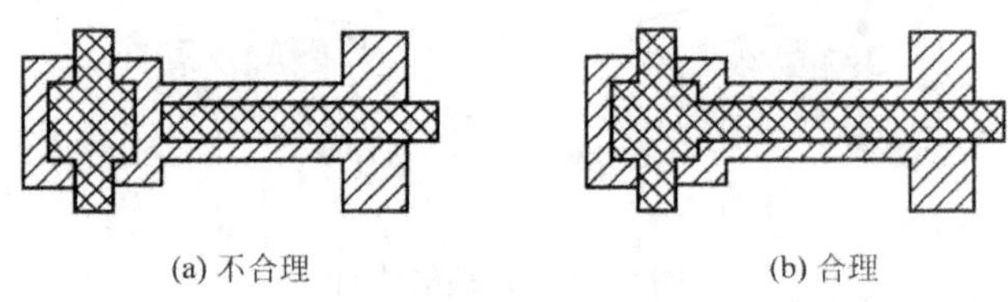

图 2.23　轴承架铸件

(3) 应避免封闭内腔。图 2.24 (a)所示铸件为封闭空腔结构，其型芯安放、排气及清砂均较困难，结构工艺性差。改为图 2.24(b)所示结构，较为合理。

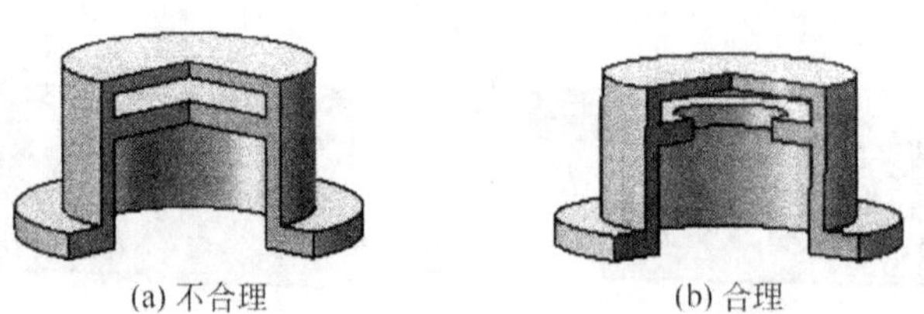

图 2.24　铸件结构避免封闭内腔示意图

3. 分型面尽量平直

分型面如果不平直，造型时必须采用挖砂或假箱造型，生产率低。图 2.25(a)所示杠杆铸件的分型面是不直的，分型面设计为图 2.25(b)所示为平面，方便制模和造型。

4. 铸件要有结构斜度

铸件垂直于分型面的不加工表面，应设计出结构斜度，如图 2.26(b)所示，有结构斜度在造型时容易起模，不易损坏型腔。图 2.26(a)为无结构斜度的不合理结构。

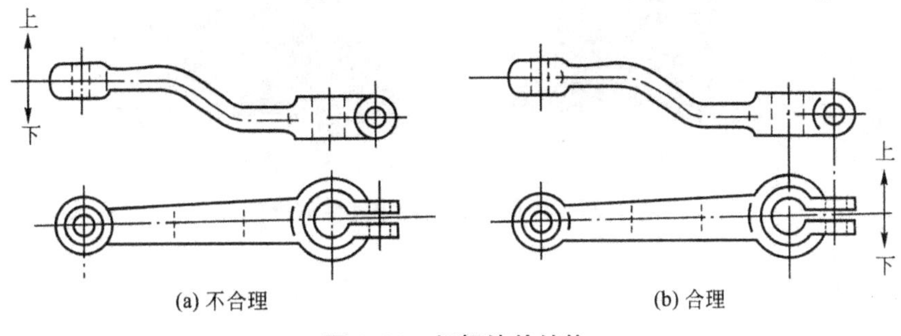

图 2.25 杠杆铸件结构

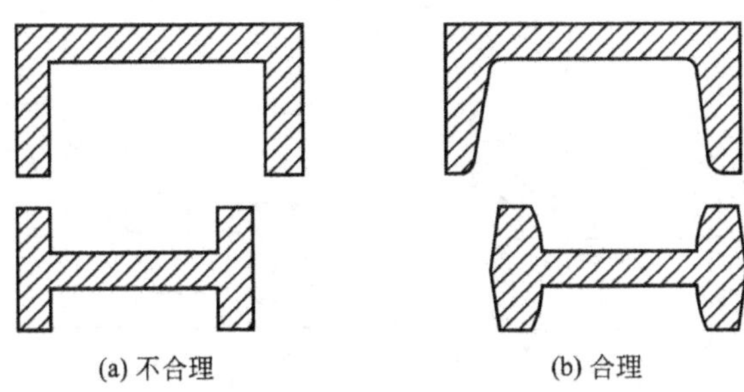

图 2.26 铸件结构斜度

铸件的结构斜度和起模斜度的不同：结构斜度是在零件的非加工面上设置的，直接标注在零件图上，且斜度值较大；起模斜度是在零件的加工面上设置的，在绘制铸造工艺图或模样图时使用，切削加工时将被切除。

2.3.2 合金铸造性能对铸件结构的要求

1. 合理设计铸件壁厚

铸件的壁厚越大，越有利于液态合金充填型腔，但是随着壁厚的增加，铸件心部的晶粒越粗大，且易产生缩孔、缩松等缺陷；铸件壁厚减小，有利于获得细小晶粒，但不利于液态合金充填型腔，容易产生冷隔、浇不到等缺陷。为了获得完整、光滑的合格铸件，铸件壁厚设计应大于该合金在一定铸造条件下所能得到的最小壁厚。表 2-5 列出了砂型铸造条件下铸件的最小壁厚。

表 2-5 砂型铸造铸件最小壁厚的设计 （单位：mm）

铸件尺寸	铸钢	灰铸铁	球墨铸铁	可锻铸铁	铝合金	铜合金
<200×200	5~8	3~5	4~6	3~5	3~3.5	3~5
200×200~500×500	10~12	4~10	8~12	6~8	4~6	6~8
>500×500	15~20	10~15	12~20	—	—	—

当铸件壁厚不能满足力学性能要求时，常采用带加强肋结构的方法，如图 2.27 所示。

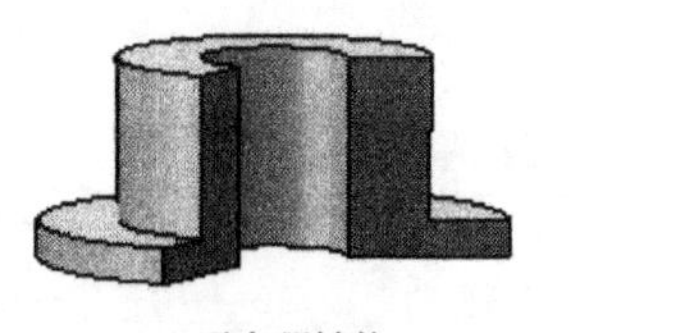

(a) 不合理结构　　(b) 合理结构

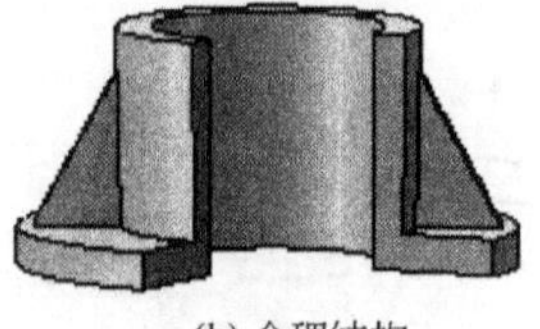

图 2.27　采用加强肋减小铸件的壁厚

2. 壁厚应尽可能均匀

如图 2.28 所示，在设计铸件时，应力求做到壁厚均匀。所谓壁厚均匀，是指铸件的各部分具有冷却速度相近的壁厚，故内壁的厚度要比外壁厚度小一些。

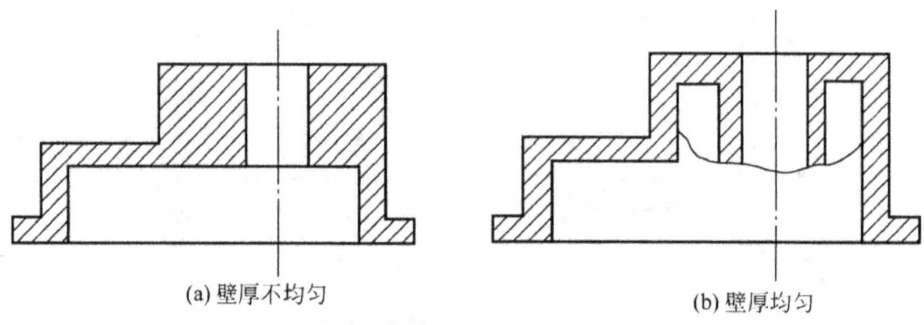

(a) 壁厚不均匀　　(b) 壁厚均匀

图 2.28　铸件的壁厚设计

3. 铸件壁的连接方式要合理

(1) 铸件壁之间的连接应有结构圆角。直角转弯处易形成冲砂、砂眼等缺陷，同时也容易在尖锐的棱角部分形成结晶薄弱区。此外，直角处还因热量积聚较多(热节)容易形成缩孔、缩松，如图 2.29 所示。因此要合理地设计内圆角和外圆角。铸造圆角的大小应与铸件的壁厚相适应，数值可参考表 2-6。

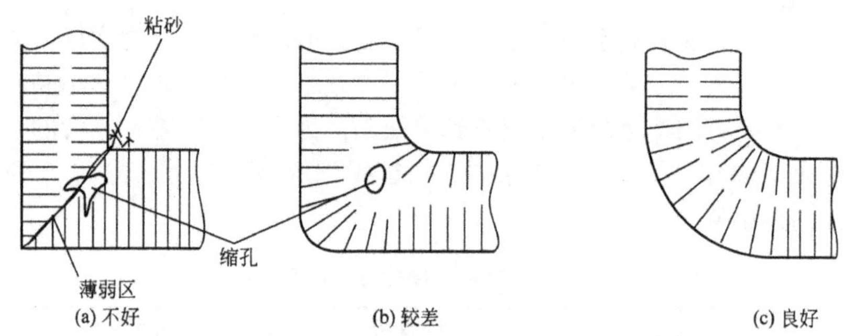

(a) 不好　　(b) 较差　　(c) 良好

图 2.29　直角与圆角对铸件质量的影响

表 2-6　铸件的内圆角半径 *R* 值　　(单位：mm)

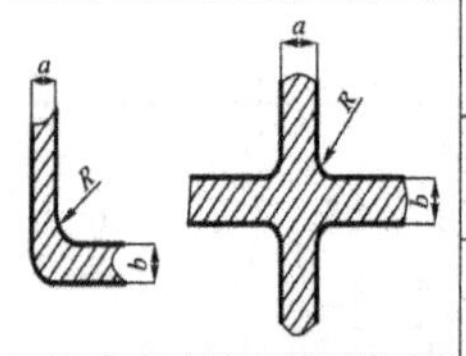	**(*a*+*b*)/2**	<8	8～12	>12～16	>16～20	>20～27	>27～35	>35～45	>45～60
	铸铁	4	6	6	8	10	12	16	20
	铸钢	6	6	8	10	12	16	20	25

(2) 铸件壁厚不同的部分进行连接时，应力求平缓过渡，避免截面突变，以减小应力集中，防止产生裂纹，如图 2.30 所示。

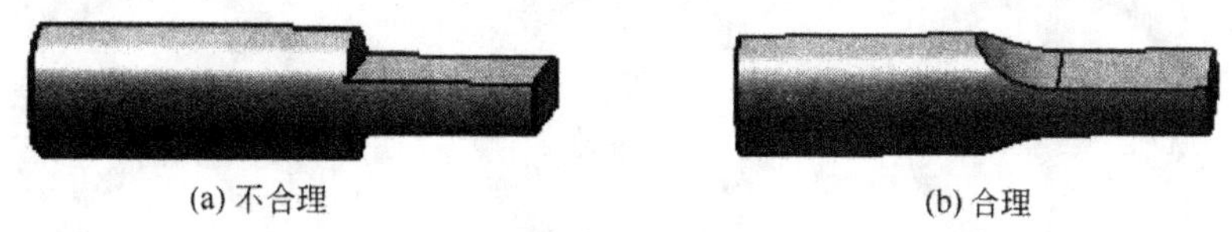

(a) 不合理　　(b) 合理

图 2.30　铸件壁厚的过渡形式

(3) 连接处避免集中交叉和锐角［图 2.31(a)和图 2.31(b)］。当铸件两壁交叉时，中、小铸件采用交错接头，大型铸件采用环形接头，如图 2.31(c)所示。当两壁必须锐角连接时，要采用图 2.31(d)所示的过渡形式。

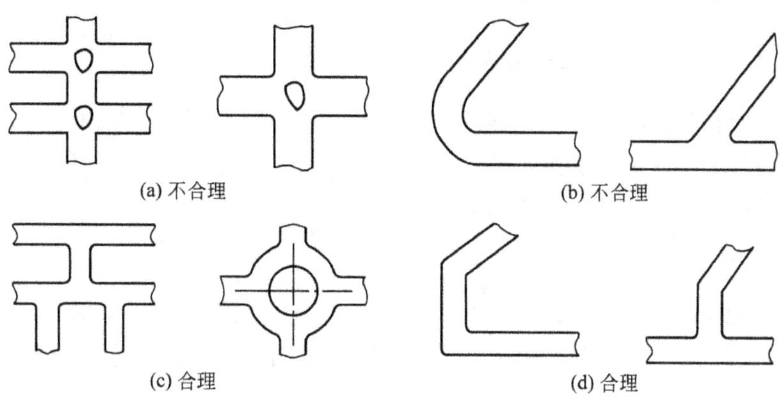

(a) 不合理　　(b) 不合理

(c) 合理　　(d) 合理

图 2.31　铸件连接形式

4. 避免大的水平面

铸件上的大平面不利于液态金属的充填，易产生浇不到、冷隔等缺陷。而且大平面上方的砂型受高温金属液的烘烤，容易掉砂而使铸件产生夹砂等缺陷；金属液中气孔、夹渣上浮滞留在上表面，产生气孔、渣孔。例如，将图 2.32(a)所示的水平面改为图 2.32(b)所示的斜面，则可减少或消除上述缺陷。

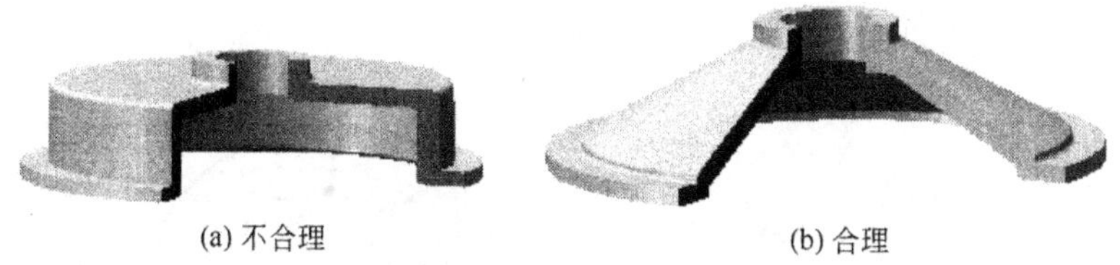

(a) 不合理　　(b) 合理

图 2.32　避免大水平壁的结构

5. 避免铸件收缩受阻

铸件结构设计时，应尽量使其自由收缩，避免冷却凝固过程中铸件内部产生应力，导致变形和裂纹的产生。如图 2.33 所示的轮形铸件，轮缘和轮毂较厚，轮辐较薄，铸件冷却收缩时，极易产生热应力，图 2.33(a)所示轮辐对称分布，虽然制作模样和造型方便，但因收缩受阻易产生裂纹，改为图 2.33(b)所示奇数轮辐或图 2.33(c)所示弯曲轮辐，可利用铸件微量变形来减少内应力。

(a) 不合理

(b) 合理

(c) 合理

图 2.33　轮辐的设计

以上介绍的只是砂型铸造铸件结构设计的特点，在特种铸造方法中，应根据每种不同的铸造方法及其特点进行相应的铸件结构设计。

2.3.3　不同铸造方法对铸件结构的要求

对于采用特种铸造方法生产的铸件，不同的铸造方法对铸件结构有着不同的要求。除了考虑上述铸件结构的合理性和铸件结构的工艺性等一般原则外，还必须充分考虑不同特种铸造方法的特点所决定的一些特殊要求。

1. 熔模铸件

(1) 便于蜡模的制造。如图 2.34(a)所示，铸件的凸缘朝内，注蜡后无法从压型中取出型芯，使蜡模制造困难，而改成图 2.34(b)所示结构，取消凸缘则可克服上述缺点。

(a) 不合理

(b) 合理

图 2.34　便于抽出型芯的设计

(2) 尽量避免大平面结构。当功能所需必须有大的平面时，应在大平面上设计工艺肋或工艺孔，以增强型壳的刚度，如图 2.35 所示。

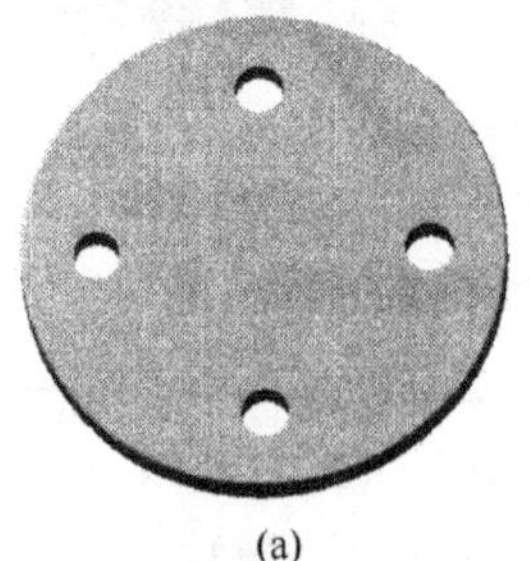
(a)

(b)

图 2.35　大平面上的工艺孔和工艺肋

(3) 铸件上的孔、槽不能太小和太深。过小或过深的孔、槽，使制壳时涂料和砂粒很难进入蜡模的孔洞内形成合适的型腔，同时也给铸件的清砂带来困难。一般铸孔直径应大于2mm(薄件壁厚大于0.5mm)。

(4) 铸件壁厚不可太薄。一般为2～8mm。

(5) 铸件的壁厚应尽量均匀，熔模铸造工艺一般不用冷铁，少用冒口，多用直浇口直接补缩，故要求铸件壁厚均匀，不能有分散的热节，并使壁厚分布符合顺序凝固的要求，以便利用浇口补缩。

2. 金属型铸件

(1) 铸件结构一定要保证能顺利出型。为保证铸件能从铸型中顺利取出，铸件结构斜度应较砂型铸件大。图2.36是一组合理结构和不合理结构的示例。

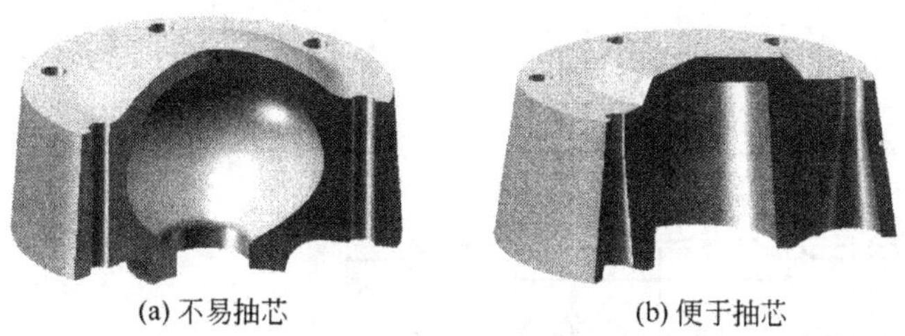

(a) 不易抽芯　　(b) 便于抽芯

图2.36　金属型铸件

(2) 金属型导热快，为防止铸件出现浇不足、缩松、裂纹等缺陷，铸件壁厚要均匀，也不能过薄(Al-Si合金壁厚2～4mm，Al-Mg合金壁厚为3～5mm)。

(3) 铸孔的孔径不能过小、过深，以便于金属型芯的安放和抽出。通常铝合金的最小铸出孔径为8～10mm，镁合金和锌合金的孔径均为6～8mm。

3. 压铸件

(1) 压铸件上应尽量避免侧凹和深腔，以保证压铸件从压型中顺利取出。图2.37所示的压铸件的两种设计方案中，图(a)所示结构因侧凹朝内，侧凹处无法抽芯；改为图(b)所示结构后，侧凹朝外，可按箭头方向抽出外型芯，这样铸件便可从压型中顺利取出。

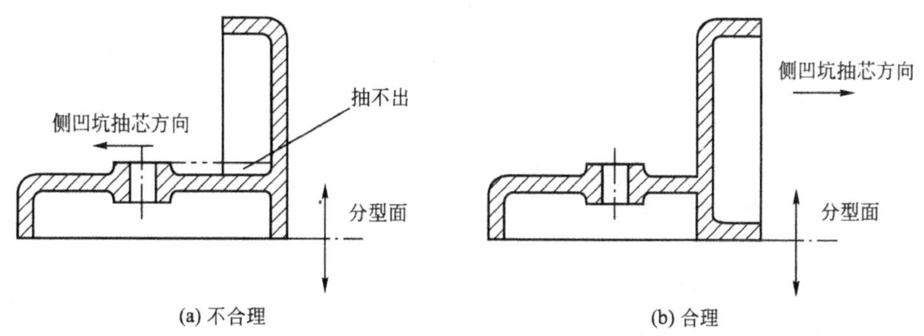

(a) 不合理　　(b) 合理

图2.37　压铸件的两种设计方案

(2) 应尽可能采用薄壁并保证壁厚均匀。由于压铸工艺的特点，金属浇注和冷却速度都很快，厚壁处不易得到补缩而形成缩孔、缩松。压铸件适宜的壁厚，锌合金的壁厚为1～4mm，铝合金壁厚为1.5～5mm，铜合金为2～5mm。

(3) 对于复杂而无法取芯的铸件或局部有特殊性能(如耐磨、导电、导磁和绝缘等)要求的铸件，可采用镶嵌铸法，把镶嵌件先放在压型内，然后和压铸件铸合在一起。为使嵌件在铸件中可靠连接，应将嵌件镶入铸件部分制出凹槽、凸台或滚花等。

2.4 综合技能训练课题

确定图 2.38 所示铸件的造型工艺方案并完成造型操作。零件名称：轴承座，铸件重量：约 5kg，零件材料：HT150，轮廓尺寸：240mm×65mm×75mm，生产性质：单件生产。

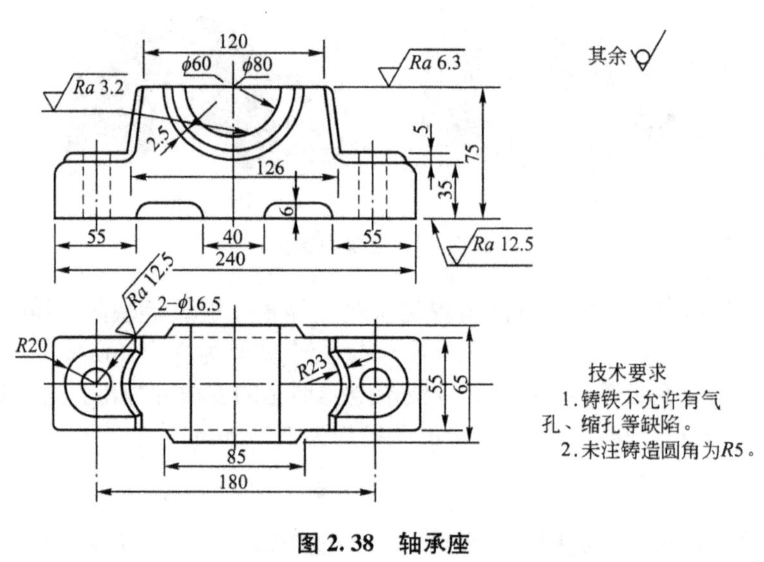

图 2.38 轴承座

1. 造型工艺方案的确定

(1) 铸件结构及铸造工艺性分析。轴承座是轴承传动中的支承零件，其结构如图 2.38 所示。从图样上看，该铸件外形尺寸不大，形状也较简单。材料虽是 HT150，但属厚实体零件，故应注意防止缩孔、气孔的产生。从其结构看，座底是一个不连续的平面，座上的两侧各有一个半圆形凸台，须制作活块并注意活块位置准确。

(2) 造型方法。整模，取活块、两箱造型。

(3) 铸型种类。因铸件较小，宜采用面砂、背砂兼用的湿型。

(4) 分型面的确定。座底面的加工精度比轴承部位低，并且座底都在一个平面上，因此选择从座底分型；座底面为上型，使整个型腔处于下型。这样分型也便于安放浇冒口。分型面如图 2.39 铸造工艺图所示。

(5) 浇冒口位置的确定。该铸件材料为 HT150，体积收缩较小，但该铸件属厚实体零件，所以仍要注意缩孔缺陷的发生。因此内浇道引入的位置和方向很重要。根据铸件结构特点，应采用定向凝固原则，内浇道应从座底一侧的两端引入。采用顶注压边缝隙浇口，既可减小浇口与铸件的接触热节，又可避开中间厚实部分(图样上的几何热节)的过热，并可缩短凝固时间，有利于得到合格铸件。另外，由于压边浇口补缩效果好，故该铸件不需

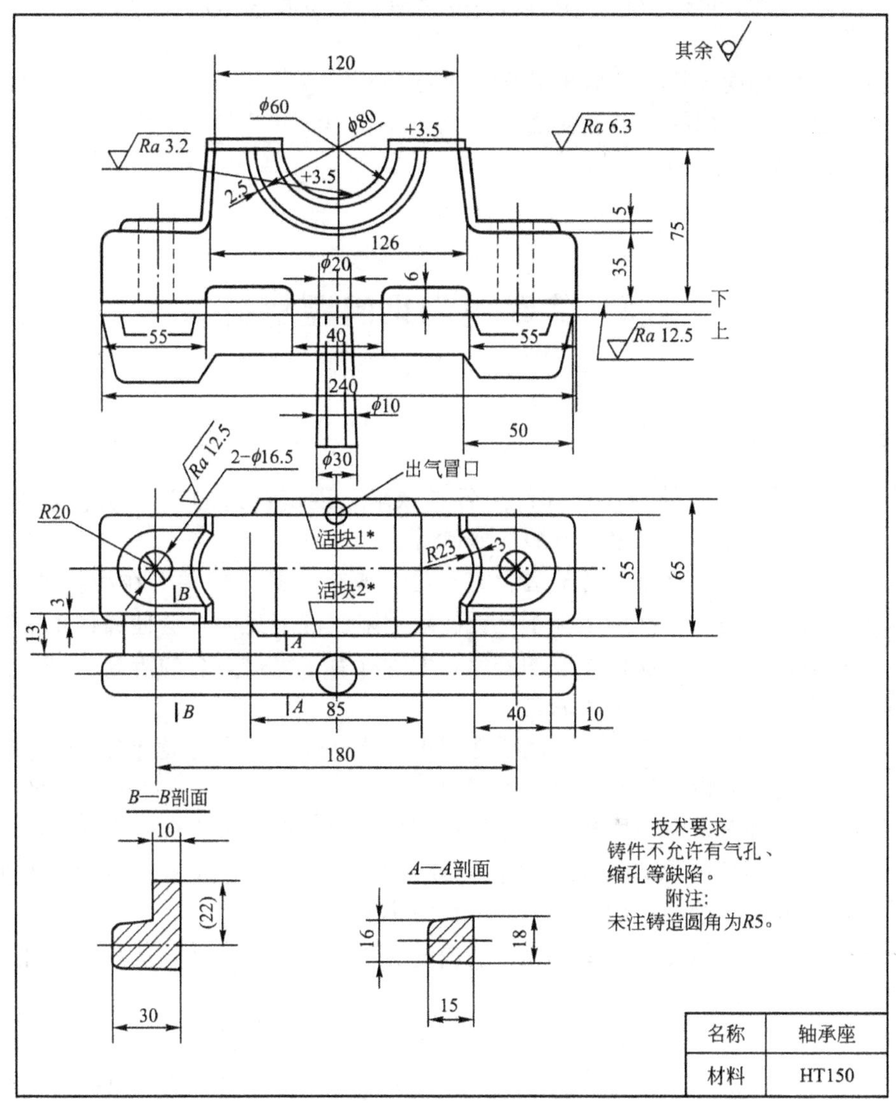

图 2.39 轴承座铸造工艺图

设置补缩冒口。为防止气孔产生，可在顶部中间偏边的位置，设置一个 ϕ8～10mm 的出气冒口。浇冒口位置、形状、大小如图 2.39 铸造工艺图所示。

2. 造型工艺过程

(1) 安放好模样，砂箱舂下型。先填入适量面砂和背砂进行第一次舂实。舂实后，挖砂并准确地安放好两个活块，再填入少量面砂舂实活块周围，然后填砂舂实。

(2) 刮去下箱多余的型砂并翻箱。

(3) 挖去下分型面上阻碍起模的型砂，修整分型面，撒分型砂。

(4) 放置好上砂箱(要有定位装置)，按工艺要求的位置安放好直浇口和冒口。

(5) 舂上型。填入适量的面砂、背砂，固定好浇冒口并舂几下加固，然后先轻后重地舂好上型。

(6) 刮平上箱多余的型砂，起出直浇口和冒口，扎出通气孔。

(7) 开箱。

(8) 起模。注意应先松模并取出模样、活块。

(9) 按工艺要求开出横浇道和内浇道。

(10) 修型。修理型腔及浇口和冒口。

(11) 合型。

2.5 实践中常见问题解析

2.5.1 铸件的常见缺陷

铸件生产工序多，很容易使铸件产生各种缺陷。砂型铸造的铸件常见的缺陷有：冷隔、浇不足、气孔、粘砂、夹砂、砂眼、胀砂等。

(1) 冷隔和浇不足。液态金属充型能力不足，或充型条件较差，在型腔被充满之前，金属液便停止流动，将使铸件产生浇不足或冷隔缺陷。浇不足时，会使铸件不能获得完整的形状；冷隔时，铸件虽可获得完整的外形，但因存有未完全融合的接缝(图 2.40)，铸件的力学性能严重受损，甚至成为废品。

防止浇不足和冷隔的方法是：提高浇注温度与浇注速度；合理设计铸件壁厚等。

(2) 气孔。气孔是指气体在金属液结壳之前未及时逸出，在铸件内生成的孔洞类缺陷。它将会减小铸件有效承载面积，且在气孔周围会引起应力集中而降低铸件的抗冲击性和抗疲劳性。气孔还会降低铸件的致密性，致使某些要求承受水压试验的铸件报废。另外，气孔对铸件的耐腐蚀性和耐热性也有不良的影响。

防止气孔产生的有效方法是降低金属液中的含气量，增大砂型的透气性和在型腔的最高处增设出气冒口等。

(3) 粘砂。铸件表面上粘附有一层难以清除的砂粒称为粘砂，如图 2.41 所示。粘砂既影响铸件外观，又增加了铸件清理和切削加工的工作量，甚至会影响机器的寿命。

图 2.40　冷隔

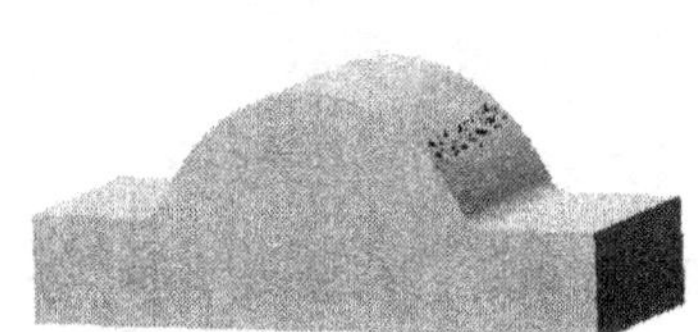

图 2.41　粘砂缺陷

防止粘砂的方法是在型砂中加入煤粉，以及在铸型表面涂刷防粘砂涂料等。

(4) 夹砂。铸件表面形成的沟槽和疤痕缺陷，在用湿型铸造厚大平板类铸件时极易产生。大多发生在与砂型上表面相接触的地方，铸件的上表面越大，型砂体积膨胀越大，形成夹砂的倾向性也越大。

防止夹砂的方法是避免大的平面结构。

(5) 砂眼。砂眼是指在铸件内部或表面充塞着型砂的孔洞类缺陷。主要由于型砂或芯砂强度低；型腔内散砂未吹尽；铸型被破坏；铸件结构不合理等原因产生。

防止砂眼的方法是提高型砂强度，合理设计铸件结构，增加砂型紧实度。

(6) 胀砂。胀砂是指浇注时在金属液的压力作用下，铸型型壁移动，铸件局部胀大形成的缺陷。

为了防止胀砂，应提高砂型强度、砂箱刚度，加大合箱时的压箱力或紧固力，并适当降低浇注温度，使金属液的表面提早结壳，以降低金属液对铸型的压力。

2.5.2 铸件常见缺陷的鉴别

1. 缩孔与气孔的鉴别

缩孔和气孔是铸件中最常见的孔眼类缺陷。缩孔是铸件在凝固过程中，由于补缩不良而产生的。气孔是由于铸型(芯)的透气性不足，浇注时产生的大量气体，不能及时排出而致。

(1) 缩孔的鉴别。缩孔的特征是孔壁粗糙，形状极不规则，常出现在铸件最后凝固的厚大部位或铸壁的交接处，如图 2.42 所示。鉴别缩孔的主要方法是：①若铸件缺陷的表面高低不平，非常粗糙，而且是暗灰色的、形状不规则的孔眼，即为缩孔。②若在铸件最后凝固的肥厚处，或在两壁相交的热节处，而且位于其断面的中部或中上部位的孔眼即为缩孔。③一般铸钢件厚大断面上较集中的孔眼缺陷为缩孔或气缩孔。

(2)气孔的鉴别。铸件中的气孔与缩孔有较大的区别，其特征是：①孔壁光滑，内表面呈亮白色或带有轻微氧化色。②气孔呈圆形、长条形或不规则形状。③气孔的尺寸变化很大，大至几厘米，小至几分之一毫米。④气孔常以单个、数个或呈蜂窝状存在于铸件表面或靠近砂芯、冷铁、芯撑或浇、冒口附近的地方，有时也满布整个截面。图 2.43 是因为型砂水分过高和透气性太差使铸件产生的气孔缺陷。

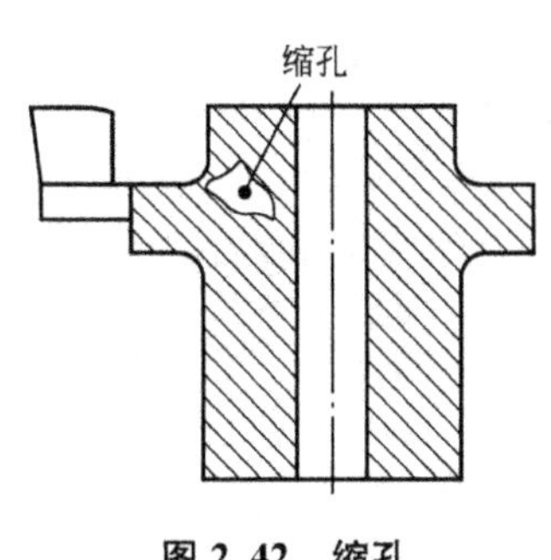

图 2.42 缩孔

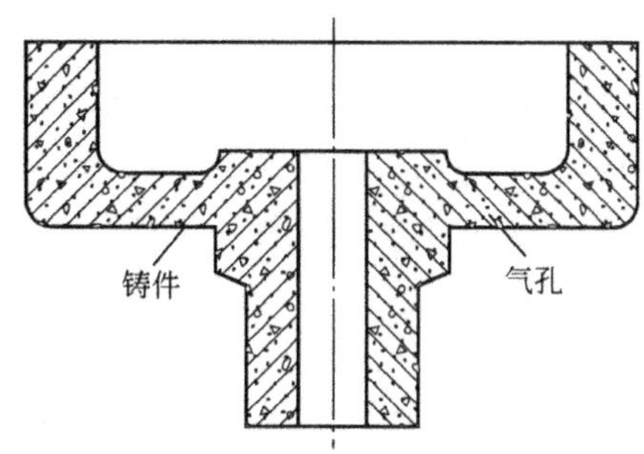

图 2.43 铸件中的气孔

2. 错型、错芯及偏芯的鉴别

(1) 错型的鉴别。错型是铸件的一部分与另一部分在分型面处相互错开的缺陷，一般是由于合型定位不准所造成的，如图 2.44 所示。

(2) 错芯的鉴别。错芯是砂芯在分芯面处相互错开，使铸件的内腔产生变形，如图 2.45所示。它是错芯不是错型，故铸件外表面形状正确。

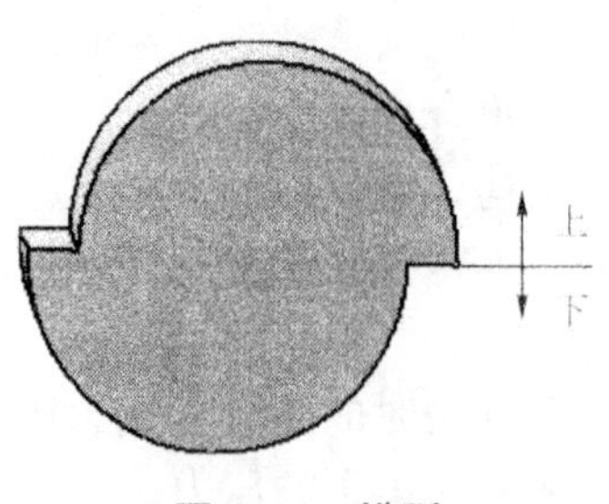

图 2.44　错型

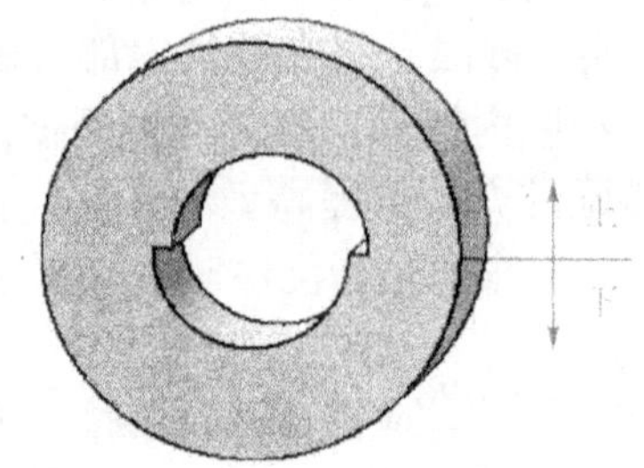

图 2.45　错芯

(3) 偏芯的鉴别。由于砂芯的位置发生了不应有的变化，而引起的铸件形状及尺寸与图样不符，如图 2.46 所示。

3. 浇不到与未浇满的鉴别

(1) 浇不到缺陷的鉴别。浇不到缺陷是指铸件上有残缺，轮廓形状不完整，或轮廓完整，但它的边角成圆形，色泽光亮。铸件上的浇不到缺陷，常出现在远离浇口的部位及薄壁处，常是因为金属液的流动性太差或流动阻力太大所造成，图 2.47 所示为因浇不到而造成的不完整圆环铸件。

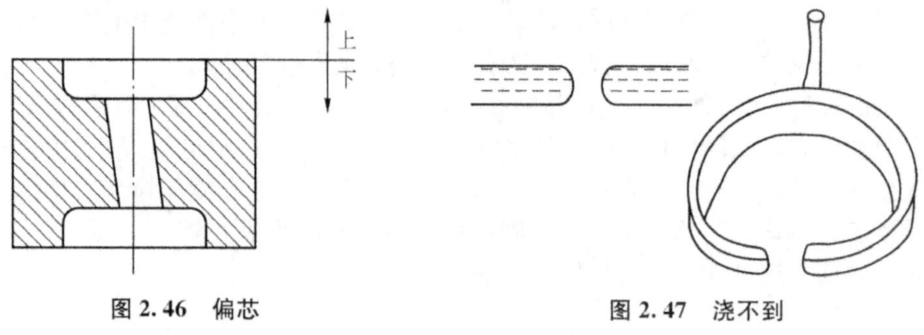

图 2.46　偏芯　　图 2.47　浇不到

(2) 未浇满缺陷的鉴别。未浇满是在铸件浇注位置的上部产生缺肉，缺肉处的铸件边角略呈圆形。未浇满与浇不到是不同的，未浇满是由于进入型腔的金属液不足而产生的，如浇包中的金属液不够或浇注中断等。图 2.48 是金属液浇不足时和浇注中断后再浇时的情况。

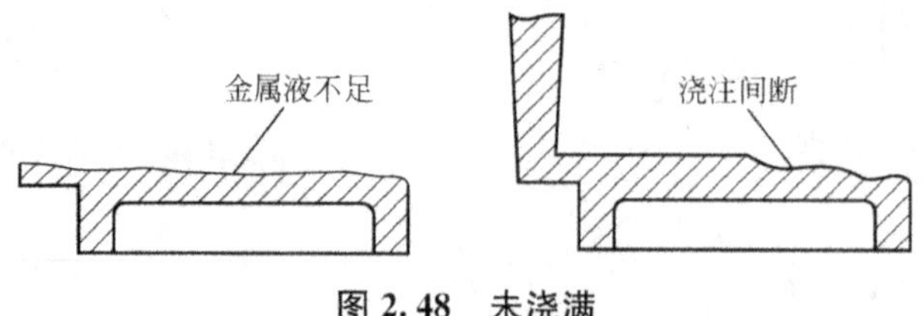

图 2.48　未浇满

2.6 铸造安全技术

铸造生产由于工序繁多，起重运输工作量大，金属液温度较高，极易发生烧伤、烫伤现象，同时铸造的集体操作性很强，所以实训时每人都应重视安全生产，严格遵守安全技术操作规程和制度，防止发生事故。主要注意以下几个方面。

(1) 进入铸造车间，应注意地面的物品，空中的起重机；穿戴好劳动保护用品，如石棉服装、手套、皮靴、防护眼镜等。

(2) 砂箱堆放要平稳，搬动砂箱要注意轻放，以防砸伤手脚；禁止使用已有裂纹的砂箱，尤其是箱把、吊轴等处有裂纹的砂箱。

(3) 混砂机在转动时，不得用手扒料和清理碾轮，不准伸手到机盆内添加粘结剂等附加物料；所有破碎、筛分、落砂、混碾和清理设备应尽量采用密闭方法，减少车间的粉尘。

(4) 浇注前要清理场地，炉前出铁口和出渣口地面必须干燥无积水，扒渣等工具不得生锈或沾有水分，浇包必须烘干，浇注时注意安全。

(5) 取拿铸件前应注意是否冷却，清理铸件时要避免伤人。

2.7 本章小结

本章主要内容是铸造工艺基础；砂型铸造造型，特种铸造；铸件结构设计及铸造新技术、综合技能训练课题；还简单介绍了铸造应该注意的安全技术。

(1) 合金的流动性与收缩性与合金的成分、铸型结构、浇注温度等因素有关，对铸件的质量影响很大。

(2) 砂型铸造是应用最广泛的铸造成形方法。主要讲解造型方法及工艺设计。

(3) 特种铸造主要介绍了砂型铸造以外的其他常用铸造方法的原理、特点及使用范围。

(4) 铸件结构设计及铸造新技术，主要介绍了在铸件结构设计时应遵循的原则和注意事项。

2.8 思考与练习

1. 思考题

(1) 什么是铸造？有何特点？

(2) 型砂和芯砂有哪些材料组成？

(3) 型砂应具备哪些性能？这些性能如何影响铸件的质量？

(4) 常用的手工造型方法有哪些？各自的特点是什么？

(5) 什么是顺序凝固原则和同时凝固原则？两种凝固原则各应用于哪种场合？

(6) 试述手工造型和机器造型各自特点及应用范围。

(7) 型芯的作用和结构是什么？型芯中芯骨的作用是什么？

(8) 冒口、冷铁的作用是什么？它们应设置在铸件的什么位置？

(9) 试述分型面选择原则有哪些？它与浇注位置选择原则的关系如何？

(10) 常见的铸造缺陷有哪些？它们的特征及产生的原因各是什么？

(11) 试比较熔模铸造、金属型铸造、离心铸造、压力铸造的特点及各自的适用范围。

2. 实训题

(1) 图 2.49 所示铸件均为单件生产，各应采用何种造型方法？试确定最佳分型面并绘制铸造工艺图。

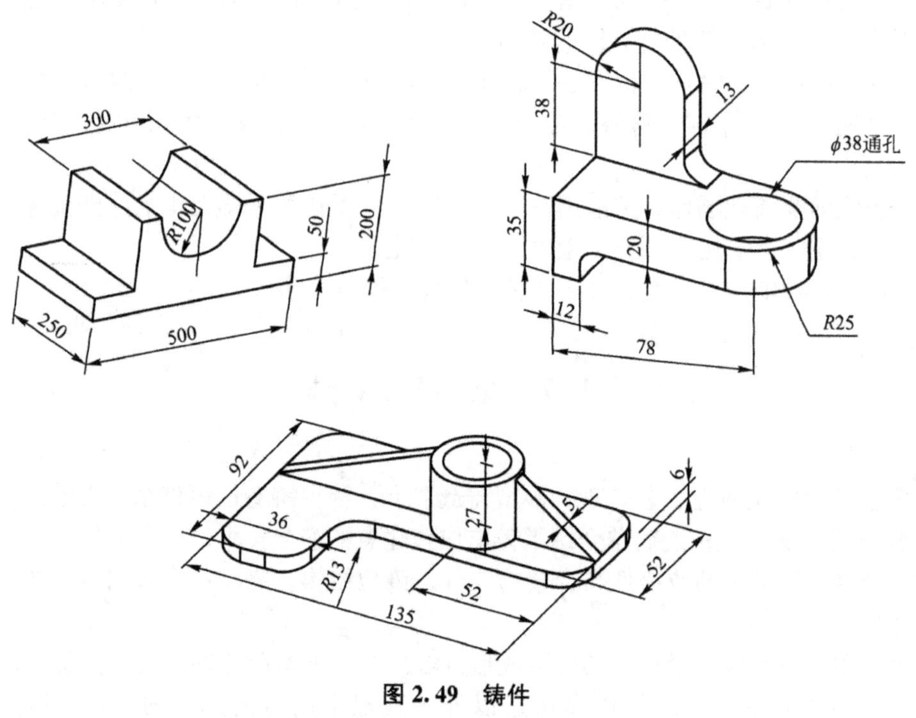

图 2.49 铸件

(2) 试分析如图 2.50 所示的 CW6140 车床床身铸造工艺。

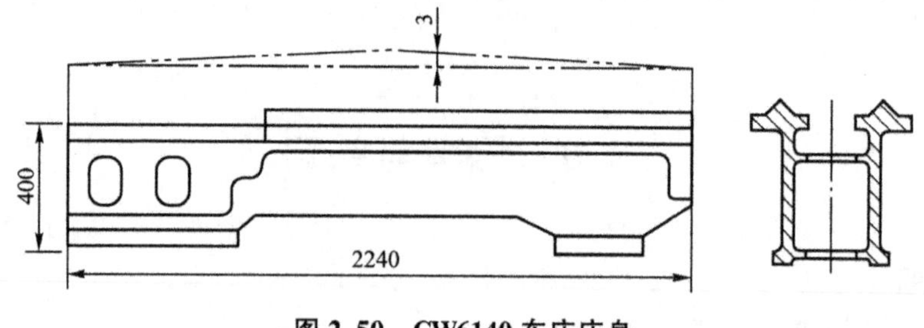

图 2.50 CW6140 车床床身

第3章 锻压

教学提示：锻压是利用外力使金属坯料产生塑性变形，获得所需尺寸、形状及性能的毛坯或零件的加工方法。它是锻造和冲压的总称。锻压是金属压力加工的主要方式，也是机械制造中毛坯生产的主要方法之一。学习过程中，应与实训实际操作相联系，理论联系实际。

教学要求：了解金属锻压的特点、分类及应用，初步掌握自由锻、模锻和板料冲压的基本工序、特点及应用，熟悉锻造和板料冲压的技能操作与安全技术，了解现代塑性成形的发展趋势。

锻压是机械制造中毛坯和零件生产的主要方法之一，常分为自由锻、模锻、板料冲压、轧制等。它们的成形方式如图 3.1 所示。

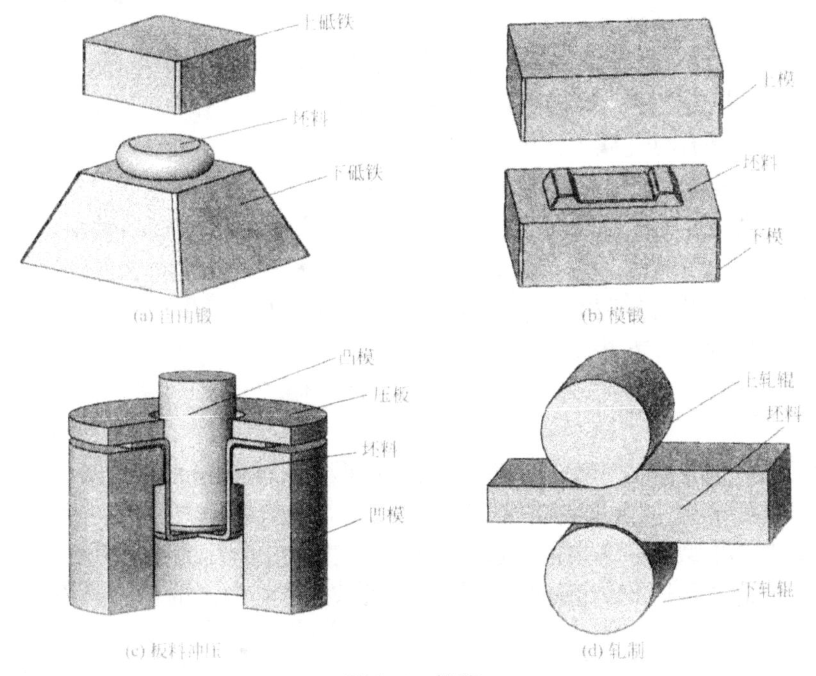

图 3.1 锻压

锻压加工中的金属材料是具有一定塑性的黑色金属和有色金属。它们可以在冷态或热态下发生塑性变形。

相对于其他金属加工方法，锻压加工得到的毛坯和零件组织得到了改善、力学性能得到了提高，材料利用率高，零件的尺寸精度高，生产率高。

锻压加工技术是金属成形的主要技术之一。目前在机械制造、军工、航空、轻工、家用电器等行业中，锻压加工技术都得到广泛应用，据统计，全世界70%以上的零部件需要采用锻压加工技术。

进入21世纪，塑性加工生产中出现了许多新工艺、新技术，如精密模锻、径向锻造、超塑性成形等，这些新工艺的开发与应用，使塑性成形的使用范围扩大化，并使塑性成形与数字化相结合。塑性成形这种传统技术正发展成一种未来的高新技术。

3.1 自 由 锻

自由锻锻造过程中，金属坯料在上、下砥铁间受压变形时，可朝各个方向自由流动，不受限制，其形状和尺寸主要由操作者的技术来控制。

自由锻分为手工锻造和机器锻造两种，手工锻造只适合单件生产小型锻件，机器锻造是自由锻的主要生产方法。

3.1.1 锻造工艺基础

锻造是毛坯成形的重要手段，尤其在工作条件复杂、力学性能要求高的重要结构零件的制造中，具有重要的地位。锻造是先加热好金属坯料，在外力的作用下，使金属坯料发生塑性变形，通过控制金属的流动，使其成形为所需形状、尺寸和组织的一种加工方法。

自由锻的特点可概括如下：

(1) 自由锻工艺灵活，工具简单，设备和工具的通用性强，成本低。

(2) 应用范围较为广泛，可锻造的锻件质量由不及1kg到300t。可锻造的金属可以是钢铁材料，也可以是有色金属。

(3) 锻件精度较低，加工余量较大，生产率低。

自由锻最大的特点是金属流动的方向不受限制，因此可以生产各种形状、尺寸的毛坯或零件。也是由于这个特点，为了得到所需的形状、尺寸，需要对金属坯料多次变形，因此其生产率比较低，劳动强度大。故一般只适合于单件小批量生产。自由锻也是锻制大型锻件和特大型锻件的唯一方法。

3.1.2 锻造设备

自由锻所用的设备有空气锤、蒸汽-空气自由锻锤和自由锻水压机。

空气锤、蒸汽-空气自由锻锤依靠产生的冲击力使金属坯料变形，但由于能力有限，故只用来锻造中、小型锻件。自由锻水压机依靠产生的压力使金属坯料变形，可产生很大的作用力，能锻造质量达300t的锻件，是重型机械厂锻造生产的主要设备。

1. 空气锤

空气锤是以压缩空气为动力，并携带动力装置的设备，空气锤的结构如图3.2所示，工作原理如图 3.3 所示，小型自由锻锻件通常都在空气锤上锻造。

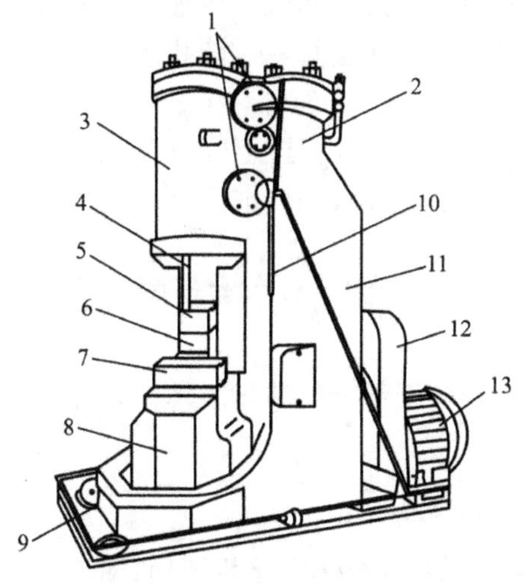

图 3.2　空气锤的结构

1—旋阀；2—压缩缸；3—工作缸；
4—锤头；5—上砥铁；6—下砥铁；
7—砧垫；8—砧座；9—踏杆；
10—手柄；11—锤身；
12—减速机构；13—电动机

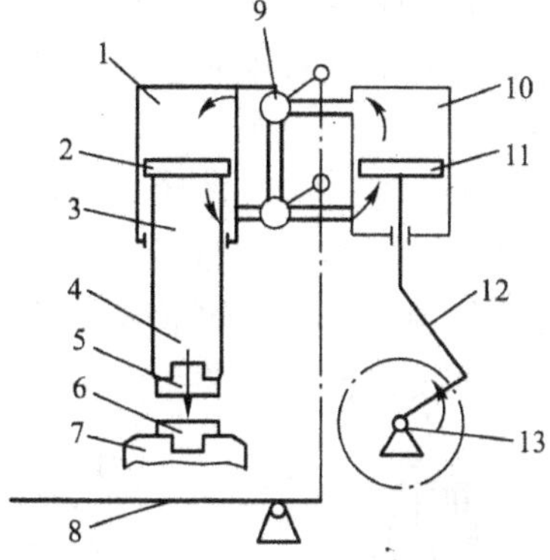

图 3.3　空气锤的工作原理

1—工作缸；2—工作活塞；3—锤杆；
4—锤头；5—上砥铁；6—下砥铁；
7—砧垫；8—踏杆；9—上旋阀；
10—压缩缸；11—压缩活塞；
12—连杆；13—曲柄

空气锤通过电动机驱动。电动机通过减速机构和曲柄连杆机构推动压缩缸中的压缩活塞产生压缩空气，再通过上、下旋阀的配气作用，使压缩空气进入工作缸的上部或下部，或直接与大气连通，从而使工作活塞连同锤杆和锤头一起实现上悬、下压、单击、连续打击等动作，以完成对坯料的锻造。锤头的上悬、下压等动作是通过手柄和踏杆控制上、下旋阀来实现的。上、下旋阀与各种动作的关系如图 3.4 所示。

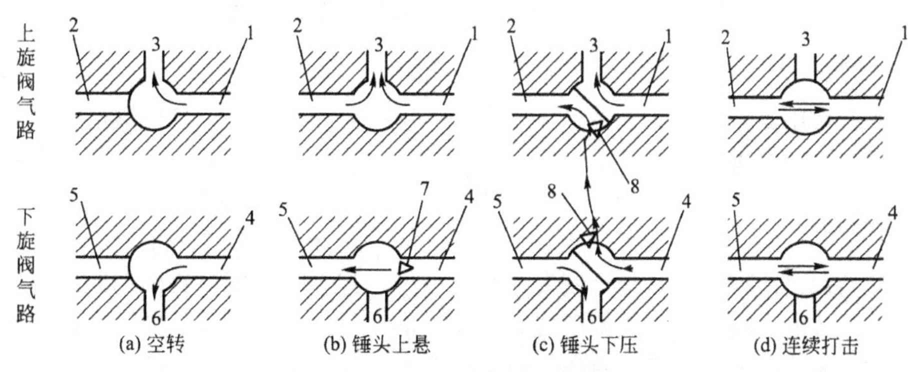

图 3.4　上、下阀与各动作关系

1—通压缩缸上气道；2—通工作缸上气道；4—通压缩缸下气道；
5—通工作缸下气道；3、6—通大气；7、8—逆向阀

(1) 空转。空转是空气锤的启动状态或工作间歇状态。压缩缸的上、下气道通过旋阀与大气相通，压缩空气不进入工作缸，电动机空转，锤头不工作。

(2) 上悬。锤头上悬时，可进行安放锻件、检查锻件的尺寸、更换工具、清除氧化皮等辅助性操作。压缩缸与工作缸的上气道都经上旋阀与大气相通，压缩空气只能从压缩缸的下气道经下旋阀进入工作缸的下部。下旋阀内有一个逆止阀，可防止压缩空气倒流，使锤头保持在上悬位置。

(3) 下压。锤头下压时，可进行弯曲、扭转等操作。压缩缸上气道和工作缸下气道与大气相通，压缩空气从压缩缸下部经逆止阀及中间通道进入工作缸上部，从而使锤头向下压紧锻件。

(4) 连续打击。压缩缸和工作缸都不与大气相通，压缩缸不断把压缩空气送入工作缸，推到锤头上下往复运动。

空气锤的吨位用其工作活塞、锤杆和上砧铁等落下部分的质量表示。常用的空气锤吨位在 65～750kg 之间，主要生产 100kg 以下小型锻件。

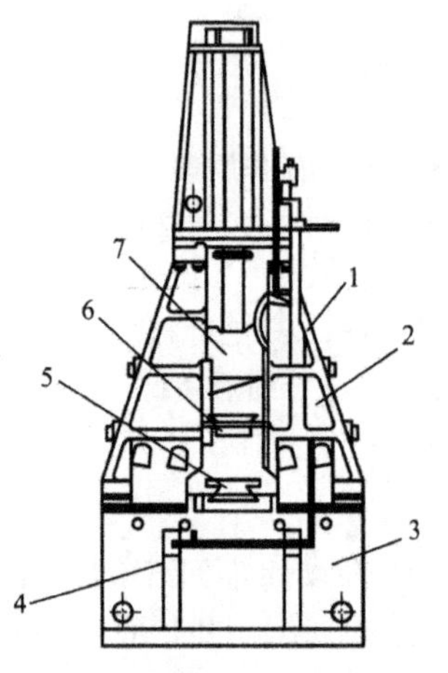

图 3.5　蒸汽-空气自由锻锤

1—操纵机构；2—锤身；
3—砧座；4—踏杆；
5—下模；6—上模；7—锤头

2. 蒸汽-空气自由锻锤

蒸汽-空气自由锻锤的结构和工作原理如图 3.5 所示。它由锅炉的蒸汽或压缩机提供的压缩空气作为动力。它与空气锤的主要区别是以滑阀汽缸代替压缩缸。锤头的上、下动作也是通过操作手柄的控制来完成的。

蒸汽-空气自由锻锤的吨位也用其工作活塞、锤杆和上砧铁等落下部分的质量表示。常用的蒸汽-空气自由锻锤吨位在 630～5000kg，主要来锻造质量在 70～700kg 的中、小锻件。

3. 水压机

自由锻水压机适用于大型锻件。它用静压力代替锤锻的冲击力，因此坯料的变形速度低，变形抗力小；而且水压机产生的压力比较大(如一些重型机械厂的大型水压机能产生数万吨的压力)，使坯料的压下量大，锻透深度大，锻件内部质量好。大型锻件的自由锻一般都在水压机上进行生产。

4. 自由锻工具

自由锻的常用工具如图 3.6 所示，砧铁和手锤既可以作为手工自由锻的工具，也可以作为机器自由锻的辅助工具。

3.1.3　锻造方法

自由锻的锻造成形过程是使金属发生塑性变形，达到锻件所需要的形状、尺寸的一系列变形工序组成的。根据工序实施阶段和作用不同，可以分为基本工序、辅助工序和精整工序三大类。基本工序是使锻件基本成形的工序，主要有镦粗、拔长、冲孔、弯曲、错移、扭转和切割等；在基本工序前，使坯料预先产生少量变形的工序是辅助工序，如压肩、倒棱、压钳口等；在基本工序后，对锻件进行少量变形的工序是精整工序，它是为了修整锻件表面的形状和尺寸，如滚圆、摔圆、平整、矫直等。

下面简要介绍几个基本工序的操作。

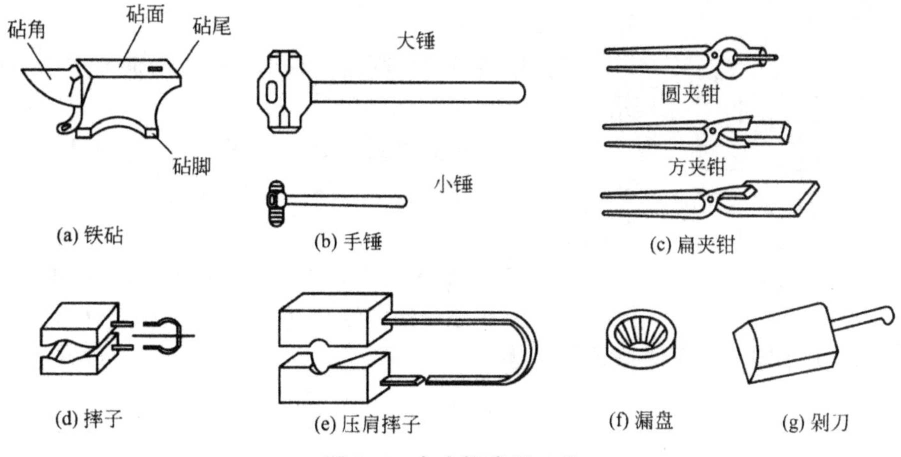

图 3.6　自由锻常用工具

1. 镦粗

镦粗是使坯料高度减小，横截面积增大的工序。它主要用于锻造齿轮锻坯，凸缘、圆盘等锻件，也作为提高拔长时锻造比和冲孔前的预备工序。

镦粗有完全镦粗和局部镦粗两种，局部镦粗又可分为端部镦粗和中间镦粗。

(1) 完全镦粗：把坯料全长加热后，直立在锤砧上，锤击坯料使其全长镦粗。用于镦粗棒料和不带尾部的钢锭。

(2) 端部镦粗：把端部加热的坯料直立在铁砧上，或把坯料整个加热后插在漏盘或胎模内镦粗。对于中小型低碳钢锻件，如果加热部分过长，可把不需要镦粗的部分浸入水中冷却后再镦粗。

各种端部镦粗方法如图 3.7 所示。漏盘内镦粗适用于小批量的锻件，胎模内镦粗适用于锻件数量较多时。

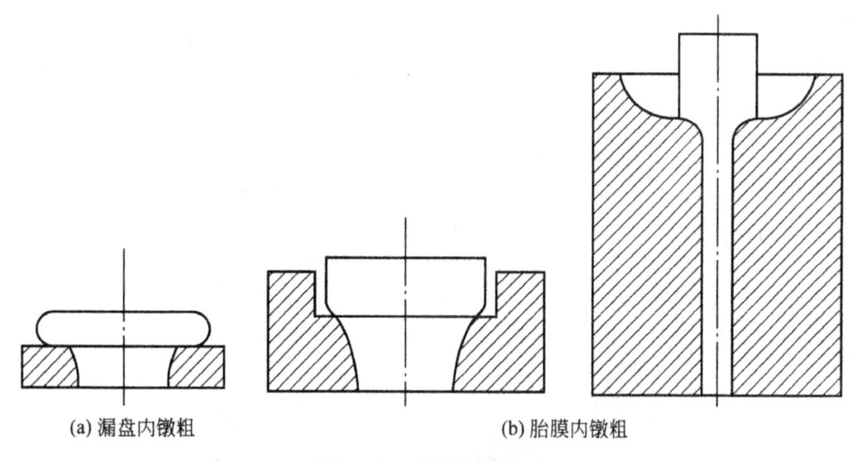

图 3.7　端部镦粗方法

(3) 中间镦粗：用来锻造中间大两端小的锻件，如带双面凸台的齿轮等。它是把坯料两端拔细后，直立在两个漏盘中间进行镦粗。

2. 拔长

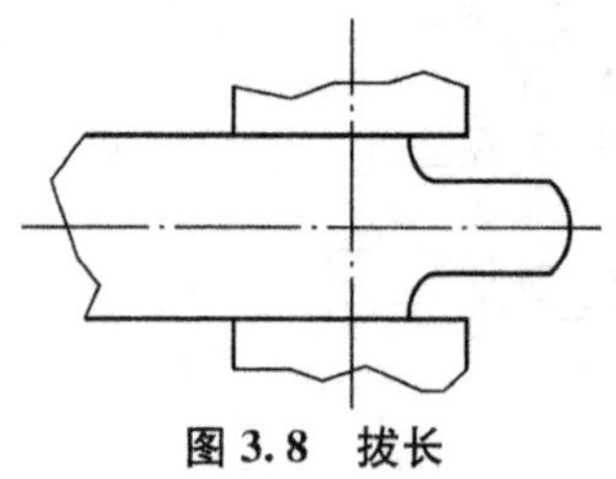
图 3.8 拔长

拔长是使坯料横截面积减小，长度增加的工序。如图 3.8 所示。

拔长适用于制造长而截面小的零件，如轴、拉杆、曲轴等；或制造长轴类空心零件，如炮筒、透平机主轴、圆环、套筒等。

拔长除了以上应用外，还常用来改善锻件内部质量。拔长的压缩变形是通过逐次送进和反复转动毛坯进行的，所以它是各种锻造工序中消耗工时最多的工序。

3. 冲孔

冲孔是在坯料上冲出透孔或不透孔的工序。锻造各种带孔锻件和空心锻件时都需要进行冲孔。常用的冲孔方法有实心冲子冲孔、空心冲子冲孔和垫环冲孔 3 种，如图 3.9 所示。

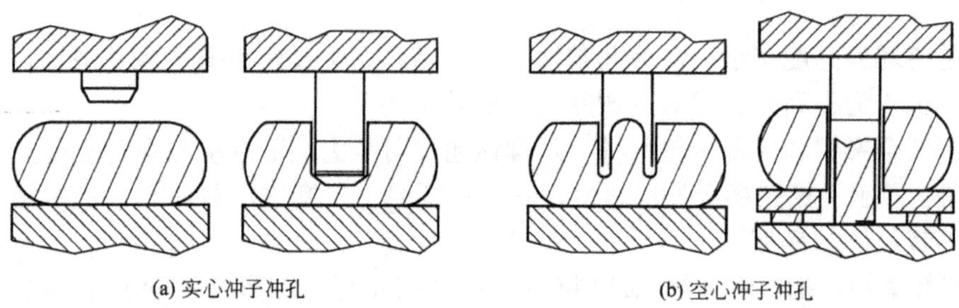
(a) 实心冲子冲孔　(b) 空心冲子冲孔

图 3.9 常用冲孔方法

冲孔常用来制造空心件，如齿轮毛坯、圆环、套筒等；或锻件质量要求高的大工件，可用空心冲子冲孔，去掉质量较低的铸件中心部分。

4. 弯曲

弯曲是将坯料弯成所规定的外形的锻造工序。弯曲通常有角度弯曲、成形弯曲两种，如图 3.10 所示。其中，成形弯曲通常是在胎模中弯曲，即在简单工具中改变坯料曲线成为所需外形。

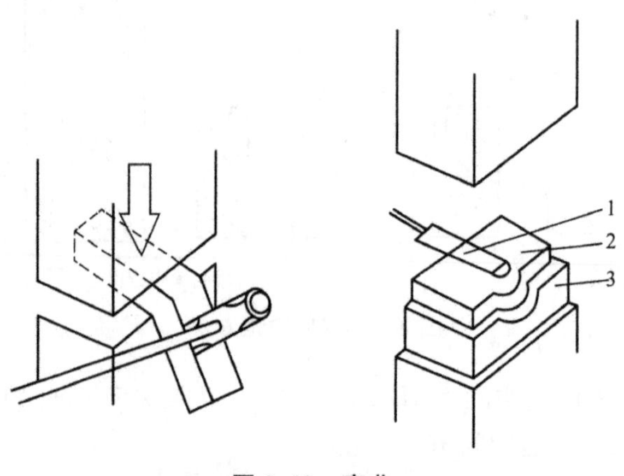

图 3.10 弯曲

1—成形压铁；2—坯料；3—成形垫铁

5. 扭转

扭转是在保持坯料轴线方向不变的情况下，将坯料的一部分相对于另一部分扳转一定角度的工序。

6. 切割

切割是分割坯料或切除锻件余料的工序。

3.1.4 锻件结构工艺性

设计自由锻造零件时，除应满足使用性能要求外，还必须考虑锻造工艺的特点，一般情况力求简单和规则，这样可使自由锻成形方便，节约金属，保证质量和提高生产率，具体要求见表3-1。

表3-1 自由锻锻件结构工艺性

结构要求	不合理的结构	合理的结构
尽量避免锥体或斜面	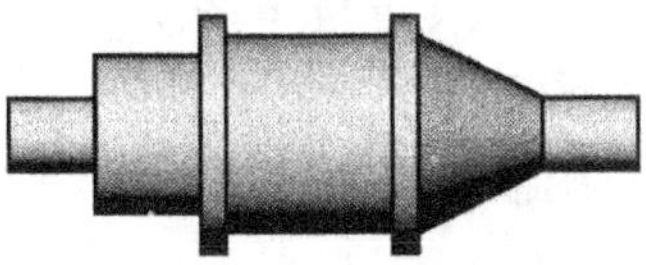	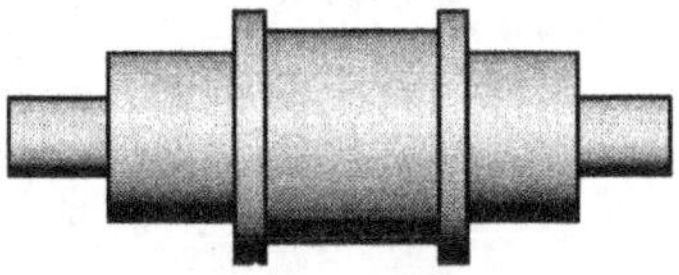
避免几何体的交接处形成空间曲线(圆柱面与圆柱面相交或非规则外形)	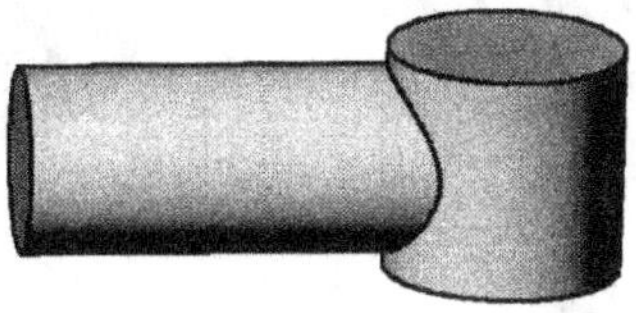	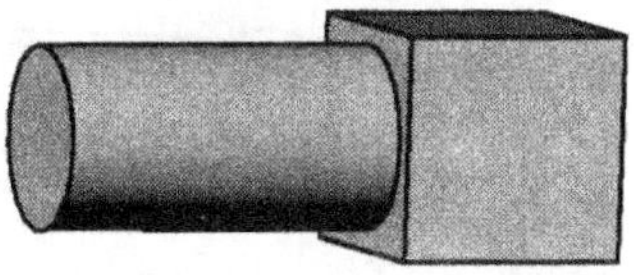 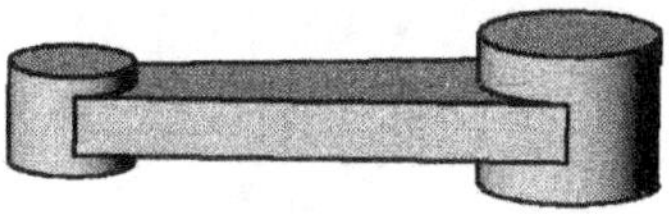
避免筋肋和凸台	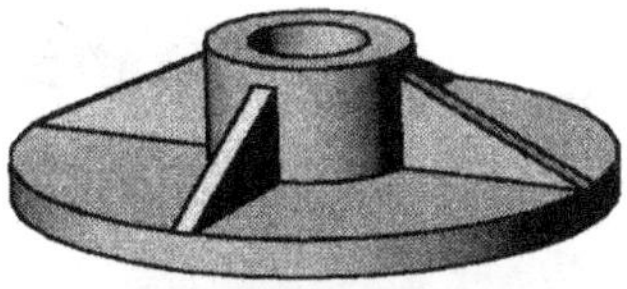 	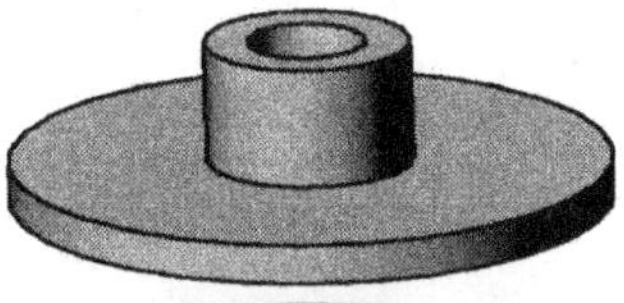 
截面有急剧变化或形状较复杂时，采用几个简单件锻焊结合方式	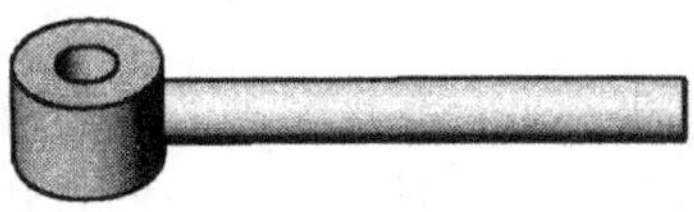	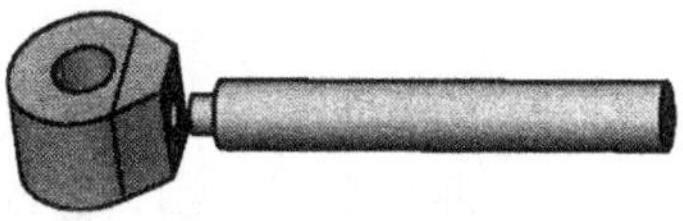

3.2　模锻与胎模锻

胎模锻是在自由锻设备上使用简单的非固定模具(胎模)生产锻件的方法。

模锻是将加热后的金属坯料，在冲击力或压力作用下，迫使其在锻模模膛内变形，从而获得锻件的工艺方法。

3.2.1　锻造工艺基础

胎模锻一般采用自由锻方法制坯，然后在胎模中最后成形。胎模锻兼有自由锻和模锻的特点。胎模锻可以采用多个模具，每个模具都能完成模锻工艺中的一个工序，因此它能生产出不同外形、不同复杂程度的锻件。

与自由锻相比，胎模锻生产率较高，锻件表面质量好，加工余量较小，材料的利用率较高，但是由于每锻一个锻件，胎模都需要搬上、搬下一次，劳动强度大。因此，胎模锻只适用于小型锻件的中、小批量生产。大批量生产需采用模锻。

同样与自由锻相比，模锻的特点如下：

(1) 锻件形状可以比较复杂，用模膛控制金属的流动，可生产较复杂锻件(图 3.11)。

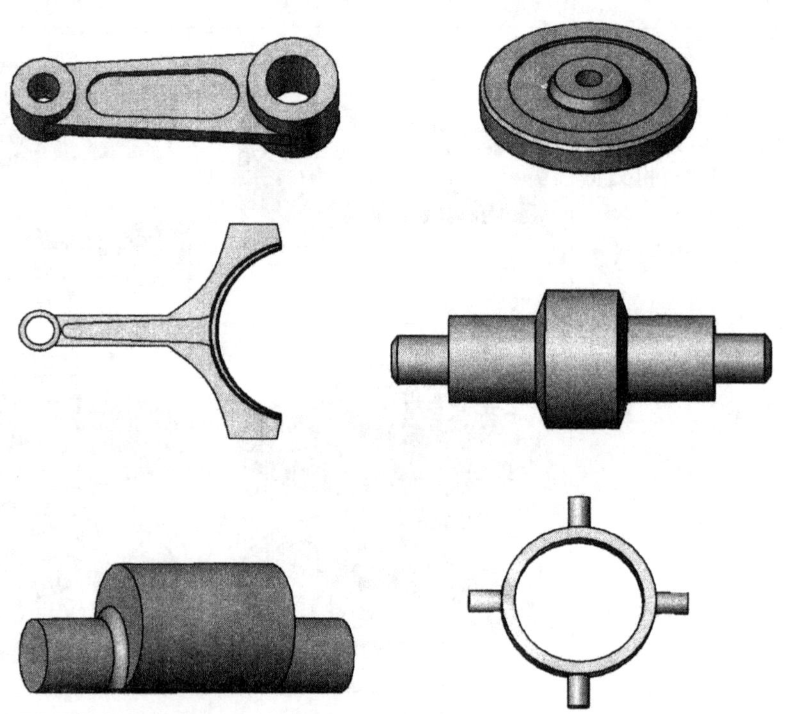

图 3.11　典型模锻件

(2) 力学性能好，模锻使锻件内部的锻造流线比较完整。

(3) 锻件质量较高，表面光洁，尺寸精度高，节约材料与机加工工时。

(4) 生产率较高，操作简单，易于实现机械化，批量越大成本越低。

(5) 设备及模具费用高，设备吨位大，锻模加工工艺复杂，制造周期长。

(6) 模锻件不能太大，一般不超过 150kg。

因此，模锻只适合中、小型锻件批量或大批量生产。

3.2.2 锻造设备

模锻按使用的设备不同分为：锤上模锻、曲柄压力机上模锻、摩擦压力机上模锻等。

1. 锤上模锻

锤上模锻所用设备为模锻锤，由它产生的冲击力使金属变形，图 3.12 所示为一般常用的蒸汽-空气模锻锤，它的砧座 3 比相同吨位自由锻锤的砧座增大约 1 倍，并与锤身 2 连成一个刚性整体，锤头 7 与导轨之间的配合也比自由锻精密，因为锤头的运动精度较高，使上模 6 与下模 5 在锤击时对位准确。

1) 锻模结构

锤上模锻生产所用的锻模如图 3.13 所示。带有燕尾的上模 2 和下模 4 分别用楔铁 10 和 7 固定在锤头 1 和模垫 5 上，模垫用楔铁 6 固定在砧座上。上模随锤头做上下往复运动。

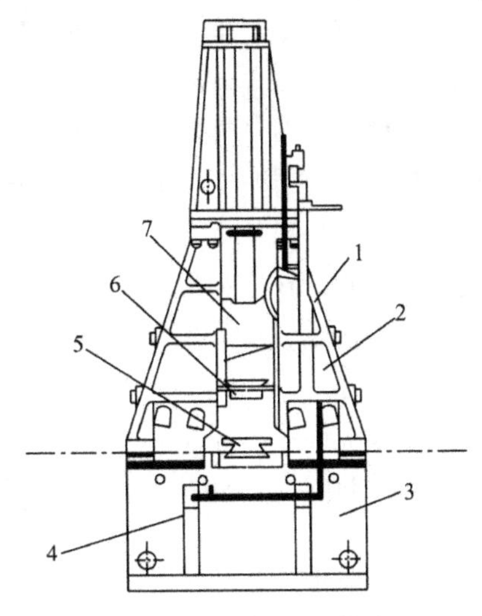

图 3.12 蒸汽—空气模锻锤

1—操纵机构；2—锤身；3—砧座；4—踏杆；5—下模；6—上模；7—锤头

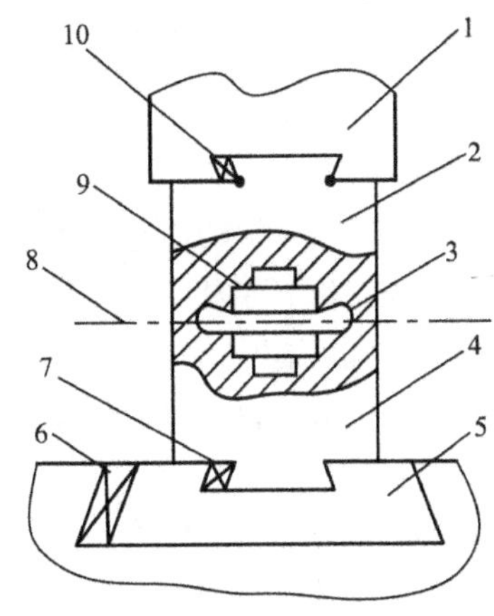

图 3.13 锤上锻模

1—锤头；2—上模；3—飞边槽；4—下模；5—模垫；6、7、10—楔铁；8—分模面；9—模膛

2) 模膛的类型

根据模膛作用的不同，可分为制坯模膛和模锻模膛两种。

(1) 制坯膜膛。对于形状复杂的模锻件，为了使坯料形状基本接近模锻件形状，使金属能合理分布和很好地充满模锻模膛，就必须预先在制坯模膛内制坯。制坯模膛有以下几种。

① 拔长模膛[图 3.14(a)]，用来减小坯料某部分的横截面积，以增加该部分的长度。

② 滚压模膛[图 3.14(b)]，在坯料长度基本不变的前提下，用它来减小坯料某部分的横截面积，以增大另一部分的横截面积。

③ 弯曲模膛[图 3.14(c)]，对于弯曲的杆类模锻件，需采用弯曲模膛来弯曲坯料。

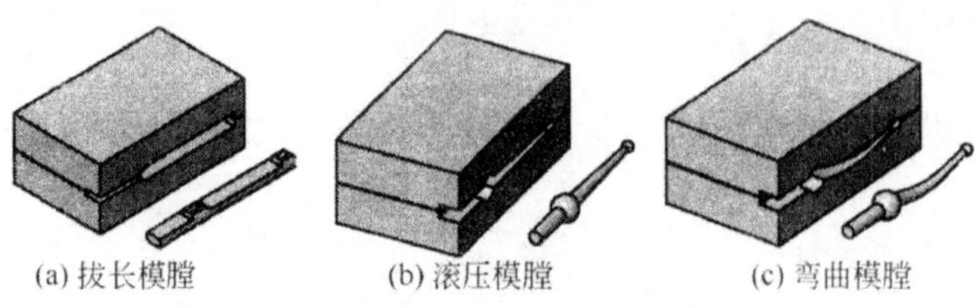

(a) 拔长模膛　(b) 滚压模膛　(c) 弯曲模膛

图 3.14　常见的制坯模膛

(2) 模锻模膛。由于金属在模锻模膛中发生整体变形，故作用在锻模上的抗力较大。模锻模膛又分为终锻模膛和预锻模膛两种。

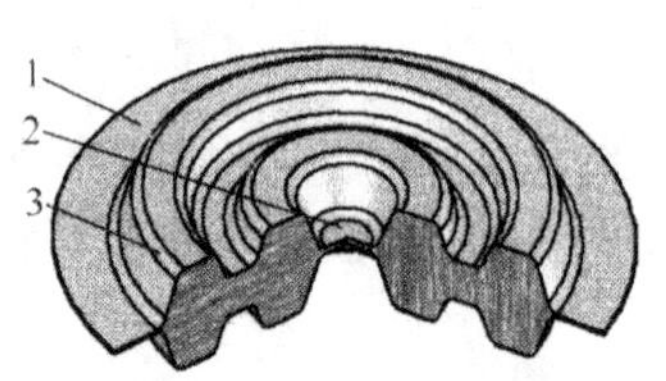

图 3.15　带有飞边槽和冲孔连皮的模锻件

1—飞边；2—冲孔连皮；3—锻件

① 终锻模膛，它的作用是使坯料最后变形到锻件所要求的形状和尺寸，因此它的形状应和锻件的形状相同。考虑到收缩，终锻模膛的尺寸应比锻件尺寸放大一个收缩量，钢件收缩率取 1.5%。另外，模膛四周有飞边槽，用以增加金属从模膛中流出的阻力，使金属更好地充满模膛，同时容纳多余的金属。对于具有通孔的锻件，由于不可能靠上、下模的突起部分把金属完全挤压到旁边去，故终锻后在孔内留有一薄层金属，称为冲孔连皮(图 3.15)。因此，把冲孔连皮和飞边冲掉后，才能得到具有通孔的模锻件。

② 预锻模膛，它的作用是使坯料变形到接近于锻件的形状和尺寸，然后进入终锻模膛。预锻模膛与终锻模膛的主要区别是，前者的圆角和斜度较大，没有飞边槽。对于形状简单或批量不够大的模锻件也可以不设预锻模膛。

根据模锻件的复杂程度不同，所需变形的模膛数量不等，可将锻模设计成单膛锻模或多膛锻模。多膛锻模是在一副锻模上具有两个以上模膛的锻模。如弯曲连杆模锻件的锻模即为多膛锻模，如图 3.16 所示。

锤上模锻具有工艺适应性广的特点，目前依然在锻造生产中得到广泛应用。但是，它的振动和噪声大、劳动条件差、效率低、能耗大等不足难以克服。因此，近年来大吨位模锻锤逐渐被压力机取代。

2. 曲柄压力机模锻

曲柄压力机是一种机械式压力机，其传动系统如图 3.17 所示。当离合器 7 在结合状态时，电动机 1 的转动通过带轮 2、3，传动轴 4 和齿轮 5、6 传给曲柄 8，再经曲柄连杆机构使滑块 10 做上下往复直线运动。离合器处在脱开状态时，带轮 3(飞轮)空转，制动器 15 使滑块停在确定的位置上。锻模分别安装在滑块 10 和工作台 11 上。顶杆 12 用来从模膛中推出锻件，实现自动取件。曲柄压力机的吨位一般是 2000～120000kN。

曲柄压力机上模锻的特点如下。

(1) 工作时无振动，噪声小。曲柄压力机作用于金属上的变形力是静压力，且变形抗

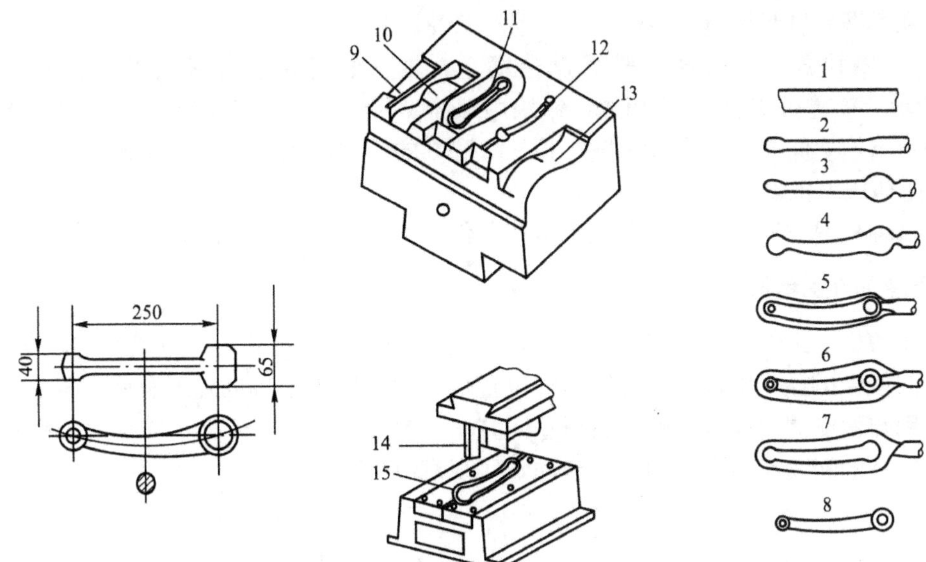

图 3.16 弯曲连杆模锻过程

1—原始坯料；2—延伸；3—滚压；4—弯曲；5—预锻；6—终锻；7—飞边；8—锻件；9—延伸模膛；10—滚压模膛；11—终锻模膛；12—预锻模膛；13—弯曲模膛；14—切边凸模；15—切边凹模

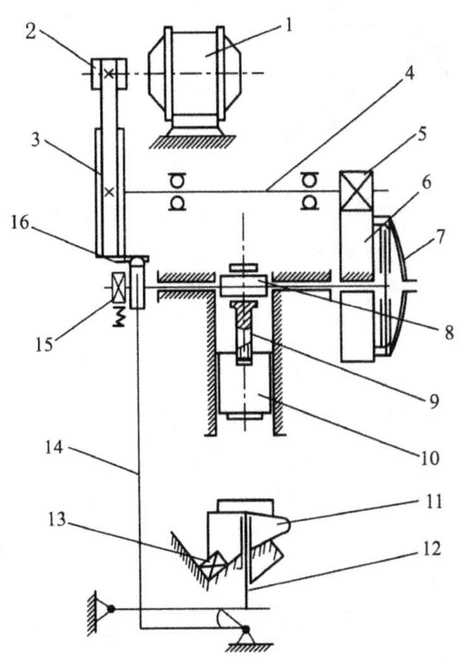

图 3.17 曲柄压力机传动系统图

1—电动机；2、3—带轮；4—传动轴；5、6—齿轮；7—离合器；8—曲柄；9—连杆；10—滑块；11—工作台；12—顶杆；13—楔铁；14—顶件机构；15—制动器；16—凸轮

力由机架本身承受，不传给地基。

(2) 滑块行程固定。每个变形工序在滑块的一次行程中即可完成。

(3) 精度高、生产率高。曲柄压力机具有良好的导向装置和自动顶件机构，锻件的余量、公差和模锻斜度都比锤上模锻的小，且生产率高。

(4)使用镶块式模具。这类模具制造简单，更换容易，节省贵重的模具材料。如图 3.18所示。模膛由镶块 3、8 构成，镶块用螺栓 4 和压板 7 固定在模板 1、5 上，导柱 9 用来保证上下模之间的最大合模精度，顶杆 2 和 6 的端面形成模膛的一部分。

(5) 曲柄压力机价格高。

因而这种模锻方法只适合于大批量生产条件下锻制中、小型锻件。

3. 摩擦压力机模锻

摩擦压力机的工作原理如图 3.19 所示。锻模分别安装在滑块 7 和机座 9 上，电动机 5 经传动带 6 使摩擦盘 4 旋转，改变操作杆位置可以使摩擦盘沿轴向左右移动，于是飞轮 3 可先后分别与两侧的摩擦盘接触而获得不同方向的旋转，并带动螺杆 1 转动，在螺母 2 的约束下，螺杆的转动变为滑块的上下滑动，实现模锻生产。

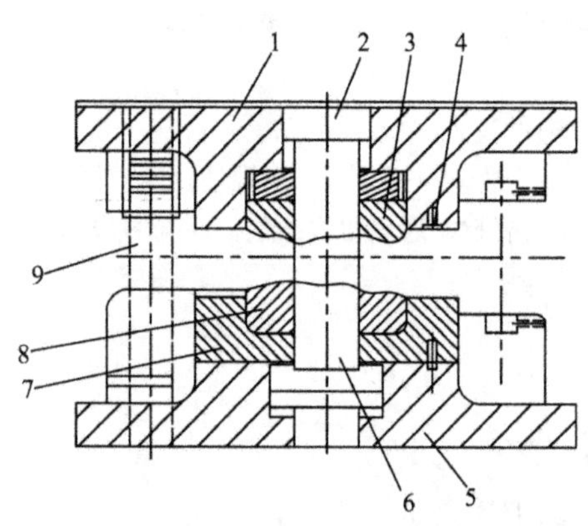

图 3.18 曲柄压力机所用锻模

1、5—模板；2、6—顶杆；3、8—镶块；4—螺栓；7—压板；9—导柱

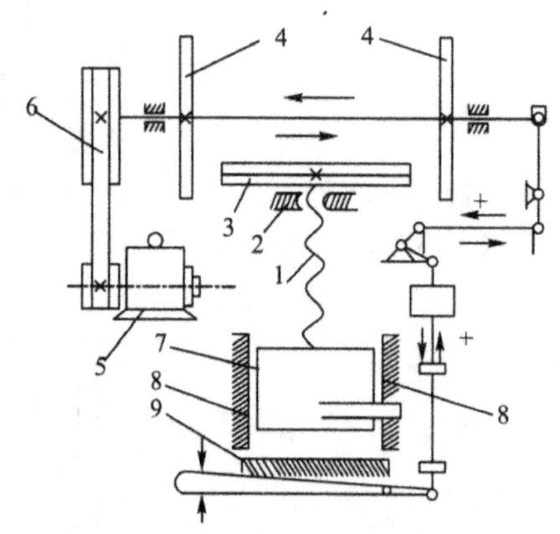

图 3.19 摩擦压力机的工作原理

1—螺杆；2—螺母；3—飞轮；4—摩擦盘；5—电动机；6—传动带；7—滑块；8—导轨；9—机座

摩擦压力机工作过程中，滑块运动速度为 0.5～1.0m/s，具有一定的冲击作用，且滑块行程可控，这与锻锤相似，坯料变形中抗力由机架承受，形成封闭力系，这又是压力机的特点。所以摩擦压力机具有锻锤和压力机的双重工作特性，吨位为 3500kN 的摩擦压力机使用较多，最大吨位可达 10000kN。

摩擦压力机上模锻的特点。

(1) 工艺适应性好，压力机滑块行程不固定，可进行墩粗、弯曲、预锻、终锻等工序，还可进行校正、切边和冲孔等操作。

(2) 摩擦压力机承受偏心载荷的能力差，通常只适用于单膛锻模进行模锻。对于形状复杂的锻件，需要在自由锻设备或其他设备上制坯。

(3) 模具设计和制造简化，由于滑块打击速度不高，设备本身具有顶料装置，故既可以采用整体式锻模，也可以采用组合式模具。

(4) 生产率较低，由于滑块运动速度低，因此生产效率低，但因此特别适合于锻造低塑性合金钢和非铁金属(如铜合金)等。

摩擦压力机模锻适合于中小型锻件的小批量或中批量生产，如铆钉、螺钉阀、齿轮、三通阀等，如图 3.20 所示。

图 3.20 摩擦压力机上锻造的锻件

综上所述，摩擦压力机具有结构简单、造价低、投资少、使用及维修方便、工艺用途广泛等优点，所以我国中小型锻造车间大多拥有这类设备。

3.2.3 锻造方法

模锻和胎膜锻的锻造基本方法与自由锻类似，都可以完成毛坯的镦粗、拔长、冲孔、弯曲、错移、扭转和切割等。只是模锻与胎膜锻的零件最后在胎模中成形。模锻与胎膜锻的锻造方法可以参考自由锻的锻造方法。

3.2.4 锻造结构工艺性

在进行模锻零件设计时，应使结构符合以下原则。

(1) 必须具有一个合理的分模面，以保证模锻成形后，容易从锻模中取出，并且使敷料最少，锻模容易制造。

(2) 考虑斜度和圆角，模锻件上与分模面垂直的非加工表面，应设计出模锻斜度。两个非加工表面形成的角(包括外角和内角)都应按模锻圆角设计。

(3) 只有与其他机件配合的表面才需进行机械加工，由于模锻件尺寸精度较高和表面粗糙度值低，因此在零件上，其他表面均应设计为非加工表面。

(4) 外形应力求简单、平直和对称，为了使金属容易充满模膛而减少工序，尽量避免模锻件截面间差别过大，或具有薄壁、高筋、高台等结构。图 3.21(a)所示零件有一个高而薄的凸缘，金属难以充满模膛，且使锻模制造和成形后取出锻件较为困难；图 3.21(b)所示模锻件扁而薄，模锻时，薄部金属冷却快，变形抗力剧增，易损坏锻模。

(5) 应避免深孔或多孔结构，便于模具制造和延长模具使用寿命。

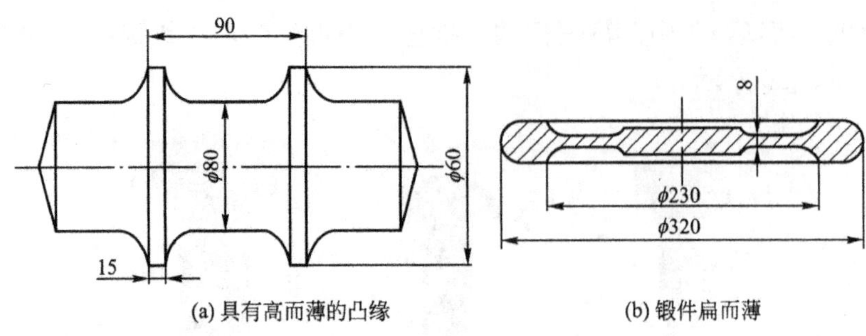

(a) 具有高而薄的凸缘　　(b) 锻件扁而薄

图 3.21　结构不合理的模锻件

3.3　板料冲压

板料冲压是金属塑性加工的基本方法之一。它是通过装在压力机上的模具对板料施压使之产生分离或变形，从而获得一定形状、尺寸和性能的零件或毛坯的加工方法。板料冲压件的厚度一般都不超过 1～2mm，而且这种加工通常是在常温或低于板料再结晶温度的条件下进行的，因此又称为冷冲压。只有当板料厚度超过 8mm 或材料塑性较差时才采用热冲压。

3.3.1　板料冲压特点及应用

板料冲压与其他加工方法相比具有以下特点。

(1) 板料冲压所用原材料必须有足够的塑性，如低碳钢、高塑性的合金钢、不锈钢、铜、铝、镁及其合金等。

(2) 冲压件尺寸精度高，表面光洁，质量稳定，互换性好，一般不需进行机械加工，可直接装配使用。

(3) 可加工形状复杂的薄壁零件。

(4) 生产率高，操作简便，成本低，工艺过程易实现机械化和自功化。

(5) 可利用塑性变形的加工硬化提高零件的力学性能，在材料消耗少的情况下获得强度高、刚度大、质量好的零件。

(6) 冲压模具结构复杂，加工精度要求高，制造费用高，因此板料冲压只适合于大批量生产。

板料冲压广泛用于汽车、拖拉机、家用电器、仪器仪表、飞机、导弹、兵器及日用品的生产中。

板料冲压的基本工序可分为冲裁、拉深、弯曲和成形等。

3.3.2　冲裁

冲裁是使坯料沿封闭轮廓分离的工序，包括落料和冲孔。落料时，冲落的部分为成品，而余料为废料；冲孔是为了获得带孔的冲裁件，而冲落部分是废料。

1. 变形与断裂过程

冲裁使板料变形与分离的过程如图 3.22 所示，包括以下 3 个阶段。

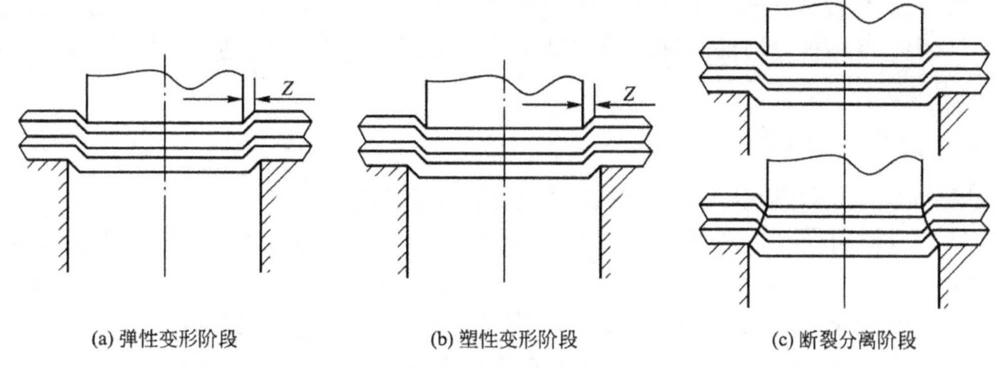

(a) 弹性变形阶段　　(b) 塑性变形阶段　　(c) 断裂分离阶段

图 3.22　冲裁变形过程

(1) 弹性变形阶段，冲头(凸模)接触板料继续向下运动的初始阶段，将使板料产生弹性压缩、拉伸与弯曲等变形。

(2) 塑性变形阶段，冲头继续向下运功，板料中的应力达到屈服极限，板料金属产生塑性变形。变形达到一定程度时，在凸凹模刃口处出现微裂纹。

(3) 断裂分离阶段，冲头继续向下运动，已形成的微裂纹逐渐扩展，上下裂纹相遇重合后，板料被剪断分离。

2. 凸凹模间隙

凸凹模间隙不仅严重影响冲裁件的断面质量，也影响着模具使用寿命等。

当冲裁间隙合理时，上下剪裂纹基本重合，获得的工件断面较光洁，毛刺最小，如图 3.23(a)所示；间隙过小，上下剪裂纹较正常间隙时向外错开一段距离，在冲裁件断面会形成毛刺和夹层，如图 3.23(b)所示；间隙过大，材料中拉应力增大，塑性变形阶段过早结束，裂纹向里错开，不仅光亮带小，毛刺和剪裂带均较大，如图 3.23(c)所示。

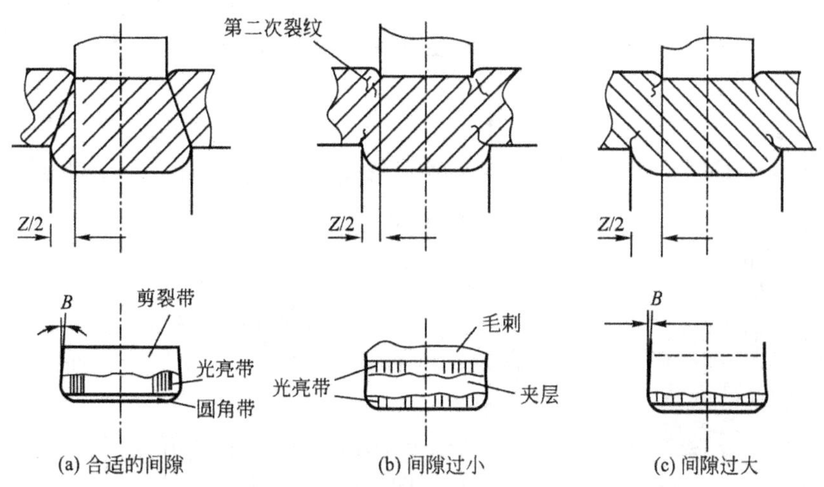

(a) 合适的间隙　　(b) 间隙过小　　(c) 间隙过大

图 3.23　冲裁间隙对断面质量的影响

一般情况，冲裁模单面间隙的大小为板料厚度的 5%～25%。

因此，选择合理的间隙值对冲裁生产是至关重要的。当冲裁件断面质量要求较高时，应选取较小的间隙值。对冲裁件断面质量无严格要求时，应尽可能加大间隙，以利于提高冲模使用寿命。

3. 刃口尺寸的确定

凸模和凹模刃口的尺寸取决于冲裁件尺寸和冲模间隙。

(1) 设计落料模时，以凹模尺寸(落料件尺寸)为设计基准，然后根据间隙确定凸模尺寸，即用缩小凸模刃口尺寸来保证间隙值；设计冲孔模时，取凸模尺寸(冲孔件尺寸)为设计基准，然后根据间隙确定凹模尺寸，即用扩大凹模刃口尺寸来保证间隙值。

(2) 考虑冲模的磨损，落料件外形尺寸会随凹模刃口的磨损而增大，而冲孔件内孔尺寸则随凸模的磨损而减小。为了保证零件的尺寸精度，并提高模具的使用寿命，落料凹模的基本尺寸应取工件最小工艺极限尺寸；冲孔时，凸模基本尺寸应取工件最大工艺极限尺寸。

4. 修整

修整是利用修整模沿冲裁件外缘或内孔刮削一薄层金属，以切掉冲裁件上的剪裂带和毛刺，分为外缘修整和内孔修整，如图 3.24 所示。

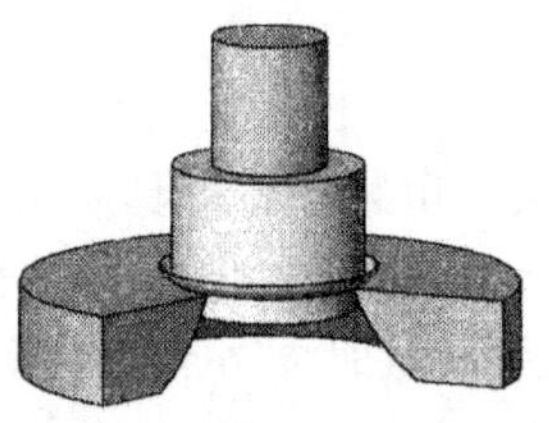

(a) 外缘修整

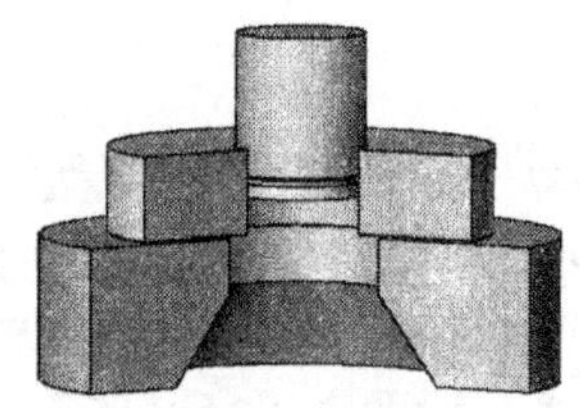

(b) 内孔修整

图 3.24 修整工序

修整的机理与切削加工相似。对于大间隙冲裁件，单边修整量一般为板料厚度的 10%；对于小间隙冲裁件，单边修整量在板料厚度的 8%以下。

3.3.3 拉深

拉深是利用模具冲压坯料，使平板冲裁坯料变形成开口空心零件的工序，也称拉延(图 3.25)。

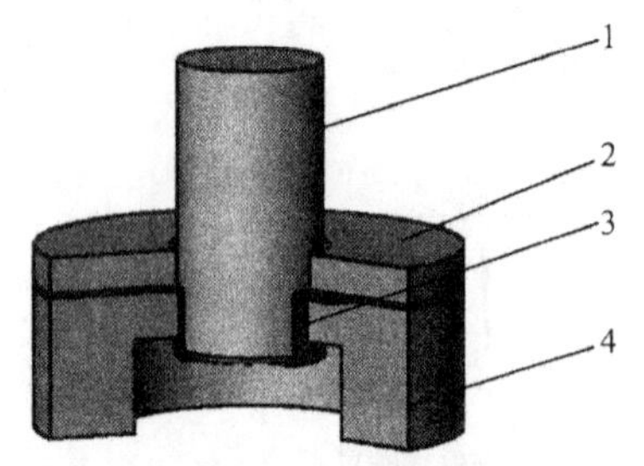

图 3.25 拉深过程

1—凸模；2—压边圈；3—坯料；4—凹模

1. 变形过程

将直径为 D 的平板坯料放在凹模上，在凸模作用下，坯料被拉入凸模和凹模的间隙中，变成内径为 d、高为 h 的杯形零件，其拉深过程变形分析如图 3.26 所示。

(1) 筒底区，金属基本不变形，只传递拉力，受径向和切向拉应力作用。

(2) 筒壁部分，由凸缘部分经塑性变形后转化而成，受轴向拉应力作用；形成拉深件的直壁，厚度减

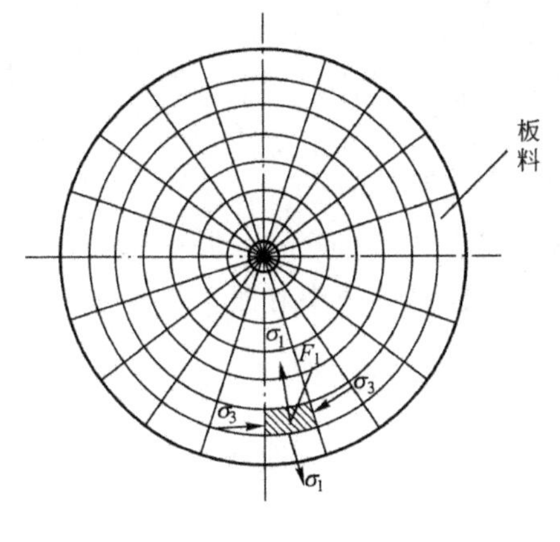

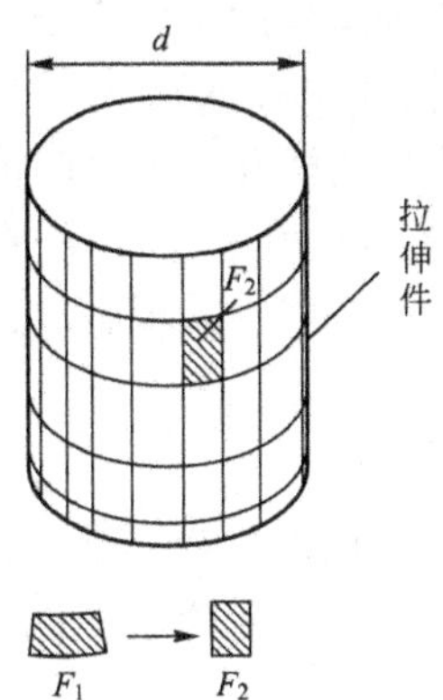

图 3.26　拉深过程变形分析

小，直壁与筒底过渡圆角部被拉薄得最为严重。

(3) 凸缘区，拉深变形区，这部分金属在径向拉应力和切向压应力的作用下，凸缘不断收缩逐渐转化为筒壁，顶部厚度增加。

2. 拉深系数

拉深件直径 d 与坯料直径 D 的比值称为拉深系数，用 m 表示。它是衡量拉深变形程度的指标。m 越小，表明拉深件直径越小，变形程度越大，坯料被拉入凹模越困难，易产生拉穿废品。一般情况下，拉深系数 m 不小于 0.5～0.8。

如果拉深系数过小，不能一次拉深成形时，则可采用多次拉深工艺(图 3.27)。但多次拉深过程中，加工硬化现象严重。为保证坯料具有足够的塑性，在一两次拉深后，应安排工序间的退火工序；其次，在多次拉深中，拉深系数应一次比一次略大一些，总拉深系数值等于每次拉深系数的乘积。

3. 拉深缺陷及预防措施

拉深过程中最常见的问题是起皱和拉裂，如图 3.28 所示。

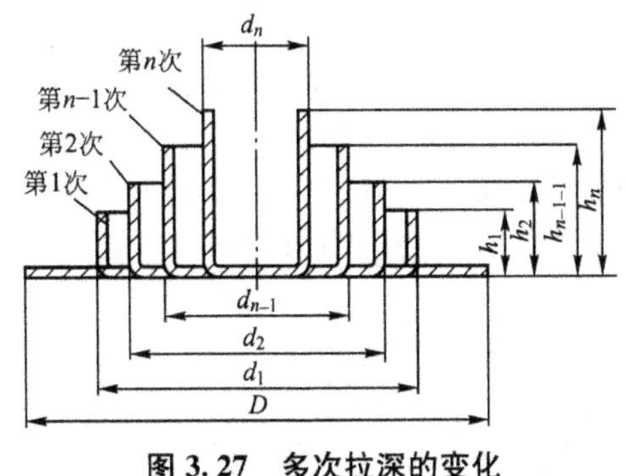

图 3.27　多次拉深的变化

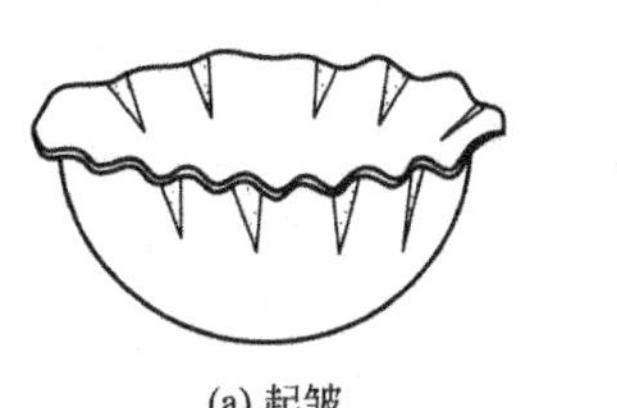

(a) 起皱　　(b) 接裂

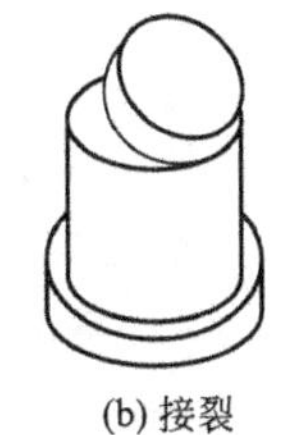

图 3.28　拉深件废品

由于凸缘受切向压应力作用，厚度的增加使其容易产生褶皱。在筒形件底部圆角附近拉应力最大，壁厚减薄最严重，易产生破裂而被拉穿。

防止拉深时出现起皱和拉裂，主要采取以下措施：

(1) 限制拉深系数 m，m 值不能太小，拉深系数 m 不小于 0.5～0.8。

(2) 拉深模具的工作部分必须加工成圆角，凹模圆角半径 $R_d=(5\sim10)t$（t 为板料厚度），凸模圆角半径 $R_p<R_d$。

(3) 控制凸模和凹模之间的间隙，间隙 $Z=(1.1\sim1.5)t$。

(4) 使用压边圈，进行拉深时使用压边圈，可有效防止起皱，如图 3.25 所示。

(5) 涂润滑剂，减少摩擦，降低内应力，提高模具的使用寿命。

3.3.4 弯曲

弯曲是利用模具或其他工具将坯料一部分相对另一部分弯曲成一定的角度和圆弧的变形工序。弯曲过程及典型弯曲件如图 3.29 和图 3.30 所示。

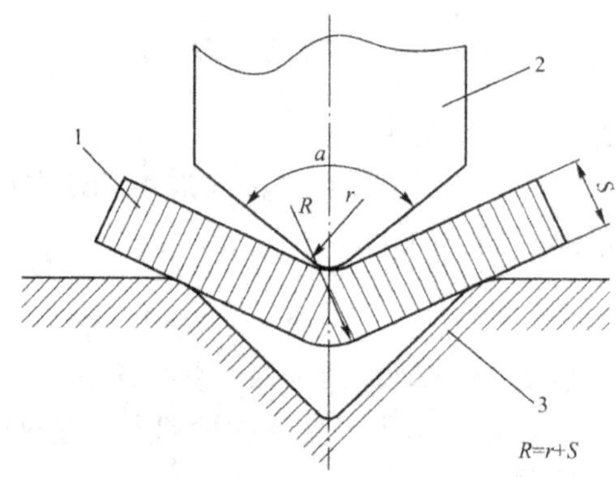

图 3.29 弯曲过程

1—工件；2—凸模；3—凹模

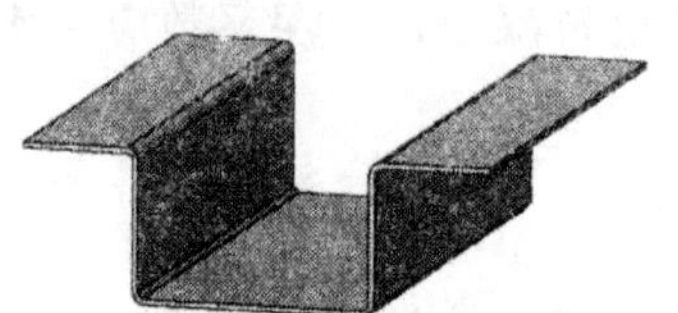

图 3.30 典型弯曲件

坯料弯曲时，其变形区仅限于曲率发生变化的部分，且变形区内侧受压缩，外侧受拉深，位于板料的中心部位有一层材料不产生应力和应变，称其为中性层。

弯曲变形区最外层金属受切向拉应力和切向伸长变形最大。当最大拉应力超过材料强度极限时，则会造成弯裂。内侧金属也会因受压应力过大而使弯曲角内侧失稳起皱。

弯曲过程中要注意以下几个问题。

(1) 考虑弯曲的最小半径 r_{min}，弯曲半径越小，其变形程度越大。为防止材料弯裂，应使 r_{min} 不小于板料厚度的 0.25～1.0，材料塑性好，相对弯曲半径可小些。

(2) 考虑材料的纤维方向，弯曲时应尽可能使弯曲线与坯料纤维方向垂直，使弯曲时的拉应力方向与纤维方向一致，如图 3.31 所示。

(3) 考虑回弹现象，弯曲变形与任何方式的塑性变形一样，在总变形中总存在一部分弹性变形，外力去掉后，塑性变形保留下来，而弹性变形部分则回复，从而使坯料产生与弯曲变形方向相反的变形，这种现象称为弹复或回弹。回弹现象会影响弯曲件的尺寸精

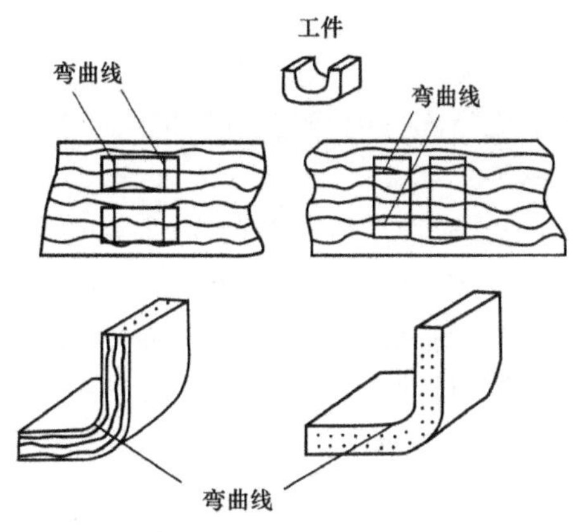

图 3.31 弯曲线方向

度。一般在设计弯曲模时，使模具角度与工件角度差一个回弹角(回弹角一般小于 10°)，这样在弯曲回弹后能得到较准确的弯曲角度。

3.3.5 成形

使板料毛坯或制件产生局部拉深或压缩变形来改变其形状的冲压工艺统称为成形工艺。成形工艺应用广泛，既可以与冲裁、弯曲、拉深等工艺相结合，制成形状复杂、强度高、刚性好的制件，又可以被单独采用，制成形状特异的制件。成形工艺主要包括翻边、胀形、起伏等。

1. 翻边

翻边是将内孔或外缘翻成竖直边缘的冲压工序。

内孔翻边在生产中应用广泛，翻边过程如图 3.32所示。翻边前坯料孔径是 d_0、翻边的变形区是外径为 d_1 内径为 d_p 的圆环区。在凸模压力作用下，变形区金属内部产生切向和径向拉应力，且切向拉应力远大于径向拉应力，在孔缘处切向拉应力达到最大值，随着凸模下压，圆环内各部分的直径不断增大，直至翻边结束，形成内径为凸模直径的竖起边缘，如图 3.33(a)所示。

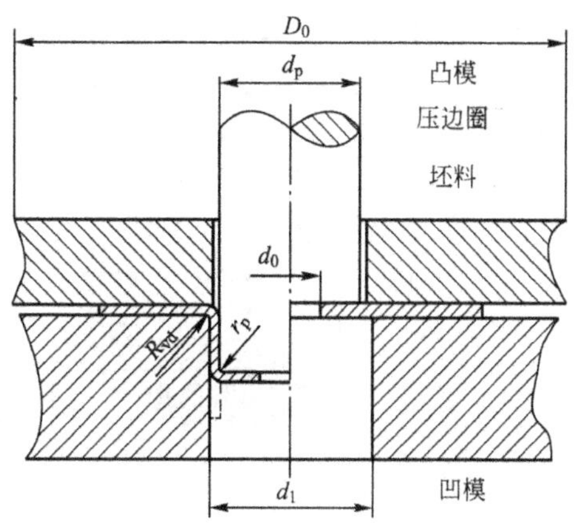

图 3.32 内孔翻边过程

内孔翻边的主要缺陷是裂纹的产生，因此，一般内孔翻边高度不宜过大。当零件所需凸缘的高度较大时，可采用先拉深、后冲孔、再翻边的工艺来实现，如图 3.33(b)所示。

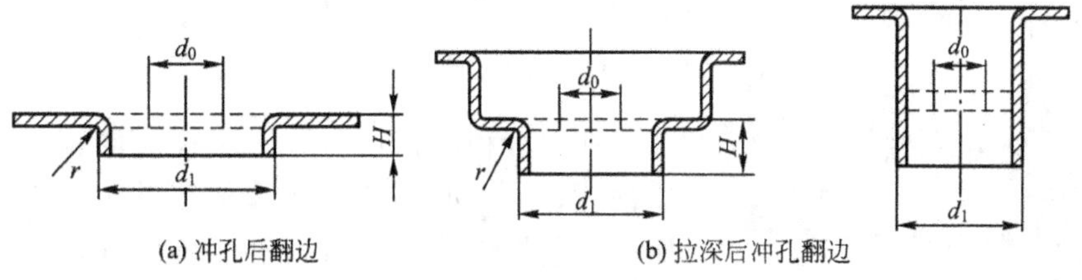

图 3.33 内孔翻边举例

2. 胀形

胀形是利用局部变形使半成品部分内径胀大的冲压成形工艺。可以采用橡皮胀形、机械胀形、气体胀形或液压胀形等。

图 3.34 所示为球体胀形。其成形主要过程是先焊接成球形多面体，然后向其内部用液体或气体打压变成球体。图 3.35 所示为管坯胀形。在凸模的作用下，管坯内的橡胶变形，将管坯直径胀大，靠向凹模。胀形结束后，凸模抽回，橡胶恢复原状，从胀形件中取出。凹模采用分瓣式，使工件很容易取出。

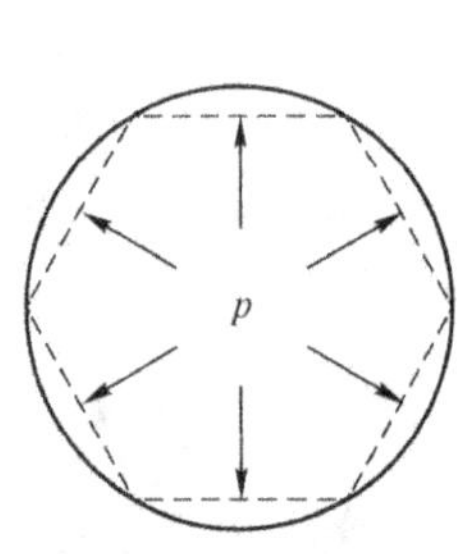

图 3.34 球体胀形

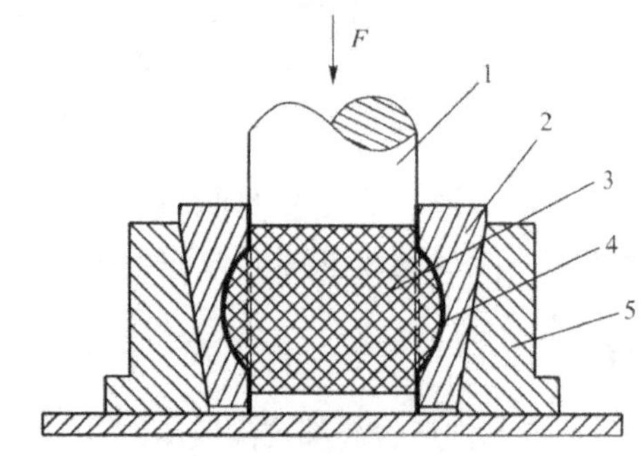

图 3.35 管坯胀形

1—凸模；2—凹模；3—橡胶；4—坯料；5—外套

3. 起伏

起伏是利用局部变形使坯料压制出各种形状的凸起或凹陷的冲压工艺，主要应用于薄板零件上制出筋条、文字、花纹等。

图 3.36 所示为采用橡胶凸模压筋，从而获得与钢制凹模相同的筋条。图 3.37 是刚性模压坑。

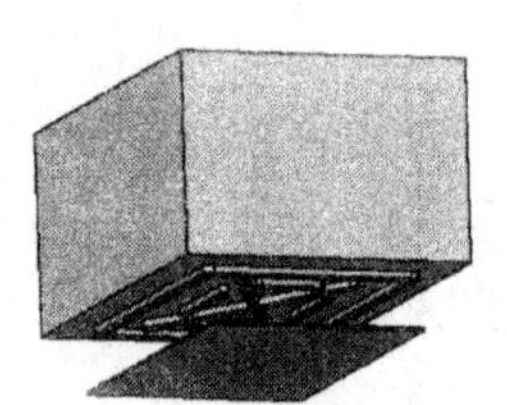
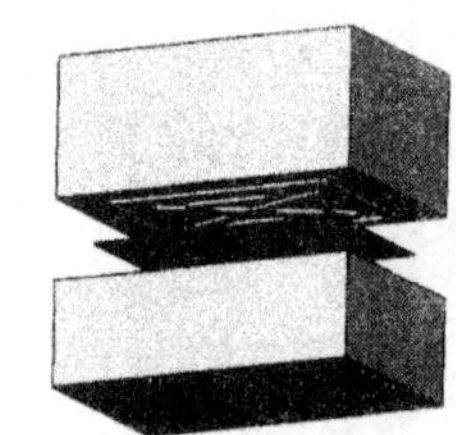

图 3.36 软模压筋

成形工序通常使冲压工件具有更好的刚度，并获得所需要的空间形状。

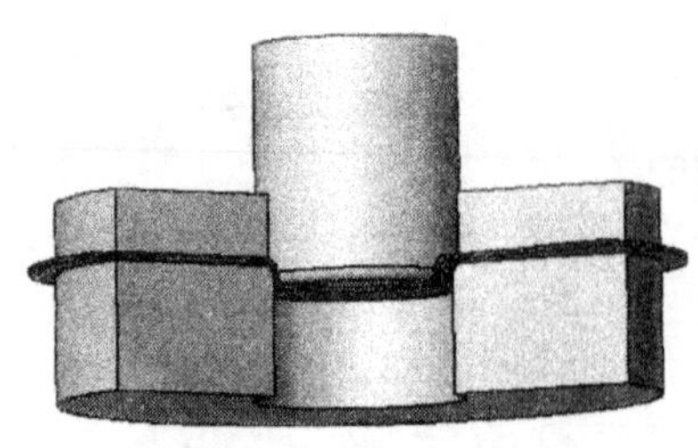

图 3.37 刚性模压坑

3.3.6 板料冲压件的结构工艺性

在设计板料冲压件时，不仅应使其具有良好的使用性能，而且必须考虑冲压加工的工艺特点。影响冲压件工艺性的主要因素有冲压件的几何形状、尺寸及精度要求等。

1. 冲压件的形状

(1) 冲压件的形状应力求简单、对称，尽可能采用圆形、矩形等规则形状，以便于冲压模具的制造、坯料受力和变形的均匀。

(2) 冲压件的形状应便于排样，用以提高材料的利用率(图 3.38)，其中图 3.38(d)所示的无搭边排样(即用落料件的一个边作为另一个落料件的边缘)的材料利用率最高，但是，毛刺不在同一个平面上，而且尺寸不容易准确，因此，只有对冲裁件质量要求不高时才采用。有搭边排样(即各个落料件之间均留有一定尺寸的搭边)的优点是毛刺小，冲裁件尺寸精度高，但材料消耗多，如图 3.38(a)～图 3.38(c)所示。

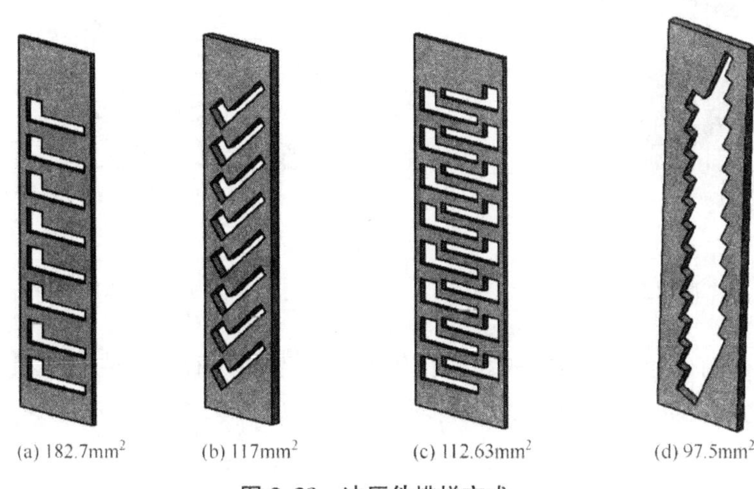

(a) 182.7mm^2 (b) 117mm^2 (c) 112.63mm^2 (d) 97.5mm^2

图 3.38 冲压件排样方式

(3) 用加强筋提高刚度，以实现薄板材料代替厚板材料，节省金属(图 3.39)。

(4) 采用冲压—焊接结构，对于形状复杂的冲压件，先分别冲制若干简单件，然后焊接成复杂件，以简化冲压工艺，降低成本(图 3.40)。

(5) 采用冲口工艺，以减少组合件数量(图 3.41)。

图 3.39 加强筋的应用

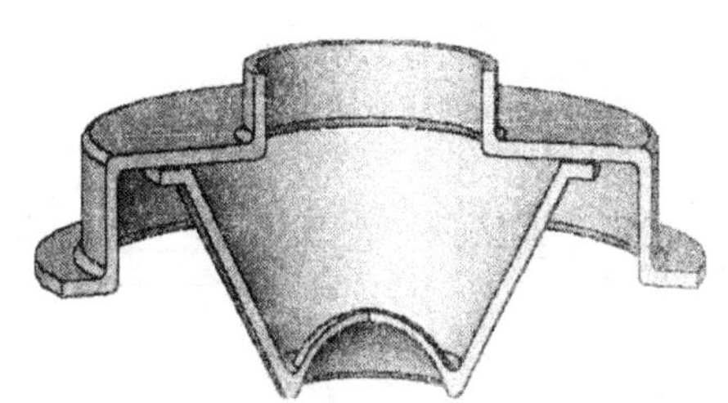

图 3.40 冲压-焊接结构件

2. 冲压件的尺寸

(1) 冲压件上的转角应采用圆角，避免工件的应力集中和模具的破坏。

(2) 冲压件应避免过长的槽和悬臂结构，避免凸模过细以防冲裁时折断，孔与孔之间的距离或孔与零件边缘间的距离不能太小，如图 3.42 所示。

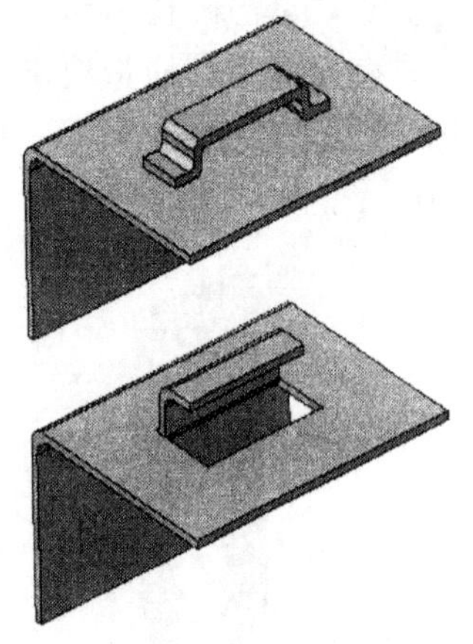

图 3.41　冲口工艺结构

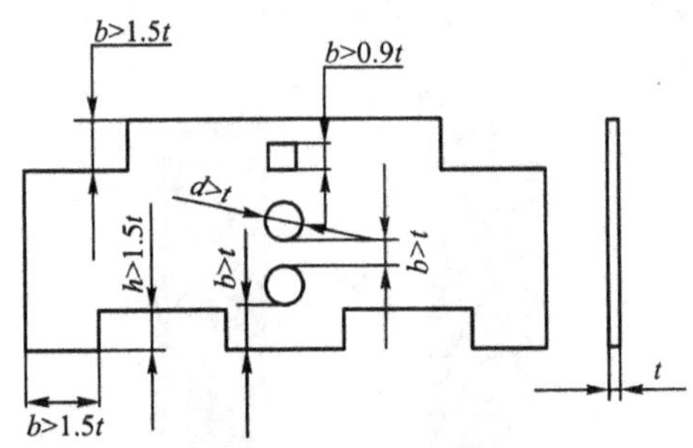

图 3.42　冲压件结构

(3) 弯曲件的弯曲半径应大于材料许用的最小弯曲半径，弯曲件上孔的位置应位于弯曲变形区之外，如图 3.43 所示，$L>1.5t$；弯曲件的直边长度 $H>2t$，如图 3.44 所示。

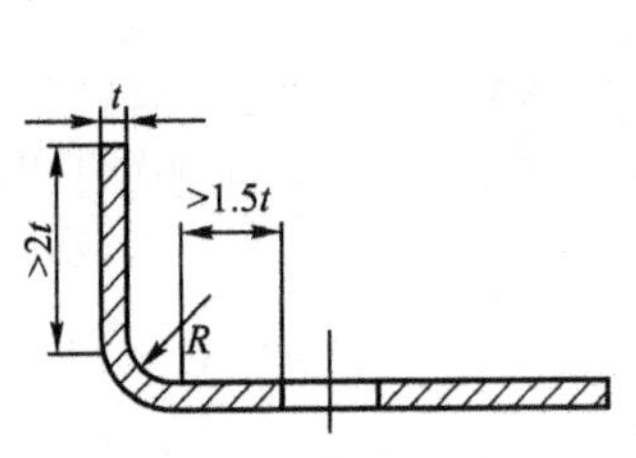

图 3.43　弯曲件孔的位置

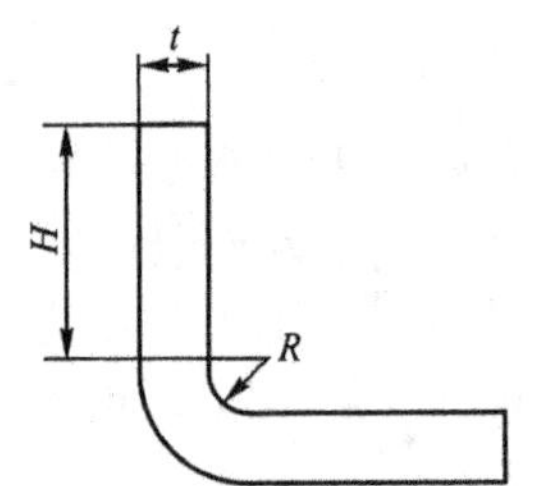

图 3.44　弯曲件直边长度图

(4) 拉伸件的最小允许半径，如图 3.45 所示。

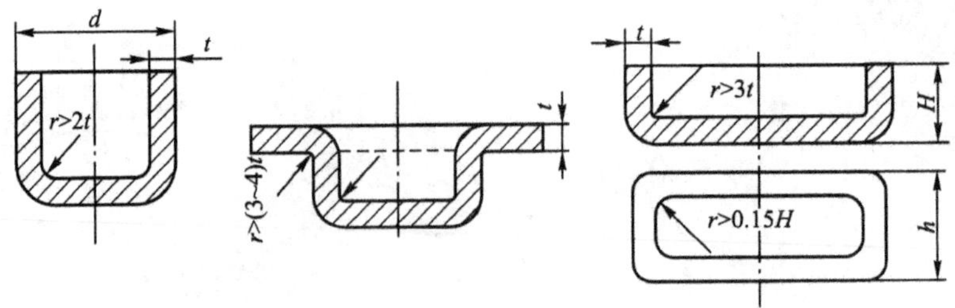

图 3.45　拉伸件最小允许半径

3. 冲压件的精度和表面质量

对冲压件的精度要求，不应超过工艺所能达到的一般精度，冲压工艺的一般精度如下：

落料不超过 IT10；冲孔不超过 IT9；弯曲不超过 IT9～IT10；拉伸件的高度尺寸精度为 IT8～IT10，经整形工序后精度可达 IT6～IT7。

一般对冲压件表面质量的要求不应高于原材料的表面质量，否则要增加切削加工等工序，使产品成本大为提高。

3.4 现代塑性加工与发展趋势

随着工业的不断发展，对塑性加工生产提出了越来越高的要求，不仅要能生产各种毛坯，更需要直接生产更多的零件。近年来，在锻造生产方面出现了许多特种工艺方法，并得到迅速发展，如精密模锻、零件挤压、零件轧制及超塑性成形等。现代塑性加工正向着高科技、自动化和精密成形的方向发展。

3.4.1 精密模锻

精密模锻是在模锻设备上锻造出形状复杂、高精度锻件的锻造工艺。如精密锻造锥齿轮，其齿形部分可直接锻出而不必再切削加工。精密模锻件尺寸精度可达 IT6～IT8、表面粗糙度 Ra 值为 3.2～1.6μm。

保证精密模锻的主要措施：

(1) 精确计算原始坯料的尺寸，否则会增大锻件尺寸公差，降低精度。

(2) 精密制造模具，精锻模膛的精度必须比锻件精度高两级，精锻模应有导向结构，以保证合模准确。

(3) 采用无氧化或少氧化加热法，尽量减少坯料表面形成的氧化皮。

(4) 精细清理坯料表面，除净坯料表面的氧化皮、脱碳层及其他缺陷等。

(5) 模锻过程中要很好地冷却锻模和进行润滑。

精密模锻一般都在刚度大、运动精度高的设备(如曲柄压力机、摩擦压力机、高速锤等)上进行，它具有精度高、生产率高、成本低等优点。但由于模具制造复杂、对坯料尺寸和加热等要求高，故只适合于大批量生产中采用。

3.4.2 挤压

挤压是使坯料在挤压模内受压被挤出模孔而变形的加工方法。

按金属的流动方向与凸模运动方向的不同，挤压可分为如下 4 种。

(1) 正挤压，金属的流动方向与凸模运动方向相同，如图 3.46(a)所示。

(2) 反挤压，金属的流动方向与凸模运动方向相反，如图 3.46(b)所示。

(3) 复合挤压，在挤压过程中，一部分金属的流动方向与凸模运动方向相同，另一部分金属的流动方向与凸模运动方向相反，如图 3.46(c)所示。

(4) 径向挤压，金属的流动方向与凸模运动方向呈 90°，如图 3.46(d)所示。

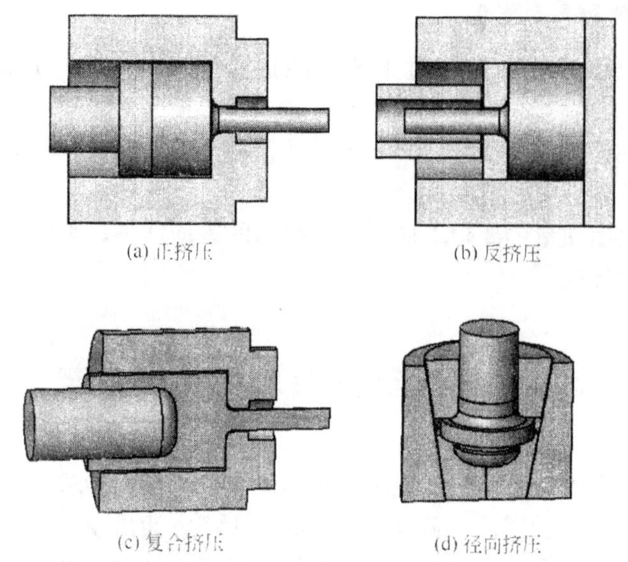

图 3.46　挤压成形

根据金属坯料变形温度不同，挤压成形还可分为冷挤压、热挤压和温挤压。

(1) 冷挤压，挤压通常在室温下进行。冷挤压零件表面粗糙度值低(Ra 为 1.6～0.2μm)、精度高(达到 IT6～IT7)；变形后的金属组织为冷变形强化组织，故产品的强度高；但金属的变形抗力较大，故变形程度不宜过大；冷挤压时可以通过对坯料进行热处理和润滑处理等方法提高其冷挤压的性能。

(2) 热挤压时，坯料变形的温度与锻造温度基本相同。热挤压中，金属的变形抗力小，允许的变形程度较大，生产率高；但产品表面粗糙度较高，精度较低；热挤压广泛地应用于冶金部门生产铝、铜、镁及其合金的型材和管材等，目前也越来越多地用于机器零件和毛坯的生产。

(3) 温挤压时金属坯料变形的温度介于室温和再结晶温度之间(100～800℃)。与冷挤压相比，变形抗力低，变形程度增大，提高了模具的寿命；与热挤压相比，坯料氧化脱碳少，表面粗糙度值低(Ra 为 6.5～3.2μm)，产品尺寸精度较高。故适合于挤压中碳钢和合金钢件。

挤压成形的工艺特点如下：

(1) 挤压时金属坯料处于三向受压状态，可提高金属坯料的塑性，扩大了金属材料的塑性加工范围。

(2) 可制出形状复杂、深孔、薄壁和异型断面的零件。

(3) 挤压零件的精度高，表面粗糙度值低，尤其是冷挤压成形。

(4) 挤压变形后，零件内部的纤维组织基本上是沿零件外形分布而不被切断，从而提高了零件的力学性能。

(5) 其材料利用率可达 70%，生产率比其他锻造方法提高几倍。

(6) 挤压是在专用挤压机(有液压式、曲轴式、肘杆式等)上进行的，也可在适当改造后的通用曲柄压力机或摩擦压力机上进行。

3.4.3　轧制成形

轧制工艺是生产型材、板材和管材的主要加工方法，因为它具有生产率高、质量好、成本低，并可大量减少金属材料消耗等优点，近年来在零件生产中也得到越来越广泛的应用。

根据轧辊轴线与坯料轴线方向的不同，轧制分为纵轧、横轧、斜轧、楔横轧等。

1. 纵轧

纵轧是轧辊轴线与坯料轴线互相垂直的轧制方法，包括型材轧制和辊锻轧制等。

图 3.47(a)所示为辊锻轧制过程。坯料通过装有弧形模块的一对作相反旋转运动的轧辊变形的生产方法称为辊锻。辊锻轧制既可作为模锻前的制坯工序，也可直接辊锻工件。

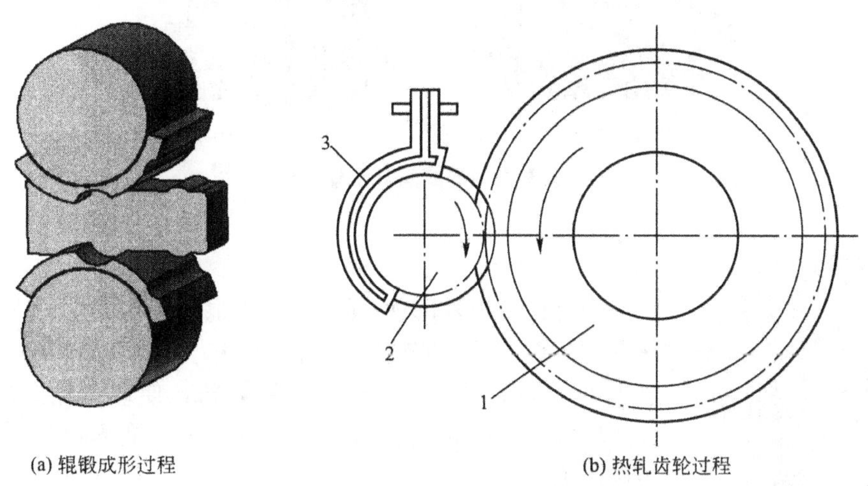

(a) 辊锻成形过程　　(b) 热轧齿轮过程

图 3.47　辊锻成形过程及热轧齿轮过程示意图

1—主轧轮；2—毛坯；3—感应加热器

目前，成形辊锻适用于生产以下 3 种类型的锻件：

(1) 扁断面的长杆件，如扳手、活动扳手、链环等。

(2) 带有头部、沿长度方向横截面递减的锻件，如叶片等。

(3) 连杆件，用辊锻工艺锻制连杆生产率高，工艺过程得以简化，但需进行后续的精整工艺。

2. 横轧

横轧是轧辊轴线与坯料轴线互相平行，坯料在两轧辊摩擦力带动下作反向旋转的轧制方法。利用横轧工艺轧制齿轮是一种少切削加工齿轮的新工艺。图 3.47(b)所示为热轧齿轮示意图。在轧制前将毛坯外缘用感应加热器 3 加热，然后将带齿形的主轧轮 1 作径向进给，迫使轧轮与毛坯 2 对辗，在对辗过程中，主轧轮 1 继续径向送进到一定的距离，使坯料金属流动而形成轮齿。

采用横轧工艺可轧制直齿轮，也可轧制斜齿轮。由于被轧制的锻件内部流线与齿形轮廓一致，故可提高齿轮的力学性能和工作寿命。

3. 斜轧

轧辊轴线与坯料轴线相交一定角度的轧制方法称斜轧也称螺旋斜轧。两个同向旋转的轧辊交叉成一定角度，轧辊上带有所需的螺旋型槽，使坯料以螺旋式前进，因而轧制出形状呈周期性变化的毛坯或各种零件。

图 3.48 所示为螺旋斜轧(轧制周期性变形的长杆件和轧制钢球)，可连续生产，效率高，且节约材料。

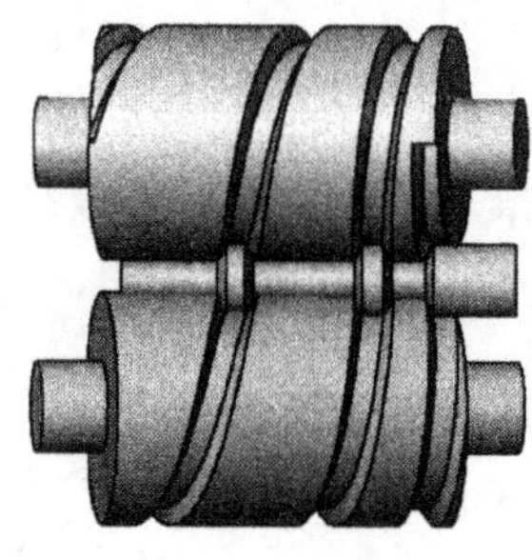

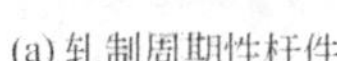

(a)轧制周期性杆件

(b)斜轧钢球

图 3.48　螺旋斜轧示意图

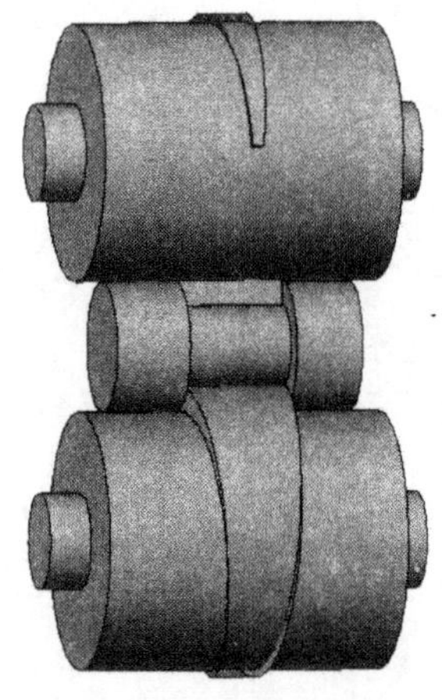

图 3.49　楔横轧示意图

4. 楔横轧

带有楔形模具的两(或三个)轧辊，向相同的方向旋转，棒料在它的作用下反向旋转的轧制方法，如图 3.49 所示。其变形过程主要是靠两个楔形凸块压缩坯料，使坯料径向尺寸减小，长度增加。楔横轧主要用于加工阶梯轴、锥形轴等各种对称的零件或毛坯。

3.4.4　超塑性变形

延伸率是表示金属塑性的指标之一。通常，室温下黑色金属延伸率不大于 40%，铝、铜等有色金属也只有 50%～60%。而在特定的组织结构和变形条件下，金属可呈现极高的塑性，其延伸率可达百分之百，甚至百分之一千到几千而不发生破坏的能力称为超塑性。

1. 超塑性变形的特点

材料处于超塑性状态下，其变形应力只有常态下金属变形应力的几分之一至几十分之一，进入稳定阶段后，不呈现加工硬化现象，因此极易成形。它可采用板料冲压、挤压、模锻等方法制出形状复杂的零件。随着超塑性材料的日益发展，超塑性成形工艺的应用也将随之扩大。

2. 超塑性的分类

超塑性主要可分为结构超塑性和相变超塑性。

(1) 结构超塑性。具有直径小于 10μm 的微细晶粒的金属材料，在一定的恒温和一定低变形速率下进行拉深变形时获得的超塑性称为结构超塑性，又称为恒温塑性或微细晶粒超塑性。

晶粒尺寸是影响结构超塑性的最主要因素，晶粒细化程度决定了金属材料获得超塑性可能性的大小。

（2）相变超塑性。具有固态相变的金属在相变温度附近进行加热与冷却循环，反复发生相变或同素异构转变，同时在低应力下进行变形，可产生极大伸延性的现象，称为相变超塑性或动态超塑性。动态超塑性特点是变形中伴随相变所表现出来的超塑性。

3. 超塑性成形工艺的应用

（1）超塑性气压成形。超塑性气压成形是以压缩气体为动力，使处于超塑性状态下的金属材料等温热胀，以产生大变形量来生产零件的一种工艺。

（2）超塑性拉深成形。利用辅助压力模具对室温下呈现超塑性的材料进行薄板超塑性拉深成形。超塑性拉深成形时，单次拉深的最大杯深与杯的直径比大于11，是常规拉深时的15倍。

（3）超塑性挤压成形。超塑性挤压成形是将坯料直接放入模具内一起加热到最佳的超塑性恒定温度后，并恒定慢速加载，保持压力，在封闭的模具中进行压缩成形的工艺。在变形过程中模具也保持与变形金属相同的恒温，改善金属流动性，降低挤压力。

（4）超塑性无模拉拔成形。基于超塑性材料对温度及变形速率的敏感特性，对工件局部进行感应加热，在控制加热温度的条件下控制速度进行拉拔，实现超塑性变形，制出截面为矩形、圆形等简单形状的管状、棒状零件。这一成形方法被称为无模拉拔成形。

3.4.5 塑性加工发展趋势

金属塑性成形工艺的发展有着悠久的历史，近年来在计算机的应用、先进技术和设备的开发和应用等方面均已取得显著进展，并正向着高科技、自动化和精密成形的方向发展。

1. 先进成形技术的开发和应用

（1）发展省力成形工艺。塑性加工工艺相对于铸造、焊接工艺有产品内部组织致密、力学性能好且稳定的优点。但是传统的塑性加工工艺往往需要大吨位的压力机，相应的设备及初期投资非常大。可以采用超塑成形、液态模锻、旋压、辊锻、楔横轧、摆动辗压等方法降低变形力。

（2）提高成形精度。“少无余量成形”可以减少材料消耗，节约后续加工，成本低。提高产品精度一方面要使金属能充填模腔中很精细的部位，另一方面又要有很小的模具变形。等温锻造由于模具与工件的温度一致，工件流动性好，变形力小，模具弹性变形小，实现精锻的好方法。粉末锻造由于容易得到最终成形所需要的精确的预制坯，所以既节省材料又节省能源。

（3）复合工艺和组合工艺。粉末锻造(粉末冶金＋锻造)、液态模锻(铸造＋模锻)等复合工艺有利于简化模具结构，提高坯料的塑性成形性能，应用越来越广泛。采用热锻—温整形、温锻—冷整形、热锻—冷整形等组合工艺，有利于大批量生产高强度、形状较复杂的锻件。

2. 计算机技术的应用

（1）塑性成形过程的数值模拟。计算机技术已应用于模拟和计算工件塑性变形区的应力场、应变场和温度场；预测金属充填模膛情况、锻造流线的分布和缺陷产生情况；可分析变形过程的热效应及其对组织结构和晶粒度的影响。

(2) CAD/CAE/CAM的应用。在锻造生产中，利用CAD/CAM技术可进行锻件、锻模设计，材料选择、坯料计算，制坯工序、模锻工序及辅助工序设计，确定锻造设备及锻模加工等一系列工作。在板料冲压成形中，随着数控冲压设备的出现，CAD/CAE/CAM技术得到了充分的应用，尤其是冲裁件CAD/CAE/CAM系统应用已经比较成熟。

(3) 增强成形柔度。柔性加工是指应变能力很强的加工方法，它适于产品多变的场合。在市场经济条件下，柔度高的加工方法显然也有较强的竞争力。计算机控制和检测技术已广泛应用于自动生产线，塑性成形柔性加工系统(FMS)在发达国家已应用于生产。

3. 实现产品—工艺—材料的一体化

以前，塑性成形往往是“来料加工”，近年来由于机械合金化的出现，可以不通过熔炼得到各种性能的粉末，塑性加工时可以自配材料经热等静压(HIP)再经等温锻得到产品。

4. 配套技术的发展

(1) 模具生产技术。发展高精度、高寿命模具和简易模具(柔性模、低熔点合金模等)的制造技术及开发通用组合模具、成组模具、快速换模装置等。

(2) 坯料加热方法。火焰加热方式较经济，工艺适应性强，仍是国内外主要的坯料加热方法。生产效率高、加热质量和劳动条件好的电加热方式的应用正在逐年扩大。各类少、无氧化加热方法和相应设备将得到进一步开发和扩大应用。

3.5 综合技能训练课题

工程训练是一门实践性很强的技术基础课。在对理论进行学习的同时必须加强综合技能的训练。

3.5.1 锻造技术操作

锻造的基本工序有镦粗、拔长、冲孔、弯曲、扭转等。它们的操作方法如下：

1. 镦粗

镦粗使毛坯高度减小，横截面积增大。它可以提高锻件的力学性能，分为整体镦粗和局部镦粗两种，如图3.50所示。

镦粗适用于制造大截面、小高度的零件，如齿轮、圆盘等；或为冲孔所做的预备工序；或为拔长做的预备工序，增加拔长时的锻造比。

镦粗的操作要点如下：

(1) 合适的高径比。在镦粗时，圆形截面毛坯的高径比$H_0:D_0$不要超过2.5～3，方形或矩形截面毛坯的高宽比不大于3.5～4。高径比过大，容易产生纵向弯曲，使变形失去稳定，会镦弯，如不及时校正而继续镦粗会使坯料产生折叠。

(2) 坯料端面与轴线垂直。端面与轴线不垂直的坯料镦粗时，需要压紧坯料，锤击校正端面，这是为了防止镦歪。

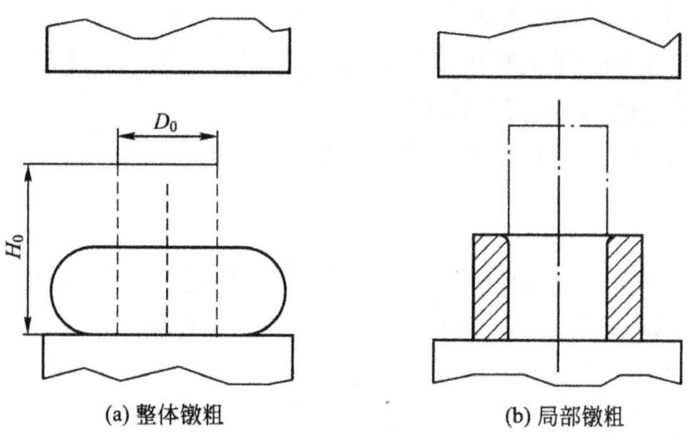

(a) 整体镦粗　　(b) 局部镦粗

图 3.50　镦粗

(3) 合适的漏盘。镦粗时，漏盘上口部位应采用圆角过渡，并且要有 5°～7°的斜度。

(4) 及时修整，消除鼓形。镦粗后，要用及时翻转 90°，边滚动边锤击，消除鼓形。

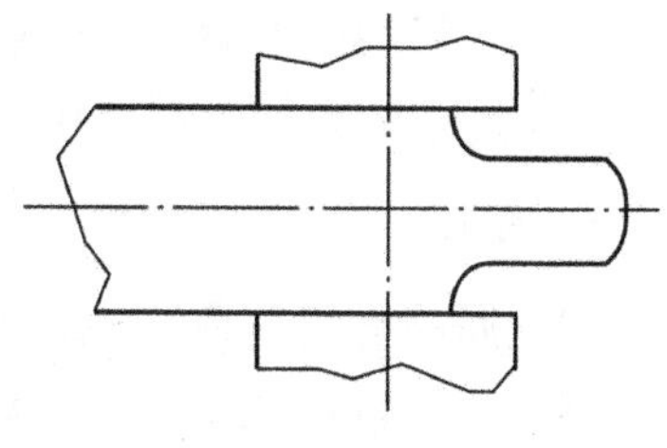
图 3.51　拔长

2. 拔长

拔长使坯料横截面积减小，长度增加，如图 3.51 所示。

拔长适用于制造长而截面小的零件或制造长轴类空心零件，如轴类、炮筒、圆环、套筒等。

拔长操作要点如下：

(1) 合适的送进量。送进量的大小直接影响拔长效率和锻件质量。送进量太大，拔长效率会降低，金属主要向坯料宽度方向流动。送进量太小，变形区容易出现双鼓形，还容易产生夹层，如图 3.52 所示。合适的送进量是 $L/B=0.4\sim0.8$，L 是送进量，B 是砧铁宽度。

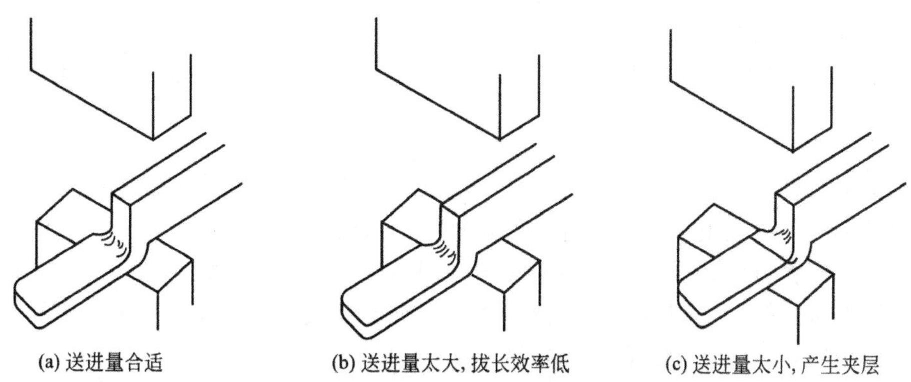
(a) 送进量合适　　(b) 送进量太大，拔长效率低　　(c) 送进量太小，产生夹层

图 3.52　拔长时的送进方向和送进量

(2) 合适的压下量。拔长时，增大压下量，不但可以提高生产率，还可以强化心部变形，可以锻合内部缺陷。拔长时希望采取大压下量变形。但是每次的压下量太大，如坯料的宽度与厚度比超过 2.5，翻转后继续拔长容易发生折叠变形。

(3) 拔长过程中要不断翻转坯料。

(4) 套筒类锻件的坯料要先冲孔，然后拔长，坯料边旋转边轴向送进，严格控制送进量。送进量太大，会使坯料内孔尺寸增大。

(5) 拔长后要进行修整，如调平、矫直，使锻件表面光洁，尺寸准确。

3. 冲孔

冲孔是利用冲头在镦粗后的坯料上冲出透孔或不透孔的锻造工序。常用的冲孔方法有：实心冲子冲孔、空心冲子冲孔和垫环冲孔 3 种。冲孔常用来制造空心件或锻件质量要求高的大工件，可用空心冲子冲孔，去掉质量较低的铸件中心部分。其工艺要点如下：

(1) 冲孔前坯料要先镦粗，使冲孔深度减小，端面平整。

(2) 冲孔前坯料要先加热到始锻温度，使坯料塑性提高，防止冲裂。

(3) 要先试冲，如有偏差，可及时修正，保证孔位正确。

(4) 冲孔中要使冲子的轴线垂直于砧面，防止冲斜。

(5) 一般的锻件通孔采用双面冲孔，较薄的坯料可采用单面冲孔。

(6) 冲孔的孔径一般要小于坯料直径的 1/3，以防止坯料涨裂。

4. 弯曲

弯曲是将坯料弯曲成规定形状的锻造工序。弯曲成形使坯料金属纤维组织不被切断，从而提高了锻件的质量，用来锻造吊钩，角尺及弯板等锻件。

根据弯曲件的不同形状和尺寸，通常有以下几种弯曲方法。

(1) 在锻锤上用上砧压紧锻件的一端或中间，用大锤把锻件的一端或两端打弯，也可用天车拉弯。

(2) 在垫模中弯曲。

(3) 在弯曲架上弯曲。

弯曲工艺要点如下：

(1) 当锻件有数处弯曲时，弯曲的次序一般是先弯端部，再弯曲线部分与直线部分交界处，然后弯其余的圆弧部分。

(2) 被弯曲锻件的加热部分不宜过长，最好只限于受弯曲的一端，注意加热均匀。

5. 扭转

扭转是将坯料的一部分相对于另一部分绕其轴线旋转一定角度的锻造工序。可用来锻造曲柄位于不同平面内的曲轴、连杆及麻花钻头等锻件。

扭转时，扭转区域的坯料长度将有缩短，而横截面积稍有增大。

扭转的方法：把接近扭转区的部分紧固在老虎钳上或用锤砧压住，另一端用扳手或叉子夹住进行扭转，也可以用大锤打击扭转。

3.5.2 锻造范例

1. 手锻工作实例

六角螺钉头的锻制法。

螺钉头的锻制方法，普通的有两种：一种是镦粗法，另一种是接火法。就效率来说，前一种比较好，所以机器上受力比较大的螺钉多采用镦粗法。接火法锻造起来比较快，并且较容易。

镦粗法的操作范例：先将铁条或钢条截成所需要的长度，长度要比螺钉头长一些，大约是镦粗螺钉头时所需要的长度，再加上螺钉头的全长。把材料接好后，先烧红一头(或全部烧红而把另一头在水中浸冷)，夹出用锤打击，使它一头镦粗，如图 3.53(a)所示。把漏盘放在铁砧上，螺钉头插入漏盘的孔中，把头部镦粗部分打平，如 3.53(b)所示。从漏盘中取出螺钉头，在铁砧上打成六角形的粗坯。这时螺钉头已冷却，不能再打，放入炉中重新烧红后刻成如图 3.53(c)所示的六角形状，放入漏盘中，把头部修平，用杯形模子，覆在螺钉头上，用锤打击，使头部的六角和边缘的棱角略带圆弧，如 3.53(d)所示。然后量它的长度是否合乎尺寸要求，如过长则把多余的部分切去，这样一个六角螺钉头就锻造完成。

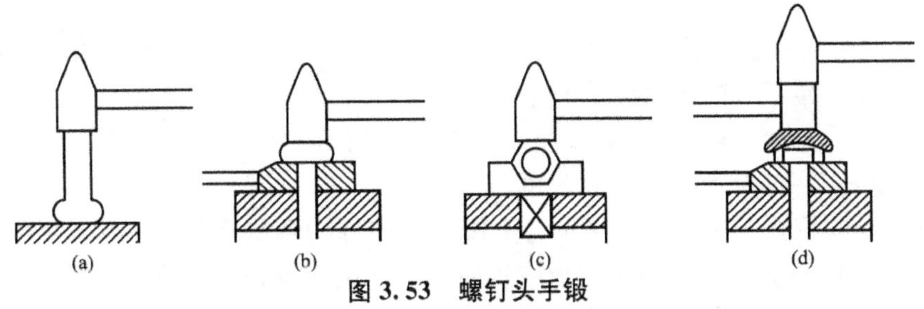

图 3.53　螺钉头手锻

2. 机器锻造实例

使用空气锤或蒸汽—空气锤锻造大型零件，如汽车连杆：先在锻件毛坯中间截割一适当长度，把它拔成圆焊，然后锻两端插头。图 3.54(a)所示为连杆，图 3.54(b)所示为锻件毛坯材料，制作顺序如下：

(1) 用三角口的截口錾子，在锻件中间截出两缺口，图 3.54(c)所示。

(2) 把中间的一段拔细，并用打火荚膜修成圆形，图 3.54(d)所示。

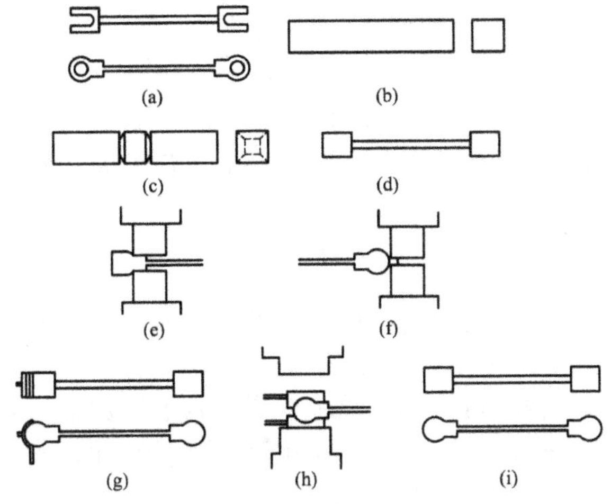

图 3.54　连杆的锻制

(3) 把插头部分锻好，图 3.54(e)所示。

(4) 把插头外端锻扁，图 3.54(f)所示。

(5) 用半圆錾子把外端截圆，图 3.54(g)所示。

(6) 用圆头荚膜把插头修圆，图 3.54(h)所示。

(7) 依照步骤(3)～(6)锻另一头。

图 3.54(i)所示为锻好件。这锻件锻成需三步，第一步是拔圆焊，第二步是锻右端插头，第三步是锻左插头。

3.5.3 板料冲压技能操作

板料冲压的基本工序可分为冲裁、拉深、弯曲和成形等。这些基本工序都是在冲压机或压力机上完成的。它们的区别主要是使用的模具不同。板料冲压技能操作主要是对压力机的操作，其中冲模的正确安装和使用是板料冲压技能的主要部分。

1. 安装、调整冲模的一般步骤

(1) 首先检查冲床运转是否正常，图样、工艺文件、材料、毛坯和模具是否准备好。

(2) 将模具与冲床的接触面擦拭干净。

(3) 预先用手盘动飞轮(大、中型冲床用微动按钮)调节滑块到最高位置(即上止点)，并转动调节螺杆，将连杆调节到最短长度。

(4) 对有导向装置的模具，可将上、下模在导向件吻合状态下，一起安装到冲床工作台上；对无导向件的模具，取一块木板或软而平整的平板放在工作台上，把上模放在木板或平板上。

(5) 用手盘动飞轮(大、中型冲床用微动按钮)，使滑块靠近上模，并将上模的模柄对准滑块孔(无模柄的上模，使滑块的 T 形槽与上模凸耳相对准)，然后使滑块缓慢下降，直至滑块下平面紧贴上模板的上平面，拧紧紧固螺栓，将上模固定于滑块上。

(6) 对无导向装置的模具，撤除所垫木板(或平板)，安装下模，用上述同样方法使滑块下降，同时使上模和下模对准吻合。

(7) 初步调整冲床的闭合高度。

(8) 紧固无导向件的下模。

(9) 用上述同样的方法，使滑块回到上止点。

(10) 经仔细检查安装无误后，在上、下模的配合部分(导向件、工作零件之间)加上润滑剂，然后开空车冲几次，进一步检查冲模的安装、紧固、调整是否妥当。

(11) 试冲。在试冲时逐步调整闭合高度，直至符合要求，然后紧固调节螺杆，调整打料装置和其他装置(如弹性卸料装置等)。

2. 冲模的维护保养

冲模的维护保养对保证正常生产使用、提高制件质量、延长模具寿命都有十分重要的作用。下面简要介绍冲模维护保养应该注意的事项。

(1) 安装调整模具前应检查：冲床上的打料装置应暂时调整到最高位置；冲床和冲模的闭合高度是否适应；冲模上的卸料装置同冲床是否配套合用；冲模的上、下模板和冲床的滑块底面、工作台面是否擦拭干净。

(2) 安装调整好模具后应检查模具内外有无异物或其他工具。

(3) 模具在使用过程中，应定时润滑其工作表面(如凸凹模刃口或工作型腔)和活动配合表面(如导向件)。严禁在冲压进行中施行润滑，润滑必须在停机时进行。同时要注意毛坯有无异常情况，如毛坯有不允许的硬折、过厚、严重翘曲等现象，都要停止作业。

(4) 拆卸模具时，用手盘动飞轮(大、中型冲床用微动按钮)，使滑块慢慢下降，使上、下模处于闭合状态，然后松开固定上模的紧固零件，将滑块升至上止点使其脱开上模，然后将紧固下模的零件卸除。

(5) 卸下的模具应完整并及时交回模具库或指定存放点。存放前应将模具擦拭干净并涂油防锈。

3.5.4 冷冲模范例

1. 冲裁模的安装调整

冲裁模的上下模吻合时，应保证上模的工作零件(凸模或凹模)含入下模的工作零件(凸模或凹模)中。含入的深浅要适当，更重要的是必须保证相吻合的凸、凹模周边有均匀的间隙。间隙不适当或不均匀，将直接影响冲裁件的质量。冲裁模的安装调整应确保上、下模吻合时模具间隙的均匀。上、下模含入的深度是依靠调节冲床连杆长度来实现的。

有导向零件的冲裁模，其安装调整比较方便，要保证导向件运动滑利，因为导向件(如导柱和导套)的配合是比较精密的，这样可以保证上、下模的配合间隙均匀。

对于无导向件的冲裁模，可在凹模刃口周围衬以纯铜箔或硬纸板进行调整。铜箔或纸板厚度相当于凸、凹模之间的单面间隙。当冲裁件毛坯厚度超过 1.5mm 时，因模具间隙较大，可用上述加衬垫的方法调整。对较薄毛坯的冲模可通过由操作者观测凸、凹模吻合后周边缝隙大小的方法来调整模具。对于直边刃口的冲裁模，还可通过用塞尺测试间隙大小的方法来调整模具的。

2. 弯曲模的安装调整

有导向零件的弯曲模，调整安装比较简单，上模和下模的位置全由导向零件决定。

上、下模在冲床上的上下相对位置，一般也用调节冲床连杆长度的方法进行调整。应使上模随滑块到下止点位置时，既能压实工件，又不发生硬性顶撞或在下止点发生“顶住”或“咬住”的现象。

上模在冲床上的上下位置，在粗略的调整后，再在上凸模下平面与下模卸料板之间垫一块比毛坯略厚的垫片(一般为毛坯厚度的 1～1.2 倍)，用调节连杆长度的方法，一次又一次地用手盘动飞轮(大、中型冲床用微动按钮)，直到使滑块能正常地通过下止点而无阻滞或盘不动(即无“顶住”或“咬住”的现象)。这样盘动飞轮数周，就可以最后固定下模进行试冲。试冲合格后，可将各紧固零件再拧紧一次并再次检查，然后才能正式生产使用。

如果调整上模的位置偏下，或者忘记将垫片等杂物从模具中清理出去，则在冲压过程中，上模和下模就会在行程下止点位置时剧烈撞击，严重时可能损坏模具或冲床。

如果有试件(即现成的弯曲件)，则可以把试件放在模具工作位置上进行模具的安装调整，这样就会简单很多。

3. 拉深模的安装调整

拉深模的安装调整同弯曲模相似，但也有自己的一些特点。

拉深模除了有打料装置、弹性卸料装置等在冲裁模、弯曲模调试中遇到的问题之外，还有一个压边装置的调整问题。调整压边装置压力过大，则拉深件易破裂，过小则拉深件易出褶皱。

如果冲压对称或者封闭形状的拉深件(如筒形件)，则安装调整模具时，可将上模紧固在冲床滑块上，下模放在工作台上不紧固。先在凹模洞壁均匀放置几个与工件料厚相等的衬垫，再使上、下模吻合，就能自动对中，间隙均匀。在调整好闭合位置后，才可以把下模紧固在工作台上。

3.6 实践中常见问题解析

在实际生产实践过程中会遇到各种问题，下面就一些常见的问题做一下解析。

(1) 为什么金属在锻造时，变形量越大，越难加工？

这是由于金属在塑性变形中发生了加工硬化现象。加工硬化使金属的硬度和变形抗力升高，塑性下降，并使金属内存在内应力。要消除加工硬化，提高塑性，需要采用热处理工序。

(2) 镦粗时，常发生纵向弯曲、侧表面纵向裂纹、双鼓形或折叠，如何避免和纠正？

了解这些缺陷产生的原因，便可知道如何避免和纠正。纵向弯曲产生的原因有坯料高度与坯料边长或直径之比太大；坯料端面不平整，铁砧歪斜。这些都会导致纵向弯曲，在实践中，要选择合适的坯料高度与坯料边长或直径之比，通常要求小于2.5～3；坯料端面和铁砧平整。

侧表面纵向裂纹是由于铁砧和坯料端面之间的摩擦力及铁砧对坯料端面的冷却作用形成的。在实践中要使锻造温度不太低，材料不过热或采用塑性高的材料可以减少产生纵向裂纹的倾向。

双鼓形或折叠是毛坯在过高或过低打击能量作用下，坯料变形集中在上、下两端形成双鼓形，继续打击锻造可能发展成折叠，如果减小坯料高度并采用合适的打击能量，就可以避免。

(3) 锻造中，轴向裂纹是如何形成的？

用平砧拔长圆形毛坯时，如果压下量较小，接触面较窄较长，金属多作横向流动，形成横向拉力。越接近轴心部分受到的拉力越大。因而易在锻件内部产生裂纹。如果增大压下量，变形分布情况改变(接触面增宽)就可以减小内部的横向拉力。在实践中一些管材就是采用轴向拉力使中心出现轴向裂纹来生产的。

(4) 模锻时锻不足、充不满和错移的原因是什么？

锻不足是由于毛坯温度太低，在终锻模膛内锤击次数不够，设备吨位不足，飞边桥部设计不当和仓部太小，坯料体积太小及终锻模膛磨损等原因造成的。

充不满主要是由于毛坯温度不够，塑性差，金属流动速度慢，设备吨位不够或锤击次数太少，制坯和终锻模膛设计不合理及毛坯体积与截面积大小选择不合理等原因造成的。

错移主要是由于锤头与导轨之间的间隙过大，锻模平衡锁扣或导柱设计不合理，锻模安装不准确等原因引起的。

(5) 锻模损坏的主要形式是什么？如何来防止？

实践中常遇到的锻模损坏形状有锻模破裂、锻模热裂、锻模磨损、锻模变形。

防止锻模损坏的主要措施有：选用耐高温并且硬度和强度高的锻模材料；选用合适的模具热处理规范，改善锻模内部质量；进行合理的锻模设计，适当增大锻模斜度，圆角半径，使锻件更易脱模，设计型槽时应使模具有足够的承击面积，并选用合理的飞边槽；提高模具加工质量，提高模膛表面粗糙度；使用锻模要遵守工艺操作规范，注意维护，使用前模具要预热，严防冷打击，并控制终锻温度，仔细清除氧化皮，提高操作水平；保持锻锤良好状态，保证锻模燕尾基面与锤头或模座的燕尾槽的良好接触；使用适当的冷却润滑剂，但应避免急冷急热，并尽量少用油类润滑剂，防止型槽过早变形。

3.7 锻压操作安全技术

1. 锻造实训安全技术

(1) 锻造前必须仔细检查设备及工具，看楔铁、螺钉等有无松动，火钳、摔子、垫铁、冲头等有无开裂或其他损坏现象。

(2) 锻造过程中思想应集中，严格按照掌钳工指令进行操作，严禁在操作过程中谈笑打闹、下蹲。

(3) 手钳钳口形状必须与坯料的截面形状、尺寸相符，以保证夹持牢固。手钳夹牢工件后，放在下砧中央，且要求确保放正、放平、放稳，以防飞出。

(4) 严禁将手钳或其他工具的柄部对准身体正面，而应置于体侧，以防工具受力后退时戳伤身体。

(5) 脚踩踏杆时，脚跟不许悬空，以便稳定的操作踏杆。非锤击时，应随即将脚离开踏杆，以防误踏出事。

(6) 锤头应做到“三不打”，即模具或坯料未放稳不打；过烧或已冷坯料不打；砧上无坯料不打。

(7) 放置及取出工件、清除氧化皮时，必须用手钳、长扫把等工具，严禁将手伸入锤头的行程中。

(8) 不要直接用手去触摸锻件和钳口。

(9) 不要在锻造时易飞出毛刺、料头、火星和铁渣的危险区停留。

2. 冲压实训安全技术

(1) 未经指导教师允许，不得擅自开动设备。

(2) 无论在运转或停车中，都不许把手伸进模具中间。

(3) 严禁连冲。不许把脚一直放在离合器踏板上进行操作，应该每冲一次踩一下；随即脚脱离踏板。

(4) 禁止用手直接取、放冲压件，清理坯料、废料或工件时，需戴好手套，以免划伤手指，且最好采用工具取放冲压件。

(5) 两人以上操作一台设备时，要分工明确，协调配合。

(6) 当设备处于运转状态时，操作者不得离开操作岗位，操作停止时，要切断电源，使设备停止运转。

3.8 本章小结

锻压是机械制造中毛坯和零件生产的主要方法之一，常分为自由锻、模锻、板料冲压等。

自由锻分为手工锻造和机器锻造两种，手工锻造只适合单件生产小型锻件，机器锻造是自由锻的主要生产方法。自由锻所用的设备有空气锤、蒸汽—空气自由锻锤和自由锻水压机。自由锻基本工序主要有镦粗、拔长、冲孔、弯曲、错移、扭转和切割等。

与自由锻相比，胎模锻生产率较高，锻件表面质量好，加工余量较小，材料的利用率较高。胎模锻只适用于小型锻件的中、小批量生产。大批量生产需采用模锻。模锻按使用的设备不同分为锤上模锻、曲柄压力机上模锻和摩擦压力机上模锻等。

板料冲压是金属塑性加工的基本方法之一，它通过装在压力机上的模具对板料施压使之产生分离或变形，从而获得一定形状、尺寸和性能的零件或毛坯。板料冲压的基本工序可分为冲裁、拉深、弯曲和成形等。

本章还简介了在锻造生产方面出现的特种工艺方法，如精密模锻、零件挤压、零件轧制及超塑性成形等。

3.9 思考与练习

1. 思考题

(1) 锻压成形的实质是什么？与铸造相比，锻压加工有什么特点？

(2) 锻造前，坯料加热的作用是什么？

(3) 什么是始锻温度和终锻温度？

(4) 什么是自由锻？其特点和应用范围是什么？

(5) 空气锤由哪几部分组成？各部分的作用是什么？

(6) 空气锤的锤头是如何实现上悬、下压、连续打击和单次打击的？

(7) 镦粗时坯料的高径比有何限制？为什么？

(8) 镦粗时，如何防止和纠正镦歪和夹层？

(9) 拔长时合适的送进量应该是多少？

(10) 弯曲件弯曲后会有什么现象？如何避免？

(11) 冲床的组成和各部分的作用是什么？

(12) 冲孔和落料有什么异同？

(13) 冲模有那几类？它们有什么区别？

(14) 冲模通常包括哪几部分？各部分的作用是什么？

2. 实训题

(1) 打造一把图 3.55 样式的宝剑，材质为普通 20 钢，长 300mm，宽 30mm，厚 5mm，需要哪种锻造方法，具体工艺步骤有哪些？

(2) 试分析如图 3.56 所示的轴承外套的锻造工艺，材质为普通轴承钢，轴承外径 ϕ80mm，内径 ϕ60mm，高 20mm。

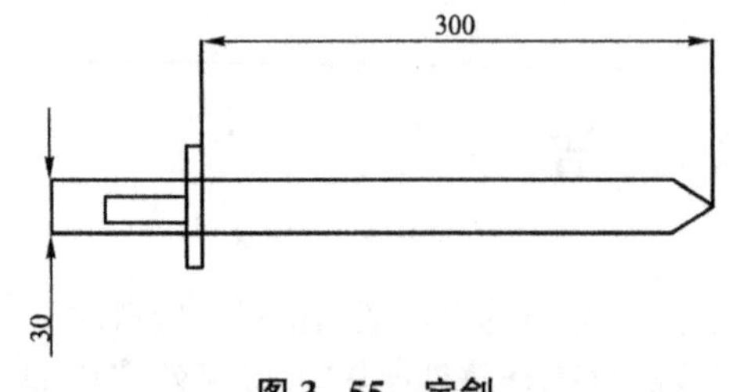

图 3.55 宝剑

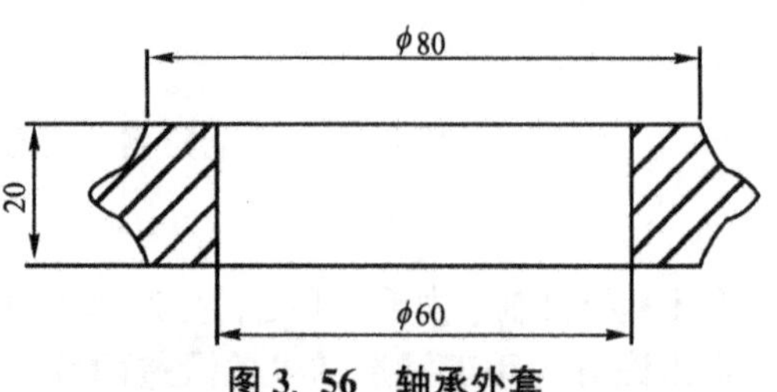

图 3.56 轴承外套

第4章 焊接

教学提示：焊接是形成金属材料不可拆卸连接的一种工艺方法。方法多样，优点很多，所连接材料包括钢、铸铁、铝、镁、钛、铜等金属及其合金，主要用于制造金属构件，在机械制造工业中占有重要的地位。学习本章内容时，需提前预习，并理论联系实际。

教学要求：通过本章的学习，要求学生了解电弧焊、气焊、电阻焊等各种焊接工艺过程的特点和应用。熟悉常用焊接设备，掌握电弧焊、气焊的基本操作和工艺设计方法。

焊接是利用加热或加压(或加热和加压)，并且用(或不用)填充材料，借助于金属原子的结合与扩散，使分离的两部分金属牢固地、永久地结合起来的工艺。焊接主要用于制造金属构件，如锅炉、压力容器、管道、车辆、船舶、桥梁、飞机、火箭、起重机等。此外还可以与铸、锻、冲压工艺结合成复合工艺，用于生产大型复杂件。

焊接方法的种类很多，常见的焊接方法分为三类。

(1) 熔化焊：将焊件连接处局部加热到融化状态，然后冷却凝固成一体，不加压力完成焊接。工业生产中常用的熔化焊方法有焊条电弧焊、气焊、埋弧焊、CO_2 气体保护焊、氩弧焊和电渣焊等。

(2) 压力焊：在焊接过程中必须对焊件施加压力(加热或不加热)完成焊接的方法，如电阻焊等。

(3) 钎焊：采用低熔点的填充金属(称为钎料)熔化后，与固态焊件金属相互扩散形成原子间的结合而实现连接的方法，主要有软钎焊和硬钎焊等。

焊接工艺中，被焊接的材料俗称母材。焊接材料指的是焊条、焊丝、钎料等。用焊接方法连接的接头称为焊接接头，如图 4.1 所示，它由焊缝、熔合区和热影响区组成。焊接过程中局部受热熔化的金属形成熔池，熔池金属冷却凝固形成焊缝。焊缝附近受热影响(但未熔化)而发生组织和力学性能变化的区域称为热影响区。焊缝向热影响区过渡且范围很窄(0.1～1mm)的区域称为熔合区。焊缝各部分的名称如图 4.2 所示。

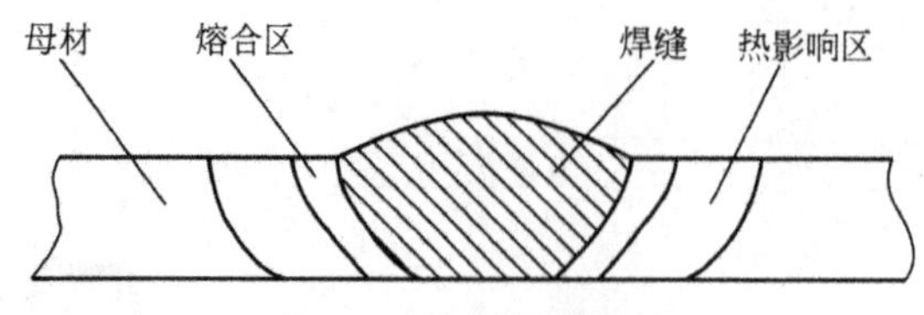

图 4.1 熔焊焊接接头

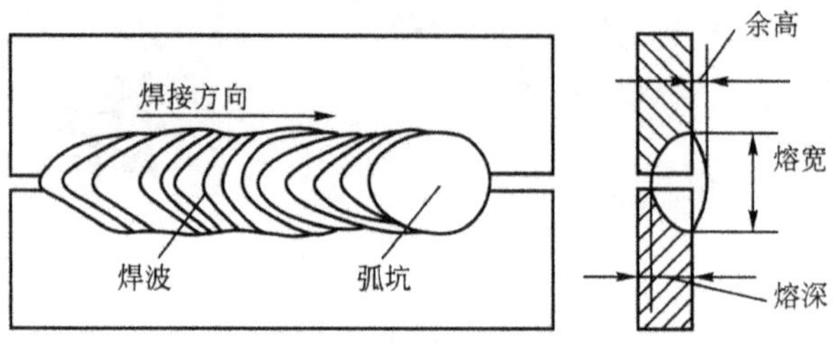

图 4.2 焊缝各部分名称

4.1 手工电弧焊

利用电弧作为焊接热源的熔化焊方法称为电弧焊，简称弧焊。用手工操纵焊条进行的电弧焊称焊条电弧焊。由于焊条电弧焊设备简单，维修容易，焊钳小，使用灵活，是焊接生产中应用最广泛的方法。

4.1.1 手工电弧焊过程

1. 电弧的产生

电弧是在焊条(电极)和工件(电极)之间产生强烈、稳定而持久的气体放电现象。先将焊条与工件相接触，瞬间有强大的电流流经焊条与焊件接触点，产生强烈的电阻热，并将焊条与工件表面加热到熔化，甚至蒸发、汽化。电弧引燃后，弧柱中充满了高温电离气体，放出大量的热和光。

2. 焊接电弧的结构

电弧由阴极区、阳极区和弧柱区三部分组成，其结构如图 4.3 所示。阴极是电子供应区，温度约 2400K；阳极为电子轰击区，温度约 2600K；弧柱区是位于阴阳两极之间的区域，温度较高，一般为 5000～8000K。对于直流电焊机，工件接阳极，焊条接阴极称为正接；而工件接阴极，焊条接阳极称为反接。

为保证顺利引弧，焊接电源的空载电压(引弧电压)应是电弧电压的 1.8～2.25 倍，电弧稳定燃烧时所需的电弧电压(工作电压)29～45V。

3. 手工电弧焊操作过程

用焊钳夹持焊条，将焊钳和被焊工件分别接到弧焊机的两个电极，首先引燃电弧，电弧热使母材熔化形成熔池，焊条金属芯熔化并以熔滴形式借助重力和电弧吹力进入熔池，燃烧、熔化的药皮进入熔池成为熔渣浮在熔池表面，保护熔池不受空气侵害。药皮分解产生的气体环绕在电弧周围，隔绝空气，保护电弧、熔滴和熔池金属。当焊条向前移动，新的母材熔化时，原熔池和熔渣凝固、形成焊缝和渣壳，如图 4.4 所示。

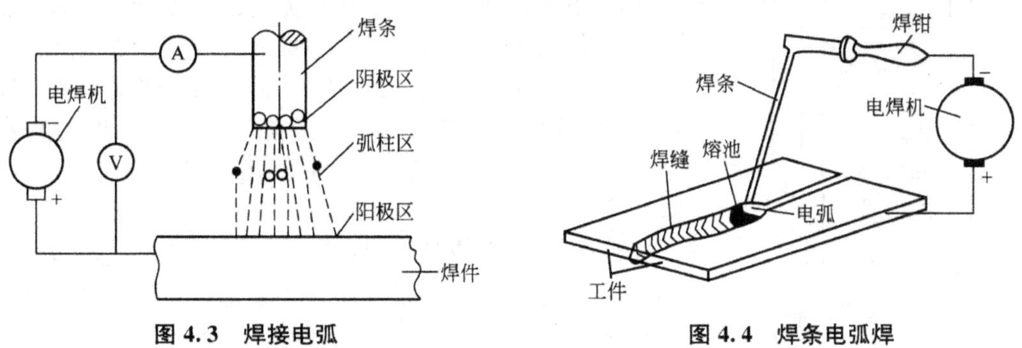

图 4.3　焊接电弧　　图 4.4　焊条电弧焊

4.1.2　手工电弧焊设备

1. 弧焊机的种类

焊条电弧焊的主要设备是弧焊机，常用的弧焊机有交流和直流两类。

1）交流弧焊机

交流弧焊机实际是一种特殊的变压器，又称弧焊变压器，如图 4.5 所示。该焊机的空载电压为 60～90V，工作电压 20～30V，满足电弧正常燃烧的需要。其结构简单、使用方便、容易维修、价格低，但电弧稳定性较差。在我国交流弧焊机使用非常广泛。

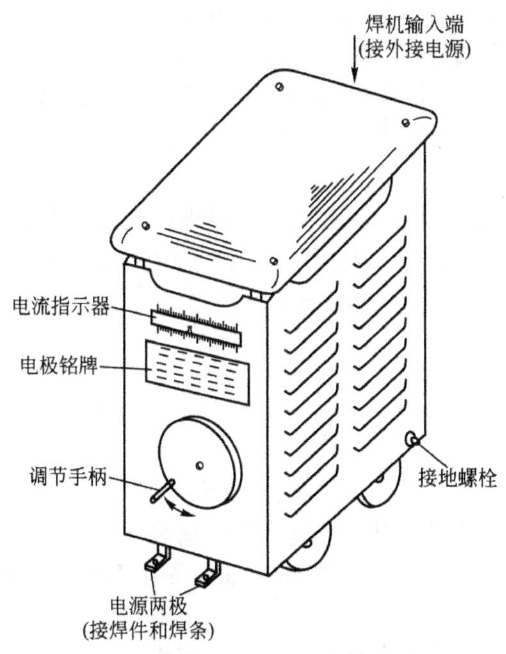

图 4.5　交流弧焊机

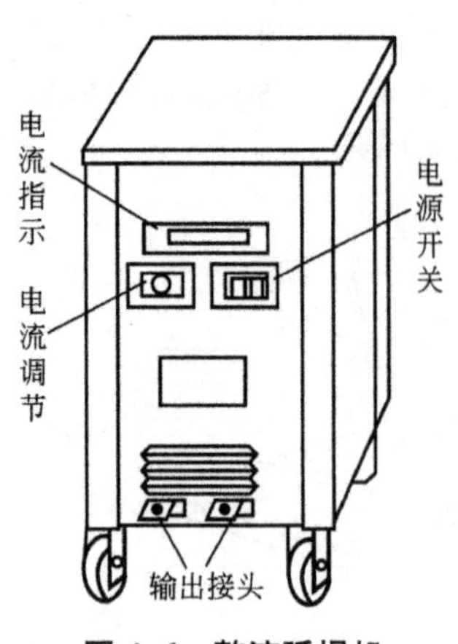

图 4.6　整流弧焊机

2) 直流弧焊机

生产中常用的直流弧焊机有整流式直流弧焊机和逆变式直流弧焊机等。

(1) 整流式弧焊机。它把交流电经过变压、整流获得直流电。它既弥补了交流弧焊机电弧稳定性不好的缺点，又具有噪声小、省电、省料、效率高、制造维修简单等优点，但价格比交流弧焊机高。图 4.6 是常用的整流弧焊机的外形，其型号为 ZX5-400，“Z”表示弧焊整流器，“X”表示下降特性，“5”表示序列号，“400”表示额定焊接电流为 400A。

(2) 逆变式直流弧焊机。逆变式弧焊机是近些年发展起来的一种高效、节能、采用电子控制方式的新型弧焊机。其工作原理是：380V 交流电经三相桥式全波整流后，变成高压脉冲直流电，经滤波变成高压直流电，再经逆变器变成几千赫兹到几十或几百千赫兹的中频高压交流电，再经过中频变压器降压、全波整流后变成适合焊接的低压直流电。

逆变式直流弧焊机体积小、质量轻、高效节能、适应性强，是比较理想的直流弧焊机。

2. 弧焊机的主要技术参数

电弧焊机的主要技术参数标明在焊机的铭牌上，主要有初级电压、空载电压、工作电压、输入容量、电流调节范围和负载持续率等。

(1) 初级电压：弧焊机所要求的电源电压。一般交流弧焊机的初级电压为 220V 或 380V(单相)，直流弧焊机为 380V(三相)。

(2) 空载电压：弧焊机在未焊接时的输出端电压。一般交流弧焊机的空载电压为 60～80V，直流弧焊机的空载电压为 50～90V。

(3) 工作电压：弧焊机在焊接时的输出端电压，一般弧焊机的工作电压为 20～40V。

(4) 输入容量：网路输入到弧焊机的电流和电压的乘积，它表示弧焊变压器传递功率的能力，其单位是 kV·A。

(5) 电流调节范围：弧焊机在正常工作时可提供的焊接电流范围。

(6) 负载持续率：在规定工作周期内，弧焊机有焊接电流的时间所占的平均百分率。国标规定焊条电弧焊的工作周期为 5min。

4.1.3　手工电弧焊焊条

1. 焊条的组成与作用

焊条由焊芯和药皮两部分组成，如图 4.7 所示。

(1) 焊芯。焊芯采用焊接专用金属丝。结构钢焊条一般含碳量低，有害杂质少，含有一定合金元素，如 H08A 等。不锈钢焊条的焊芯采用不锈钢焊丝。焊芯直径为 $\phi2$、$\phi2.5$、$\phi3.2$、$\phi4$、$\phi5$ 等，单位为 mm。

焊芯有两个作用，一是作为电极导电；二是其熔化后作为填充金属与熔化的母材共同组成焊缝金属。因此，可以通过焊芯调整焊缝金属的化学成分。

(2) 药皮。焊条药皮是压涂在焊芯表面上的涂料层。原材料有矿石、铁合金、有机物

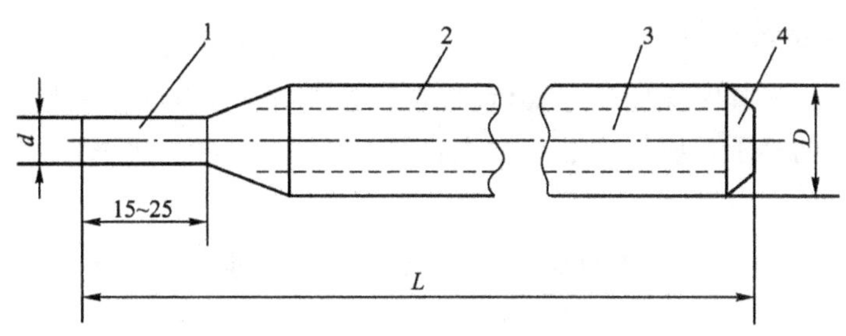

图 4.7　焊条

1—夹持端；2—药皮；3—焊芯；4—引弧端；L—焊条长度；D—药皮直径；d—焊芯直径(焊条直径)

和化工产品等。

药皮的主要作用有三方面：稳弧作用，如药皮某些成分可促使气体离子电离，使电弧易于引燃和保持燃烧稳定；保护作用，药皮中含有造渣剂、造气剂等，产生气体和熔渣，对焊缝金属起双重保护作用；冶金处理作用，药皮中含有脱氧剂、合金剂、稀渣剂等，使熔化金属顺利进行脱氧、脱硫、去氢等冶金化学反应，并补充被烧损的合金元素。

2. 焊条的种类、型号与牌号

(1) 焊条分类。焊条按用途不同分为十大类：结构钢焊条、钼和铬钼耐热钢焊条、低温钢焊条、不锈钢焊条、堆焊焊条、铸铁焊条、镍及镍合金焊条、铜及铜合金焊条、铝及铝合金焊条、特殊用途焊条等。其中结构钢焊条又分为碳钢焊条和低合金钢焊条。

结构钢焊条按药皮性质不同可分为酸性焊条和碱性焊条两种，酸性焊条的药皮中含有大量酸性氧化物(如 SiO_2、MnO_2 等)，碱性焊条药皮中含有大量碱性氧化物(如 CaO)。

(2) 焊条型号与牌号。焊条型号是国家标准中规定的焊条代号。焊接结构生产中应用最广的是碳钢焊条和低合金钢焊条，型号标准见 GB/T 5117—2012 和 GB/T 5118—2012。标准规定，碳钢焊条型号由字母 E 和四位数字组成，如 E4303、E5016、E5017 等，其含义如下：

“E”表示焊条。前两位数字表示熔敷金属的最小抗拉强度，单位为 kgf/mm^2。第三位数字表示焊条的焊接位置，“0”及“1”表示焊条适于全位置焊接(平、立、仰、横)；“2”表示只适于平焊和平角焊；“4”表示向下立焊。第三位和第四位数字组合时表示焊接电流种类及药皮类型，如“03”为钛钙型药皮，交流或直流正、反接；“15”为低氢钠型药皮，直流反接。

焊条牌号是焊条生产行业统一的焊条代号。焊条牌号用一个大写汉语拼音字母和三位数字表示，如 J422、J507 等。拼音表示焊条的大类，如“J”表示结构钢焊条，“Z”表示铸铁焊条；前两位数字代表焊缝金属抗拉强度等级，单位为 kgf/mm^2；末尾数字表示焊条的药皮类型和焊接电流种类，1～5 为酸性焊条，6、7 为碱性焊条。

4.1.4　手工电弧焊焊接工艺

焊接时，为了保证焊接质量而选定的各项参数的总称。焊条电弧焊的主要工艺参数有：焊条直径、焊接电流、电弧电压及焊接速度等。它们的选择直接影响焊接质量和生产率。

1. 焊接工艺参数的选择

(1) 焊条直径。选择焊条直径主要依据焊件厚度，同时考虑接头形式和焊接位置等，在保证焊接质量的前提下，应尽可能选用大直径焊条，以提高生产率。一般情况下，可参考表 4-1。

表 4-1　低碳钢焊条直径、焊接电流与焊件厚度的关系

工件厚度 δ/ mm	2	3	4～5	6～8
焊条直径 d/mm	2	3.2	4	5
焊接电流 I/A	55～60	100～130	160～210	220～280

(2) 焊接电流。焊接电流是焊条电弧焊的主要工艺参数，它的选择主要是依据焊条的直径，一般可参考表 4-1 所列。

(3) 电弧电压。电弧电压由弧长决定，并与弧长成正比。正常的电弧长度是小于或等于焊条的直径，即所谓的短弧焊。

(4) 焊接速度。焊接速度指焊条沿焊接方向移动的速度。焊条电弧焊时，一般不规定焊接速度，由焊工凭经验掌握。

2. 焊接参数对焊缝成形的影响

焊接工艺参数对焊接质量有很大的影响，图 4.8 表示焊接电流和焊接速度对焊缝形状的影响。

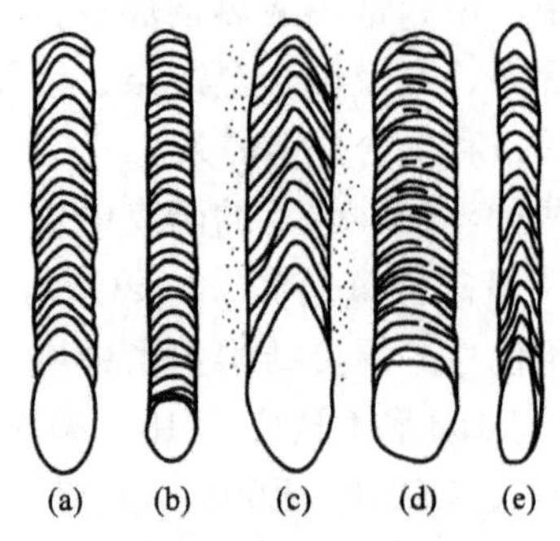

图 4.8　焊接电流和焊接速度对焊缝形状的影响

合适的焊接电流和焊接速度得到规则的焊缝，如图 4.8(a)所示。焊波均匀且呈椭圆形，焊缝到母材过渡平滑，外观尺寸符合要求。

焊接电流太小时，焊缝到母材过渡突然，熔宽和熔深减小，余高增大，如图 4.8(b)所示。

焊接电流太大时，焊条熔化过快，飞溅多，焊波变尖，熔宽和熔深增加，焊缝下塌，甚至出现烧穿，如图 4.8(c)所示。

焊接速度太慢时，焊波变圆，熔宽、熔深和余高均增大，如图 4.8(d)所示。

焊接速度太快时，焊波变尖，熔宽、熔深和余高均减小，如图 4.8(e)所示。

4.1.5　焊接接头设计与焊接位置

1. 焊接接头设计

焊接接头设计应根据焊件的结构形状、强度要求、工件厚度、焊后变形大小、焊条消耗量、坡口加工难易程度、焊接方法等因素综合考虑决定。主要包括接头形式和坡口形式等。

(1) 焊接接头形式。焊接碳钢和低合金钢常用的接头形式可分为对接、搭接、角接和 T 形接等，如图 4.9 所示。

(2) 焊接坡口形式。焊条电弧焊对接接头坡口的基本形式有 I 形坡口(或称不开坡口)、Y 形坡口、双 Y 形坡口、带钝边 U 形坡口 4 种(图 4.10)，不同的接头形式有各种形式的

坡口，其选择主要根据焊件的厚度。

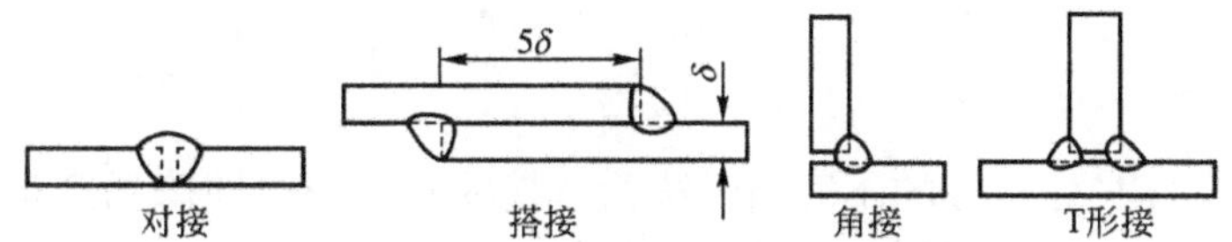

图 4.9 焊条电弧焊焊接接头形式

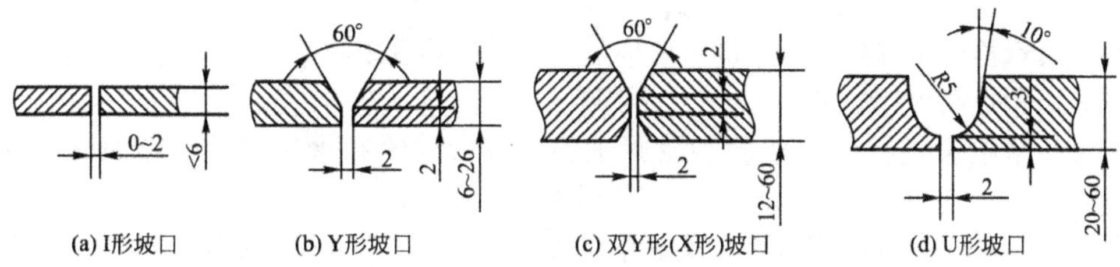

图 4.10 焊条电弧焊对接接头坡口形式

施焊时，对I形坡口、Y形坡口和带钝边U形坡口，可根据实际情况，采用单面焊或双面焊完成(图 4.11)。一般情况下，尽量采用双面焊，因为双面焊容易焊透。焊件较厚时，为了焊满坡口，要采用多层焊或多层多道焊，如图 4.12 所示。

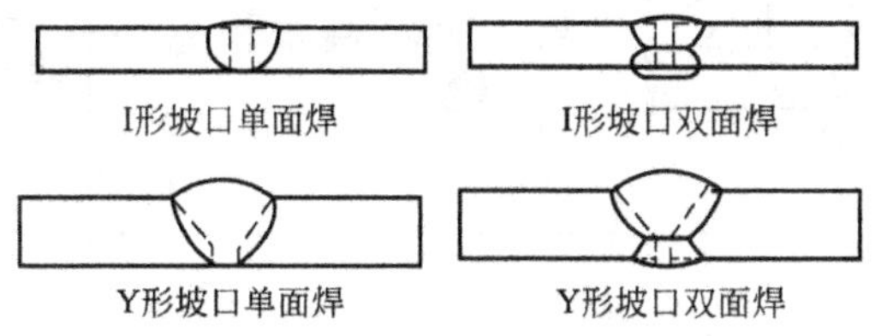

图 4.11 单面焊和双面焊

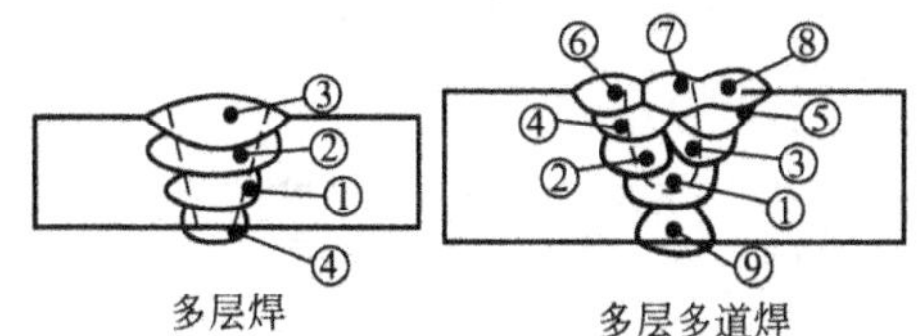

图 4.12 对接接头Y形坡口的多层焊

2. 焊接位置

熔焊时，焊件接缝所处的空间位置称为焊接位置。一般焊缝位置有4种：平焊、立焊、横焊和仰焊，如图 4.13 所示。

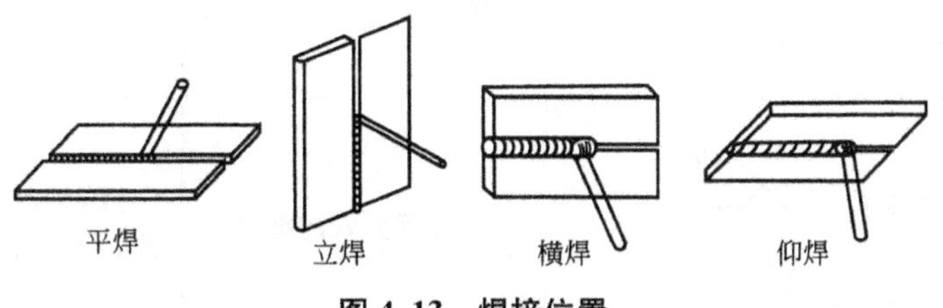

图 4.13 焊接位置

4.1.6 焊接接头的常见缺陷

1. 焊接缺陷

工件焊接后在接头处具有的不完整性称为焊接缺陷。焊接缺陷的产生使构件的承载能力降低，应力集中使构件易开裂，疲劳强度降低。常见的焊接缺陷及产生原因见表 4－2。

2. 焊接质量的检验

焊接质量检验是焊接生产中的重要环节。通过检验发现缺陷，分析其产生的原因及预防方法，以便提高焊接质量。

焊接质量检验包括外观检验和密封试验。密封试验有水压试验、煤油试验和氨水试验。

外观检验是用肉眼或低倍放大镜观察是否存在表 4－2 所示的缺陷。密封试验是对那些承受较大压力的容器必需的检验。

表 4－2　焊接缺陷及产生原因

缺陷名称	图示	说明	产生原因
未焊透	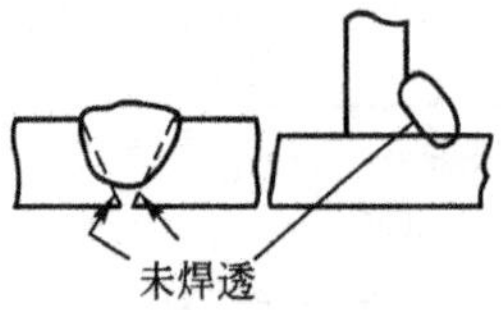 未焊透	接头根部未完全焊透	装配间隙或坡口太小；焊接速度太快；电流过小、电弧过长；焊条未对准焊缝中心等
咬边	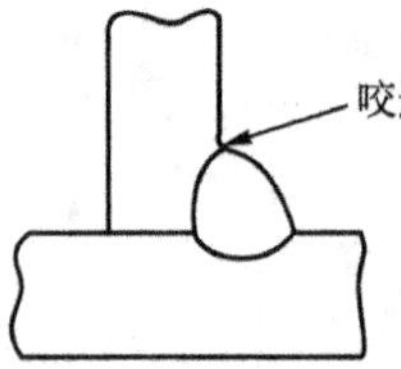 咬边	沿焊趾的母材部位产生的沟槽或凹陷	电流太大、电弧过长；焊条角度和运条方法不正确；焊接速度太快等
气孔	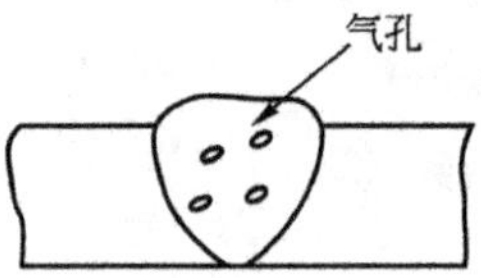 气孔	焊缝中留有的空洞	焊条潮、焊件脏；焊接速度太快、电流过小、电弧过长；焊件碳硅含量高等
焊瘤	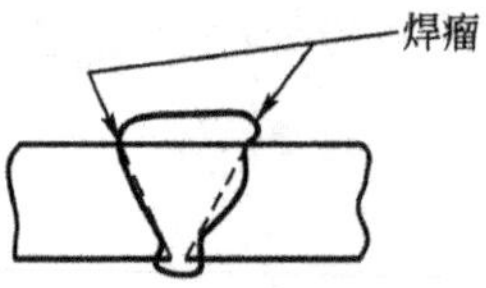 焊瘤	熔化金属流到未熔化的母材上形成的金属瘤	焊条熔化太快；电弧过长；运条不当；焊速太慢等
裂纹	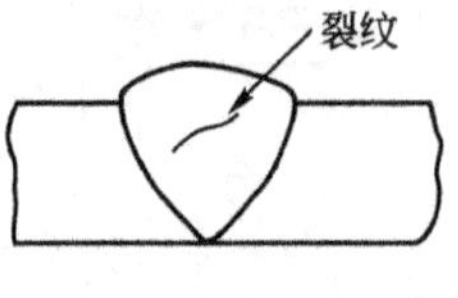 裂纹	焊接接头处的缝隙	焊件碳硫磷高；焊缝冷速快；焊接应力过大等

（续）

缺陷名称	图示	说明	产生原因
凹坑	凹坑	焊缝表面或背面形成的低于母材表面的区域	坡口尺寸不当；装配不良；电流、焊速与运条不当等
夹渣	夹渣	残留在焊缝中的熔渣	焊件不洁；电流小；冷却快；多层焊时各层熔渣未除净等

4.1.7 焊接应力和变形

构件焊接以后，内部会产生残余应力，同时产生焊接变形。焊接应力与外加载荷叠加，造成局部应力过高，则构件产生新的变形或开裂，甚至导致构件失效。因此，在设计和制造焊接结构时，必须设法减小焊接应力，防止过量变形。

1. 应力与变形的形成

(1) 形成原因。熔焊过程中，焊接接头区域受不均匀的加热和冷却，加热的金属受周围冷金属的约束，不能自由膨胀，这部分金属即产生焊接残余应力及焊接残余变形。

(2) 应力的大致分布。对接接头焊缝的应力分布如图 4.14 所示，焊缝往往受拉应力。

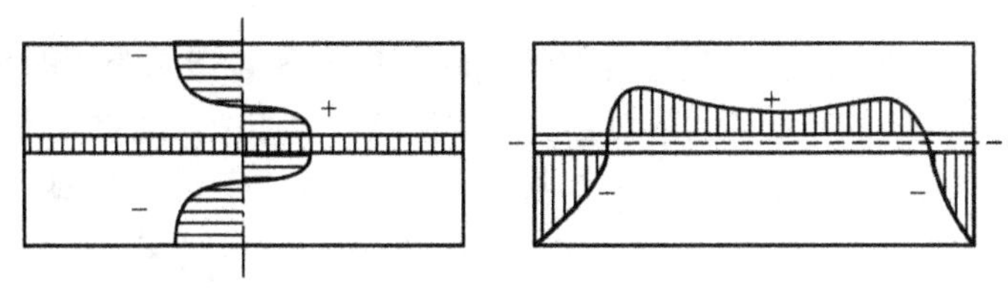

图 4.14 对接焊缝的焊接应力分布

(3) 变形的基本形式。常见的焊接残余变形的基本形式有尺寸收缩、角变形、弯曲变形、扭曲变形和翘曲变形 5 种，如图 4.15 所示。但在实际的焊接结构中，这些变形并不是孤立存在的，而是多种变形共存，并且相互影响。

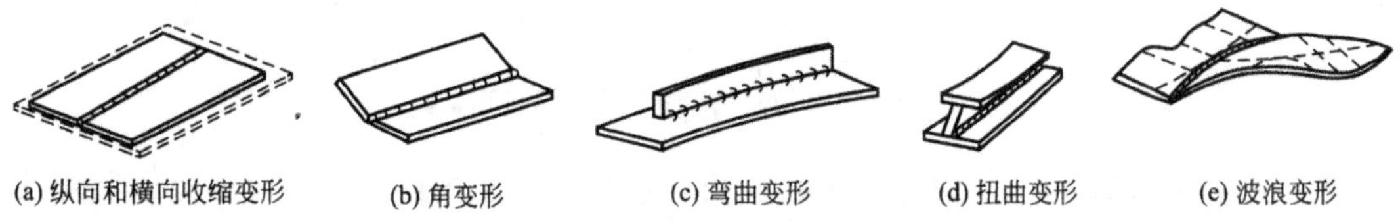

(a) 纵向和横向收缩变形　(b) 角变形　(c) 弯曲变形　(d) 扭曲变形　(e) 波浪变形

图 4.15 焊接变形的基本形式

2. 减少或消除应力的措施

可以从设计和工艺两方面综合考虑来降低焊接应力。在设计焊接结构时，应采用刚性较小的接头形式，尽量减少焊缝数量和截面尺寸，避免焊缝集中等。在工艺上可以采取以下措施：

(1) 合理选择焊接顺序。应尽量使焊缝能较自由地收缩，减少应力，如图 4.16 所示。

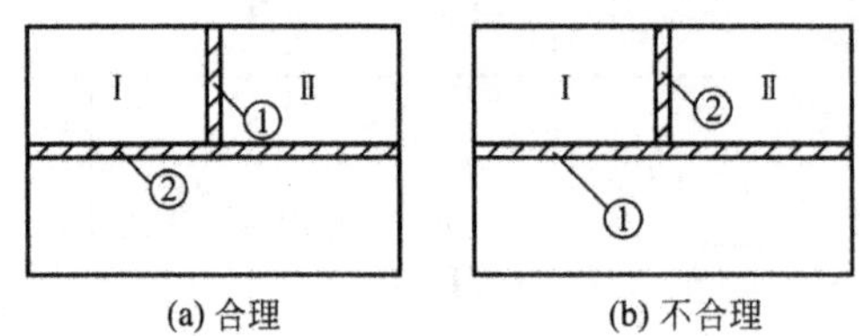

图 4.16　焊接顺序对焊接应力的影响

(2) 锤击法。用一定形状的小锤均匀迅速地敲击焊缝金属，使其伸长，抵消部分收缩，从而减小焊接残余应力。

(3) 预热法。焊前对待焊构件进行加热，可以减小焊接区金属与周围金属的温差，从而使不均匀塑性变形尽可能减小，这是最有效地减少焊接应力的方法之一。

(4) 热处理法。为了消除焊接结构中的焊接残余应力，生产中通常采用去应力退火。对于碳钢和低、中合金钢结构，焊后可以把构件整体或焊接接头局部区域加热到 600～650℃，保温一定时间后缓慢冷却。一般可以消除 80%～90%的焊接残余应力。

3. 变形的预防与矫正

焊接变形对结构生产的影响一般比焊接应力要大些。在实际焊接结构中，要尽量减少变形。

(1) 预防焊接变形的方法。在设计焊接结构时，应合理地选用焊缝的尺寸和形状，尽可能减少焊缝的数量，焊缝的布置应力求对称。在焊接结构生产中，通常可采用以下工艺措施：

① 反变形法。根据经验或测定，在焊接结构组焊时使工件反向变形，以抵消焊接变形，如图 4.17 所示。

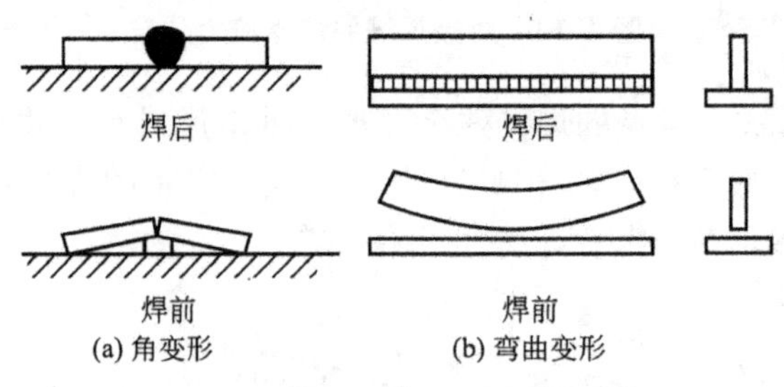

图 4.17　反变形法预防焊接变形

② 刚性固定法。刚性大的结构焊后变形一般较小；当构件的刚性较小时，利用外加刚性拘束以减小焊接变形的方法称为刚性固定法。

③ 选择合理的焊接方法和焊接工艺参数。选用能量比较集中的焊接方法，如采用 CO_2 焊、等离子弧焊代替气焊和手工电弧焊，以减小薄板焊接变形。

④ 选择合理的装配焊接顺序。对于截面对称、焊缝布置也对称的简单结构，可先装配成整体，然后按合理的焊接顺序进行生产，以减小焊接变形，如图 4.18 所示，最好能同时对称施焊。

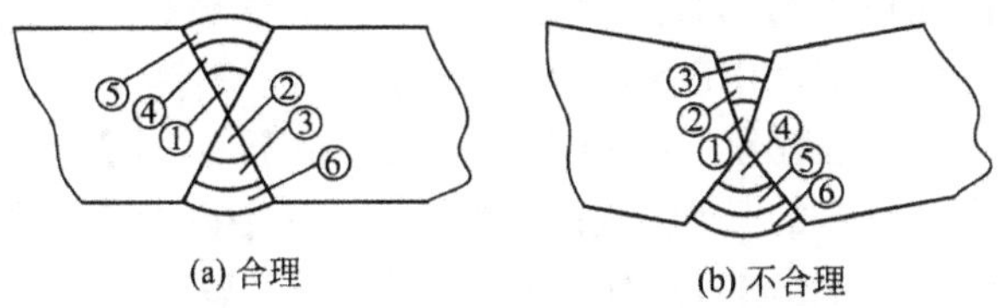

图 4.18　预防焊接变形的焊接顺序

(2) 矫正焊接变形的措施。

矫正焊接变形的方法主要有机械矫正和火焰矫正两种。

机械矫正是利用外力使构件产生与焊接变形方向相反的塑性变形，使二者互相抵消，可采用辊床、压力机、矫直机等设备，也可手工锤击矫正。

火焰矫正是利用局部加热时产生压缩塑性变形，在冷却过程中，局部加热部位的收缩将使构件产生挠曲，从而达到矫正焊接变形的目的。

4.2　气焊与气割

4.2.1　气焊火焰

气焊是利用气体火焰作为热源的焊接方法，如图 4.19 所示。通常气焊使用的气体是乙炔和氧气。

与焊条电弧焊相比，气焊设备及操作简便，灵活性强，熔池温度容易控制，易于实现单面焊双面成形。气焊不需要电源，这给野外作业带来了便利。但气焊热源的温度较低，加热缓慢，生产率低，焊件变形大，焊缝保护效果较差。

气焊一般应用于厚度 3mm 以下的低碳钢薄板和薄壁管子及铸铁件的补焊，要求不高的铝、铜及合金也可以采用气焊。

改变氧气和乙炔的比例，可获得 3 种不同性质的火焰，如图 4.20 所示。

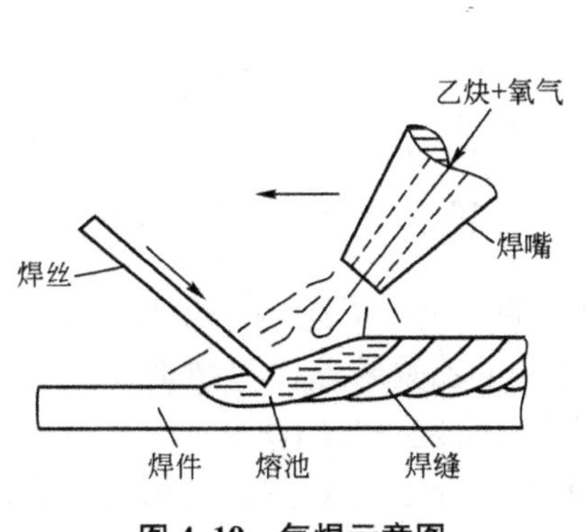

图 4.19　气焊示意图

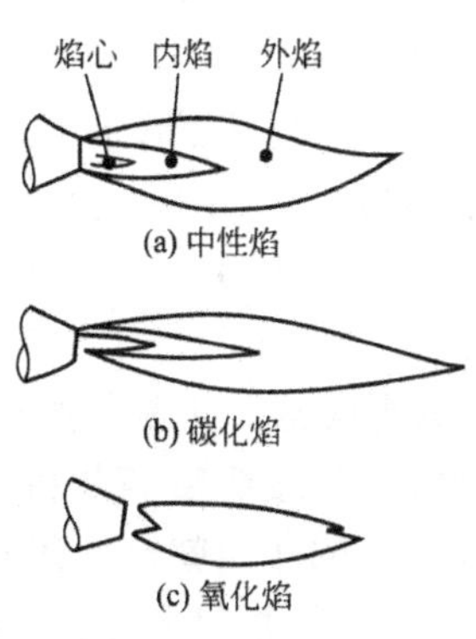

图 4.20　氧-乙炔焰

(1) 中性焰。氧气和乙炔的体积混合比为 1.1～1.2 时燃烧所形成的火焰称为中性焰，又称为正常焰。它由焰心、内焰和外焰三部分构成。焰心呈尖锥状，轮廓清晰，色白明亮；内焰为蓝白色，轮廓不清晰，微微闪动，主要利用内焰加热焊件；外焰由里到外逐渐由淡紫到橙黄色。中性焰在距离焰心前面 2～4mm 处温度最高，可达 3150℃。

中性焰适用于焊接低碳钢、中碳钢、普通低合金钢、不锈钢、纯铜等金属材料。

(2) 碳化焰。碳化焰是指氧和乙炔的体积混合比小于 1.1 时燃烧所形成的火焰。由于氧气较少，燃烧不完全，过多的乙炔分解为碳和氢，其中碳会渗到熔池中造成焊缝增碳。碳化焰比中性焰的火焰长，也由焰心、内焰和外焰构成，整个火焰长而软，其明显特征是焰心呈亮白色；内焰呈乳白色；外焰为橙黄色。碳化焰的最高温度为 2700～3000℃。

碳化焰适于焊接高碳钢、铸铁和硬质合金等材料。

(3) 氧化焰。氧和乙炔的体积混合比大于 1.2 时燃烧所形成的火焰称为氧化焰。氧化焰比中性焰短，分为焰心和外焰两部分。由于火焰中有过多的氧，故对熔池金属有强烈的氧化作用，一般气焊时不宜采用。只有在气焊黄铜、镀锌铁板时才采用轻微氧化焰，以利用其氧化性，在熔池表面形成氧化物薄膜，减少低沸点的锌的蒸发。氧化焰的最高温度为 3100～3300℃。

4.2.2 气焊设备

气焊所用的设备主要有氧气瓶、乙炔瓶(或乙炔发生器)、回火保险器、焊炬及橡胶管等。

(1) 氧气瓶。氧气瓶是运送和储存高压氧气的容器。容积为 40L，瓶内最大压力约 15MPa。氧气瓶外表漆成天蓝色，并用黑漆标明“氧气”字样。

放置氧气瓶必须平稳可靠，不与其他气瓶混在一起；氧气瓶不能靠近气焊场所或其他热源；禁止撞击氧气瓶；严禁沾染油脂；夏天要防止曝晒，冬天瓶阀冻结时严禁用火烤，应用热水解冻。

(2) 乙炔瓶。乙炔瓶外表涂成白色，并用红漆标注“乙炔”和“火不可近”字样。

乙炔瓶内装多孔性填充物如活性炭、木屑等，以提高安全储存压力，瓶内的工作压力约为 1.5MPa。使用乙炔瓶时，除应遵守氧气瓶使用规则外，还应该注意：瓶体的温度不能超过 30～40℃；搬运、装卸、存放和使用时都必须直立放稳，不能横躺卧放；不能遭受剧烈的震动；存放乙炔场所注意通风等。

(3) 减压器。减压器是将高压气体降为低压气体的调节装置。对不同性质的气体，必须选用符合各自要求的专用减压器。

通常，气焊时所需的工作压力一般都比较低，如氧气压力一般为 0.2～0.4MPa，乙炔压力最高不超过 0.15MPa。因此，必须将气瓶内输出的气体压力降压后才能使用。减压器的作用是降低气体压力，并使输送给焊炬的气体压力稳定不变，以保证火焰能够稳定燃烧。

(4) 回火保险器。正常气焊时，火焰在焊炬的焊嘴外面燃烧，但当气体供应不足、焊嘴阻塞、焊嘴太热或焊嘴离焊件太近时，火焰会沿乙炔管路向里燃烧。这种现象称为回火。回火保险器的作用就是截留回火气体，保证乙炔发生器的安全。

图 4.21 为中压水封式回火保险器的结构和工作情况示意图。使用前，先加水到水位阀的位置，关闭水位阀。正常气焊时[图 4.21(a)]乙炔推开球阀进入回火保险器，从出口

输入焊炬。发生回火时[图 4.21(b)]，回火气体从出气口回到回火保险器中，由于回火气压大，使球阀关闭，乙炔不能进入回火保险器，防止燃烧。若回火保险器内回火气体压力太大，回火保险器上部的防爆膜会破裂，排放出回火气体。

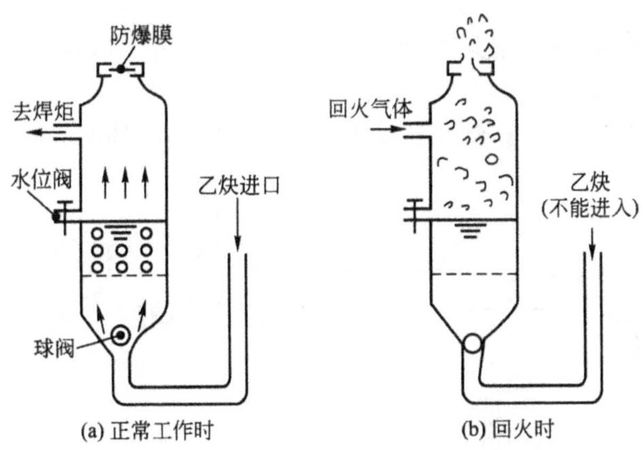

图 4.21　回火保险器工作示意图

(5) 焊炬。焊炬的作用是将乙炔和氧气按一定比例均匀混合，由焊嘴喷出后，点火燃烧，产生气体火焰。常用的氧乙炔射吸式焊炬如图 4.22 所示。常用型号有 H01-2 和 H01-6等，型号中“H”表示焊炬，“0”表示手工，“1”表示射吸式，“2”和“6”分别表示可焊接低碳钢的最大厚度为 2mm 和 6mm。

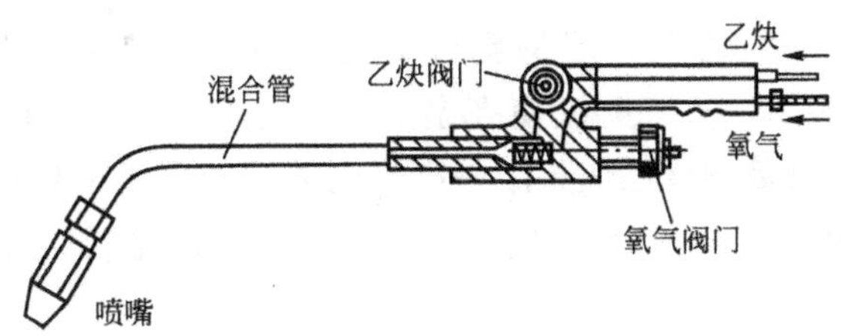

图 4.22　射吸式焊炬示意图

4.2.3　焊丝和焊剂

1. 焊丝

气焊的焊丝作为填充金属，是表面不涂药皮的金属丝，与熔化的母材一起形成焊缝，焊丝的化学成分应该与母材的成分相匹配。常用的焊丝牌号有 H08 和 H08A 等。焊丝的直径一般为 2～4mm，根据焊接件的厚度来选择。为了保证焊接接头的质量，焊丝直径与焊接件的厚度不宜相差过大。

2. 焊剂

气焊焊剂又称焊粉或溶剂，其作用是焊接过程中避免高熔点稳定化合物的形成，防止夹渣，增加液态金属的湿润性，保护熔池金属。

气焊低碳钢时，由于气体火焰能保护焊接区，一般不使用气焊焊剂。但是在焊接铸铁、不锈钢、耐热钢或非铁合金时，必须使用气焊焊剂。国内定型的气焊焊剂牌号有

CJ101、CJ201、CJ301 和 CJ401 四种。其中 CJ101 为不锈钢和耐热钢气焊焊剂，CJ201 为铸铁气焊焊剂，CJ301 为铜及铜合金气焊焊剂，CJ401 为铝及铝合金气焊焊剂。

4.2.4 气割

氧气切割(简称气割)是根据某些金属(如铁)在氧气流中能够剧烈氧化(即燃烧)的原理，利用割炬来进行切割。

气割时用割炬代替焊炬，其余设备与气焊相同，割炬的外形如图 4.23 所示。

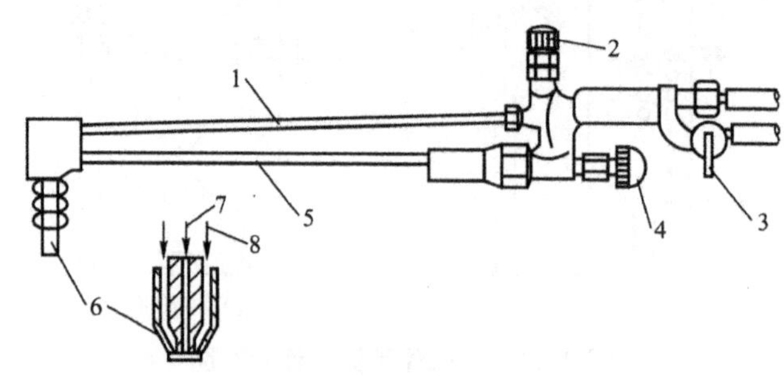

图 4.23 割炬示意图

1—切割氧气管；2—切割氧阀门；3—乙炔阀门；4—预热氧阀门；
5—预热焰混合气体管；6—割嘴；7—氧气；8—混合气体

1. 气割过程

氧气切割的过程是用氧乙炔火焰将割口附近的金属预热到燃点(约 1300℃，呈黄白色)。然后打开切割氧阀门，氧气射流使高温金属立即燃烧，生成的氧化物同时被氧流吹走。金属燃烧时产生的热量和氧乙炔火焰一起又将邻近的金属预热到燃点，沿切割线以一定的速度移动割炬，即可形成割口。气割的过程是金属在纯氧中燃烧的过程，而非熔化过程。

2. 金属气割的条件

金属材料只有满足下列条件才能采用气割：

(1) 金属的燃点必须低于其熔点。这是保证切割是在燃烧过程中进行的基本条件。否则切割时金属先熔化，使割口过宽，难以形成平整的割口。低碳钢的燃点低于其熔点，适合气割；但随着含碳量的增加，碳钢的燃点增高，熔点降低，含碳量 0.7%(质量百分数)时其燃点与熔点大致相当；含碳量大于 0.7%时，难以气割；铸铁的燃点高于熔点，不能气割。

(2) 燃烧生成的金属氧化物的熔点应低于金属本身的熔点，同时流动性要好。否则，就会在割口表面形成固态氧化物，阻碍下层金属与切割氧气的接触，使切割过程不能正常进行。如高铬高镍不锈钢燃烧时生成大量 Cr_2O_3 熔渣，熔点高黏度大；铝及铝合金燃烧生成高熔点的 Al_2O_3，这些材料都不适宜气割，可以用等离子切割。

(3) 金属燃烧时能放出大量的热，而且金属本身的导热性要低。这是为了保证下层及割口附近的金属有足够的预热温度，使切割过程能连续进行。铜及其合金燃烧时放热较少而导热性很好，因而不能进行气割。

满足上述条件的金属材料有纯铁、低碳钢、中碳钢和普通低合金结构钢等。

4.3 电阻焊和钎焊

4.3.1 电阻焊

电阻焊是将焊件组合后通过电极施加压力，利用电流通过焊件及其接触处所产生的电阻热，将焊件局部加热到塑性或熔化状态，然后在压力下形成焊接接头的焊接方法。

按工件接头形式和电极形状不同，电阻焊主要分为点焊、缝焊和对焊3种形式，如图4.24示。

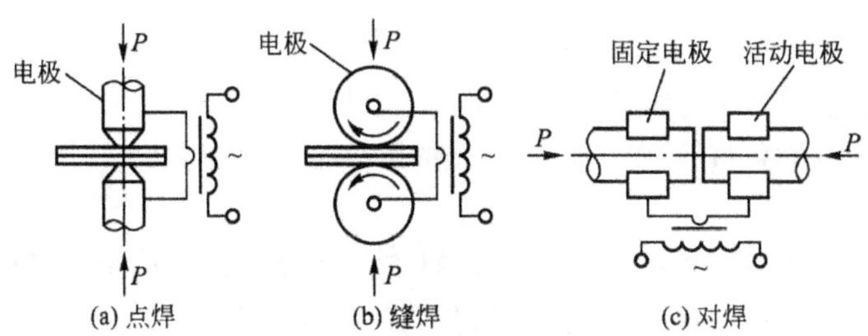

图4.24 电阻焊示意图

1. 点焊

点焊[图4.24(a)]是利用柱状电极加压通电，在搭接工件接触面之间产生电阻热，将焊件加热并局部熔化，形成一个熔核(周围为塑性态)，然后，在压力下熔核结晶成焊点。

影响点焊质量的主要因素有焊接电流、通电时间、电极压力及工件表面清理情况等。

点焊主要适用于厚度为0.05～6mm的薄板、冲压结构及线材的焊接，目前，点焊已广泛用于制造汽车、飞机、车厢等薄壁结构及罩壳和轻工、生活用品等。

2. 缝焊

缝焊[图4.24(b)]过程与点焊相似，只是用旋转的圆盘状滚动电极代替柱状电极，焊接时，盘状电极压紧焊件并转动(也带动焊件向前移动)，配合断续通电，即形成连续重叠的焊点。因此称为缝焊。

缝焊主要用于焊接要求密封性的薄壁结构，如油箱、小型容器与管道等；适用于厚度3mm以下的薄板结构的焊接。

3. 对焊

对焊[图4.24(c)]是利用电阻热使两个工件在整个接触面上焊接起来的一种方法，可分为电阻对焊和闪光对焊。

对焊主要用于刀具、管子、钢筋、钢轨、锚链、链条等的焊接。

4.3.2 钎焊

钎焊是利用熔点比焊件低的钎料作为填充金属，加热时钎料熔化而母材不熔化，利用液态钎料润湿母材，填充接头间隙并与母材相互扩散而将焊件连结起来的焊接方法。

钎焊接头的承载能力很大程度上取决于钎料，根据钎料熔点的不同，钎焊可分为硬钎焊与软钎焊两类。

1. 硬钎焊

硬钎焊是指钎料熔点在450℃以上，接头强度在200MPa以上的钎焊。属于这类的钎料有铜基、银基钎料等。钎剂主要有硼砂、硼酸、氟化物和氯化物等。硬钎焊主要用于受力较大的钢铁和铜合金构件的焊接，如自行车架、刀具等。

2. 软钎焊

软钎焊是指钎料熔点在450℃以下，焊接接头强度较低，一般不超过70MPa的钎焊。如锡焊，所用钎料为锡铅，钎剂有松香、氧化锌溶液等。软钎焊广泛用于电子元器件的焊接。

3. 钎焊的特点

与一般熔化焊相比，钎焊的特点如下：

(1) 工件加热温度较低，组织和力学性能变化很小，变形也小。接头光滑平整，工件尺寸精确。

(2) 可焊接性能差异很大的异种金属，对工件厚度的差别也没有严格限制。

(3) 生产率高，工件整体加热时，可同时钎焊多条接缝。

(4) 设备简单，投资费用少。

但钎焊的接头强度较低，尤其是动载强度低，允许的工作温度不高。

4.4 其他焊接方法

4.4.1 埋弧焊

1. 埋弧焊设备与焊接材料

(1) 设备。埋弧焊的动作程序和焊接过程弧长的调节，都是由电器控制系统来完成的。埋弧焊设备由焊车、控制箱和焊接电源三部分组成。埋弧焊电源有交流和直流两种。

(2) 焊接材料。埋弧焊的焊接材料有焊丝和焊剂。

2. 埋弧焊焊接过程

埋弧焊时，将焊剂均匀地堆覆在焊件上，形成厚度40～60mm的焊剂层，焊丝连续地进入焊剂层下的电弧区，维持电弧平稳燃烧，随着焊车的匀速行走，完成电弧焊缝自行移动的操作。

埋弧焊焊缝形成过程如图4.25所示，在颗粒状焊剂层下燃烧的电弧使焊丝、焊件熔化形成熔池，焊剂熔化形成熔渣，蒸发的气体使液态熔渣形成封闭的熔渣泡，有效阻止空气侵入熔池和熔滴，使熔化金属得到焊剂层和熔渣泡的双重保护，同时阻止熔滴向外飞溅，既避免弧光四射，又使热量损失少，加大熔深。随着焊丝沿焊缝前行，熔池凝固成焊缝，相对密度小的熔渣结成覆盖焊缝的渣壳。没有熔化的大部分焊剂回收后可重新使用。

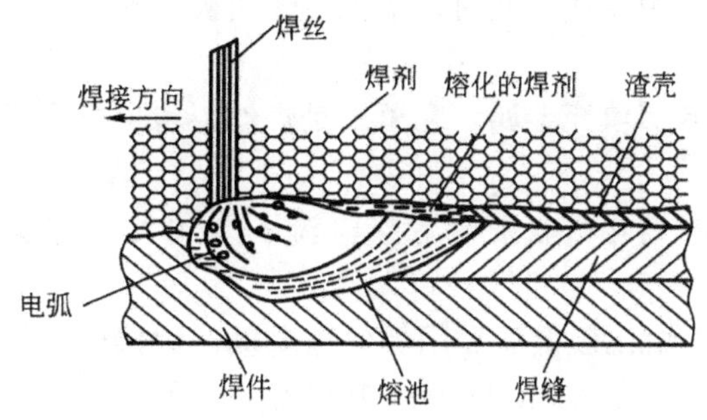

图 4.25　埋弧焊焊缝形成过程

3. 埋弧焊的特点及应用

埋弧焊与手工电弧焊相比，生产率高、成本低，一般埋弧焊电流强度比焊条电弧焊高4倍左右，当板厚在24mm以下对接焊时，不需要开坡口；焊接质量好、稳定性高；劳动条件好，没有弧光和飞溅；但埋弧焊适应性较差，不能焊空间位置焊缝及不规则焊缝；此外设备费用一次性投资较大。

因此，埋弧焊适用于成批生产的中、厚板结构件的长直及环焊缝的平焊。

4.4.2　气体保护焊

1. 氩弧焊

氩弧焊是以氩气作为保护气体的电弧焊。氩气是惰性气体，可保护电极和熔化金属不受空气的有害作用，在高温条件下，氩气与金属既不发生反应，也不溶入金属中。

1）氩弧焊的种类

根据所用电极的不同，氩弧焊可分为：非熔化极氩弧焊和熔化极氩弧焊两种，如图 4.26所示。

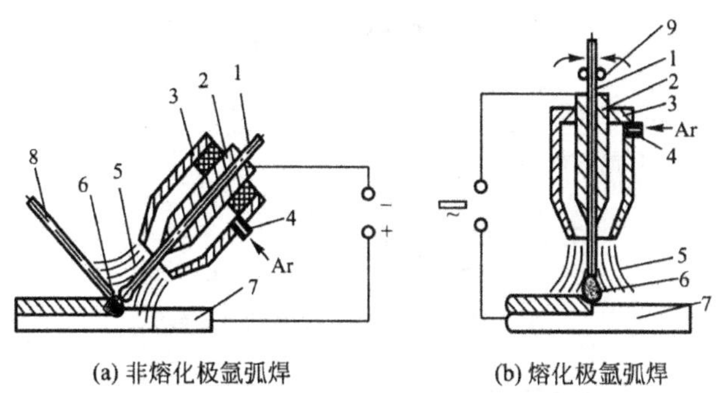

(a) 非熔化极氩弧焊　　(b) 熔化极氩弧焊

图 4.26　氩弧焊示意图

1—电极或焊丝；2—导电嘴；3—喷嘴；4—进气管；
5—氩气流；6—电弧；7—工件；8—填充焊丝 9—送丝辊轮

(1) 非熔化极氩弧焊。

非熔化极氩弧焊常以高熔点的铈钨棒作电极，焊接时，铈钨极不熔化(也称钨极氩弧焊)，只起导电和产生电弧的作用。焊接钢材时，多用直流电源正接，以减少钨极的烧损；

焊接铝、镁及其合金时采用反接，此时，铝工件作阴极，有“阴极破碎”作用，能消除氧化膜，焊缝成形美观。

非熔化极氩弧焊需要加填充金属，它可以是焊丝，也可以在焊接接头中填充金属条或采用卷边接头。

为减少钨极损耗，非熔化极氩弧焊焊接电流不能太大，所以一般适于焊接厚度小于4mm的薄板件。

(2) 熔化极氩弧焊。熔化极氩弧焊用焊丝作电极，焊接电流比较大，母材熔深大，生产率高，适于焊接中厚板，如8mm以上的铝容器。为了使焊接电弧稳定，通常采用直流反接。这对于焊铝工件正好有“阴极破碎”作用。

2) 氩弧焊的特点

(1) 用氩气保护可焊接化学性质活泼的非铁金属及其合金或特殊性能钢，如不锈钢等。

(2) 电弧燃烧稳定，飞溅小，表面无熔渣，焊缝成形美观，质量好。

(3) 电弧在气流压缩下燃烧，热量集中，焊缝周围气流冷却，热影响区小，焊后变形小，适宜薄板焊接。

(4) 明弧可见，操作方便，易于自动控制，可实现各种位置焊接。

(5) 氩气价格较贵，焊件成本高。

综上所述，氩弧焊主要适于焊接铝、镁、钛及其合金，稀有金属，不锈钢，耐热钢等。脉冲非熔化极氩弧焊还适于焊接0.8mm以下的薄板。

2. CO_2 气体保护焊

CO_2 气体保护焊简称 CO_2 焊，是利用廉价的 CO_2 作为保护气体，既降低焊接成本，又能充分利用气体保护焊的优势。CO_2 气体保护焊如图4.27所示。

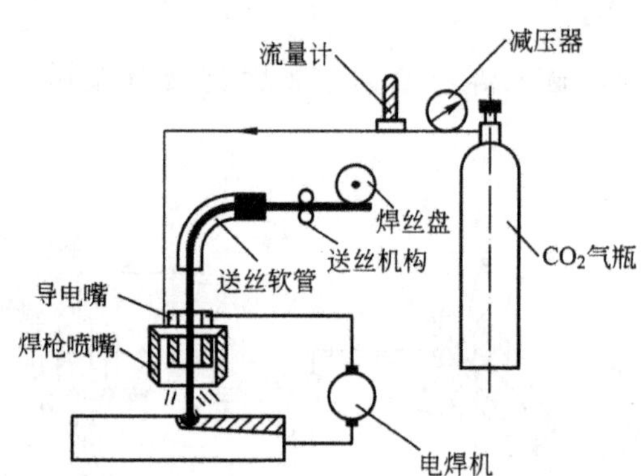

图4.27 CO_2 气体保护焊示意图

CO_2 气体经焊枪喷嘴沿焊丝周围喷射，形成保护层，使电弧、熔滴和熔池与空气隔绝。由于 CO_2 气体是氧化性气体，在高温下能使金属氧化，烧损合金元素，所以不能焊接易氧化的非铁金属和不锈钢。因为 CO_2 气体冷却能力强，熔池凝固快，所以焊缝中易产生气孔。若焊丝中含碳量高，则飞溅较大。因此要使用冶金中能产生脱氧和渗合金的特殊焊丝来完成 CO_2 焊。常用的 CO_2 焊焊丝是H08Mn2SiA，适于焊接抗拉强度小于600MPa的低碳钢和普通低合金结构钢。为了稳定电弧，减少飞溅，CO_2 焊采用直流反接。

CO_2 焊的操作方式有自动和半自动两种，广泛使用的是半自动焊接。其设备主要有焊接电源、焊枪、送丝系统、供气系统和控制系统等。

CO_2 焊只能采用直流电源，主要有硅整流电源、晶闸管整流电源和逆变电源等。

焊枪的主要作用是输送焊丝和 CO_2 气体，传导焊接电流等，其冷却方式有水冷和气冷两种。焊接电流大于 600A 时采用水冷，小于 600A 时采用气冷。

供气系统由 CO_2 气瓶、预热器、高压和低压干燥器、减压器和流量计等组成。

常用的送丝方式有推丝式和拉丝式等，其中推丝式应用最广，适合直径 1mm 以上的钢焊丝，拉丝式适合直径 1mm 以下的钢焊丝。

CO_2 气体保护焊的优点是生产率高、成本低、焊接热影响区小、焊后变形小、适应性强、能全位置焊接，易于实现自动化。缺点是焊缝成形稍差、飞溅较大、焊接设备较复杂。此外，由于 CO_2 是氧化性保护气体，不宜焊接非铁金属和不锈钢。

CO_2 焊主要适用于焊接低碳钢和强度级别不高的普通低合金结构钢焊件，焊件厚度最厚可达 50mm(对接形式)。

4.4.3 电渣焊

利用电流通过熔渣时产生的电阻热，同时加热熔化焊丝和母材进行焊接的方法称为电渣焊。

1. 焊接过程

如图 4.28 所示，两个焊件垂直放置，相距 20～40mm，两侧装有水冷铜滑块，底部加装引弧板，顶部加装引出板。焊接开始时，焊丝与引弧板短路引弧。电弧将不断加入的焊剂溶化为焊渣并形成渣池，当焊渣达到一定厚度时，将焊丝迅速插入其内，电弧熄灭，电弧过程转为电渣过程，依靠渣池电阻热使焊丝和焊件熔化形成熔池，并保持在 1700～2000℃。随着焊丝的送进，熔池不断上升，冷却块上移，同时底部被冷却铜滑块冷却形成焊缝。渣池始终位于熔池上方，即产生热量又保护熔池。根据工件厚度不同，可选择单焊丝或多焊丝进行电渣焊。

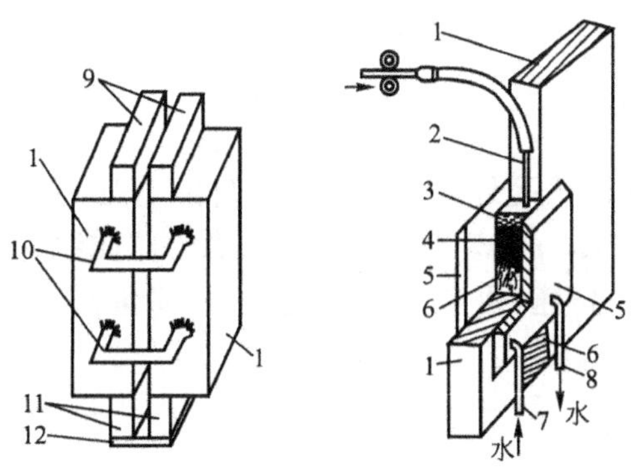

图 4.28 电渣焊示意图

1—工件；2—焊丝；3—渣池；4—熔池；5—冷却铜滑块；6—焊缝；
7、8—冷却水进、出管；9—引出板；10—Π形“马”；11—引入板；12—引弧板

2. 电渣焊焊接特点及应用

(1) 大厚件可一次焊成。如单丝可焊厚度为 40～60mm，单丝摆动可焊厚度为 60～

150mm，三丝摆动可焊厚度达450mm。

(2) 生产率高，成本低。不需要开坡口即可一次焊成。

(3) 焊接质量好。由于渣池覆盖在熔池上，保护作用好，焊缝自下而上结晶，利于熔池中气体和杂质的排出。

(4) 不足之处。热影响区较大，晶粒粗大，易产生过热组织，故焊缝力学性能较差，焊后需要正火处理。

电渣焊适于碳钢、合金钢、不锈钢等材料的焊接，主要用于厚度大于40mm的构件。

4.4.4 摩擦焊

摩擦焊是利用工件间相互摩擦产生的热量，同时加压而进行焊接的方法。图4.29是摩擦焊示意图。先将两焊件夹在焊机上，加一定压力使焊件紧密接触。然后一个焊件作旋转运动，另一个焊件向其靠拢，使焊件接触摩擦产生热量，待工件端面被加热到高温塑性状态时，立即使焊件停止旋转，同时对端面加大压力使两焊件产生塑性变形而焊接起来。

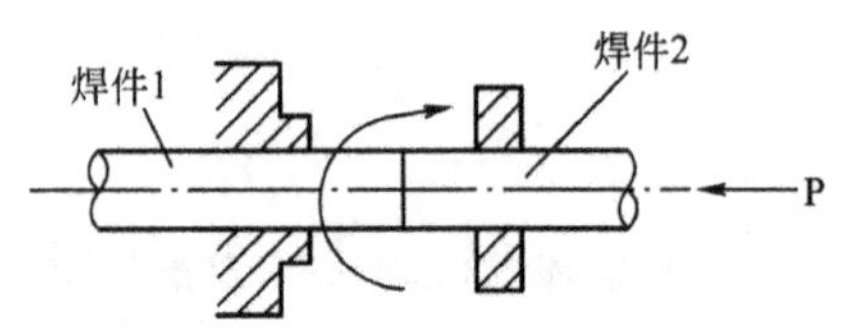

图4.29 摩擦焊示意图

摩擦焊的特点如下：

(1) 接头质量好而且稳定。在摩擦焊过程中，焊件接触表面的氧化膜与杂质被清除，因此，接头组织致密，不易产生气孔、夹渣等缺陷。

(2) 可焊接的金属范围较广。不仅可焊同种金属，也可以焊接异种金属。

(3) 生产率高、成本低。焊接操作简单，接头不需要特殊处理，不需要焊接材料，容易实现自动控制，电能消耗少。

(4) 设备复杂，一次性投资较大。

摩擦焊主要用于旋转件的压焊，非圆截面焊接比较困难。图4.30示出了摩擦焊可用的接头形式。

4.4.5 等离子弧焊与切割

普通电弧焊中的电弧，不受外界约束，称为自由电弧，电弧区内的气体尚未完全电离，能量也未高度集中起来。等离子弧是经过压缩的高能量密度的电弧，它具有高温(可达24000～50000K)、高速(可数倍于声速)、高能量密度(可达10^5～10^6W/cm^2)的特点。

1. 等离子弧的产生

等离子电弧发生装置如图4.31所示，在钨极和工件之间加一较高电压，经高频振荡使气体电离形成电弧，此电弧被强迫通过具有细孔道的喷嘴时，弧柱截面缩小，此作用称为机械压缩效应。

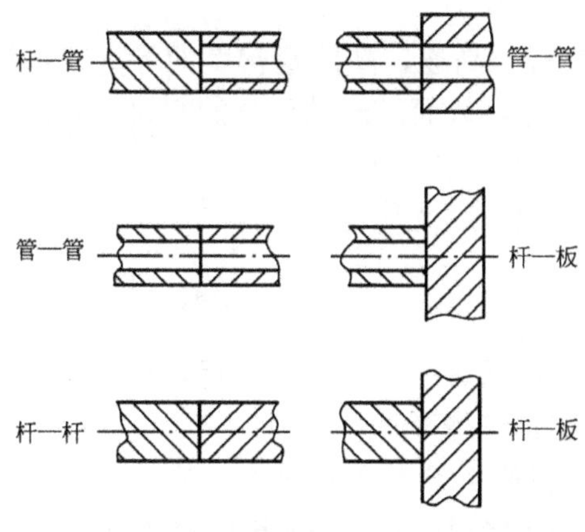

图 4.30 摩擦焊接头形式示意图

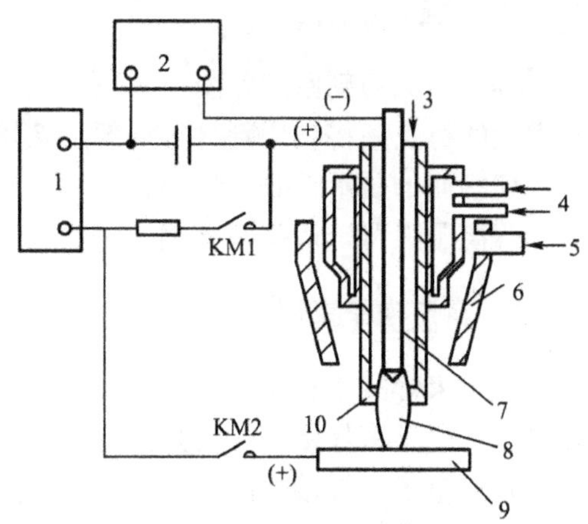

图 4.31 等离子弧发生装置示意图

1—焊接电源；2—高频振荡器；3—离子气；4—冷却水；5—保护气体；6—保护气罩；7—钨极；8—离子弧；9—焊件；10—喷嘴

当通入一定压力和流量的氮气或氩气时，冷气流均匀地包围着电弧，形成了一层环绕弧柱的低温气流层，弧柱被进一步压缩，这种压缩作用称为热压缩作用。

同时，电弧周围存在磁场，电弧中定向运动的电子、离子流在自身磁场的作用下，使弧柱被进一步压缩，此压缩称为电磁压缩。

在机械压缩、热压缩和电磁压缩的共同作用下，弧柱直径被压缩到很小的范围内，弧柱内的气体电离度很高，便成为稳定的等离子弧。

2. 等离子弧焊接

等离子弧焊是利用等离子弧作为热源进行焊接的一种熔焊方法。它采用氩气作为等离子气，同时还应另外通入氩气作为保护气体。等离子弧焊接使用专用的焊接设备和焊炬，焊炬的构造保证在等离子弧周围通以均匀的氩气流，以保护熔池和焊缝不受空气的有害作用。因此，等离子弧焊接实质上是一种有压缩效应的钨极氩弧焊。等离子弧焊除具有氩弧焊的优点外，还有以下特点：

(1) 等离子弧能量密度大，弧柱温度高，穿透能力强，因此焊接厚度为12mm以下的焊件可不开坡口，能一次焊透，实现单面焊双面成形。

(2) 等离子弧焊的焊接速度高，生产率高，焊接热影响区小，焊缝宽度和高度较均匀一致，焊缝表面光洁。

(3) 当电流小到0.1A时，电弧仍能稳定燃烧，并保持良好的挺直度和方向性，故等离子弧焊可以焊接很薄的箔材。

但是等离子弧焊接设备比较复杂，气体消耗量大，只适宜在室内焊接。另外，小孔形等离子弧焊不适于手工操作，灵活性比钨极氩弧焊差。

等离子弧焊接已在生产中广泛应用于焊接铜合金、合金钢、钨、钼、钴、钛等金属焊件。如钛合金导弹壳体、波纹管及膜盒、微型继电器、电容器的外壳等。

3. 等离子弧切割

等离子弧切割原理如图 4.32 所示，它是利用高温、高速、高能量密度的等离子焰流冲力大的特点，将被切割材料局部加热熔化并随即吹除，从而形成较整齐的割口。其割口窄，切割面的质量较好，切割速度快，切割厚度可达 150～200mm。

等离子弧可以切割不锈钢、铸铁、铝、铜、钛、镍、钨及其合金等。

4.4.6 真空电子束焊接

电子束焊接是利用高速、集中的电子束轰击焊件表面所产生的热量进行焊接的一种熔焊方法。电子束焊接可分为高真空型、低真空型和非真空型等。

真空电子束焊接如图 4.33 所示。电子枪、工件及夹具全部装在真空室内。电子枪由加热灯丝、阴极、阳极及聚焦装置等组成。当阴极被灯丝加热到 2600K 时能发出大量电子。这些电子在阴极与阳极(焊件)间的高压作用下，经电磁透镜聚集成电子流束，以极高速度(可达到 160000km/s)射向焊件表面，使电子的动能转变为热能，其能量密度(10^6～10^8 W/cm^2)比普通电弧大 1000 倍，故使焊件金属迅速熔化，甚至气化。根据焊件的熔化程度，适当移动焊件即能得到要求的焊接接头。

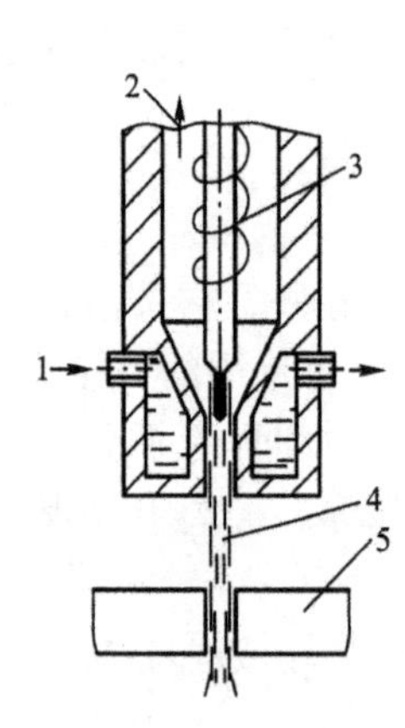

图 4.32 等离子弧切割示意图

1—冷却水；2—离子气；
3—钍钨极；4—等离子弧；
5—工件

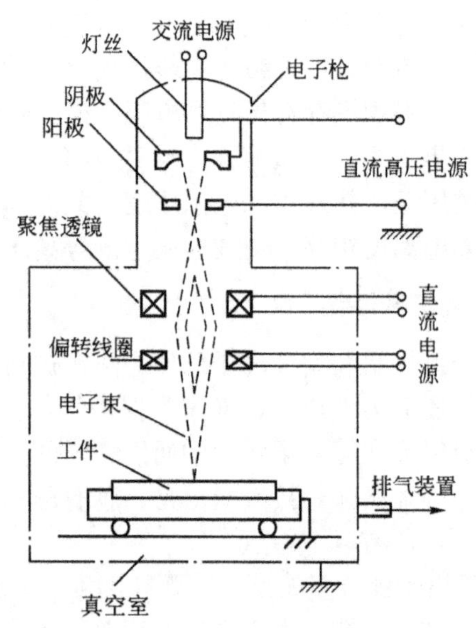

图 4.33 真空电子束焊示意图

电子束焊接具有以下优点：

(1) 效率高、成本低。电子束的能量密度很高(为手工电弧焊的 5000～10000 倍)，穿透能力强，焊接速度快，焊缝深宽比大，在大批量或厚板焊件生产中，焊接成本仅为手工电弧焊的 50%左右。

(2) 电子束可控性好、适应性强。焊接工艺参数范围宽且稳定，单道焊熔深 0.03～

300mm；既可以焊接低合金钢，不锈钢，铜、铝、钛及其合金，又可以焊接稀有金属、难熔金属、异种金属和非金属陶瓷等。

(3) 焊接质量很好。由于在高真空下进行焊接，无有害气体和金属电极污染，保证了焊缝金属的高纯度；焊接热影响区小，焊件变形也很小。

(4) 厚件也不用开坡口，焊接时一般不需另加填充金属。

电子束焊接的主要缺点是焊接设备复杂，价格高，使用维护技术要求高，焊件尺寸受真空室限制，对接头装配质量要求严格。

电子束焊接已在航空航天、核能、汽车等行业获得广泛应用，如焊接航空发动机喷管、起落架、各种压缩机转子、叶轮组件、反应堆壳体、齿轮组合件等。

4.4.7 激光焊接

激光是一种亮度高、方向性强、单色性好的光束。激光束经聚焦后能量密度可达 $10^6 \sim 10^{12}$ W/cm^2，可用作焊接热源。在焊接中应用的激光器有固体及气体介质两种。固体激光器常用的激光材料是红宝石、钕玻璃或掺钕钇铝石榴石。气体激光器则使用二氧化碳。

激光焊接示意图如图 4.34 所示。其基本原理是利用激光器受激产生的激光束，通过聚焦系统可聚焦到十分微小的焦点(光斑)上，其能量密度很高。当调焦到焊件接缝时，光能转换为热能，使金属熔化形成焊接接头。

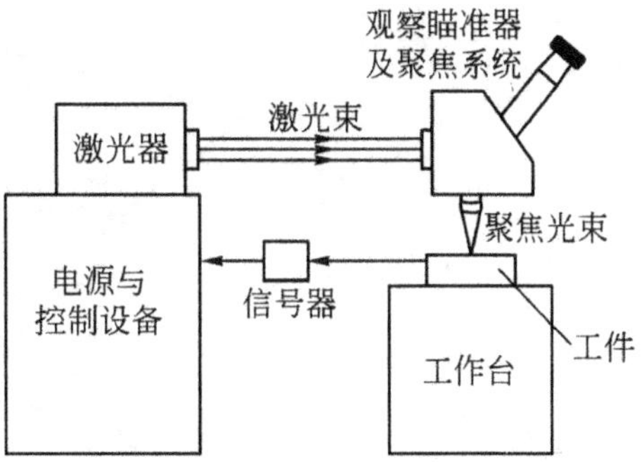

图 4.34　激光焊接示意图

根据激光器的工作方式，激光焊接可分为脉冲激光点焊和连续激光焊接两种。目前脉冲激光点焊已得到广泛应用。

激光焊接的特点是：

(1) 激光辐射的能量释放极其迅速，点焊过程只几毫秒，不仅提高了生产率，而且被焊材料不易氧化。因此可在大气中进行焊接，不需要气体保护或真空环境。

(2) 激光焊接的能量密度很高，热量集中，作用时间很短，所以焊接热影响区极小，焊件不变形，特别适用于热敏感材料的焊接。

(3) 激光束可用反射镜、偏转棱镜或光导纤维将其在任何方向上弯曲、聚焦或引导到难以接近的部位。

(4) 激光可对绝缘材料直接焊接，易焊接异种金属材料。

但激光焊接的设备复杂，投资大，功率较小，可焊接的厚度受到一定限制，而且操作与维护的技术要求较高。

脉冲激光点焊特别适合焊接微型、精密、排列非常密集和热敏感材料的焊件，已广泛应用于微电子元件的焊接，如集成电路内外引线焊接、微型继电器、电容器等的焊接。连续激光焊可实现从薄板到 50mm 厚板的焊接，如焊接传感器、波纹管、小型电动机定子及变速箱齿轮组件等。

4.5 综合技能训练课题

4.5.1 焊接技能操作

1. 焊条电弧焊的基本操作

(1) 引弧。引弧是在焊条和工件之间产生稳定的电弧。引弧时，首先将焊条末端与焊件表面接触形成短路，然后迅速将焊条向上提起2～4mm的距离，电弧即引燃。引弧有敲击法和摩擦法。

(2) 堆平焊波。在平焊位置的焊件表面上堆焊焊道称为堆平焊波。这是焊条电弧焊的最基本操作。练习时，要掌握好焊条角度和运条基本动作，保持合适的电弧长度和焊接速度，如图4.35所示。

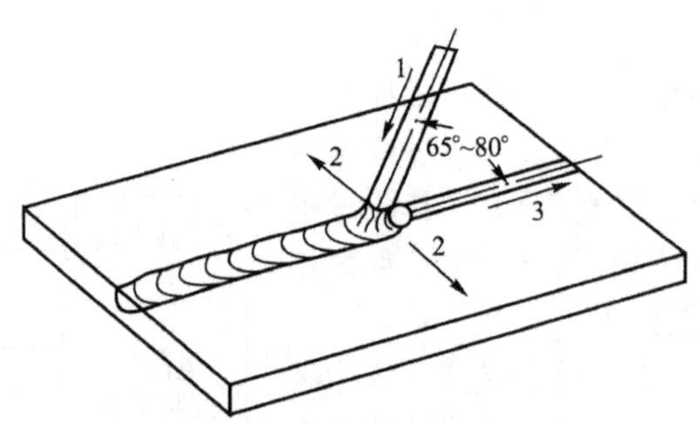

图4.35 运条的基本操作

1—向下送进；2—左右摆动；3—沿焊接方向移动

(3) 对接平焊。对接平焊在实际生产中最常见，其操作技术与堆平焊波基本相同。厚度4～6mm的低碳钢板的对接平焊操作如下：

① 坡口准备：4～6mm的钢板可采用I型坡口双面焊，要保证接口平整。

② 焊前清理：清除坡口表面和两侧20mm范围内的锈、油和水。

③ 装配：将两块钢板水平放置，对齐，中间留有1～2mm的间隙。

④ 定位焊：在钢板两端先焊上10～15mm的焊缝，以便固定两块钢板的相对位置，焊后除渣。

⑤ 焊接：选择合适的工艺参数进行焊接。先焊定位焊缝的反面，除渣后再翻转焊件，焊另一面，焊后除渣。

⑥ 清理：除了上述清理渣壳以外，还应把焊件表面的飞溅等清理干净。

⑦ 检查焊缝质量：检查焊缝外观及尺寸是否符合要求，检查有无焊接缺陷。

2. 气焊基本操作

(1) 点火、调节火焰与灭火。点火时，先微开氧气，再开乙炔阀，然后从侧面点燃火焰。这时的火焰是碳化焰，然后，逐渐开大氧气阀门，火焰逐渐变短，直至白亮的焰心出现淡白色微微闪动的火焰时为止，此时的火焰为中性焰。同时，按需要将火焰大小调整合适。灭火时，先关乙炔阀门，后关氧气阀门。发生回火时，应迅速关闭氧气阀，再关闭乙炔阀。

(2) 堆平焊波。气焊时，一般用左手拿焊丝，右手拿焊炬，两手的动作要协调，沿焊缝向左或向右焊接。当焊接方向由右向左时，气焊火焰指向焊件未焊部分，称为左焊法，适宜焊接薄件和低熔点焊件。当焊接方向由左向右时，气焊火焰指向焊缝，称为右焊法，适宜焊接厚件和高熔点焊件。

焊嘴轴线的投影应与焊缝重合，同时要注意掌握好焊嘴与焊件的夹角 α，如图 4.36 所示。焊件越厚，α 越大。在焊接开始时，为了较快地加热焊件和迅速形成熔池，α 应大些。正常焊接时，一般保持 α 保持在 30°～50°范围内。当焊接结束时，α 适当减小，以便更好地填满熔池和避免焊穿。

焊炬向前移动的速度应能保证焊件熔化并保持熔池具有一定的大小。焊件熔化形成熔池后，再将焊丝适量地点入熔池内熔化。

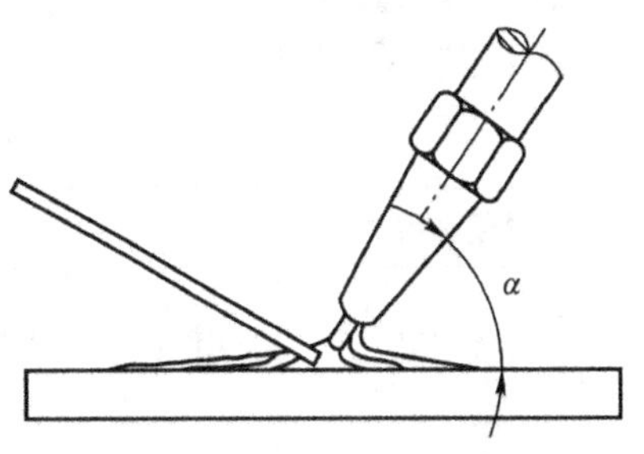

图 4.36　焊炬角度示意图

4.5.2　焊接范例

焊接结构种类繁多，应用十分广泛，如各种容器、桥梁、管道、桁架和车辆等结构和机械零件，焊接结构的工艺设计包括焊接件材料的选择、焊接方法的选择、焊缝的布置和焊接接头及坡口形式的设计。

以梁柱为例，说明焊接工艺的设计流程。焊接梁的简化结构和焊缝布置如图 4.37 所示，梁柱材料选择 20 钢，钢板最大长度 2500mm，板厚分别选用 6mm、8mm 和 10mm，大批量生产。

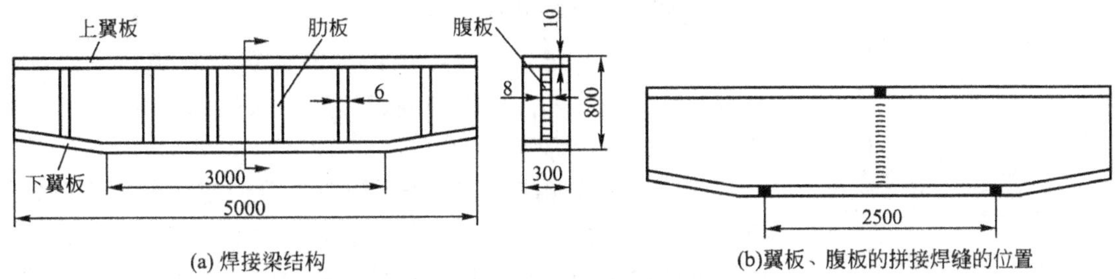

图 4.37　焊接梁结构及焊缝布置示意图

该结构用 20 钢下料拼焊，材料可焊性好。焊接工艺设计中需要集中考虑的是梁柱的受力状况和防止应力与变形。

1. 翼板、腹板的焊缝位置

图 4.37(a)所示的梁在承受载荷时，上翼板内受压应力作用，下翼板内受拉应力作用，中部拉应力最大，腹板受力较小。对上翼板和腹板，从使用要求看，焊缝的位置可以任意安排。为充分利用材料原长和减少焊缝数量，上翼板和腹板都采用两块 2500mm 的钢板拼接，即焊缝在梁的中部。对下翼板，为使焊缝避开最大应力位置，采用三块板拼接，且焊

缝相距 2500mm 并呈对称布局方案，如图 4.37(b)所示。

2. 焊接方法及接头型式

根据焊接厚度、结构形状及尺寸，可供选择的焊接方法有手工电弧焊、CO_2 气体保护焊和埋弧自动焊。因为是大批量生产，故应尽可能选用埋弧自动焊。对于不便采用埋弧自动焊的焊缝，则考虑选用手工电弧焊或 CO_2 气体保护焊。

各焊缝的焊接方法及接头型式的选择见表 4－3。下翼板两端倾斜部分的焊缝应采用手工电弧焊或 CO_2 气体保护焊。

表 4－3　焊接梁各焊缝焊接方法及接头型式的选择

焊缝名称	焊接方法	接头型式
拼接焊缝	手工电弧焊或 CO_2 气体保护焊	
翼板—腹板焊缝	1. 埋弧自动焊 2. 手工电弧焊或 CO_2 气体保护焊	
肋板焊缝	手工电弧焊或 CO_2 气体保护焊	

3. 焊接工艺和焊接顺序

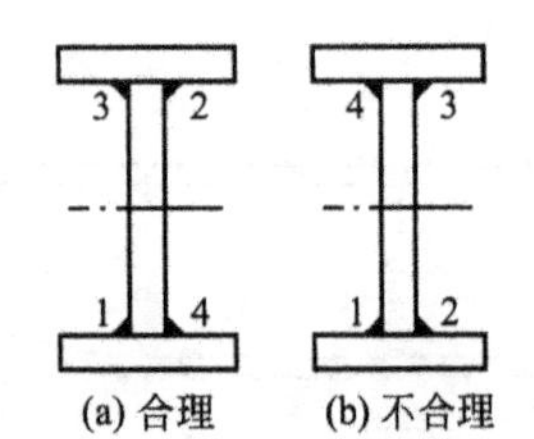

图 4.38　工字梁的焊接顺序

主要工艺过程：下料→拼板→装焊翼板和腹板→装配筋板→焊接筋板。翼板和腹板的焊接顺序采用如图 4.38 所示的对称焊，以减少焊缝变形。

筋板的焊接顺序是：由于焊缝对称可使变形最小故先焊腹板上的焊缝，再焊下翼板上的焊缝，最后焊上翼板上的焊缝。这样可使梁适当上挠，增加梁的承载能力。每组焊缝焊接时，都应从中部向两端焊，以减少焊接应力和变形。

4.6　焊接操作安全技术

焊接操作安全注意事项如下：

(1) 防止触电。焊前检查焊机外壳接地情况；保证焊钳和电缆绝缘；操作前穿好绝缘鞋、戴电焊手套；避免人体电焊机的两极；发生触电事故立即切断电源。

(2) 防止弧光伤害。穿好工作服，戴好电焊手套，使用电焊专用面罩。

(3) 防止烫伤和烟尘中毒。清渣时注意焊渣的飞出方向，防止烫伤；焊后不能直接用手拿焊件，需使用焊钳；电弧焊场所注意通风除尘。

(4) 防火、防爆。电弧焊场所不能有易燃易爆品，工作完毕应检查周围有无火种。

(5) 保证设备安全。任何时候不能将焊钳放在工作台上，以免短路烧毁焊机；发现异常立即停止工作，切断电源。

4.7 本章小结

本章主要介绍了焊接的基本概念及特点，作为重要的加工成型手段，先进的焊接方法和工艺不断涌现，焊接的应用领域也越来越广泛。

重点掌握手工电弧焊和气焊的基础理论及工艺特点，了解电阻焊、钎焊、埋弧焊、气体保护焊等其他焊接方法的特点及应用。通过理论学习和实践训练，能够初步具备为典型构件选择合理的焊接工艺并实施焊接操作的能力。

4.8 思考与练习

(1) 电焊机主要有哪几种？说明你在实训中使用的弧焊机的型号和主要技术参数。

(2) 电焊条的组成及其作用是什么？

(3) 焊条电弧焊的焊接工艺参数主要有哪些？应该怎样选择焊接电流？

(4) 简述焊条电弧焊的原理及过程。

(5) 焊条电弧焊的接头与坡口形式有哪些？

(6) 焊条电弧焊的安全技术主要有哪些？

(7) 氧乙炔焰有哪几种？怎样区别？各自的应用特点是什么？

(8) 焊炬和割炬在构造上有什么区别？

(9) 氧气切割的原理是什么？金属氧气切割的主要条件是什么？

(10) 试从焊接质量、生产率、焊接材料、成本和应用范围等方面比较下列焊接方法：①气焊；②焊条电弧焊；③埋弧焊；④氩弧焊；⑤CO_2 气体保护焊。

(11) 试比较点焊与缝焊有何异同？电阻对焊与闪光对焊有何区别？

(12) 说明下列制品采用什么焊接方法比较合适：自行车车架、钢窗、汽车油箱、电子线路板、锅炉壳体、汽车覆盖件、铝合金板。

第5章 金属切削的基础与常用计量器具

教学提示：切削加工是利用切削刀具从毛坯或型材上切去多余金属，以获得符合图样要求的形状、尺寸、位置精度和表面粗糙度的零件的加工方法。目前在各种机械制造中，绝大多数需要切削加工。为了保证加工后的工件符合设计要求，在加工前后及加工过程中，都需进行测量，测量时所用的工具就是量具。

教学要求：熟悉切削加工中的切削运动、切削要素、切削过程、刀具磨损及刀具耐用度，掌握加工精度和表面粗糙度的标注及获得方法，掌握常用量具的使用方法和适用场合。

5.1 金属切削基础知识

金属切削加工分为机械加工和钳工两类。金属切削加工是利用刀具从毛坯上切去多余的金属，使零件具有符合要求的几何形状、尺寸和表面质量的加工方法。钳工是通过工人手持工具进行切削加工；机械加工是由工人操作机床来完成切削加工。机械加工的主要方式有车、铣、刨、磨、镗、钻等。由于机械加工劳动强度低，自动化程度高，加工质量好，所以已成为切削加工的主要方式。

5.1.1 切削运动

切削加工是依靠工件与刀具之间的相对运动(即切削运动)进行的，分为主运动和进给运动两种。

1. 主运动

主运动是使刀具切下切屑最基本的运动，主运动的特征是速度最高，消耗机床功率最多。切削加工中只有一个主运动，如车削中工件的旋转运动，铣削中铣刀的旋转运动，刨削中刨刀的往复直线运动，钻削中钻头的旋转运动都是主运动，如图 5.1 所示。

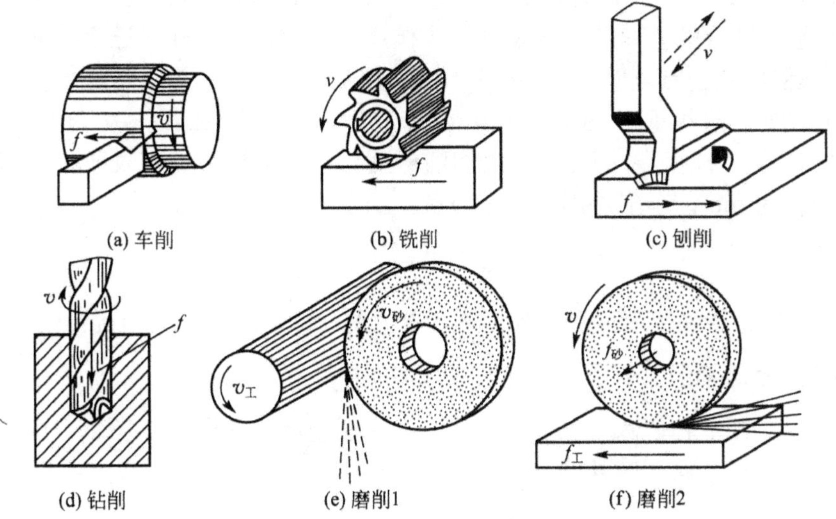

图 5.1 机械加工时的切削运动

2. 进给运动

进给运动是使刀具能够继续切削金属，以便形成工件表面的运动。它使刀具与工件之间产生附加的相对运动。进给运动的速度较低，消耗的功率较少；进给运动可以是直线运动，也可以是旋转运动；进给运动可以是连续的，也可以是间歇的。由于加工方法不同，可以有一个或几个进给运动。车刀及钻头的移动，铣削及刨削时工件的移动，磨削外圆时工件的旋转和往复直线移动及砂轮周期性横向移动都是进给运动，如图 5.1 所示。

5.1.2 切削要素

切削要素包括切削用量和切削层几何参数，现以车削外圆面(图 5.2)为例介绍如下：

1. 切削用量三要素

切削用量是切削速度、进给量和背吃刀量的总称，三者称为切削用量三要素。

(1) 切削速度。切削速度是指在单位时间内，工件和刀具沿主运动方向的相对位移。当主运动为旋转运动(如车削、铣削、磨削)时，其计算公式为：

$$v=\frac{\pi Dn}{1000\times 60}(\mathrm{m/s})$$

当主运动为往复直线运动(如刨削、插削)时，其计算公式为：

$$v=\frac{2Ln_{r}}{1000\times 60}(\mathrm{m/s})$$

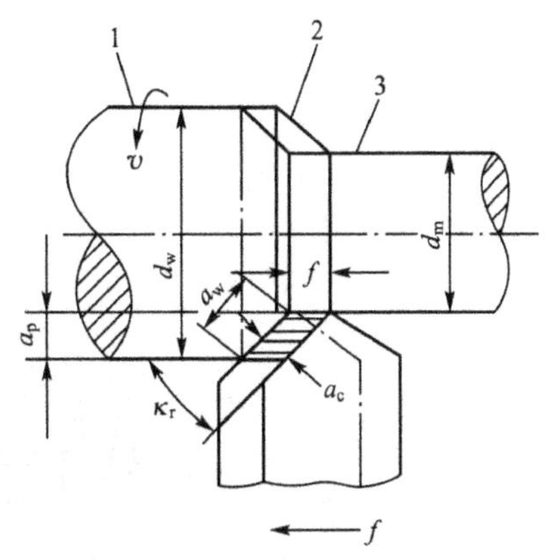

图 5.2 车削时的切削要素

1—待加工表面；2—加工表面；3—已加工表面

式中，D 为工件待加工表面或刀具的最大直径(m)；n 为工件或刀具的转速(r/min)；L 为往复运动行程长度(mm)；n_r为主运动每分钟往复的次数，即行程数(r/min)。

(2) 进给量。进给量 f 是指主运动在一个循环内，刀具与工件在进给运动方向上的相对位移。当主运动为旋转运动时，进给量 f 的单位是 mm/r，称为每转进给量。当主运动为往复直线运动时，进给量 f 的单位是 mm/str，称为每行程(往复一次)进给量。

(3) 背吃刀量。背吃刀量旧标准称为切削深度，一般是指待加工表面和已加工表面的垂直距离，单位为 mm。车削外圆时背吃刀量 a_p计算公式为

$$a_p=\frac{D-d}{2}$$

式中，D、d 分别为待加工表面和已加工表面的直径(mm)。

2. 切削层几何参数

切削层是指工件上相邻两个加工表面之间的一层金属，如图 5.2 所示，即工件上正被切削刃切削着的那层金属。车外圆时

$$A_c=a_w a_c=a_p f$$

式中，a_w为切削宽度，即沿主切削刃方向度量的切削层尺寸；a_c为切削厚度，即相邻两加工表面的垂直距离。A_c 为切削面积，即切削层垂直于切削速度截面内的面积。

5.1.3 金属切削过程

金属切削过程的实质是工件表层金属受刀具挤压，使金属产生变形、挤裂而形成切屑，直至被切离的过程。

(1) 对塑性金属进行切削时，切屑的形成过程就是切削层金属的变形过程(图 5.3)。当工件受到刀具的挤压以后，切削层金属在始滑移面 OA 以左发生弹性变形。在 OA 面上，应力达到材料的屈服强度，则发生塑性变形，产生滑移现象。随着刀具的连续移动，原来处于始滑移面上的金属不断向刀具靠拢，应力和变形也逐渐加大。在终滑移面上，应力和变形达到最大值。越过该面，切削层金属将脱离工件基体，沿着前刀面流出而形成切屑。

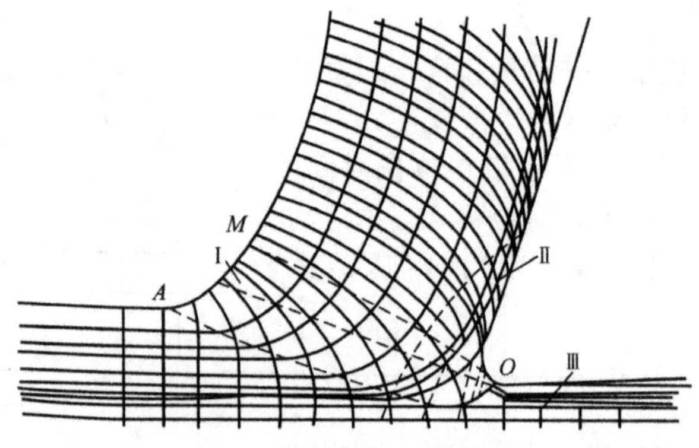

图 5.3 金属切削过程中的滑移线和流线及三个变形区

(2) 三个变形区(图 5.3)。

① 第一变形区Ⅰ：这一区域是由靠近切削刃的 OA 线处开始发生塑性变形，到 OM

线处剪切滑移变形基本完成，是形成切屑的主要变形区。OM 称为终剪切线或终滑移线，而 OA 称为始剪切线或始滑移线，从 OA 到 OM 之间整个第一变形区内，其变形的主要特征就是被切金属层在刀具前刀面和切削刃的作用下，沿滑移线的剪切变形，以及随之产生的加工硬化。

② 第二变形区Ⅱ：被切削层金属经过终滑移线 OM 形成切屑沿前刀面流出时，切屑底层仍受到刀具的挤压和接触面之间强烈的摩擦，继续以剪切滑移为主的方式变形，其切屑底层的变形程度比切屑上层剧烈，从而使切屑底层晶粒弯曲拉长，在摩擦阻力的作用下，这部分切屑流动速度减慢，称为滞流层。

③ 第三变形区Ⅲ：已加工表面在形成过程中，受到切削刃钝圆部分和后刀面的挤压、摩擦和回弹作用，造成表层组织的纤维化和加工硬化；并且在刀具后刀面离开后，已加工表面表层和深层金属都要产生回弹，从而产生表面残余应力。这一在靠近切削刃处已加工表面表层内的这一变形区就是第三变形区。

5.1.4 刀具磨损

刀具磨损是连续的、逐渐的。正常磨损的原因主要是机械磨损和热、化学磨损。低温区以机械磨损为主，高温区以热、化学磨损为主。

(1) 前刀面磨损(图 5.4)，月牙洼磨损的形成过程。切削塑性材料时，如果切削速度和切削厚度较大，由于切屑与前刀面完全是新鲜表面相互接触和摩擦，化学活性很高，反应很强烈，接触面又有很高的压力和温度，接触面积 80%以上是实际接触，空气或切削液渗入比较困难，因此在前刀面上形成月牙洼磨损。使刀刃强度降低，易导致刀刃破损。

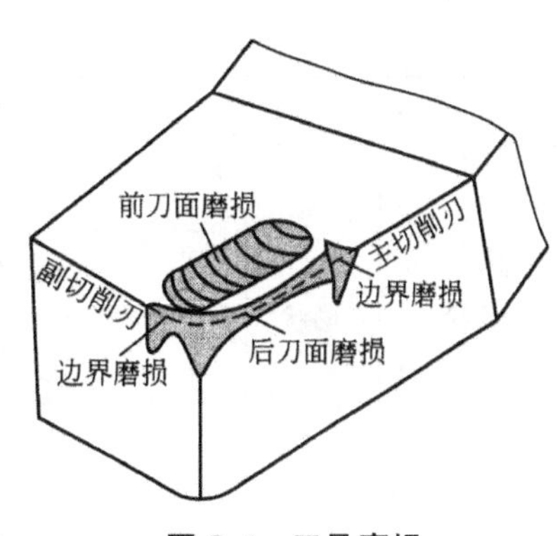

图 5.4 刀具磨损

(2) 后刀面磨损。切削时，工件的新鲜加工表面与刀具后刀面接触，相互摩擦，引起后刀面磨损。后刀面虽然有后角，但由于切削刃不是理想的锋利，而有一定的钝圆，后刀面与工件表面的接触压力很大，存在着弹性和塑性变形；因此，后刀面与工件实际上是小面积接触，磨损就发生在这个接触面上。切削铸铁和以较小的切削厚度切削塑性材料时，主要发生后刀面磨损。后刀面磨损带往往不均匀。

(3) 边界磨损。切削钢料时，常在主切削刃靠近工件外表皮处及副切削刃靠近刀尖处的后刀面上，磨出较深的沟纹。此两处分别是在主、副切削刃与工件待加工或已加工表面接触的地方。

5.2 加工精度和表面粗糙度

工件的加工质量包括加工精度和表面质量。工件的加工精度包括尺寸精度、形状精度和位置精度。表面质量是指工件经过切削加工后的表面粗糙度、表面层的残余应力、表面的冷加工硬化等，其中表面粗糙度对工件的使用性能影响最大。加工精度和表面粗糙度是影响工件加工质量的主要指标。

5.2.1 尺寸精度

尺寸精度是指工件的实际加工尺寸与图纸上要求尺寸相符合的程度，用尺寸公差来控制。尺寸公差是工件尺寸允许的变动量，在基本尺寸相同的情况下，尺寸公差越小，则工件的尺寸精度越高。为了满足不同的精度要求，国家标准 GB/T 1800.2—2009 规定，尺寸精度的标准公差分为 20 级，分别用 IT01，IT0，IT1，IT2，…，IT18 表示。IT 表示公差等级，IT01 精度最高，IT18 精度最低。公差数值的大小既与公差等级有关，也与基本尺寸有关，具体数值可查公差等级手册。

5.2.2 形状精度

形状精度是指零件的实际形状相对于理想形状的准确程度。国家标准规定有直线度、平面度、圆度、圆柱度、线轮廓度和面轮廓度 6 项，见表 5-1。

表 5-1 形位公差特征项目符号

公差		特征项目	符号	有或无基准要求
形状	形状	直线度	⏤	无
		平面度	⏥	无
		圆度	○	无
		圆柱度	⌭	无
形状或位置	轮廓	线轮廓度	⌒	有或无
		面轮廓度	⌓	有或无
位置	定向	平行度	//	有
		垂直度	⊥	有
		倾斜度	∠	有
	定位	位置度	⌖	有或无
		同轴(同心)度	◎	有
		对称度	⌯	有
	跳动	圆跳动	↗	有
		全跳动	⌰	有

5.2.3 位置精度

位置精度是指零件的实际位置相对于理想位置的准确程度。国家标准规定有平行度、垂直度、倾斜度等 8 项，见表 5-1。形位公差的标注如图 5.5 所示。

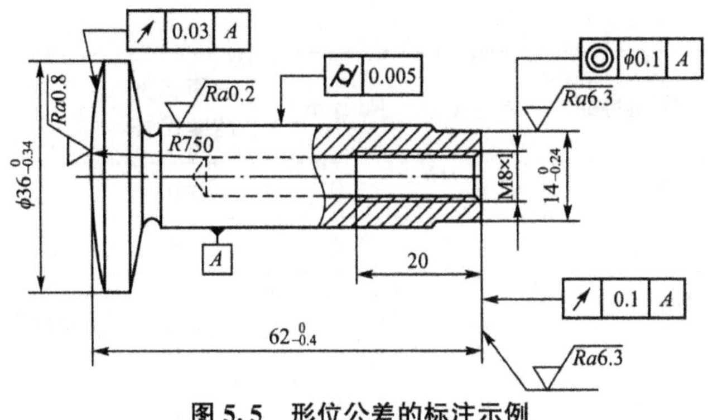

图 5.5　形位公差的标注示例

确定工件的公差等级的原则是，在满足工件使用性能要求的前提下，尽可能选择低的公差等级，使工件的加工费用最低，还要注意使形状公差、位置公差、尺寸公差三者的数值相互协调。

5.2.4　表面粗糙度

表面粗糙度是零件表面微观粗糙不平度。

1. *表面粗糙度的表示方法*

国家标准中推荐优先选用算术平均偏差 *Ra* 作为表面粗糙度的评定参数。表示粗糙度的符号如下：

√ 为基本符号，表示粗糙度是用任何方法获得(包括镀涂及其他表面处理)；▽√ 表示粗糙度是用去除材料的方法获得；○√ 表示粗糙度是用不去除材料的方法获得。*Ra* 值越小，加工越困难成本越高。在实际中要根据具体情况合理选择 *Ra* 的允许值，表 5-2 为表面粗糙度 *Ra* 的允许值及其对应的表面特征。

表 5-2　不同表面特征的表面粗糙度

表面要求	表面特征	*Ra*/μm	旧国标光洁度代号	加工方法
不加工	毛坯表面清除毛刺	○√	∽	钳工
粗加工	明显可见刀痕	50	▽1	钻孔、粗车、粗铣、粗刨、粗镗
	可见刀痕	25	▽2	
	微见刀痕	12.5	▽3	
工半精加	可见加工痕迹	6.3	▽4	半精车、精车、精铣、精刨、精镗、粗磨、铰孔、拉削
	微见加工痕迹	3.2	▽5	
	不见加工痕迹	1.6	▽6	
精加工	可辨加工痕迹的方向	0.8	▽7	精铰、精拉、精磨、刮削
	微辨加工痕迹的方向	0.4	▽8	
	不辨加工痕迹的方向	0.2	▽9	

（续）

表面要求	表面特征	*Ra*/μm	旧国标光洁度代号	加工方法
精密加工或光加工	暗光泽面	0.1	▽10	精密磨削、研磨、抛光、超精加工、镜面磨削、珩磨
	亮光泽面	0.05	▽11	
	镜状光泽面	0.025	▽12	
	雾状光泽面	0.012	▽13	
	镜面	<0.012	▽14	

2. 表面粗糙度的选择

表面粗糙度具体选用时多用类比法来确定，主要考虑以下原则：

(1) 在满足工件使用性能的前提下，为了降低成本，选用大的 *Ra* 值。

(2) 防腐蚀性、密封性要求高的，相对运动表面，承受交变载荷和已发生应力集中部位的表面，粗糙度 *Ra* 值应小些。

(3) 同一工件上，尺寸要求高的表面及配合表面的粗糙度值应比非配合表面的粗糙度值小些。

3. 表面粗糙度与尺寸精度的关系

一般情况下，尺寸精度越高，表面粗糙度 *Ra* 值就越小；但表面粗糙度 *Ra* 值小的，尺寸精度不一定高。如镀铬的手轮、手柄等工件主要考虑外观光亮，表面粗糙度 *Ra* 值虽然较小，但尺寸精度却很低。

5.3 常用计量器具

5.3.1 游标卡尺

游标卡尺是一种常用的量具，具有结构简单、使用方便、精度中等和测量的尺寸范围大等特点，可以用它来测量零件的外径、内径、长度、宽度、厚度、深度和孔距等，应用范围很广。游标卡尺有 0.02mm、0.05mm、0.1mm 三种测量精度，其测量范围有 0～125mm、0～200mm、0～300mm、0～500mm 等几种，常用的是精度为 0.02mm 的游标卡尺，其结构如图 5.6 所示。

1. 游标卡尺的刻线原理

图 5.7 所示为精度 0.02mm 游标卡尺的刻线原理。它有主尺和副尺组成，主尺与固定卡脚制成一体，副尺与活动卡脚制成一体，并能在主尺上滑动，主尺每小格是 1mm，副尺每小格是 0.98mm，主尺与副尺每格相差 0.02mm，即测量精度为 0.02mm，主尺上 49mm 正好等于副尺上 50 格。

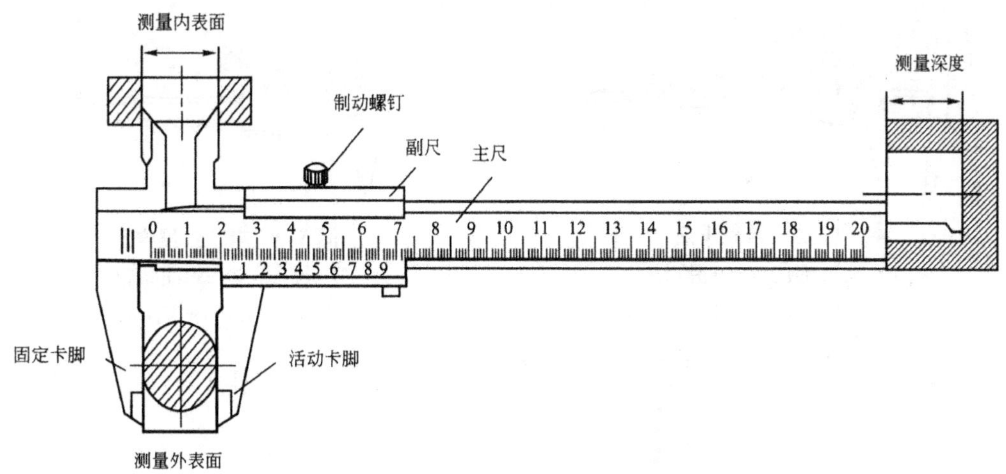

图 5.6　游标卡尺的结构

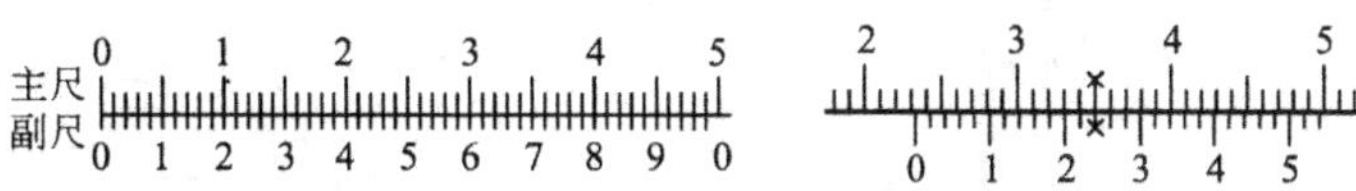

图 5.7　游标卡尺的读数方法和实例

2. 游标卡尺的读数方法

读数时，首先读出副尺零线左侧主尺上的整毫米数，再读出副尺与主尺对齐刻线处的小数毫米数，两者相加即为所测量尺寸，如图 5.7 所示尺寸为(23＋0.24)mm＝23.24mm 或通过计算(23＋12×0.02)mm＝23.24mm。

3. 游标卡尺使用的注意事项

游标卡尺是比较精密的量具，使用时应注意如下事项：

(1) 使用前，应先擦干净两卡脚测量面，合并两卡脚，检查副尺零线与主尺零线是否对齐，若未对齐，应根据原始误差修正测量读数。

(2) 测量工件时，卡脚测量面必须与工件的表面平行或垂直，不得歪斜，且用力不能过大或过小；游标卡尺不能测量粗糙和运动着的工件，以免卡脚变形或磨损，影响测量精度。

(3) 读数时，视线要垂直于尺面，否则测量值不准确。从零件上取下卡尺读数时，应先拧紧止动螺钉，以防在读数前量爪位置变动。

(4) 测量内径尺寸时，应轻轻摆动，以便找出最大值。

(5) 游标卡尺用完后，应将其擦拭干净后存放在卡尺盒中。若长期不用应擦净，抹上防护油，平放在盒内，以防生锈或弯曲。

目前在实际使用中有更为方便的带表卡尺(图 5.8)和电子数显卡尺(图 5.9)代替游标卡尺。深度游标尺和高度游标尺是(图 5.10)专用于测量深度和高度的量具。

5.3.2　千分尺

千分尺是一种精密的量具，测量精度为 0.01mm，可分为外径千分尺、内径千分尺、深度千分尺等。按测量范围有 0～25mm、25～50mm、50～75mm、75～100mm 等多种规格。

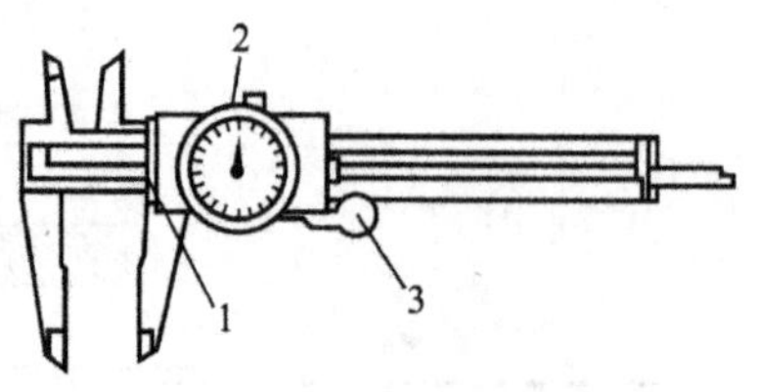

图 5.8 带表卡尺

1—读数部位；2—指示表；
3—微动装置

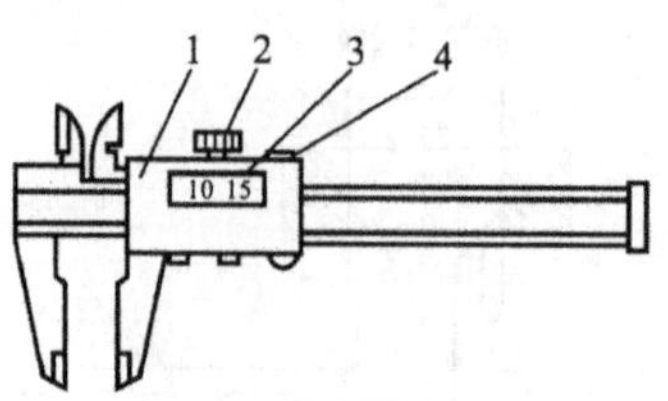

图 5.9 电子数显卡尺

1—尺框；2—紧固螺钉；
3—显示器；4—输出端

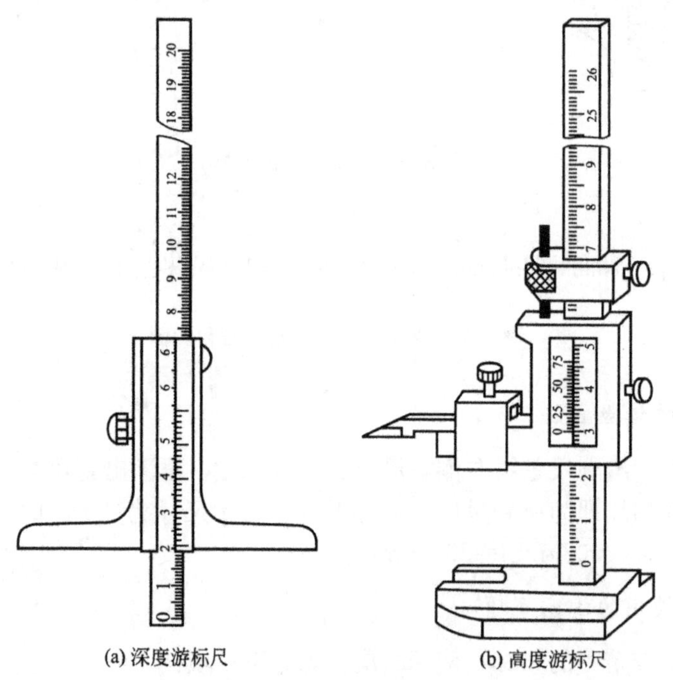

(a) 深度游标尺　　(b) 高度游标尺

图 5.10 深度和高度游标尺

1. 外径千分尺

图 5.11 所示为测量范围为 0～25mm 的外径千分尺，主要有弓架、砧座、固定套筒、活动套筒、测力装置、锁紧钮组成。

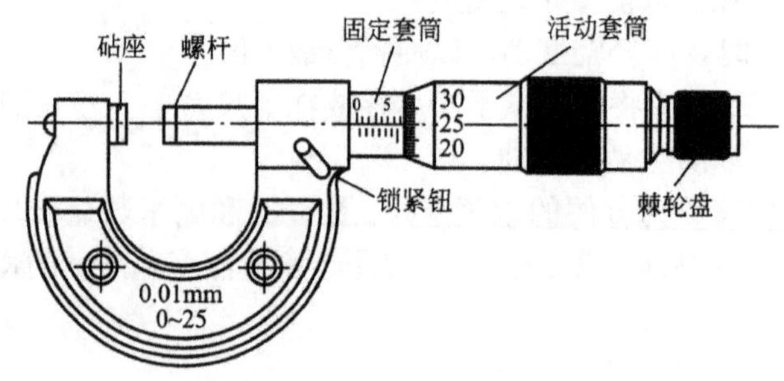

图 5.11 外径千分尺的结构

千分尺是利用螺旋传动原理将活动套筒的螺旋导程变成直线位移来对零件进行测量的。其读数机构由固定套筒和活动套筒组成。在固定套筒的外圆母线上刻有一条中线，在中线上下方又各刻有间距为 1mm 的多条刻线且上下刻线相错 0.5mm，在活动套筒的圆锥端面上刻有 50 条等分刻线，测微螺杆的螺距为 0.5mm，活动套筒与测微螺杆连成一体，当活动套筒旋转一周时，测微螺杆在轴上移动 0.5mm，当活动筒转过一格时，测微螺杆在轴上移动距离为 0.5/50=0.01mm。

千分尺在读数时，先从固定套筒上读出毫米数，若 0.5mm 刻线也露出活动套筒边缘，加 0.5mm；从活动套筒上读出小于 0.5mm 的小数，二者加在一起即测量数值，如图 5.12 所示。

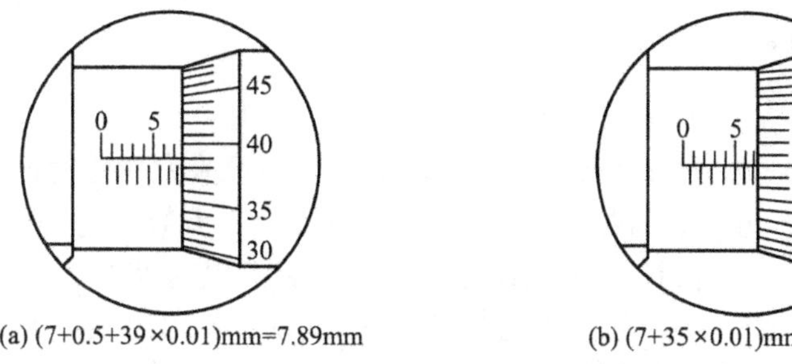

(a) (7+0.5+39×0.01)mm=7.89mm　　(b) (7+35×0.01)mm=7.35mm

图 5.12　千分尺的读数方法

千分尺在测量前，测量面必须保持干净，要注意检查螺杆和砧座接触时，活动套筒零线是否与固定套筒中线对齐，若没对齐，记下误差值，以便测量后修正实际值。在测量时，使螺杆轴线与被测工件尺寸方向一致，不能倾斜。先转动活动套筒，当测量面接近工件时，再转动棘轮盘。直到棘轮发出“咔咔”声，才能读数。在读数时，最好不要取下千分尺，若必须取下读数应先锁紧千分尺。用完后擦净千分尺放入盒内。

其他规格的外径千分尺，零线对准时，螺杆与砧座间的距离就是该测量范围的起点值，对零线时应使用相应的校准杆。

2. 内径千分尺

内径千分尺有两种形式：普通内径千分尺和杠杆内径千分尺，如图 5.13 所示。

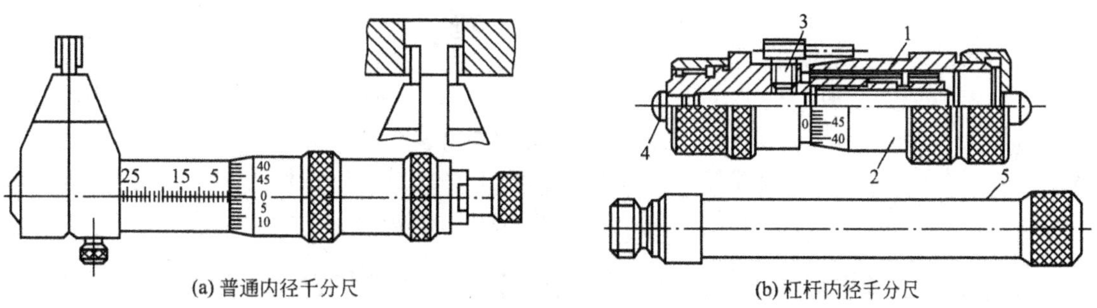

(a) 普通内径千分尺　　(b) 杠杆内径千分尺

图 5.13　内径千分尺

1—固定套筒；2—微分筒；3—锁紧手柄；4—测量触头；5—接长杆

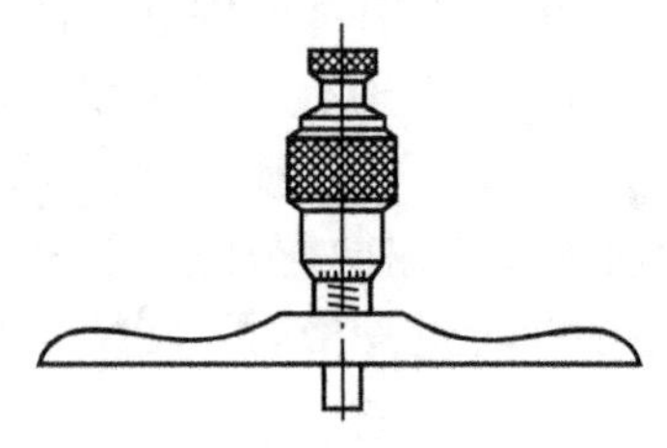

图 5.14　深度千分尺

3. 深度千分尺

深度千分尺外形似深度游标尺，如图 5.14 所示。内径千分尺和深度千分尺的刻线原理与读数方法与外径千分尺相同。

5.3.3　百分表及杠杆百分表

百分表是一种精度较高的比较测量工具。它只能测出相对数值，主要用来检查工件的形状和位置误差。如圆度、平面度、垂直度、跳动等，也常用于校正工件的安装位置和工件的精密找正等。百分表测量的精度为 0.01mm。百分表有钟表式和杠杆式两种。

1. 钟表式百分表

钟表式百分表的外形如图 5.15(a)所示，图 5.15(b)所示为其传动原理。测量杆 1 上齿条齿距为 0.625mm，齿轮 2 齿数为 16，齿轮 3 和齿轮 6 齿数均为 100，齿轮 4 齿数为 10，齿轮 2 与 3 连在一起，长针 5 装在齿轮 4 上，短针 8 装在齿轮 6 上。当测量杆移动 1mm 时齿条移动 1/0.625=1.6 齿，使齿轮 2 转过 1.6/16=1/10 转，齿轮 3 也同时转过 1/10 转，即转过 10 个齿正好是齿轮 4 转过一周，长针 5 也转过一周。由于表盘分成 100 格，所以长针每转一格测量杆移动 0.01mm。长针转一周短针转 1mm。游丝 7 总使齿轮一侧啮合，消除间隙，弹簧 9 总使测量杆处于起始位置。

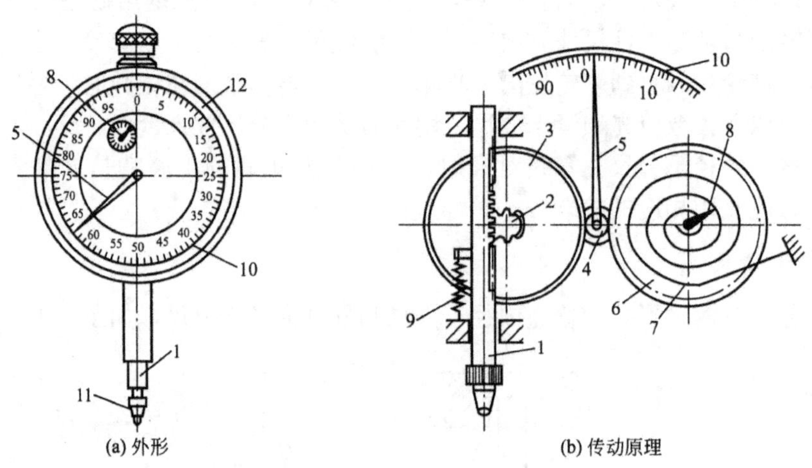

图 5.15　钟表式百分表

1—测量杆；2、3、4、6—齿轮；5—长针；7—游丝；
8—短针；9—弹簧；10—刻度盘；11—测量头；12—表壳

测量前，先检查测量杆和指针转动是否灵活，把百分表固定在磁力表架上，使测量杆垂直于测量表面，测量杆应预先留 0.3～1mm 的压缩量，使零线对准指针，慢慢转动或移动工件，测量杆移动的距离为小指针和大指针读数之和。

2. 杠杆百分表

杠杆式百分表外形如图 5.16(a)所示，图 5.16(b)所示为其传动原理图。

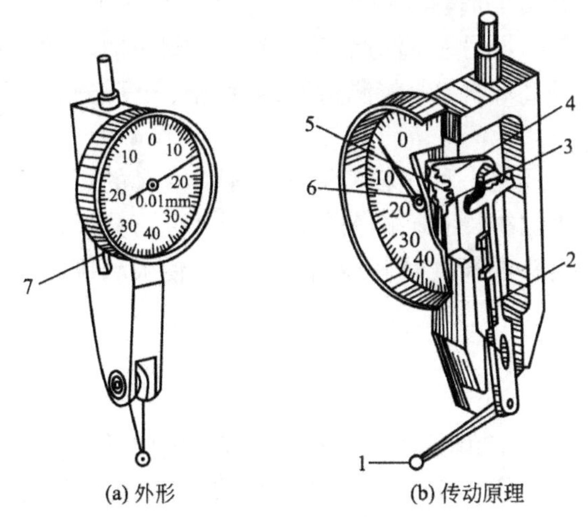

(a) 外形　　(b) 传动原理

图 5.16　杠杆百分表

1—测量杆；2—扇形齿轮；3～5—齿轮；6—指针；7—表壳

杠杆式百分表是利用杠杆和齿轮的放大原理制造的。具有球面触头的测量杆 1 靠摩擦与扇形齿轮 2 连接，当测量杆摆动时，扇形齿轮 2 带动齿轮 3 转动，再经端齿轮 4 和齿轮 5 带动指针 6 转动。和钟表式百分表一样，表盘上也分成 100 格，每格代表 0.01mm。改变表侧扳把位置，可变换测量杆的摆动方向。

5.3.4　内径百分表

内径百分表用以测量或检验零件的内孔、深孔直径及其形状精度。内径百分表的结构和测量方法如图 5.17 所示，它由百分表和测量杆系统组成。测量范围有 6～10mm、10～18mm、18～35mm、35～50mm、50～100mm、100－160mm 等几种。

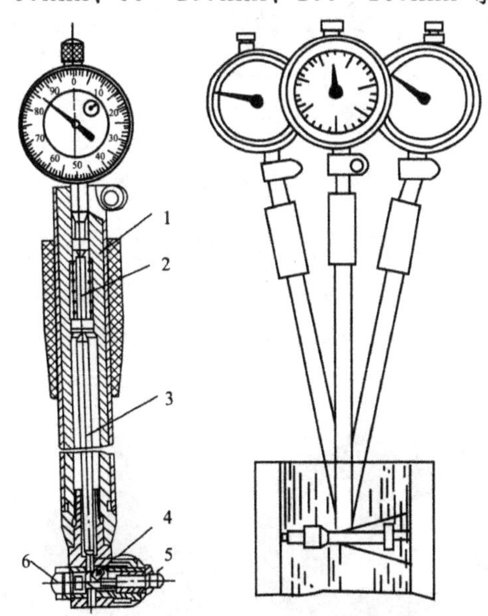

图 5.17　内径百分表的结构和测量方法

1—测杆；2、3—杆；4—杠杆；5—活动量杆；6—可换量杆从图 5.17 可见，内径百分表是将百分表安装于测杆 1 上，以适当的压力与杆 2 接触。测量头一端装有可换量杆 6，另一端是活动量杆 5。测量时，适当摆动测杆，活动量杆 5 的伸缩量通过杠杆 4 及杆 2 和杆 3，将测量值的变化传至百分表，即可测得被测尺寸与公称尺寸相比较的差值。

用内径百分表测量内径是一种比较量法，它附有成套的可调测量头，使用前必须先进行组合和校对零位，应根据被测孔径的公称尺寸用外径百分尺调整好后才能使用，在调整尺寸时，正确选用可换测头的长度及其伸出距离，应使被测尺寸在活动测头总移动量的中间位置。

5.3.5　万能角度尺

万能角度尺又叫游标万能角度尺，用来测量零件的内外角度，它可以测量 0°～320°范围内的任意角度，其结构如图 5.18 所示。它的读数机构是根据游标原理制成的。以精度为 2′的万能角度尺为例，其主尺刻线每格为 1°，而游标刻线每格为 58′，即主尺 1 格与游标的 1 格差值为 2′，它的读数方法与游标卡尺完全相同。

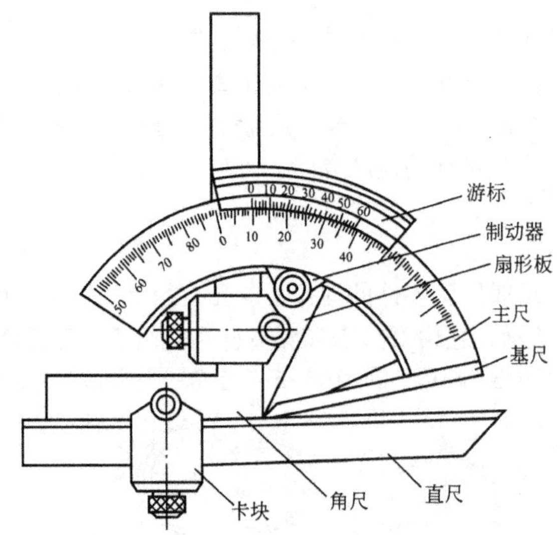

图 5.18　万能角度尺的结构

测量时要先校对零位，当角尺与直尺均安装好且 90°角尺的底边及基尺均与直尺无间隙接触，主尺与游标的零线对准时即调好零位，使用时应根据所测范围组合量尺，通过改变基尺、角尺、直尺的相互位置，可测量万能角度尺测量范围内的任意角度。其应用实例如图 5.19 所示。

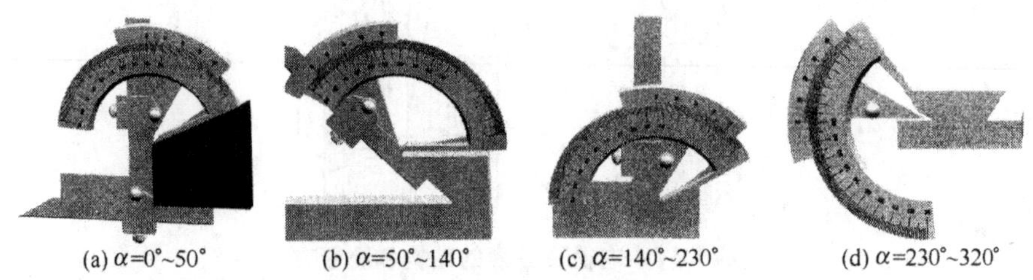

(a) α=0°~50°　(b) α=50°~140°　(c) α=140°~230°　(d) α=230°~320°

图 5.19　万能角度尺的使用

5.3.6 塞规及卡规

塞规及卡规是成批生产时使用的量具，塞规测量内表面尺寸，如孔径、槽宽等；卡规测量外表面尺寸，如轴径、宽度和厚度等，如图 5.20 所示。检查零件时，过端通过，止端不通过为合格。塞规的过端控制的是最小极限尺寸，止端控制的是最大极限尺寸。卡规的过端控制的是最大极限尺寸，止端控制的是最小极限尺寸。

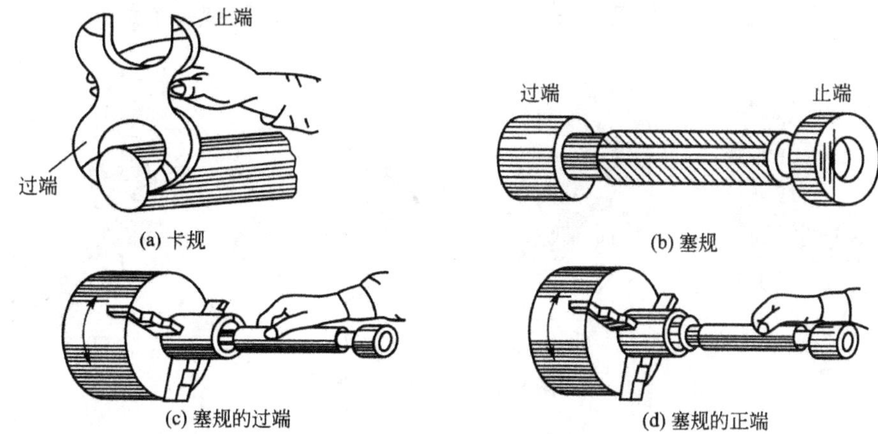

(a) 卡规 (b) 塞规 (c) 塞规的过端 (d) 塞规的正端

图 5.20 卡规与塞规及其测量实例

常用的孔用量规，如图 5.21 所示。常用的轴用量规，如图 5.22 所示。

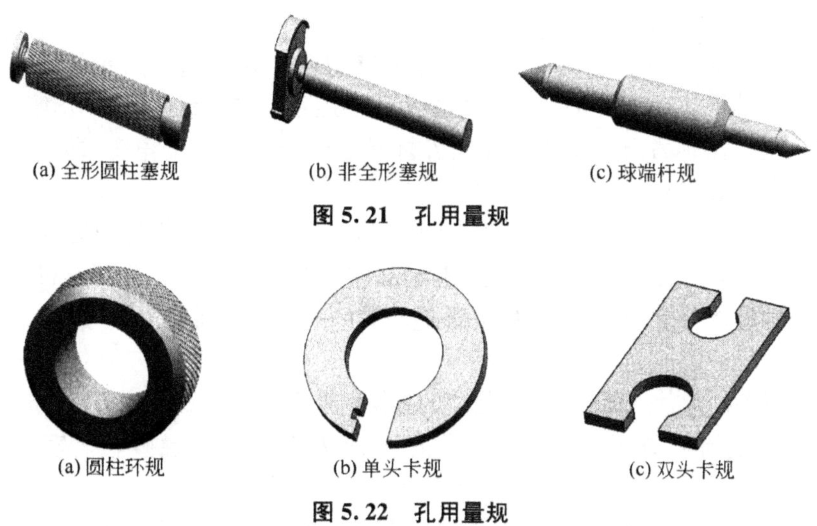

(a) 全形圆柱塞规 (b) 非全形塞规 (c) 球端杆规

图 5.21 孔用量规

(a) 圆柱环规 (b) 单头卡规 (c) 双头卡规

图 5.22 孔用量规

5.4 综合技能训练课题

刀具刃磨技能操作。刀具用钝后必须刃磨以恢复其原来的角度、形状和刀刃的锋利，其方法有机械刃磨和手工刃磨。手工刃磨车刀是车工的基本功之一。

1. 砂轮的选择

刃磨车刀是在砂轮机上进行的，我们应根据刀具材料正确选用砂轮。刃磨高速钢车刀时，应选用粒度为 36～60 号的软或中软的氧化铝砂轮。刃磨硬质合金车刀时，应选用粒度为 60～80 号的软或中软的碳化硅砂轮，两者不能搞错。

2. 车刀刃磨的步骤

手工刃磨车刀的步骤和姿势如图 5.23 所示。磨 3 个刀面出现 6 个角度。

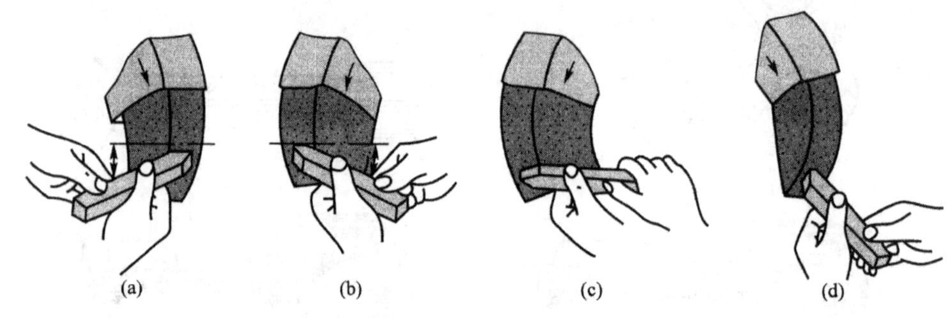

图 5.23　车刀的刃磨

(1) 磨主后刀面。如图 5.23(a)所示，磨刀者站在砂轮左边，刀头的主后刀面对在砂轮中线附近，先端平车刀，再按主偏角大小使刀柄尾部左右摆动，使主切削刃与砂轮轴线成主偏角的角度，按主后角大小使刀体向外翻转(即顺时针)一个角度(即主后角的度数)，一次磨出主偏角和主后角。

(2) 磨副后刀面。如图 5.23(b)所示，磨刀者站在砂轮右边，刀头的副后刀面对在砂轮中线附近，先端平车刀，再按副偏角大小使刀柄尾部左右摆动，使副切削刃与砂轮轴线成副偏角的角度，按副后角大小使刀体向外翻转(即逆时针)一个角度(即副后角的度数)，一次磨出副偏角和副后角。

(3) 磨前面。如图 5.23(c)所示，磨刀者站在砂轮右边，刀头的前刀面对在砂轮中线附近，先端平车刀，再按刃倾角大小使刀柄尾部左右摆动，使主切削刃与砂轮轴线成刃倾角的角度，按前角大小使刀体向外翻转(即逆时针)一个角度(即前角的度数)，一次磨出刃倾角和前角。

(4) 修磨刀尖。为使刀具耐用，要把刀尖修磨成直线或圆弧过渡刃。如图 5.23(d)所示，左手拿刀体前部，右手拿刀体后部，使过渡刃下部先接触砂轮，轻轻磨出整个过渡刃。

(5) 研磨。经过刃磨的车刀，用油石加少量机油对切削刃进行研磨，直到车刀表面光洁，看不出痕迹为止。研磨可以使刀具锋利，提高刀具耐用度。

3. 车刀刃磨时的注意事项

(1) 刃磨刀具前，应首先检查砂轮有无裂纹，砂轮轴螺母是否拧紧，并经试转后使用，以免砂轮碎裂或飞出伤人。

(2) 启动砂轮或磨刀时，人应站在砂轮侧面，防止砂轮破碎伤人。

(3) 双手紧握车刀，用力要均匀，并使受磨面轻贴砂轮。切勿用力过猛，以免挤碎砂轮造成事故。

(4) 刃磨时，车刀应在砂轮圆周面上左右移动，使砂轮磨损均匀，不出沟槽，不要在砂轮两侧面磨车刀，以免砂轮摆动、破碎。

(5) 刃磨高速钢车刀时，应经常将车刀在水中冷却，以免车刀升温过高而退火软化；刃磨硬质合金车刀时，刀头不能入水冷却，以防因骤冷而产生裂纹。

(6) 砂轮支架与砂轮的间隙不得大于3mm，若发现过大，应调整适当。

4. 麻花钻的刃磨

手工刃磨钻头是在砂轮上进行的，因此对砂轮应有如下要求：选用粒度适当的(46～80号)中软级(ZR1～ZR2)砂轮；砂轮旋转时跳动要小。

具体刃磨步骤如下：

(1) 磨刀者站在砂轮左侧，如图5.24所示，将主切削刃置于水平状态(稍高于砂轮中心水平面)并与砂轮外圆平行。

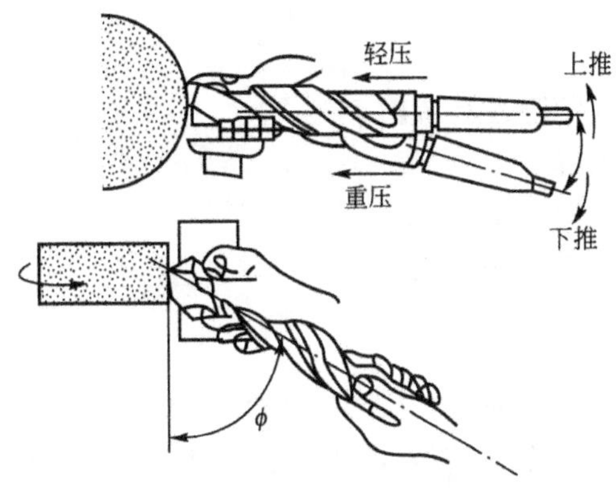

图5.24 麻花钻刃磨方法

(2) 保持钻头中心线与砂轮外圆面的夹角 $\varphi(\varphi=59°)$ 为顶角的一半。

(3) 右手握住钻头头部，放在支架上作定位支承，接住砂轮表面并轻轻施加压力。

(4) 左手握钻头柄部，以右手为支架作上下摆动(目的是磨后角)，钻尾向上摆动，不能高出正在磨削的主切削刃，以防磨出副后角。钻尾向下摆动也不能太多，以防磨掉另一条主切削刃。

(5) 左右两手的动作必须很好配合协调一致。

(6) 刃磨时，由上向下或由下向上都可。

(7) 一面磨好后，翻转180°磨另一面(磨法相同)。

在刃磨过程中主切削刃的锋角、后角和横刃斜角都是同时磨出的。钻头刃磨后可用样板进行检查，一般常用目测法进行检查。目测时，将钻头竖起，立在眼前，两眼平视，观看刃口，这时背景要清晰。因为观察时两钻刃一前一后，会产生视差，观看两钻刃时，往往感到左刃(前刃)高。这时将钻心绕轴线旋转180°，这样反复几次，如果看的结果一样，就证明对称了。另外钻头刃磨时，为防止切削部分过热而退火，应经常浸入水中冷却。钻头顶角的选用一般是硬材料取大点，可以到130°～140°，软材料小点90°～100°，标准的是118°。

5.5 实践中常见问题解析

5.5.1 刀具磨损较快原因的分析

(1) 主轴转速过高，导致刀具温度过高，刀具材料变软，磨损加快。
(2) 没有正确使用冷却液。
(3) 刀具材料不合格。
(4) 刀具硬度太低。
(5) 工件表面有氧化皮，或工件硬度太高。

5.5.2 切削中的质量分析

1. 尺寸公差超差的原因

(1) 刻度盘格数摇错或间隙没有考虑。
(2) 对刀不准或测量不准。
(3) 机床主轴与进给方向不垂直。
(4) 在切削过程中，工件有松动现象。

2. 形状精度超差的原因

(1) 车削时主轴摆动或工件伸出太长产生圆度或圆柱度误差。
(2) 车削采用一夹一顶装夹工件时，尾座中心线与主轴中心线不重合，工件产生锥度。
(3) 端铣时，铣床主轴与进给方向不垂直。
(4) 周铣时，铣刀圆柱度不好。
(5) 铣削时，工件表面有接刀痕。

3. 位置精度超差产生的原因

(1) 垂直度超差(主要指铣削加工)。
① 工件基准面与垫铁未贴合。
② 基准面本身质量较差。
③ 基准面与固定钳口未贴合。
④ 立铣头零位不准时，采用横向进给导致所铣平面与工作台不平行。
(2) 平行度超差(主要指铣削加工)。
① 平口钳导轨面与工作台面不平行。
② 平行垫铁的平行度差。
③ 基准面与平行垫铁未贴合。
④ 和固定钳口贴合的面与基准面不垂直。
(3) 倾斜度不准(主要指铣削加工)。
① 工件划线不准确或在铣削时工件没夹牢。
② 立铣头扳转角度不准确。

③ 铣刀本身角度不对。

4. 表面粗糙度不符合要求

(1) 切削层深度太大或进给量太大。
(2) 刀具不锋利或刀具跳动量过大。
(3) 切削液使用不当。
(4) 切削时夹具或工件有明显振动或有明显让刀现象。

5.5.3 量具测量不准确的原因分析

(1) 量具本身不准确，如测量面贴紧后主尺零线与副尺零线不重合。
(2) 工件有毛刺，使测量尺寸大于实际尺寸。
(3) 量具没有擦净或工件没有擦净。
(4) 看量具尺寸时斜视，或从工件上取下量具时，两测量面距离发生变化。

5.6 刃具修磨安全技术

刃具修磨注意事项如下：

(1) 合理选用砂轮，碳化硅砂轮用来磨硬质合金刀具，三氧化二铝砂轮用来磨高速钢或碳素工具钢刀具。

(2) 安装新砂轮轻敲检查是否有裂纹，并且不能超过砂轮的最大线速度。

(3) 高速钢刀具和碳素工具钢刀具在磨削过程中一定要冷却，以防退火使硬度降低；硬质合金刀具一般不冷却，若要冷却刚开始时就要冷却，以防冷水使刀具骤冷产生裂纹。

(4) 两手握紧刀具，以防刀具脱手造成危险。

(5) 启动砂轮时，不要正对砂轮站，在磨刀时，最好站在砂轮侧面。

(6) 刀具不要在砂轮侧面用力磨，以防砂轮破裂。

(7) 磨刀时，要戴上口罩或防毒面具。

5.7 本章小结

本章介绍了金属切削的基础知识，零件的加工精度和表面质量，机械生产中常用量具的种类(各种游标卡尺、内径千分尺、外径千分尺、各种内径百分表、卡规、塞规、孔用量规、游标万能角度尺)及如何正确使用及保养等知识。介绍了如何刃磨钻头和车刀及在刃磨中应注意的事项，分析了在机械加工中常见问题及解决方法。

5.8 思考与练习

1. 思考题

(1) 机床切削运动主要包括哪些？

(2) 什么是切削要素？什么是切削用量三要素？

(3) 怎样选择合理的切削用量？

(4) 零件的加工精度和表面质量包括哪些方面？

(5) 常用的形状公差和位置公差分别有哪些项目？含义各是什么？如何标注？

(6) 表面粗糙度的选择主要考虑哪些因素？

(7) 刀具磨损的原因是什么？怎样才能提高刀具耐用度？

(8) 如何提高材料的切削加工性？

(9) 简述游标卡尺及千分尺的读数原理和使用场合。

(10) 怎样正确使用和保养量具？

2. 实训题

(1) 按车刀刃磨步骤练习磨刀，要求主后角为 10°，主偏角为 90°；副后角为 6°，负偏角为 10°；前角为 15°，刃倾角为 0°。

(2) 磨麻花钻使其顶角为 118°。

(3) 有一游标卡尺，当其两尺脚紧密接触时，游标上的第四格与主尺上的零线对齐，若用此游标卡尺测得一工件厚度为 30.16mm，那么此工件实际厚度是多少？

(4) 有一直径为 ϕ20mm 和 ϕ30mm 的轴的同轴度为 0.1mm，圆柱度为 0.01mm，圆跳动为 0.03mm，表面粗糙度为 Ra1.6μm，如图 5.25 所示，在图上标出上述数值。

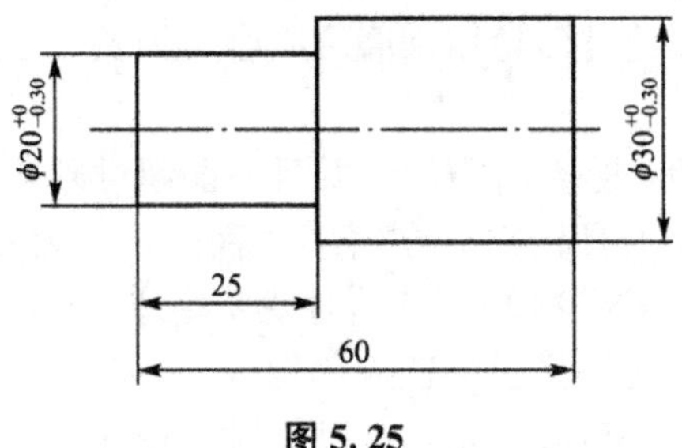

图 5.25

第6章 钳　　工

教学提示：钳工是机械制造中最古老的金属加工技术，在现代机械加工技术中仍有普通应用。它是由操作人手持工具进行的加工方法，对操作人的操作技能要求较高。本章主要介绍钳工加工的内容及各种操作方法。

教学要求：本章要求学生了解钳工的加工内容，掌握钳工常用的加工方法。

6.1　钳工操作基础

6.1.1　钳工加工的作用及内容

钳工是机械制造中最古老的金属加工技术，是手持工具对金属进行加工的方法。大家不禁会问，工业发展这么快，为什么还要用手工操作呢？

1. 钳工加工的作用

(1) 加工零件：机械加工中不适宜或不能解决的加工，都可由钳工来完成。比如零件加工中的划线，精密加工(如刮削、挫削样板和制作模具等)及检验和修配等。

(2) 装配：把零件按机械设备的装配技术要求进行组件、部件装配和总装配，并调整、检验和试车等，使之成为合格的机械设备。

(3) 设备维修：当机械在使用过程中产生故障，出现损坏或长期使用后精度降低，影响使用时，也要通过钳工进行维护和修理。

(4) 工具的制造和修理：制造和修理各种工具、卡具、量具、模具和各种专业设备。

(5) 技术革新：新产品开发时工艺工装的改造及试制。

2. 钳工加工的内容

随着机械制造业的发展，钳工的工作范围日益扩大，使钳工专业分工更细，因此钳工分成了普通钳工(装配钳工)、修理钳工、模具钳工等。

钳工加工内容包括划线、錾削(凿削)、锯割、钻孔、扩孔、锪孔、铰孔、攻螺纹和套螺纹、矫正和弯曲、铆接、刮削、研磨及基本测量技能和简单的热处理等。不论哪种钳工，首先都应掌握好钳工的各项基本操作技能，然后根据分工不同，进一步学习掌握好零件的钳工加工及产品和设备的装配、修理等技能。

6.1.2 钳工加工常用设备和工具

1. 钳工加工常用的设备

钳工加工常用的设备主要有钳工工作台、台虎钳等。

(1) 钳工工作台。钳工工作台的高度一般为 800～900mm，如图 6.1 所示。钳工工作台的长度和宽度可随工作场地和工作需要而定。

(2)台虎钳。台虎钳是夹持工件用的夹具，装在钳工工作台上，如图 6.2 所示。台虎钳的大小用钳口的宽度表示，常用的尺寸为 100～150mm。

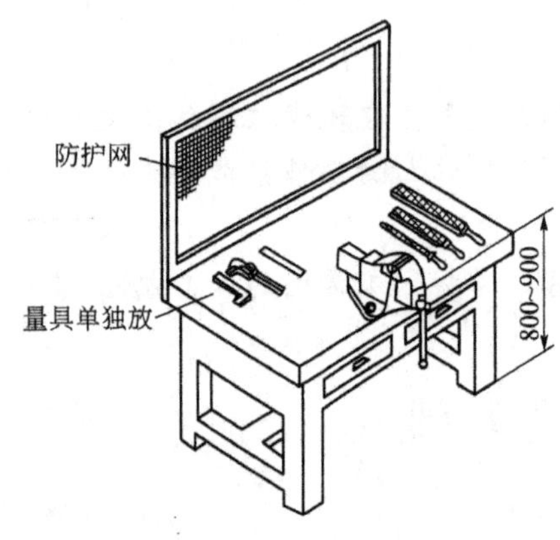

图 6.1 钳工工作台

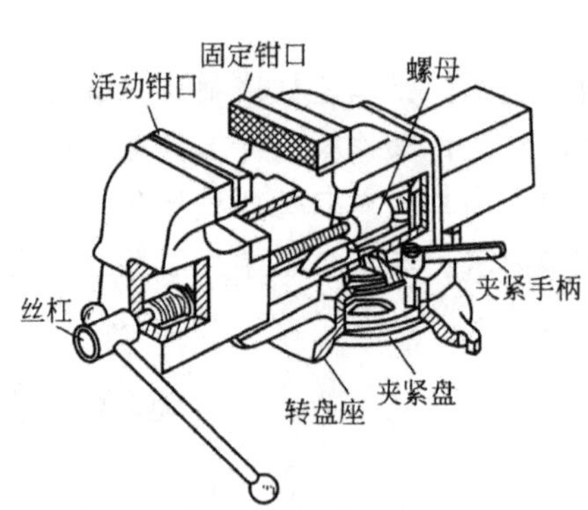

图 6.2 回转式台虎钳

台虎钳在使用时应注意以下几点：

① 台虎钳在钳工工作台上安装时，要使固定钳体的钳口工作面处于钳台边缘之外，以保证夹持长条形工件时，工件的下端不会与钳工工作台边缘相碰撞。

② 夹紧工件时只允许用手的力量扳紧手柄，不可敲击手柄，不允许用套管在手柄上加力，也不可将身体重量压在手柄上，以免丝杠、螺母和钳体因受力过大而损坏。

③ 强力作业时，应使力朝向固定钳体，否则丝杠和螺母会受到较大的冲击力，导致螺纹损坏。

2. 钳工常用的工具

划线用：划针、划针盘、划规、样冲、平板和方箱。

錾削用：手锤和各种錾子。

锯割用：锯弓和锯条。

锉削用：各种锉刀。

孔加工用：各种麻花钻、锪钻和铰刀。

攻螺纹、套螺纹用：各种丝锥、铰杠、板牙架、板牙。

刮削用：各种刮刀等。

6.1.3 划线

划线是根据图样要求用划线工具在毛坯或半成品上划出加工界线。它的作用就像裁缝在布料上用粉笔划线作为剪裁的依据一样：划出加工界线作为加工依据；检查毛坯形状、尺寸，及时发现不合格品，避免浪费后续加工工时；合理分配加工余量；钻孔前确定孔的位置。

1. 常用的划线工具

(1) 划线平台。划线平台是划线时的基准工具，如图 6.3 所示。它的上平面是划线的基准平面，要求非常平直和光滑。

(2) V 形铁。V 形铁(图 6.4)用于在平台上支承圆柱形工件，使工件的轴心线与划线平台的平面平行，以便划中心线或找正中心。

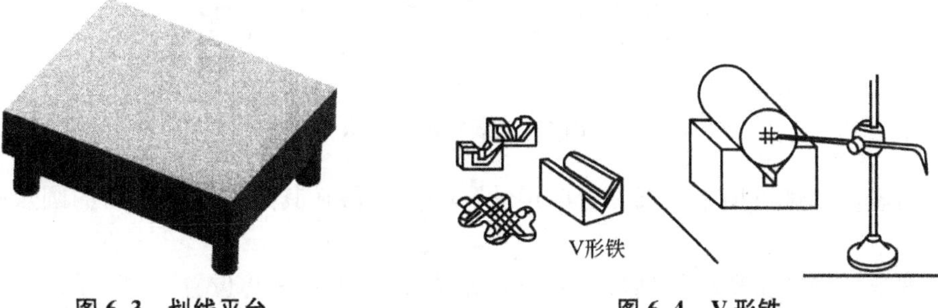

图 6.3 划线平台　　图 6.4 V 形铁

(3) 方箱。方箱(图 6.5)为铸铁制成的空心立方体，其六个面均经过精加工，相邻平面互相垂直，相对平面互相平行，用于夹持尺寸较小而加工面较多的工件。通过翻转方箱，便可在工件表面上划出互相垂直的线条。

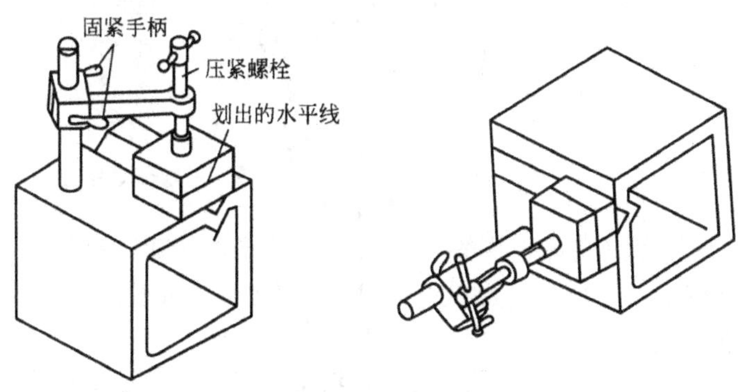

图 6.5 方箱及其使用

(4) 千斤顶。千斤顶(图 6.6)是在划线平台上支承工件的工具，其高度可以调整，通常三个为一组，用于不规则或较大工件的划线找正。

(5) 划针。划针(图 6.7)是在工件表面上划线用的工具，常用 $\phi3\sim\phi6$mm 的工具钢或弹簧钢丝制成，其端部淬火后磨尖。

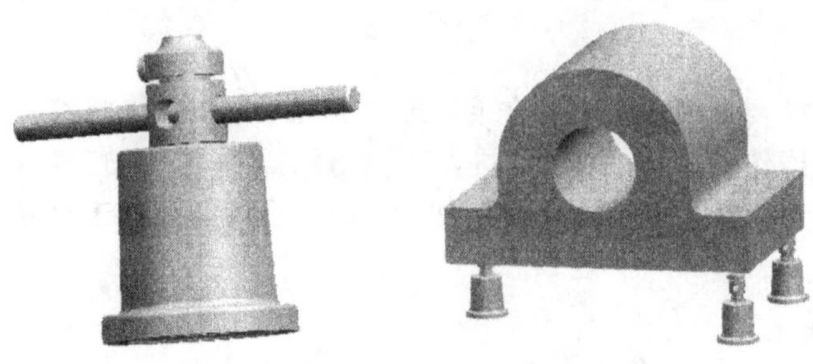

图 6.6 千斤顶

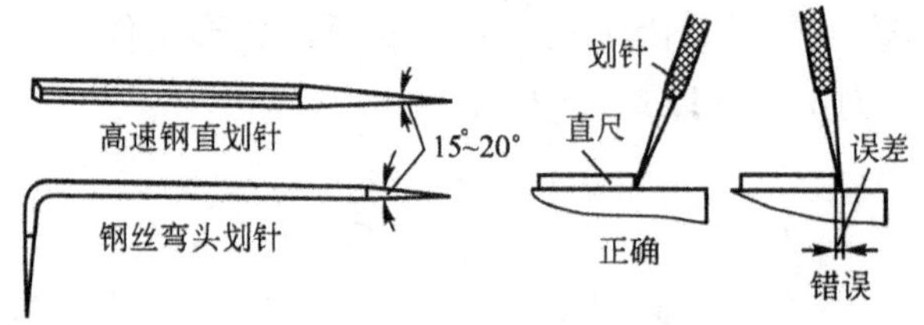

图 6.7 划针及其用法

(6) 划规。划规可用于划圆、量取尺寸和等分线段，其用法与制图中的圆规相同，如图 6.8 所示。

(7) 划卡。划卡又称单脚划规，主要用来划轴和孔的中心位置，也可用来划平行线，如图 6.9 所示。

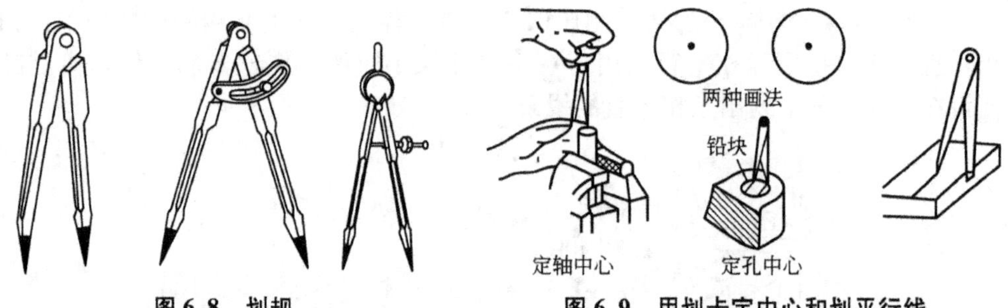

图 6.8 划规

图 6.9 用划卡定中心和划平行线

(8) 划线盘。划线盘是立体划线的主要工具。调节划针到一定高度，并在划线平台上移动划线盘，即可在工件上划出与划线平台平行的线条，如图 6.10 所示。此外，还可以用划线盘对工件进行找正。

(9) 游标高度尺。游标高度尺(图 6.11)是精密量具，既可测量高度，又是半成品的精密划线工具。但不可对毛坯划线，以防损坏硬质合金划线脚。

(10) 样冲。样冲(图 6.12)是在划好的线上冲眼的工具。冲眼的目的是防止所划的线模糊或消失，钻孔前的圆心也要打样冲眼，以便钻头定位。

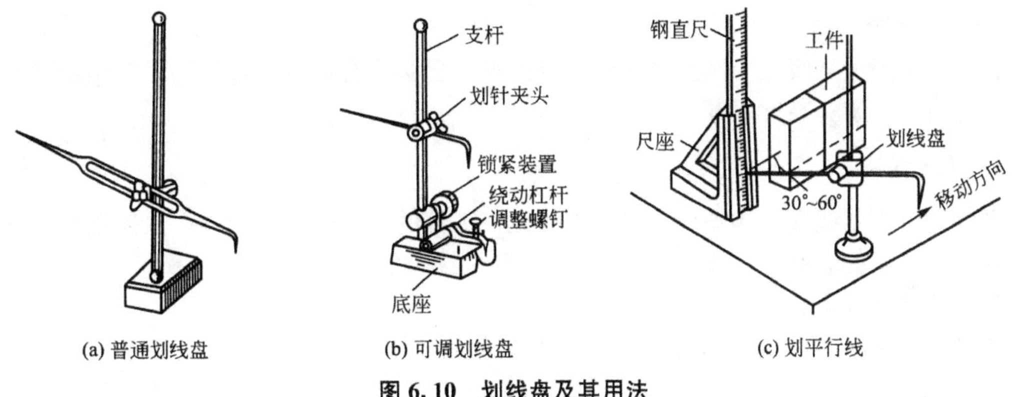

(a) 普通划线盘　　(b) 可调划线盘　　(c) 划平行线

图 6.10　划线盘及其用法

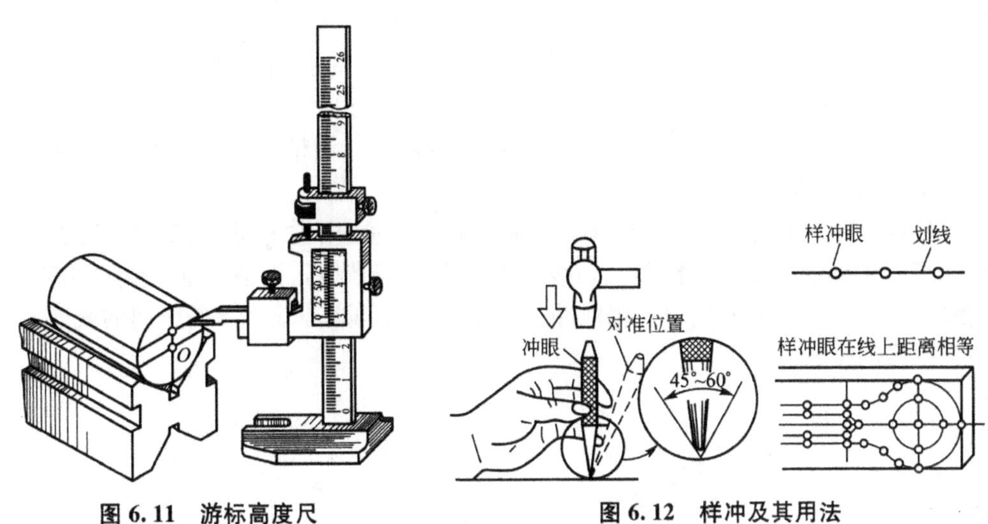

图 6.11　游标高度尺　　**图 6.12　样冲及其用法**

2. 划线基准

在工件上划线时，选择工件上的某些点、线或面作为依据，并以此来调节每次划线的高度，划出其他点、线、面的位置，这些作为依据的点、线或面称为划线基准。在零件图上用来确定零件各部分尺寸、几何形状和相互位置的点、线或面称为设计基准。划线基准应尽量与设计基准一致，以减小加工误差。

划线基准的选择原则：一般选择毛坯上重要孔的中心线或较大平面为划线基准；若工件上个别平面已加工过，则应以加工过的平面为划线基准，如图 6.13 所示。

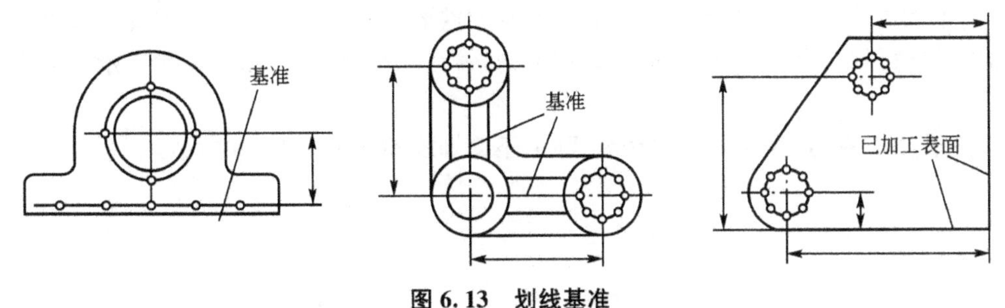

图 6.13　划线基准

3. 划线量具

在工件表面上划线除了用上述划线工具以外，还必须有量具配合使用。常用量具有钢直尺、直角尺、游标高度尺等。

4. 划线方法

划线分平面划线和立体划线。平面划线是在工件的一个表面上划线；立体划线是在工件的几个相联系的表面上划线。

(1) 划线前的准备。

① 熟悉图纸，了解加工要求，准备好划线工具和量具。

② 清理工件表面。

③ 检查工件是否合格，对有缺陷的工件考虑是否用合理分配加工余量的办法进行补救，减少报废。

④ 工件上的孔，要用木块或铅块塞住，以便划孔的中心线和轮廓线。

⑤ 在工件划线部位涂上薄而均匀的涂料，以保证划出的线迹清晰。大件毛坯涂石灰水，小件毛坯涂粉笔，半成品件涂蓝油(紫色颜料加漆片、酒精)或硫酸铜溶液。

⑥ 确定划线基准。

(2) 平面划线。平面划线和机械制图的画图相似，所不同的是用钢直尺、直角尺、划规、划针等工具在金属表面上作图。划线时首先划出基准线，再根据基准线划出其他线。确认划线无误后，在划好的线段上用样冲打上小而均匀的样冲眼，以备所划的线迹模糊后仍能找到原线的位置。

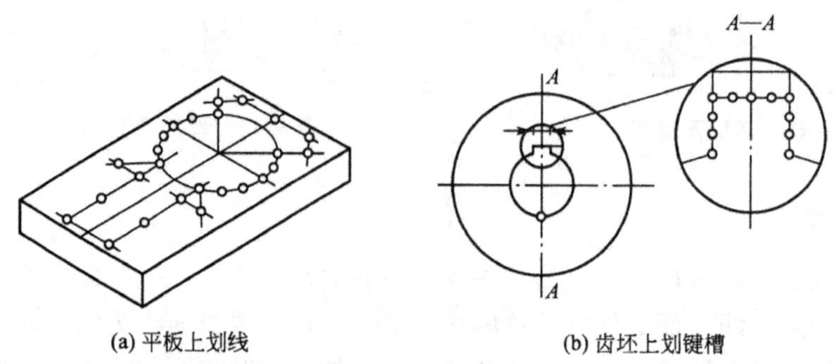

(a) 平板上划线　　(b) 齿坯上划键槽

图 6.14　平面划线

(3) 立体划线。立体划线是在工件的几个相互联系的表面上划线，因此，划线时要在划线平台上根据工件形状、大小支承及找正好工件。例如，圆柱形件用V形铁支承，形状规则的小件用方箱支承，形状不规则的工件及大件要用千斤顶支承。工件支承要稳定，以防滑倒或移动。在一次支承中应把需要划出的平行线全部划出，以免再次支承补划时产生误差。

以轴承座划线为例说明立体划线。轴承座的划线步骤如图 6.15 所示。

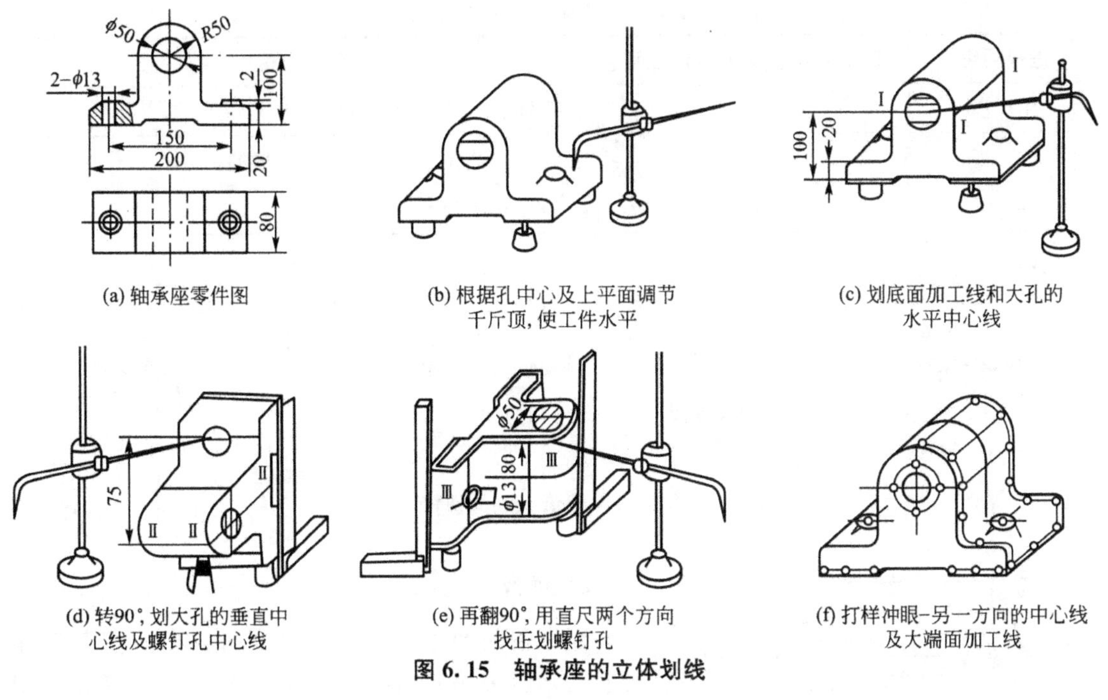

(a) 轴承座零件图

(b) 根据孔中心及上平面调节千斤顶，使工件水平

(c) 划底面加工线和大孔的水平中心线

(d) 转90°，划大孔的垂直中心线及螺钉孔中心线

(e) 再翻90°，用直尺两个方向找正划螺钉孔

(f) 打样冲眼−另一方向的中心线及大端面加工线

图 6.15　轴承座的立体划线

6.2　锯　　削

锯削是用手锯对工件或原材料进行分割或切槽的一种切削加工。锯削由于方便、简单、灵活，在远离电源的施工现场及在切割异形工件、开槽、修整等场合仍然应用很广。

6.2.1　锯削操作的相关知识准备

1. 锯削工具

锯削工具主要是手锯，它由锯弓和锯条组成。

(1) 锯弓。锯弓用于安装并张紧锯条，分固定式和可调式两种，如图 6.16 所示。固定式锯弓只能安装一种长度规格的锯条，可调式锯弓可以安装几种长度规格的锯条。

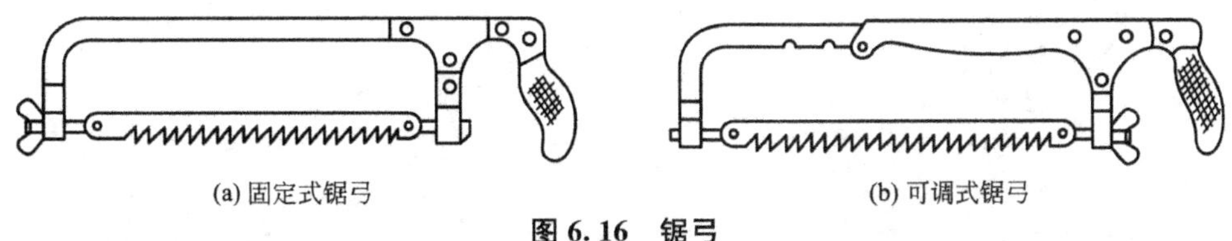

(a) 固定式锯弓　　(b) 可调式锯弓

图 6.16　锯弓

(2) 锯条。锯条常用碳素工具钢或高速钢制造，并经过淬火回火处理。锯条规格用锯条两端安装孔的中心距表示，常用的手工锯条长 300mm、宽 12mm、厚 0.8mm。

锯齿粗细是用锯条上每英寸长度上的齿数来表示的，分为粗、中、细齿 3 种。锯齿的粗细应根据锯削材料的硬度(表 6－1)和工件的厚薄(图 6.17)来选择。

表 6-1　锯条的齿距及用途

锯齿粗细	每 25mm 长度内含齿数目	用　　途
粗　齿	14～18	锯铜、铝等软金属及厚工件
中　齿	24	加工普通钢、铸铁及中等厚度的工件
细　齿	32	锯硬钢板料及薄壁管子

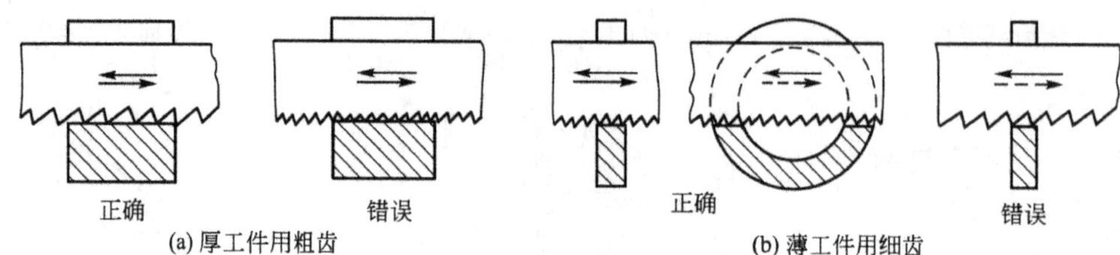

(a) 厚工件用粗齿　　(b) 薄工件用细齿

图 6.17　锯齿粗细的选择

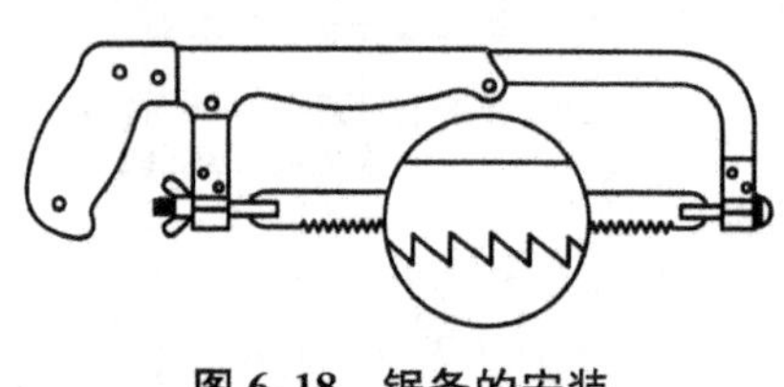
图 6.18　锯条的安装

2. 锯条的安装

当锯条向前推进时才切削工件，所以安装锯条时应使锯齿尖端向前，如图 6.18 所示。锯条松紧要适当，过紧易崩断，过松易折断，一般用拇指和食指的力旋紧即可。

3. 工件安装

工件在台虎钳上夹紧时，伸出钳口的部分不应过长，以防锯削时产生振动。锯线应和钳口边缘平行，以便操作。工件既要夹紧，又要防止变形和夹坏已加工过的表面。

6.2.2　锯削操作方法

起锯是锯削的开始，要有一定的起锯角，起锯角以 15°为宜，角度过大锯条易崩齿，角度过小难以切入工件；同时用左手拇指靠住锯条，右手稳推锯柄，手锯往复行程要短，用力要轻，待锯条切入工件后逐渐将手锯恢复水平方向。起锯有前起锯和后起锯两种方法，如图 6.19 所示。

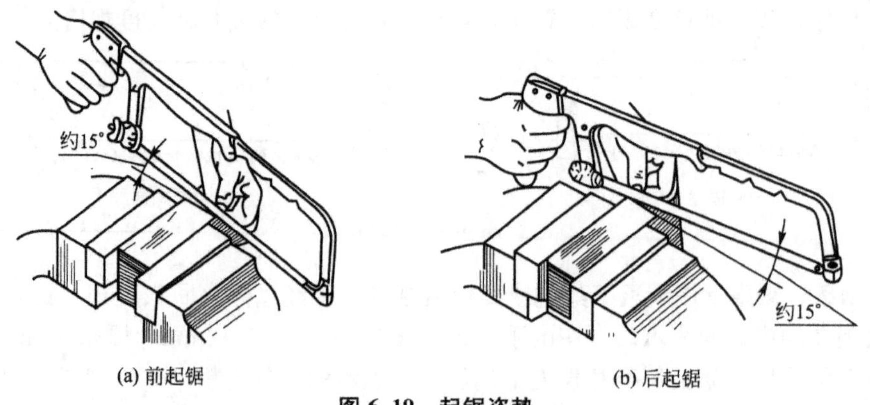

(a) 前起锯　　(b) 后起锯

图 6.19　起锯姿势

6.2.3 锯削的姿势

1. 手锯的握法

手锯的握法是用右手握锯柄，左手轻扶锯弓前端，如图6.20所示。

2. 锯削速度和往复长度

锯削时向前推锯并施加一定的压力进行切削，用力要均匀，使手锯保持水平。返回时不进行切削，不必施加压力，锯条从工件上轻轻滑过。为了延长锯条的使用寿命，尽量用锯条全长工作，往复长度不应小于锯条长度的2/3。推锯速度不宜过快或过慢，过快易使锯条发热，易崩齿影响寿命，过慢效率低，通常以每分钟往复30～50次为宜。锯钢件时应加机油或乳化液润滑。将近锯断时，锯削速度应慢，压力应小，以防碰伤手臂。

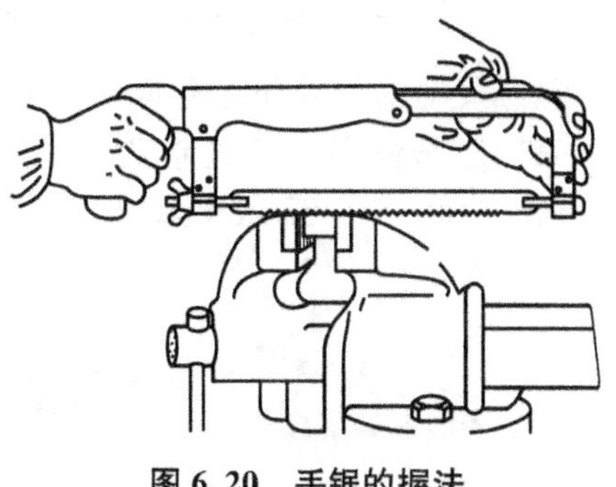

图6.20 手锯的握法

6.3 锉　　削

锉削是用锉刀对工件表面进行加工的一种方法，可以加工平面、内外曲面、内外角度面、沟槽和各种形状复杂的表面，是钳工最基本的操作。它主要用于不适宜采用机械加工的场合，例如，样板、工具、模具的制造，装配或修理时对某些零件的修整等。

锉削加工的精度较高，最高可达0.005mm，表面粗糙度最小可达$Ra0.4\mu m$。一般安排在锯削或錾削之后进行。

6.3.1 锉削操作的相关知识准备

1. 锉刀的材料

锉刀是用碳素工具钢(T12、T12A)制成的，经热处理后其切削部分硬度达到HRC62以上。锉刀面齿纹呈交叉排列，构成刀齿，形成存屑槽，如图6.21所示。

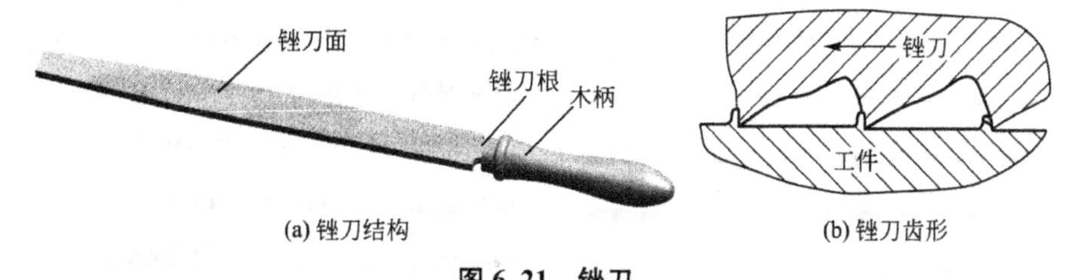

(a) 锉刀结构　　(b) 锉刀齿形

图6.21 锉刀

2. 锉刀的分类

按每10mm锉面上齿数的多少，锉刀分类见表6-2。

表 6-2　锉刀的齿数及用途

锉刀分类	每 10mm 锉面上齿数	用　　途
粗锉刀	4～12	适用于粗加工或锉削铜和铝等软金属
细锉刀	13～24	多用于锉削钢材和铸铁等硬金属
光锉刀	30～40	只适用于最后修光表面

锉刀按用途又可分为普通锉刀、整形锉刀和特种锉刀 3 种。

(1) 普通锉刀。普通锉刀按其工作部分的长度可分为 100mm、150mm、200mm、250mm、300mm、350mm 及 400mm 共 7 种，其断面形状如图 6.22 所示。

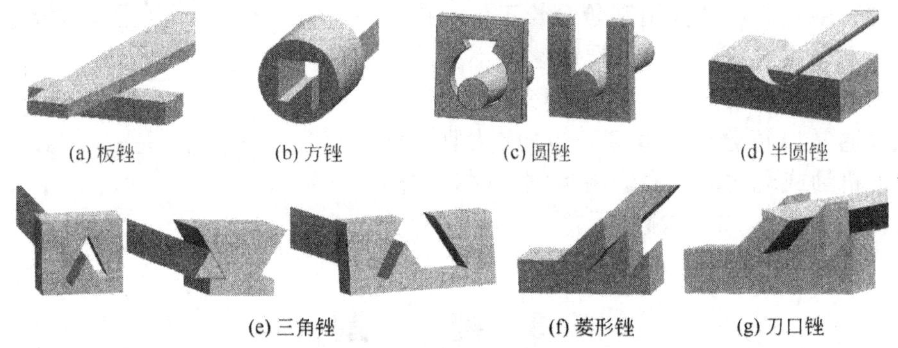

图 6.22　普通锉刀

(2) 整形锉刀。整形锉刀又称什锦锉刀，尺寸较小，主要用于加工精细的工件和修整工件上难以加工的细小部位，图 6.23 所示为 6 把一组的整形锉刀。

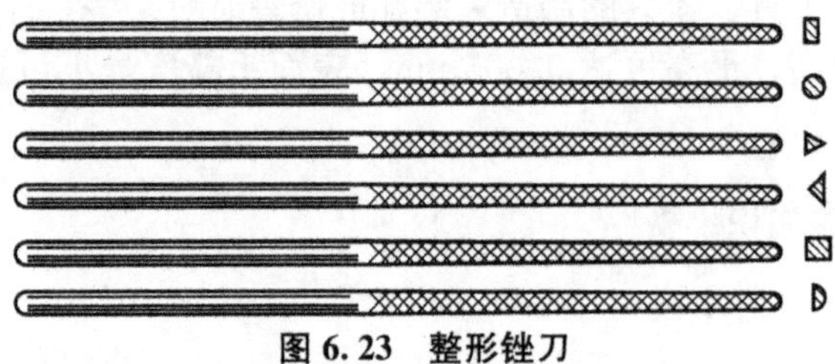

图 6.23　整形锉刀

(3) 特种锉刀。特种锉刀也称异形锉刀，加工特殊表面时使用，分为菱形锉、单面三角锉、刀形锉、双半圆、椭圆、圆肚锉等，部分形状如图 6.24 所示。

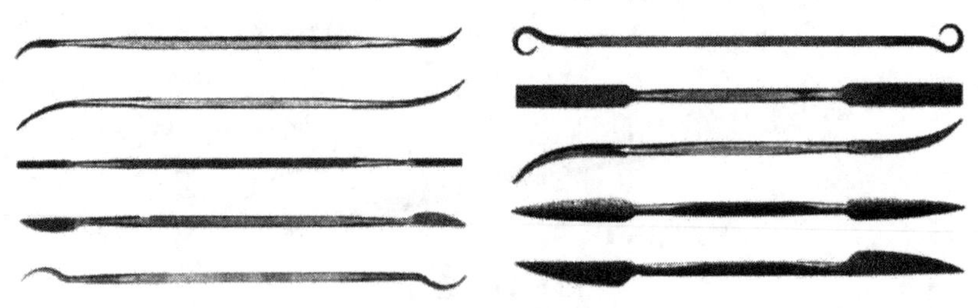

图 6.24　特种锉刀

3. 锉刀的保养

(1) 不能用锉刀锉削已淬火的钢件、铸件表面的硬皮或钢件上的氧化皮。

(2) 锉削时，发现钢屑嵌入齿槽内，应及时用钢丝刷或薄铁片清除，如图 6.25 所示。锉刀使用完毕后也必须清刷干净。

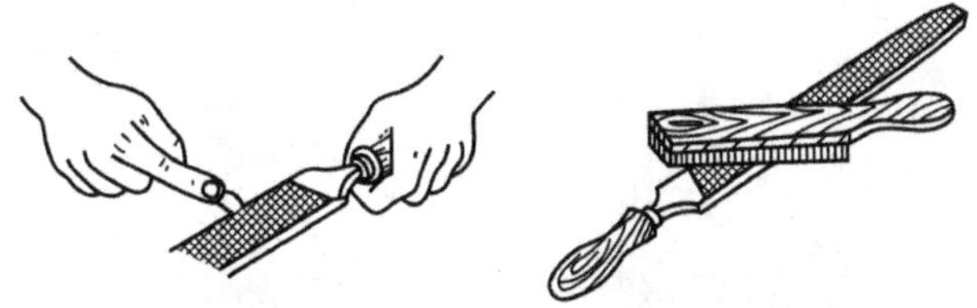

图 6.25 锉齿槽内铁屑的清除方法

(3)锉刀不可杂乱放置，也不可与其他工具、工件堆放在一起。
(4)锉刀表面不可沾油污或油脂，如果已经沾上，须洗净。
(5)使用小锉刀(如整形锉刀)时，不能用力过大，以防折断。

4. 工件的夹持

锉削夹持工件时应注意下列几点：
(1) 工件应夹紧在台虎钳中间，锉削时不能松动，而且不能使工件产生变形。
(2) 工件(特别是薄形工件)不能伸出钳口太高，否则锉削时会产生弹跳。
(3) 夹持圆形工件时，须用三角形锉垫铁。
(4) 夹持工件的已加工面时，应在钳口与工件间垫以铜或铝质垫片，并保持钳口清洁。

6.3.2 锉削加工及检测方法

1. 锉刀的握法

正确的握持锉刀有助于提高锉削质量，锉削时锉刀的握法应随锉刀的大小及工件的不同而改变。常用的几种握法如图 6.26 所示。

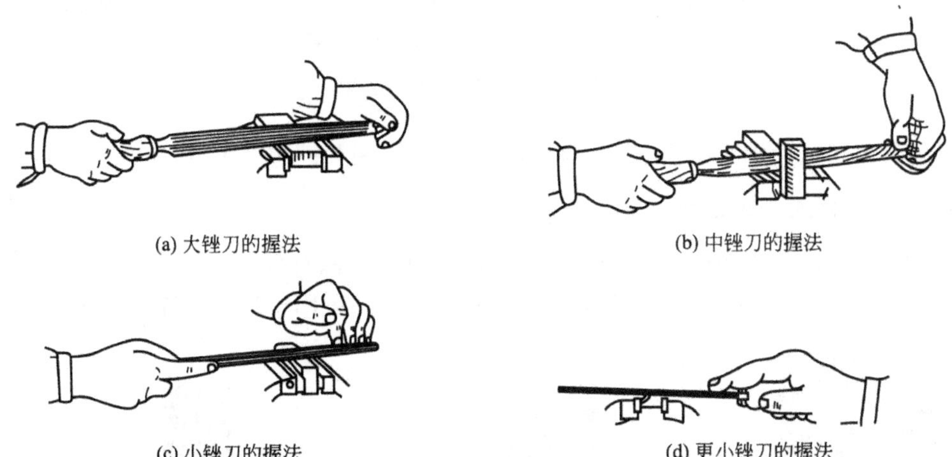

(a) 大锉刀的握法　(b) 中锉刀的握法
(c) 小锉刀的握法　(d) 更小锉刀的握法

图 6.26 锉刀握法

2. 锉削姿势

正确的锉削姿势能够减轻疲劳，提高锉削质量和效率。锉削的姿势如图 6.27 所示，两手握住锉刀放在工件上面，身体与钳口方向约成45°，右臂弯曲，右小臂与锉刀锉削方向成一条直线，左手握住锉刀头部，左手臂成自然状态，并在锉削过程中，随锉刀运动稍作摆动。

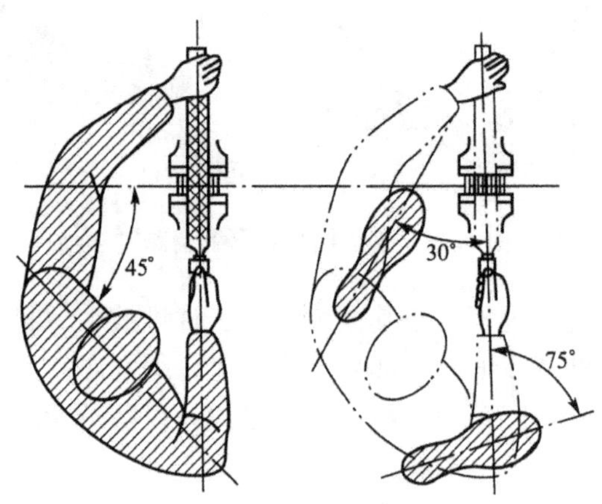

图6.27　锉削姿势

3. 锉削时施力的变化

锉削时保持锉刀的平直运动是锉削的关键。在推进过程中，对锉刀的总压力要适中，一般以在向前推进时手上有一种韧性感觉为适宜；两手的压力变化要始终平衡，使锉刀保持水平运动，否则，将会在开始阶段锉柄下偏，锉削终了则前端下垂，形成两边低而中间凸起的鼓形面。返回时双手不加压力，以减少锉刀齿面的磨损，如图6.28所示。

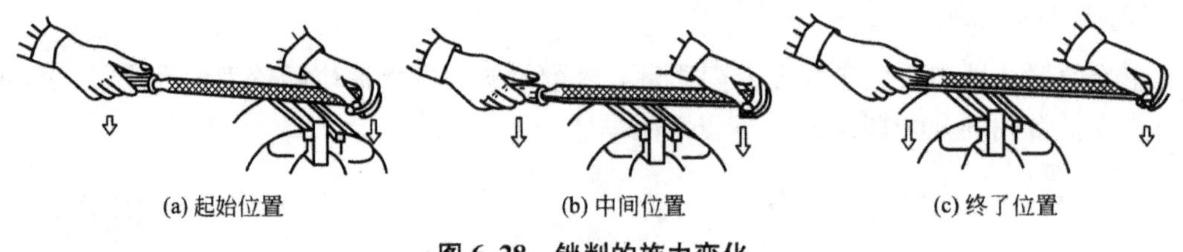

(a) 起始位置　(b) 中间位置　(c) 终了位置

图6.28　锉削的施力变化

锉削时应尽量使锉刀的全长充分利用，锉削速度一般控制在每分钟40次左右。

4. 各种工件表面的锉削

(1) 锉削平面。锉削平面是最基本的锉削，常用的方法有顺向锉、交叉锉和推锉3种。

① 顺向锉[图6.29(a)]是锉刀沿长度方向锉削，一般用于最后的锉平或锉光。

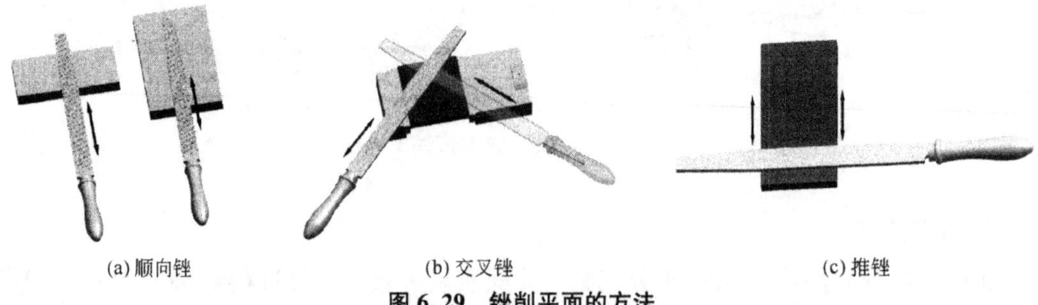

(a) 顺向锉　(b) 交叉锉　(c) 推锉

图6.29　锉削平面的方法

② 交叉锉[图 6.29(b)]是先沿一个方向锉一层，然后转 50°～60°，锉平。交叉锉切削效率高，容易掌握，常用于粗加工，以便尽快切去较多的余量。

③ 推锉[图 6.29(c)]时，锉刀运动方向与其长度方向垂直。当工件表面已基本锉平时，可用细锉或油光锉以推锉法修光。推锉法尤其适合于加工较窄表面，以及用顺向锉法锉刀推进受阻碍的情况。

(2) 锉削圆弧面。锉削圆弧面时，锉刀既需向前推进，又需绕弧面中心摆动，有顺锉和滚锉两种方法。

① 顺锉法：如图 6.30(a)所示，锉削时先按照工件表面的划线将外圆弧面锉削成很多小平面（近似于圆弧的多棱形面），然后用既向前锉又绕圆弧中心转动的方法修圆。这种方法锉削量大，适用于粗锉。

② 滚锉法：如图 6.30(b)所示，锉刀顺着圆弧方向向前推进，锉削出的圆弧面不会出现有棱角的现象，比较光滑，锉削量少，适用于精锉，但锉削位置不易掌握。

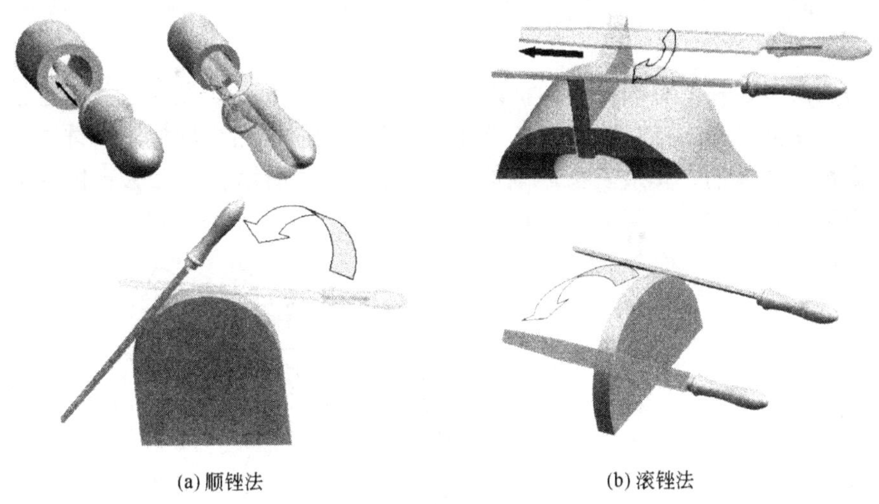

(a) 顺锉法　　(b) 滚锉法

图 6.30　内、外圆弧面锉削方法

(3) 锉削质量检查。

① 直线度检查：用钢直尺和直角尺以透光法来检查，如图 6.31(a)所示。

② 垂直度检查：用直角尺采用透光法检查，如图 6.31(b)所示。

③ 尺寸检查：用游标卡尺在工件全长不同的位置上进行数次测量。

④ 表面粗糙度检查：一般用眼睛观察，如要求准确，可用粗糙度样板对照检验。

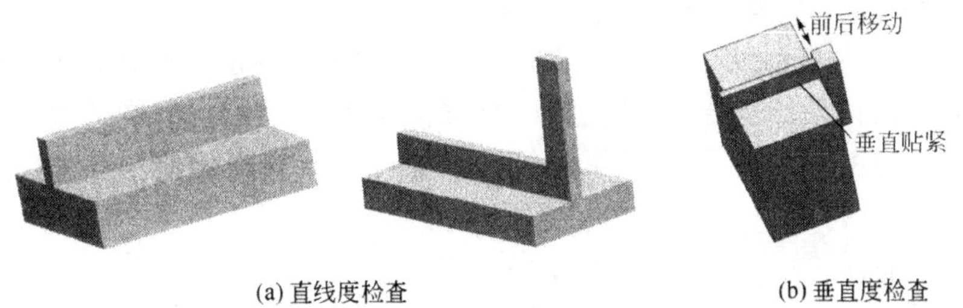

(a) 直线度检查　　(b) 垂直度检查

图 6.31　锉削平面的检查

6.4 錾　　削

錾削是用手锤锤击錾子，对金属件进行切削加工的方法。錾削可以加工平面、沟槽，切断工件，分割板料，清理锻件上的飞边、毛刺，以及去除铸件的浇口、冒口等。

6.4.1 錾削实习的相关知识准备

1. 手锤

手锤(图 6.32)由锤头和木柄组成，全长约 300mm。其规格用锤头质量表示，有 0.25kg、0.5kg、0.75kg、1kg 等多种规格，常用的是 0.5kg 手锤。锤头用碳素工具钢锻造而成，并经过淬火与回火处理。

2. 手锤的握法

手锤的握法有紧握法和松握法，柄端只能伸出 15～30mm。紧握法是从挥锤到击锤的整个过程中，全部手指一直紧握锤柄；松握法是在击锤时手指全部握紧，挥锤过程中只用大拇指和食指握紧锤柄，其余三指逐渐放松，如图 6.32 所示。松握法轻便自如，击锤有力，不易疲劳。

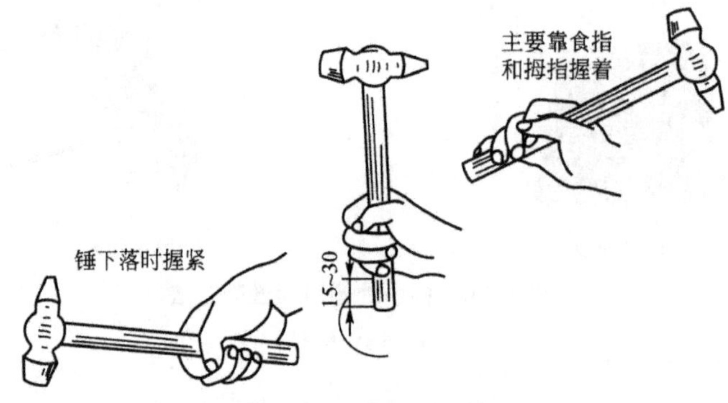

图 6.32　手锤及其握法

3. 錾子

錾子多为八棱形，用碳素工具钢锻成，并经过淬火与回火处理，长度为 125～150mm。常用的錾子如图 6.33 所示。

扁錾用于錾平面和錾断金属，它的刃宽一般为 10～15mm；窄錾用于錾槽，它的刃宽约 5mm；油槽錾用于錾油槽，它的錾刃应磨成与油槽形状相符的圆弧形。錾刃楔角 β 应根据所錾削材料的不同而不同，錾削铸铁时 $\beta=70°$；錾削钢时 $\beta=60°$；錾削铜、铝时$\beta\leqslant 60°$。

4. 錾子的握法

握錾子应轻松自如，主要用中指夹紧，錾头伸出 20～25mm。錾子的握法有正握法、反握法和立握法，如图 6.34 所示。

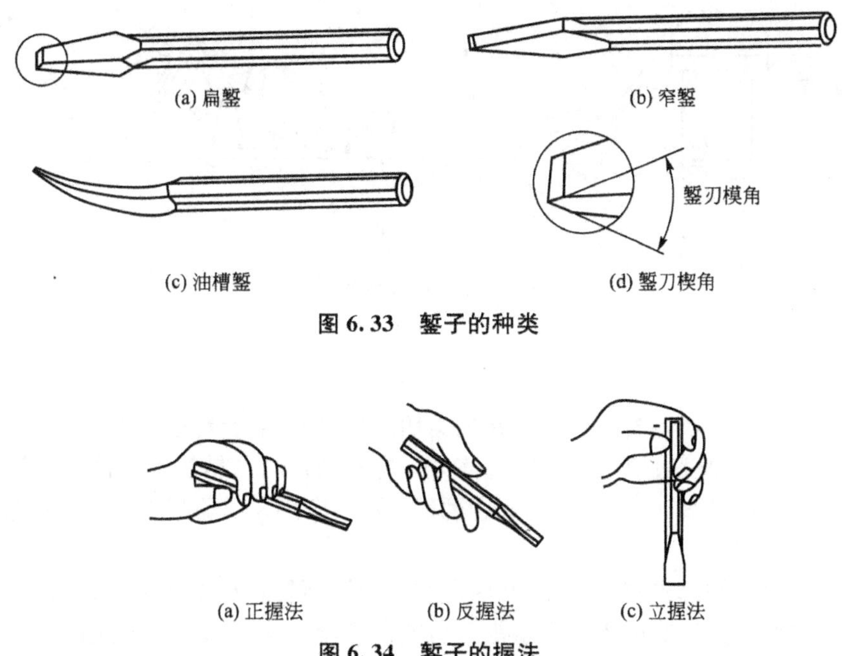

(a) 扁錾　(b) 窄錾　(c) 油槽錾　(d) 錾刃楔角

图 6.33　錾子的种类

(a) 正握法　(b) 反握法　(c) 立握法

图 6.34　錾子的握法

6.4.2　錾削操作方法

1．錾削的姿势

錾削的站立步位和姿势如图 6.35 所示。錾削姿势要便于用力，挥锤要自然，眼睛注视錾刃和工件之间。

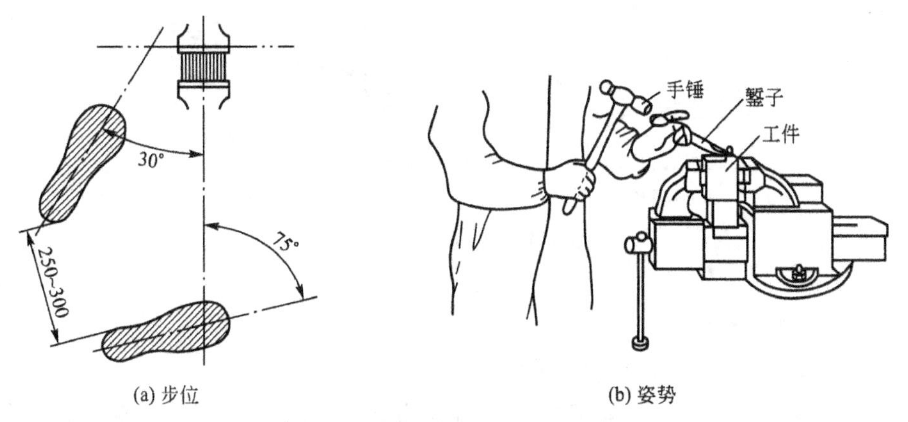

(a) 步位　(b) 姿势

图 6.35　錾削时的站立步位和姿势

2．起錾方法

起錾时錾子要握平或錾头略向下倾斜，如图 6.36 所示。用力要轻，以便切入工件和正确掌握加工余量，待錾子切入工件后再开始正常錾削。

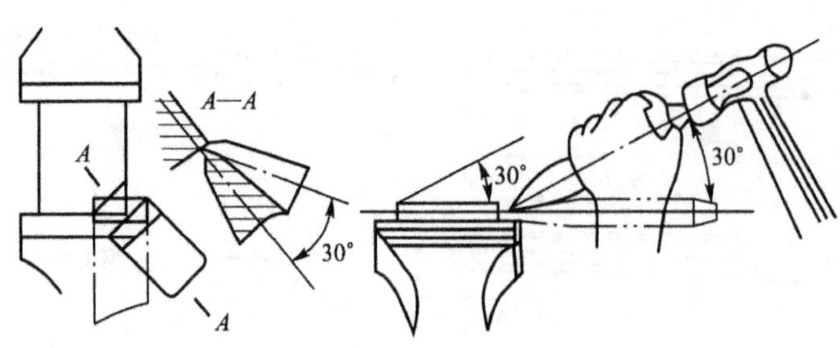

图 6.36　起錾方法

3. 錾削

錾削时，要挥锤自如，击锤有力，并根据切削层厚度确定合适后角进行錾削。錾削厚度要合适，如果錾削厚度过厚，不仅消耗体力，錾不动，而且易使工件报废。錾削厚度一般取 1～2mm，细錾时取 0.5mm 左右。粗錾时，α 角应小，以免啃入工件；细錾时，α 角应大些，以免錾子滑出。

錾削过程中每分钟锤击次数应在 40 次左右。錾刃不要总是顶住工件，每錾 2～3 次后可将錾子退回一些，这样既可以观察錾削刃口的平整度，又可以使手臂肌肉放松一下，效果较好。

4. 结束錾削的方法

当錾削到离工件终端 10mm 左右时，应调转工件或反向錾削，轻轻錾掉剩余部分的金属，如图 6.37 所示，以避免单向錾削到终了时工件边角崩裂。脆性材料棱角处更容易崩裂，錾削时要特别注意。

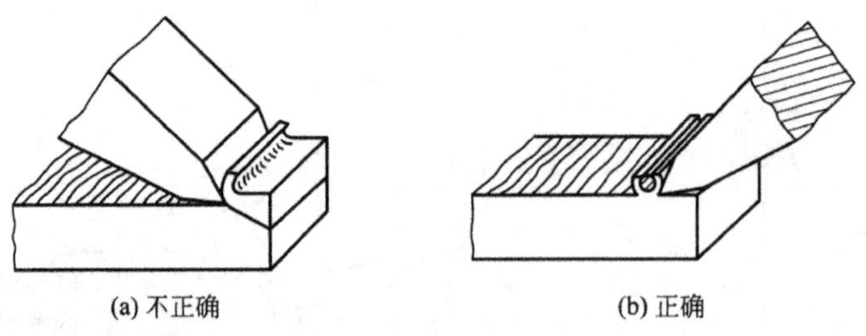

(a) 不正确　　(b) 正确

图 6.37　结束錾削的方法

5. 錾削操作注意事项

(1) 工件应夹持牢固，以防錾削时松动。

(2) 錾头上出现毛边时，应在砂轮机上将毛边磨掉，以防錾削时手锤击偏伤手或毛边碰伤人。

(3) 操作时握手锤的手不允许戴手套，以防手锤滑出伤人。

(4) 錾头、锤头不允许沾油，以防锤击时打滑伤人。

(5) 手锤锤头与锤柄若有松动，应用楔铁楔紧。

(6) 錾削时要戴防护眼睛，以防碎屑崩伤眼睛。

6. 錾削示例

(1) 錾削平面。用扁錾錾削平面时，每次錾削厚度为 0.5～2mm。錾削大平面时，先用窄錾开槽，槽间的宽度约为平錾錾刃宽度的 3/4，然后用扁錾錾平，如图 6.38 所示。

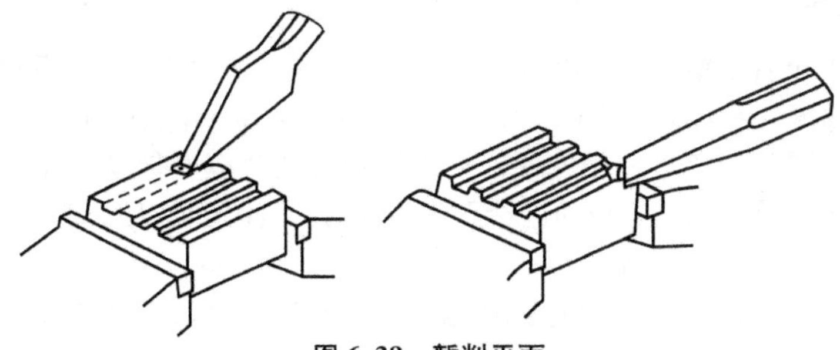

图 6.38　錾削平面

(2) 錾削油槽。錾削油槽时，应先在工件上划出油槽轮廓线，用与油槽宽度相同的油槽錾进行錾削，如图 6.39 所示。錾子的倾斜角要灵活掌握，随加工面形状的变化而不停地变化，以保证油槽的尺寸和粗糙度达到要求。錾削后用刮刀和砂布进行修光。

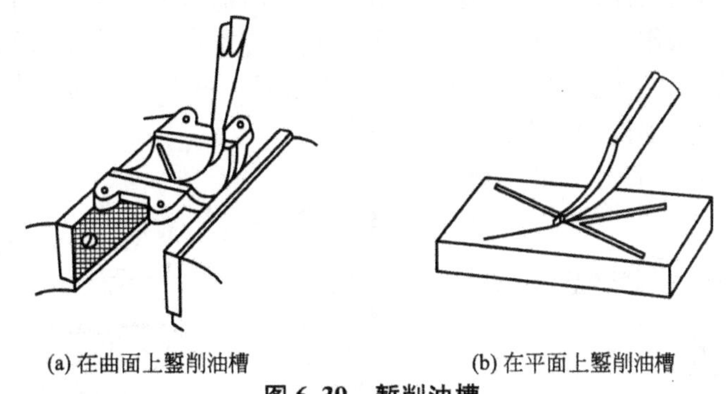

(a) 在曲面上錾削油槽　(b) 在平面上錾削油槽

图 6.39　錾削油槽

(3) 錾断。如图 6.40 所示，对于小而薄的金属板料，可以夹持在台虎钳上錾断。

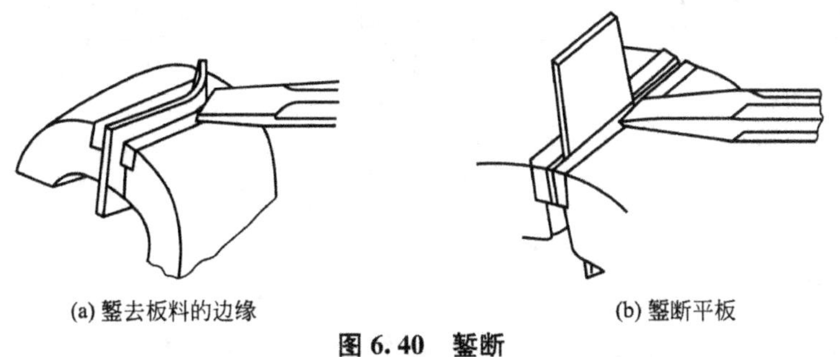

(a) 錾去板料的边缘　(b) 錾断平板

图 6.40　錾断

6.5　钻、扩、锪、铰孔加工

各种零件上的孔加工，除去一部分由车、铣、镗等完成外，很大一部分是由钳工利用各种钻床和钻孔工具来完成的。钳工加工孔的方法一般是指钻孔、扩孔和铰孔。

6.5.1 钻、扩、锪、铰孔实习的相关知识准备

1. 钻孔设备

钻孔使用的设备是钻床，常用的钻床有台式钻床、立式钻床和摇臂钻床 3 种。

(1) 台式钻床。台式钻床简称台钻，如图 6.41(a)所示，是一种放在工作台上使用的小型钻床。台钻结构简单，使用方便，主轴转速可通过改变传动带在塔轮上的位置来调节，主轴的轴向进给运动是靠扳动进给手柄实现的。适用于加工小型零件上直径 13mm 以下的小孔。

(2) 立式钻床。立式钻床简称立钻，如图 6.41(b)所示。其规格用最大钻孔直径表示，常用的有 25mm、35mm、40mm、50mm 等几种。与台钻相比，立钻功率大，刚性好，主轴的转速可以通过扳动主轴变速手柄来调节，主轴的进给运动可以实现自动进给，也可以利用进给手柄实现手动进给。主要用于加工中小型零件上直径在 50mm 以下的孔。

(3) 摇臂钻床。摇臂钻床如图 6.41(c)所示，其结构比较复杂，但操纵灵活。它的主轴箱装在可以绕垂直立柱回转的摇臂上，并且可以沿摇臂的水平导轨移动，摇臂还可以沿立柱作上下移动。操作时能够很方便地调整刀具的位置，以对准被加工孔的中心，而不需要移动工件。摇臂钻的变速和进给方式与立钻相似，由于主轴转速范围和进给量范围很大，所以适用于大型工件和多孔工件上孔的加工。

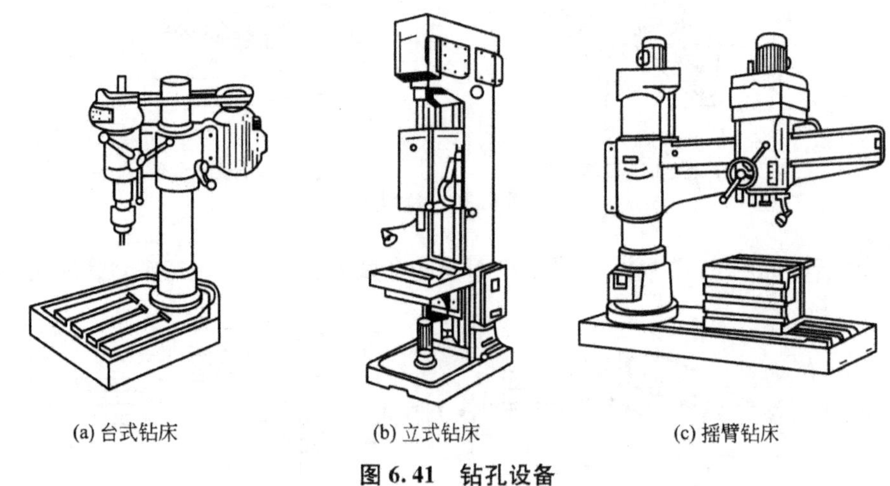

(a) 台式钻床　　(b) 立式钻床　　(c) 摇臂钻床

图 6.41　钻孔设备

2. 钻孔刀具

钻孔是用钻头在实体材料上加工孔的操作，可以在工件上钻出 ϕ30mm 以下的孔。钻孔使用的主要刀具是麻花钻，其结构如图 6.42 所示。

麻花钻有两条对称的螺旋槽用来形成切削刃，且作输送切削液和排屑之用。前端的切削部分如图 6.41(b)所示，有两条对称的主切削刃。两个后刀面的交线叫作横刃，钻削时，作用在横刃上的轴向力很大，故大直径的钻头常采用修磨的方法缩短横刃，以降低轴向力，导向部分上的两条棱边在切削时起导向作用，同时又能减少钻头与工件孔壁的摩擦。

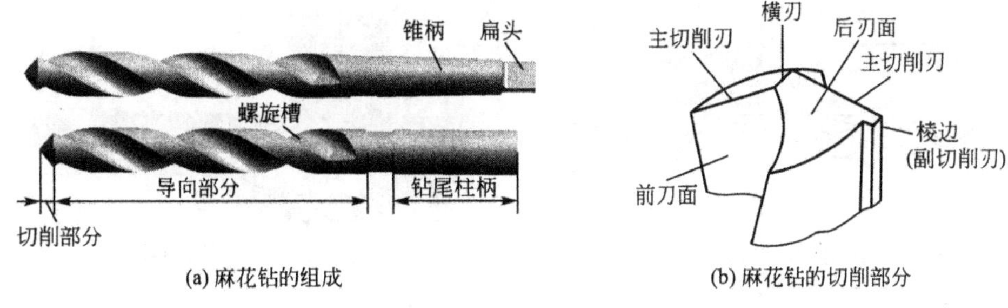

(a) 麻花钻的组成　　(b) 麻花钻的切削部分

图 6.42　麻花钻的结构

柄部分为两种：钻头直径在 12mm 以下时，柄部一般做成圆柱形(直柄)；钻头直径在 12mm 以上时一般做成锥柄。

3. 钻头的装夹

直柄钻头可以用钻夹头[图 6.43(a)]装夹，通过转动紧固扳手可以夹紧或放松钻头；锥柄钻头可以直接装在机床主轴的锥孔内，钻头锥柄尺寸较小时，可以用钻套过渡连接，如图 6.43(b)所示。

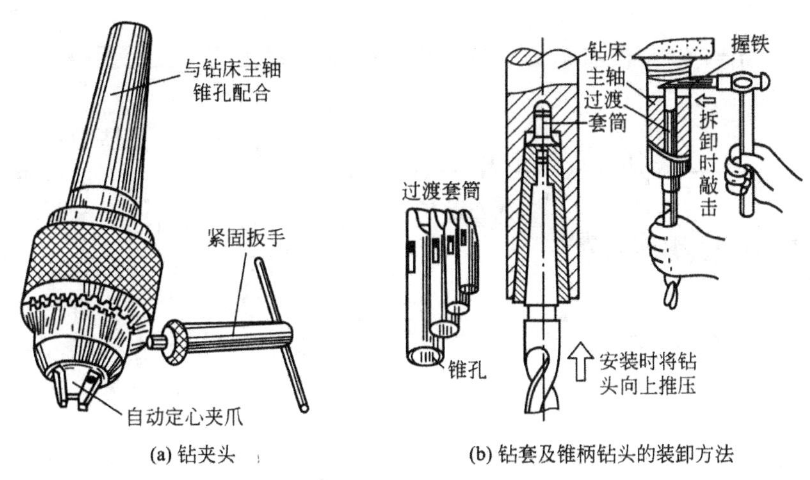

(a) 钻夹头　　(b) 钻套及锥柄钻头的装卸方法

图 6.43　钻夹头及过渡套筒安装

4. 工件的夹持

钻孔中的事故大都是由于工件的夹持方法不对造成的，因此应特别注意工件的夹持。

(1) 在小件和薄壁件上钻孔，要用手虎钳夹持工件，如图 6.44(a)所示。

(2) 在中型件上钻孔，可用平口钳夹紧工件，如图 6.44(b)所示。

(3) 在大型和其他不适合虎钳夹紧的工件上钻孔，可直接用压板螺钉将工件固定在钻床的工作台上，如图 6.44(c)所示。

(4) 在圆轴或套管上钻孔，须把工件压在 V 形铁上加工，如图 6.44(d)所示。

5. 扩、锪、铰孔刀具

(1) 扩孔钻。用扩孔钻对已有的孔(铸孔、锻孔、钻孔)作扩大加工称为扩孔。扩孔所使用的刀具是扩孔钻，如图 6.45 所示。扩孔钻的形状与钻孔时所使用的麻花钻头相似，

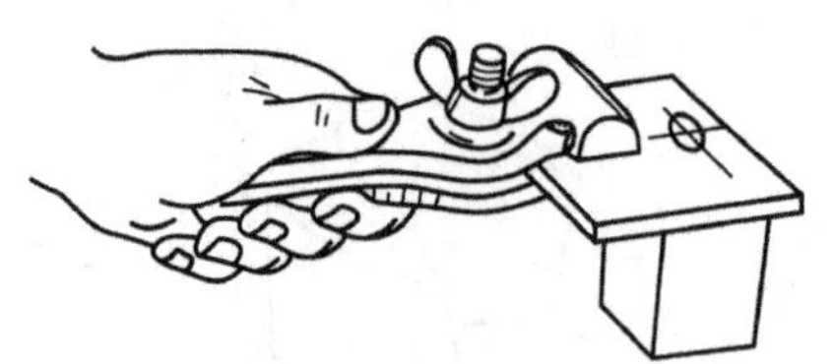

(a) 用手虎钳夹持工件

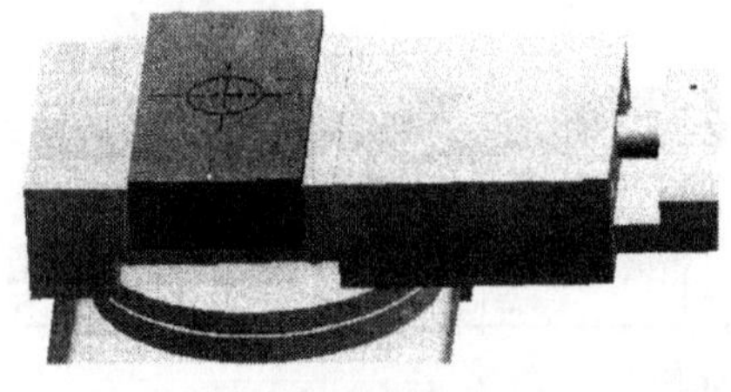

(b) 用平口钳夹紧工件

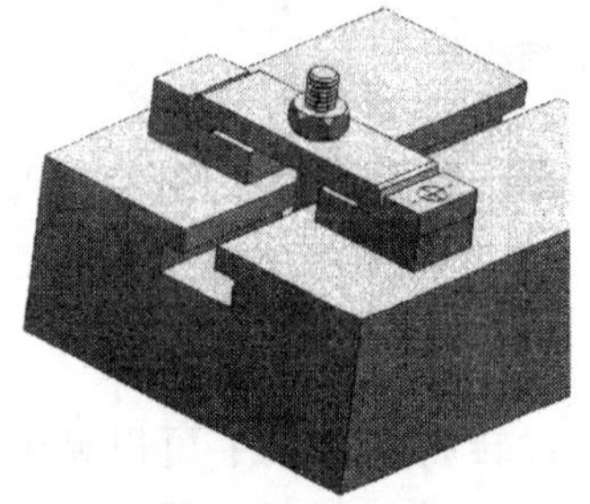

(c) 用压板螺钉夹持工件

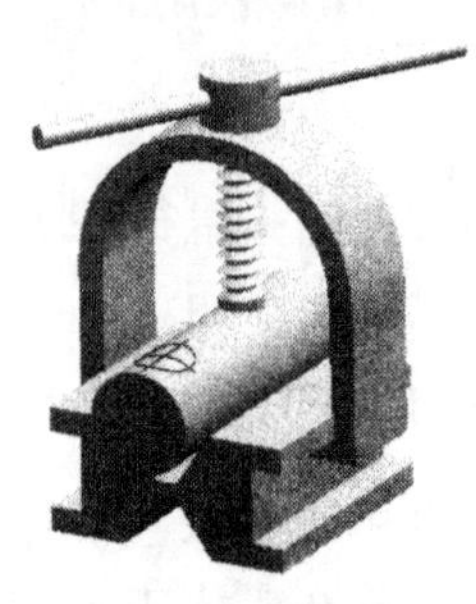

(d) 圆形工件的夹持方法

图 6.44 钻孔时工件的夹持

但它有 3～4 个切削刃，且没有横刃。其顶端是平的，螺旋槽较浅，因而钻心粗实、刚性好，导向性能好。

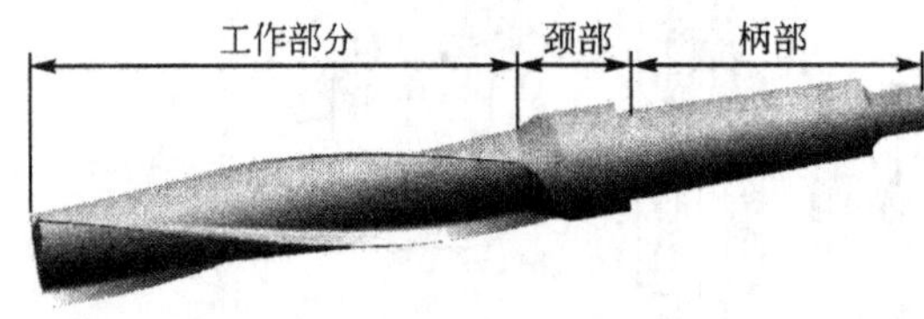

图 6.44 扩孔钻

(2) 铰刀。铰孔是用铰刀对孔进行最后精加工的一种方法。铰孔所使用的刀具是铰刀，分手用和机用两种，如图 6.46 所示。铰刀有 6～12 个切削刃，每个刀刃的切削负荷较轻。其工作部分由切削部分和修光部分组成，切削部分呈锥形，担负着切削工作，修光部分起着导向和修光作用。

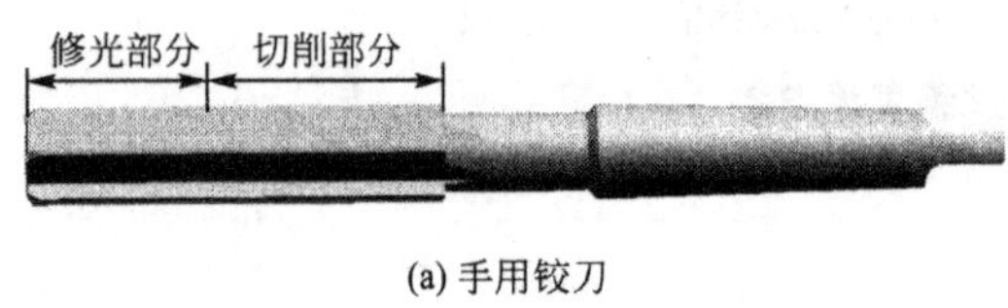

(a) 手用铰刀

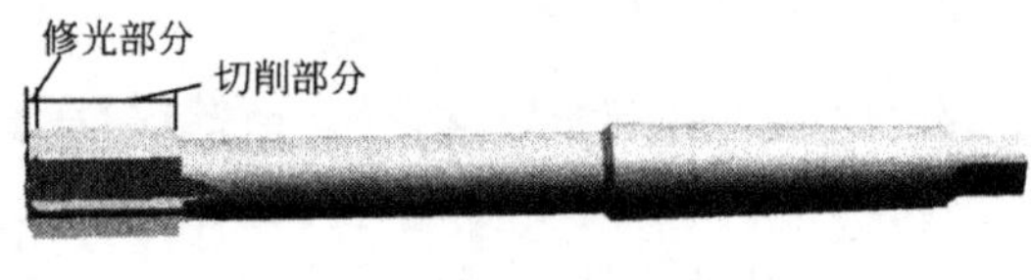

(b) 机用铰刀

图 6.46 铰刀

机用铰刀多为锥柄，可装在钻床、车床或镗床上进行铰孔。手用铰刀用于手工铰孔，手工铰孔时，用手扳动铰杠，铰杠带动铰刀对孔进行铰削加工。铰杠有固定式和可调式两种，常用可调式铰杠(图 6.47)，转动可调手柄(或螺钉)可以调节方孔大小，以便夹持不同规格的铰刀。

(3) 锪钻。对工件上的已有孔进行孔口型面的加工称为锪孔。

圆柱形埋头孔锪钻的端刃主要起切削作用，周刃作为副切削刃，起修光作用。为了保持原有孔与埋头孔同心，锪钻前端带有导柱，可与已有的孔滑配，起定心作用，如图 6.48 (a)所示。

图 6.47 可调铰杠

锥形锪钻顶角有 60°、75°、90°及 120° 4 种，其中 90°的用得最广泛。锥形锪钻有 6～12 个刀刃，如图 6.48(b)所示。

端面锪钻用于锪与孔垂直的孔口端面(凸台平面)。小直径孔口端面可直接用圆柱形埋头孔锪钻加工，较大孔口的端面可另行制作锪钻，如图 6.48(c)所示。

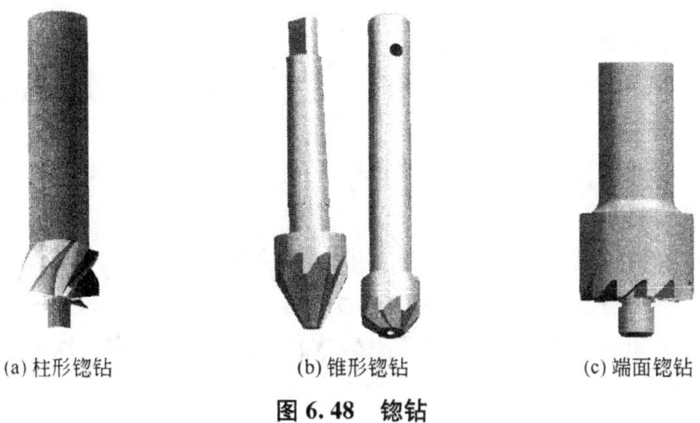

(a) 柱形锪钻　(b) 锥形锪钻　(c) 端面锪钻

图 6.48 锪钻

6.5.2 钻孔与扩孔、锪孔、铰孔操作

1. 钻孔

钻孔(图 6.49)加工的精度较低，一般在 IT10 以下，表面粗糙度为 Ra12.5μm 左右。主要用于孔的粗加工，也可用于装配和维修，或是攻螺纹前的准备工作。一般情况下，先钻出较小直径的孔，再用扩孔的方法获得所需直径的孔。

钻孔前，工件一般要进行划线。在工件孔的位置划出孔径圆，对精度要求较高的还要划出检查圆，并在孔径圆上打样冲眼，在划好孔径圆和检查圆之后，把孔中心的样冲眼打大些，以便钻头定心。

开始钻孔时，应先对准样冲眼进行试钻，即用钻头尖在孔中心上钻一浅坑(占孔径 1/4 左右)，如图 6.50 所示，检查坑的中心是否与检查圆同心，如有偏位应及时纠正。偏位较小时，可用样冲重新打样冲眼，纠正中心位置后再钻孔；偏位较大时，可用样冲或窄錾在偏位的相对方向錾出几条槽，将钻偏的中心纠正过来。钻孔时，进给速度要均匀。

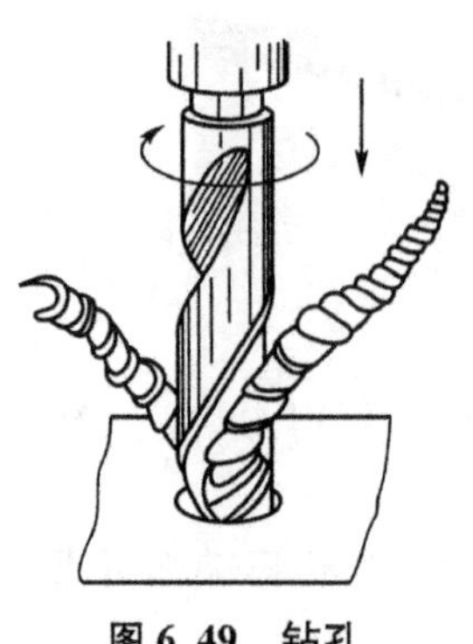

图 6.49　钻孔

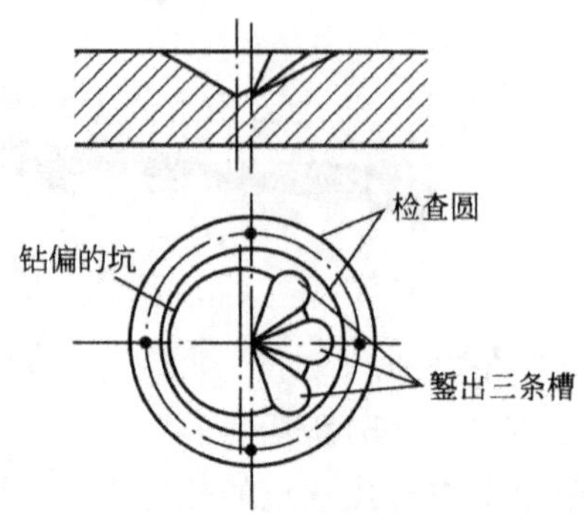

图 6.50　钻偏时的纠正方法

钻孔时的注意事项如下：

(1) 钻通孔时，应注意在将要钻通时进给量要小，防止钻头在钻通的瞬间抖动，损坏钻头。

(2) 钻盲孔时，则要调整好钻床上深度标尺的挡块，或安置控制长度的量具，也可以用粉笔在钻头上画出标记。

(3) 钻深孔时，要经常退出钻头以利于排屑和冷却，同时加冷却润滑剂以防止切屑堵塞在孔内卡断钻头或由于过热而加剧钻头的磨损。

(4) 钻直径大于 30mm 的孔时，由于有较大的进给力，很难一次钻成，应先钻出一个直径较小的孔(要求孔径的 50%～70%)，然后扩孔至要求尺寸。

2. 扩孔

如图 6.51 所示，扩孔加工的精度比钻孔加工稍高，尺寸精度可达 IT9，粗糙度可达 $Ra3.2\mu m$，可作为要求不高的孔的终加工，也可作为孔精加工(铰孔)前的预加工。扩孔可以校正孔的轴线偏差，使其获得较正确的几何形状，加工余量一般为 0.5～4mm。

3. 铰孔

用铰刀从工件壁上切除微量金属层，以提高尺寸精度和表面质量的加工方法，如图 6.52 所示。铰削余量比较小，粗铰时一般为 0.15～0.5mm，精铰时一般为 0.05～0.25mm。铰孔前工件应经过钻孔、扩孔等加工。

图 6.51　扩孔

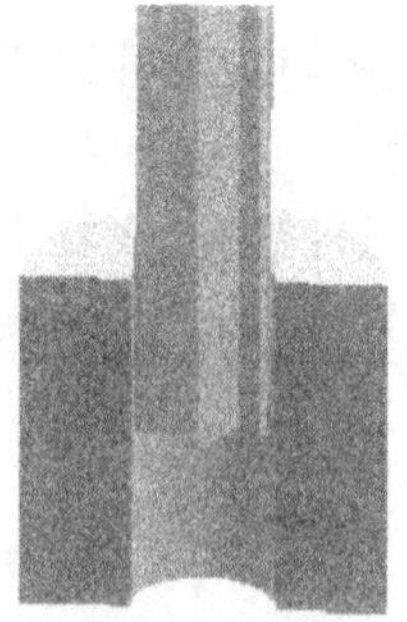

图 6.52　铰孔

铰孔是孔的精加工方法之一，加工精度可达 IT6，粗糙度可达 $Ra0.4\mu m$。

手铰时，两手用力要均匀，按顺时针方向转动铰刀并稍用力向下压，进给量的大小要适当。铰孔过程中，任何时候都不能倒转，否则切屑挤住铰刀会划伤孔壁，使铰刀刀刃崩裂，铰出的孔不光滑、不圆，也不准确。

机铰时，铰孔和铰孔前的钻孔或扩孔，最好在同工位进行，以保持刀具的轴心不变。铰削速度要小于 5m/min，进给量适中。铰孔结束后，铰刀最好从孔的另一端取下，或顺时针旋转取出。

4. 锪孔与锪平面

对工件上的已有孔进行孔口型面的加工称为锪削，如图 6.53 所示。锪削又分锪孔和锪平面。

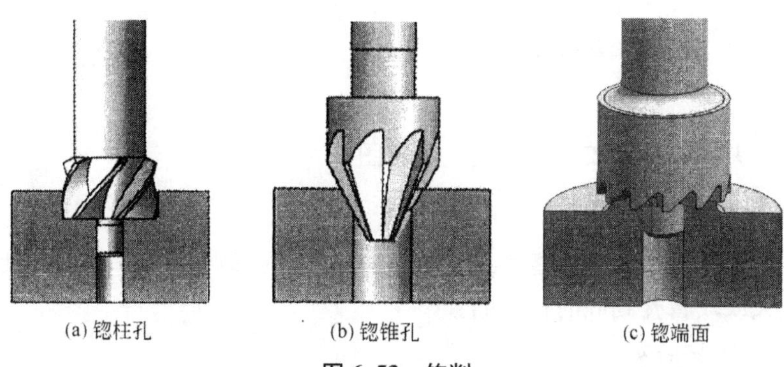

(a) 锪柱孔　　(b) 锪锥孔　　(c) 锪端面

图 6.53　锪削

锪削时，切削速度不宜过高，钢件需加润滑油，以免锪削表面产生径向振纹或出现多棱形等质量问题。

6.6　攻螺纹和套螺纹

用丝锥在工件圆柱内孔壁上加工内螺纹的操作叫攻螺纹(俗称攻丝)。

用板牙在工件外圆柱表面上加工外螺纹的操作叫套螺纹(俗称套丝)。

6.6.1　攻螺纹操作相关知识准备

1. 丝锥

丝锥是加工小直径内螺纹的成形刀具，其结构如图 6.54 所示，其切削部分制成锥形，以便使切削负荷均匀分配在几个刀齿上，其作用是切除内螺纹牙间的多余金属；校准部分的作用是修光螺纹和引导丝锥的轴向移动。

丝锥分为手用丝锥和机用丝锥两种。手用丝锥用于手工攻螺纹；机用丝锥用于在机床上攻螺纹。手用丝锥一般由两只组成一套(图 6.55)，分为头锥和二锥，二者切削部分的长短和锥角均不相同，校准部分的外径也不相同。头锥的切削部分较长，锥角较小，约有 6 个不完整的齿，以便切入，担负 75%的切削工作量；二锥的切削部分较短，锥角大些，不完整的齿约有 2 个，担负 25％的切削工作量。

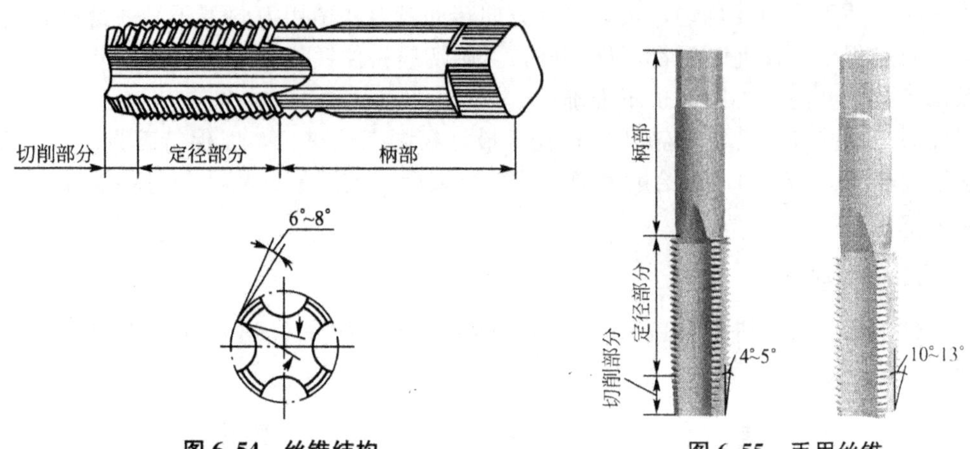

图 6.54　丝锥结构　　　　**图 6.55　手用丝锥**

2. 铰杠

铰杠是用于夹持丝锥和铰刀的工具，参见图 6.47。

3. 机用攻螺纹夹头

在钻床上攻螺纹时，要用攻螺纹夹头夹持丝锥，攻螺纹夹头能起安全保护作用，防止丝锥在负荷过大或攻盲孔到底时被折断。

4. 钻螺纹底孔及倒角

丝锥在攻螺纹时，除了切削作用外，还有挤压金属的作用。加工塑性好的材料时，挤压作用尤为显著。因此攻螺纹前的底孔直径(即钻孔直径)必须大于螺纹标准规定的内径。确定底孔钻头直径 d_0 的方法可查阅有关手册资料，也可以采用下列经验公式计算：

钢及韧性金属：

$$d_0 \approx d - P$$

铸铁及脆性金属：

$$d_0 \approx d - 1.1P$$

式中，d_0 为底孔钻头直径(即螺纹底孔直径)；d 为螺纹大径；P 为螺距。

攻盲孔的螺纹时，因丝锥不能攻到孔底，所以底孔的深度要大于螺纹长度。盲孔深度可按下式计算：

$$\text{盲孔深度} = \text{要求的螺纹深度} + 0.7d$$

式中，d 为螺纹公称直径。

在攻螺纹前，须将底孔孔口倒角，倒角处直径可略大于螺纹直径。这样可使丝锥开始切削时容易切入，并可防止孔口出现挤压出的凸边，螺纹攻穿时，最后一牙不易崩裂。

6.6.2　攻螺纹的操作方法

1. 起攻螺纹

起攻螺纹应使用头锥。起攻时，双手握住铰杠中部，把装在铰杠上的头锥插入孔口，使丝锥与工件表面垂直，适当施加垂直压力，并沿顺时针方向转动，使丝锥攻入孔内 1.2

圈，如图 6.56(a)所示。

用直角尺检查丝锥与工件表面是否垂直，若不垂直，丝锥要重新切入，直至垂直，如图 6.56(b)所示。

2. 深入攻螺纹的方法

正确起攻后，便进入深入攻螺纹阶段。双手紧握铰杠两端，平稳地顺时针旋转铰杠，不需要再施加垂直压力。顺时针旋转 1～2 圈后，应逆时针倒转 1/4～1/2 圈，以便切屑断碎容易排出，如图 6.57 所示。

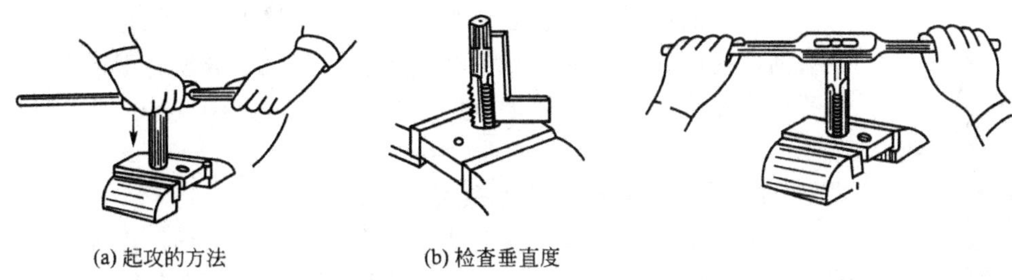

(a) 起攻的方法　(b) 检查垂直度

图 6.56　起攻螺纹的方法

图 6.57　深入攻螺纹的方法

在攻螺纹过程中，要经常用毛刷对丝锥加注机油润滑，以减少切削阻力和提高螺纹的表面质量。

在攻盲孔螺纹时，攻螺纹前要在丝锥上作好螺纹深度标记，并经常退出丝锥，清除留在孔内的切屑。否则，会因切屑堵塞而引起丝锥折断或攻出的螺纹达不到深度要求。

3. 用二锥攻螺纹的方法

用头锥攻完螺纹后，应使用二锥再攻一次。先用手将二锥顺时针旋入到不能旋进时，再装上铰杠继续攻螺纹，这样可避免损坏已攻出的螺纹和防止乱牙。

4. 丝锥的退出

攻通孔螺纹时，可以攻到底使丝锥落下；攻盲孔螺纹时，攻到位后应逆时针反转退出丝锥。

6.6.3　套螺纹操作相关知识准备

1. 板牙

板牙是加工小直径外螺纹的成形刀具。图 6.58 所示为开缝式板牙，其板牙螺纹孔的大小可作微量的调节。板牙由切削部分、校准部分和排屑孔组成。板牙两端的切削部分做成 2×60°的锥角，使切削负荷均匀分配在几个刀齿上；中间为校准部分，起修光螺纹和导向作用；排屑孔一般为 3 或 4 个。

2. 板牙架

板牙架用来夹持板牙、传递扭矩，如图 6.59 所示。

图 6.58　板牙

图 6.59　板牙架

3. 工件直径的确定及倒角

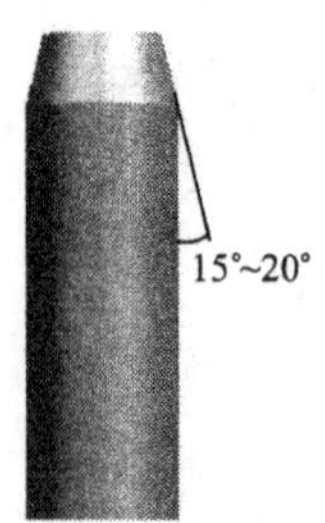

图 6.60　工件倒角

零件上的配合滑动表面，为了达到配合精度，增加接触面，减少摩擦磨损，提高使用寿命，常需经过刮削，如机床导轨、滑动轴承等。刮削劳动强度大，生产率低，故加工余量不宜过大(0.1mm 以下)。

$$d_0 \approx d - 0.3P$$

式中，d_0 为工件直径；d 为螺纹大径；P 为螺距。

为了使板牙起套时，容易切入工件并作正确引导，需要对工件端部倒角 15°～20°，如图 6.60 所示。工件倒角后的小端直径应略小于螺纹的小径，以避免切出的螺纹端部出现锋口和卷边。

6.6.4　套螺纹的操作方法

1. 工件的夹持

在台虎钳上夹持工件时，应将工件夹正、夹直，并尽量使位置低些。由于套螺纹时的切削力矩较大，若用台虎钳直接夹持工件，则易使工件表面受到损伤，所以一般用 V 形夹块或厚铜片衬垫，才能保证夹紧可靠。

2. 套螺纹

使板牙端面与工件垂直，双手握住板牙架中部适当施加垂直压力，并沿顺时针方向转动，使板牙切入工件，如图 6.61 所示。当板牙切入工件 1～2 牙后，检查是否垂直，并及时纠正。继续往下套螺纹时不再施加压力。套螺纹过程中要时常反转，以便断屑。在钢件上套扣时，可加机油润滑。

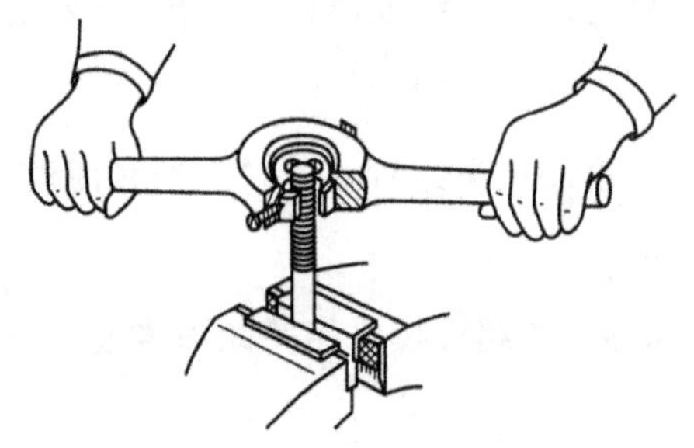

图 6.61　套螺纹的方法

3. 板牙的退出

套完螺纹后，应逆时针反转取下板牙。

6.7　刮　　削

用刮刀在工件已加工表面上刮去一层薄金属的加工方法称为刮削。

刮削时刮刀对工件既有切削作用，又有压光作用。经刮削的表面会留下微浅刀痕，可形成存油空隙，以减少运动部件的摩擦阻力，提高工件的耐磨性；还可以刮去机械加工遗留下来的刀痕、表面细微不平及中部凹凸，改善表面质量。零件上的配合滑动表面，为了达到配合精度，增加接触面，减少摩擦磨损，提高使用寿命，常需经过刮削，如机床导轨、滑动轴承等。

刮削是钳工中的一种精密加工方法，表面粗糙度可达 $Ra0.4\mu m$ 以下。但刮削劳动强度大，生产率底，故加工余量不宜过大(0.1mm 以下)。

6.7.1 刮削的相关知识准备

1. 刮刀

刮刀一般用碳素钢 T10A、T12A 或轴承钢锻成，也可在刮刀头部焊上硬质合金。刮刀分为平面刮刀和曲面刮刀两大类。

(1) 平面刮刀。平面刮刀(图 6.62)用于刮削平面，又可以分为粗刮刀、细刮刀和精刮刀 3 种，其头部形状如图 6.63 所示。

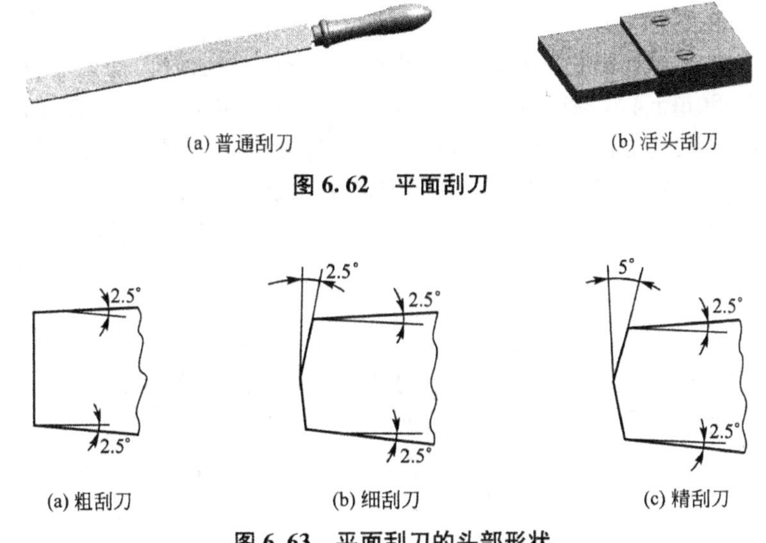

(a) 普通刮刀　(b) 活头刮刀

图 6.62　平面刮刀

(a) 粗刮刀　(b) 细刮刀　(c) 精刮刀

图 6.63　平面刮刀的头部形状

(2) 曲面刮刀。曲面刮刀用于刮削内圆弧(如滑动轴承的轴瓦)，其式样很多，其中最常见的是三角刮刀，如图 6.64 所示。

图 6.64　三角刮刀

2. 校准工具

校准工具有两个作用：一是用于与刮削表面磨合，以接触点的多少和分布的疏密程度来显示刮削表面的平整程度，提供刮削依据；二是用于检验刮削表面的精度。

平面刮削的校准工具主要有以下几种：

(1) 校准平板(图 6.65)——检验和磨合宽平面的工具。

(2) 桥式直尺(图 6.65)、工字形直尺——检验和磨合长而窄的平面的工具。

(3) 角度直尺——检验和磨合燕尾形或 V 形面的工具。

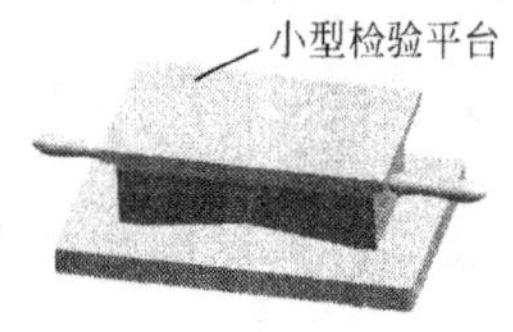

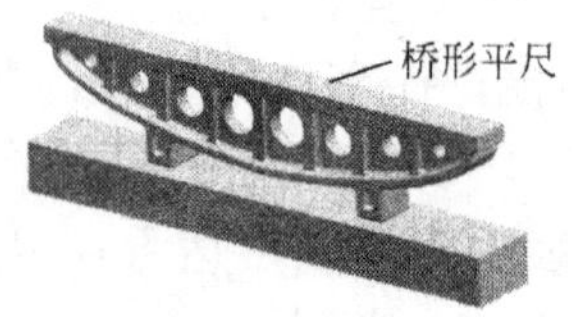

图 6.65　检验平台和平尺

刮削内圆弧面时，常采用与之配合的轴作为校准工具。若无现成的轴时，可自制一根标准心轴作为校准工具。

3. 显示剂

显示剂是为了显示被刮削表面与标准表面间贴合程度而涂抹的一种辅助材料。显示剂色泽鲜明、扩散容易、对工件没有磨损及腐蚀。常用的显示剂及用途如下：

(1) 红丹粉：由氧化铁或氧化铝加机油调和而成。前者呈紫红色；后者呈橘黄色。多用于铸铁和钢的刮削，使用最为广泛。

(2) 蓝油：由普鲁士蓝加蓖麻油调和而成。多用于铜和铝的刮削。

6.7.2　刮削操作方法

1. 平面刮削方法

平面刮削方法主要有手刮法和挺刮法两种。采用手刮法时，应右手握住刀柄，左手握住刮刀近刀头 50mm 处，刮刀与刮削平面成 25°～30°角，刮削时右臂向前推动刮刀，左手向下压并引导刮削方向。挺刮法是将刀柄放在小腹右下侧，距刀刃 80～100mm 处双手握住刀身，用腿部和臂部的力量使刮刀向前挤压。当刮刀开始向前挤时双手加压力，在推挤的瞬间，右手引导刮刀的方向，左手控制刮削，到需要的长度时将刮刀提起。

2. 曲面刮削方法

曲面刮削较常用的刮刀是三角刮刀。刮削时，右手握住刀柄，左手掌向下用四指横握刀杆，大拇指抵住刀杆。刮削动作为：右手作半圆运动，左手辅助右手除作圆周运动外，还顺着曲面作拉动或推动，使刮刀除作圆周运动外，还作轴向移动，如图 6.66 所示。

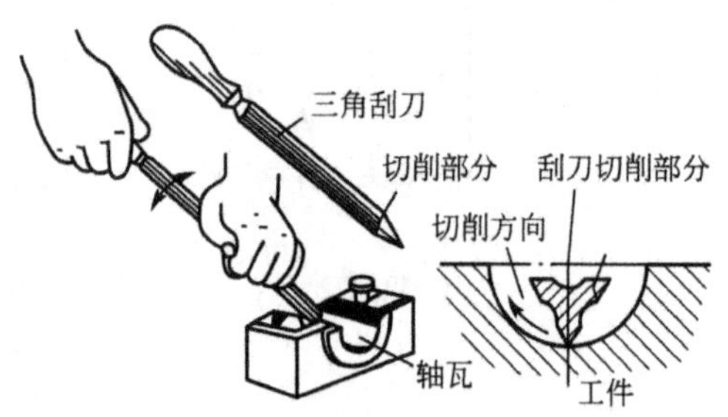

图 6.66　曲面刮削方法

3. 刮削质量的检验

(1) 刮削研点的检验：采用研点法，在刮削表面均匀地涂上一层很薄的显示剂，然后与校准工具(平板、心轴等)相研配，如图 6.67(a)所示。工件表面上的高点经配研后，会磨去显示剂而显出亮点(贴合点)，如图 6.67(b)所示。

刮削质量用 25mm 的方框来检查，以(25×25)mm^2内贴合点的数目来表示，贴合点数目多且均匀则表明刮削质量高，如图 6.67(c)所示。

(2) 刮削平面度、直线度的检验：平面度、直线度可用框式水平仪来检查，如图 6.68(a)所示。

(3) 研点高低的检验：研点高低的误差可用百分表在平板上检查，如图 6.68(b)所示。

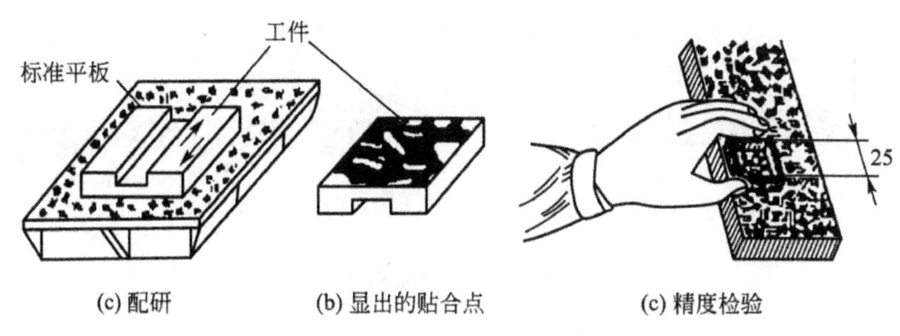

图 6.67 标准平板与研点法

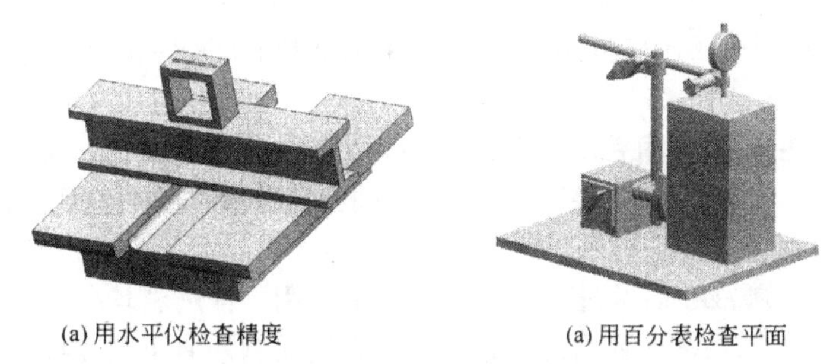

图 6.68 刮削平面的质量检验

6.8 研　　磨

用研磨工具和研磨剂从零件表面磨掉极薄的一层金属的加工方法叫作研磨。

研磨是精密零件精加工的主要方法之一，尺寸精度可达 IT5～IT3 级，表面粗糙度能达到 0.1～0.008μm。研磨可加工零件的内外表面、平面、圆锥面、球面、螺纹面、齿轮面和特形表面；无论淬火或未淬火的碳钢、硬质合金、铸铁和铜等金属材料及玻璃等非金属材料都可研磨加工。几乎所有精密量具的工作面都是用研磨加工出来的。

6.8.1 研磨基础知识

1. 研磨原理

研磨是机械与化学联合作用的结果。研磨时，借研磨剂在研磨工具和工件之间不断地改变方向作滑动和滚动而起研磨作用；借研磨液与零件表面发生的化学反应，在零件表面形成一层很容易被磨粒刮去的氧化薄膜而加速了研磨作用。研磨可以是干研，也可以是湿研。

湿研是在研磨过程中，不断充分地添加研磨混合剂，如图 6.69(a)所示。干研就是首先在研磨工具表面上均匀地嵌入一层研磨剂，在研磨时不再加任何研磨剂，在近于完全干燥的情况下进行研磨，如图 6.69(b)所示。

湿研效率高，干研精度高。一般是先湿研，将尺寸磨到适当程度后，再用干研磨作最后精加工。

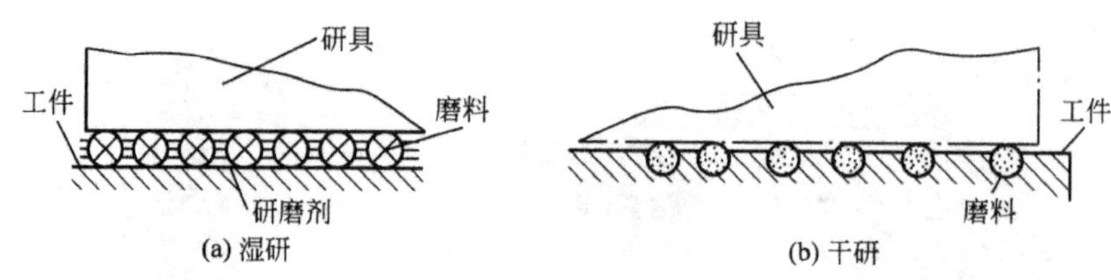

图 6.69　研磨原理

2. 研磨剂

研磨剂是指在磨料中加入研磨液或粘结剂、润滑剂。

(1) 磨料。磨料在研磨中起切削作用。常用的磨料有氧化铝(刚玉)、碳化物类、金刚石和软质化学磨料等。

磨料的粒度有粗有细。粗粒度的磨削有力，但磨出的表面较粗。细的粒度磨削力弱，但磨出的表面较细。因此，选择磨料粒度时，应根据被研磨零件表面要求的粗糙度、精度及研磨余量的大小而定。

(2) 研磨液。研磨液在研磨过程中主要有 3 个作用：使磨料均匀分布；润滑；在零件表面形成氧化薄膜，从而加速研磨的过程。一般常用研磨液有下列几种：

机油——一般用 10 号机油。在精密研磨中常以 1 份机油和 3 份煤油混合使用。

煤油——用于粗研磨时，要求研磨速度快而对零件表面粗糙度要求不甚高的情况下。

猪油——把熟猪油和磨料拌成糊状，再加约 30 倍的煤油调匀。因其中含有油酸，有助于研磨，下降表面粗糙度值。用于极精密的研磨中。

在研磨液中再加入少量的石蜡、蜂蜡等填料和化学活性作用较强的油酸、脂肪酸、硬脂酸与工业用甘油等，则研磨效果更好。

(3) 研磨膏。研磨膏是在磨料中加入粘结剂和润滑剂调制而成的。使用时，先清洗零件与研具，并将研磨膏稀释后，再分别涂在零件或研具表面。要注意粗研与精研的研磨膏不能混用。

3. 研具

(1) 研具材料。因为研磨工具一方面用来嵌存磨料，另一方面把工具本身的几何形状，准确地传递给零件，研具的好坏直接影响研磨的效果，所以研具应选较软的材料制成，以便嵌入磨料，但又不能太软，不然磨料会全部嵌入，反而降低了研磨作用。研具通常有以下几种：

灰铸铁——用于精细研磨，硬度为 HB120～220。

软钢——适用于螺纹或细孔的研磨。

铜——适用于研磨余量大的粗研。

铅——适用于研磨软钢或其他软金属。

木、皮革——适用于研磨铜或其他软金属。

(2) 研具类型。研具可分为通用研具和专用研具两类。通用研具有研磨平板、研磨直尺、研磨盘等。专用研具如螺纹研具、圆锥孔研具、圆柱孔研具、千分尺研磨器和卡尺研磨器等，如图 6.70 所示。

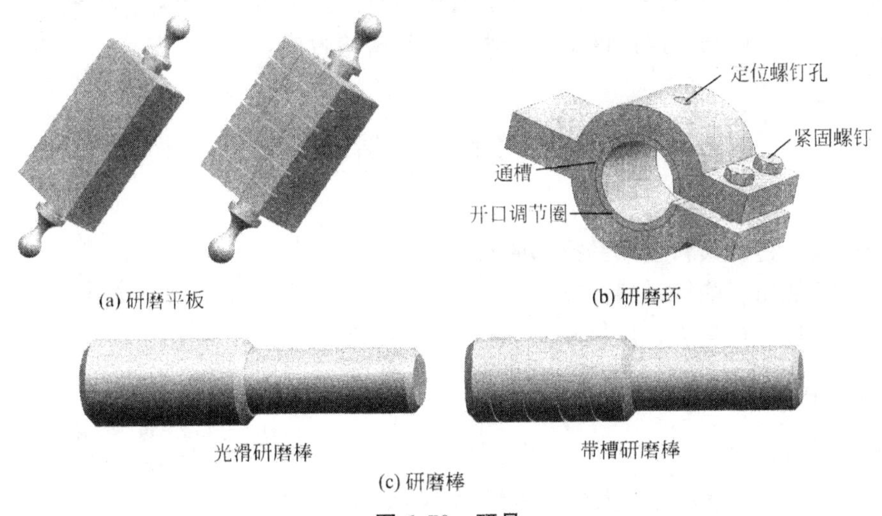

(a) 研磨平板　(b) 研磨环　(c) 研磨棒

图 6.70　研具

6.8.2　平面的研磨方法

1. 准备工作

根据工件的表面选择研具，初研用带槽的平板，精研用平整的平板。将工件表面去毛刺，并用汽油洗擦干净。在初研用的平板研具的槽内涂上一层薄而均匀的研磨剂。

2. 粗研

将工件待研表面轻轻放在带槽的粗研平板上，轻轻加压，使工件沿平板整个表面按 8 字形、仿 8 字形或螺旋形运动轨迹进行研磨，如图 6.71 所示。研磨中要不断改变研磨方向和位置，这样可以保证研磨表面的质量。粗研时，工件的研磨表面受压要均匀，压力大小要适中。压力大，研磨切削量大，表面粗糙度差，同时也会使磨料划伤工件表面。研磨速度也不应太快，否则会引起工件发热，降低研磨质量。通常研磨压力和速度分别为0.1～0.2MPa、30～50m/min 为宜。研磨 5～8 遍后，可将工件表面擦洗干净，准备精研。

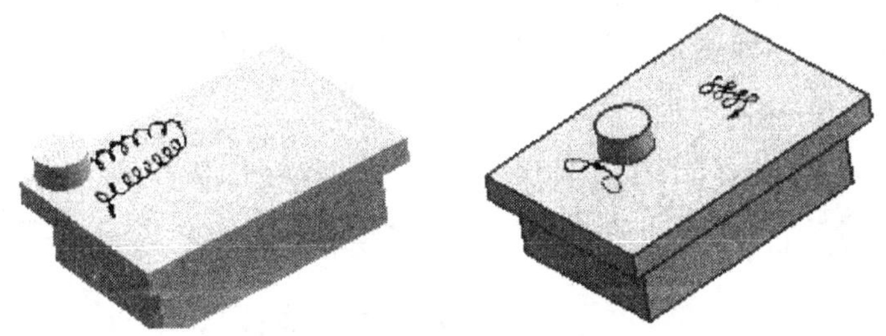
图 6.71　平面研磨运动轨迹

3. 精研

在精研用的平板上涂一层薄而均匀的精研研磨剂，把粗研过的工件表面轻轻放在平整的精研磨板上，也可按 8 字形、仿 8 字形或螺旋形运动轨迹进行精研。精研的压力和速度更低，分别以 0.01～0.02MPa、10～30m/min 为宜。研磨 5～8 遍后，擦洗干净工件表面，进行检验后涂上更薄一层研磨剂再研磨，直到检验合格。

6.9 矫正与弯曲

消除金属棒、板、条料变形的操作叫矫正。

矫正工作不能用于脆性材料。韧性材料在经过矫正以后也要变硬和变脆，必要时，在经矫正加工后，应进行退火，以恢复其原有的力学性能。

6.9.1 矫正基础知识准备

矫正常用工具如下：

(1) 平板和铁砧：用来矫正大面积板料或条料、型钢等。

(2) 软硬手锤：钳工用圆头铁锤、方头铁锤、铜锤、木锤和橡皮锤等。

(3) 抽条和拍板：用薄板条或坚实木材制成的专用工具，用于敲打变形薄板料。

(4) 压力机：有液压机和螺旋压力机，用于矫正轴类零件和棒料。

6.9.2 矫正的基本方法

矫正工作可以在机械上进行，也可以用手工工具进行。

1. 扭转法

扭转法是在虎钳上矫正条形材料的扭曲变形，如图 6.72 所示。

2. 延展法

延展法用来矫正各种翘曲的板料和型钢。

(1) 4mm 以下板料的矫正。薄板的变形主要是面部凸凹，是由于内应力或加工等因素引起的，根据不同情况，采用相应的矫正方法。对于中部凸起的板料，不应锤击凸起，因为凸起是由于凸起处在外力作用下被伸展了，如果锤击凸起处，就会使这一部分更加的伸展，增加凸起。正确的做法：延展凸起处的周围，即用手锤从接近凸起的地方开始从近而远进行轻而均匀的敲打，落点由疏而密，这是因为越接近边缘，越需要较大的延展，如图 6.73所示。

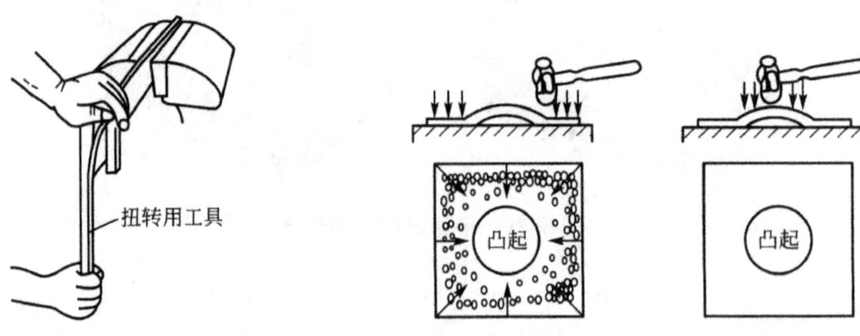

图 6.72 扭转法矫正　　图 6.73 中凸板料的矫正

(2) 很薄板料的矫正。可在光滑的平板上，用抽条打击，或用木质拍板推碾，或用木锤敲击矫正，如图 6.74 所示。

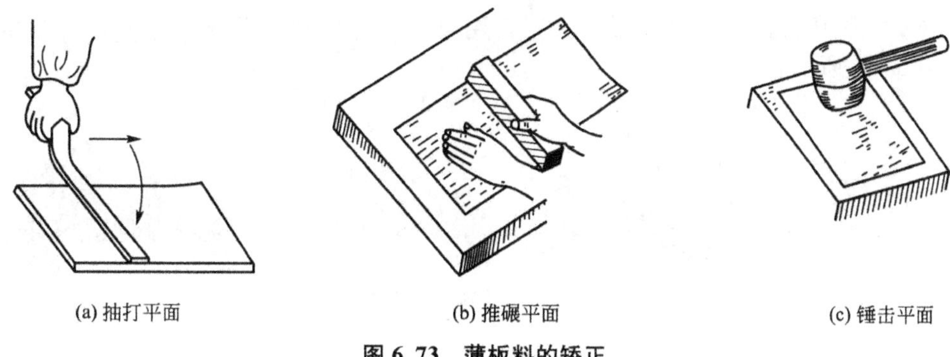

(a) 抽打平面　　(b) 推碾平面　　(c) 锤击平面

图 6.73　薄板料的矫正

3. 弯曲法

弯曲法是在平板上锤击或在压力机上顶压来矫正棒料、轴或条料的方法，如图 6.75 所示。

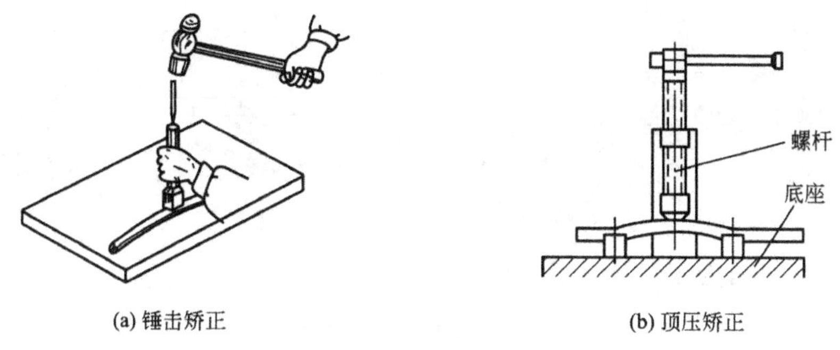

(a) 锤击矫正　　(b) 顶压矫正

图 6.75　弯曲矫正法

6.9.3　弯曲基础知识准备

把直的钢材弯成曲线或所需角度的操作，叫弯曲。

金属材料在弯曲时，靠外层的部分受拉力而伸长，靠内层的部分受压力而缩短，中间有一层材料不变形，称为中性层。计算弯形前毛坯长度时，可按中性层的长度计算，如图 6.76所示。

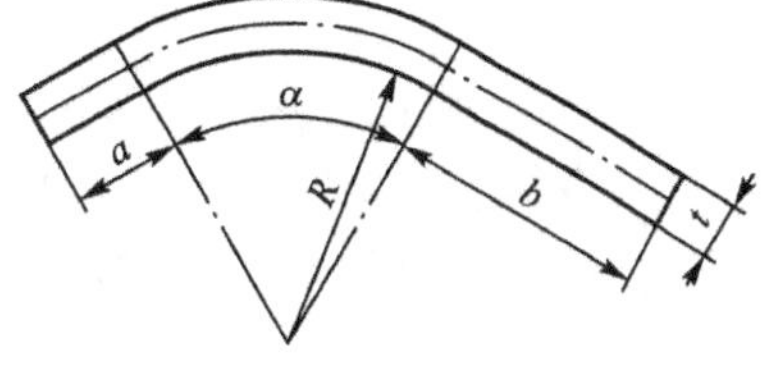

图 6.76　中性层长度之和

$$L=a+b+\frac{2\pi\alpha}{360(R+x_0t)}$$

式中，L 为制件展开长度(mm)；a、b 为直边长度(mm)；R 为弯曲半径(mm)；α 为弯曲角度(°)；t 为材料厚度(mm)；x_0为中性层位置系数(可查相关表)。

6.9.4　弯形的方法

工件的弯曲有冷弯曲和热弯曲两种，在常温下进行的，称为冷弯曲。如工件厚度超过 5mm，则需对工件进行加热弯曲，称为热弯曲。

1. 弯制板料

工件划线后在台虎钳上用软钳口夹紧，用合适尺寸的垫块作辅助工具，分步弯曲成形，如图 6.77 所示。

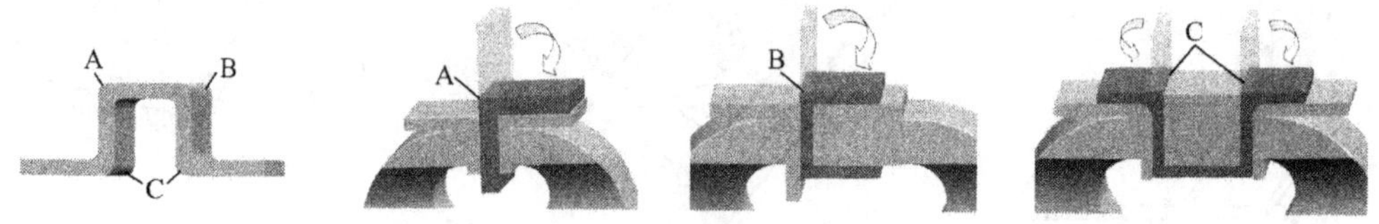

图 6.76　弯多直角工件

2. 弯制管件

弯管前，在管内灌满干砂，防止管子在弯曲时发生内瘪现象。孔径 13mm 以下时，一般采用冷弯曲，如图 6.78(a)所示；孔径超过 13mm 时，多采用热弯曲，如图 6.78(b) 所示，只加热弯曲部分。

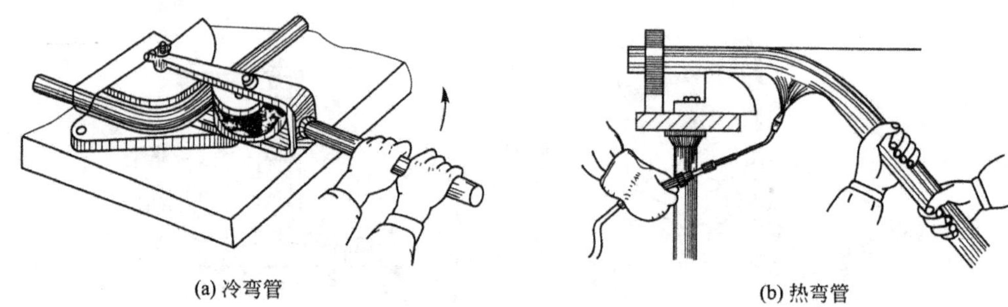
(a) 冷弯管　　(b) 热弯管

图 6.78　在专用工具上弯管

6.10　综合技能训练课题

利用所学钳工知识加工图 6.79 所示零件，具体加工步骤如下：

(1) 备料：45 钢；尺寸：(80+0.2)mm×(60+0.2)mm×(10±0.1)mm。

(2) 按图样锉好外轮廓基准面：(60±0.05)mm×(80±0.05)mm 及垂直度和平行度要求。

(3) 划出凸、凹体加工线。

(4) 钻 4×ϕ3mm 工艺孔。

(5) 加工凸形面。

(6) 加工凹形面。

(7)全部锐边倒角，检查全部尺寸精度。

(8)锯切要求达到尺寸 20mm±0.05mm，锯面平面度 0.5mm，留 3mm 不锯，锯口去毛刺。

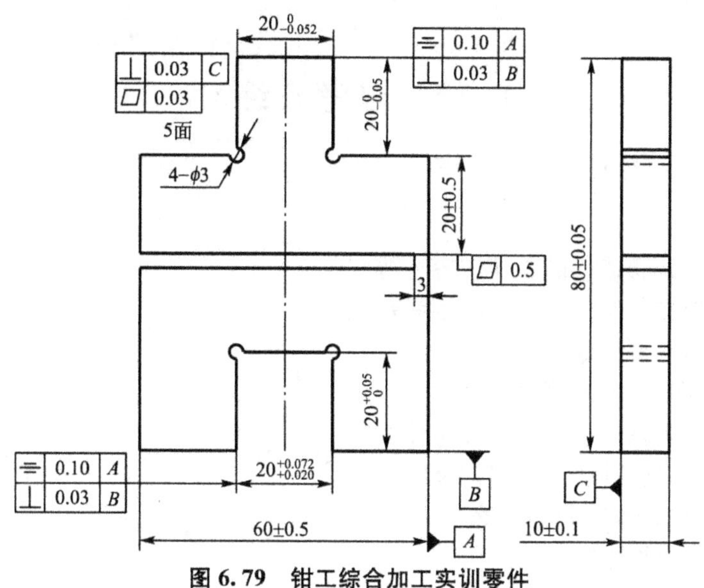

图 6.79 钳工综合加工实训零件

6.11 钳工操作安全技术

钳工操作注意事项如下：

(1) 在台虎钳上装夹工件时，工件应夹在钳口中部，以保证台虎钳受力均匀；夹紧工件时，不允许在手柄上加套管或用锤子敲击手柄，以防损坏台虎钳丝杠或螺母的螺纹。

(2) 夹紧后的工件应稳固可靠，便于加工且不产生变形；加工时用力方向最好朝向台虎钳的固定钳身。

(3) 钳工工具或量具应放在钳工工作台上的适当位置，以防掉下伤人或损伤量具。

(4) 禁止使用无柄锉刀、刮刀，手锤的锤柄必须安装牢固；锉屑必须用毛刷清理，不允许用嘴吹或手抹。

(5) 钳工工作台上应安装防护网，以防錾削时切屑飞出伤人。

(6) 在钻床上钻孔时不准戴手套操作或用手接触钻头和钻床主轴，谨防衣袖、头发被卷到钻头上。

(7)使用砂轮机时，应等砂轮转速达到正常后再进行磨削，操作者应站在砂轮机的斜侧面，不得正对着砂轮，以防发生事故。

6.12 本 章 小 结

本单介绍了钳工的作用和其常用的工具，根据钳工的加工内容，分别讲解了锯削、锉削、錾削、孔加工操作、攻螺纹与套螺纹、刮削、研磨、弯曲与矫正等基本加工方法。读者可通过对每一小节基础理论知识的阅读理解，再经过专项技能训练，然后结合综合技能训练，快速掌握钳工的各基本操作技能。

6.13 思考与练习

1. 思考题

(1) 钳工在机械制造中的工作内容有哪些？

(2) 什么是划线基准？如何选择划线基准？

(3) 錾子应用在哪些地方？

(4) 选择锯条时应考虑哪些因素？

(5) 起锯时和锯切时的操作要领是什么？

(6) 常用的锉刀有哪些？如何选择？

(7)锉平工件的操作要领是什么？

(8)锉削有哪些注意事项？

(9)钻孔的方法是什么？

(10)刮削有什么特点和用途？

2. 实训题

(1)"锉配凹凸体"是钳工中难度较大的一个教学内容，具有划线、锯割、锉削、钻孔、测量等多方面的技能要求。如图 6.80 所示的凹凸体，请编制凹凸体的加工工艺并加工。

实训器材：划针、样冲、錾子、锯弓、锯条、平锉、ϕ3mm 钻头、游标高度尺、游标卡尺、90°角尺、刀口形直尺、普通钻床。

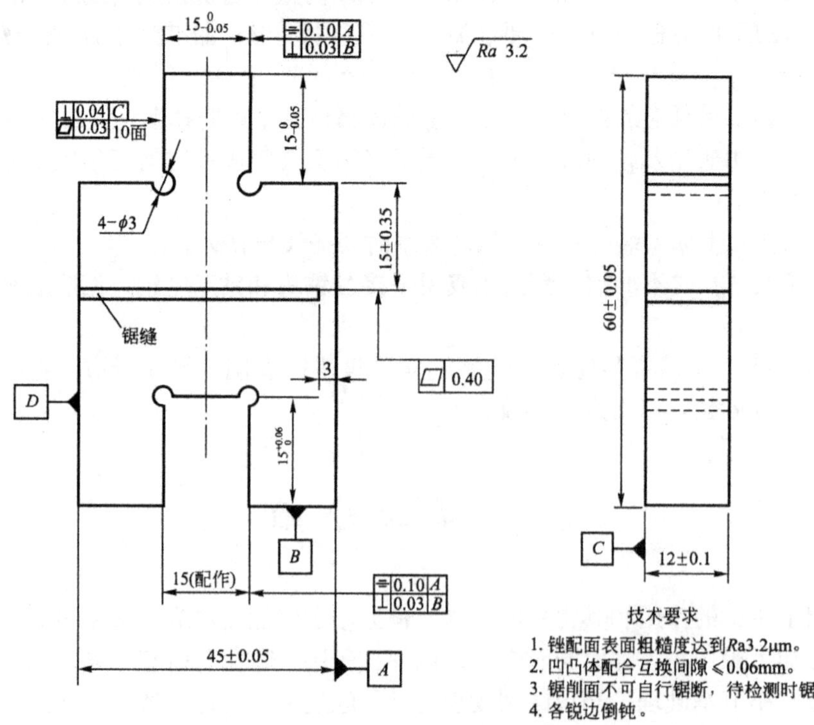

图 6.80 钳工实训零件图

材料：HT200，规格为 61mm×46 mm×13 mm。

(2) 錾削如图 6.81 所示的长方体，编制錾削工艺流程。

实训器材：划线工具、游标卡尺、锤子、扁錾、V 形垫块、角尺等。

材料：24mm×24mm×50mm。

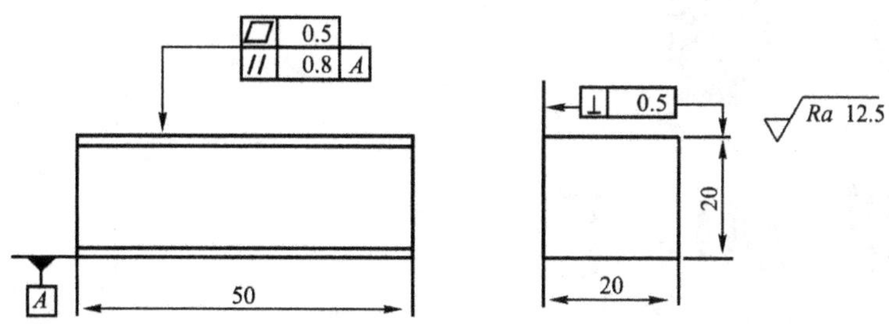

图 6.81 錾削实训零件图

(3)正确使用工具，完成如图 6.82 所示零件上的钻孔、锪孔、铰孔、攻螺纹等。

实训器材：游标高度尺、游标卡尺、直角尺、台钻、平口钳、铰杠、平板、样冲等；ϕ7mm、ϕ7.8mm、ϕ8mm、ϕ8.5mm 钻头，ϕ12mm 的 90°锥形锪钻、ϕ7mm×11mm 的柱形锪钻；ϕ8mm 手用直铰刀和锥铰刀；M10 丝锥；ϕ8mm×25mm 圆锥销和 ϕ8mm 圆销。

材料：HT200，规格为 78mm×15mm×30mm。

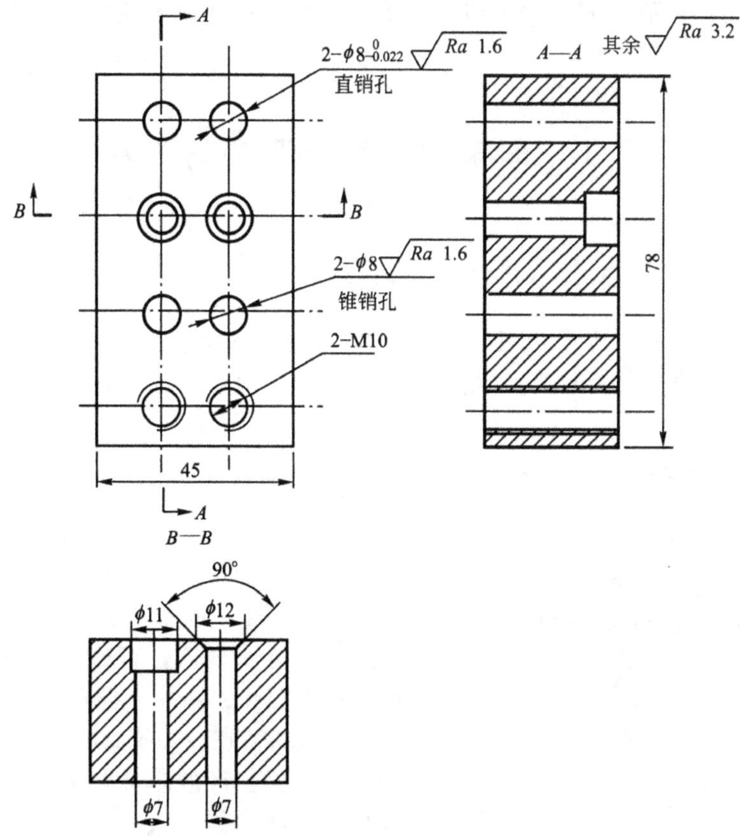

图 6.82 钳工综合实训零件图

第7章 车削加工

教学提示：车削加工是机械加工中最基本最常用的加工方法，它既可以加工金属材料，也可以加工塑料、木材、胶木等非金属材料，适于各种回转体表面的加工。本章将逐步介绍车床设备知识及车削加工的基本操作知识。

教学要求：本章要求学生了解车削加工的基本知识，熟悉卧式车床的名称、主要组成部分及作用，了解车床各部分的调整方法。掌握在车床上加工零件的装夹方法及常用附件的大致结构和用途，掌握车削加工的基本操作方法，并能正确选择简单零件的车削加工顺序。

7.1 车床的装配、调整与刀具

7.1.1 车床的基本构造及其机械加工工艺特点

车削加工是机械加工中最常用、最基本的一种加工方法。车床在金属切削机床中占了总数的一半左右。车床种类很多，尤其近年来数字化、自动化、高精度车床不断出现，更让车削加工大展身手。

1. 车削加工工艺特点

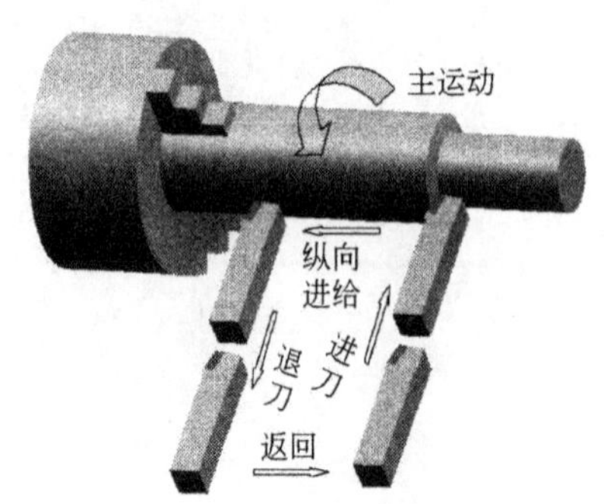

图7.1 车削运动

车削加工是在车床上利用工件的旋转运动和刀具的移动来改变毛坯形状和尺寸，将其加工成所需零件的一种切削加工方法，如图7.1所示。

车削加工的范围很广，可以车外圆、车端面、切断和切槽、钻中心孔、钻孔、镗孔等，如图7.2所示，它们有一个共同的特点——带有回转体表面。

车削加工不仅生产效率高，应用广泛，而且适用加工金属和一些非金属材料，加工尺寸精度较宽，一般可达IT12～IT7，精车时可达IT6～IT5，表面粗糙

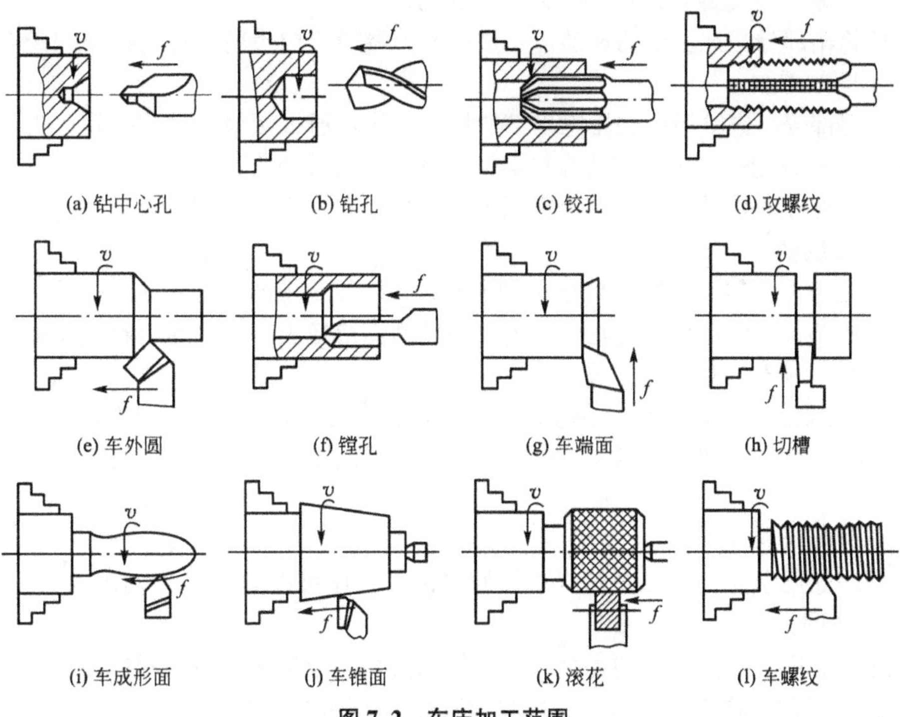

图 7.2 车床加工范围

度一般是 6.3～0.8μm。

2. 车床基本构造

车床中应用最广泛的是卧式车床，如图 7.3 所示，主要由以下几部分组成：

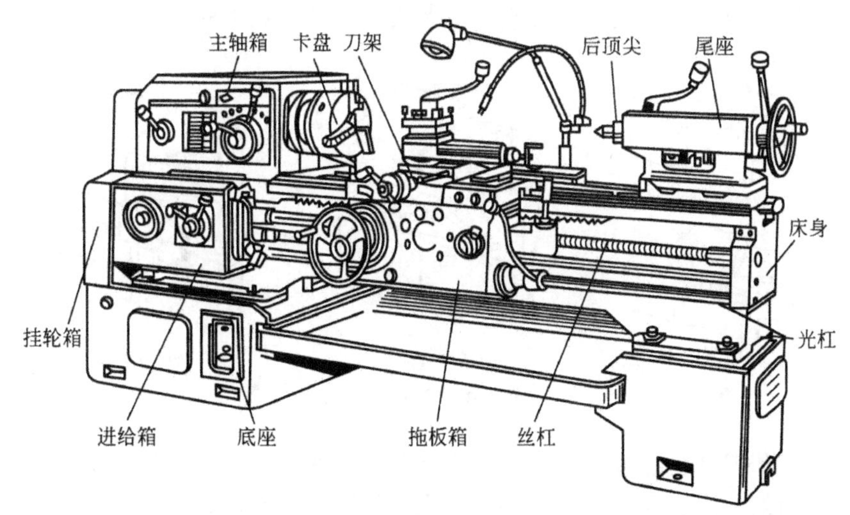

图 7.3 C6140 普通车床

(1) 床头部分。

主轴箱：又称主轴变速箱，带动车床主轴及卡盘转动，变换主轴箱外面的手柄位置，可以使得主轴得到不同的转速。

卡盘：用来夹持工件，并带动工件一起转动。

(2) 挂轮箱部分。把主轴的转动传给进给箱，调换箱内齿轮，并与进给箱配合，可以车削各种不同的螺纹。

(3) 走刀部分。进给箱：利用它内部的齿轮机构，通过箱体外面的手柄，把主轴的旋转运动传给丝杠或光杠，使丝杠或光杠得到各种不同的转速。

光杠：用来把进给箱的运动传给拖板箱，使拖板和上面的车刀按要求的速度作纵向或横向直线走刀运动。

丝杠：用来车削螺纹，它能使拖板和上面的车刀按要求的速度移动。

(4) 拖板部分。拖板箱：把丝杠或光杠的转动传给拖板部分，通过箱体外面的手柄变换，经拖板部分使车刀作纵向或横向走刀。

拖板：分大拖板、中拖板、小拖板。大拖板用于纵向切削工作；中拖板用于横向车削工件和控制车刀切入工件的深度；小拖板用于控制纵向吃刀及纵向车削较短工件或锥度工件。

刀架：用来装夹车刀。

(5) 尾座。用来安装顶尖以支顶较长的工件，它还可以安装各种切削刀具，如钻刀、绞刀、中心钻等。

(6) 床身。用来支持车床的各个部件，如床头箱、拖板箱、拖板和床尾等都安装在它上面。床身上有两条精确的导轨，拖板和床尾可沿着导轨移动。

(7)附件。附件有中心架、跟刀架等，车削较长工件时用来支持工件。

7.1.2 刀具材料、角度与结构

1. 车刀的结构

车刀从结构上分为整体式、焊接式、机夹式、可转位式 4 种，如图 7.4 所示。

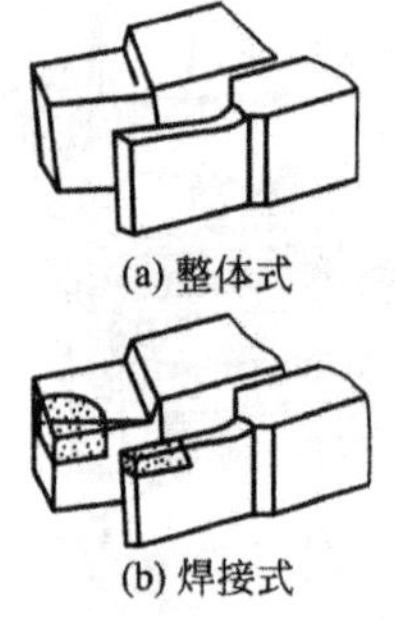

(a) 整体式

(b) 焊接式

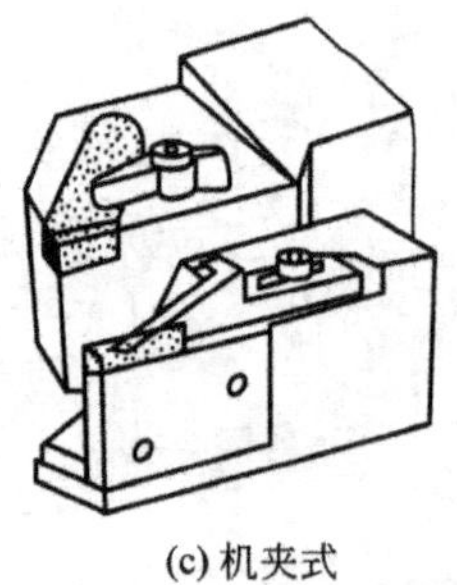

(c) 机夹式

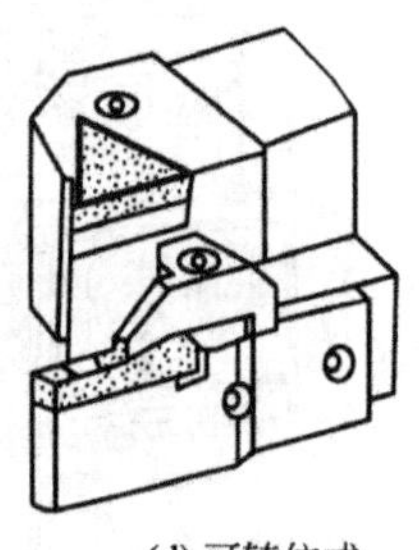

(d) 可转位式

图 7.4 车刀的结构

车刀由刀头和刀杆两部分所组成，刀头是车刀的切削部分，刀杆是车刀的夹持部分。车刀的切削部分由三面、二刃、一尖组成，如图 7.5 所示。

(1) 前刀面：切削时，切屑流出所经过的表面。

(2) 后刀面：切削时，与工件正在形成的表面相对的表面。

(3) 副后刀面：切削时，与工件已加工表面相对的表面。

(4) 主切削刃：前刀面与主后刀面的交线。它可以是直线或曲线，担负着主要的切削

工作。

(5) 副切削刃：前刀面与副后刀面的交线。一般只担负少量的切削工作。

(6) 刀尖：主切削刃与副切削刃的相交部分。为了强化刀尖，常磨成圆弧形或成一小段直线称过渡刃。

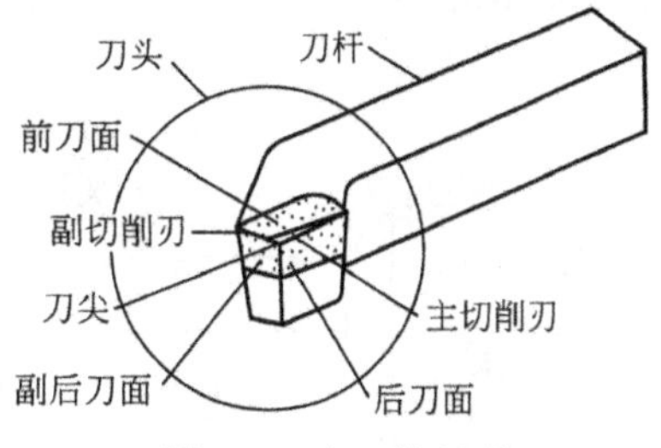

图 7.5 车刀的组成

2. 车刀的材料

在切削过程中，刀具切削部分由于受力、受热和摩擦而磨损，故对刀具材料有下列基本要求：

(1) 刀具材料应具备的性能。

① 高硬度和好的耐磨性：刀具材料的硬度必须高于被加工材料的硬度才能切下金属。一般刀具材料常温时的硬度应在 60HRC 以上。刀具材料越硬，其耐磨性就越好。

② 足够的强度与冲击韧度：切削过程中会产生振动，使刀具承受压力、冲击和振动。刀具必须具备能承受这些负荷的强度和韧性，不会发生刀刃崩碎和刀杆折断的情况。

③ 高的耐热性：刀具磨损时产生大量的热，刀具材料要在高温下仍能保持刀具切削所需的硬度、耐磨性、强度和韧性。

④ 良好的工艺性和经济性：刀具要便于制造，价格低廉。

(2) 常用刀具材料。

车刀常用的主要材料有高速钢和硬质合金两种。

① 高速钢。高速钢是一种高合金钢，俗称白钢、锋钢等。其强度、冲击韧度、工艺性很好，是制造复杂形状刀具的主要材料，如成形车刀、麻花钻头、铣刀、齿轮刀具等。高速钢在切削温度不超过 600℃时，能保持其良好的切削性能。

② 硬质合金。以耐热高和耐磨性好的碳化物为基体，结合粘结剂，采用粉末冶金的方法压制成各种形状的刀片，然后用铜钎焊的方法焊在刀头上。其特点是硬度高(相当于74～82HRC)，耐磨性好，且在 800～1000℃的高温下仍能保持其良好的热硬性。但硬质合金车刀韧性差，不耐冲击，所以大都制成刀片形式，焊接或机械夹固在中碳钢的刀体上使用。

3. 车刀角度

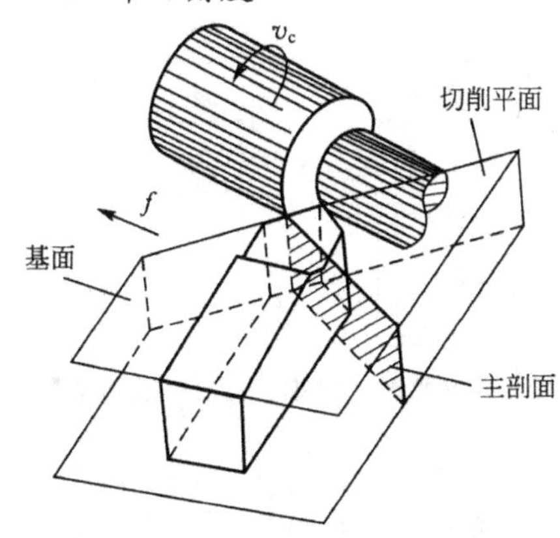

图 7.6 确定车刀角度的辅助平面

车刀的角度对加工质量和生产率等起着重要作用。如图 7.6 所示，在切削时，垂直于主运动方向的平面称为基面(对车刀而言，基面呈水平面，即与车刀底面平行)；与切削刃上选定的一点相切并垂直于基面的平面称为切削平面；再做一个与切削平面和基面同时垂直的平面称为主剖面，这样 3 个平面就构成了一个空间坐标系，在坐标系里就可以表达刀头上三面二刃的空间位置了，主要角度如图 7.7 所示。

(1) 前角 γ_0：在主剖面内，前刀面与基面之间的夹角，表示前刀面的倾斜程度。图 7.8所示为前角与后角的剖视图。

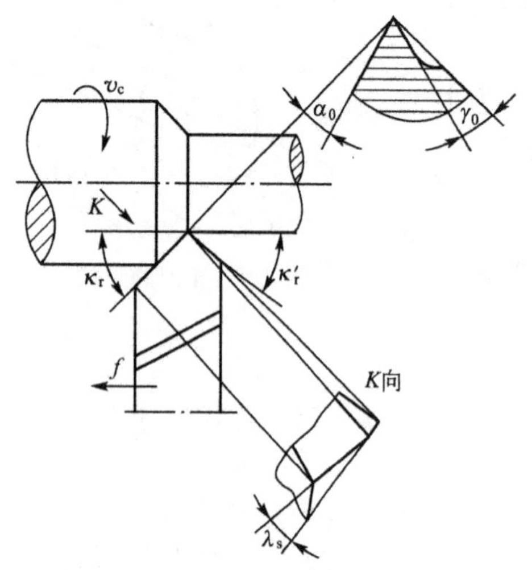

图 7.7 车刀的主要角度

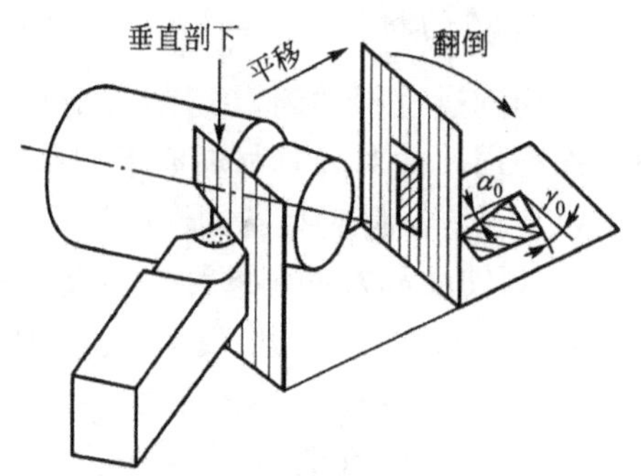

图 7.8 前角与后角

前角的作用：增大前角，可使刀刃锋利、切削力降低、切削温度低、刀具磨损小、表面加工质量高。但过大的前角会使刃口强度降低，容易造成刃口损坏。

选择原则：用硬质合金车刀加工钢件(塑性材料等)，一般选取 $\gamma_0=10°\sim20°$；加工灰口铸铁(脆性材料等)，一般选取 $\gamma_0=5°\sim15°$。精加工时，可取较大的前角，粗加工应取较小的前角。工件材料的强度和硬度大时，前角取较小值，有时甚至取负值。

(2) 后角 α_0：在主剖面内，主后刀面与切削平面之间的夹角，表示主后刀面的倾斜程度。

后角的作用：减少主后刀面与工件之间的摩擦，并影响刃口的强度和锋利程度。选择原则：一般后角可取 $\alpha_0=6°\sim8°$。

(3) 主偏角 κ_r：主切削刃与进给方向在基面上投影间的夹角(图 7.9)。

主偏角的作用：影响切削刃的工作长度(图 7.10)、切深抗力、刀尖强度和散热条件。主偏角越小，则切削刃工作长度越长，散热条件越好，但切深抗力越大(图 7.11)。

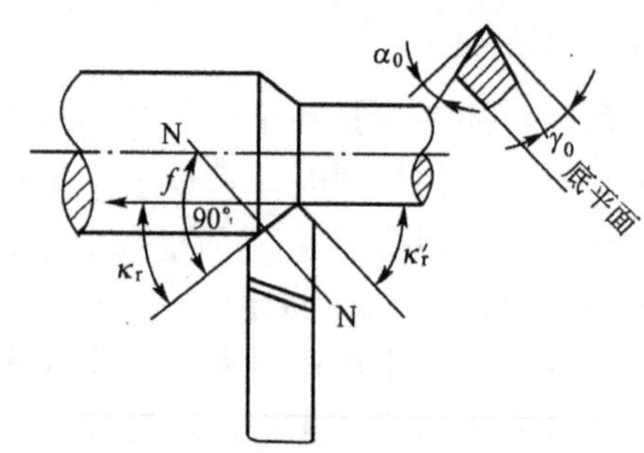

图 7.9 车刀的主偏角与副偏角

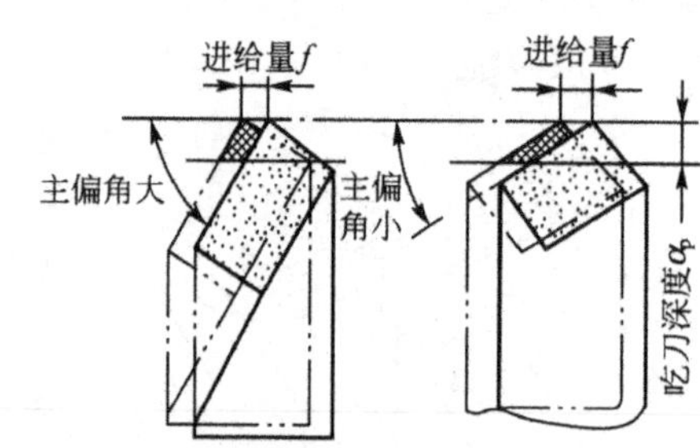

图 7.10 主偏角改变时，对主刀刃工作长度的影响

选择原则：车刀常用的主偏角有 45°、60°、75°、90°几种。工件粗大、刚性好时，可取较小值。车细长轴时，为了减少径向力而引起工件弯曲变形，宜选取较大值。

(4)副偏角 κ_r'：副切削刃与进给方向在基面上投影间的夹角。

副偏角的作用：影响已加工表面的表面粗糙度(图 7.12)，减小副偏角可使已加工表面光洁。选择原则：一般选取 5°～15°，精车时可取 5°～10°，粗车时取 10°～15°。

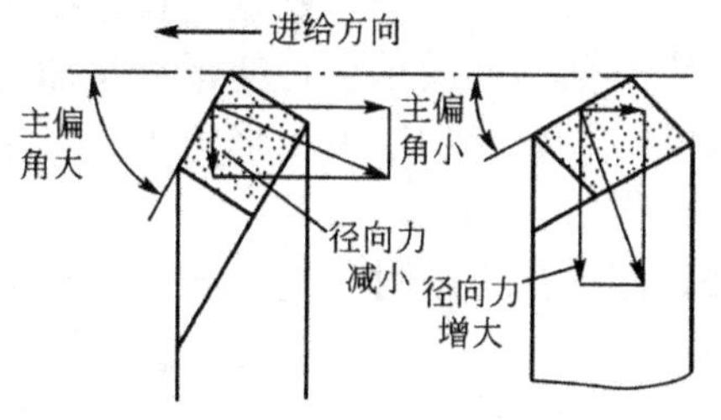

图 7.11 主偏角改变时，径向切削力的变化图

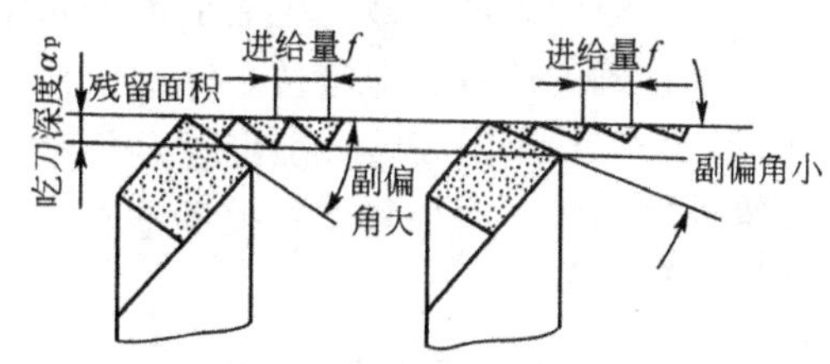

图 7.12 副偏角对残留面积高度的影响

(5) 刃倾角 λ_s：主切削刃与基面间的夹角。刀尖为切削刃最高点时为正值，反之为负值。

刃倾角的作用：主要影响主切削刃的强度和控制切屑流出的方向。以刀杆底面为基准，当刀尖为主切削刃最高点时，λ_s 为正值，切屑流向待加工表面，如图 7.13(a)所示；当主切削刃与刀杆底面平行时，$\lambda_s=0°$，切屑沿着垂直于主切削刃的方向流出，如图 7.13(b)所示；当刀尖为主切削刃最低点时，λ_s 为负值，切屑流向已加工表面，如图 7.13(c)所示。

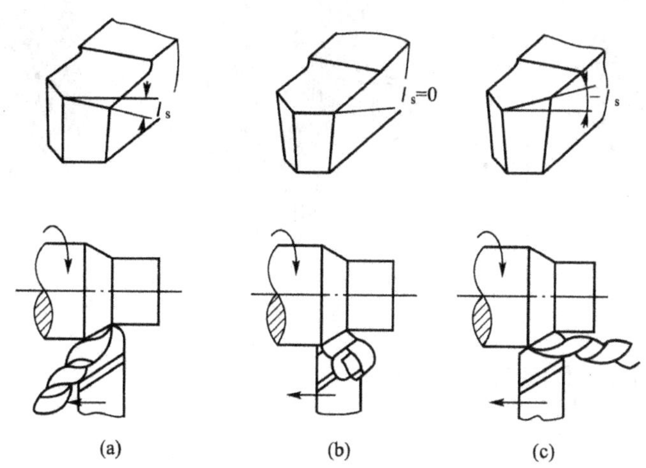

图 7.13 刃倾角对切屑流向的影响

选择原则：一般 λ_s 在 0°～±5°之间选择。粗加工时，常取负值，虽切屑流向已加工表面无妨，但保证了主切削刃的强度。精加工常取正值，使切屑流向待加工表面，从而不会划伤已加工表面。

7.2 车削外圆、端面和钻中心孔

7.2.1 外圆、端面车削和钻中心孔实习的相关知识准备

1. 机床的选择

车削加工应根据车床规格，考虑被加工工件的最大外圆直径和最大长度来选取机床。

2. 工件的装夹

车削时，被加工零件随车床主轴做旋转运动，所以车削前必须把工件装夹在车床主轴上的夹具上，以保证零件被加工表面的回转中心与车床主轴的轴线重合，使零件在加工之前占有一个正确的位置，即定位。零件定位后还要夹紧，以承受切削力、重力等。所以零件在机床(或夹具)上的安装一般经过定位和夹紧两个过程。

按零件的形状、大小和加工批量不同，安装零件的方法及所用附件也不同。在普通车床上常用的附件如下：

(1) 自定心卡盘。自定心卡盘(常称三爪卡盘)的构造如图 7.14 所示。使用时，用卡盘扳手转动小伞齿轮，可使与之啮合的大伞齿轮随之转动，大伞齿轮背面的平面螺纹就带动 3 个卡爪同时作向心或离心移动，以同时夹紧或松开零件，如图 7.14(b)所示。当零件直径较大时，可换上反爪进行装夹，如图 7.14(c)所示。自定心卡盘能自动定心，可省去许多校正零件的时间，是车床最常用的通用夹具。

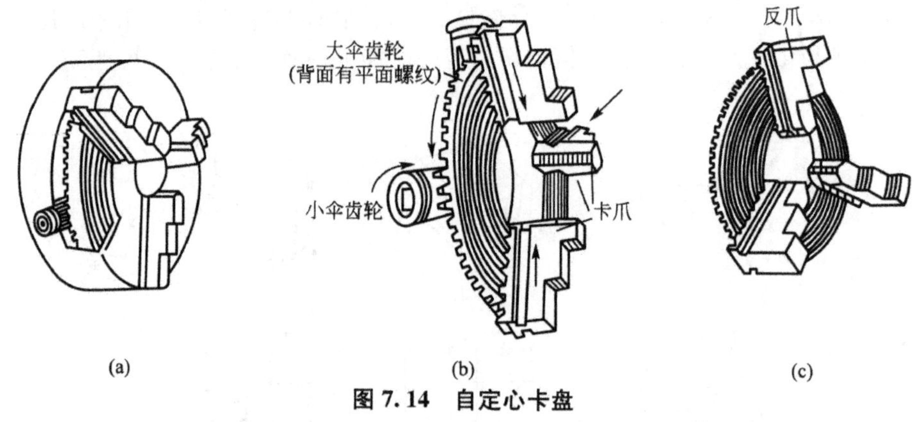

图 7.14 自定心卡盘

自定心卡盘使用方法如图 7.15 所示：

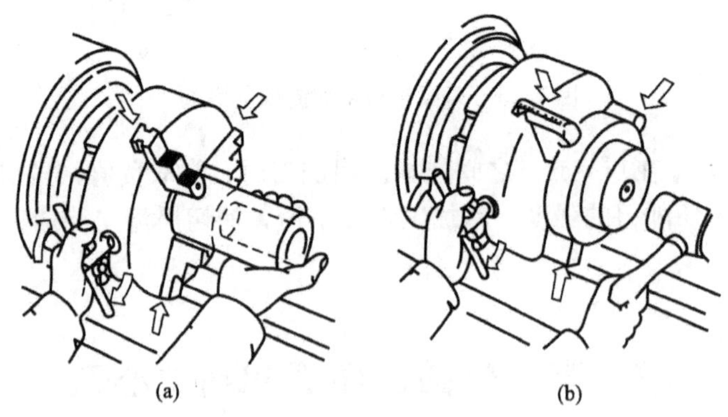

图 7.15 用自定心卡盘安装工件

① 零件在卡爪间必须放正，轻轻夹紧，夹持长度至少 10 mm。

② 开动机床，使主轴低速旋转，检查零件有无偏摆，若有偏摆应停车，用小锤轻敲校正，然后紧固零件。

(2) 四爪卡盘。四爪卡盘与自定心卡盘不同，自定心卡盘的 3 个爪是同时联动的，而四爪卡盘的每一个爪都是独立运动的，如图 7.16(a)所示。

四爪卡盘不但可以装夹截面是圆形的工件，还可以装夹截面是方形、长方形、椭圆形和其他不规则形状的工件。四爪卡盘安装工件时必须找正，如图 7.16(b)所示。

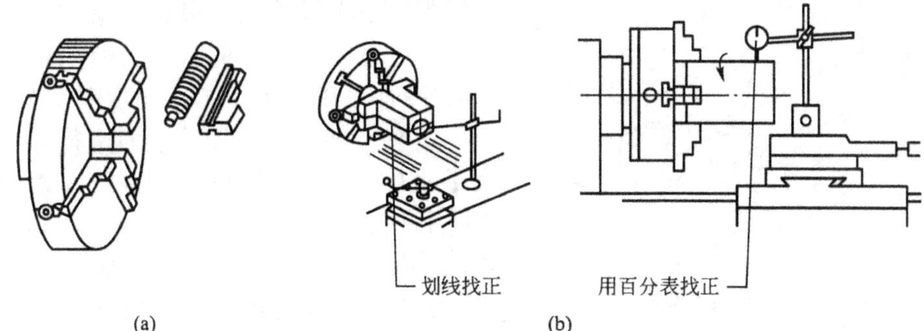

图 7.16　四爪卡盘及其安装找正

(3) 顶尖、跟刀架及中心架。

① 顶尖。如果轴类零件的长径比较大，台阶面同心度要求高，端面与轴线垂直度要求较高，并且需多次调头安装和粗、精车才能保证质量，或车削之后还有铣、磨加工时，这时需采用一前一后两顶尖安装，如图 7.17 所示。前顶尖装在车床主轴前端的莫氏锥孔内，后顶尖装在尾架套筒的莫氏锥孔内。前、后顶尖支撑在工件的两端面顶尖孔内，靠近主轴一端用卡箍夹住工件，由装在主轴上的拨盘带动工件随主轴转动。

常用的顶尖有死顶尖和活顶尖两种，如图 7.18 所示。前顶尖采用死顶尖，后顶尖易磨损，在高速切削时常采用活顶尖。

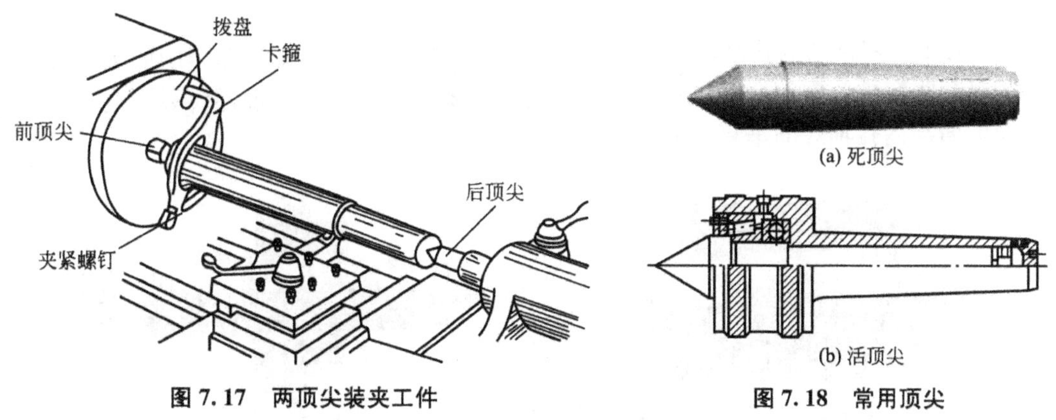

图 7.17　两顶尖装夹工件　　**图 7.18　常用顶尖**

当不需要掉头安装即可在车床上保证零件的加工精度时，也可用自定心卡盘代替拨盘，即一夹一顶的装夹方法，如图 7.19 所示。

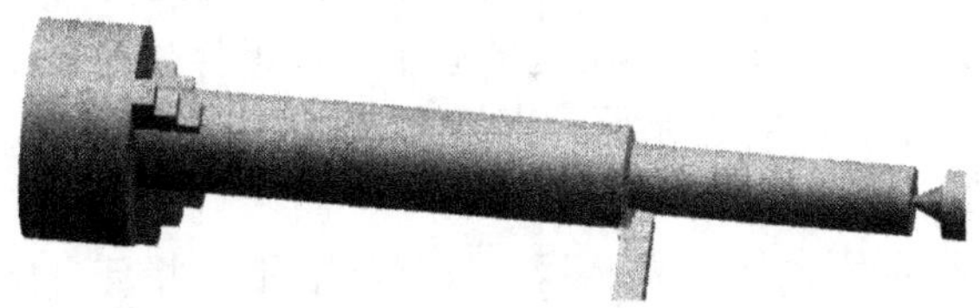

图 7.19　一夹一顶安装工件

② 跟刀架。精车或半精车细长光轴类零件，丝杠和光杠等常常辅之以跟刀架，如图 7.20所示。跟刀架固定在大拖板上，并随大拖板一起作纵向运动。先在工件上靠后顶尖的一端车出一小段外圆，根据它来调节跟刀架的支承，然后车出工件的全长。使用跟刀架可以抵消径向切削力，从而提高精度和表面质量。

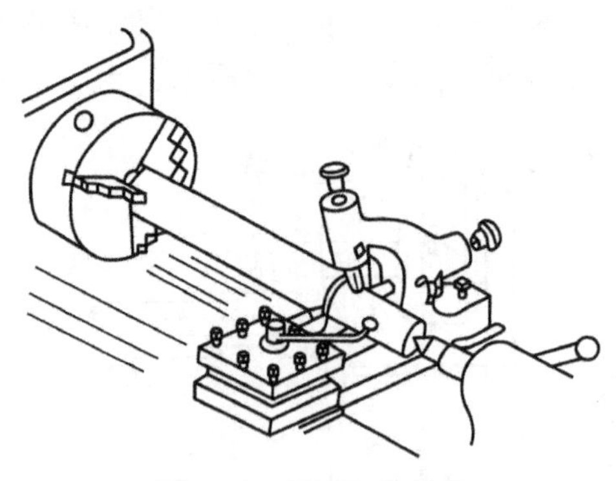
图 7.20 跟刀架的使用

③ 中心架。在长杆件端面进行孔加工和不能穿过主轴孔的大直径长轴进行车端面时，一般使用中心架，如图 7.21 所示。中心架由压板螺钉紧固在车床导轨上，以互成 120°角的 3 个支承爪支承在零件预先加工的外圆面上进行支撑，以增加零件的刚性。

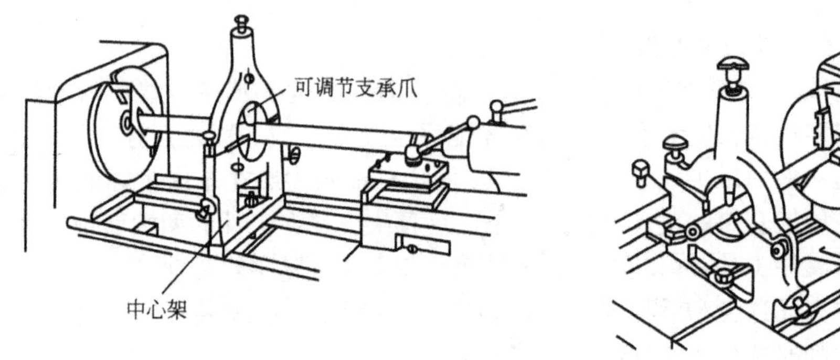

图 7.21 中心架的使用

(4) 心轴。零件的内孔已经进行了精加工(达 IT8～1T7)，其他部分的同轴度又要求较高的盘套类零件，常用心轴以零件的内孔定位来加工外圆，以保证零件外圆与内孔的同轴度及端面与内孔轴线的垂直度的要求，如图 7.22 所示。

(a) 圆柱心轴装夹工件

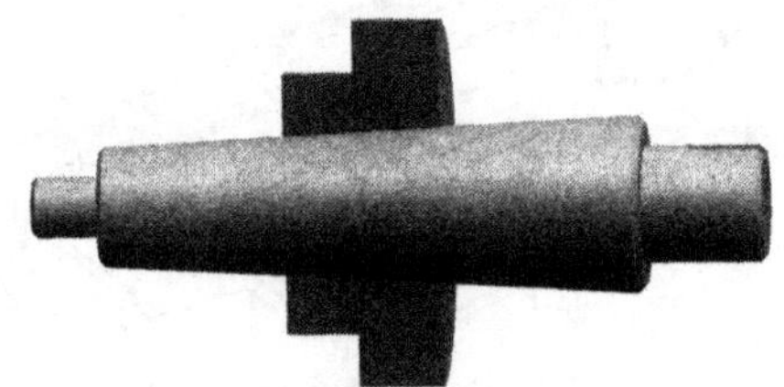
(b) 圆锥心轴安装工件

图 7.22 心轴的使用

心轴用双顶尖安装在车床上，以加工端面和外圆。安装时，根据零件的形状、尺寸、精度要求和加工数量的不同，采用不同结构的心轴。当零件长径比小于 1 时，应使用带螺母压紧的圆柱心轴，如图 7.22(a)所示；当零件长径比大于 1 时，可采用带有小锥度(1∶5000～1∶1000)的心轴，如图 7.22(b) 所示。

(5) 花盘和角铁。在车床上加工大、扁、形状不规则，并且自定心、四爪卡盘无法装卡的大型零件，又要保证所加工的平面与安装平面平行、所加工的孔或外圆的轴线与安装平面垂直的工件常采用花盘和角铁，如图7.23所示。

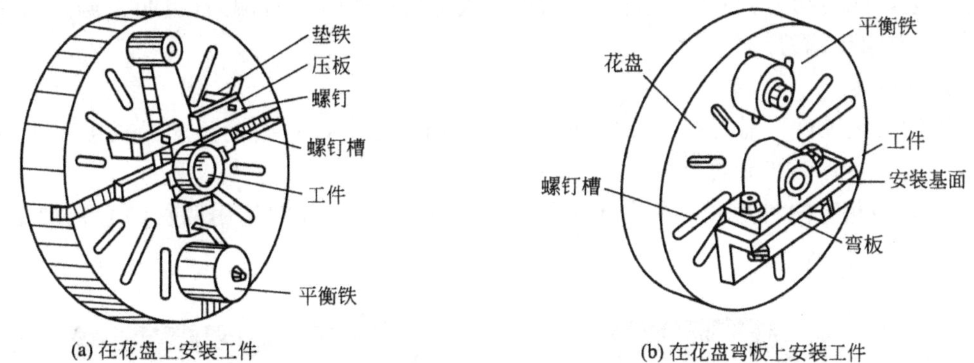

图7.23 花盘的使用

3. 刀具的选择

(1) 45°车刀(图7.24)。45°车刀主要用于车削不带台阶的光轴，它可以车外圆、端面和倒角，刀头和刀尖部分强度高。

(2) 75°车刀(图7.25)。75°车刀适用于粗车加工余量大、表面粗糙、有硬皮或形状不规则的零件，它能承受较大的冲击力，刀头强度高，耐用度高。

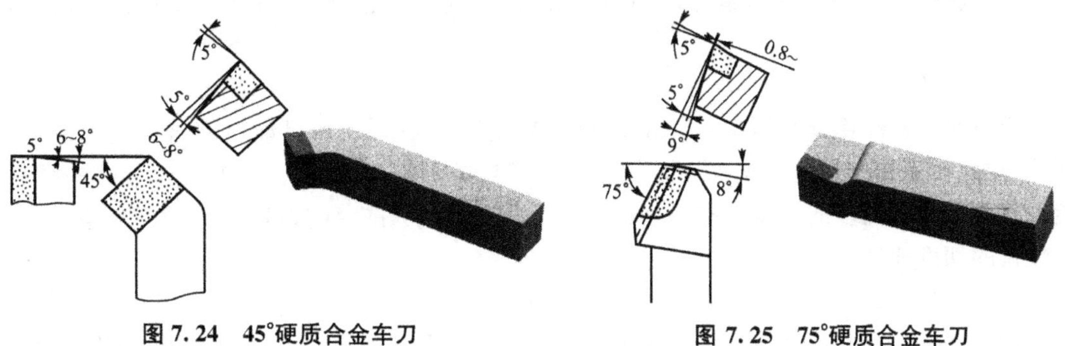

图7.24 45°硬质合金车刀 **图7.25 75°硬质合金车刀**

(3) 90°车刀(图7.26)。90°车刀也叫偏刀，用来车削工件的端面和台阶，有时也用来精车外圆，特别是用来车削细长工件的外圆，可以避免把工件顶弯。

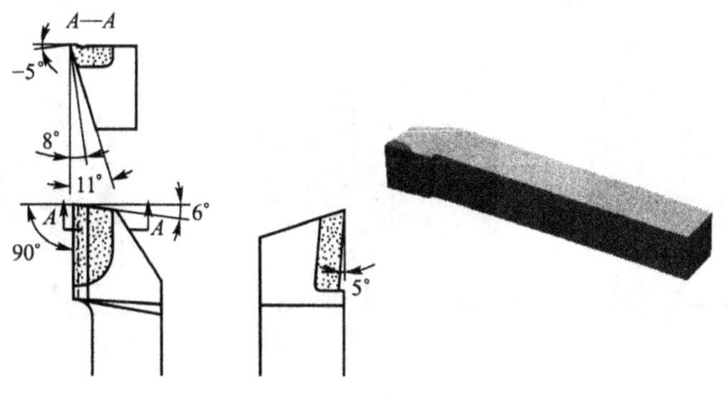

图7.26 90°硬质合金车刀

外圆车刀按进给方向又分为右偏刀和左偏刀两种，判别方法：将右手伸开，掌心向下置于车刀上，四指与刀尖同向，则主切削刃在大拇指一边时是右偏刀(也叫正偏刀)，否则是左偏刀(也叫反偏刀)。

(4) 中心钻。

用顶尖安装工件，需要在工件的两端面上打出中心孔，先按轴要求的长度车平端面，然后用专用的中心钻在端面上打孔。

常用中心孔有两种形式：A 型中心孔和 B 型中心孔，分别是用两种中心钻加工出来的，如图 7.27 所示。

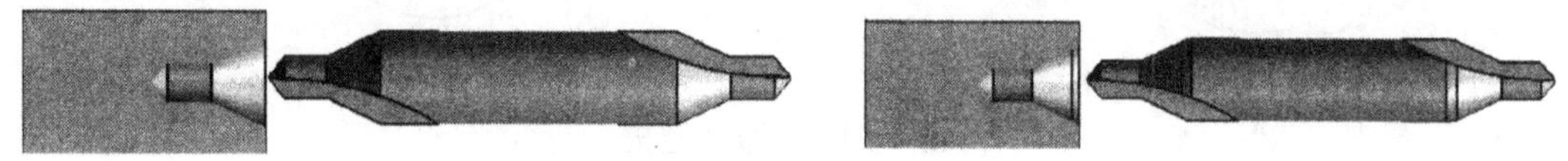

(a) A型中心孔及中心钻　　(b) B型中心孔及中心钻

图 7.27　常见中心孔及中心钻

中心孔的规格是按小圆孔的直径来称呼的，如 4mm 中心孔，6mm 中心孔等。中心孔的大小取决于工件的直径和质量，选用时可查相关资料。

4. 外圆的车削方法

工件旋转，车刀作纵向走刀，即可车外圆。外圆车削一般可分为：粗车、半精车和精车。

(1) 粗车。

粗车时，应使用外圆粗车刀[图 7.28(a)和图 7.28(b)]，尽可能快地将毛坯上的多余部分车去(但要留一定的精车加工余量)。粗车时吃刀深、走刀快，车刀要有足够的强度，能一次走刀车去较多的余量，提高生产效率。粗车采用大的背吃刀量 a_p、较大的进给量 f 及较快的切削速度 v_c。

背吃刀量：2～3mm，进给量：0.3～0.8mm/r。

切削速度：硬质合金车刀车钢件时可取 50～70m/min，车铸铁时取车钢件速度的 70%。

对精度要求较高的工件，粗车时应留半精车和精车的切削余量，留半精车余量为 1～3mm，精车余量为 0.1～0.5mm。

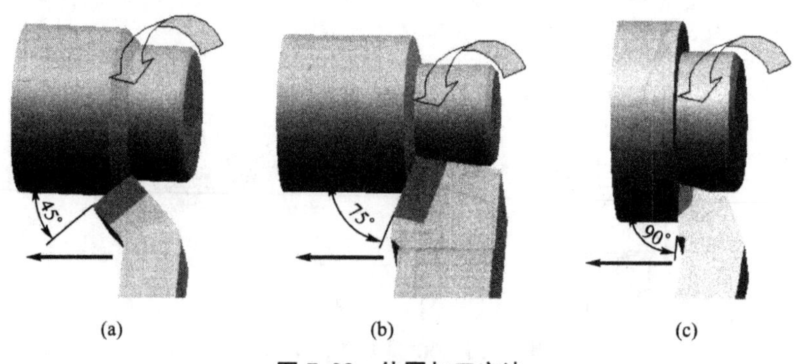

图 7.28　外圆加工方法

(2) 精车。

粗车后，根据图样对零件的精度和粗糙度要求，半精车、精车工件[图 7.28(c)]。精车是为了达到零件的精度和粗糙度要求，所以，车刀锋利，刀刃平直光洁。车削时采用小的背吃刀量和进给量。

背吃刀量：0.2～0.5mm，进给量：0.05～0.2mm/r。

切削速度：硬质合金车刀车钢件时可取100m/min，车铸铁时取车钢件速度的50%。

5. 端面的车削方法

工件旋转，车刀作横向走刀，即可车端面。车台阶实际上是车外圆和车端面的综合。

(1) 45°车刀车端面(图 7.29)。

车刀由外圆向中心进给，利用主削刃进行切削，工件中心的凸台是逐渐被车掉的，不易损坏刀尖。45°车刀刀头强度大，工件表面粗糙度较小，适用于车削较大的平面。

(2) 75°反偏刀车端面(图 7.30)。

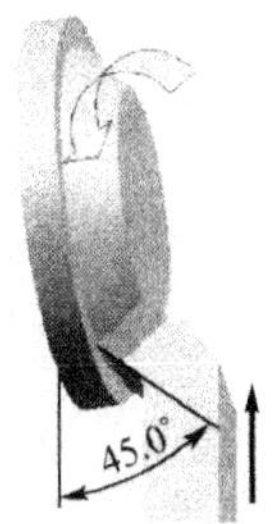

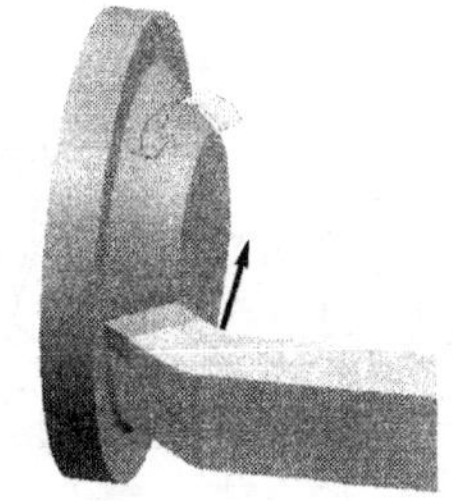

图 7.29　45°车刀车端面

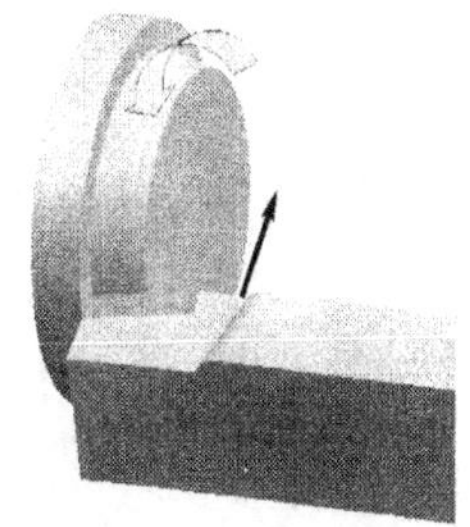

图 7.30　75°反偏刀车端面

用主偏角75°反偏刀的主切削刃进行切削，切削顺利，工件表面粗糙度小，刀头强度和散热最好，车刀耐用，适于铸、锻件的大平面车削。

(3) 90°偏刀车端面。

① 90°正偏刀车端面。

如图 7.31(a)所示，由外圆向中心走刀车削端面，用正偏刀的副削刃切削，切削不顺利，当背吃量较大时，向里的切削力会使车刀扎入工件表面而形成凹面，但适于精车端面(背吃刀量要很小)。

如图 7.31(b)所示，由中心向外圆走刀时，是用主切削刃切削，切削力向外，不会形成凹面。

② 90°反偏刀车端面。

如图 7.32 所示，是用主切削刃进行切削，切削顺利，车出的表面粗糙度较小。但工件中心的凸台在瞬间被车刀切掉，易损坏车刀刀尖。

6. 钻中心孔的方法

(1) 中心钻安装在钻夹头上，夹紧(图 7.33)。

(2) 擦净钻夹头锥柄部和尾座锥孔，将钻夹头的锥柄撞入尾座的锥孔内。

(3) 推动车床尾座，将中心钻靠近工件端面，锁紧尾座套筒。

(4) 启动车床主轴，以较高的速度旋转，手摇尾座套筒手轮，使中心钻前进钻入工件。注意，中心孔不宜钻得过深。

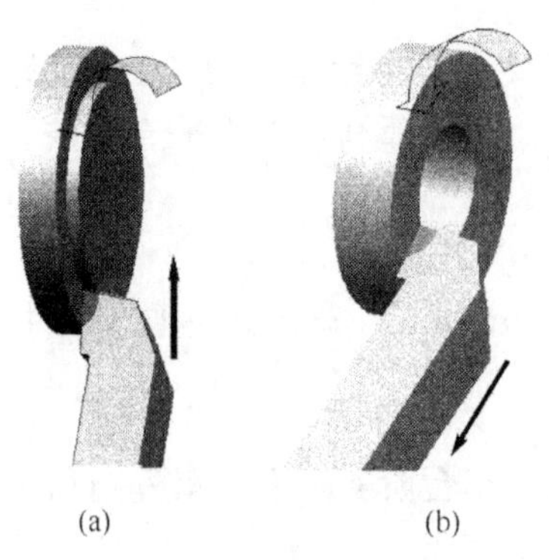

图 7.31　90°正偏刀车端面

图 7.32　90°反偏刀车端面

(5) 钻完后中心钻应作短暂停留，然后退出，使中心孔光、圆、准确。

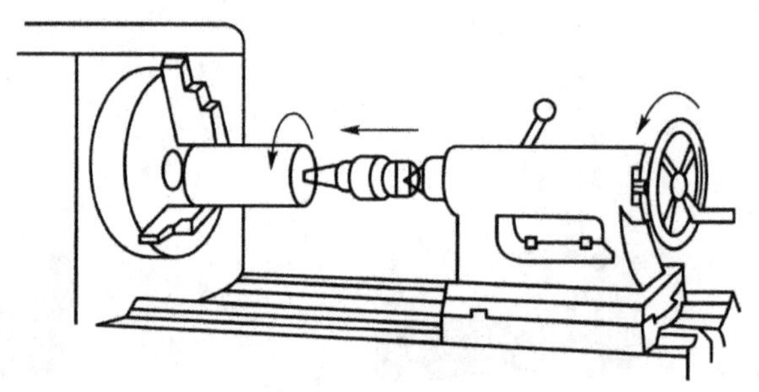

图 7.33　钻中心孔

7.2.2　外圆、端面车削和钻中心孔实习的加工实例

完成如图 7.34 所示的外圆、端面及中心孔的加工操作，加工工艺步骤如下：

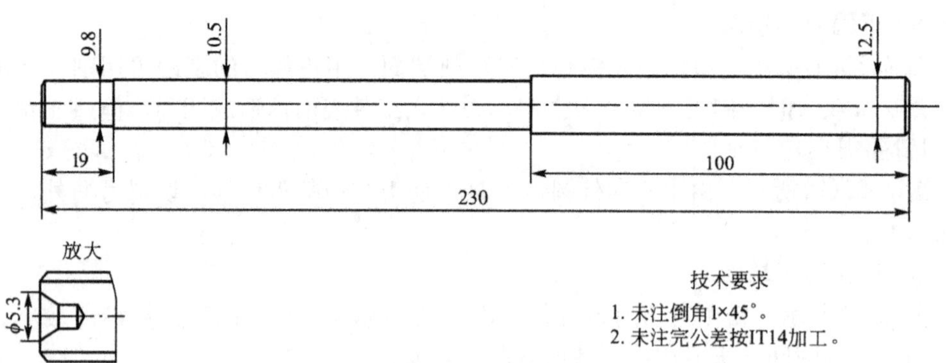

图 7.34　车外圆及端面

(1) 用自定心卡盘夹住毛坯，伸出 30mm 左右，夹紧后车平端面。

(2) 钻中心孔。

(3) 用一夹一顶的方法粗车外圆至 ϕ13mm，长度尽量长些。

(4) 精车外圆至 ϕ12.5mm，长度 100mm。

(5) 倒 1×45°角。

(6) 调头用三爪夹住工件，伸出 30mm 左右，夹紧后车平端面。

(7)钻中心孔。

(8)用一夹一顶尖方式装夹，粗车外圆至 ϕ11mm 左右，长度 130mm。

(9)精车外圆至 ϕ(10.5±0.1)mm。

(10)精车外圆至 ϕ9.8mm，长度为 19mm。

(11)倒 1×45°角。

7.3 在车床上钻、镗和铰圆柱孔

7.3.1 钻、镗和铰孔实习的相关知识准备

很多零件因支撑和连接的需要，把它做成带内圆柱孔的，如各种轴承套、齿轮、带轮与轴配合的孔。孔的加工方法很多，根据零件的加工要求不同，常用的加工方法为钻孔、扩孔、铰孔和镗孔。

1. 钻、扩、铰孔的相关准备知识

回转体零件的内孔多在车床上加工。对于直径较小、精度高和表面粗糙度要求较高的孔，常采用钻、扩、铰的加工工艺来进行。

在车床上进行钻、扩、铰加工与在钻床上加工所用的工具、刀具相同，具体可参考“6.5.1 钻、扩、锪、铰孔实习的相关知识准备”部分。

2. 镗孔的相关准备知识

铸造、锻造或用钻头钻出来的孔，工件上孔径要求较大时，为了达到所要求的尺寸精度和表面粗糙度，常采用镗孔的加工方法。镗孔可以作粗加工，也可以作精加工，精度可达 IT7～IT8。

(1) 镗刀可分为通孔镗刀和盲孔镗刀。通孔镗刀是镗通孔用的，其切削部分结构与外圆车刀基本相似，如图 7.35(a)所示。盲孔镗刀是用来镗盲孔或台阶孔的，切削部分结构与外圆偏刀相似，如图 7.35(b)所示。刀尖与刀杆的距离应小于内孔半径，否则无法将孔的底面车平。

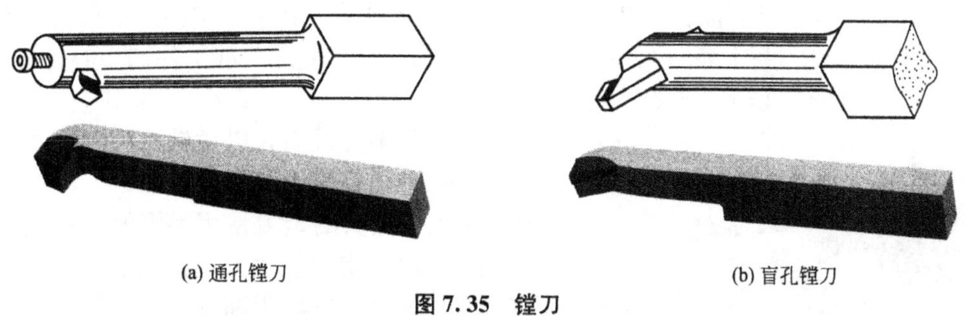

(a) 通孔镗刀　　(b) 盲孔镗刀

图 7.35　镗刀

(2) 镗削的工艺特点。

① 车床镗削可用于 ϕ8mm 以上各种结构孔的加工。

② 由于镗刀杆受孔径的限制，刚性较差，易弯曲变形和振动，故镗削质量的控制，特别是细长孔不如铰削方便。

③ 镗刀杆的弯曲变形使得加工时采用较小的进给量和背吃刀量，要多次走刀才能完成加工，生产率较低，用于单件小批生产。

3. 钻孔的方法

在车床上钻孔和在钻床上钻孔类似，不同的只是钻头要装在车床尾座的套筒里，钻头不动而工件随主轴运动，钻头随尾座套筒前进作进给运动，如图 7.36 所示。

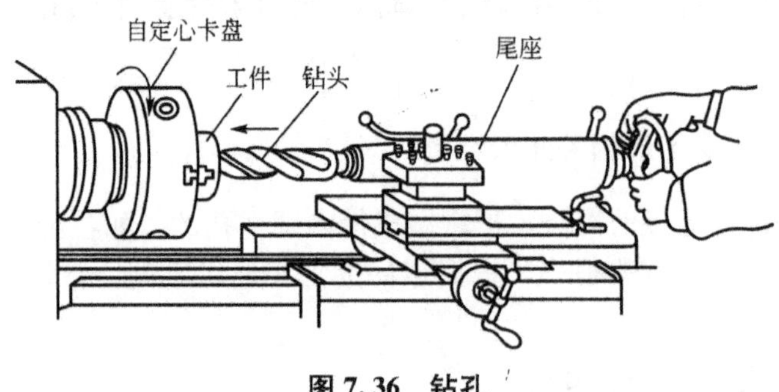

图 7.36 钻孔

钻孔操作步骤如下：

(1) 装夹钻头。锥柄钻头可直接装在尾座套筒锥孔中，直柄钻头用钻夹头夹持。

(2) 车平端面，工件端面中心不能留有凸点。为防止钻头引偏，可先在工件端面用中心钻或较短钻头预钻定心坑，如图 7.37 所示。

图 7.37 预钻定心坑

(3) 调整尾座位置，使钻头能达到所需长度，为防止振动应使套筒伸出距离尽量短。位置调好后，锁紧尾座。

(4) 由于某些工件表面存在杂质、砂眼、气孔等缺陷，钻头在刚钻入工件时会发生左右摇晃，这时可在刀架上装一个挡块，支持钻头的头部，使之对准工件的中心(图 7.38)，缓慢进给，在工件上钻出定心孔后，可退出刀架。

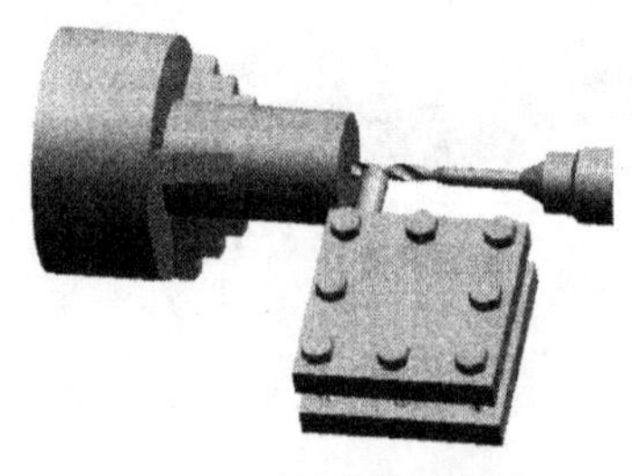

图 7.38 用较长钻头钻孔时

(5) 钻削时速度不宜过高，以免钻头剧烈磨损，通常速度为 0.3～0.6m/s。

(6) 在车床上，钻头的走刀是用手慢慢转动尾座手轮来实现的，钻小孔时，走刀量太大会使钻头折断。将要钻通时，应降低进给速度，以防折断钻头。孔钻通后，先退出钻头再停车。

(7)钻削钢件时，为了不使钻头发热，必须加注充分的切削液；钻削铸铁时一般不用切削液。由于在车床上钻孔时，切削液很难进入切削区，钻削过程中，须经常退出钻头进行排屑和冷却。

4. 扩孔、铰孔的方法

(1) 用麻花钻扩孔。用麻花钻扩孔时钻头横刃不参加工作，轴向切削力小，走刀轻快，又由于钻头外缘处的前角大，很容易把钻头拉进去，造成钻头在尾座套筒内打滑。所以，扩孔时要把钻头外缘处前角修小，且不能因为切削时轻松就加大进给量。

(2) 用扩孔钻扩孔。将扩孔钻安装在车床尾座的套筒内。扩孔时，除了铸造青铜外，其余材料的工件扩孔时都要加注切削液。

(3) 在车床上铰孔。选用机用铰刀，将铰刀插在尾座套筒的锥孔中，把尾座锁紧。

5. 镗孔的方法

(1) 装刀时，刀杆中心线必须与进给方向平行，刀尖应对准中心，精镗或镗小孔时可略为装高一些。镗刀伸出长度应尽可能短，以减少振动，但应不小于镗孔深度。

(2) 安装通孔镗刀时，主偏角可小于90°，如图7.39 (a)所示；安装盲孔镗刀时，主偏角需大于90°，如图7.39(b)所示，否则内孔底平面不能镗平，镗孔在纵向进给至孔的末端时，再转为横向进给，即可镗出内端面与孔壁垂直良好的衔接表面。

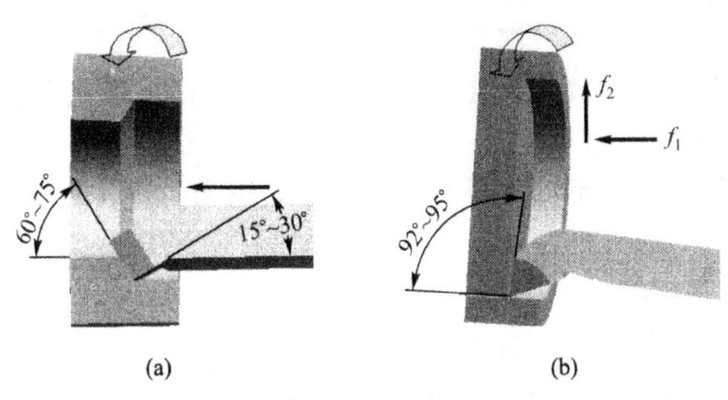

图7.39 镗孔

(3) 镗刀安装后，在开车前，应先检查镗刀杆装得是否正确，以防止镗孔时由于镗刀刀杆装得歪斜而使镗杆碰到已加工的内孔表面。

(4) 镗孔时的注意事项。

① 由于镗刀杆刚性较差，切削条件不好，因此，切削用量应比车外圆时小些，切削速度也要小10%~20%。镗盲孔时，由于排屑困难，所以进给量应更小些。

② 粗镗时，应先进行试切，调整切削深度，然后自动或手动走刀。进刀时，必须注意镗刀横向进退方向与车外圆相反。

③ 精镗时，背吃刀量和进给量应更小，调整背吃刀量时应利用刻度盘，并用游标卡尺检查零件孔径。当孔径接近最后尺寸时，应以很小的切深重复镗削几次，消除锥度，保证镗孔精度。

7.3.2 钻、扩、铰和镗孔实习的加工实例

完成图7.40所示外圆、端面及中心孔的加工操作，加工工艺步骤如下：

(1) 用自定心卡盘夹住毛坯，找正后夹紧。

(2) 粗车端面后，粗车外圆至ϕ51mm，长度70mm。

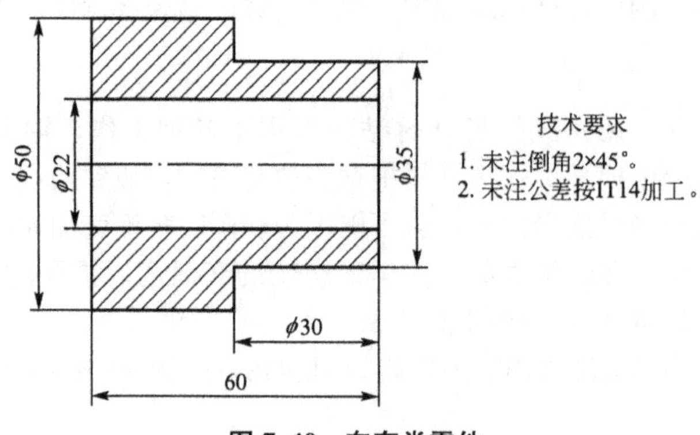

图 7.40　车套类零件

(3) 精车端面，然后精车外圆至 φ50mm，长度 70mm。

(4) 粗车外圆至 φ36mm，长度 30mm。

(5) 精车外圆至 φ35mm，长度 30mm。

(6) 倒角。

(7) 用 φ18mm 钻头钻孔，深度 70mm。

(8) 用 φ20mm 扩孔钻扩孔，深度 70mm。

(9) 用镗刀将 φ20mm 孔镗至 φ21.85mm，深度 70mm。倒内角。

(10) 用 φ22mm 的铰刀铰孔。

(11) 用切断刀沿长度 60mm 处切断，切一半时退刀，倒工件左边已切成槽的角，然后继续切断。

(12) 调头装夹，倒内角。

7.4　槽的加工和工件的切断

7.4.1　槽车削和切断实习的相关知识准备

零件的毛坯很长，需要按预定长度把它切断然后加工；或者在长的毛坯上加工好零件，再把它从毛坯上切下，这种加工方法叫切断，如图 7.41 所示。

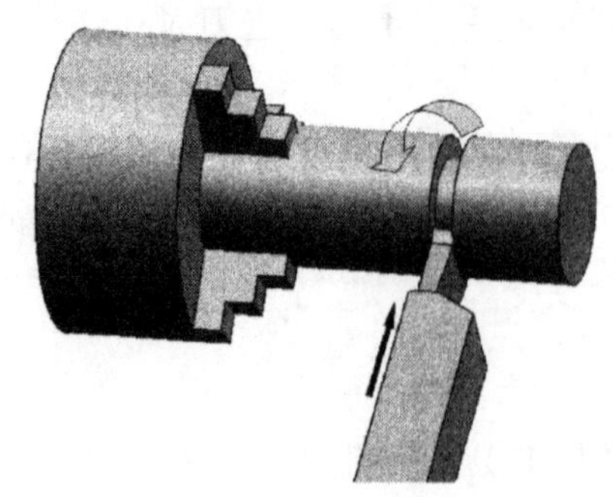

图 7.41　切断

为了实现零件结构工艺的要求，需要在零件的外圆、内孔、端面上加工出各种形状的沟槽，根据它们所在的位置，分别叫作外沟槽、内沟槽、端面槽。沟槽的形状也是多种多样，常见的有矩形槽、圆弧槽、梯形槽、燕尾槽、T 形槽等，如图 7.42 所示。

1. *切断刀和车外槽刀*

切断刀以横向走刀为主。为了减少材料浪费，切断刀的主切削刃很窄；为了切到工件的中心，切断刀的刀头很长，这样，它的刀头强度比其他车刀低，车

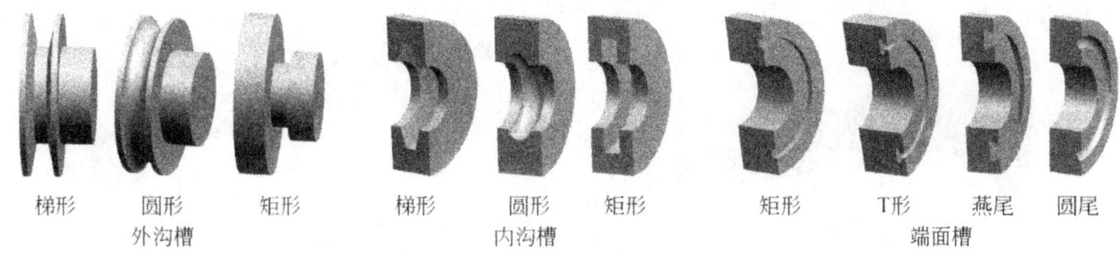

图 7.42 常见的各种沟槽

削时很容易被折断，要注意切削用量的选择。

(1) 高速钢切断刀如图 7.43 所示。

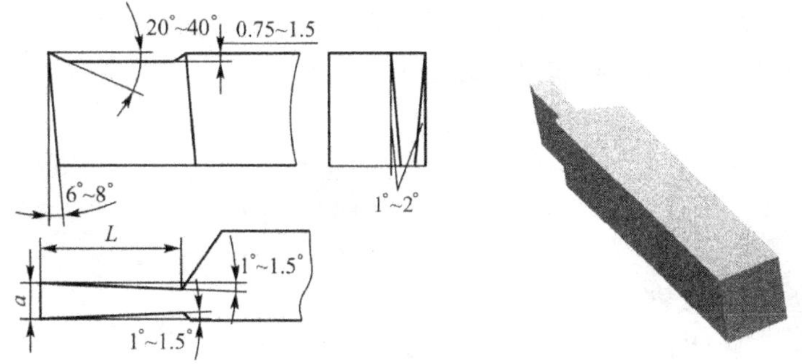

图 7.43 高速钢切断刀

(2) 硬质合金切断刀如图 7.44 所示。

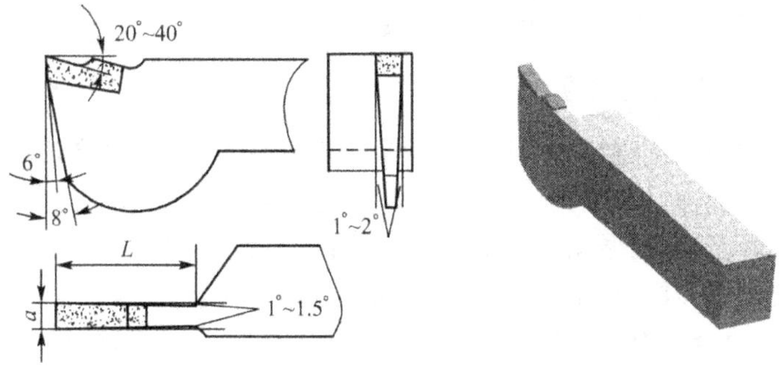

图 7.44 硬质合金切断刀

切槽刀和切断刀的结构及几何角度相似，但是切槽刀的刀头几何形状决定了被加工槽的形状，也就是切槽刀的刀头形状要和被加工槽相吻合。

2. 内沟槽车刀

内沟槽车刀与切断刀的几何形状基本相似，只是在内孔中切槽而已。在小孔中加工内沟槽时，一般用整体式车刀[图 7.45(a)]；在大孔中加工内沟槽时，可使用刀杆装夹式车刀[图 7.45(b)]。

(a) 整体式

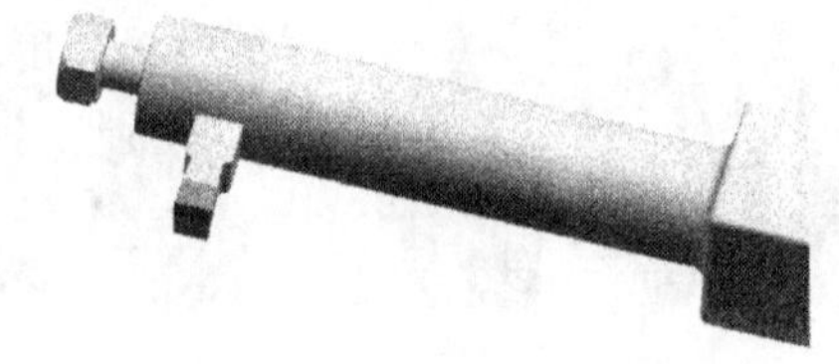
(b) 刀杆装夹式

图 7.45 内沟槽车刀

3. 切断刀、切槽刀的安装

(1) 使切槽刀或切断刀的主切削刃平行于零件轴线，两副偏角相等，如图 7.46 所示。

(2) 切断刀安装时刀尖必须严格对准零件中心(图 7.47)，若刀尖装得过高或过低，切断处均将剩有凸起部分，且刀头容易折断或不易切削。

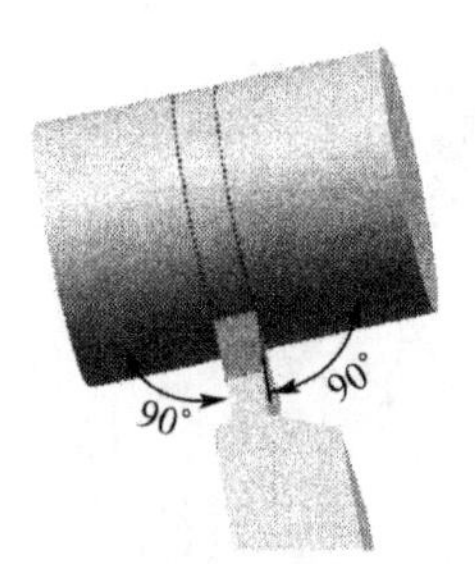

图 7.46 切槽刀的正确位置

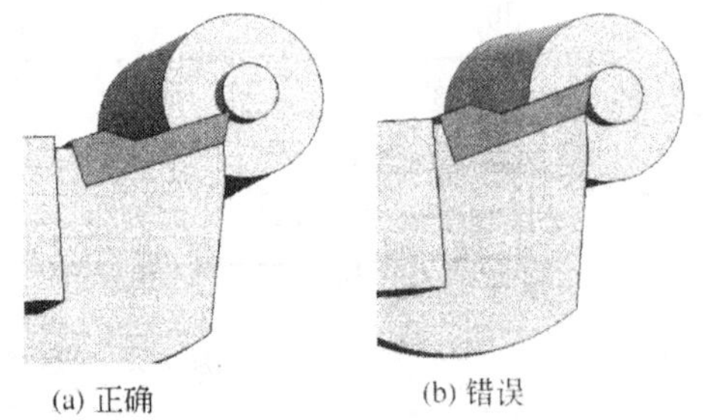
(a) 正确 (b) 错误

图 7.47 切断刀尖须与工件中心同高

(3) 切断时车刀伸出刀架的长度不要过长。

4. 切断和切槽时的切削用量

切断刀和切槽刀的刀头强度比其他车刀低，所以应适当减小其切削用量：

进给量：进给量太大，容易使切断刀折断；进给量太小，车刀后刀面和工件产生强烈的摩擦，发热加剧，并引起振动。一般地，进给量和切削速度如下。

进给量：高速钢车刀：车钢料时 0.05～0.10mm/r；车铸铁时 0.10～0.20mm/r。
硬质合金车刀：车钢料时 0.10～0.20mm/r；车铸铁时 0.15～0.25mm/r。

切削速度：高速钢车刀：车钢料时 30～40m/min；车铸铁时 15～25 m/min。
硬质合金车刀：车钢料时 80～120 m/min：车铸铁时 60～100 m/min。

5. 切断和车外沟槽的方法

(1) 车外沟槽的方法。

① 切窄槽时，主切削刃宽度等于槽宽，在横向进刀中一次切出，如图 7.48(a)和图 7.48(b)所示。

② 切宽槽时，主切削刃宽度可小于槽宽，在横向进刀中分多次切出，如图 7.48(c)所示。

(2) 切断的方法。

① 切断处应靠近卡盘，以免引起零件振动。

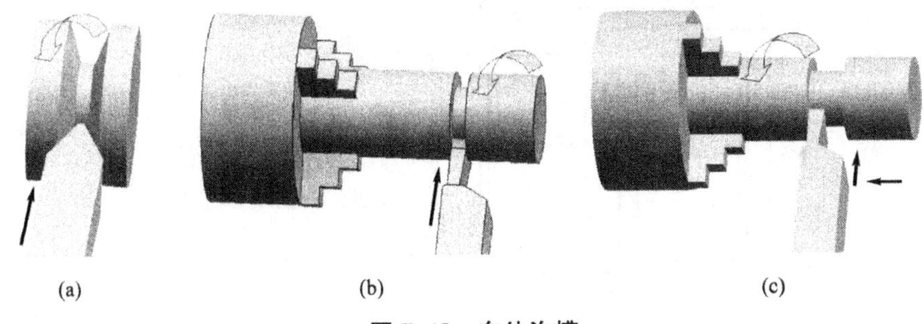

图 7.48 车外沟槽

② 手动进给要均匀。快切断时，应放慢进给速度，以防刀头折断。

③ 应加注以冷却为主的切削液。

6. 车内沟槽的方法

车内沟槽时，刀杆直径受孔径和槽深的影响，比镗孔时的直径还要小，排屑更困难，所以难度大于镗孔。

(1) 车直槽。

① 槽宽：窄槽可直接用准确的主刀刃宽度来保证(图 7.49)；宽槽可用大拖板刻度盘来控制尺寸。

② 槽深：可用中拖板刻度控制。

③轴向位置：用大、小拖板刻度或挡铁来控制。在开始对刀时，要注意加上主刀刃宽度，如图 7.49(b)所示，车刀轴向移动距离应为 $L+b$。

(2) 车梯形槽。先用内孔切槽刀车出直槽，再用刀头呈梯形的成形刀车成梯形槽，如图 7.50 所示。

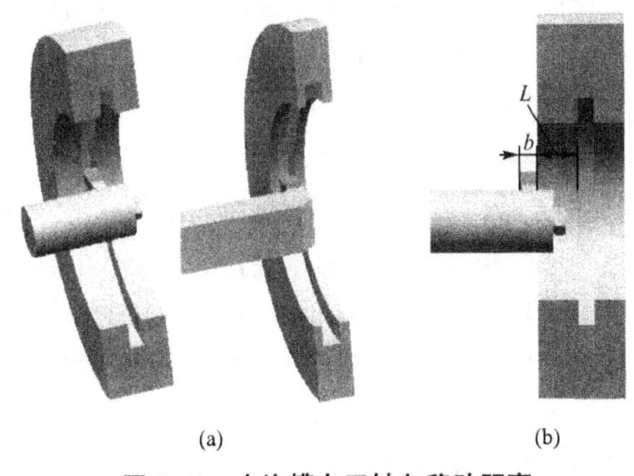

图 7.49 内沟槽车刀轴向移动距离

图 7.50 车内梯形槽

7.4.2 槽加工和切断实习的实例及练习

完成图 7.51 所示的槽切削及切断的加工操作，加工工艺步骤如下：

(1) 用自定心卡盘夹住毛坯，使毛坯伸出 70mm 左右，夹紧。

(2) 粗车端面后，粗车外圆至 ϕ46mm，长度 70mm。

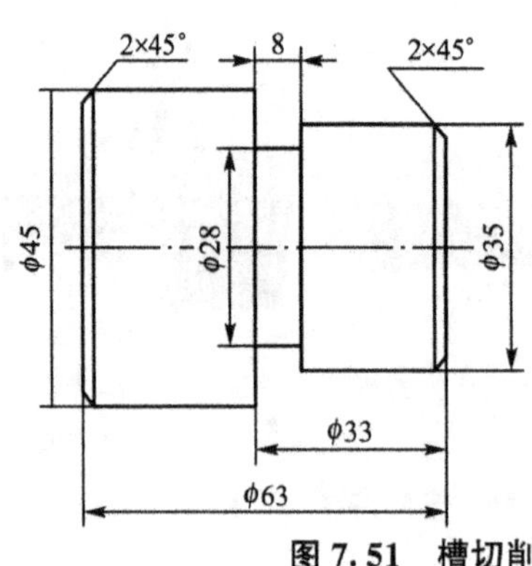

图 7.51　槽切削及切断

(3) 精车端面，然后精车外圆至 ϕ45mm，长度 70mm。

(4) 粗车外圆至 ϕ36mm，长度 33mm。

(5) 精车外圆至 ϕ35mm，长度 33mm。

(6) 倒角。

(7) 用 5mm 切刀在工件上车出 8mm 的槽，槽宽用游标卡尺测量。

(8) 用切断刀沿长度 63mm 处切断，切一半时退刀，倒工件左边已切成槽的角，然后继续切断。

7.5　车内、外圆锥面

7.5.1　内、外圆锥面车削实习的相关知识准备

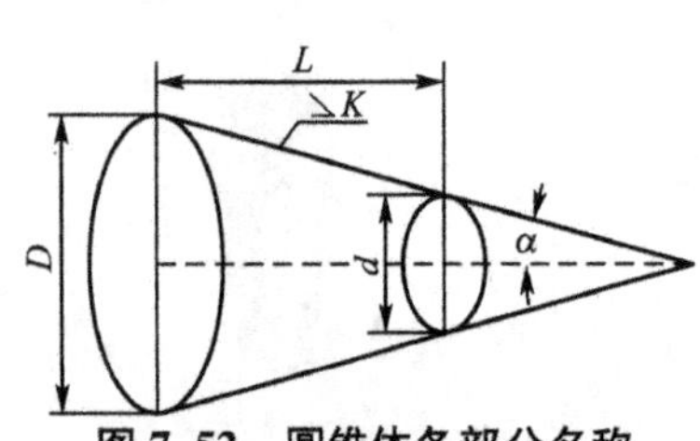

图 7.52　圆锥体各部分名称

D—大端直径；d—小端直径；
α—半锥角(或 K—锥度)；
L—圆锥长度

锥面零件在机器设备中应用广泛，常用在要求同心度高、定心准确、传递大扭矩的场合，如车床尾座锥孔与顶尖锥柄的配合等。

圆锥各部分名称及计算

如图 7.52 所示，圆锥有 4 个基本参数：大、小端直径，半锥角(锥度)和圆锥长度。4 个量中只要知道任意 3 个，用简单的几何知识，其他的一个未知量就可以求出。生产中，圆锥尺寸的几种标注方法和计算公式见表 7－1。

表 7－1　常见圆锥的尺寸标注方法和计算公式

图例	说明	计算公式
L D d	图上注明圆锥的 D、d、L，未知 K 和 α	$K=\dfrac{D-d}{L}$ $\tan\alpha=\dfrac{D-d}{2L}$

（续）

图例	说明	计算公式
	图上注明圆锥的 D、K、L，未知 d 和 α	$d=D-KL$ $\tan\alpha=\dfrac{K}{2}$
	图上注明圆锥的 α、D、L，未知 d 和 K	$d=D-2L\tan\alpha$ $K=2\tan\alpha$
	图上注明圆锥的 d、L、K，未知 α 和 D	$D=d+KL$ $\tan\alpha=\dfrac{K}{2}$

7.5.2 内、外圆锥车削加工方法及其注意事项

车圆锥时，当工件随主轴旋转，车刀如果做与车床主轴的中心线成一定角度 α 的直线运动即可车出圆锥。

根据圆锥的长度、锥度、圆锥的标注方法和生产批量大小，有不同的加工方法。

1. 转动小拖板法

转动小拖板车圆锥最为常见。车削时，将小拖板转盘上的螺母松开，按零件要求的锥度将小拖板转过一个半锥角 α(图 7.53)，然后固定转盘上的螺母，摇动小刀架手柄开始车削，使车刀沿着锥面母线移动，即可车出所需要的圆锥面。

由于受小刀架行程限制，该方法只能手动车削长度较短、锥度较大的锥面零件。

通过计算得知了小拖板应转动的角度，但是，实际操作时不可能只转一次小拖板就能准确地得到这个角度。

(1) 小拖板转动角度的校正。对精度要求较高的圆锥，加工时要留有一定的加工余量，采用锥形塞规或套规(图 7.54)来校正小拖板的转角，圆锥孔加工时具体校正方法如图 7.55 所示。

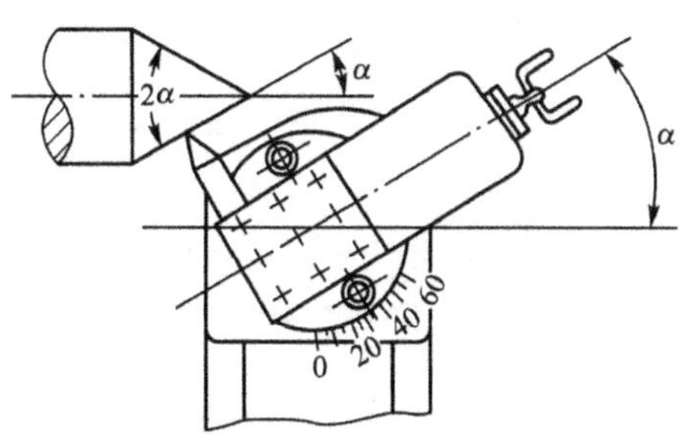

图 7.53 转动小刀架法车锥面

按计算角度转动小拖板后车削锥孔，用锥形塞规能塞进 1/2～2/3 深时停止车削，清理锥孔内表面，沿圆锥面的 3 个均布位置顺着锥体母线涂上一层显示剂(白粉笔或红丹粉)，把锥形塞规放入锥孔内，靠住锥面在半圈范围内来回转动。然后取出观察，如果锥体的小端处有摩擦痕迹而大端没有，说明锥孔的锥度过大，则应适当减小拖板的转动角

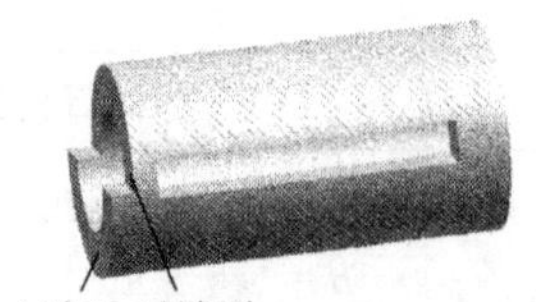

(a) 锥形套规

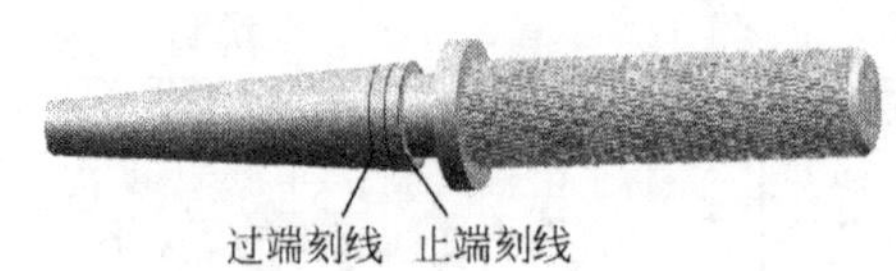

(b) 锥形塞规

图 7.54　锥形套规与锥形塞规

度。反之亦然。调整转角后，少量进给车削一刀，再用上述方法检查校正。如此反复进行，直到锥形塞规上摩擦痕迹均匀为止。这时，说明小拖板的转角已达到工件锥度的精度要求，锁紧小拖板，可以进行圆锥孔的精确加工。

若加工圆锥体，是用锥形套规按同样的方法进行角度检查。

(2) 圆锥直径尺寸的测量和控制。圆锥的最大、最小直径尺寸的测量与测量内孔和外圆相似，但要注意，卡尺要卡在锥体最大端或最小端处(图 7.56)。

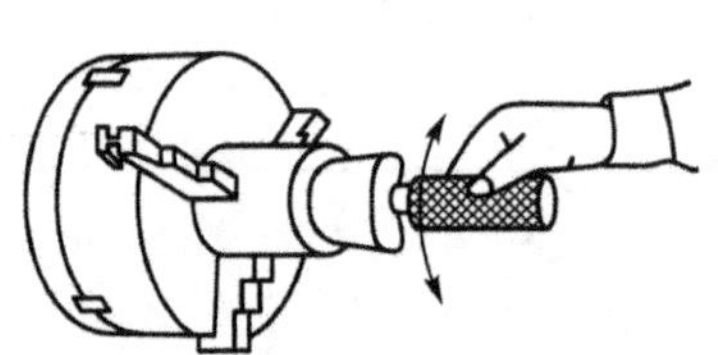
图 7.55　校正测圆锥孔的角度

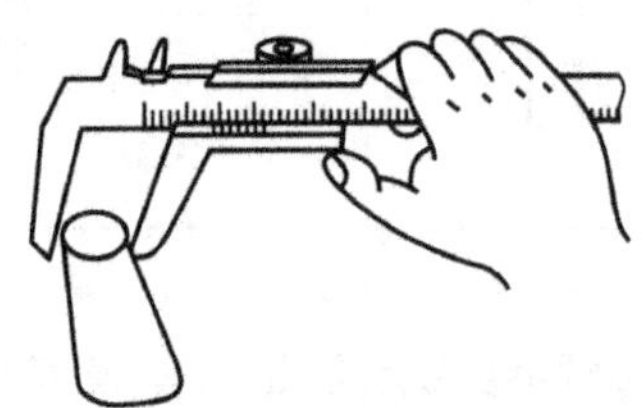
图 7.56　圆锥直径尺寸的测量

2. 偏移尾座车圆锥

对于锥度较小、长度较大的圆锥，精度要求不高时，采用偏移尾座的方法进行车削。

采用两顶尖装夹，把尾座向里或向外偏移一定距离，使工件回转轴线与车床主轴轴线形成的夹角等于圆锥体的半锥角 α。由于尾座的最大偏移量为±15mm，因此车削的锥度范围有一定限制，而且不能车削内锥孔。

(1) 顶尖接触方式。尾座偏移后，前后顶尖不在一条直线上，为消除零件回转阻滞或别劲，可采用图 7.57 所示的两种顶接方式。

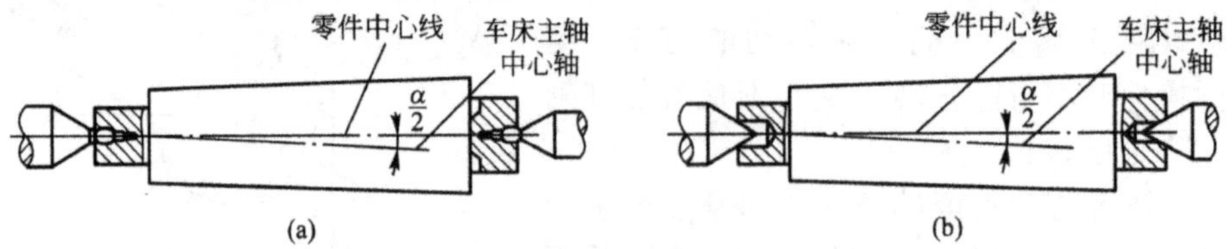

图 7.57　适用于偏移尾座的顶尖接触方式

① 60°中心孔，两端采用球头顶尖。

② 两端顶尖为 60°锥体时，零件两端的中心孔为圆柱形。

(2) 尾座偏移量 S 的计算。如图 7.58 所示，尾座偏移量 S 的计算公式如下。

$$S=l\cdot\frac{D-d}{2L}$$

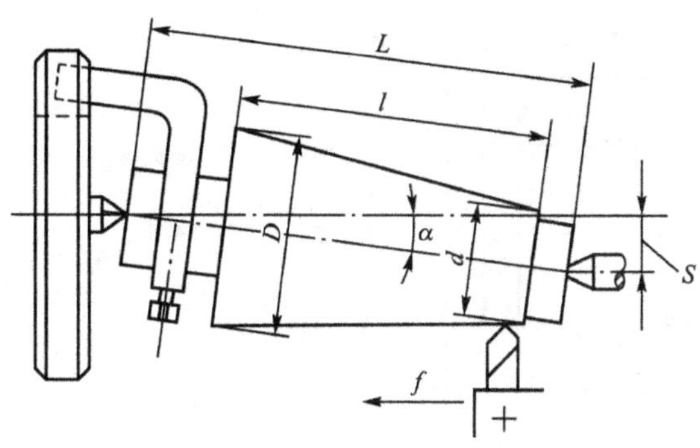

图 7.58　偏移尾座车圆锥体

(3) 尾座偏移量的调整。如图 7.59 所示，为使尾座偏移量与计算出来的理论值完全一致，可在小拖板上固定一只百分表，偏移尾座前，百分表与尾座上精确表面接触，使指针对“0”位，拧动尾座的调整螺钉，使百分表的摆动量等于计算出来的尾座移量，再将移动后的尾座固紧。

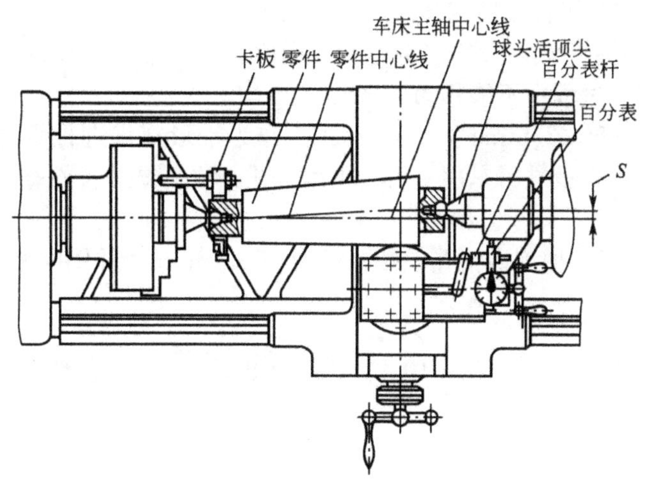

图 7.59　尾座偏移量的调整

为了保证尾座偏移量调整准确，加工零件之前可进行车削试验。

3. 铰圆锥孔

直径较小的圆锥孔在加工时，因为车刀刀杆强度差，难以达到较高的精度和较小的表面粗糙度，这时可用锥形铰刀(图 7.60)来加工。铰削加工的锥孔精度比车削时高，表面粗糙度也好。

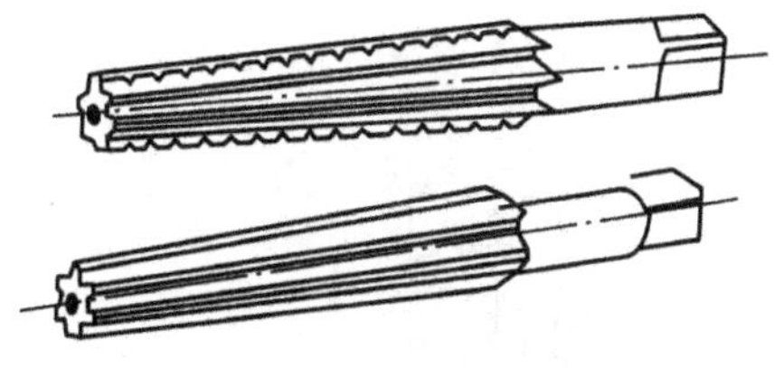

图 7.60　锥孔铰刀

7.5.3　圆锥孔车削实习的加工实例及练习

完成图 7.61 所示的内圆锥孔的加工操作，加工工艺步骤如下：

(1) 用自定心卡盘夹住毛坯，使毛坯伸出 60mm 左右，夹紧。

(2) 粗车端面后，粗车外圆至 ϕ51mm，长度 50mm 左右。

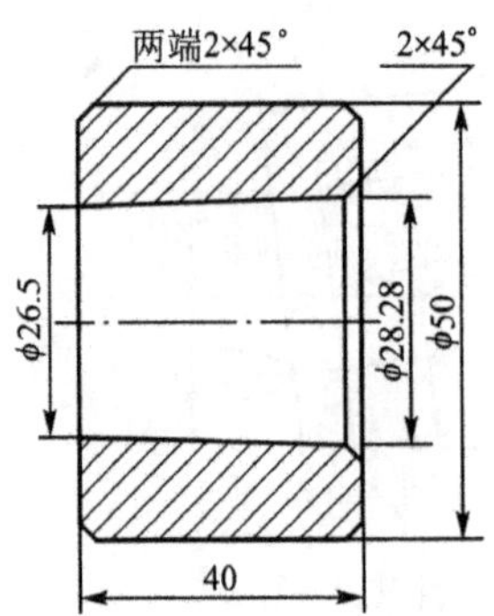

技术要求
1. 未注倒角为1×45°。
2. 未注公差按IT14加工。
3. 锥孔为4号莫氏锥度，检验时可用车床顶尖作为检验工具。研配时，接触面积不少于总面积的2/3。

图 7.61　内圆锥孔的加工

(3) 外圆倒角 2×45°。

(4) 在端面上加工中心孔，以中心孔定位钻 ϕ22mm 内孔。

(5) 切断工件，长度 42mm。

(6) 调头装夹，并以已车好的工件端面定位后夹紧。

(7) 车端面，控制工件长度为 40mm，并倒角。

(8) 将小溜板顺时针转动 1°16′34″左右。用内孔车刀加工锥度内孔。进刀要用小溜板进刀，大溜板在加工过程中不能移动。

(9) 大端直径车至 ϕ27mm 时，用车床顶尖作为锥形塞规进行研配，根据表面接触情况调整小溜板转角。少量进给车削一刀，再用上述方法反复进行检查校正，直到锥形塞规上摩擦痕迹均匀为止。

(10) 锁紧小溜板，加工内锥孔大端孔径为 ϕ28.28mm，并倒内角。

7.6　螺纹的加工

7.6.1　螺纹车削实习的相关知识准备

螺纹的加工方法有多种，大批量专业化生产采用滚丝、轧丝、搓丝等高效方法，而在一般机械加工企业中，在车床上车螺纹是常用的螺纹加工方法。

1. 螺纹的形成和各部分名称

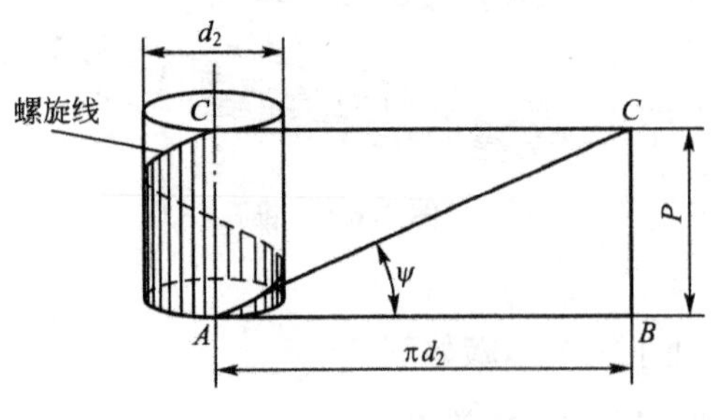

图 7.62　螺旋线的形成

(1) 螺纹的形成。螺旋线的形成方法如图 7.62 所示。用直角三角形 ABC 绕直径为 d_2 的圆柱旋转一周，斜边 AC 在圆柱表面上所形成的曲线，就是螺旋线。

$\triangle ABC$ 的 AB 边就是圆柱的周长，$AB=\pi d_2$。BC 边就是螺距 P。而螺旋线上升的角度 Ψ 称为螺纹升角。

螺旋线向右旋转称为右螺纹(正丝)，向左旋转称为左螺纹(反丝)。

在圆柱面上形成的螺纹叫圆柱螺纹，在圆锥表面上形成的螺纹叫圆锥螺纹。

在圆柱或圆锥外表面上形成的螺纹叫外螺纹，内表面上形成的螺纹叫内螺纹。

在车床上，工件旋转，车刀沿工件中心线等速移动，经过多次进刀后，就在工件表面形成了螺纹，如图7.63所示。

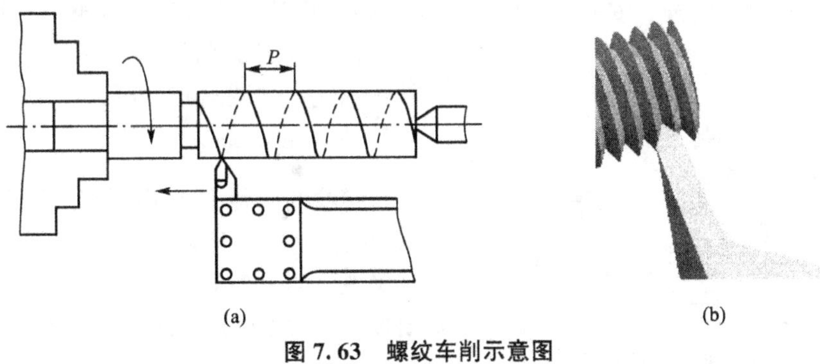

(a) (b)

图7.63 螺纹车削示意图

使用不同的刀头形状，就可以车出三角形螺纹、矩形螺纹(方牙)、梯形螺纹和锯齿形螺纹等(图7.64)。

(a) 三角螺纹

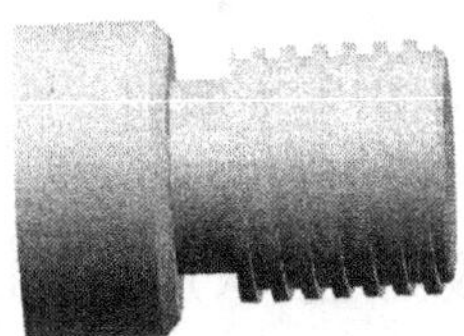

(b) 方牙螺纹

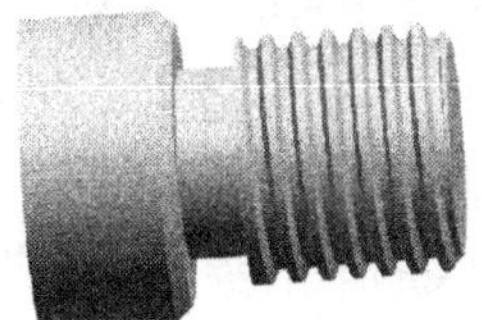

(c) 梯形螺纹

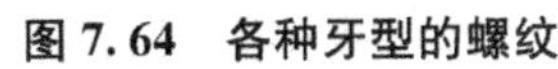

图7.64 各种牙型的螺纹

(2) 三角形螺纹和各部分名称(图7.65)。

三角形螺纹分为普通螺纹、英制螺纹、管螺纹3种，普通螺纹在我国应用最广泛，牙型角为60°。

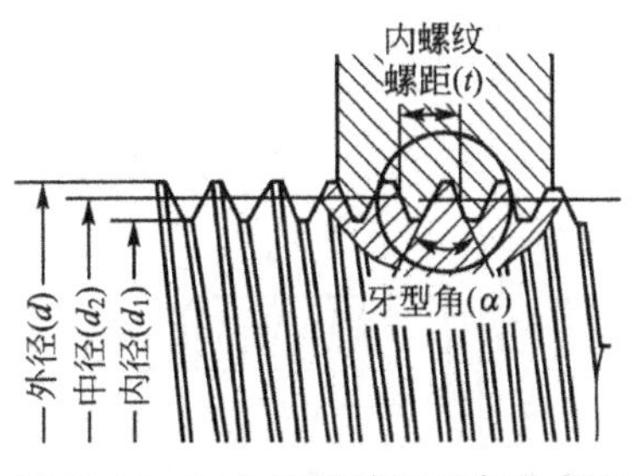

图7.65 三角形螺纹和各部分名称

2. 三角形螺纹车刀

(1) 螺纹车刀。常用的螺纹车刀有：高速钢车刀和硬质合金车刀。高速钢车刀用于低速车削螺纹或精车螺纹；硬质合金车刀(图7.66)用于高速车削螺纹。

因为在高速切削时，牙型角要扩大，所以刀尖角应适当减小30′。

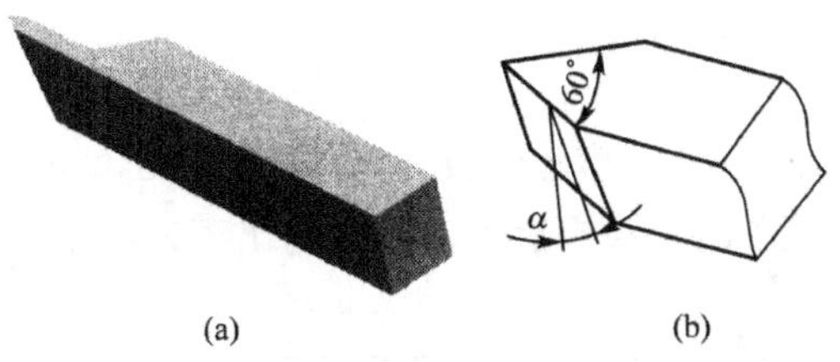

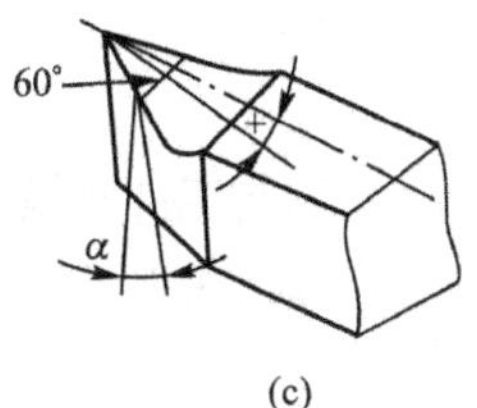

(a) (b) (c)

图7.66 常见的螺纹车刀

螺纹的牙型角α是靠车刀的刀尖角来保证的，螺纹车刀的前角对牙型角影响较大，如果车刀的前角大于或小于0°时，所车出螺纹牙型角会大于车刀的刀尖角，前角越大，牙型角的误差也就越大。精度要求较高的螺纹，常取前角为0°，如图7.66(b)所示。粗车螺纹时为改善切削条件，可取正前角的螺纹车刀，如图7.66(c)所示。

(2) 螺纹车刀的安装。安装车刀时，刀尖必须与零件中心等高。调整时，用对刀样板对刀，保证刀尖角的等分线严格地垂直于零件的轴线，如图7.67所示。

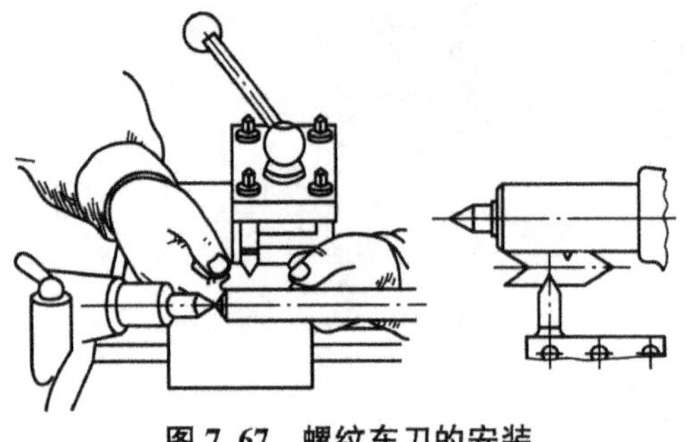

图7.67　螺纹车刀的安装

3. 车床的调整

螺纹的螺距P是由车床的运动来保证的，所以要将进行车床调整：使工件转一周，车刀准确地移动一个工件的螺距。调整时，一般只要按照铭牌上标注的数据去变换手柄和挂轮就可以了。开合螺母要切换到丝杠传动位置。

7.6.2　螺纹车削方法及注意事项

1. 三角形外螺纹的车削

(1) 车出公称直径。先按车外圆的方法车出工件的公称直径，即螺纹大径减0.2～0.3mm，倒角。

(2) 螺纹的车削步骤。车螺纹要经过多次走刀才能完成，在多次走刀过程中，必须保证车刀每次都落入已切出的螺纹槽内，否则，就会发生“乱扣”现象，具体操作步骤如图7.68所示。

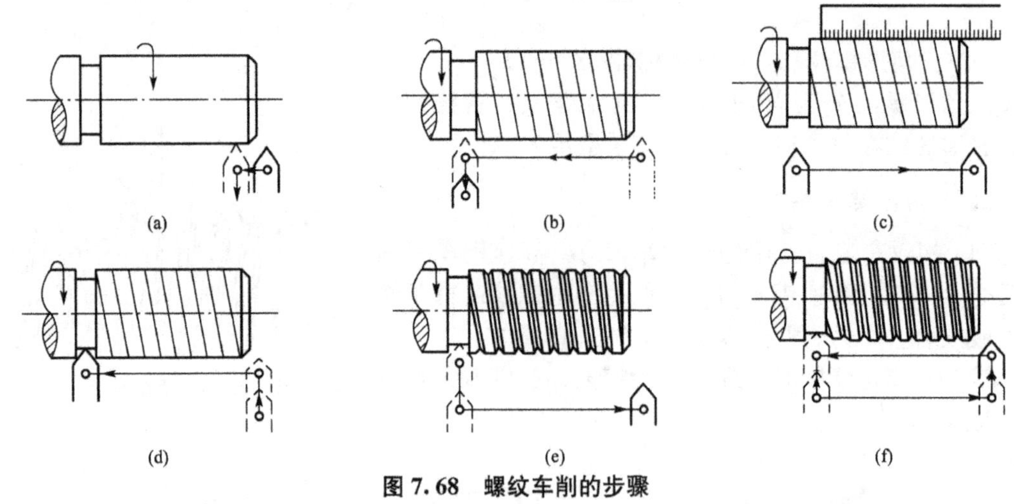

图7.68　螺纹车削的步骤

① 开车，使车刀与工件轻微接触，记下刻度盘读数，向右退出车刀，如图7.68 (a) 所示。

② 合上开合螺母，在工件表面工车出一条螺旋线，横向退出车刀，停车，如图7.68 (b) 所示。

③ 开反车使车刀退到工件右端，停车，用钢直尺检查螺距是否正确，如图7.68 (c) 所示。

④ 利用刻度盘调整切削深度，开车切削，如图7.68 (d) 所示。

⑤ 车刀将至行程终了时，应做好退刀停车准备，先快速退出车刀，开反车退回刀架，如图7.68 (e)所示。

⑥ 再次横向切入，继续切削，如图7.68 (f) 所示。

螺纹车削的特点是刀架纵向移动比较快，因此操作者要胆大心细，思想集中，动作果断。

(3) 车削螺纹的进刀方法。

① 直进法(也叫成形法)：车螺纹过程中，在每次往复形成后，只利用中托板作横向进刀，直到螺纹车削完毕，如图7.69(a)所示。直进法每次进刀量要逐渐减少，比如螺距$P=1.5$mm时，总进刀深度为$0.6P=0.9$mm，每次中拖板的进刀深度分配如下：第一次进刀：0.4mm；第二次进刀：0.2mm；第三次进刀：0.2mm；第四次进刀：0.1mm。

直进法操作简单，可得到比较正确的牙型，但两个切削刃同时参加工作，排屑不畅，螺纹不易车光，并且容易产生“扎刀”现象，只宜于车削螺距$P\leqslant1.5$mm的三角螺纹。

② 左右进刀法(也叫双面赶刀法)：车削螺纹过程中，车刀沿牙型的左面和右面反复地逐步切进，如图7.69(b)所示，每一次进刀，中拖板横向、小拖板左右进给相结合。

左右进刀法中，车刀两侧刃每次只有一侧刀刃进行切削，排屑较好，不易产生“扎刀”，可适当提高切削用量，螺纹较光滑。但车刀受单向轴向力，会增大螺纹牙型误差。

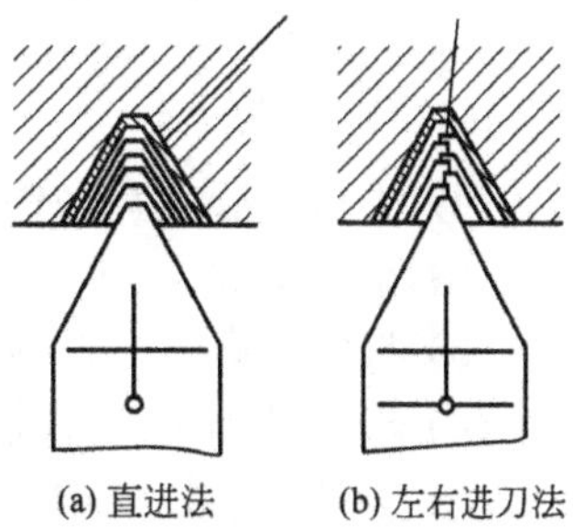

(a) 直进法　　(b) 左右进刀法

图7.69　常见螺纹的进刀方法

2. 三角形内螺纹的车削

车削内螺纹与车削外螺纹的方法相同，只是车内螺纹是在内孔中进行的，车刀杆细长，刚性差，切屑难以排出，切削液不易注入，不便于观察，因此比车外螺纹要困难得多。

内外螺纹车刀的外形和镗孔刀相似，刀头部分和外螺纹车刀相同，如图7.70所示。

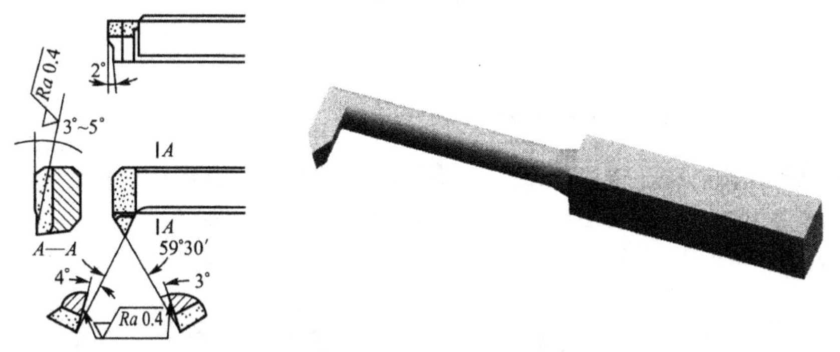

图7.70　硬质合金内螺纹车刀

在车削内螺纹时，由于车刀的挤压作用，内孔直径会缩小，尤其是车塑性材料，所以车削内螺纹前的内孔直径$D_{孔}$要比内螺纹小径D_1略大些(0.1～0.3mm)，因为内螺纹加工后的实际小径等于或略大于理论小径D_1，这样可以用下列近似公式：

车塑性金属：

$$D_{孔}\approx d-P$$

车脆性金属：

$$D_{孔}\approx d-1.05P$$

7.6.3 螺纹车削实习的加工实例及练习

完成图 7.71 所示的螺纹车削的加工操作，加工工艺步骤如下：

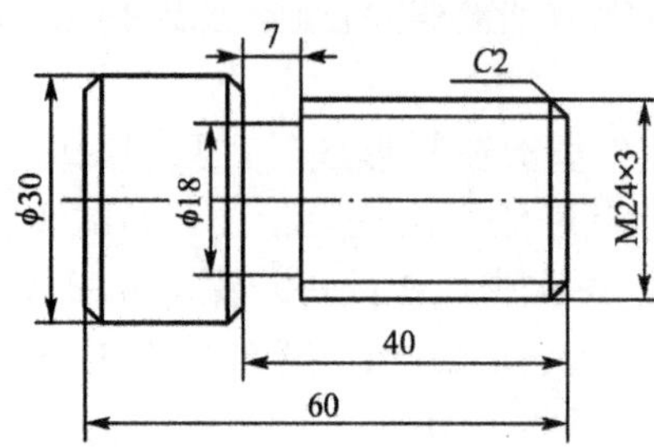

技术要求

1. 未注倒角为1×45°。
2. 未注公差按IT14加工。
3. 两端中心孔为B4/7.5，表面粗糙度*Ra*3.2μm。

图 7.71　车螺纹

(1) 用自定心卡盘夹住毛坯，伸出 40mm 左右，夹紧。
(2) 车平端面。
(3) 打中心孔。
(4) 粗车外圆至 ϕ31mm，再精车至 ϕ30mm，并倒角。
(5) 工件调头，采用一夹一顶装夹。
(6) 车平端面，控制工件长度为 60mm。
(7) 车外圆至 $\phi 24_{-0.2}$mm，并对外圆倒角。
(8) 车退刀槽，宽度 7mm。
(9) 车 M24×3 螺纹。

7.7 车削偏心工件

7.7.1 偏心车削实习的相关知识准备

偏心类零件如偏心轴、发动机曲轴、振动轴等在机械设备中的应用也不少，它的特点是外圆与外圆或内孔与外圆的中心线不重合，偏移了一个距离(偏心距)，称这类零件为偏心轴或偏心套(图 7.72)。

图 7.72　偏心件

偏心轴、偏心套都在车床上加工，它们的车削方法和车削外圆、内孔的方法相同，不同的是使需要加工的偏心的部分的轴线和车床主轴的中心线重合。依据这个原理，偏心轴有多种加工方法。

7.7.2 偏心车削加工方法及注意事项

1. 数量少、精度低的偏心工件的加工

一般采用划线的方法找出偏心轴(孔)的轴线，然后在四爪或两顶尖上加工。

划线时，将工件放在V形铁上，用高度游标尺先找到中心，再把高度游标尺上移一个偏心距离，并在工件四周和两端面上划出偏心线，如图7.73所示。

偏心中心孔一般在钻床上加工，要求高时在坐标镗床上加工。

(1) 用自定心卡盘车削偏心轴。长度较短的偏心工件可在自定心卡盘上加工，如图7.74所示，在一个卡爪上加上垫片，使工件产生偏心来车削。垫片的厚度 x 为：

$$x=1.5e\pm k \qquad (k\approx 1.5\Delta e)$$

式中，x 为垫片厚度（mm）；e 为工件偏心距（mm）；k 为偏心距修正值（mm），正负按实测结果确定；Δe 为试切后，实测偏心距误差（mm）。

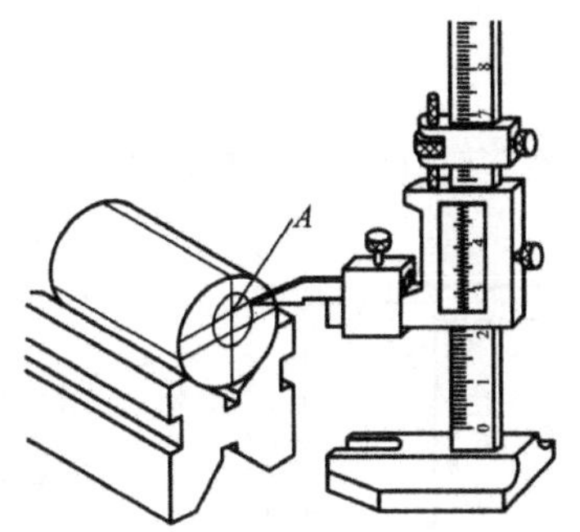

图7.73 画十字线和偏心圆线

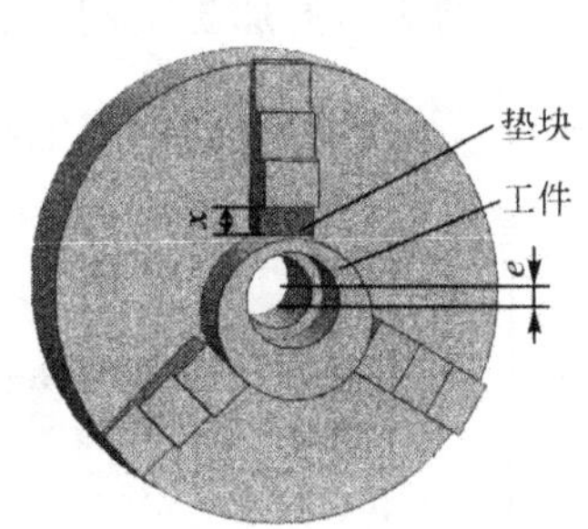

图7.74 在自定心卡盘上加工偏心工件

(2) 用四爪卡盘车偏心工件。在四爪卡盘上，必须按已划好的偏心和侧母线校正，使偏心轴和车床主轴轴线重合，如图7.75所示。

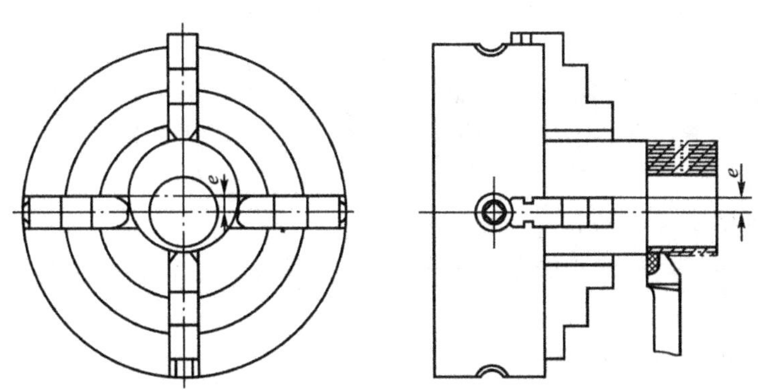

图7.75 在四爪卡盘上加工偏心的方法

(3) 用两顶尖车偏心工件。一般的偏心轴，只要能在偏心轴上钻中心孔，有鸡心夹头的装夹位置，都应该用两顶尖的方法加工。用两顶尖加工偏心轴和车一般的外圆表面没有什么区别，只是两顶尖是顶在偏心中心孔中加工而已，如图7.76所示。这种方法不需花时间找正。

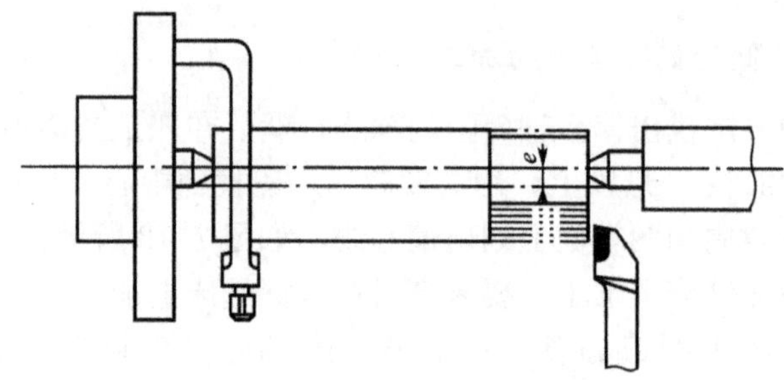

图 7.76　在两顶尖间车削偏心工件

2. 数量多、精度高偏心工件的加工

可用偏心卡盘或专用夹具车削偏心工件，具体加工方法可参阅有关资料。

7.7.3　偏心车削实习的加工实例及练习

完成图 7.77 所示的偏心轴和偏心套的加工操作，加工工艺步骤如下：

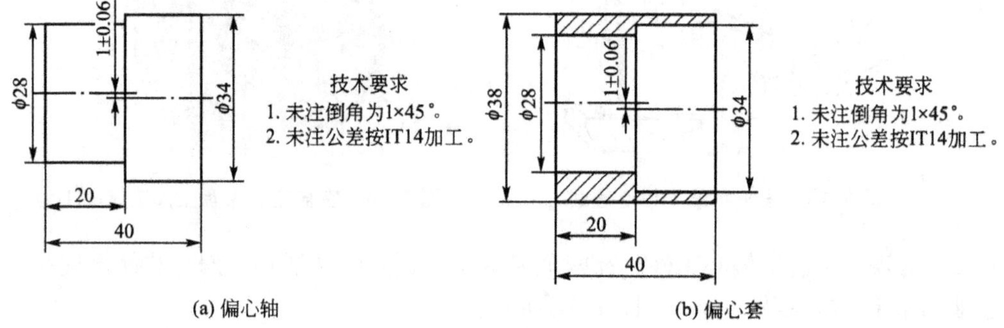

(a) 偏心轴　(b) 偏心套

图 7.77　车偏心轴和偏心套

同时加工出偏心轴和偏心套，并把二者配合起来。使用毛坯为 ϕ40mm×88mm 圆钢。

(1) 用自定心卡盘夹住毛坯外圆长 30mm 左右，找正并夹紧。

(2) 车端面。

(3) 粗车外圆至 ϕ39mm，长 43mm。

(4) 工件调头，用自定心卡盘夹住 ϕ39mm 外圆面，长 30mm 左右。

(5) 车端面。

(6) 粗、精车外圆至 ϕ34mm，长 45mm。

(7) 重新装夹，找正 1mm 的偏心距。

(8) 粗、精车外圆至 ϕ28mm，长 20mm。

(9) 工件调头，用自定心卡盘夹住 ϕ34mm 外圆面，长 20mm 左右，找正并夹紧。

(10) 将 ϕ39mm 外圆面车至 ϕ38mm，长 44mm。

(11) 在端面上加工中心孔。

(12) 钻 ϕ25mm×40mm 孔。

(13) 镗孔至 ϕ34mm，长 20mm。
(14) 重新装夹，找正 1mm 的偏心距。
(15) 镗孔至 ϕ28mm，长 20mm。
(16) 在长 40mm 处切断工件，获得偏心套。
(17) 车端面，保证偏心轴长度为 40mm。
(18) 将偏心轴与偏心套配合。

7.8 特型面的加工

7.8.1 特型面车削实习的相关知识准备

有些机器零件，如手柄、手轮、圆球、凸轮等，母线是一条曲线，这样的零件表面叫做特型面，如图 7.78 所示。

图 7.78 特型面

7.8.2 特型面的车削及其注意事项

1. 车特型面

在车床上加工特型面的方法有双手控制法、用成型刀法和用靠模板法等。

(1) 双手控制法。数量少或单件特型面零件，可采用双手控制法车削。

双手控制法就是左手摇动中刀架手柄，右手摇动小刀架手柄，如图 7.79 所示，两手配合，使刀尖所走过的轨迹与所需的特型面的曲线相同。在操作时，左右摇动手柄要熟练，配合要协调，最好先做个样板，对照它来进行车削。双手控制法的优点是不需要其他附加设备，缺点是不容易将工件车得很光整，需要较高的操作技术，而且生产率很低。

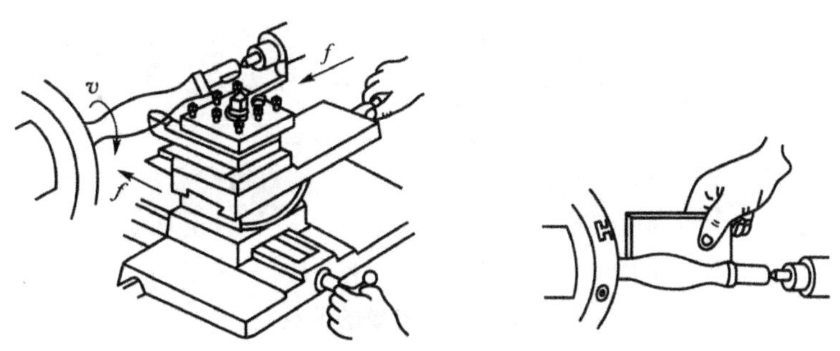

图 7.79 双手控制法车特型面

(2) 成型刀法。数量较多的特型面零件，宜采用成型刀(也叫样板刀)车削。车削时要求刀刃形状与工件表面吻合，如图 7.80 所示，装刀时刃口要与工件轴线等高。由于车刀和工件接触面积大，容易引起振动，因此需要采用小切削量，只作横向进给，且要有良好润滑条件。

成型刀法操作方便，生产率高，能获得精确的表面形状。但由于受工件表面形状和尺寸的限制，且刀具制造、刃磨较困难，因此只在成批生产较短特型面的零件时采用。

(3) 靠模法。用靠模法车特型面，是利用自动走刀，根据靠模的形状车削所需要的特型面。如图 7.81 所示。加工时，只要把滑板换成滚柱，把锥度靠模板换成带有所需曲线的靠模板即可。此法加工工件尺寸不受限制，可采用机动进给，生产效率高，加工精度高，广泛用于成批量生产中。

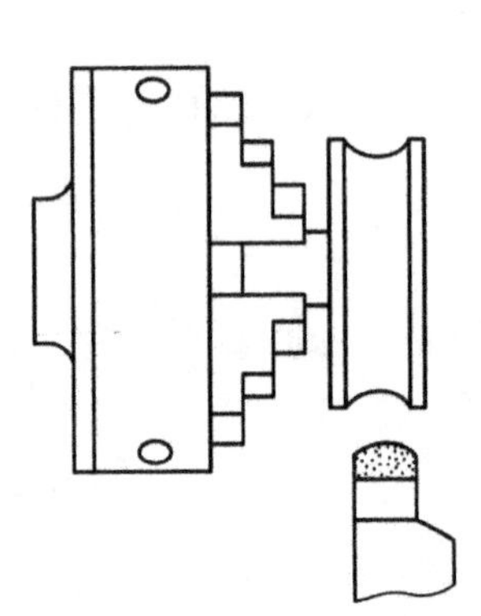

图 7.80　用成型车刀车特型面

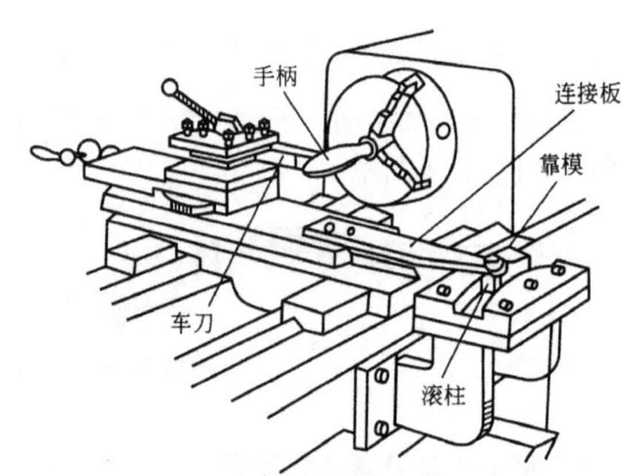

图 7.81　靠模法车特型面

2. 滚花

某些机械零件和工具的手握、调整部分，为了增加摩擦力和使零件表面美观，常在零件表面上加工出一些花纹。如车床拖板上的刻度盘，千分尺上的微分筒等。这些花纹一般是在车床上用滚花刀滚压而成的。

(1) 花纹的种类及选择。花纹有直纹和网纹两种，如图 7.82 所示。每种花纹用两条花纹相隔的距离(节距 p)表示，分为 0. 628mm、0. 942mm、1. 257mm、1. 571mm，对应的滚花刀模数为 0. 2mm、0. 3mm、0. 4mm、0. 5mm。花纹的节距根据工件的直径和宽度来选择，尺寸越大，节距越大。

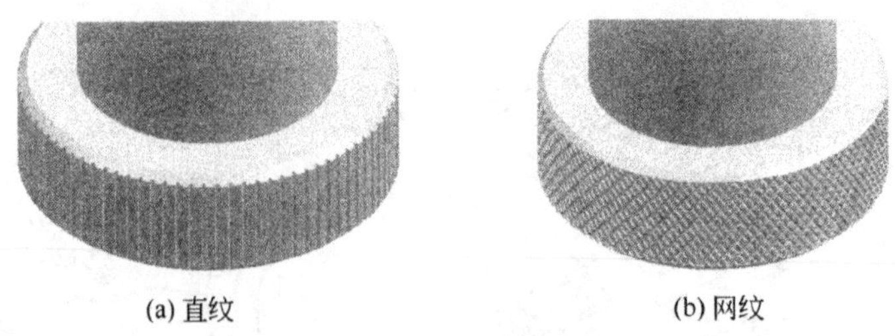

(a) 直纹　　(b) 网纹

图 7. 82　花纹的种类

(2) 滚花刀（图 7.83)。单轮滚花刀用来滚直纹，双轮滚花刀由一个左旋和一个右旋滚花刀组成，用来滚网纹。

(3) 滚花的方法。

(a) 单轮　　(b) 双轮

图 7.83　滚花刀

① 滚花时转速要低，一般不超过 200r/min。
② 滚花的径向挤压力很大，工件一定要夹紧和顶紧。
③ 加切削液冷却润滑。

7.8.3　特形面车削实习的加工实例

完成图 7.84 所示的特形面的加工操作，加工工艺步骤如下：

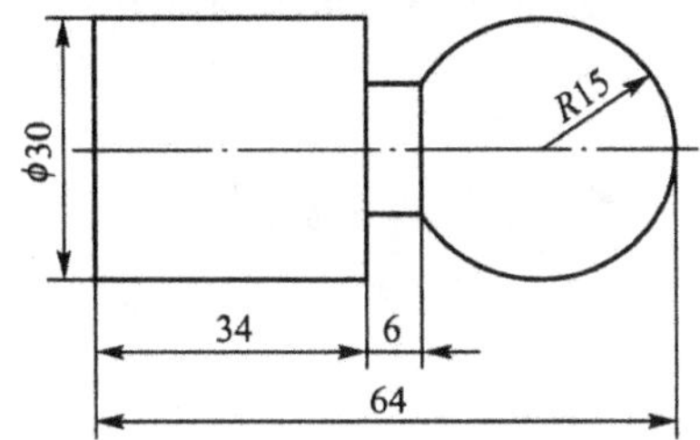

技术要示
1. 未注倒角锐角倒钝1×45°。
2. 未注公差按IT14加工。
3. 表面粗糙度为*Ra* 3.2μm。

图 7.84　特形面车削

(1) 用自定心卡盘夹住毛坯 30mm 左右，夹紧。
(2) 粗车端面后，粗车外圆至 ϕ31mm，长度 33μm。
(3) 精车端面后精车外圆至 ϕ30mm。
(4) 外圆倒角 1×45°。
(5) 调头装夹，并以已车好的工件外圆定位后夹紧。
(6) 车端面，总长控制在 64mm。
(7) 粗车外圆至 ϕ31mm，长度为 31mm。
(8) 精车外圆至 ϕ30mm。
(9) 从端面向里 34mm 切出 6mm 宽沟槽，直径 ϕ15mm。
(10) 用双手分别控制大溜板和中溜板加工 R15mm 圆球。

7.9　综合技能训练课题

利用所学车削知识加工图 7.85 所示零件，具体加工步骤如下：

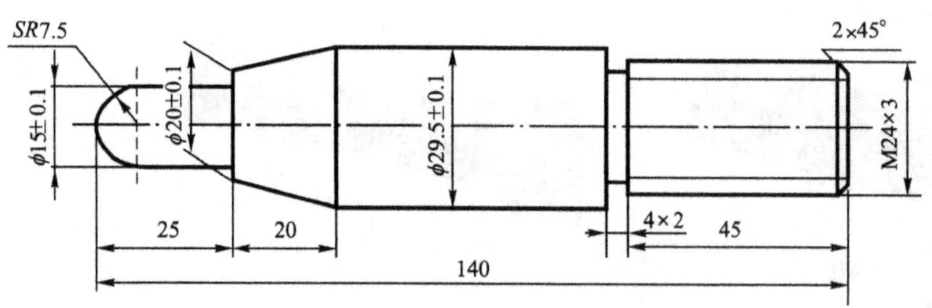

图 7.85　车削综合加工实训图

(1) 用自定心卡盘夹住毛坯外圆，伸出部分约 80mm。

(2) 车平端面。

(3) 车削 ϕ29.5mm 的外圆部分。

(4) 车削 ϕ15mm 的外圆部分。

(5) 车削 *SR*7.5mm 的球头部分。

(6) 车削锥面。

(7) 工件调头装夹 ϕ29.5mm 的外圆，留毛坯另一端的车削部分约 70mm。

(8) 车端面，控制工件长度为 140mm。

(9) 车削 ϕ29.5mm 的外圆部分。

(10) 车削 ϕ24mm 的外圆部分。

(11) 倒 2×45°角。

(12) 车 4mm×3mm 退刀槽。

(13) 车削 M24×3 螺纹。

7.10　实践中常见问题解析

7.10.1　外圆车削加工注意事项

(1) 当毛坯未被车圆时，属断续车削，应减小进给量和切削速度。

(2) 粗车铸、锻件毛坯时，切削深度要大于毛坯表面氧化皮厚度，防止车刀过早磨损。

(3) 车刀安装时，刀尖与工件旋转中心线等高，刀杆与走刀方向垂直。

(4) 用顶尖安装工件时，顶尖一定要顶紧工件并锁紧尾座上的套筒手柄。

(5) 尽量减少工件的伸出长度，或另一端用顶尖支住，以增加安装刚度。

(6) 不能在工件温度较高时测量，应先掌握工件的收缩情况，或在车削时浇注冷却液，降低工件温度后再测量。

(7) 用一夹一顶或两顶尖安装工件时，由于后顶尖中心线不在主轴的中心线上，外圆车削会出现锥度现象，因此，粗车前应先校正锥度。

7.10.2 平面车削的注意事项

(1) 工件装在卡盘上，必须先校正外圆和端面后再夹紧。
(2) 车大端面时，必须把大拖板的固定螺钉锁紧。
(3) 中、小拖板的塞铁不能太松，刀架应压紧。
(4) 装刀时，必须使车刀的主切削刃垂直于工件的轴心线。

7.10.3 孔加工时的注意事项

1. 加工中心孔时的注意事项

(1) 工件端面要车平，并不能留有凸台，否则会使中心钻折断。
(2) 钻中心孔时应用较高的转速。
(3) 中心钻磨损后要及时更换或修磨，否则会使中心钻折断。
(4) 应充分浇注切削液或及时清除切屑，否则会使中心钻折断。
(5) 中心孔形状应正确，中心孔圆整、粗糙度小、深度合适，不能钻偏。

2. 钻孔加工时的注意事项

(1) 钻孔前必须车平端面，中心不能留有凸台。
(2) 调整尾座使之与主轴同轴。
(3) 工件内部有缩孔、砂眼、夹渣等时，应降低转速，减小钻孔时的走刀量。
(4) 在车床上钻孔时，切削液很难进入切削区，所以在加工过程中要经常退出钻头，以便排屑和冷却钻头。
(5) 钻头安装前，应擦净车床尾座套筒内的灰尘和杂质。

3. 镗孔时的注意事项

(1) 提高刀具耐用度，防止中途磨损出现内孔有锥度的情况。
(2) 尽量采用大尺寸刀杆，减小切削用量，避免刀杆刚性差，产生“让刀”现象。
(3) 正确安装车刀，防止刀杆与孔壁相碰。
(4) 孔壁薄时，要选择合理的装夹方法，避免工件装夹变形。

7.10.4 车削圆锥时的注意事项

(1) 车刀刀尖必须严格对准工件的旋转中心，避免在圆锥母线上出现双曲线误差。
(2) 仔细计算小拖板应转的角度和方向，并反复试车校正。
(3) 调整小拖板塞铁使小拖板移动均匀。操作时要双手轮流转动小拖板手柄，使其移动均匀。
(4) 当车刀中途刃磨再次安装时，必须重新调整垫片厚度，使刀尖严格对准工件中心。

7.10.5 车螺纹时的注意事项

(1) 螺纹车削完成之前，不要提起开合螺母，否则产生螺纹“乱扣”现象。当然，丝杠螺距是工件螺距整数倍时不存在此问题。

(2) 在车削第一个工件时，先车出一条浅浅的螺旋线，停车用钢板尺校对螺距是否正确。

(3) 正确刃磨和测量刀尖角。

(4) 合理分配和选用切削用量，及时修磨螺纹车刀。

7.10.6 切断和车沟槽的注意事项

(1) 切槽刀主刀刃的宽度要根据沟槽宽度进行刃磨。

(2) 切宽槽的过程中，要及时测量。对于沟槽深度要仔细计算。

(3) 工件切断之前，要正确测量，防止切下的工件长度不对。

(4) 正确安装切断刀。刃磨时必须使主刀刃平直，两刀刃圆弧对称，两副切削刃和副后角对称。

(5) 选择适当的切削速度并浇注切削液。适当加大进刀速度，避免产生噪声和振动。

7.11 车工操作安全技术

在车工实训中，要严格遵守人身和设备安全规程，具体如下：

7.11.1 人身安全注意事项

(1) 实训时应穿工作服，扣好每一个扣子，袖口扎紧。女生应戴工作帽，头发或辫子应塞入帽内。不要穿凉鞋、拖鞋，女生不能穿高跟鞋。

(2) 车削时，头不应离工件太近，以防切屑飞入眼睛。如果车削崩碎状切屑的工件时，必须戴防护眼镜。

(3) 工作时，必须集中精力，不允许擅自离开车床或做与车床工作无关的事。不能靠近正在旋转的工件或车床部件。

(4) 工件和车刀必须装牢固，以防飞出发生事故。卡盘必须装有保险装置。

(5) 不准用手去刹住转动着的卡盘。

(6) 车床开动时，不能测量工件，也不能用手去摸工件的表面。

(7) 应该用专用的钩子清除切屑，绝对不允许用手直接清除。

(8) 工件装夹完毕，应随手取下卡盘扳手。

(9) 在车床上工作时，不准戴手套。

7.11.2 设备安全注意事项

(1) 开车前，应检查车床各部分机构是否完好。车床启动后，应使主轴低速空转1～2min，使润滑油散布到各处(冬季尤为重要)，等车床运转正常后才能工作。

(2) 工作中主轴需要变速时，必须先停车。

(3) 为了保持丝杠的精度，除车螺纹外，不得使用丝杠进行自动进刀。

(4) 不允许在卡盘上、床身导轨上敲击或校直工件；床面上不准放工具或工件。

(5) 车刀磨损后，应及时刃磨。用钝刃车刀继续切削会增加车床负荷，甚至损坏机床。

(6) 车削铸件、气割下料的工件，应擦去导轨上的润滑油，去除工件上的型砂杂质，以免磨坏床面导轨。

(7) 使用切削液时，要在车床导轨上涂上润滑油。冷却泵中的切削液应定期更换。

(8) 工作完毕，应清除车床上及车床周围的切屑及切削液，擦净后按规定在加油部位加注润滑油。

(9) 实训结束后，将大拖板摇至床尾一端。各传动手柄放在空挡位置，关闭电源。

7.12 本章小结

车削加工是金属切削加工中最常用的加工方式，在机械加工设备中的占有率也最高。本章详细介绍了外圆与端面车削、内圆柱孔在车床上的加工、槽车削、圆锥面车削、螺纹车削、偏心工件车削及特型面的车削的加工方法。每项加工方法后边设有专项技能训练题。综合训练题锻炼同学们综合运用所学的一些车削加工方法。

7.13 思考与练习

1. 思考题

(1) 车床由哪几部分组成？各有什么作用？

(2) 常用的车床调整方法有哪些？请举出几种具体调整的例子。

(3) 车刀的刀头由哪些部分组成？

(4) 车刀有哪几个主要角度？各有什么作用？如何选择？

(5) 常用的车刀材料有哪些？应用时有什么特点？

(6) 如何安装车刀？有哪些注意事项？

(7) 车床上安装工件常用的方法有几种？各有什么特点？

(8) 车端面常用哪几种车刀？分析各种车端面时的优缺点，各用在什么场合？

(9) 切断刀有什么特点？如何进行切断操作？

(10) 不通孔镗刀与通孔镗刀有什么区别？

(11) 转动小拖板法车削圆锥有什么优缺点？如何确定小拖板的转动角度？

(12) 怎样检验圆锥体的锥度和尺寸正确性？

(13) 车削特型面有哪几种方法？滚花时有什么注意事项？

(14) 螺纹车刀与外圆车刀有哪些不同？

(15) 车削螺纹时如何操作？进刀方法有哪些？

2. 实训题

(1) 在车床上钻孔与在台钻上钻孔有何不同？

(2) 如何刃磨车刀？针对不同的刀具材料，刃磨时如何选择砂轮？

(3) 用双手控制法车特型面时有哪些技巧？针对不同的特型面请谈谈自己加工时的感受。

(4) 车床上大、中、小拖板的刻度盘如何读数？有什么不同？

(5) 根据车床加工的特点，设计一件适合车削加工的工件，要求作品有创意性、实用性和欣赏性，试加工出来，并对其进行经济核算。

第8章 铣削加工

教学提示： 铣削加工是在铣床上利用铣刀的旋转(主运动)和零件或刀具的移动(进给运动)对零件进行切削加工的工艺过程，是一种生产率较高的平面、沟槽和成形表面的加工方法。

教学要求： 本章让学生了解铣削加工的基本知识，如加工特点、切削运动、铣床的结构及调整方法、铣床的传动原理、铣刀的结构特点、铣刀的装夹方法和常用附件的功用；熟悉零件在铣床上用平口虎钳装夹及校正方法，熟悉铣床主要组成部分的名称、运动及其作用。掌握卧式铣床、立式铣床上加工水平面、垂直面及沟槽的操作。

8.1 铣削刀具与机床及夹具

所谓铣削，就是在铣床上以铣刀旋转作主运动，工件或铣刀移动作进给运动的切削加工方法。铣削加工是一种技术性较强的万能工种，在金屑切削加工中应用广泛，是加工平面和曲面的主要方法之一。在铣床上使用不同的铣刀，可以加工不同位置的平面，包括水平面、垂直面、斜面等；也可以加工沟槽，包括直角槽、V 形槽、燕尾槽、T 形槽、键槽、圆弧槽等，如图 8.1 所示；还可以加工成形面、型腔、切断、进行分度及孔系加工等。

(a) 铣平面

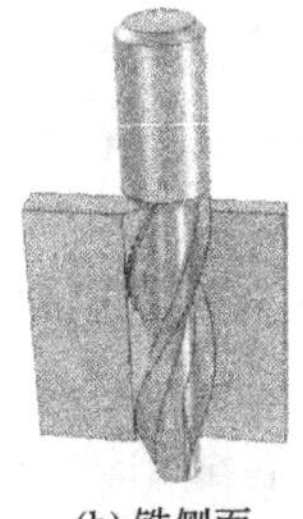
(b) 铣侧面

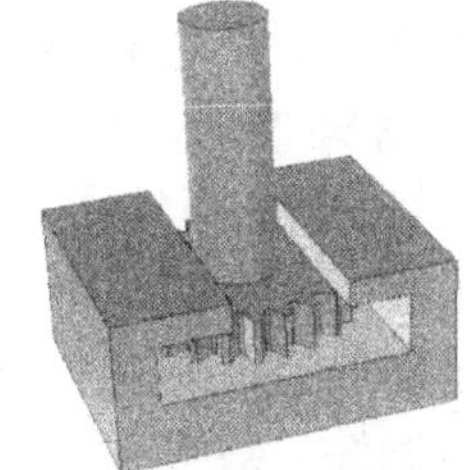
(c) 铣T形槽

图 8.1　铣削加工

铣削切削要素包括铣削速度、进给量、背吃刀量和侧吃刀量。铣削速度 v_c 是指铣刀最外圆上一点的线速度，单位为 m/s；进给量 f 是工件相对于铣刀单位时间内移动的距离，单位为 mm/min；铣削深度 a_p是指在平行于铣刀轴线方向上测量的切削层尺寸，单位为 mm；铣削宽度 a_c是指在垂直于铣刀轴线方向上测量的切削层尺寸，单位为 mm。

铣削具有以下特点：①采用多刃刀具加工，刀刃轮替切削，刀具冷却效果好，耐用度高；②加工范围广；③刀轴、刀具种类繁多，在增加加工能力的同时，装夹较复杂；④铣刀的制造和刃磨较困难；⑤铣削属冲击性切削，铣削时，易产生冲击、振动；⑥铣削加工精度一般可达 IT9～IT8，表面粗糙度可达 Ra3.2～1.6μm。

铣床是用铣刀进行加工的切削机床。在铣削过程中，以多齿铣刀作旋转主运动，工件随工作台作纵向、横向、垂直 3 个方向的直线进给运动；进给运动可根据加工要求，由工件在相互垂直的 3 个方向中，作某一方向运动来实现。在少数铣床上，进给运动也可以是工件的回转或曲线运动。根据工件的形状和尺寸，工件和铣刀可在相互垂直的 3 个方向上作位置调整。由于是多齿刀具，铣削加工的效率较高，应用范围也比较广泛。

8.1.1 刀具类型及结构

铣刀是一种多齿的回转刀具，由刀体和刀齿两部分组成，可用来加工各种平面、沟槽、斜面和成形面；对单个刀齿而言，其几何参数和切削过程与车刀类似。

1. 铣刀切削部分材料的基本要求

(1) 高硬度和高耐磨性。在常温下，切削部分材料必须具备足够的硬度才能切入工件。具有高的耐磨性，刀具才不易磨损，提高使用时间，延长铣刀的使用寿命。

(2) 好的耐热性(红硬性)。刀具在切削过程中会产生大量的热量，尤其在切削速度较高时，温度会很高。因此，刀具材料应具备好的耐热性，即在高温下仍能保持较高的硬度，具有能继续进行切削的性能。这种具有高温硬度的性质，又称为热硬性或红硬性。

(3) 高的强度和好的韧性。在切削过程中，刀具要承受很大的切削力，所以刀具材料要具有较高的强度，否则易断裂和损坏。由于铣削属于冲击性切削，铣刀会受到很大的冲击和振动，因此，铣刀材料还应具备好的韧性，才不易崩刃、碎裂。

(4) 工艺性好。为了能顺利制造出各种形状和尺寸的刃具，尤其对形状比较复杂的铣刀，要求刀具材料的工艺性要好。

2. 铣刀常用材料

1) 高速工具钢(简称高速钢，俗称锋钢)

高速钢有通用高速钢和特殊用途高速钢两种。它具有以下特点：

(1) 合金元素钨、铬、钼、钒和钴的含量较高，淬火硬度可达到 62～70HRC，在 600℃高温下仍能保持较高的硬度。

(2) 刃口强度和韧性好，抗振性强，能用于制造切削速度一般的工具。对刚度较差的机床，采用高速钢铣刀仍能顺利切削。

(3) 工艺性能好，锻造、加工和刃磨都比较容易，还可以制造形状较复杂的刀具。

(4) 与硬质合金材料相比较，有硬度较低、红硬性和耐磨性较差等缺点。

目前，常用作制造刀具的高速钢有：

钨系：W18Cr4V(简称 18 - 4 - 1)。具有较好的综合性能，常温硬度为 62～65HRC，高温硬度在600℃时约为51HRC，磨锐性能好。因此，各种铣刀基本上都用这种材料制造。

钨钼系：W6M05Cr4V2Al(501钢)，W6M05C14V5SiNbAl(B201钢)。

2) 硬质合金

硬质合金是高硬度、高熔点的金属碳化物(碳化钨WC、碳化钛TiC)和以钴(Co)为主的金属黏结剂经粉末冶金工艺制造而成的，其主要特点如下：

(1) 耐高温，在800～1000℃仍能保持良好的切削性能，切削时可选用比高速钢高4～8倍的切削速度。

(2) 常温硬度高，耐磨性好。

(3) 抗弯强度低，冲击韧性差，刀刃不易刃磨得很锋利。

目前，常用作制造刀具的硬质合金如下：

(1) K类(钨钴类，牌号为YG)。这种硬质合金由碳化钨和钴组成，常用的牌号有YG3、YG6、YG8等，其中数字表示含钴的百分率，而其余成分为碳化钨。含钴量越大，韧性越好，越不怕冲击，但钴的增加会使硬度和耐热性下降。因此K类硬质合金铣刀适用于加工铸铁、有色金属等脆性材料或用在冲击性较大的加工上。但钨钴类硬质合金与钢的熔结温度较低，在640℃时就会与钢熔结在一起。用这种刀具切削钢料时，刀具前面上容易出现小凹坑(月牙洼)，使刀具很快磨损。

(2) P类(钨钛钴类，牌号为YT)。这种硬质合金由碳化钨、碳化钛和钴组成。常用的牌号有YT6、YT15、YT30等，其中数字表示含碳化钛的百分率。硬质合金中加入钛后，能提高与钢的熔结温度，减小摩擦系数，并能使耐磨性和硬度略有增加，但降低了抗弯强度和韧性，使脆性增加。因此P类硬质合金铣刀适用于加工钢或韧性较大的塑性金属，不宜加工脆性金属。

(3) M类[通用硬质合金类，钨钛钽(铌)钴类]。M类硬质合金铣刀主要用于不易加工的高温合金、高锰钢、不锈钢、可锻铸铁、球墨铸铁、合金铸铁等。

选用硬质合金应根据工件的材料和加工条件确定，例如，铣削加工的材料是布氏硬度低于220的灰铸铁，要求的铣削条件是具有高韧性，此时应在K类硬质合金中选择，选代号为K20(YG6、YG8A)的硬质合金。又如铣削加工的材料是长切屑可锻铸铁，切削条件是低等切削速度，此时应在P类硬质合金中选择，选代号为P30(YT5)的硬质合金进行铣削加工。此外，还应注意：粗加工时应选用含钴量较多的牌号，精加工时选用含钴量较少的牌号。例如，加工铸铁工件，粗加工时宜选用YG8和YG6，精加工时宜选用YG3或YG6；钢料工件粗加工时宜选用YT5或YT15，精加工时宜选用YT30或YT15。

3. 铣刀的类型

铣刀的种类很多，同一种刀具名称也很多，并且还有不少俗称，名称的由来主要是根据铣刀的某一方面的特征或用途。分类方法也很多，现介绍几种常见的分类方法。

1) 按铣刀切削部分的材料分

(1) 高速钢铣刀。这种铣刀是常用铣刀，一般形状较复杂的铣刀都是高速钢铣刀。这类铣刀有整体的和镶齿的两种。

(2) 硬质合金铣刀。这类铣刀大都不是整体的，将硬质合金铣刀刀片以焊接或机械夹固的方式镶装在铣刀刀体上，如硬质合金立铣刀、三面刃铣刀等，适用于高速切削。

2）按铣刀刀齿的构造分

按刀齿构造铣刀可分为尖齿铣刀和铲齿铣刀。如图 8.2 所示。

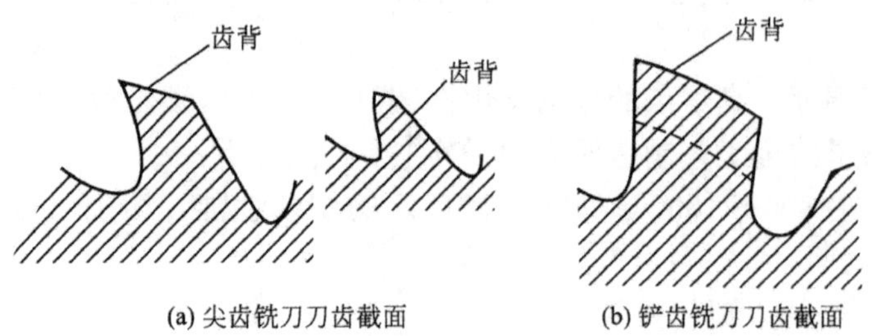

(a) 尖齿铣刀刀齿截面　(b) 铲齿铣刀刀齿截面

图 8.2　铣刀刀齿的构造

（1）尖齿铣刀。如图 8.2(a)所示，在垂直于刀刃的截面上，其齿背的截形由直线或折线组成。尖齿铣刀制造和刃磨比较容易，刃口较锋利。

（2）铲齿铣刀。如图 8.2(b)所示，在刀齿截面上，其齿背的截形是阿基米德螺旋线。刃磨时，只要前角不变，其齿形就不变。成形铣刀一般采用铲齿铣刀。

3）按铣刀的安装方式分

（1）带孔铣刀。采用孔安装的铣刀称为带孔铣刀，其主要类型如图 8.3 所示。

（2）带柄铣刀。采用柄部安装的铣刀称为带柄铣刀，其主要类型如图 8.4 所示。

4）按铣刀的形状和用途分类(参见图 8.3 和图 8.4)

（1）加工平面用铣刀。加工平面用的铣刀主要有两种，即圆柱铣刀和端铣刀。加工较小的平面，也可以用立铣刀和三面刃铣刀。

（2）加工直角沟槽用铣刀。加工直角沟槽常用三面刃铣刀、立铣刀，还有键槽铣刀、盘形槽铣刀、锯片铣刀、开缝铣刀(切口铣刀)。

（3）加工各种特形槽用铣刀。有 T 形槽铣刀、燕尾槽铣刀和角度铣刀等。

（4）加工特形面用铣刀。加工特形面的铣刀一般是专门设计而成的，称作成形铣刀，如齿轮盘形模数铣刀。

（5）切断用铣刀。常用的切断铣刀是锯片铣刀。

5）按铣刀的结构形式分类

（1）整体式铣刀如图 8.3(a)和图 8.5(a)所示。这类铣刀的切削部分、装夹部分及刀体是一整体的。一般整体式铣刀可用高速钢整料制成，也可用高速钢制造切削部分、用结构钢制造刀体部分，然后焊接成整体。这类铣刀一般体积都不是很大。

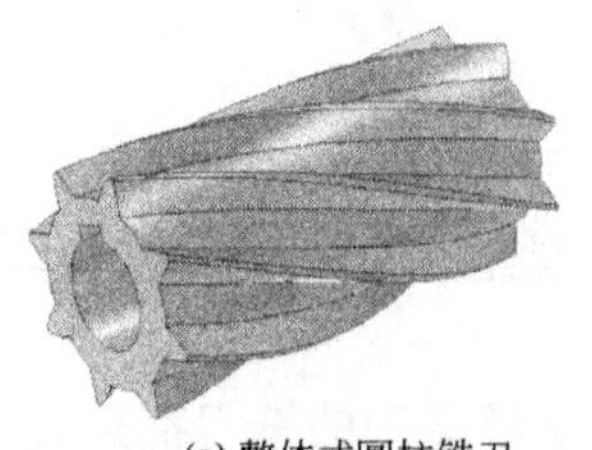

(a) 整体式圆柱铣刀

(b) 成形铣刀

(c) 锯片铣刀

图 8.3　带孔铣刀主要类型

（2）镶齿式铣刀如图 8.5(b)所示。直径较大的三面刃铣刀和端铣刀，一般都采用镶齿

(a) 端面铣刀

(b) 立铣刀

(c) 键槽铣刀

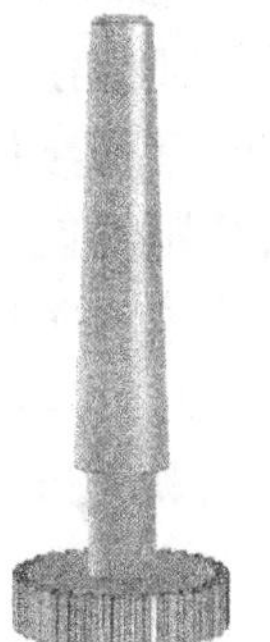

(d) T形铣刀

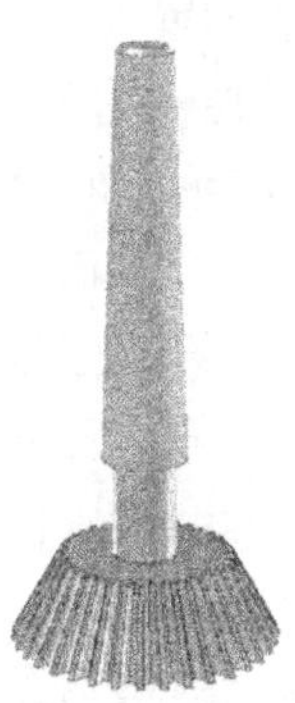

(e) 燕尾槽铣刀

图 8.4 带柄铣刀主要类型

结构。镶齿铣刀的刀体是结构钢，刀体上有安装刀齿的部位，刀齿是高速钢制成的，将刀齿镶嵌在刀体上，经修磨而成。这样可节省高速钢材料，提高刀体利用率，具有工艺好等特点。

(a) 整体式铣刀

(b) 镶齿式铣刀

图 8.5 不同结构形式的铣刀

4. 铣刀的结构

铣刀是多刃刀具，每个齿相当于一把简单的刀具，如图 8.6(a)所示。下面以圆柱铣刀为例，介绍铣刀的主要几何参数，如图 8.6(b)所示。

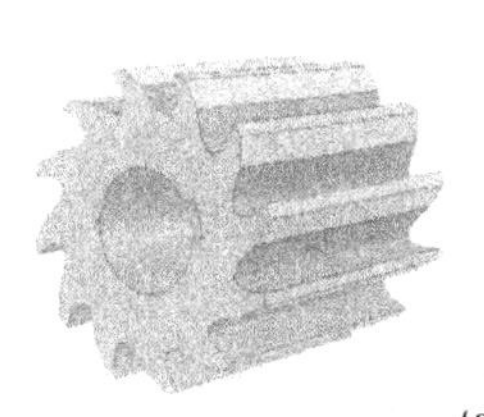

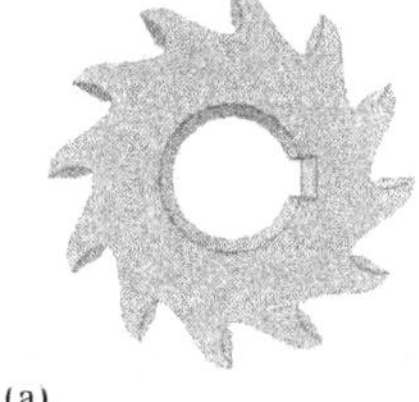

(a)

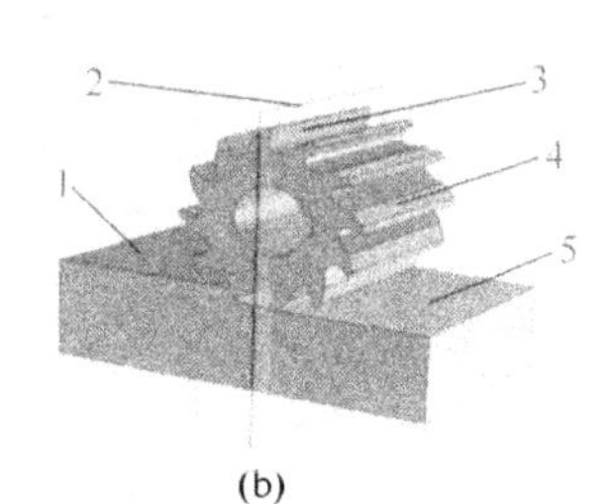

(b)

图 8.6 圆柱铣刀及其组成

1—待加工面；2—基面；3—前刀面；4—后刀面；5—已加工面

1）铣刀各部分的名称

(1）工件上的表面。

① 待加工面：工件上即将被切去的表面。

② 已加工面：工件上已加工的表面。

(2）假想参考平面。

① 基面：假想平面，它是通过刀刃上任意一点并与该点的切削速度方向垂直的平面。

② 切削平面：假想平面，它是通过切削刃并与基面垂直的平面。

(3）刀具上的表面。

① 前刀面：切削时，刀具上切屑流过的表面。

② 后刀面：与加工表面相对的表面。

2）圆柱铣刀的主要几何角度

（1）前角。前角是前刀面与基面的夹角。前角的作用是在切削中减少金属变形，使切屑排出顺利，从而改善切削性能，获得较光洁的已加工表面。前角的选择要根据被切金属材料性能、刀具强度等因素来考虑。一般高速钢铣刀的前角为 10°～25°。

（2）后角。后角是后刀面与切削平面的夹角。后角的主要作用是减小后刀面和已加工表面之间的摩擦，使切削顺利进行，并获得较光洁的已加工表面。后角的选择主要根据刀具强度及前角、楔角的大小综合考虑。由于后角是在圆周方向起作用的，所以规定在端截面内测量。一般后角选择为 6°～20°。

（3）楔角。楔角是前刀面与后刀面的夹角。楔角的大小决定了刀刃的强度。楔角越小，刀具刃口越锋利，切入金属越容易，但强度和导热性能较差；反之，刀刃强度高，但会使切削阻力增大，因此不同的刀具材料和不同的刀具结构，应选择不同的楔角。

（4）螺旋角。为了使铣削平稳、排屑顺利，圆柱铣刀的刀齿一般都制成螺旋槽形，如图 8.7 所示。螺旋齿刀刃的切线与铣刀轴线间的夹角称为圆柱铣刀的螺旋角。

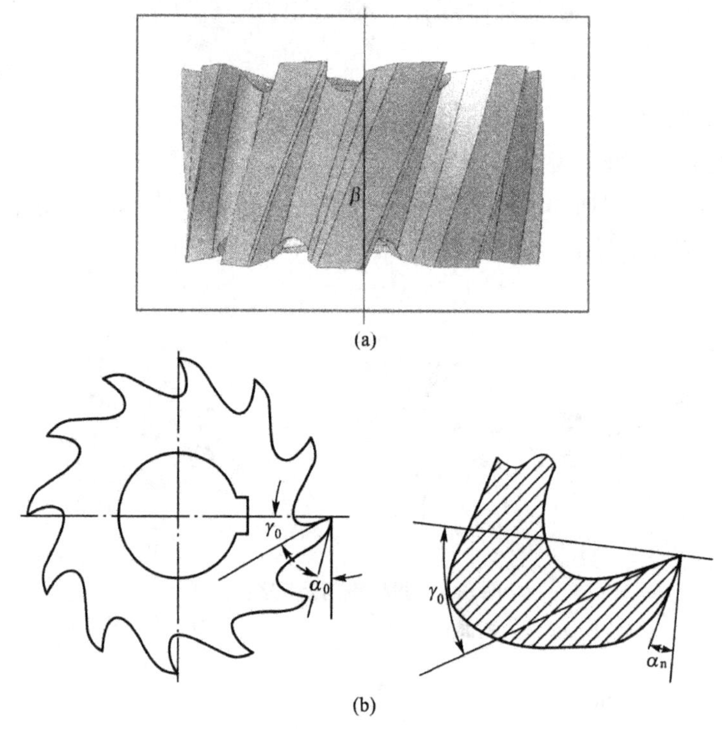

图 8.7　螺旋齿圆柱铣刀及其螺旋角 β

5. 铣刀的标记

为了便于辨别铣刀的规格、材料和制造单位等，在铣刀上都刻有标记。标记的主要内容包括以下几个方面：

（1）制造厂的商标。各量具刃具厂都有产品商标，一般刻在刀具非工作部位，看见商标就知道是哪家制造厂的产品。例如，“<◎>”表示哈尔滨量具刃具厂，“△”表示北京量具刃具厂，“☆”表示上海工具厂，“◇”表示上海量刃具厂，“∕∕Γ”表示成都量刃具厂等。其他制造厂都有产品标记。

(2) 制造铣刀的材料标记。一般均用材料的牌号表示，如 W18Cr4V 铣刀。

(3) 铣刀尺寸规格的标记。随铣刀的形状不同而标记略有区别：圆柱铣刀、三面刃铣刀和锯片铣刀等均以外圆直径×宽度×内径来表示，如在圆柱铣刀上标有 80×100×32。立铣刀和键槽铣刀等一般只标注外圆直径。角度铣刀和半圆铣刀等一般以外圆直径×宽度×内孔直径×角度(或圆弧半径)表示，如在角度铣刀上标有 75×20×27×600(或 8R)。注意：铣刀上所标注的尺寸均为基本尺寸，在使用和刃磨后往往会发生变化。

6. 铣刀的安装

铣刀安装方法正确与否，决定了铣刀的运转平稳性和铣刀的寿命，影响铣削质量(如铣削加工的尺寸、形位公差和表面粗糙度)。

(1) 带孔铣刀的安装。带孔铣刀安装在刀杆上，刀杆又安装在铣床主轴上，如图 8.8 所示。铣刀的安装步骤如图 8.9 所示。在不影响加工的情况下，应尽可能使铣刀靠近铣床主轴，并使吊架尽量靠近铣刀，以增强刚性。铣刀的位置可利用更换不同的垫圈的方法进行调整。为保证铣刀端面与刀杆轴线垂直，垫圈两端面必须平行，安装时一定要擦干净。一般铣刀可用平键传递转矩，直径不大的铣刀或锯片铣刀，也可靠垫圈端面摩擦力传递转矩。

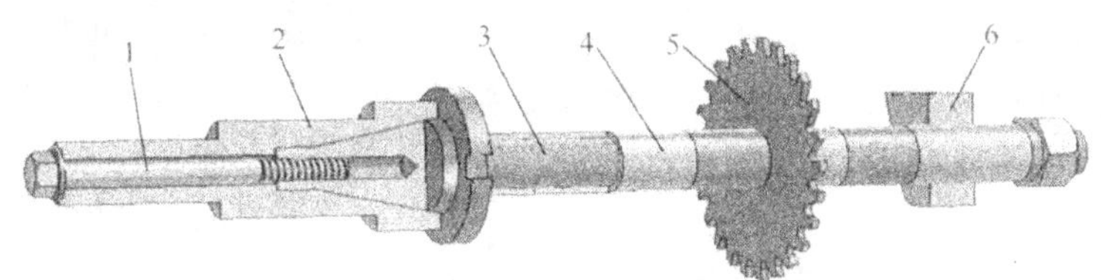

图 8.8 刀杆与主轴的连接方法

1—拉杆；2—床身；3—主轴；4—垫圈；5—刀片；6—吊架

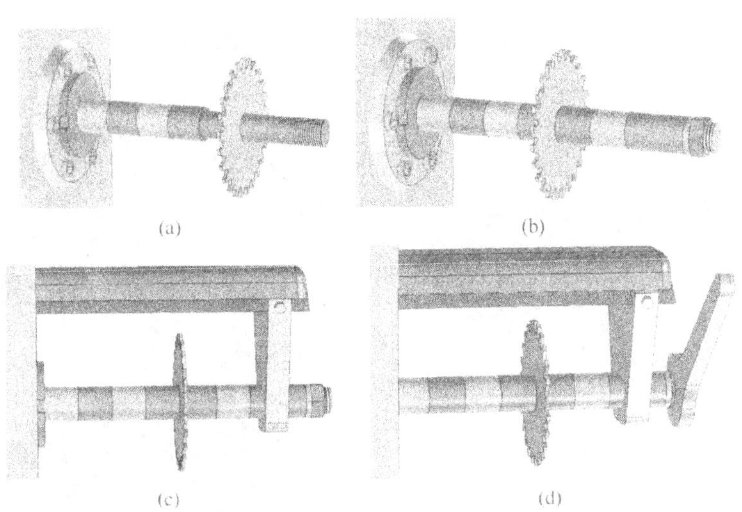

图 8.9 带孔铣刀的安装步骤

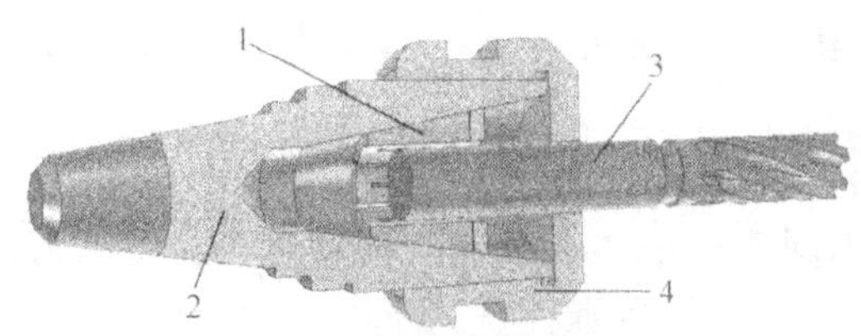

图 8.10　直柄铣刀的安装

1—夹头体；2—弹簧套；3— 铣刀；4—螺母

(2) 直柄立铣刀的安装。这种铣刀的安装如图 8.10 所示，铣刀的直柄插入弹簧套的光滑圆孔中，用螺母压紧弹簧套的端面，弹簧套外锥挤紧在夹头体的锥孔中而将铣刀夹住。通过更换弹簧套或在弹簧套内加上不同内径的套筒，可以安装 ϕ20mm 以内的各种规格的直柄铣刀。然后夹头体的锥柄安装在铣床主轴的锥孔中，并用拉杆拉紧。

(3) 锥柄立铣刀的安装。锥柄立铣刀的锥柄尺寸如果与主轴内锥尺寸相同，则可直接装入铣床主轴中并用拉杆将铣刀拉紧，如图 8.11 (a)所示；如果铣刀锥柄尺寸与主轴孔锥度尺寸不同，则需要利用中间锥套将铣刀装入铣床主轴锥孔中，再用拉杆拉紧，如图 8.11(b)所示。

7. 铣刀安装后的检查

铣刀安装后，应做以下几方面检查：

(1) 检查铣刀装夹是否牢固。

(2) 检查挂架轴承孔与铣刀杆支撑轴颈的配合间隙是否合适，一般情形下以铣削时不振动、挂架轴承不发热为宜。

(3) 检查铣刀回转方向是否正确，在启动机床主轴回转后，铣刀应向着前刀面方向回转，如图 8.12 所示。

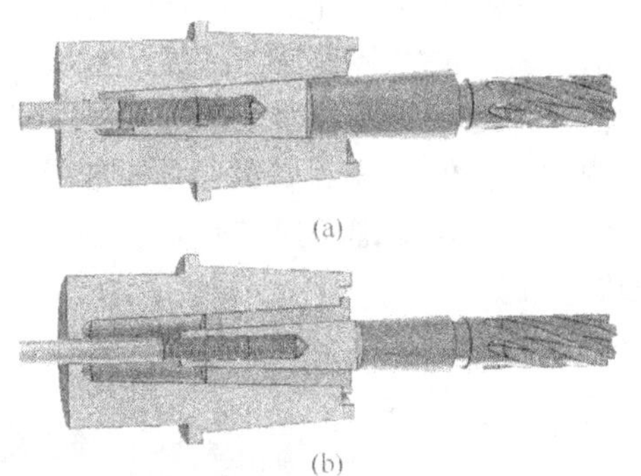

图 8.11　锥柄铣刀的安装

(4) 检查铣刀刀齿的径向圆跳动和端面圆跳动。对于一般的铣削，可用目测或凭经验确定铣刀刀齿的径向圆跳动和端面圆跳动是否符合要求。对于精密的铣削，可用百分表检测。如图 8.13 所示。将磁性表座吸在工作台上，使百分表的测量触头触到铣刀的刃口部位，测量杆垂直于铣刀轴线(检查径向圆跳动)或平行于铣刀轴线(检查端面圆跳动)，然后用扳手向铣刀后刀面方向回转铣刀，观察百分表指针在铣刀回转一转内的变化情况，一般要求为 0.005～0.006mm。

图 8.12　铣刀向着前刀面方向回转

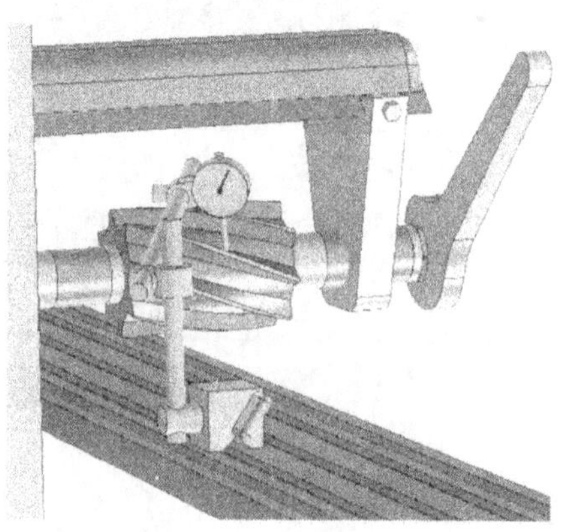
图 8.13　检查铣刀刀齿的径向圆跳动

如果检查跳动量过大，应重装。铣刀安装后跳动量过大的主要原因如下：

(1) 装刀时，铣刀和刀杆等结合面未清洁干净。

(2) 主轴锥孔有拉毛现象。

(3) 刀杆弯曲。

(4) 铣刀刃磨不准确。若铣刀和刀杆等结合面未清洁干净，应拆下清洁各面并去除毛刺污物。若主轴锥孔有拉毛现象，应仔细修复。若刀杆弯曲，可进行校正。若铣刀刃磨质量不好，各切削刃不在同一圆周上，可重新刃磨或换刀。

8.1.2 机床的类型和结构

铣床是用铣刀对工件进行铣削加工的机床。常用的铣床有卧式万能升降台铣床、立式升降台铣床、龙门铣床及数控铣床等。

1. 卧式万能升降台铣床

卧式万能升降台铣床简称万能铣床，是铣床中应用最多的一种。它的主轴是水平放置的，与工作台面平行。工作台可沿纵、横和垂直3个方向运动。万能铣床的工作台还可在水平面内回转一定角度，以铣削螺旋槽。图8.14所示为X6132型卧式万能铣床。

X6132型万能铣床的主要组成部分及作用如下：

(1) 床身。床身用来支承和固定铣床上所有的部件。内部装有主轴、主轴变速箱、电器设备及润滑油泵等部件。顶面上有供横梁移动用的水平导轨。前臂有燕尾形的垂直导轨，供升降台上下移动。

(2) 横梁。横梁上装有支架，用以支持刀杆的外端，以减少刀杆的弯曲和颤动。横梁伸出的长度可根据刀杆的长度调整。

(3) 主轴。主轴是空心轴，前端有7∶24的锥孔，可安装铣刀的刀杆并带动其旋转。

图8.14 X6132型卧式万能铣床

(4) 纵向升降台。用来安装工件和夹具。工作台的下部有一根传动丝杠，通过它带动工件作纵向进给运动。

(5) 横向工作台。横向工作台位于升降台的水平导轨上，可带动纵向工作台横向运动。

(6) 转台。转台能使纵向工作台在水平面内旋转一个角度(最大为±45°)，可以斜向移动，以铣削螺旋槽。

(7) 升降台。升降台用来支撑整个工作台，并带动其沿床身垂直导轨上下移动。内部装有进给运动的电动机及传动系统。

2. 立式升降台铣床

立式升降台铣床简称立式铣床。立式铣床与卧式铣床的主要区别是主轴与工作台面垂直。有时根据加工的需要，可以将主铣头(包括主轴)偏转一定角度，以便加工斜面。

图 8.15所示为 X5032 立式升降台铣床。立式铣床由于操作时观察、检查和调整铣刀位置等都比较方便，又便于装夹硬质合金面铣刀进行高速铣削，生产率较高，故应用较广泛。

图 8.15　X5032 型立式升降台铣床

X5032 型立式升降台铣床也是生产中应用极为广泛的一种铣床，其规格、操纵机构、传动变速等与 X6132 型铣床基本相同。主要不同点是：

(1) X5032 型铣床的主轴位置与工作台面垂直，安装在可以偏转的铣头壳体内，主轴可在正垂直面内作±45°范围内偏转，以调整铣床主轴轴线与工作台面间的相对位置。

(2) X5032 型铣床的工作台与横向溜板连接处没有回转盘，所以工作台在水平内不能扳转角度。

(3) X5032 型铣床的主轴带有套筒伸缩装置，主轴可沿自身轴线在 0～70mm 范围作手动进给。

(4) X5032 型铣床的正面增设了一个纵向手动操纵手柄，使铣床的操作更加方便。

3. 龙门铣床

龙门铣床(图 8.16)主要用来加工大型或较重的工件。它可以用多个铣头对工件的几个表面同时进行加工，故生产率较高，适合成批大量生产。龙门铣床有单轴、双轴、四轴等多种形式。

4. 数控铣床

数控铣床(图 8.17)是综合应用电子技术、计算机技术、自动控制、精密测量等新技术成就而出现的精密、自动化的新型机床。在计算机的控制之下，按预先编制好的加工程序自动完成零件加工。这种铣床具有加工精度高、加工质量稳定、生产率高、劳动强度低、对产品加工的适应强等特点，适用于新产品开发和多品种、小批量生产及复杂、精度要求高的零件的加工。

图 8.16　龙门铣床

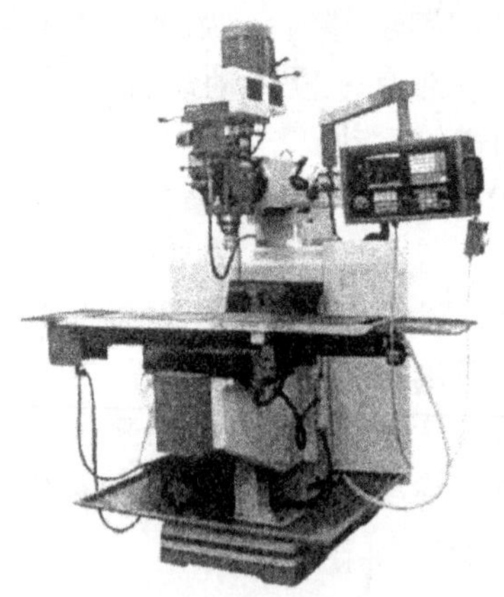

图 8.17　数控铣床外形

8.1.3 机床附件

为扩大铣床的工作范围和便于安装工件，铣床常配的附件有平口钳、万能铣头、回转工作台和分度头等。

1. 平口钳(机用虎钳)

机床用平口虎钳简称平口虎钳或平口钳，机床用平口虎钳是一种通用夹具，经常用它安装形状规则的小型工件。

2. 万能铣头

万能铣头装在卧式铣床上，不仅能完成各种立铣工作，而且还可以根据铣削的需要，将铣头主轴板转成任意角度。其底座用4个螺栓固定在铣床垂直导轨上，如图8.18(a)所示。铣床主轴的运动可以通过两对齿数相同的锥齿轮传递到铣头主轴，因此铣头主轴的转数级数与铣床的转速级数相同。铣头的壳体可绕主轴轴线偏转任意角度，如图8.18(b)所示。铣头主轴的壳体还能在铣头的壳体上偏转任意角度，如图8.18(c)所示。因此，铣头主轴就能在空间偏转所需的任意角度，这样就可以扩大卧式铣床的加工范围。

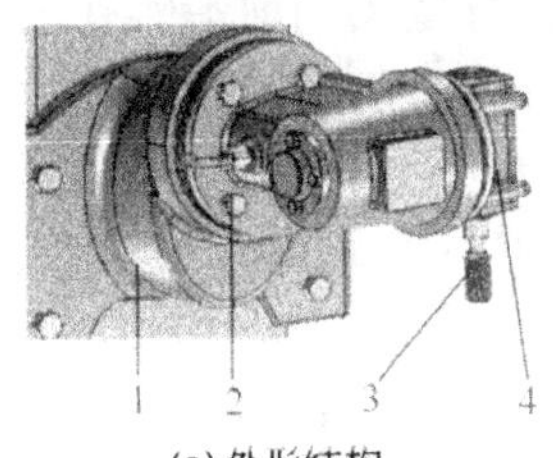

(a) 外形结构

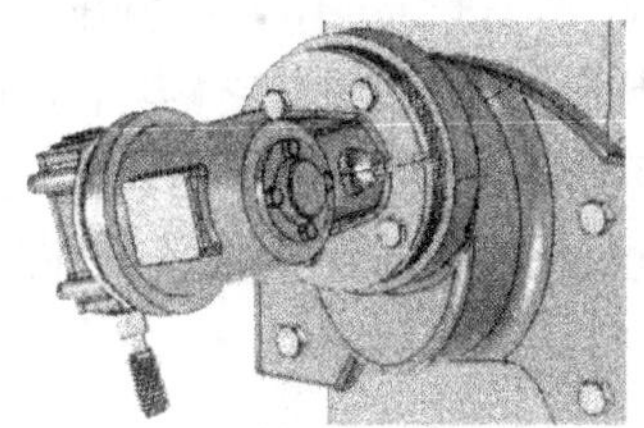
(b) 主轴扳成任意角度

(c) 铣头主轴扳成任意角度

图8.18 万能铣头

1—底座；2—铣头主轴壳体；3—铣刀；4—壳体

3. 回转工作台

回转工作台又称为转盘或圆工作台。它分为手动和机动进给四轴龙门铣床两种，主要功用是大工件的分度及铣削带圆弧曲线的外表面和圆弧沟槽的工件。手动回转工作台(图8.19)。它的内部有一套蜗杆、蜗轮，摇动手轮，通过螺旋轴能直接带动与转台连接的蜗轮传动。转台周围有刻度，可用来观察和确定转台位置。拧紧固定螺钉，转台就固定不动。转台中央有一基准孔，利用它可方便地确定工件的回转中心。铣圆弧槽时(图8.20)，工件安装在回转工作台上绕铣刀旋转，用手均匀缓慢地摇动回转工作台，可在工件上铣出圆弧槽来。

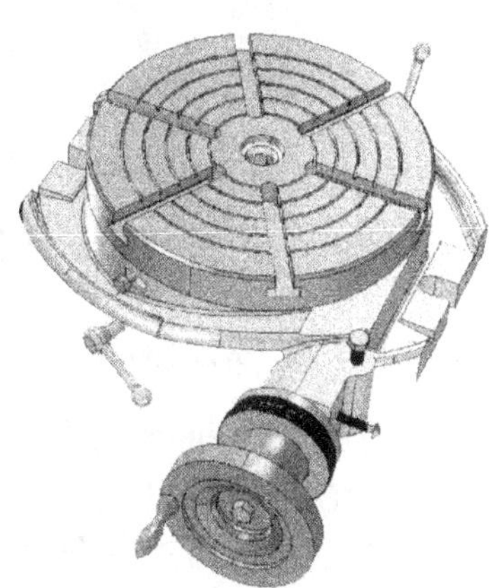
图8.19 回转工作台

4. 万能分度头

在铣削加工中常会遇到铣四方、六方、齿轮、花键和刻线等工作，分度头是能对工件在圆周、水平、垂直、倾斜方向上进行等分或不等分地进行分度工作的铣床附件，分度头有许多类型，最常用的是万能分度头，如图8.21所示。

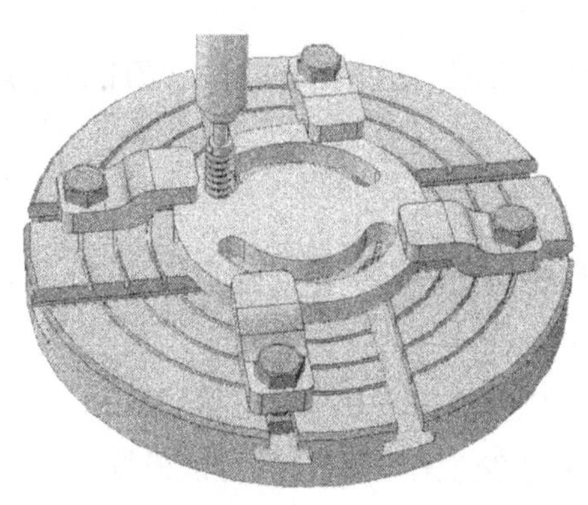
图 8.20 在回转工作台上铣圆弧槽

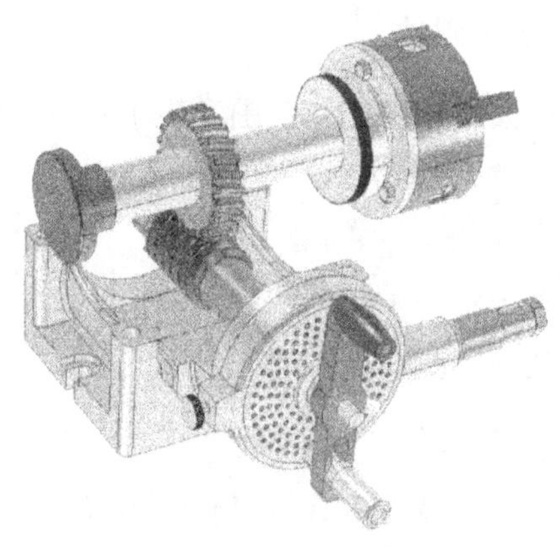
图 8.21 万能分度头

(1) 万能分度头的结构。万能分度头由底座、转动体、主轴和分度盘等组成。工作时，它的底座用螺钉紧固在工作台上，并利用导向键与工作台中间一条 T 型槽相配合，使分度头主轴轴线平行于工作台纵向进给。在分度头的基座上装有回转体，分度头的主轴可以随回转体转至一定的角度(图 8.22)进行工作，如铣削斜面等。分度头的前端锥孔内可安放顶尖，用来支撑工件；主轴外部有一短定位锥体与卡盘的法兰盘锥孔相连接，以便用卡盘来装夹工件。分度头的侧面有分度盘和分度手柄。分度时摇动分度手柄，通过蜗杆-蜗轮带动分度头主轴旋转进行分度。分度头的传动系统如图 8.23 所示。

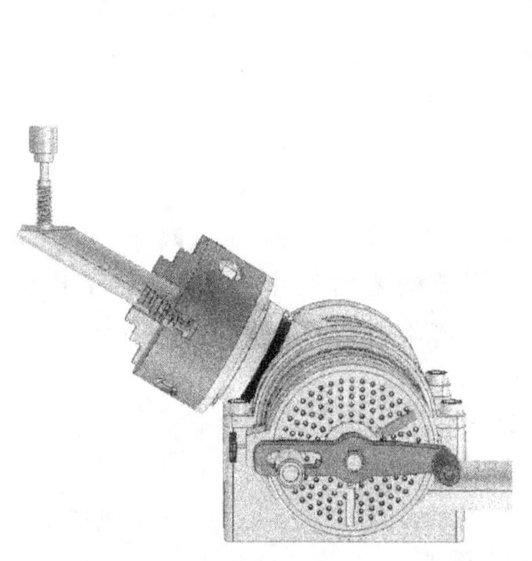
图 8.22 分度头在倾斜位置工作

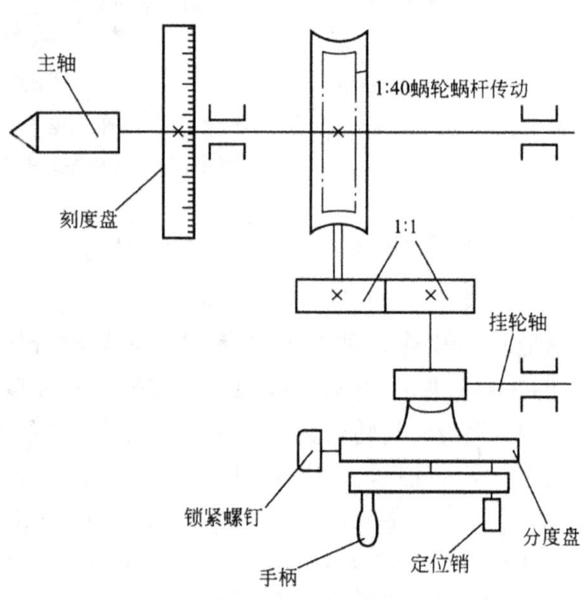

图 8.23 分度头的传动系统

蜗轮与蜗杆的传动比是 1∶40，即手柄转动一周时，蜗轮只能带动主轴转过 1/40 周，若工件在整个圆周上的分度数目 z 已知，则每分一个等分就要求分度头主轴转 $1/z$ 周。这时，分度手柄所需转的周数 n 即可由下列比例关系推出：

$$n=\frac{40}{z}$$

式中，n 为分度手柄转数；z 为工件的等分数；40 为分度头常数。

(2) 分度方法。用分度头进行分度的方法很多，这里仅介绍最常用的简单分度法。例如，铣齿数 $z=36$ 的齿轮，可按式 $n=\frac{40}{z}$ 算出手柄在每次分度时应该转过的周数：

$$n=\frac{40}{z}=\frac{40}{36}\text{周}=1\frac{1}{9}\text{周}$$

也就是说，每分一齿，手柄需要转过 $1\frac{1}{9}$ 周。这 $\frac{1}{9}$ 周一般通过分度盘来控制。分度头一般备有两块分度盘。分度盘的两面各钻有许多圈孔，同一孔圈上的孔距是相等的。

第一块分度盘正面各圈孔数依次为 24、25、28、30、34、37，反面各圈孔数依次为 38、39、41、42、43；第二块分度盘正面各圈孔数依次为 46、47、49、51、53、54，反面各圈孔数依次为 57、58、59、62、66。

简单分度时，分度盘固定不动，将分度手柄上的定位销拔出，调整到孔数为 9 的倍数的孔圈上，如孔数为 54 的孔圈。当手柄转过一周后，再沿孔数为 54 的孔圈转过 6 个孔距即可 $\left(n=1\frac{1}{9}=1\frac{6}{54}\right)$。

为了确保手柄转过的孔距数可靠，可调整分度盘上的扇股(又称扁形夹)之间的夹角，使之相当于欲分度数的孔间距，这样依次进行分度时可以做到准确无误。

8.1.4 铣床夹具与定位

为了使工件在铣削力和其他外力的作用下始终保持其原有的位置，必须将工件夹紧。工件从定位到夹紧的全过程，叫作安装。用来使工件定位和夹紧的装置称为夹具。

夹具的作用：

(1) 能保证工件的加工精度。

(2) 减少辅助时间，提高生产效率。

(3) 扩大通用机床的使用范围。

(4) 能使低等级技术工人完成复杂的加工任务。

(5) 减轻操作者的劳动强度，并有利于安全生产。

夹具的种类：

(1) 通用夹具。这类夹具通用性强，由专门厂家生产，并经标准化，其中有的作为机床的标准附件随机床配套，如铣床上常用的平口钳、分度头等。

(2) 专用夹具。专用夹具是为了适应某一特定工件的某一个工序加工要求而专门设计制造的。

(3) 可调夹具。为了扩大夹具的使用范围，解决专用夹具利用率低的缺点，目前大量使用的是可调夹具。

(4) 组合夹具。在新产品试制和单件生产情况下，采用组合夹具可缩短夹具的制造时间。因为组合夹具的元件是预先制造好的，故能较快地组装，为生产提供夹具。同时由于元件可重复使用，可以节省制造夹具的材料和制造费用。但一套组合夹具的元件数量多，一次性的成本较大，维护和管理的工作量也较大。

1. 机床用平口虎钳

平口钳是铣床上用来装夹工件的夹具。它主要用在铣削加工零件的平面、台阶、斜面，铣削加工轴类零件的键槽等场合。

1）平口钳的结构

常用的平口钳有回转式和非回转式(固定式)两种，如图 8.24 所示。

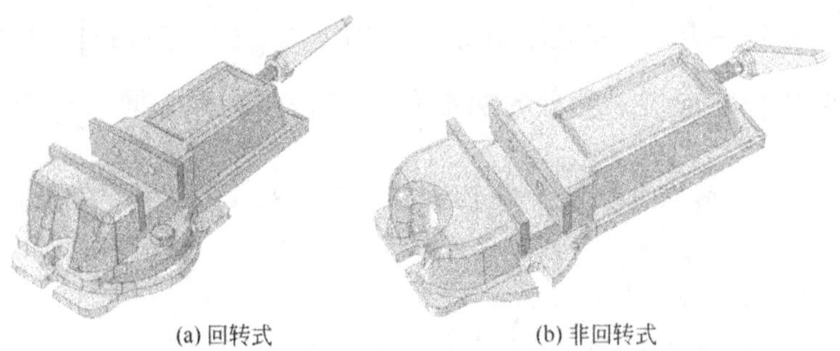
(a) 回转式　　(b) 非回转式

图 8.24　平口钳

(1) 回转式平口钳。回转式平口钳主要由固定钳口、活动钳口、底座等组成。钳身可绕其轴线在 360°范围内任意扳转，故适应性很强。但由于多了一层转盘结构，高度增加，刚性相对较差。

(2) 非回转式平口钳。非回转式平口钳与回转式的平口钳的结构基本相同，只是底座没有转盘，钳体不能回转，但刚性好。因此，在铣削平面、垂直面和平行面时，一般都采用非回转式平口钳。

2）平口钳的安装

平口钳的安装非常方便，方法和步骤如下。

(1) 清洁。将钳座底面和铣床工作台面擦干净。

(2) 平口钳安装位置。平口钳安装在铣床工作台面上，并且是工作台长度方向中心线偏左处，其固定钳口根据加工要求，应与铣床主轴线平行或垂直，如图 8.25 所示。

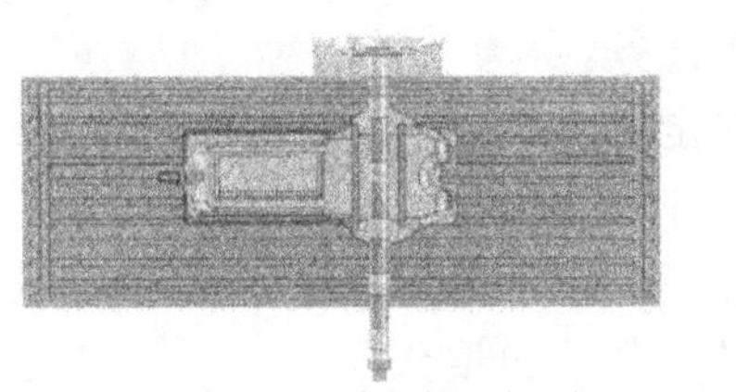
(a) 固定钳口与铣床主轴轴线平行

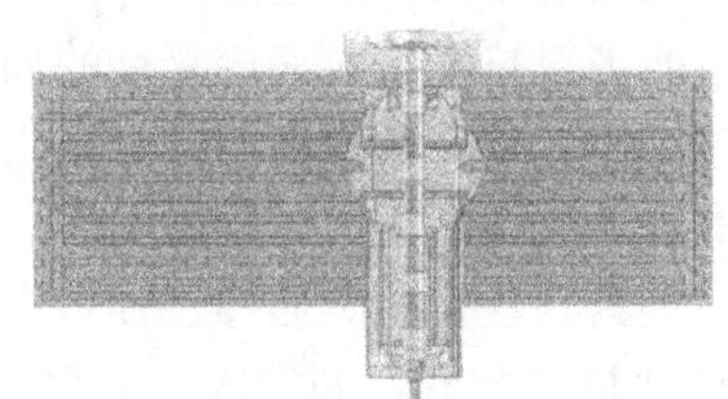
(b) 固定钳口与铣床主轴轴线垂直

图 8.25　平口钳在铣床上的安装位置

(3) 平口钳与铣床的固定。平口钳底座的定位键与工作台的 T 形槽相配，紧固在工作台台面上。

(4) 调整角度。转动钳体，使固定钳口与铣床主轴线垂直或平行，也可按需要，调整成所要求的角度。

3）固定钳口的校正方法

加工相对位置精度要求较高的工件时，可用划针校正固定钳口与铣床主轴线的垂直、直角尺校正固定钳口与铣床主轴线的平行、百分表校正固定钳口与铣床主轴线平行或垂直。

4) 用平口钳定位工件

(1) 定位方法。铣削一般长方体工件的平面、斜面、台阶或轴类工件的键槽时，都可以用平口钳来进行定位，用平口钳定位工件的方法如下：

① 选择毛坯件上一个大而平整的毛坯面作粗基准，将其靠在固定钳口面上。在钳口与工件之间应垫上铜皮，以防止损伤钳口。用划线盘校正毛坯上平面位置，符合要求后夹紧工件。校正时，工件不宜夹得太紧。

② 以平口钳固定钳口面作为定位基准时，将工件的基准面靠向固定钳口面，并在其活动钳口与工件间放置一圆棒。圆棒要与钳口的上平面平行，其位置应在工件被夹持部分高度中间偏上。通过圆棒夹紧工件，能保证工件的基准面与固定钳口面的密合，如图 8.26 所示。

③ 以钳体导轨平面作为定位基准时，将工件的基准面靠向钳体导轨面，在工件与导轨面之间要加垫平行垫铁，如图 8.27 所示。为了使工件基准面与导轨面平行，工件夹紧后，可用铝棒或纯铜棒(锤)轻击工件上平面，并用手试移垫铁。当垫铁不再松动时，表明垫铁与工件，以及垫铁与水平导轨面三者密合较好。敲击工件时，用力要适当，并逐渐减小。用力过大，将产生反作用力而影响平行垫铁的密合。

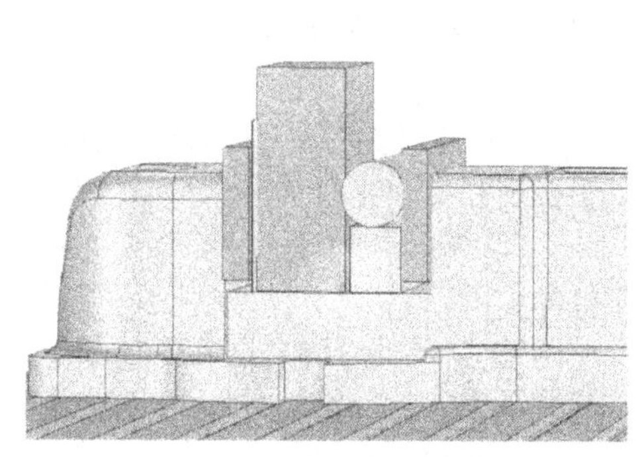

图 8.26 用圆棒夹持已加工工件

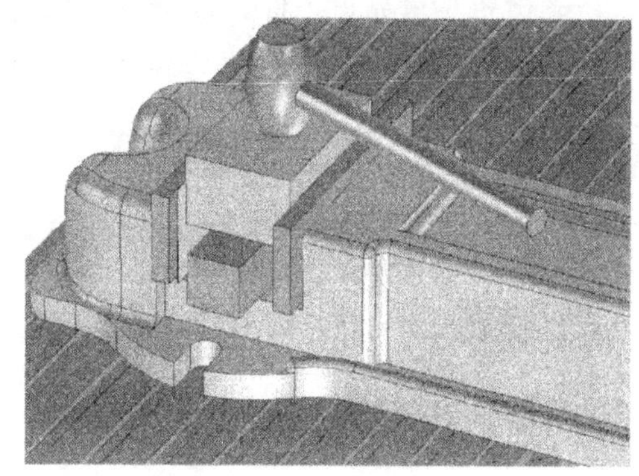

图 8.27 用平行垫铁装夹工件

(2) 用平口钳定位工件时的注意事项。

① 安装平口钳时，应擦净钳座底面、工作台面。安装工件时，应擦净钳口铁平面、钳体导轨面及工件表面。

② 定位毛坯时，应在毛坯面与钳口面之间垫在上铜皮等。

③ 定位工件时，必须将工件的基准面贴紧固定钳口或导轨面。在钳口平行于刀杆的情况下，承受切削力的钳口必须是固定钳口。

④ 工件的加工表面必须高出钳口，以免铣坏钳口或损坏铣刀。如果工件加工表面低于钳口平面，可在工件下面垫放适当厚度的平行垫铁，并使工件紧贴平行垫铁。

⑤ 工件的定位位置和夹紧力的大小应合适，使工件装夹后稳固、可靠。

⑥ 用平行垫铁定位工件时，所选垫铁的平面度、上下表面的平行度及相邻表面的垂直度应符合要求。垫铁表面应具有一定的硬度。

2. 螺栓压板机构

当工件较大或形状特殊时，要用压板、螺栓、垫铁和挡铁把工件直接固定在工作台上进行铣削。压板安装工件如图 8.28 所示。为了保证压紧可靠及工件夹紧后不变形，压板的位置要安排适当；垫铁的高度要与工件相适应；工件夹紧后要用划针复查加工线是否与工作台平行。

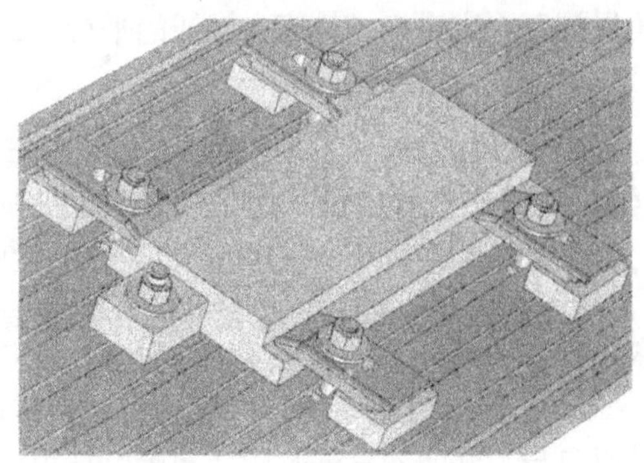

图 8.28 用压板装夹工件

对于形状、尺寸较大或不便于用平口钳装夹的工件，常用压板将其压紧在铣床工作台上进行定位。

(1) 用压板装夹工件的方法。在铣床上使用压板夹紧工件时，应选择两块以上的压板，压板的一端搭在工件上，另一端搭在垫铁上，垫铁的高度应等于或略高于工件被压紧部位的高度，中间螺栓到工件间的距离应略小于螺栓到垫铁间的距离。使用压板时，螺母和压板平面之间应垫有垫圈，如图 8.28 所示。

(2) 用压板装夹工件的注意事项。

① 压板的放置位置要正确，应压在工件刚度最大部位。

② 螺栓要尽量靠近工件，以增大夹紧力。

③ 垫铁高度应适当，防止压板和工件接触不良。图 8.29 所示为压板、垫铁的放置方法。

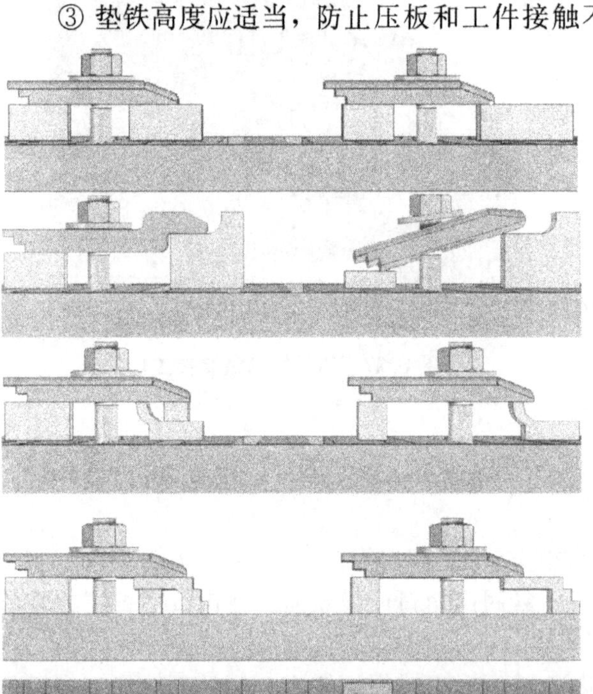

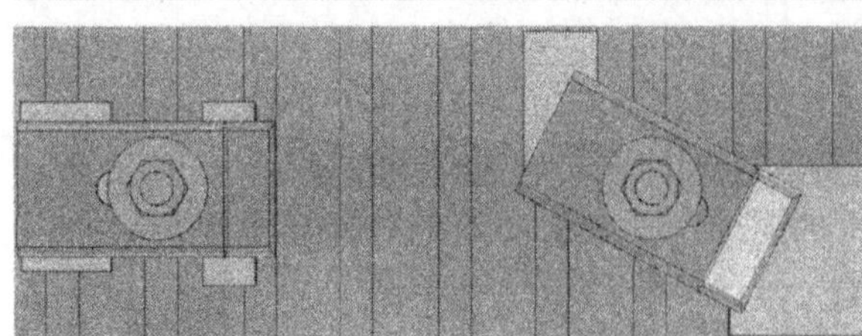

(a) 正确放置方法　　(b) 错误放置方法

图 8.29 压板、垫铁的放置方法

④ 工件夹紧处不能有悬空现象，如有悬空，应将工件垫实。

⑤ 螺栓要拧紧，夹紧力的大小要适当。

⑥ 装夹毛坯时，应在毛坯和工作台面之间加垫纸片或铜片，以免损伤台面，同时可增加台面与工件之间的摩擦力，使工件夹紧牢靠。

⑦ 装夹已加工工件时，应在压板和工件之间垫上纸片或铜片，以免使压板损伤工件已加工表面。

⑧ 使用压板时，在螺母和压板之间应垫上垫圈。

3. 分度头

分度头多用于装夹有分度要求的工件，如利用分度头铣多面体等。

1) 分度头的安装和找正

安装分度头时，要找正分度头主轴轴线与水平工作台面平行，与垂直导轨平行。将底座上的定位键放入工作台 T 形槽中，先将一标准心棒安装于分度头主轴中，再将磁力表架吸于铣床主轴上，调整百分表的位置，使百分表触头分别位于心轴侧母线上，手摇纵向工作台手柄使工作台移动，同时观察百分表指针变化，并调整分度头位置，直至百分表指针变化量在要求范围内，然后用T形螺钉压紧即可，如图8.30和图8.31所示。

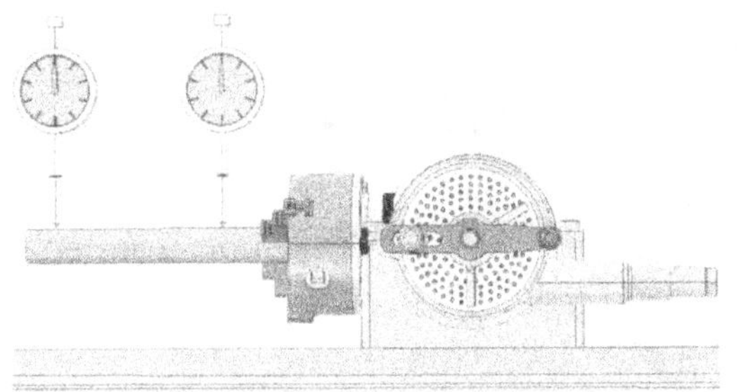

图8.30　校正分度头主轴上母线与水平工作台面平行

图8.31　校正分度头主轴侧母线与垂直导轨平行

2）用分度头定位工件的方法

根据零件的形状不同，其在分度头上的定位的方法也不同。主要有以下几种：

(1) 用自定心卡盘定位工件。加工较短的轴套类零件，可直接用自定心卡盘定位。用百分表校正工件外圆，当工件外圆与分度头主轴不同轴而造成圆跳动超差时，可在卡爪上垫铜皮，使外圆跳动量符合要求。用百分表校正端面时，用铜锤轻轻敲击高点，使端面圆跳动量符合要求。

(2) 用分度头及其附件定位工件。

① 用心轴定位工件。定位前应校正心轴轴线与分度头主轴轴线的同轴度，并校正心轴的上素线和侧素线与工作台面和工作台纵向进给方向平行。利用心轴定位工件时又可以根据工件和心轴形式分为多种定位形式，如图8.32 (a)～图8.32 (e)所示。

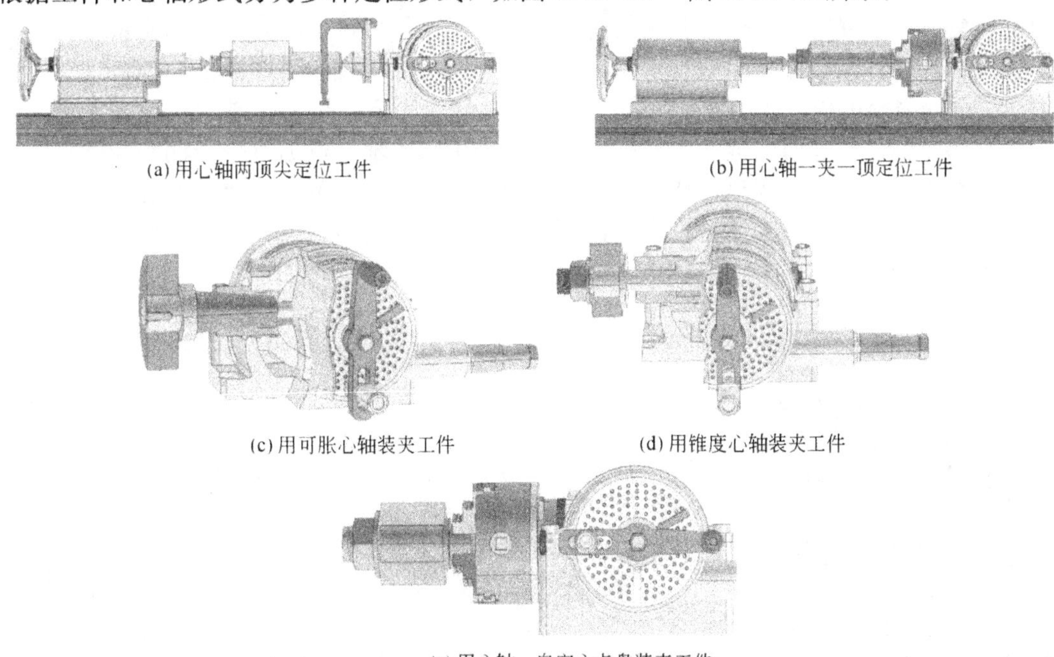

(a)用心轴两顶尖定位工件

(b)用心轴一夹一顶定位工件

(c)用可胀心轴装夹工件

(d)用锥度心轴装夹工件

(e)用心轴、自定心卡盘装夹工件

图8.32　不同的定位形式

② 用一夹一顶定位。一夹一顶定位适用于一端有中心孔的较长轴类工件的加工，如图 8.33 所示。此法铣削时刚性较好，适合切削力较大时工件的定位。但校正工件与主轴同轴度较困难，定位工件应先校正分度头和尾座。

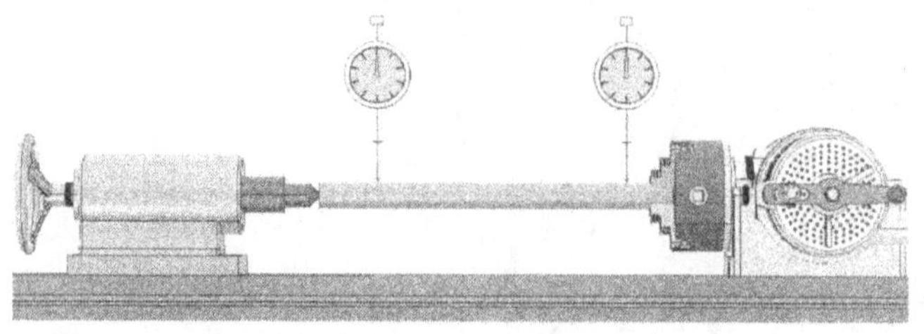

图 8.33　一夹一顶装夹工件

8.2　典型表面铣削加工工艺

8.2.1　外圆表面成型

1. 用回转工作台铣外圆表面

如图 8.34 所示，由圆弧组成的外圆表面通常利用回转工作台进行铣削。为了保证工件圆弧中心位置和圆弧半径尺寸，铣削前应用校正方法对回转工作台和工件进行校正。

1) 校正方法

(1) 顶针校正法。如图 8.35(a)所示，在回转工作台的主轴孔内插入带有中心孔的校正芯棒，在铣床主轴中装入顶针，校正时转台在工作台上暂不固定，移动工作台，使顶针尖对准转台校正芯棒的中心孔，利用两者内外锥度配合作用，使转台与机床主轴同轴，然后压紧转台。这种方法操作简便，校正迅速，适用于一般精度的工件校正。

(2) 百分表校正法。如图 8.35(b)所示，把百分表固定在机床主轴上，使表的测头与转台中心部的圆柱孔表面保留一定间隙，用手转动机床主轴，根据百分表测头与圆柱孔表面间隙的大小进行工作台调整，待间隙基本均匀后，再使表的测头接触圆柱孔表面，然后根据百分表读数差值调整工作台，直至达到允许误差范围之内。此法校正精度高，适用于高精度工件的校正。

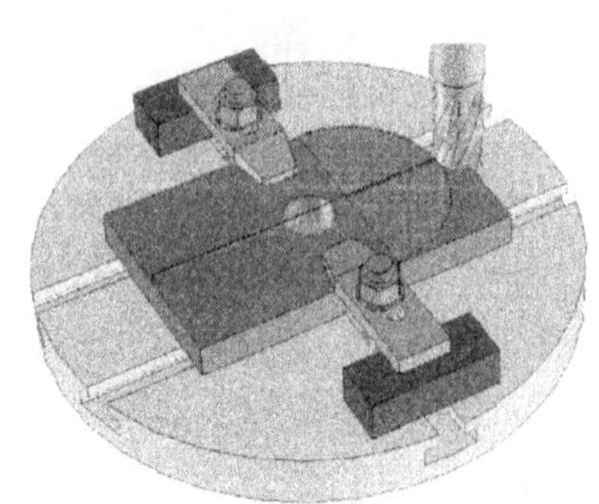

图 8.34　用回转工作台铣圆弧表面

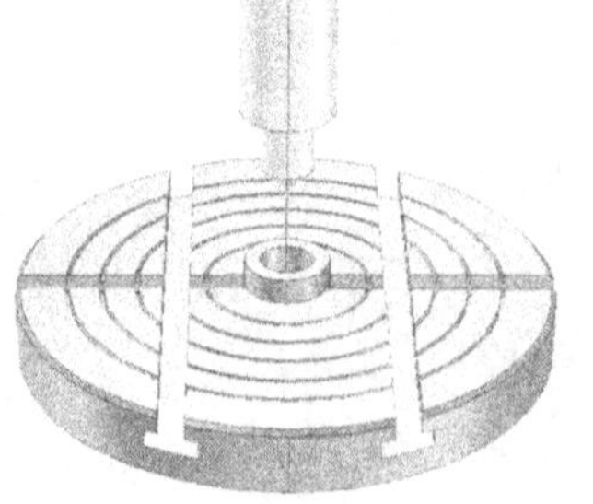

(a) 顶针校正法

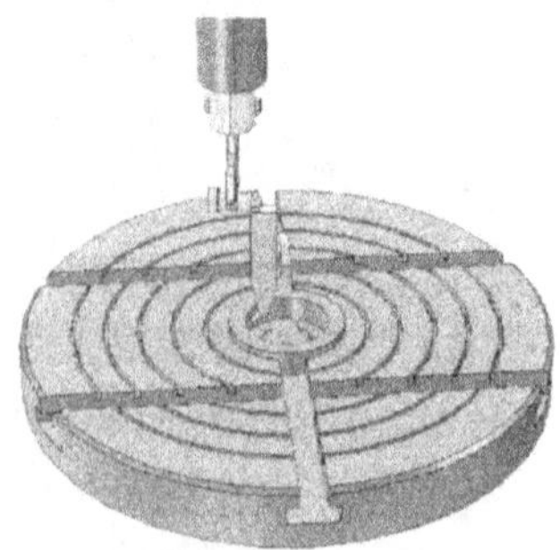

(b) 百分表校正法

图 8.35　校正立铣头主轴与转台同轴

校正主轴与转台同轴后，应在纵、横工作台手轮的刻度盘上做好标记，作为调整主轴与转台中心距的依据。然后，按划线校正法或中心孔校正法校正圆弧面中心与回转台中心重合。

2）铣削方法

（1）为了使铣削前的校正工作迅速正确，应先校正主轴与转台的同轴度，然后校正工件圆弧中心与转台同轴度。

（2）在校正过程中，工作台的移动方向和转台的转动方向应与铣削时的进给方向一致，以便消除传动丝杠及蜗杆蜗轮间隙的影响。铣削时，应始终处于逆铣状态，以免发生“扎刀”现象。

（3）在工件校正后，注意找出面与面的连接位置，预先对工作台和转台进行调整，并做好标记，使铣刀切削过程中的转换点落在连接位置上，以保证各部分的准确连接。

（4）为保证圆弧表面与其他外形面连接圆滑，以便于操作，可按下列次序进行铣削。

① 凡凸圆弧与凹圆弧相切的工件，应先加工凹圆弧面。

② 凡凸圆弧与凸圆弧相切的工件，应先加工半径较大的凸圆弧面。

③ 凡凹圆弧与凹圆弧相切的工件，应先加工半径较小的凹圆弧面。

④ 直线与圆弧相切的工件，先加工凹圆弧后加工直线；先加工直线后加工凸圆弧面。

2. 铣削外球表面

铣削外球面时，一般都采用硬质合金铣刀盘。尺寸较小的工件可安装在分度头或回转工作台上加工；工件尺寸较大时，可安装在机床床头箱或简易减速箱上，如图 8.36 所示。

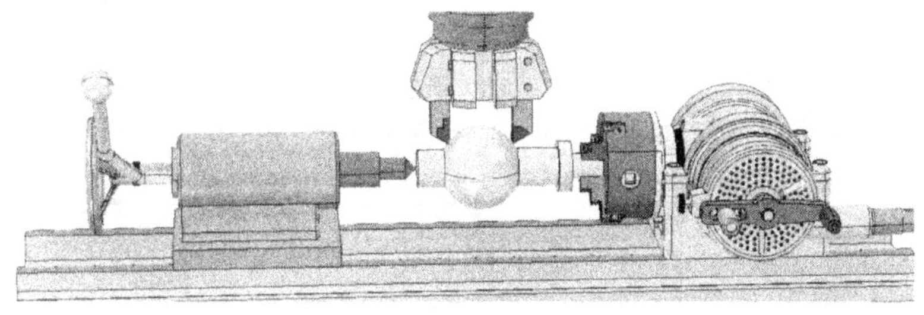

图 8.36 外球面铣削示意图

在加工外球面工件时，应根据球面在工件上的不同位置，调整工件轴线与铣刀回转轴线的夹角 β。调整时，如采用立式铣床加工，一般可通过铣刀轴线倾斜来实现；而在卧式铣床上加工外球面，只能通过工件轴线倾斜来实现。铣削外球面时，轴线夹角 β 与球面加工余量的关系如图 8.37 所示。由图 8.37(a)可知，轴线夹角 β 与工件倾斜角(或铣刀轴线倾斜角)α 之间的关系为 $\alpha+\beta=90°$。

在球面零件加工图中，一般标出球心位置和球面半径 R，根据这些基本尺寸，在加工前可预先计算出铣刀刀尖回转直径 d_c 和轴线夹角 β 或倾斜角 α 的具体数值，然后进行调整操作。

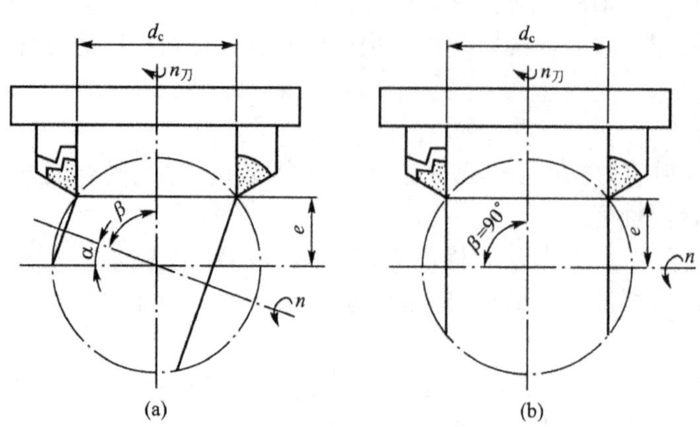

图 8.37　轴线夹角与球面加工位置的关系

8.2.2　沟槽表面成型

沟槽表面成型包括直角沟槽表面成型、铣削轴上键槽和特型沟槽表面成型。

1. 直角沟槽表面成型

直角沟槽有敞开式(通槽)、半封闭式(半通槽)和封闭式(封闭槽)3 种形式，如图 8.38 所示。敞开式直角沟槽主要用三面刃铣刀铣削，也可用立铣刀、盘形槽铣刀来铣削。封闭式直角沟槽一般采用立铣刀或键槽铣刀铣削。半封闭直角沟槽则需根据封闭的形式采用不同的铣刀进行加工，若槽端底面成圆弧形，则用盘形槽铣刀铣削；若槽端侧面成圆弧形，应选用立铣刀铣削。

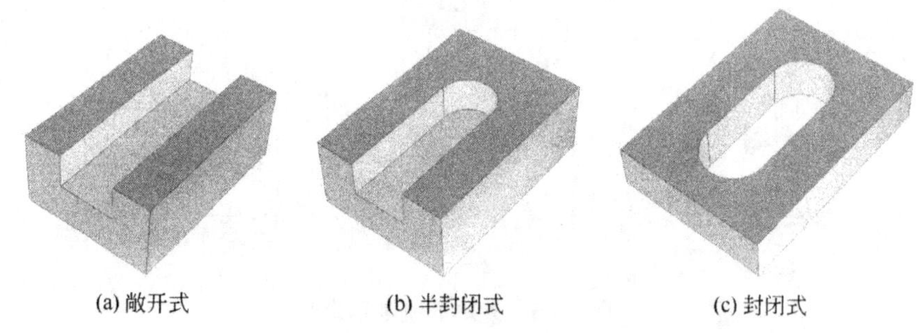

图 8.38　直角沟槽的形式

1) 用三面刃铣刀铣削直角沟槽

如图 8.38 (a)所示的敞开式直角沟槽，通常用三面刃铣刀或盘形槽铣刀铣削。当尺寸较小时，用三面刃铣刀加工，如图 8.39 所示；成批生产时，采用盘形槽铣刀加工。

(1) 选择铣刀。

第一步：铣刀的宽度。三面刃铣刀刀齿的宽度 B 应不大于所加工的沟槽宽度 B'。

第二步：铣刀直径 D。铣刀直径 D 应大于刀轴垫圈的直径 d 加上两倍的槽深，铣刀的选择如图 8.40 所示。

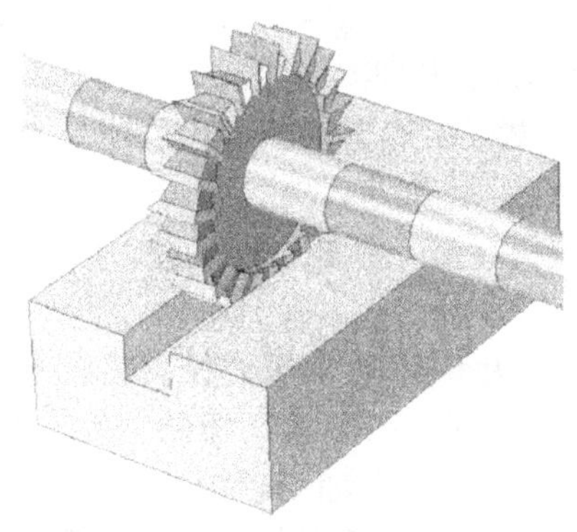

图 8.39 三面刃铣刀铣削直角沟槽

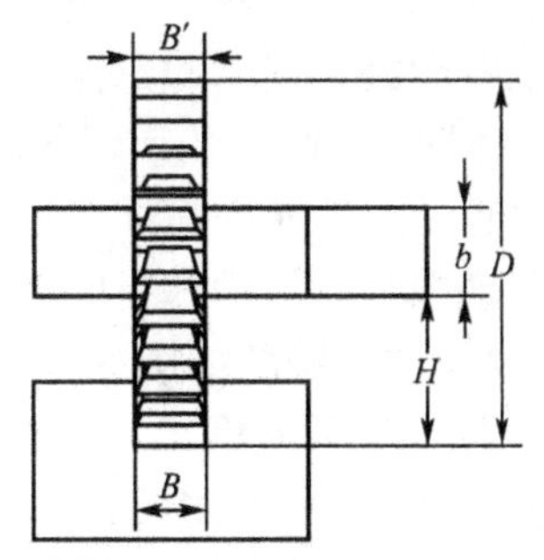

图 8.40 选择铣刀

B—铣刀宽度；B—沟槽宽度；D—铣刀直径；
d—刀轴垫圈直径；H—凸台深度

(2) 对工件进行定位。

① 选择夹具。一般情况下，使用机床用平口虎钳装夹工件，其固定钳口应与铣床主轴线垂直或平行，保证铣出沟槽两侧面与工件基准面平行或垂直。

② 工件的装夹。装夹工件时，工件底面应与钳体导轨或垫铁贴合，保证加工出的沟槽底面深浅一致。

(3) 铣削操作方法。用三面刃铣刀加工敞开式直角沟槽的方法与加工台阶基本相同，但有两种对刀方法。

① 划线对刀。在工件加工部位划出直角沟槽的尺寸、位置线，装夹、校正工件后，调整机床，使铣刀两侧刃对准工件所划的沟槽宽度线，紧固横向进给机构，分次铣出沟槽。

② 侧面对刀。装夹、校正工件后，适当调整机床，当铣刀侧面刚擦到工件侧面时，降下工作台，紧固横向进给机构，调整切削的铣刀，铣出沟槽，如图 8.41 所示。用三面刃铣刀铣削加工精度要求较高的直角沟槽时，应选择略小于槽宽的铣刀，先铣好槽的深度，再扩铣出槽的宽度，如图 8.42 所示。

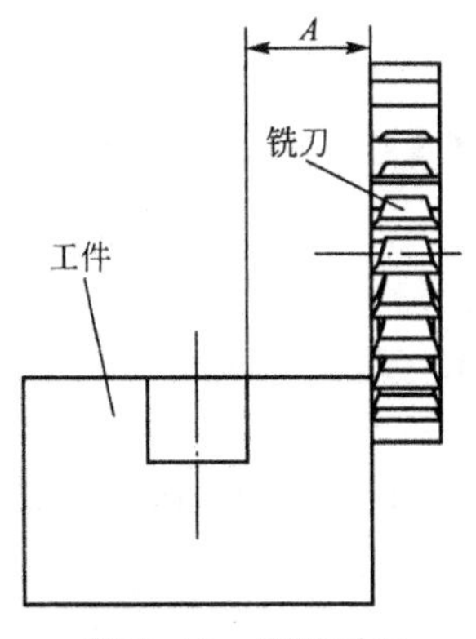

图 8.41 侧面对刀

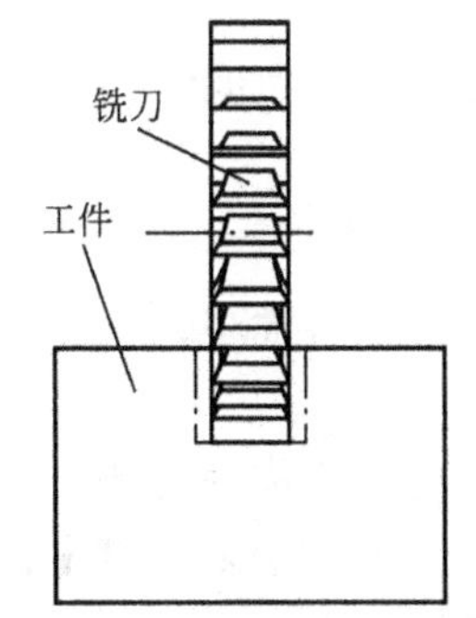

图 8.42 深度铣好扩铣两侧

(4) 用三面刃铣刀铣削直角沟槽的注意事项。

① 要注意铣刀安装所造成的端面偏摆误差(简称摆差)，以免因铣刀摆差把沟槽宽度

铣大。

② 在槽宽上分几刀铣削时，要注意铣刀单面切削时的让刀现象。

③ 注意对准万能卧式铣床的工作台零位(对中)，以免铣出的直角沟槽出现上宽下窄，槽侧面的对称度超差，两侧呈弧形凹面现象。

④ 在铣削过程中，不能中途停止进给；铣刀在槽中旋转时，不能退回工件。

2）用立铣刀铣削半封闭槽和封闭槽

(1) 铣削半封闭槽。铣削如图 8.38 (b)所示的半封闭槽时，通常用立铣刀铣削加工，如图 8.43 所示。用立铣刀铣削半封闭槽时，选择的立铣刀直径应不大于槽的宽度。由于立铣刀刚度较差，铣削时易产生偏让，受力过大使铣刀折断，故在加工较深的沟槽时，应分几次铣削，以达到要求的深度。铣削时只能由沟槽的外端铣向沟槽深度。槽深铣好后，再扩铣沟槽两侧，扩铣时应避免顺铣，以免损坏铣刀，啃伤工件。

(2) 铣削封闭槽。铣削如图 8.38 (c)所示的封闭槽时，通常用立铣刀铣削加工。用立铣刀铣削封闭的沟槽时，由于铣刀的端面中心附近没有切削面，不能垂直进给切削工作，因此要预钻落刀孔，如图 8.44 所示，落刀孔的深度略大于沟槽的深度，其直径比所铣槽宽度小 0.5～1mm。铣削时，应分几次进给，每次进给都由落刀孔一端铣向另一端，槽深达到要求后，再扩铣两侧。铣削时，不使用的进给机构应紧固，如使用纵向铣削时，应锁紧横向进给机构；反之，则锁紧纵向进给机构，扩铣两侧时应避免顺铣。

精度较高、深度较浅的半封闭槽和封闭槽可用键槽铣刀铣削。用键槽铣刀铣削穿通封闭槽时，可不必钻落刀孔。

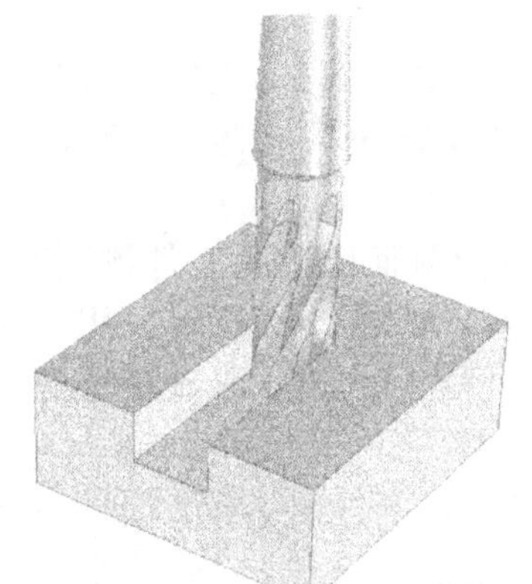

图 8.43　立铣刀铣削半封闭槽

图 8.44　立铣刀铣削封闭槽

2. 铣削轴上键槽

键连接是通过键将轴与轴上零件(如齿轮、带轮、凸轮等)结合在一起，并传递转矩的连接。

轴上安装键的沟槽称为键槽，键槽有敞开式和封闭式两种。敞开式键槽大都采用盘形槽铣刀铣削，封闭式键槽采用键槽铣刀铣削。

1）工件的装夹

轴类零件的装夹方法很多。装夹工件时，不但要保证工件的稳定可靠，还要保证工件的轴线位置不变，以保证轴槽的中心平面通过轴线。按工件的数量和条件，常用的装夹方法有以下几种。

(1) 用平口钳装夹(图 8.45)。用平口钳装夹工件，装夹简单、稳固，但当工件直径有变化时，工件轴线在左右(水平位置)和上下方向都会产生变动，安装找正比较麻烦，影响轴槽的深度尺寸和对称度，所以适用于单件生产。

(2) 用 V 形块和压板装夹(图 8.46)。采用将圆柱形工件放在 V 形块内，并用压板紧固的装夹方法来铣削键槽，是铣床上常用的方法之一，其特点是工件中心必定在 V 形的角平分线上，对中性好，当工件直径变动时，不影响键槽的对称度。铣削时虽铣削深度有所变化，但变化量一般不会超过槽深的尺寸公差。

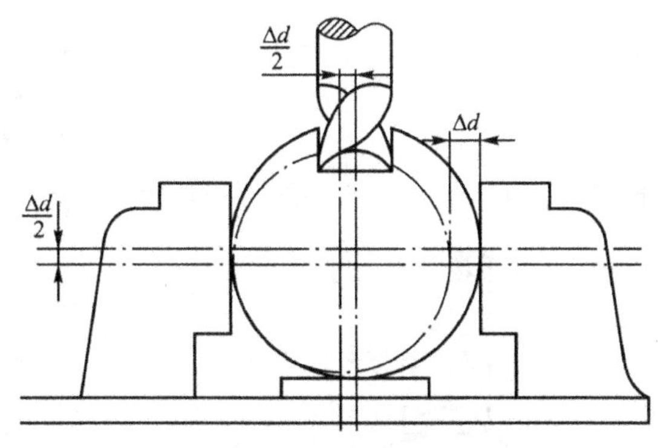

图 8.45 用平口钳装夹工件

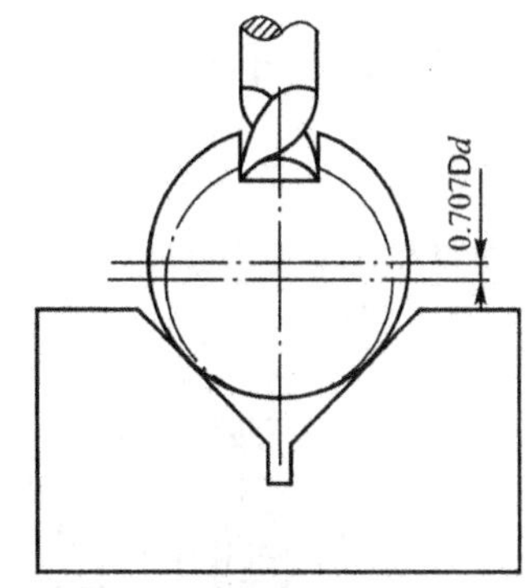

图 8.46 用 V 形块装夹工件铣键槽

用 V 形块在卧式铣床上用键槽铣刀铣削，若采用图 8.47 所示的装夹方法，则当工件直径有变化时，键槽的对称度会有影响，故适用于单件生产。

(3) 用轴用虎钳装夹。如图 8.48 所示，用轴用虎钳装夹轴类零件时，具有用平口钳装夹和 V 形块装夹的优点，装夹简便迅速。轴用虎钳的 V 形槽能两面使用，其夹角大小不同，以适应工件直径的变化。

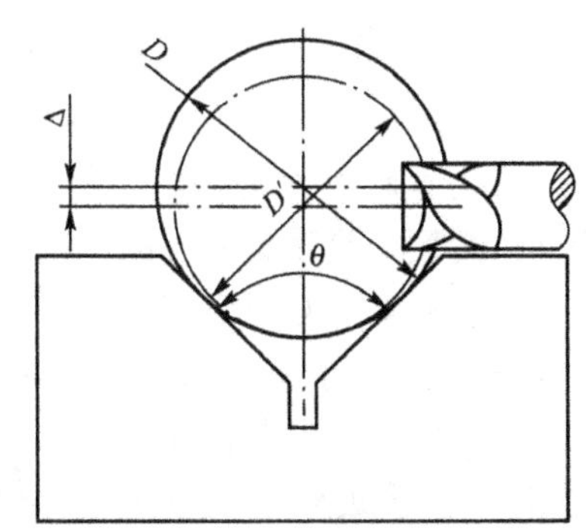

图 8.47 用 V 形块装夹在卧式铣床上铣削

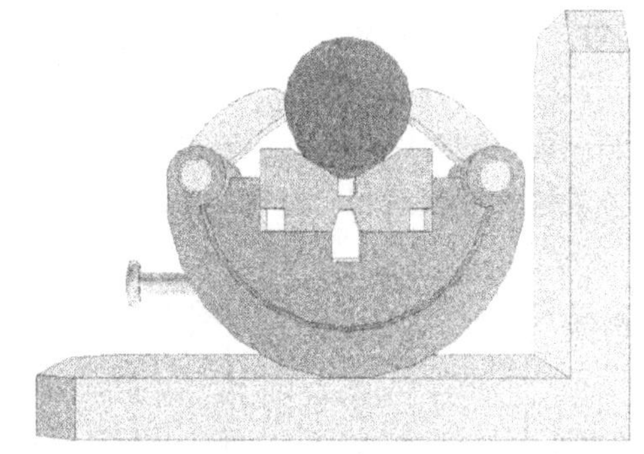

图 8.48 用轴用虎钳装夹

(4) 用分度头装夹。用分度头、主轴和尾座的顶尖装夹工件，或用自定心卡盘和尾座顶尖的一夹一顶方法装夹工件。工件的轴线始终在两顶尖或自定心卡盘中心与后顶尖的连心线上，工件轴线的位置不因工件直径变化而变化，因此，轴上键槽的对称性不会受工件直径变化的影响。安装分度头和尾座时，也应用标准量棒在两顶尖间或一夹一顶装夹，用百分表校正其上母线与工作台纵向进给方向平行。

2) 对刀

为了使键槽对称于轴线，铣削时必须使键槽铣刀的中心线或盘形铣刀的对称线通过工件的轴线(俗称对中心)。对刀的方法很多，现介绍以下几种。

(1) 侧面对刀法。用立铣刀或用较大直径的圆盘铣刀加工直径较小的工件时，可在工件侧面涂粉笔末，然后使铣刀旋转，当立铣刀的圆柱面刀刃或三面刃铣刀的侧面刀刃刚擦到粉笔末时，降低工作台，将工作台横向移动一个距离 A，如图 8.49 所示，且可用下式计算。

用盘形槽铣刀铣削时，如图 8.49(a)所示：

$$A=\frac{D+L}{2}+\delta$$

用键槽铣刀铣削时，如图 8.49(b)所示：

$$A=\frac{D+d}{2}+\delta$$

式中：L 为盘形槽铣刀宽度(mm)；d 为键槽铣刀直径(mm)；δ 为对刀量(mm)。

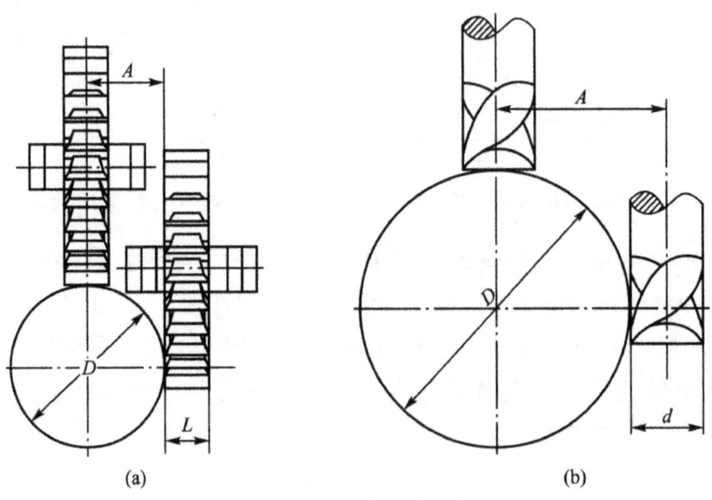

图 8.49　侧面对刀法

(2) 切痕法对中心。铣削轴类零件上的键槽时，用铣刀在轴上铣出切痕，利用切痕对中心的方法称为切痕对刀，这种方法对中精度不高，但使用简便，是最为常用的一种方法。

① 盘形槽铣刀切痕法。如图 8.50 (a) 所示，先把工件大致调整到盘形槽铣刀的对称中心位置上，开动机床，在工件表面上铣出一个接近铣刀宽度的椭圆形切痕，纵向移出工件。用眼睛观测铣刀宽度和切痕的相对位置，然后横向移动工作台位置，使铣刀宽度落在椭圆的中间位置即可。

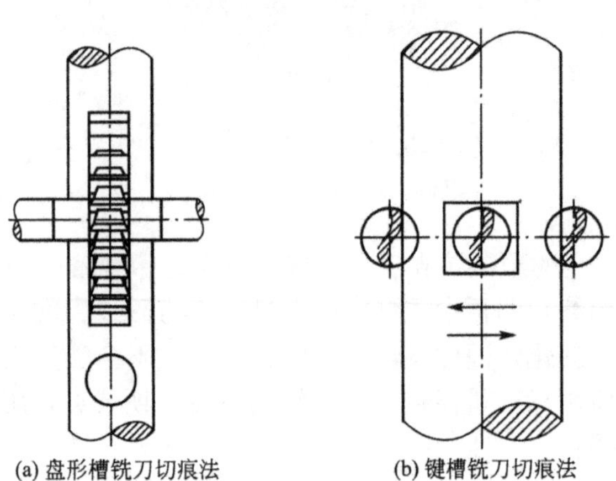

(a) 盘形槽铣刀切痕法　　(b) 键槽铣刀切痕法

图 8.50　切痕法对中心

② 键槽铣刀切痕法。如图 8.50 (b)所示，其原理和方法与盘形槽铣刀切痕调整方法相同，只是键槽铣刀铣出的切痕是边长等于铣刀直径的四方形小平面。对中时，横向移动工作台，使铣刀的刀尖在旋

转时落在小平面的中间位置。

（3）用杠杆百分表对中心。这种方法对中心精度高，适合于在立式铣床上对用分度头装夹的工件、平口钳装夹的工件，以及V形块进行对中心调整，如图8.51所示。调整时，将杠杆百分表固定在立铣头主轴上，用手转动主轴，观察百分表在工件两侧、钳口两侧、V形块两侧的读数，横向移动工作台使两侧读数相同。

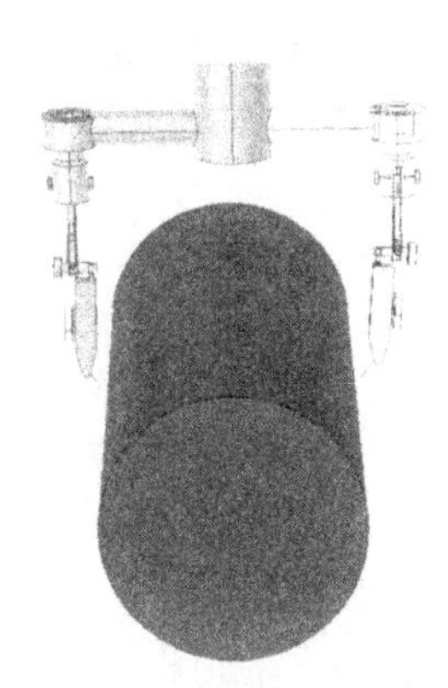
(a) 对用分度头装夹的工件对中心

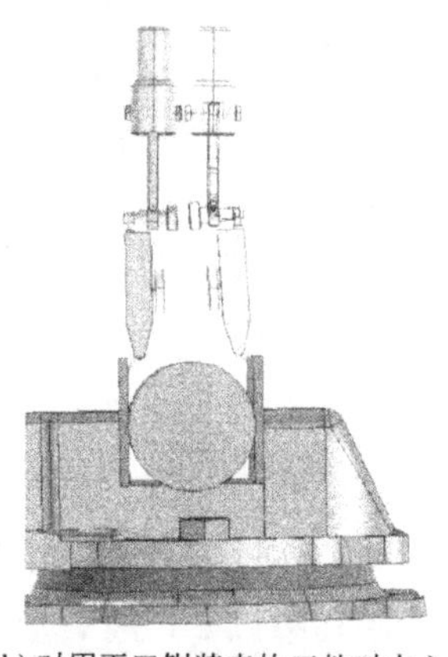
(b) 对用平口钳装夹的工件对中心

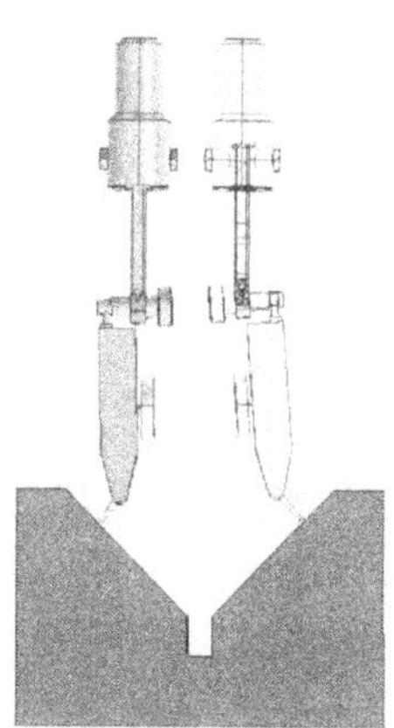
(c) 对V形块对中心

图8.51　用杠杆百分表对中心

3）轴上键槽的铣削方法

（1）铣轴上通键槽。轴上键槽为通槽（如普通车床光杠上的键槽）或一端为圆弧的半通槽（如铣刀杆上的键槽），一般都采用盘形槽铣刀来铣削。这种长轴的外圆若已磨削加工，则可采用平口钳装夹进行铣削，如图8.52所示。为避免因工件伸出钳口太多而产生振动和弯曲，可在伸出端用千斤顶支撑。若工件外圆只经粗加工，则采用自定心卡盘和尾座顶尖来装夹，且中间需用千斤顶支撑。工件装夹完毕并调整对中心后，应调整铣削层深度。调整时先使回转的铣刀刀刃和工件上圆柱面（上母线）接触，然后退出工件，调整工件的铣削深度，即可开始铣削。当铣刀开始切到工件时，应手动慢慢移动工作台，不浇注切削液，并仔细观察。若出现如图8.53所示的情况，则说明铣刀还未对准中心，应将工件有台阶的一侧向铣刀方向作横向移动调整，直至对准中心为止。

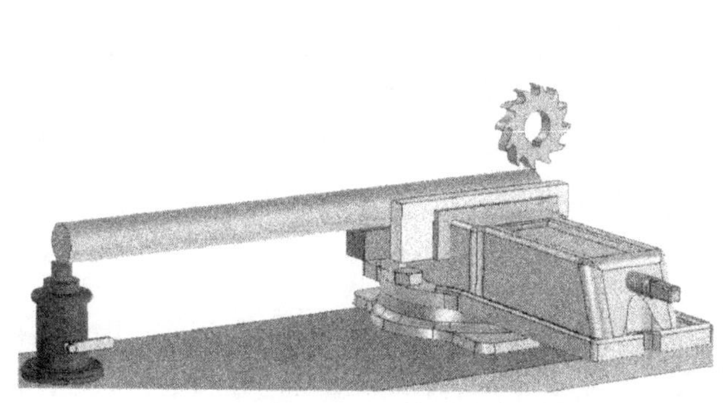
图8.52　用平口钳装夹进行铣削

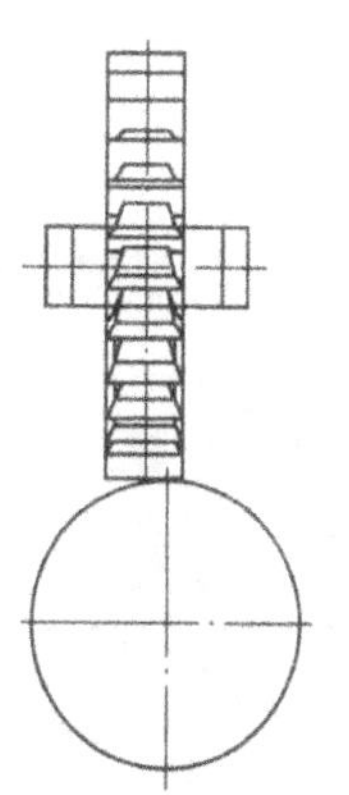
图8.53　未对准中心

(2) 铣轴上封闭键槽。轴上键槽是封闭槽或一端为直角的半通槽，应采用键槽铣刀铣削。用键槽铣刀铣削轴槽，通常不采用一次铣到轴槽深度的铣削方法，因为当铣刀用钝时，其刀刃磨损的轴向长度等于轴槽深度，如刃磨圆柱面刀刃，会使铣刀直径磨小而不能再用作精加工，因而一般采用磨去端面一段的方法较合理，但磨损长度太长则对铣刀使用不利。用键槽铣刀铣削轴上封闭槽，常用分层铣削法。

分层铣削法是用符合键槽宽度尺寸的铣刀分层铣削键槽。其方法为：先在废料上试铣，检查所铣键槽的宽度尺寸符合图样要求后，再装夹、校正工件并对中心，然后加工工件。铣削时，每次铣削深度约为 0.5mm，以较快的进给量往复进行铣削，一直切到规定的深度为止。

这种加工方法的特点是：需在键槽铣床上加工，铣刀用钝后只需要磨端面刃，铣刀直径不受影响，在铣削时也不会产生让刀现象。

3. 特型沟槽表面成型

1) 铣 V 形槽

V 形槽广泛应用于机床夹具中，机床的导轨也有用 V 形槽的结构形式。V 形槽两侧面间的夹角有 60°、90°、120°三种，其中以 90°的 V 形槽最为常用，如图 8.54 所示。不论是哪种角度的 V 形槽，其铣削原理实际上就是两个不同角度斜面的组合，所以其铣削方法与铣削斜面的方法是相同的。只是其技术要求、复杂程度有所不同而已。

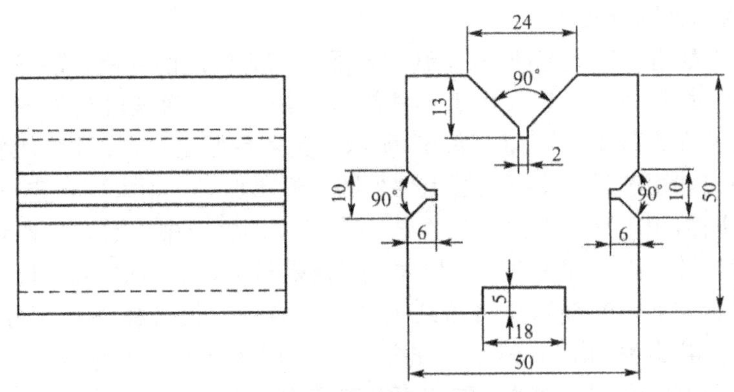

图 8.54　V 型架

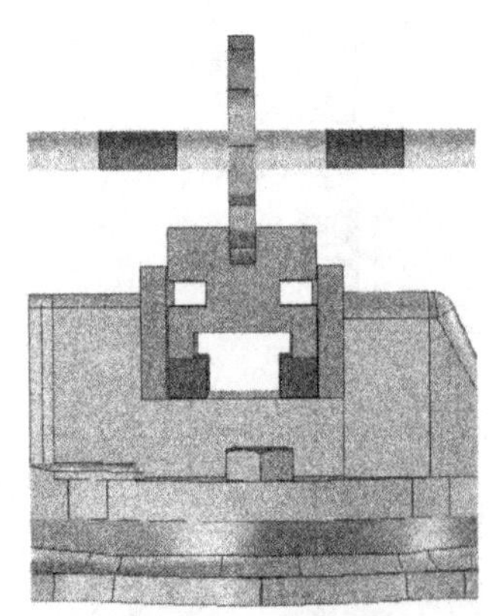

图 8.55　铣窄槽

(1) V 形槽的铣削步骤。

① 平口钳的安装找正：固定钳口与横向工作台平行或垂直。

② 工件的安装找正：工件的基准面应与工作台横向进给方向平行或垂直。

③ 铣窄槽，如图 8.55 所示。

④ 铣 V 形面。

窄槽的作用：一是使刀尖不担任切削工作。因铣刀的刀尖强度最弱，容易损坏，有了窄槽后，有利于提高刀具的耐用度。二是能更好地保证被装夹工件与 V 形面紧密贴合。

(2) V 形槽的铣削方法。

① 用角度铣刀铣削 V 形槽。对于槽夹角小于或等于 90°的 V 形槽，一般采用与其角度相同的对称双角铣刀在卧式铣床上铣削，如图 8.56 所示。工件的基准面应与工作台横向进给方向垂直。V 形槽也可用一把单角铣刀来铣削。铣削过程中，需将工件转 180°后铣另一面，此法虽找正较费时，但能获得较好的对称度。把铣刀翻身装夹后也可铣另一面，但比翻工件要费时，而且要重新对刀，对称度也较差。

② 用立铣刀或端铣刀铣削 V 形槽。对于槽夹角大于或等于 90°、尺寸较大的 V 形槽，可在立式铣床上调转立铣头，按槽夹角角度的 1/2 倾斜立铣头，用立铣刀或端铣刀对槽面进行铣削，如图 8.57 所示。

铣削前，应先铣出窄槽，然后调转立铣头，用立铣刀铣削 V 形槽。铣完一侧 V 形面后，将工件松开调转 180°后夹紧，再铣另一侧 V 形面。也可以将立铣头反方向调转角度后铣另一侧 V 形面。铣削时，工件的基准面应与工作台横向进给方向平行。

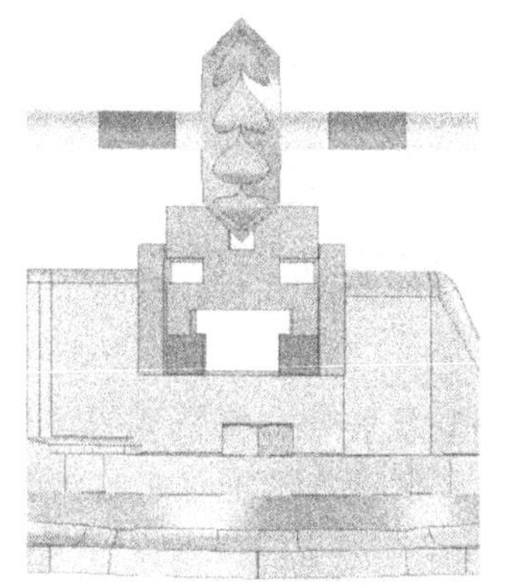

图 8.56　用角度铣刀铣削 V 形槽

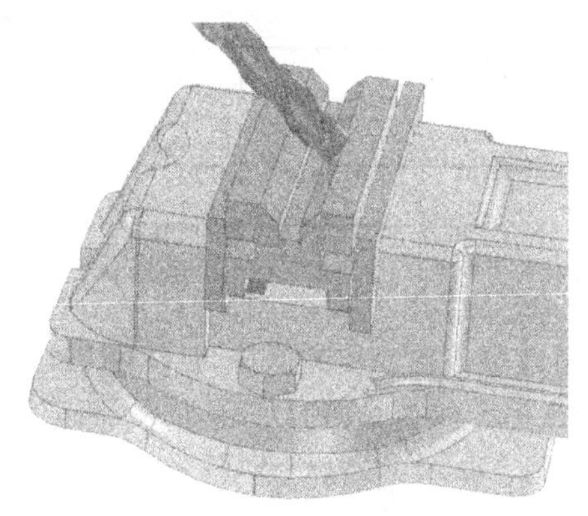

图 8.57　用立铣刀铣削 V 形槽

③ 用三面刃铣刀铣削 V 形槽。对于槽夹角大于 90°、工件外形尺寸较小、精度要求不高的 V 形槽，可在卧式铣床上用三面刃铣刀进行铣削。铣削时，先按图样在工件表面划线，再按划线校正 V 形槽的待加工槽面与工作台面平行，然后用三面刃铣刀(最好是错齿三面刃铣刀)对 V 形槽面进行铣削，如图 8.58 所示。铣完一侧槽面后，重新校正另一侧槽面并夹紧工件，将槽面铣削成形。若 V 形槽槽夹角等于 90°且尺寸不大，则可一次装夹铣削成形。

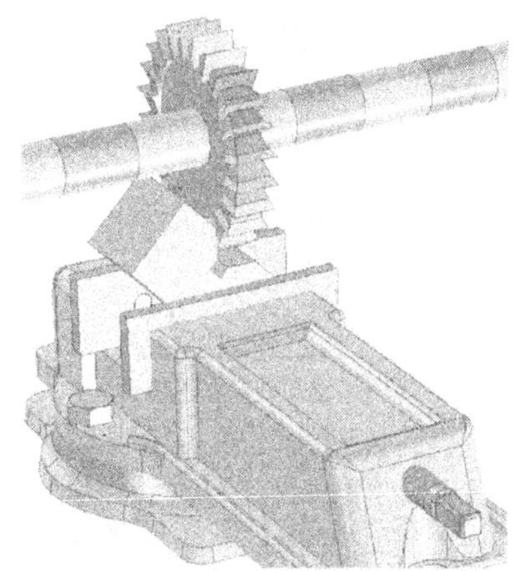

图 8.58　用三面刃铣刀铣 V 形槽

2) 铣 T 形槽

在机械制造行业中，T 形槽多见于机床(铣床、牛头刨床、平面磨床等)的工作台或附件上，主要用在与配套夹具的定位和固定。T 形槽的参数已标准化。图 8.59所示为带有 T 形槽的工件。T 形槽由直槽和底槽组成，其底槽的两侧面平行于直槽，根据使用要求分基准槽和固定槽。基准槽的尺寸精度和形状、位置要求比固定槽高。

(1) T 形槽的铣削方法。加工如图 8.60 所示的带有 T 形槽的工件，装夹时，使工件侧面与工作台进给方向一致。

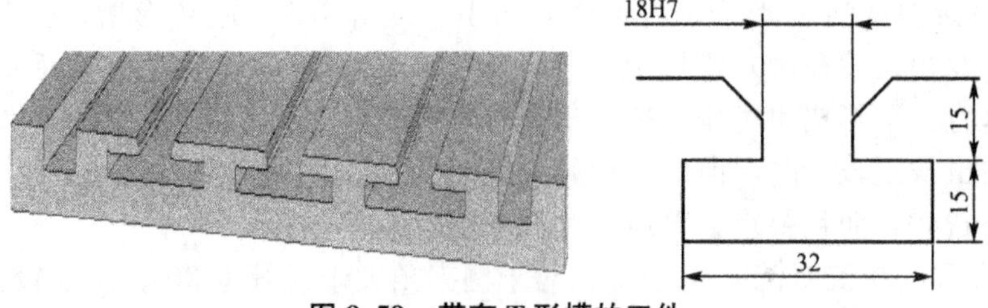

图 8.59　带有 T 形槽的工件

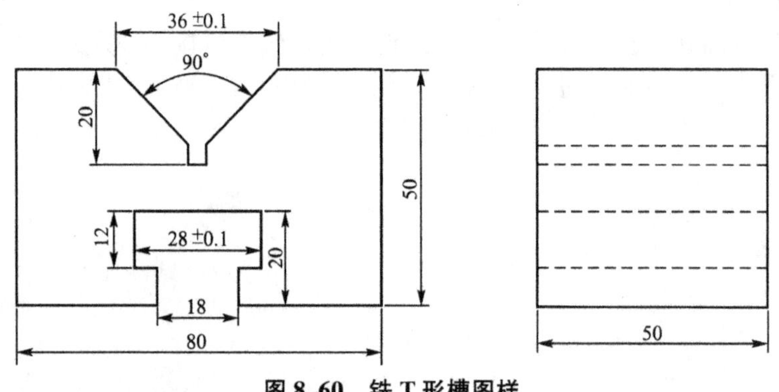

图 8.60　铣 T 形槽图样

① 铣直角槽。在立式铣床上用立铣刀(或在卧式铣床上用三面刃铣刀)铣出一条宽 18mm、深 20mm 的直角槽，如图 8.61 所示。为减小 T 形铣刀端面与槽底的摩擦，也可以使直槽略深一些。

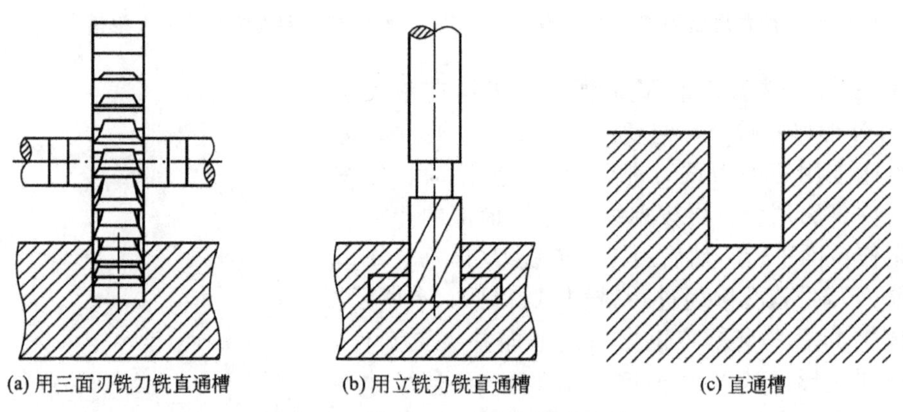

图 8.61　铣削 T 形槽直通槽的方法

② 铣 T 形槽。T 形槽的底槽铣削需用专用的 T 形槽铣刀。T 形槽铣刀应按直槽宽度尺寸(即 T 形槽的基本尺寸)选择。现选择柄部直径为 20mm，颈部直径为 16mm，切削部分厚度为 12mm、直径为 28mm 的 T 形槽铣刀。

把 T 形槽铣刀的端面调整到与直角槽底相接触，然后开始铣削。铣削过程中，要经常退刀，并及时清除切屑，选用的切削用量不宜过大，以防铣刀折断。铣削钢件时，还应充分浇注切削液，使热量及时散发。如图 8.62 所示。

③ 槽口倒角。如果 T 形槽在槽口处有倒角，可拆下 T 形槽铣刀，装上角度铣刀或用旧的立铣刀修磨的专用倒角铣刀为槽口倒角，如图 8.63 所示。倒角时应注意两边对称。

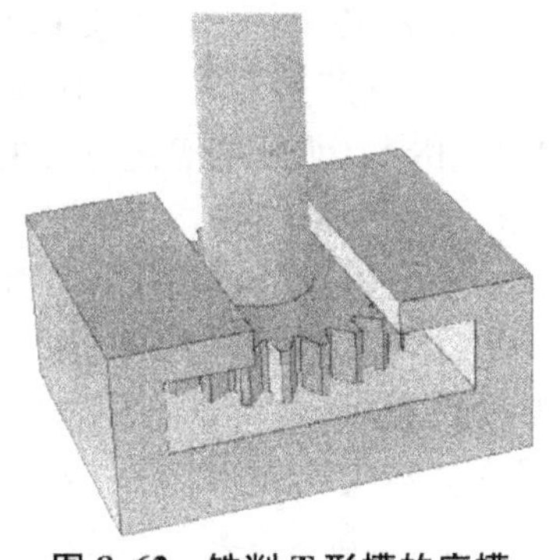
图 8.62 铣削 T 形槽的底槽

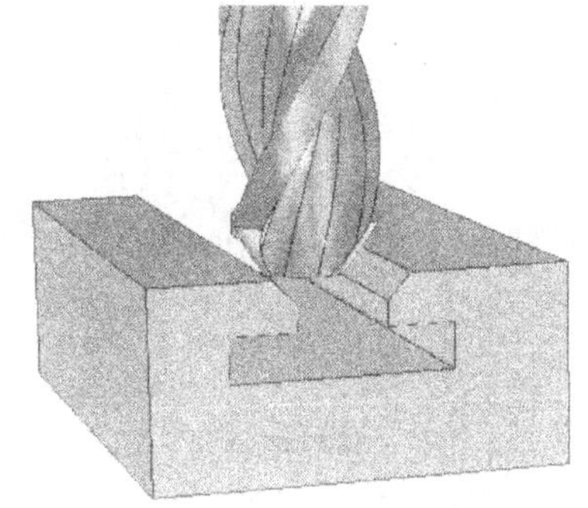
图 8.63 铣削槽口倒角

(2) 铣 T 形槽的注意事项。

① 用 T 形槽铣刀切削时，切削部分埋在工件内，切屑不易排出，容易把容屑槽填满(塞刀)而使铣刀失去切削能力，致使铣刀折断。因此，应经常退刀，及时清除切屑。

② T 形槽铣刀的颈部直径较小，要注意防止因铣刀受到过大的铣削力和突然的冲击力而折断。

③ 由于排屑不畅，切削时热量不易散失，铣刀容易发热，在铣钢件时，应充分浇注切削液。

④ T 形槽铣刀不能用得太钝，钝刀具的切削能力大为减弱，铣削力和切削热会迅速增加，所以用钝的 T 形槽铣刀铣削是铣刀折断的主要原因之一。

⑤ T 形槽铣刀在切削时工作条件较差，所以要采用较小的进给量和较低的铣削速度。但铣削速度不能太低，否则会降低铣刀的切削性能和增加每齿的进给量。

3) 铣燕尾槽

燕尾结构由配合使用的燕尾槽和燕尾(图 8.64)组成，是机床上导轨与运动副间常用的一种结构形式。由于燕尾结构的燕尾槽和燕尾之间有相对的直线运动，因此对其角度、宽度、深度应具有较高的精度要求。尤其对其斜面的平面度要求更高且表面粗糙度 Ra 值要小。燕尾槽的角度有 45°、50°、55°、60°等多种，其中常用的为 55°和 60°。

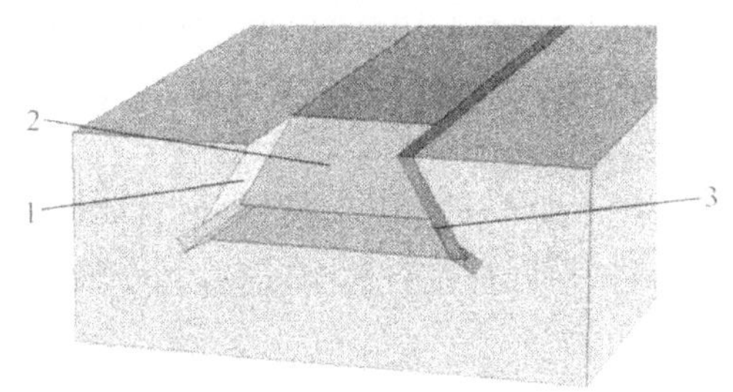

图 8.64 燕尾槽和燕尾

1—燕尾槽；2—燕尾；3—楔铁

高精度的燕尾结构，将燕尾槽与燕尾一侧的斜面制成与相对直线方向倾斜，即带斜度的燕尾结构，配以带有斜度的楔铁，可进行准确的间隙调整，如铣床的纵向和升降导轨都是采用这一结构形式。

(1) 燕尾槽的铣削方法。有燕尾槽和燕尾的零件，其加工方法和步骤与加工 T 形槽基本相同。

① 用立铣刀或端铣刀铣直角槽或台阶，如图 8.65 (a)所示。槽深预留余量 0.5mm。

② 用燕尾槽铣刀铣燕尾槽，如图 8.65 (b)所示。由于铣刀刀尖处的切削性能和强度都很差。为减小切削力，应采用较低的切削速度和较小进给量，并及时退刀排屑。铣削应分粗铣和精铣两步进行。若是铣削钢件，还应充分浇注切削液。

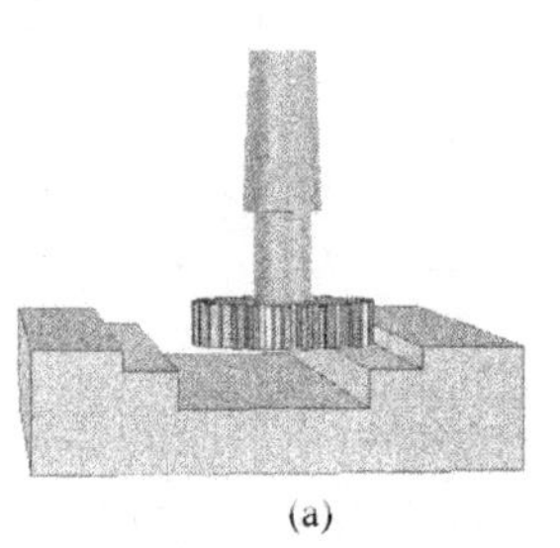
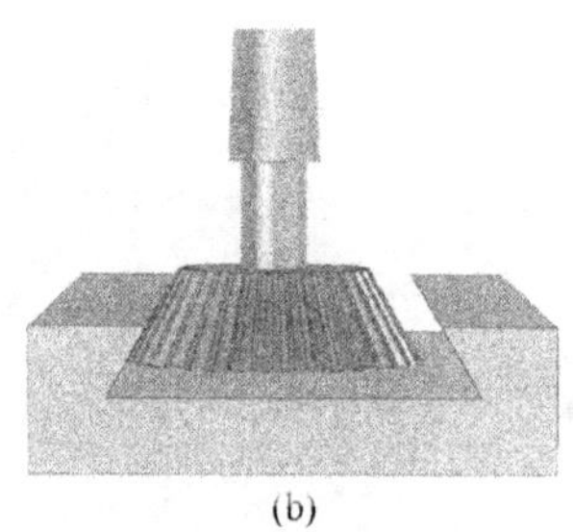
(a) (b)

图 8.65 燕尾槽铣削

(2) 铣燕尾槽的注意事项。

① 铣燕尾槽时，工作条件与铣 T 形槽相同，而燕尾槽铣刀刀尖处的切削性能和强度都很差，铣削时需要特别谨慎，要及时排屑，充分浇注切削液。

② 铣直角槽时，槽深可留 0.5～1mm 的余量，待铣燕尾槽时同时铣成槽深，以使燕尾槽铣刀工作平稳。

③ 铣削燕尾槽应粗铣、精铣分开，以提高燕尾斜面的表面质量。

8.2.3 平面的铣削加工

铣床的工作台面、机床的导轨面、台虎钳的底面和平行垫铁等的表面都是平面。平面是构成机器零件的基本表面之一。铣平面是铣工的基本工作内容，也是进一步掌握铣削其他各种复杂表面的基础。

铣削平面的质量，主要从以下几个方面来衡量，即平面的平面度、与其他表面之间的位置精度及铣削加工后的表面质量，平面度和位置精度可用直线度、平面度、平行度、垂直度、倾斜度等进行衡量，而表面质量主要用表面粗糙度来衡量。

1. 平面的铣削方法

在铣床上铣削平面的方法有两种，即圆周铣削法和端面铣削法，简称周铣和端铣。

1）圆周铣削

圆周铣削是利用分布在铣刀圆柱面上的刀刃来铣削并形成平面的。圆周铣削使用圆柱铣刀在卧式铣床上进行，铣出的平面与铣床工作台台面平行，如图 8.66 (a)所示。假设有一个圆柱作旋转运动，当工件在圆柱下作直线运动通过后，工作表面就被碾成一个平面，如图 8.66 (b)所示。用圆周铣削的方法铣出的平面，其平面度的好坏主要取决于铣刀的圆柱度，此法对圆柱铣刀要求较高，生产效率较低，生产中不常使用。

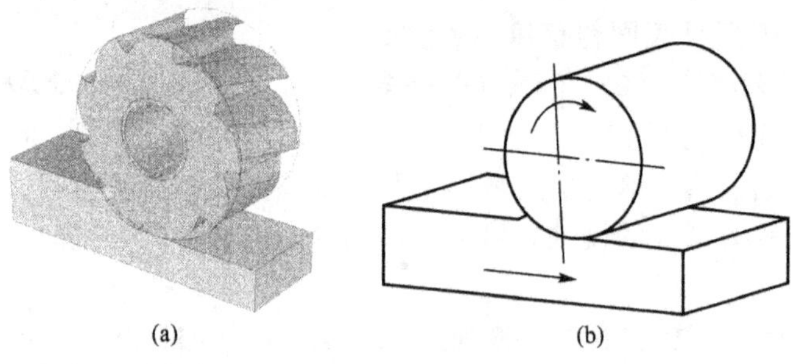
(a) (b)

图 8.66 圆周铣削

2）端面铣削

端面铣削是利用分布在铣刀端面上的刀刃来铣削并形成平面的。端面铣削使用端铣刀在立式铣床上进行，铣出的平面与铣床工作台面平行，如图 8.67 所示。端面铣削也可以在卧式铣床上进行，铣出的平面与铣床工作台台面垂直，如图 8.68 所示。

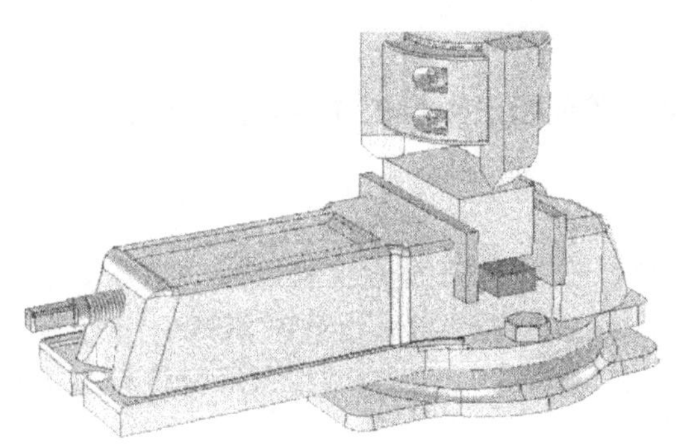

图 8.67 在立式铣床上进行端面铣削

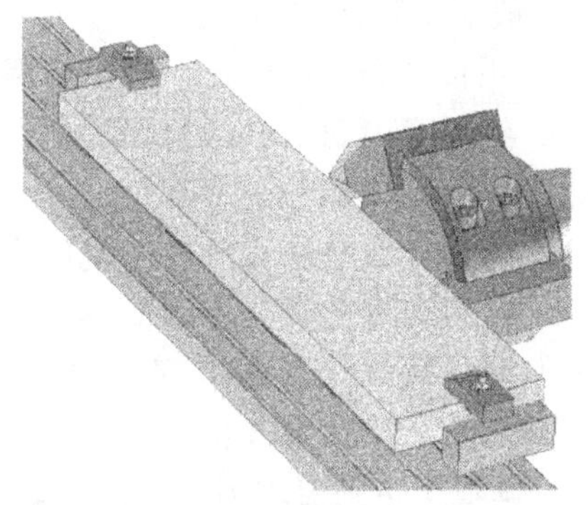

图 8.68 在卧式铣床上进行端面铣削

用端面铣削方法铣出的平面，会有一条条刀纹，刀纹的粗细与工件进给速度的快慢和铣刀转速的高低等有关。

用端面铣削方法铣出的平面，其平面度大小主要取决于铣床主轴轴线与进给方向的垂直度。若主轴轴线与进给方向垂直(图 8.69)，铣刀刀尖会在工件表面铣出呈网状的刀纹。若主轴轴线与进给方向不垂直，铣刀刀尖会在工件表面铣出单向的弧形刀纹，工件表面被铣出一个凹面，如图 8.70 所示。如果铣削时进给方向是从刀尖高的一端移向刀尖低的一端，还会产生“拖刀”现象；反之，则可避免“拖刀”。因此，用端面铣削方法铣削平面时，应进行铣床主轴轴线与进给方向垂直度的校正。

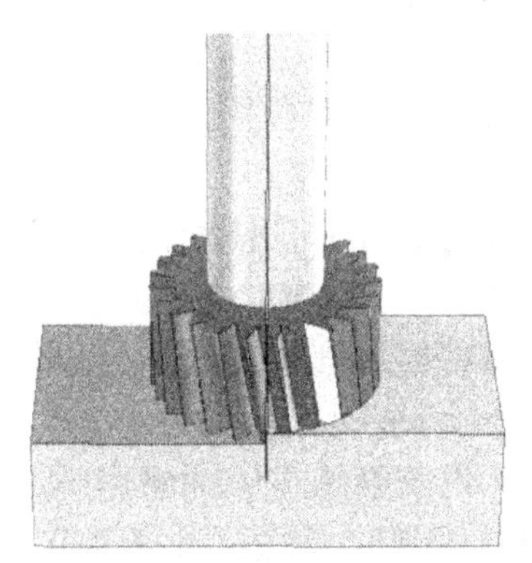

图 8.69 端铣时主轴轴线与进给方向垂直

图 8.70 端铣时主轴轴线与进给方向不垂直

3）铣床主轴与工作台进给方向垂直度的校正

（1）立式铣床主轴轴线与工作台面垂直度的校正(立铣头零位的校正，如图 8.71 所示)。立铣头的零位一般由定位销来保证。若因定位销磨损等原因而需要调整时，可用百分表进行校正。将角形表杆固定在立铣头主轴上，安装百分表，使百分表测量杆与工作台台面垂直。测量时，使测量触头与工作台台面接触，测量杆压缩 0.3～0.5mm，记下表的读数，然后扳转立铣头主轴 180°，应记下读数，其差值在 300mm 长度上应不大于 0.02mm。检测时，应断开主轴电源开关，主轴转速挡位置于高速挡位。

（2）卧式铣床主轴轴线与工作台进给方向垂直度的校正(工作台零位的校正)。

① 利用回转盘刻度校正。校正时，只需使回转盘的零刻线对准鞍座上的基准线，铣床主轴轴线与工作台纵向进给方向保持垂直。这种校正方法操作简单，但精度不高，只适

用于一般要求工件的加工。

② 用百分表进行校正。校正步骤如下：

a. 将长度为500mm的检验平行垫铁的侧检验面校正到与工作台纵向进给方向平行后紧固，如图8.72所示。

b. 将百分表角形表杆装在铣床主轴上。

c. 将主轴转速挡位置于高速挡。扳转主轴，在平行垫铁侧检验面的一端压表0.3～0.5mm后，将百分表调“零”。再扳转主轴180°，使表转到平行垫铁侧另一端打表，在300mm长度上的读数差值应不大于0.02mm。如超过0.02mm，可用木锤轻轻敲击工作台端部，调整至达到要求为止，然后紧固回转台。

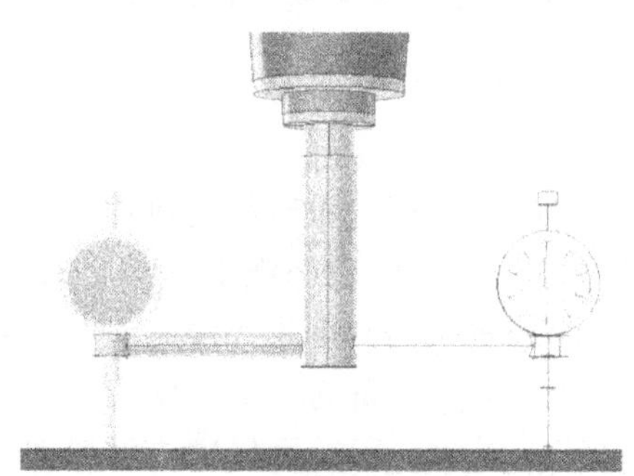

图8.71 立铣头零位的校正

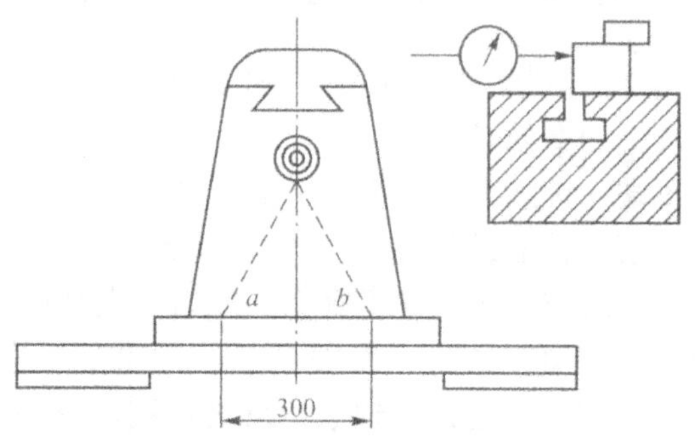

图8.72 卧式铣床工作台零位的校正

4）圆周铣削与端面铣削的比较

（1）端面铣刀的刀杆短，刚度好，而且同时参与切削的刀齿数较多，因此，振动小，铣削平稳，效率高。

（2）端面铣刀的直径可以做得很大，能一次铣出较宽的平面而不需要接刀。圆周铣削时，工件加工表面的宽度受圆柱铣刀宽度的限制不能太宽。

（3）端面铣刀的刀片装夹方便、刚度好，适宜进行高速铣削和强力铣削，可提高生产率和减小表面粗糙度值。

（4）端面铣刀的刃磨不如圆柱铣刀要求严格，刀刃和刀尖在径向和轴向的参差不齐，对加工平面的平面度没有影响，而圆柱铣刀若圆柱度不好，则直接影响加工平面的平面度。

（5）在相同的铣削层宽度、铣削层深度和每齿进给量的条件下，端面铣刀在不采用修光刃和减小副偏角等措施的情况下进行铣削时，用圆周铣削加工的表面比用端面铣刀加工的表面粗糙度值小。由于端面铣削平面具有较多优点，在铣床上用圆柱铣刀铣平面在许多场合已被用端面铣刀铣平面所取代。

2. 顺铣与逆铣

1）铣削方式

铣削有顺铣与逆铣两种铣削方式。

（1）顺铣：铣削时，铣刀对工件的作用力在进给方向上的分力与工件进给方向相同的铣削方式。

（2）逆铣：铣削时，铣刀对工件的作用力在进给方向上的分布与工件进给方向相反的铣削方式。

2）圆周铣削时的顺铣与逆铣

圆周铣削时的顺铣与逆铣如图 8.73 所示。圆周铣削时顺铣与逆铣的优缺点见表 8－1。

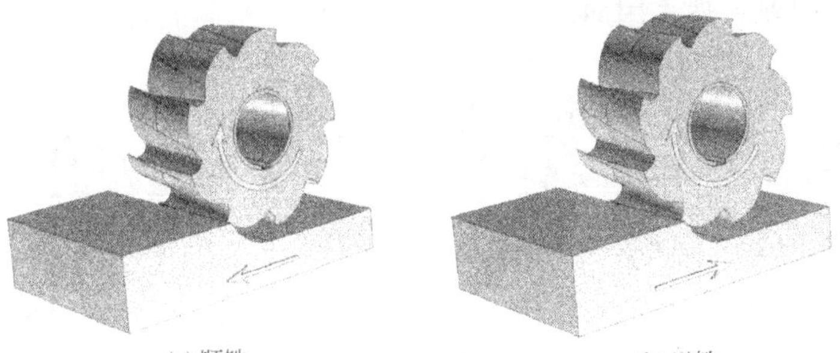

(a) 顺铣　　(b) 逆铣

图 8.73　圆周铣削时的顺铣与逆铣

表 8－1　圆周铣削时顺铣与逆铣的优缺点

项　目	顺　铣	逆　铣
工件受的垂直力	向下，将工件压紧	向上，有把工件从夹具内抬起的倾向，工件易松动
工件受的水平力	促使工作台加速进给，节省动力，但丝杠与螺母之间间隙大，易产生窜动	有防止工作台进给的倾向，消耗动力大，但无窜动现象
铣刀受的径向力	向上，始终指向刀轴线，铣刀产生的振动小，表面粗糙度值小	铣刀刀齿切入时，指向刀轴线；刀齿切出时，背向刀轴线，铣刀产生较大的周期性振动，表面粗糙度值大
切削的薄厚	切削由厚到薄，铣刀切入工件时无滑移现象，铣刀不易磨损，使用寿命长	切削由薄到厚，铣刀切入工件时有滑移现象，铣刀易磨损，使用寿命短

尽管顺铣的优点比逆铣多，但圆周铣削时，一般采用逆铣。其原因是：采用顺铣时，必须调整工作台丝杠与螺母之间的轴向间隙达到 0.01～0.04mm，调整比较困难，因此，若采用顺铣，当铣削余量较大，铣削力在进给方向的分力大于工作台和导轨面之间的摩擦力时，工作台就会产生窜动，造成每齿进给量突然增加而损坏铣刀。同时也影响加工表面质量，使粗糙度增大。而采用逆铣，因作用在工件上的力在进给方向上的分力与进给方向相反，工作台不会产生拉动，因此通常采用逆铣而不采用顺铣。

只有当加工不易夹紧，或长而薄的工件时，宜采用顺铣；有时，为改善铣削质量而采用顺铣时，必须调整工作台丝杠与螺母之间的轴向间隙，使其控制在 0.01～0.04mm。

3）端面铣削时的顺铣与逆铣

根据铣刀和工件的相对位置，端面铣削的铣削方式分为对称铣削和不对称铣削，如图 8.74所示。端面铣削也存在顺铣与逆铣。

(1) 对称铣削。铣削层宽度在铣刀轴线两边各一半，刀齿切入与切出的切削厚度相等，叫对称铣削。如图 8.74 (a)所示。铣刀的进刀部分(左半部分)是顺铣；铣刀的出刀部分(右半部分)是逆铣。对称铣削方式会使工作台横向产生窜动，所以，铣削前必须紧固横向工作台。对称铣削方式主要用于加工短而宽，或较厚的工件。

(2) 不对称铣削。铣削层宽度在铣刀轴线的一边，刀齿切入与切出的切削厚度不相等，叫不对称铣削。不对称铣削分为不对称逆铣和不对称顺铣两种方式，如图 8.74 (b)和图 8.74(c)所示。不对称顺铣有可能造成工作台窜动，一般不采用；不对称逆铣，可延长刀具的寿命，端面铣削一般采用此方式。

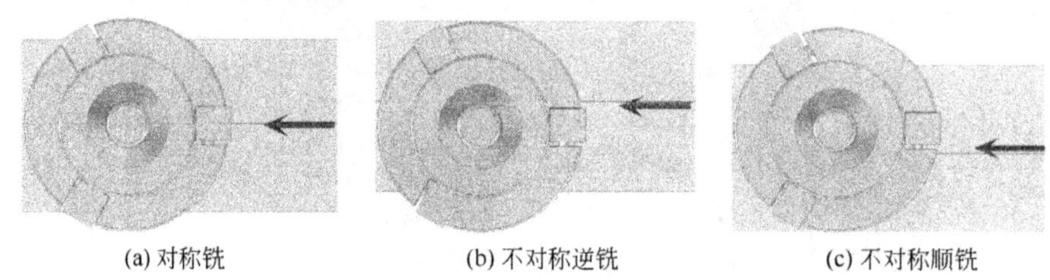

(a) 对称铣　　(b) 不对称逆铣　　(c) 不对称顺铣

图 8.74　对称铣削和不对称铣削

4) 铣削平面的操作步骤

(1) 选择铣刀并安装铣刀。根据工件的结构和尺寸、铣床类型、粗铣和精铣来选用铣刀；铣刀安装完后，要检查刀具是否完全紧固。

(2) 装夹工件。铣削平面时，工件可夹在平口钳上，也可用压板、螺钉等直接将工件装夹在工作台上。工件装夹时应擦净钳口和导轨面，在工件的下面放置平行垫铁，工件的待加工表面应高出钳口 5mm 左右，夹紧后用锤子轻轻敲击工件，并拉动垫铁，检查是否贴紧。毛坯工件应在钳口处衬垫铜片以防损坏钳口。

(3) 选择、调整好铣削用量。根据铣削速度、主轴转速及进给量的计算公式，计算并合理地选择粗铣和精铣的主轴转速、进给量和铣削层深度，然后调整好各铣削用量。

(4) 对刀和调整铣削层深度。先开车使铣刀旋转，缓缓上移工作台，使工件与铣刀刚好接触，记好工作台此时的刻度，纵向退出工作台。根据记好的刻度将工件上升至铣削层深度位置，并锁紧升降台。

(5) 铣削加工。先用手均匀地摆动手柄使工件与刀具接触，视铣削长度选择手动或机动进给。

3. 铣斜面

铣削斜面时，工件、机床、刀具之间必须满足两个条件：一是工件的斜面应平行于铣削时铣床工作台的进给方向。二是工件的斜面应与铣刀的切削位置相吻合，即用圆周铣刀铣削时，斜面与铣刀的外圆柱面相切；用端面铣刀铣削时，斜面与铣刀的端面相重合。

在铣床上铣斜面的方法有倾斜工件铣斜面、倾斜铣刀铣斜面和用角度铣刀铣斜面 3 种。

(1) 倾斜工件铣斜面。倾斜工件加工斜面的方法，实际上是通过对工件的定位，使铣削加工的斜面与铣床工作台台面平行，从而变铣斜面为铣平面。因此，铣削斜面，只需将工件斜面装夹成与工作台台面平行即可。即把工件安装成所需角度。如将工件待加工的斜面先划线，然后斜压在机用虎钳或用斜垫铁将工件斜压在工作台上，按划线找正工件位置，如图 8.75 所示。也可利用分度头将工件倾斜一个角度。加工方法，除了工件的装夹有要求外，其他与铣平面基本相同。

(2) 旋转立铣头铣斜面。如图 8.76 所示，工件装夹在机用虎钳上，把立铣头扳转一个角度，用端面铣刀铣斜面。

（3）用角铣刀铣斜面。如图 8.77 所示，较小的斜面可用合适的角铣刀加工。

铣削斜面的步骤与铣平面相同。在铣削时应注意以下几点：

（1）划的轮廓线应准确无误。

（2）安装夹具时，夹具底面与工作台台面应紧密贴合，夹具钳口与进给方向的关系应正确，夹具在工作台上的固定应牢固可靠。

（3）万能工作台的倾斜角度要准确。

（4）铣刀倾斜铣斜面时，立铣头扳转的角度要准确。

图 8.75　工件斜压在工作台上

（5）选用的角度铣刀的角度要准确。

（6）安装时，要擦干净工件基准面和定位面。

（7）用机床用平口虎钳装夹时，应检查平口虎钳的导轨面与工作台台面的平行度。

（8）端面铣削时，应调整机床主轴轴线，使其与工件进给方向垂直。

（9）圆周铣削时，要确保铣刀的同轴度及铣刀轴线与工件进给方向的平行度。

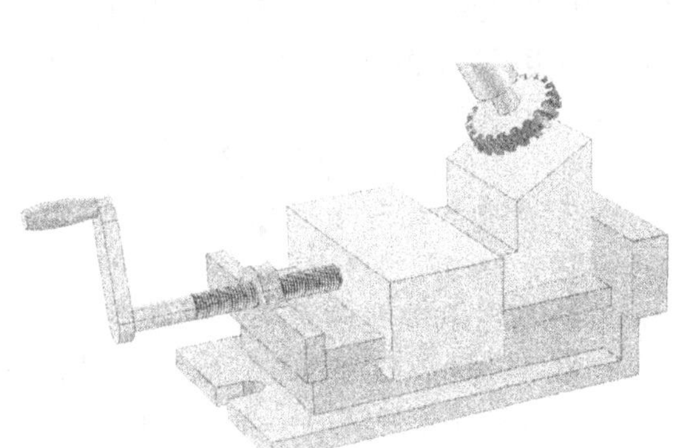

图 8.76　旋转立铣头铣平面

图 8.77　用角度铣刀铣平面

4. 铣台阶面

在铣床上铣台阶面时，可采用三面刃铣刀或立铣刀。在成批大量生产中，大都采用组合铣刀同时铣削几个台阶面，如图 8.78 所示。

(a) 用三面刃铣刀

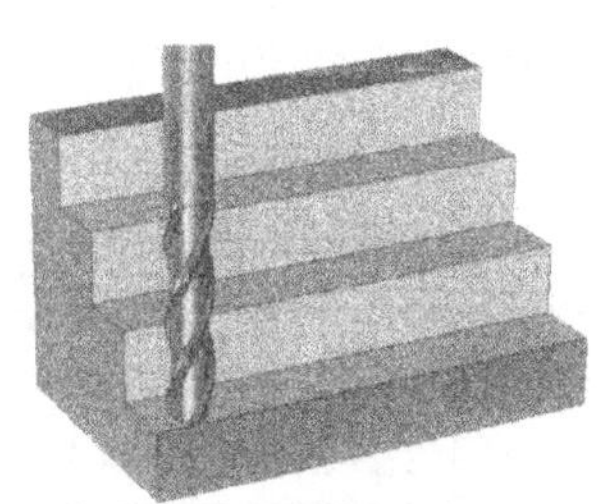

(b) 用立铣刀

(c) 用组合铣刀

图 8.78　铣台阶面

8.2.4 成型表面加工

1. 铣削成型面

成型面一般在卧式铣床上用成型铣刀来加工，如图 8.79 所示。成型铣刀的形状与加工面相吻合。

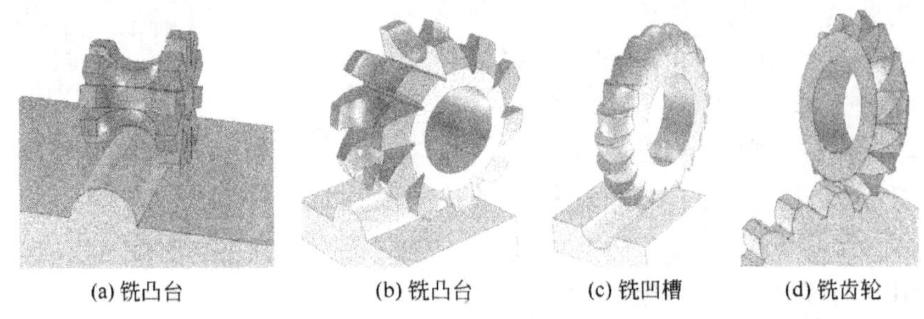

(a) 铣凸台 (b) 铣凸台 (c) 铣凹槽 (d) 铣齿轮

图 8.79 铣成型面

2. 铣齿

铣齿是用与被切齿轮齿槽形状相符的成形铣刀铣出齿形的加工方法。

铣削时，工件在卧式铣床上用分度头卡盘和尾座顶尖装夹，用一定模数和压力角的盘状齿轮铣刀进行铣削[图 8.80(a)]；在立式铣床上用指状齿轮铣刀进行铣削[图 8.80(b)]。当铣完一个齿槽后，将工件退出进行分度，再铣下一个齿槽，直到铣完所有齿槽为止。

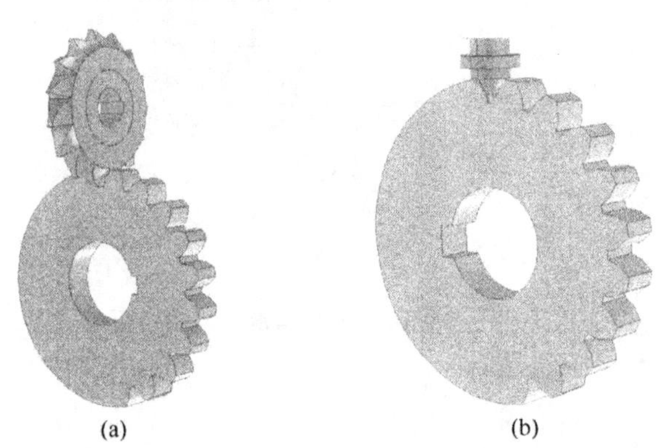

(a) (b)

图 8.80 用盘状铣刀和指状铣刀加工齿轮

由此可知，各齿间的等分精度取决于分度头和分度操作，而齿廓形状精度，则与模数铣刀的刀齿轮廓有关，因此要铣出准确的齿形，必须对一种模数、一种齿数的齿轮，制造一把铣刀，这显然是不经济的。为了便于刀具的制造和管理，一般把铣削模数相同而齿数不同的齿轮所用的铣刀制成 8 把一套，分为 8 个刀号，每号铣刀加工一定齿数范围的齿轮(表 8 - 2)。而每号铣刀的刀齿轮廓只与该号齿数范围内的最少齿数齿槽的理论轮廓相一致，对其他齿数的齿轮只能获得近似齿形。例如，铣削模数为 3mm、齿数为 28 的齿轮，应选择模数为 3mm 的 5 号齿轮铣刀。

表 8 - 2 齿轮铣刀齿数范围和刀号

刀号	1	2	3	4	5	6	7	8
加工齿数范围	12～13	14～16	17～20	21～25	26～34	35～54	55～134	135 以上及齿条

铣齿的特点是设备简单，刀具成本低，生产率低，加工齿轮精度低，只能达到齿轮精

度等级 11～9 级。铣齿多用于修配或单件生产某些转速低、精度要求不高的齿轮。在批量生产中，多利用齿轮加工机床(插齿机、滚齿机等)用展成法加工齿轮，可获得较高的齿形精度、分度精度和高的生产率。

8.3 综合技能训练课题

8.3.1 铣床技能操作

以 X6132 型铣床基本操作为例。

1. 工作台纵向、横向和升降的手动操作

要掌握铣床的操作，先要了解各手柄的名称、工作位置及作用，并熟悉它们的使用方法和操作步骤。如图 8.81 所示是 X6132 型铣床的各手柄。在进行工作台纵向、横向和升降的手动操作练习前，应先关闭机床电源，检查各向紧固手柄是否松开，再分别进行各个方向进给的手动练习。

图 8.81 X6132 型铣床的操纵手柄

1—进给变速手柄；2—横向进给手柄；3—纵向手柄；4—主轴变速盘；5—主轴；6—纵向进给手柄；7—横向手柄；8—升降手柄

1) 进行工作台在各个方向的手动匀速进给练习

将某一方向手动操作手柄插入，接通该向手动进给离合器。摇动进给手柄，就能带动工作台作相应方向上的手动进给运动。顺时针摇动手柄，可使工作台前进(或上升)；若逆时针摇动手柄，则工作台后退(或下降)。

2) 进行工作台在各个方向的定距移动练习

纵向：进 30mm→退 32mm→进 10mm→退 1.5mm→进 1mm→退 0.5mm。

横向：进 32mm→退 30mm→进 10mm→退 1.5mm→进 1mm→退 0.5mm。

升降：升 3mm→降 2.3mm→升 1.35mm→降 0.5mm→升 1mm→降 0.15mm。

3) 注意事项

在进行移动规定距离的操作时，若手动摇过了刻度，不能直接摇回，必须将其退回半转以上消除丝杠间隙形成的空行程后，再重新摇到要求的刻度位置。另外，不使用手动进给时，必须将各向手柄与离合器脱开，以免机动进给时旋转伤人。

2. 主轴的变速操作

1) 操作步骤

变换主轴转速时，必须先接通电源，停车后再按以下步骤进行：

(1) 将变速手柄向下压，使手柄的榫自槽内滑出，并迅速转至最左端，直到榫块进入槽内。

(2) 转动转速盘，将所选择的转速对准指针。转速盘上有 30～1500r/min 共 18 种转速。

(3) 将手柄下压脱出槽，迅速向右转回，快到原来位置时慢慢推上，完成变速。

2) 注意事项

由于电动机启动电流很大，连续变速不应超过 3 次，否则易烧毁电动机保护电路，若必须变速，中间的间隔时间应不少于 5min。

3) 具体练习内容

(1) 将铣床电源开关转动到“通”的位置，接通电源。

(2) 将主轴转速分别变换为 30r/min、95r/min 和 150r/min。

(3) 按“启动”按钮，使主轴回转 3～5min，检查油窗是否甩油。

(4) 停止主轴回转。

3. 进给变速操作

1) 操作步骤

铣床上的进给变速操作需在停止自动进给的情况下进行，操作步骤如下：

(1) 向外拉出进给变速手柄。

(2) 转动进给变速手柄，带动进给速度盘转动。将进给速度盘上选择好的进给速度值对准指针位置。

(3) 将变速手柄推回位，即完成进给变速操作。

2) 具体练习内容

将进给速度分别变换为 30mm/min，60mm/min，118mm/min。

4. 工作台纵向、横向和升降的机动进给操作

1) 操作步骤

如图 8.81 所示，X6132 型铣床在各个方向的机动进给手柄都有两副，是联动的复式操纵机构，使操作更加便利。

打开电源开关，将进给速度变换为 118mm/min，按下面的步骤进行各项自动进给练习。

(1) 检查各挡块是否安全、紧固。3 个进给方向的安全工作范围各由两块限位挡块实现安全限位。若非工作需要，不得将其随意拆除。

(2) 按主轴“启动”按钮，使主轴回转。

(3) 按相应进给方向的扳动手柄，使工作台先后分别作纵向、横向、垂直方向的机动进给，并检查进给箱油窗是否甩油。

(4) 停止工作台进给，然后停止主轴回转。

2) 注意事项

(1) 机动进给时，不得同时接通两个方向的进给。

(2) 练习完毕，应使工作台处于各进给方向中间位置，各手柄恢复原来位置，关闭机床电源开关，并认真擦拭机床。

8.3.2 铣削范例

如图 8.82 所示的工件(材料为 HT 200)，加工其(60±0.15)mm 的平面，可在卧式铣床上用圆柱铣刀铣削，也可在立式铣床上用套式立铣刀铣削。现选用圆柱铣刀，在 X6132 卧式万能铣床上加工该平面。

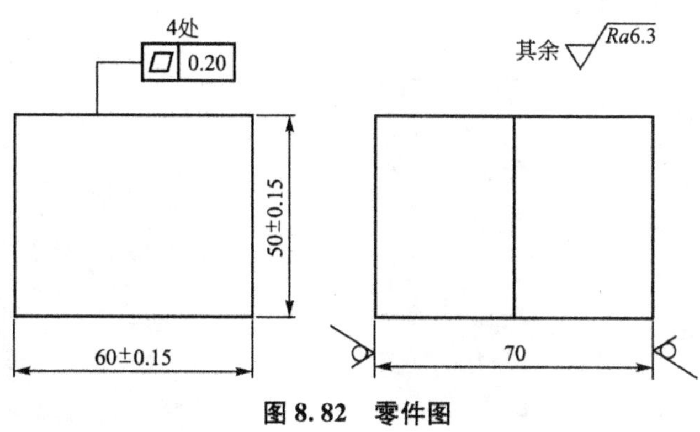

图 8.82 零件图

1. 铣刀的选择与安装

1) 选择铣刀

根据工件的尺寸精度和形状精度要求，加工工序分为粗铣和精铣。粗铣时选用外径 $\phi=63$mm、长度 $L=80$mm、内径 $J=27$mm、齿数 $z=6$ 的粗齿圆柱铣刀。精铣时选用“铣刀 63×80GB/T 1115.1—2002” 齿数 $z=10$ 的细齿圆柱铣刀。

2) 安装铣刀

根据铣刀的规格，选用 ϕ27mm 的锥柄长刀杆，如图 8.83 所示。

(1) 调整横梁(悬梁)，如图 8.84 所示。

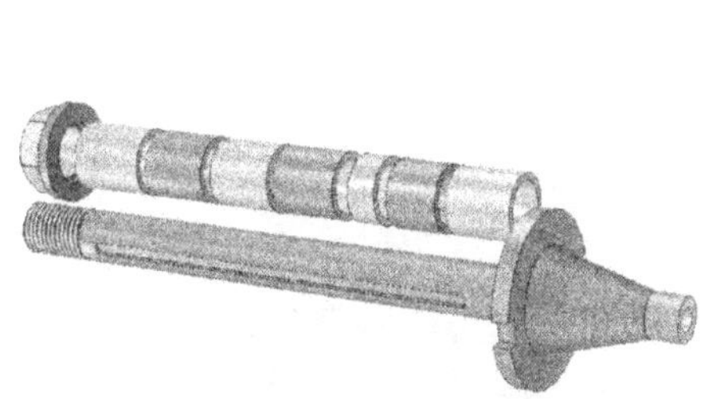

图 8.83 锥柄长刀杆

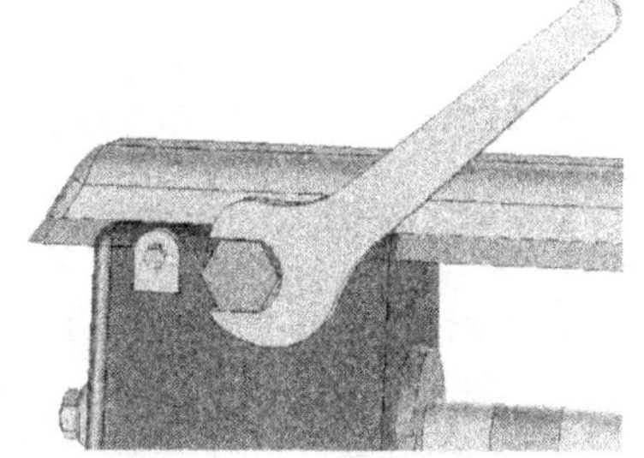

图 8.84 调整横梁位置

① 先松开横梁左侧的两个螺母。

② 转动中间带齿轮的六角轴，将横梁调整到适当的位置。

③ 紧固横梁左侧的两个螺母。

(2) 安装铣刀杆。

① 安装铣刀杆前，先擦净主轴锥孔和刀杆锥柄，如图 8.85 (a)所示。

② 将刀杆装入主轴锥孔，并旋入拉紧螺杆，如图 8.85(b)所示。

③ 用扳手拧紧螺杆上的螺母，如图 8.85 (c)所示。

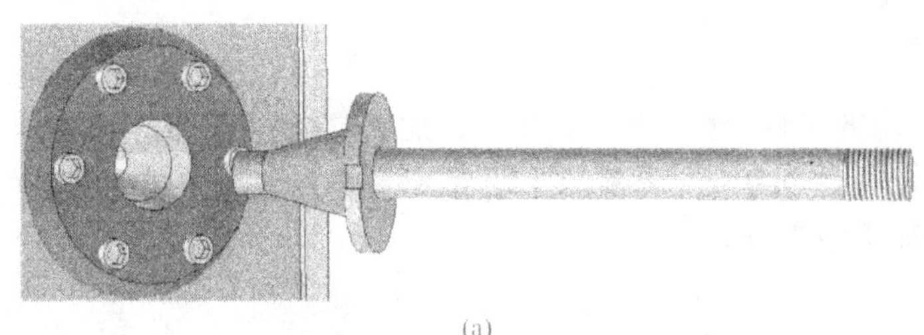

(a)

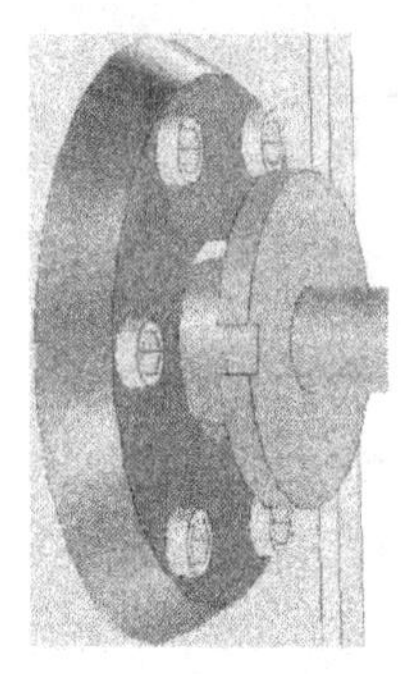

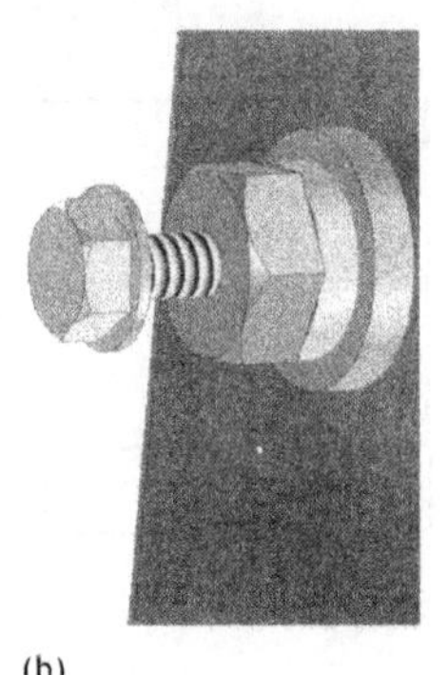

(b)

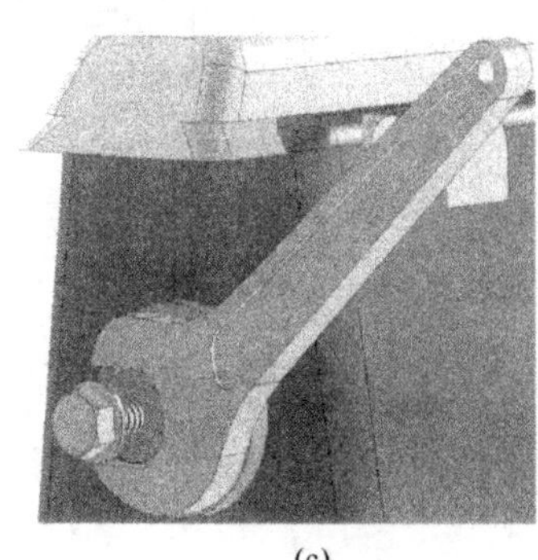

(c)

图 8.85　安装铣刀杆

(3) 确定铣刀安装位置并安装铣刀。

① 将铣刀和垫圈的两端面擦干净。

② 装上垫圈，使铣刀安装的位置尽量靠近主轴处，尽量安装平键，以防铣削时铣刀松动，装上垫圈，并旋入螺母。

(4) 安装吊架及紧固刀杆螺母。

① 装上吊架，并调整吊架与轴承间隙，如图 8.86 (a)所示，

② 将吊架左侧紧固螺母拧紧，如图 8.86 (b)所示，

③ 拧紧刀杆端部螺母，如图 8.86 (c)所示。

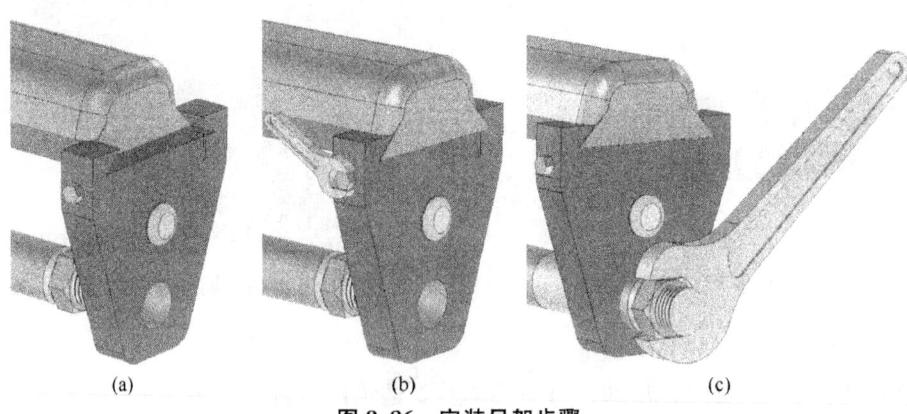

(a)　　(b)　　(c)

图 8.86　安装吊架步骤

④ 紧固刀杆上的螺母[图 8.86 (c)]时应先装上吊架，否则会扳弯刀杆，如图 8.87 所示。

3) 拆卸铣刀和刀杆

(1) 松开刀杆上的螺母。

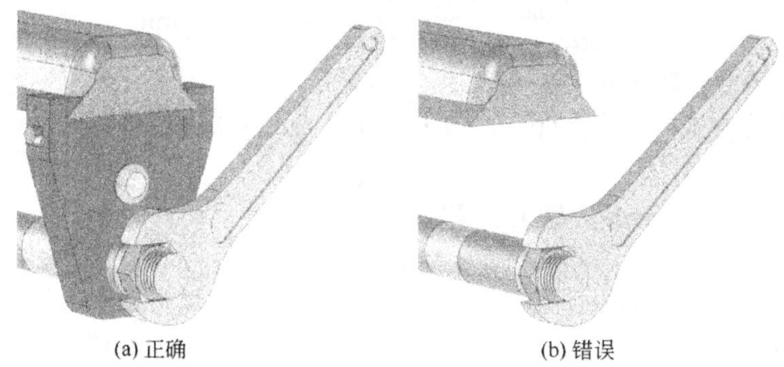
(a) 正确　　(b) 错误

图 8.87　紧固刀杆螺母

(2) 松开吊架架左侧紧固螺母，拆下支架，取出铣刀，装上垫圈及螺母。

(3) 松开拉紧螺杆上的螺母，用锤子敲一下拉紧螺杆端部，如图 8.88 所示，旋出拉紧螺杆，取下刀杆。

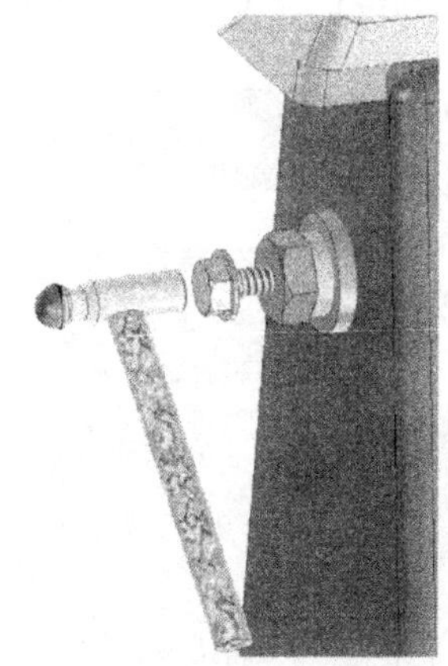
图 8.88　轻敲拉紧螺杆

2. 装夹工件

根据工件形状，选用平口虎钳装夹工件。装夹工件的过程如下：

1) 安装平口虎钳

(1) 将平口虎钳底部与工作台台面擦净。

(2) 将平口虎钳安放在工作台的中间 T 形槽内，使平口虎钳安放位置略偏左方，如图 8.89 所示。

(3) 双手拉动平口虎钳底座，使定位键向同一侧贴紧。

(4) 用 T 形螺栓将平口虎钳压紧。

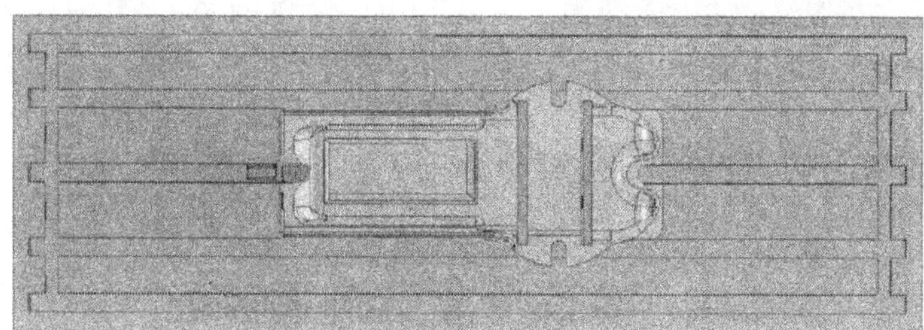
图 8.89　平口虎钳安装在工作台上

2) 装夹工件并检查

将平口虎钳的钳口和导轨面擦净，在工件的下面放置平行垫铁，使工件待加工面高出钳口 5mm 左右，夹紧工件后，用锤子轻轻敲击工件，并拉动垫铁检查是否贴紧。毛坯工件应在钳口处衬垫铜片以防损坏钳口。

3. 选择铣削用量

1) 粗铣

取铣削速度 $v=15\text{m/min}$，每齿进给量 $a_f=0.12\text{mm}$，则主轴转速为：

$$n=\frac{1000v}{\pi D}=\frac{1000\times 15}{3.14\times 63}\text{r/min}\approx 75.83\text{r/min}$$

实际调整铣床主轴转速 $n=75\text{r/min}$。

每分钟进给量为 $v_f=a_f zn=(0.12\times 6\times 75)\text{mm/min}\approx 54\text{mm/min}$，实际调整每分钟进给量 $v_f=47.5\text{mm/min}$

取铣削层深度 $t=2.5\text{mm}$，铣削层宽度 $B=60\text{mm}$。

2）精铣

选取铣削速度 $v=20\text{m/min}$、每齿进给量 $a_f=0.06\text{mm}$。实际调整时，主轴转速为 $n=95\text{r/min}$，每分钟进给量 $v_f=60\text{mm/min}$，铣削层深度 $t=0.5\text{mm}$，铣削层宽度 $B=60\text{mm}$。

4. 选择铣削方式

铣平面时通常采用逆铣，如采用顺铣，机床必须具有螺纹间隙调整机构，将丝杠螺母间隙调整在 0.05mm 以内，否则容易损坏铣刀。

图 8.90　圆柱铣刀铣平面对刀

5. 铣平面的操作方法

(1) 对刀。使工件处于圆柱铣刀的下方，在工件表面贴一张薄纸，开动机床，铣刀旋转后，再缓缓升高工作台，使铣刀刚好擦去纸片，如图 8.90所示。在垂直方向刻度盘上做好记号，下降工作台，摇动纵向手柄，退出工件。

(2) 调整铣削层深度。粗铣时垂直工作台上升 2.5mm，精铣时工作台垂直上升 0.5mm。

(3) 铣削。用手动进给铣削，均匀地摇动纵向手柄，粗铣时表面粗糙度 Ra 小于 12.5μm，精铣时表面粗糙度 Ra 小于 6.3μm。铣削完毕，停机，下降工作台，退出工件。将工件反转 180°装夹后铣削另一平面。

(4) 测量。卸下工件，用游标卡尺或千分尺测量，要求工件尺寸达到(60±0.15)mm。

8.4　实践中常见问题解析

1. 齿轮箱(包括送给运动齿轮)有响声或闻到异味

检查齿轮箱内润滑油油管是否有油，若是无润滑油则会造成齿轮啮合不灵活或者咬死，产生响声和发出异味。齿轮箱内的轴承得不到润滑，容易把轴卡死和打坏齿轮，也会产生响声和异味。另外齿轮松动、错位也会使齿轮在啮合过程中产生响声。电源断相，引起电动机内部温度升高就会发出焦味和异常的声音。遇这类故障必须立即关闭电源，予以检修，否则将损坏齿轮、轴，烧坏电动机。

2. 过大的无效行程(手柄转动而工作台不移动，习惯上称“间隙”)

这是由于丝杠与螺母之间有过大的间隙(制造时的间隙和使用时正常的磨损)而造成

的。如无效行程超过手柄的1/8转，就应停止使用，经调整有关部位后方可继续使用。

3. 工作台、升降台移动不均匀(如冲击)或松动

主要原因是楔铁已经磨损，这时加工出来的零件表面一般呈波纹状，严重的还会损坏铣刀。所以，当发现楔铁已经磨损，应拧紧调节螺钉或进行检修，以保证工作台和升降台均匀移动。

4. 铣床振动

铣床的振动不仅会降低铣刀的使用寿命，而且也将严重地影响零件的表面粗糙度。产生的原因有铣床刚性不足；传动部件有问题，如齿轮啮合不好，传动带接缝粗糙，电动机安装位置不正确等；铣床地基耐振性不够；铣削时产生断续切削或受力过大等。在实际工作中，可根据具体情况予以处理。

5. 主轴过热或摆动(窜动)

这是由于主轴上的一对圆锥轴承太紧或太松了，应及时予以调整。调整时拧动紧贴主轴中段圆锥轴承的那个螺母，使其压紧或放松。

6. 工作台摇不动

这时应检查工作台导轨润滑油路是否畅通，楔铁是否太紧，工作台两端吊架平面轴承上的锁紧螺母是否太紧。但是不合理的装夹也会引起工作台摇不动，如在装夹较长零件时，零件两端用压板螺栓同工作台面固得太紧，造成工作台拉伸变形至摇不动。把长而重的零件装夹在工作台的一端，也会引起工作台摇不动。

7. 无快速进给

进给电动机正常运转，但不能快速自动进给，一般原因是摩擦离合器的摩擦片松了，快速进给吸铁线包烧坏或电磁吸铁行程距离太小等。

8. 无慢速进给

电动机正常运转但不能慢速进给，一般是慢速离合器的一只螺母松了，造成若干只弹簧损坏，使得慢速离合器空转，或慢速离合器齿形磨成R形使接合子打滑。

8.5 铣工操作安全技术

铣工安全注意事项有如下几个方面：

(1) 防护用品的穿戴。

① 工作时穿好工作服、工作鞋，女学员戴好工作帽。

② 不准穿背心、拖鞋、凉鞋和裙子进入车间。

③ 严禁戴手套进行操作。

④ 高速铣削或刃磨刀具时应戴防护眼镜。

(2) 操作前的检查。

① 向机床各润滑部分注润滑油。

② 检查机床各手柄是否放在规定的位置上。

③ 检查各进给方向自动停止挡铁是否紧固在最大行程以内。

④ 起动机床检查主轴和进给系统工作是否正常，油路是否畅通。

⑤ 检查夹具、工件是否装夹牢固。

(3) 装卸工件、更换铣刀、擦拭机床必须停机，并防止被铣刀刀刃割伤。

(4) 不得在机床运转时变换主轴转速和进给量。

(5) 在进给过程中不准抚摸工件加工表面，机动进给完毕，应先停止进给。

(6) 铣刀的旋转方向要正确，主轴未停稳不准测量工件。

(7) 铣削时，铣削层深度不能过大，毛坯工件应从最高部分逐步切削。

(8) 使用“快进”时要注意观察，防止铣刀与工件相撞。

(9) 要用专用工具清除切屑，不准用嘴吹或用手抓。

(10) 工作时要思想集中，专心操作，不准擅自离开机床，离开时要关闭电源。

(12) 工作台面和各导轨面上不能直接放置工具和量具。

(13) 工作结束后应及时擦清机床并加润滑油。

8.6 本章小结

铣削加工是以铣刀的旋转运动为主运动，工件或铣刀作进给运动的切削加工方法，是金属切削加工中常用方法之一。铣刀是刀齿分布在圆周表面或端面上的多刃回转刀具，铣削时同时有多个刀刃参与切削，因此，生产率较高。但多刃刀具断续切削容易造成振动而影响加工表面的质量，所以，对机床的刚度和抗振性有较高的要求。铣削常用来加工各种平面、沟槽、齿槽、螺旋形表面、成型表面，也可用来钻孔、扩孔和铰孔等。在切削加工中，铣床的工作量仅次于车床。在成批大量生产中，除加工狭长的平面外，铣削几乎可代替刨削和磨削，是机械零件精密加工的主要方法之一。

8.7 思考与练习

1. 思考题

(1) X6132卧式万能升降台铣床主要由哪几部分组成？各部分的主要作用是什么？

(2) 铣床的主运动是什么？进给运动是什么？

(3) 试叙述铣床的主要附件的名称和用途。

(4) 拟铣一与水平面成20°的斜面，试叙述分别有哪几种方法？

(5) 铣削加工有什么特点？

2. 实训题

拟铣一齿数z为30的直齿圆柱齿轮，试用简单分度法计算出每铣一齿，分度头手柄应在孔数为多少的孔圈上转过多少圈又多少个孔距？(已知分度盘的各圈孔数为38，39，41，42，43)

第9章 磨削加工

教学提示：本章主要介绍了平面磨削、外圆磨削、内圆磨削设备与操作方法、技术要领等内容，并详细阐述了砂轮的特征要素、选择原则，总结归纳了磨削操作常见的缺陷与产生原因，以方便实习项目中问题的分析总结。

教学要求：通过本章的学习，读者应熟悉磨床主要部件的作用；独立操作磨床设备。

在磨床上用砂轮对工件进行切削加工称为磨削。磨削加工从工件上切除的金属层极薄，能经济地获得高的加工精度(IT6～IT5)和小的表面粗糙度(Ra0.8～0.2μm)。高精度磨削可使表面粗糙度 Ra 小于 0.025μm，尺寸公差达微米级水平，因此磨削加工一般用作精加工。

9.1 平面磨削

9.1.1 平面磨床

平面磨削是在铣、刨基础上的精加工。经磨削后平面的尺寸精度可达公差等级 IT6～IT5，表面粗糙度 Ra 值达 0.8～0.2μm。

平面磨床主轴分为立式和卧式，工作台分为矩形和圆形，如图 9.1 所示。砂轮由电动机主轴直接驱动。砂轮架可沿滑座的燕尾导轨作横向间歇进给运动(手动或液压传动)。滑座和砂轮架一起，可沿立柱上的导轨垂直移动，以调整砂轮架高低及完成径向进给(手动)。工作台沿床身导轨作纵向往复直线运动(液压传动)，实现纵向进给。工作台上有电磁吸盘，用以磨削磁性材料工件时的装夹。磨削非磁性材料的工件或形状复杂的工件时，在电磁吸盘上安装平口钳等夹具装夹工件。对于某些不允许带有磁性的零件，磨削完毕后，需进行退磁处理。

M7120A 型平面磨床是较为常见的平面磨削设备，机床结构与特性介绍如下。

(1) 概述。M7120A 型平面磨床是卧轴矩台平面磨床，砂轮主轴的轴线与工作台面

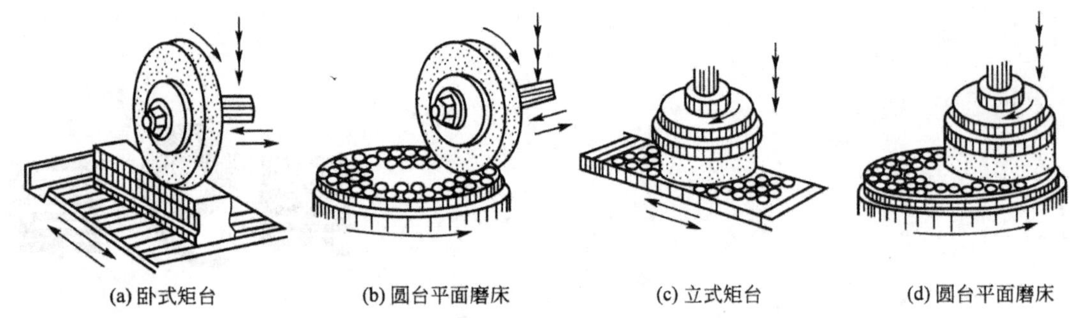

图 9.1 平面磨床及其磨削运动

平行。该机床适用于机械制造业中、小批量生产车间及其他机修或工具车间对零件的平面、侧面等的磨削。最大磨削宽度为 200mm，最大磨削长度为 630mm，最大磨削高度为 320mm，最大工件质量为 158kg。工作精度可达 5μm/300mm，表面粗糙度可达 0.63μm。

(2) 主要运动。M7120A 型平面磨床由床身 10、工作台 8、磨头 2 和砂轮修整器 5 等部件组成，如图 9.2 所示。装在床身 10 水平纵向导轨上的长方形工作台由液压传动作直线往复运动，既可作液压无级驱动，也可通过手轮移动。磨头横向移动为液压控制连续进给或断续进给，也可手动进给。磨头由手动作垂直进给。工件可吸附于电磁工作台或直接固定于工作台上。砂轮主轴采用精密滚动轴承支承。液压系统利用床身作油池供油。

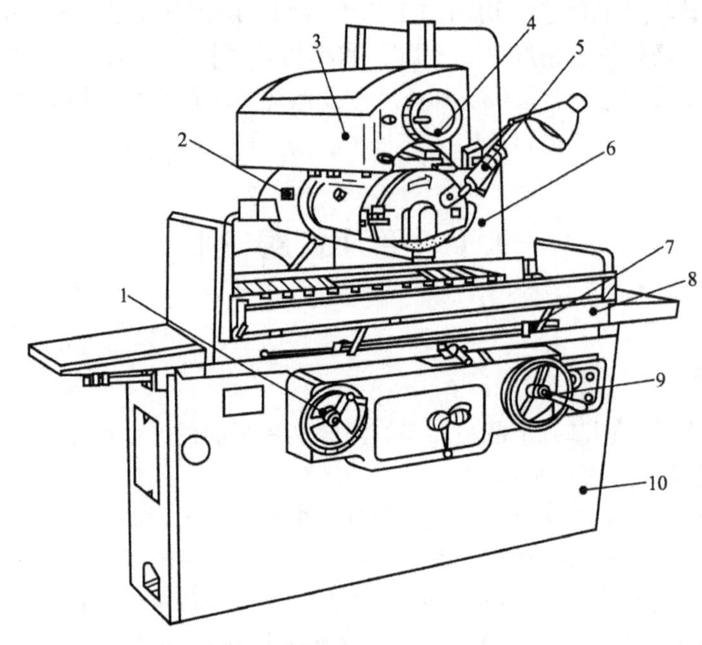

图 9.2 M7120A 型平面磨床

1、4、9—手轮；2—磨头；3—滑板；5—砂轮修整器；6—立柱；7—撞块；8—工作台；10—床身

(3) 工件装夹。

① 直接在电磁吸盘上定位装夹工件。磨削中小型导磁工件常采用电磁吸盘装夹，如

图 9.3 所示。装夹前必须先擦干净电磁吸盘和工件，若有毛刺应以油石去除；工件应装在电磁吸盘磁力能吸牢的位置，以有利于磨削加工。

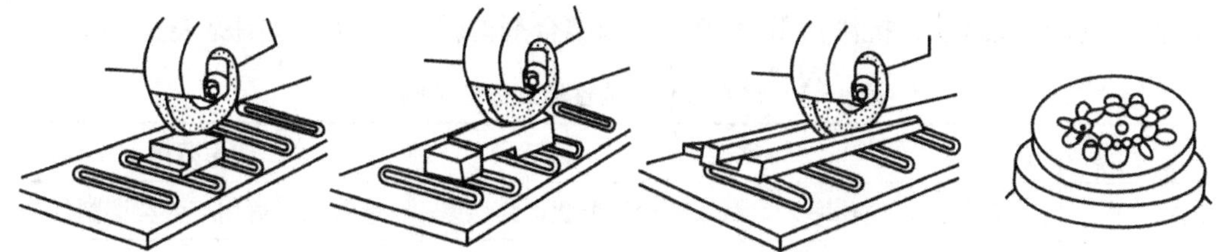

(a) 先以大面为基准磨小面　(b) 在小基面工件的前端加挡铁　(c) 磨夹具体的凹槽面　(d) 圆台平面磨床的工件多件装夹

图 9.3　工件直接在电磁吸盘上定位装夹

② 用夹具装夹工件。当工件定位面不是平面或材料为非铁金属、非金属等不导磁工件时，要采用夹具装夹，如图 9.4 所示。

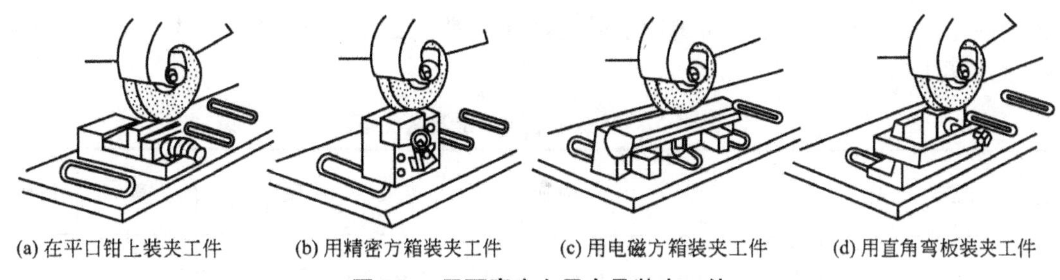

(a) 在平口钳上装夹工件　(b) 用精密方箱装夹工件　(c) 用电磁方箱装夹工件　(d) 用直角弯板装夹工件

图 9.4　平面磨床上用夹具装夹工件

9.1.2　砂轮的特征要素

砂轮是由一定比例的硬度很高的粒状磨料和结合剂压制烧结而成的多孔物体。砂轮的性能主要取决于砂轮的磨料、粒度、结合剂、硬度、组织及形状尺寸等特征要素。

1. 磨料

砂轮的磨料应具有很高的硬度、耐热性，适当的韧度和强度及边刃。常用磨料主要有以下 3 种。

(1) 刚玉类(Al_2O_3)。棕刚玉(GZ)、白刚玉(GB)，适用于磨削各种钢材，如不锈钢、高强度合金钢，退火的可锻铸铁和硬青铜。

(2) 碳化硅类(SiC)。黑碳化硅(HT)、绿碳化硅(TL)，适用于磨削铸铁、激冷铸铁、黄铜、软青铜、铝、硬表层合金和硬质合金。

(3) 高硬磨料类。人造金刚石(JR)、氮化硼(BLD)。高硬磨料类具有高强度、高硬度，适用于磨削高速钢、硬质合金、宝石等。

2. 粒度

粒度表示磨粒的大小程度。粒度号越大，颗粒越小。粗加工和磨削软材料选用粗磨粒，精加工和磨削脆性材料选用细磨粒。

3. 结合剂

结合剂的作用是将磨料黏合成具有各种形状及尺寸的砂轮，并使砂轮具有一定的强度、硬度、气孔和抗腐蚀、抗潮湿等性能。常用结合剂的性能及适用范围见表 9－1。

表 9－1　常用结合剂的性能及适应范围

结合剂	代号	性能	使用范围
陶瓷	V	耐热耐蚀，气孔率大，易保持轮廓形状，弹性差	最常用，适用于各类磨削加工
树脂	B	强度比陶瓷高，弹性好，耐热性差	用于高速磨削、切削、开槽等
橡胶	R	强度比树脂高，更具弹性，气孔率小，耐热性差	用于切断和开槽

4. 硬度

砂轮的硬度是指结合剂对磨料黏结能力的大小。一般来说，零件材料越硬，则应选用越软的砂轮。在机械加工中，常选用的砂轮硬度范围一般为 H～N(软 2～中 2)。砂轮的硬度等级及其代号见表 9－2。

表 9－2　砂轮的硬度等级及其代号

大级名称	超软			软			中软				中硬			硬		超硬
小级名称	超软			软 1	软 2	软 3	中软 1	中软 2	中 1	中 2	中硬 1	中硬 2	中硬 3	硬 1	硬 2	超硬
代号	D	E	F	C	H	J	K	L	M	N	P	Q	R	S	T	Y

5. 组织

砂轮的组织是表示磨粒在砂轮内部的密实程度。它与磨粒、结合剂和气孔三者的体积比有关。磨料在砂轮总体积上所占的比例越大，则砂轮的组织越紧密；反之，则组织越疏松。砂轮的组织分为紧密、中等、疏松三大类，细分 0～14 共 15 个组织号，0 号组织最紧密。一般情况下采用中等组织的砂轮。精磨和成形磨用组织紧密的砂轮，磨削接触面积大和薄壁零件时，用组织疏松的砂轮。

6. 砂轮的形状及尺寸

为了适应不同的加工要求，砂轮制成不同的形状。同样形状的砂轮，还制成多种不同的尺寸。常用的砂轮形状、代号及用途见表 9－3。

表 9－3　常用的砂轮形状、代号及用途

砂轮名称	代号	断面形状	主要用途
平行砂轮	1		外圆磨，内圆磨，平面磨，无心磨，工具磨
薄片砂轮	41		切断，切槽

（续）

砂轮名称	代号	断面形状	主要用途
筒形砂轮	2		端磨平面
碗形砂轮	11		刃磨刀具，磨导轨
蝶形1号砂轮	12a		磨齿轮，磨铣刀，磨铰刀，磨拉刀
双斜边砂轮	4		磨齿轮，磨螺纹
杯形砂轮	6		磨平面，磨内圆，刃磨刀具

7. 砂轮的特性要素及规格尺寸标志

在砂轮的端面上一般均印有砂轮的标志。标志的顺序是形状代号，尺寸，磨料，粒度号，硬度，组织号，结合剂，线速度。例如，“砂轮 1－400×60×75－WA60－L5V－35m/s”则表示外径为400mm，厚度为60mm，孔径为75mm；磨料为白刚玉(WA)，粒度号为60；硬度为L(中软2)，组织号为5，结合剂为陶瓷(V)；最高工作线速度为35m/s的砂轮。

8. 磨削过程

从本质上讲，磨削也是一种切削，砂轮表面上的每个磨粒，可以近似地看成一个微小刀齿，凸出的磨粒尖棱，可以认为是微小的切削刃。由于砂轮上的磨粒具有形状各异和分布的随机性，导致了它们在加工过程中均以负前角切削，且它们各自的几何形状和切削角度差异很大，工作情况相差甚远。砂轮表面的磨粒在切入零件时，其作用大致可分为滑擦、刻划、切削3个阶段，如图9.5所示。

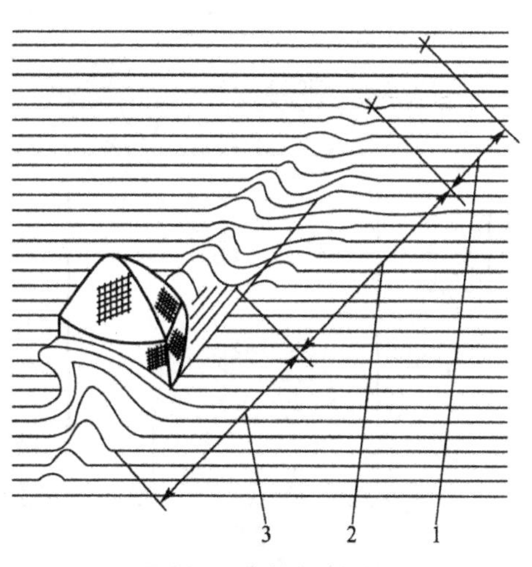

图9.5　磨粒切削过程

1—滑擦；2—刻划；3—切削

9. 砂轮的检验、平衡、安装和修整

砂轮在安装前一般通过外观检查和敲击响声来判断是否存在裂纹，以防止高速旋转时破裂。安装砂轮时，一定要保证牢固可靠，以使砂轮工作平稳。一般直径大于125 mm的砂轮都要进行平衡检查，使砂轮的重心与其旋转轴线重合。砂轮在工作一定时间以后，磨粒会逐渐变钝，砂轮工作表面的空隙会被堵塞，这时必须进行修整，使已磨钝的磨粒脱落，以恢复砂轮的切削能力和外形精度。砂轮的修整常用金刚石进行。

9.1.3 平面磨削操作

平面磨削是用平行砂轮的端面或外圆周面或用杯形砂轮、碗形砂轮进行平面磨削加工的方法。常用的平面磨削有端磨、周边磨和导轨磨。

端磨(砂轮主轴立式布置)分为端面纵向磨削(可加工长平面及垂直平面)、端面切入磨削(可加工环形平面、短圆柱形零件的双端面平行平面、大尺寸平行平面和复杂形工件的平行平面)。双端面磨削是一种高效磨削方法。周边磨(砂轮轴水平布置)分为周边纵向磨削及切入磨削。周边纵向磨削可以加工大平面、环形平面、薄片平面、斜面、直角面、圆弧端面、多边形平面和大余量平面。周边切入磨削可加工窄槽、窄形平面。周边磨和端面磨按所使用的工作台分为圆工作台及矩形工作台两种。导轨磨可加工平导轨、V形导轨。采用组合磨削法可提高导轨磨削的效率。

平面磨削的砂轮速度，周磨铸铁：粗磨 20～24m/s，精磨 22～26m/s；周磨钢件：粗磨 22～25m/s，精磨 25～30m/s。端磨铸铁：粗磨 15～18m/s、精磨 18～20m/s；端磨钢件：粗磨 18～20m/s，精磨 20～25m/s。缓进给磨削在平面磨削中得到了推广，它是提高磨削效率的有效工艺方法。

薄片平面磨削的关键是工件的装夹，要防止工件在装夹中、加工中及加工后的变形。选择合理的磨削条件尽量减少发热及变形，才能保证薄片平面的加工质量。

9.1.4 专项技能训练课题

磨削如图 9.6 所示的V形支架，材料：20Cr，热处理：渗碳淬火，硬度 59HRC。

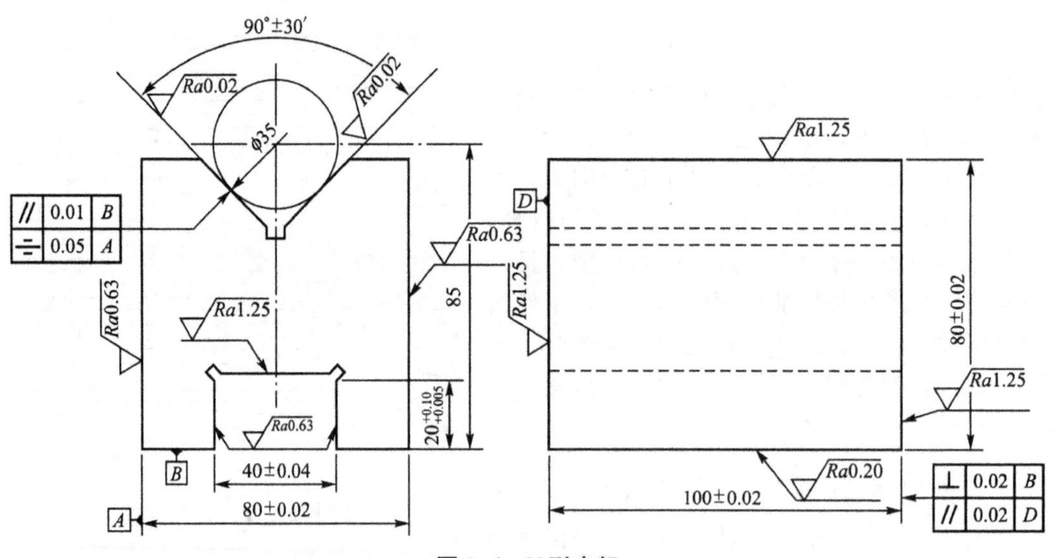

图 9.6 V形支架

V形支架的磨削工艺如下：

(1) 以 B 为基准磨顶面，翻转磨 B 面至尺寸，控制平行度小于 0.01mm；

(2) 以 B 为基准校 C，磨 C 面，磨出即可，控制垂直度小于 0.02mm，用精密角铁定位；

(3) 以 B 为基准校 A，磨 A 面，磨出即可，用精密角铁定位；

(4) 以 A 面为基准磨对面，控制(80±0.02)mm；

(5) 以 D 为基准磨对面，控制(100±0.02)mm 及平行度小于 0.02mm；

(6) 以顶面为基准，校 A 与工作台纵向平行(小于 0.01mm)，切入磨，控制尺寸 $20^{+0.10}_{+0.005}$mm，再分别磨两内侧面，控制尺寸(40±0.04)mm；

(7) 以 B 和 A 为基准，磨 90°的两个斜面，控制对称度小于 0.05mm，用导磁 V 形块定位；

(8) 终检测量。

9.2 外 圆 磨 削

9.2.1 外圆磨削设备

外圆磨床分为普通外圆磨床和万能外圆磨床。两者的区别在于万能外圆磨床的头架、砂轮架能在水平面内回转一定角度，并配有内圆磨头，可以磨削内圆柱面和内锥面，而普通外圆磨床只能磨削外圆柱面或锥度不大的外锥面。

M1432A 型万能外圆磨床(图 9.7)是较常见的外圆磨削设备，其型号中各项代表的意义如下：

M 14 32 A

A——经过一次改进的机床

32——最大磨削直径 320mm 的 1/10

14——万能外圆磨床组

M——磨床类

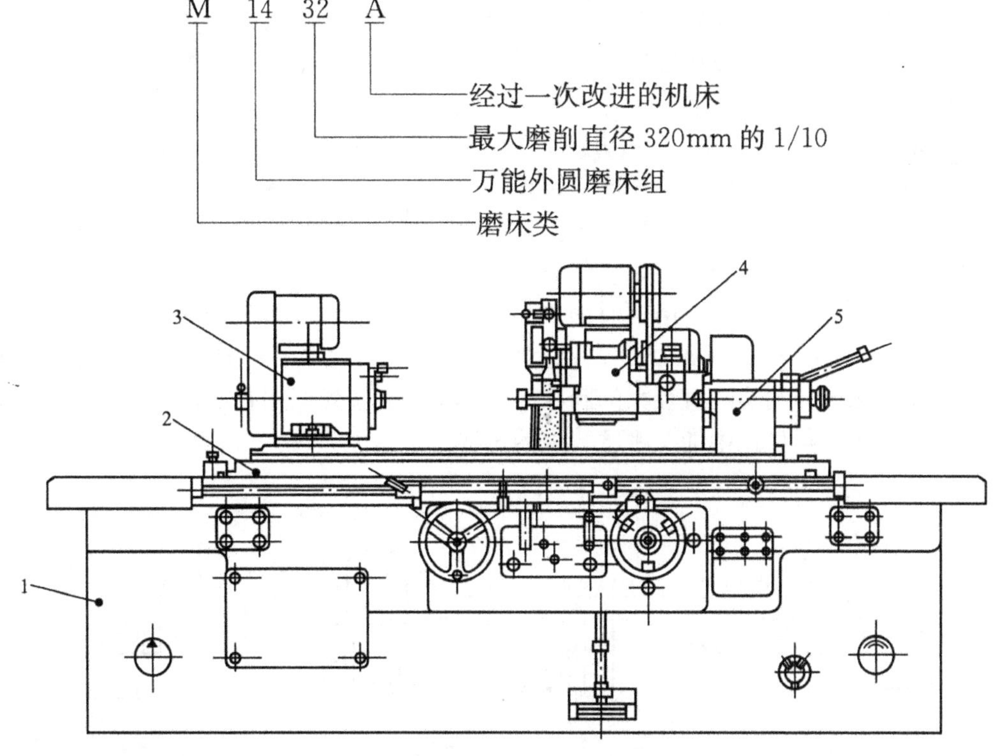

图 9.7 M1432A 型万能外圆磨床

1—床身；2—工作台；3—头架；4—砂轮架；5—尾座

9.2.2 外圆磨削操作

1. 工件的装夹

磨外圆时，常用的装夹方法有以下 4 种：

(1) 用前、后顶尖装夹，用夹头带动旋转。

(2) 用心轴装夹。磨削套筒类零件时，常以内孔为定位基准，把零件套在心轴上，心轴再装在磨床的前后顶尖上。

(3) 用自定心卡盘或四爪卡盘装夹。磨削端面上不能打中心孔的短工件时，可用卡盘装夹。自定心卡盘用于装夹圆形或规则的表面，四爪卡盘特别适于装夹表面不规则的零件。

(4) 用卡盘和顶尖装夹。当工件较长，一端能打中心孔，一端不能打中心孔时，可一端用卡盘，一端用顶尖装夹。

2. 外圆柱面的磨削方法

磨削外圆柱面的工艺方法主要有以下 3 种：

(1) 纵磨法[图 9.8(a)]。磨削时砂轮高速旋转为主运动，零件旋转为圆周进给运动，零件随磨床工作台的往复直线运动为纵向进给运动。每一次往复行程终了时，砂轮作周期性的横向进给(磨削深度)。每次磨削深度很小，经多次横向进给磨去全部磨削余量。

纵磨法加工精度和表面质量较高，具有较大的适应性，可以用一个砂轮加工不同长度的零件。但是，它的生产效率较低，广泛用于单件、小批量生产及精磨，特别适用于细长轴的磨削。

(2) 横磨法[图 9.8(b)]。又称切入磨法，零件不作纵向往复运动，而由砂轮作慢速连续的横向进给运动，直至磨去全部磨削余量。

横磨法生产率高，适用于成批及大量生产中，加工精度较低、刚性较好的零件。尤其是零件上的成形表面，只要将砂轮修整成形，就可直接磨出，较为简便。

(3) 深磨法[图 9.8(c)]。磨削时用较小的纵向进给量(一般取 1～2mm/r)、较大的背吃刀量(一般为 0.1～0.35mm)，在一次行程中磨去全部余量，生产率较高。需要把砂轮前端修整成锥面进行粗磨，直径大的圆柱部分起精磨和修光作用，应修整得精细一些。深磨法只适用于大批量生产中加工刚度较大的短轴。

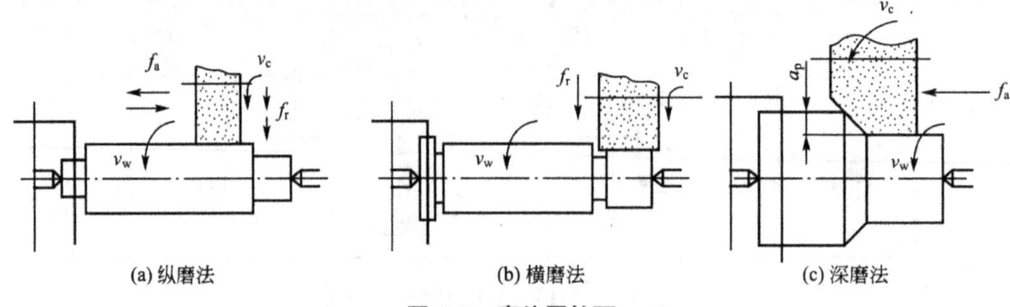

图 9.8 磨外圆柱面

3. 外圆锥面的磨削方法

磨外圆锥面与磨外圆柱面的主要区别是工件和砂轮的相对位置不同。磨外圆锥面时，工件轴线必须相对于砂轮轴线偏斜一个圆锥半角。外圆锥面磨削可在外圆磨床上或万能外圆磨床上进行。磨外圆锥面的方法有以下 4 种：

(1) 转动上工作台磨外圆锥面法。它适合磨锥度小而长度大的工件，如图 9.9(a)所示。

(2) 转动头架(工件)磨外圆锥面法。它适合磨削锥度大而长度短的工件，如图 9.9(b)所示。

(3) 转动砂轮架磨外圆锥面法。它适合磨削长工件上锥度较大的圆锥面，如图 9.9(c)所示。

(4) 用角度修整器修整砂轮磨外圆锥面法。该法实为成形磨削，多用于圆锥角较大且有一定批量的工件的生产。砂轮修整方法如图 9.9(d)所示。

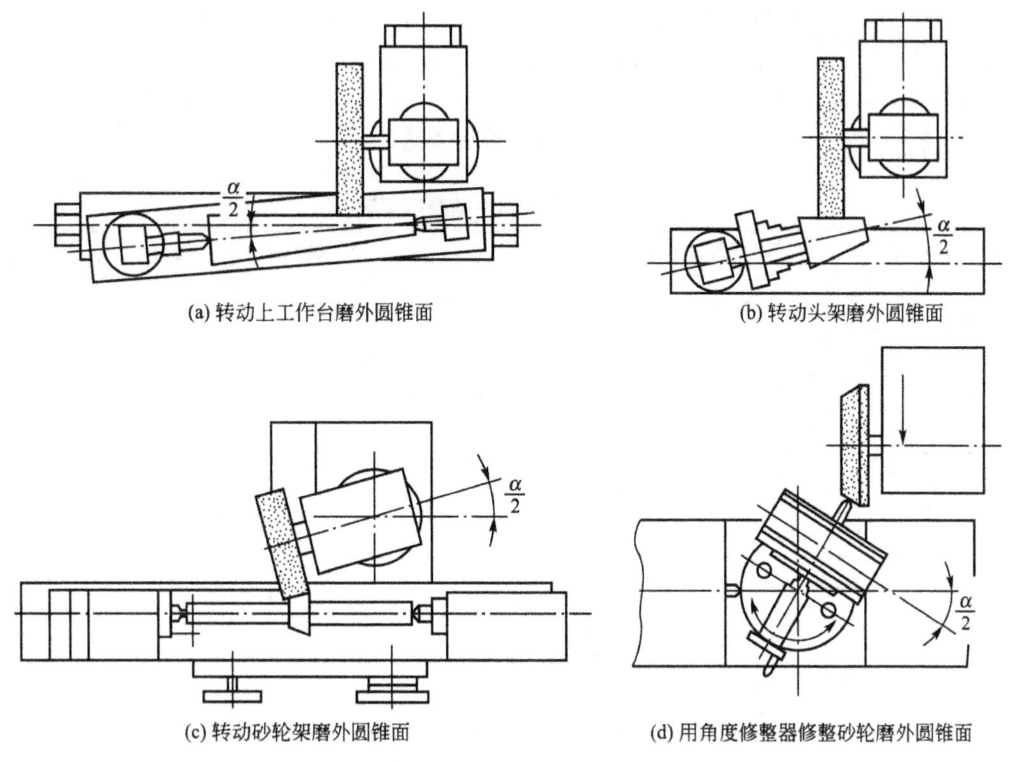

图 9.9 外圆锥面的加工方法

9.2.3 专项技能训练课题

磨削加工如图 9.10 所示的机床主轴，材料：38CrMoAlA，热处理：氮化 900HV。磨削工艺见表 9-4，磨削用量见表 9-5。

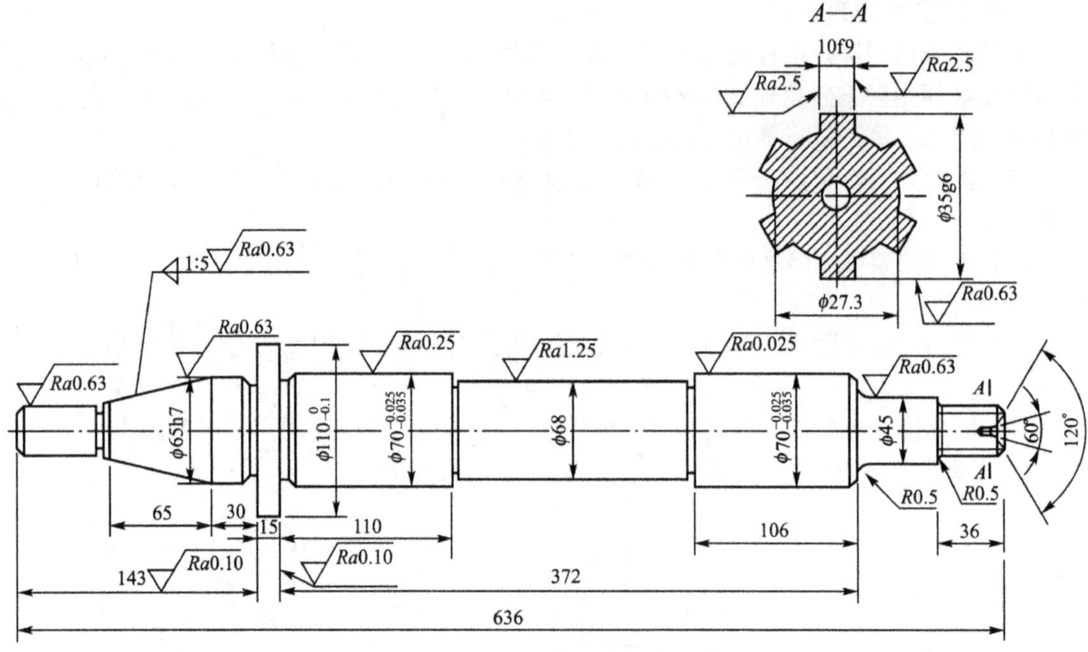

图 9.10　机床主轴

表 9-4　机床主轴磨削工艺

工序	工步	工艺内容	砂轮	机床	基准
1		除应力，研中心孔：$Ra0.63\mu m$，接触面大于 70%			
2		粗磨外圆，留余量 0.07～0.09mm	PA40K	M131W	中心孔
	1	磨 $\phi65h7$mm			
	2	磨 $\phi70_{-0.035}^{-0.025}$mm 尺寸到 $\phi70_{+0.08}^{+0.145}$mm			
	3	磨 $\phi68$mm			
	4	磨 $\phi45$mm			
	5	磨 $\phi110_{-0.1}^{0}$mm，且磨出肩面			
	6	磨 $\phi35g6$mm			
3		粗磨 1∶5 锥度，留余量 0.07～0.09mm		M1432A	中心孔
4		半精磨各外圆，留余量 0.05mm	PA60K	M1432A	中心孔
5		氮化，探伤，研中心孔：$Ra0.2\mu m$，接触面大于 75%			
6		精磨外圆 $\phi68$mm、$\phi45$mm、$\phi35g6$mm、$\phi110_{-0.1}^{0}$mm 至尺寸，$\phi65h7$mm、$\phi70_{-0.035}^{-0.025}$mm 留余量 0.025～0.04mm	PA100L	M1432A	中心孔
7		磨光键至尺寸	WA80L	M8612A	中心孔
8		研中心孔：$Ra0.10\mu m$，接触面大于 90%			

（续）

工序	工步	工艺内容	砂轮	机床	基准
9		精密磨1∶5锥度尺寸	WA100K	MMB1420	中心孔
10	1	精密磨$\phi70_{-0.035}^{-0.025}$mm至$\phi70_{-0.030}^{-0.015}$mm	WA100K	MMB1420	中心孔
	2	磨出$\phi100$mm肩面			
11		超精密磨$\phi70_{-0.035}^{-0.025}$mm至尺寸，表面粗糙度$Ra0.025\mu$m	WA240L	MG1432A	中心孔

表9-5　磨削用量参考值

磨削用量	粗、精磨	超精磨
砂轮速度/(m/s)	17～35	15～20
工件速度/(m/min)	10～15	10～15
纵向进给速度/(m/min)	0.2～0.6	0.05～0.15
背吃刀量/mm	0.01～0.03	0.0025
光磨次数	1～2	4～6

9.3　内圆磨削

9.3.1　内圆磨削设备

内圆表面的磨削可在内圆磨床、万能外圆磨床等设备上进行。内圆磨床主要用于磨削圆柱孔和圆锥孔。有些内圆磨床还附有专门磨头用以磨削端面。M2120型内圆磨床外形如图9.11所示。

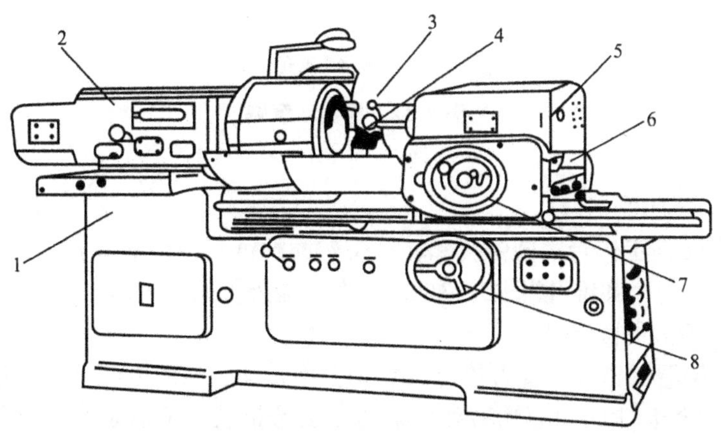

图9.11　M2120型内圆磨床

1—床身；2—头架；3—砂轮修整器；4—砂轮；5—磨具架；6—工作台；7—操纵磨具架手轮；8—操纵手轮

头架固定在工作台上，其主轴前端的卡盘或夹具用以装夹工件，实现圆周进给运动。头架可在水平面内偏转一定角度以磨锥孔。工作台带动头架沿床身的导轨做往复直线运动，实现纵向进给。砂轮架主轴由电动机经传动带直接带动旋转做主运动。工作台往复一次，砂轮架沿滑鞍横向进给一次(液动或手动)。

9.3.2 内圆磨削操作

圆柱孔及圆锥孔的磨削可以在内圆磨床上进行，也可以在万能外圆磨床上用内圆磨头进行磨削。

1. 工件的安装

磨圆柱孔和磨圆锥孔时，一般都用卡盘夹持工件外圆，其运动与磨外圆和外圆锥面时基本相同，但砂轮的旋转方向与前者正好相反。

2. 内圆柱表面的磨削方法

内圆柱表面的磨削方法与外圆磨削类似，也可以分为纵磨法和横磨法。横磨法仅适用于磨削短孔及内成形面。鉴于磨内孔时受孔径限制，砂轮轴比较细，刚性较差，所以多数情况下采用纵磨法。

在内圆磨床上，可磨通孔、磨不通孔[图 9.12(a)和图 9.12(b)]，还可在一次装夹中同时磨出内孔的端面[图 9.12(c)]，以保证孔与端面的垂直度和端面圆跳动公差的要求。在外圆磨床上，除可以磨孔、端面外，还可在一次装夹中磨出外圆，以保证孔与外圆的同轴度公差的要求。

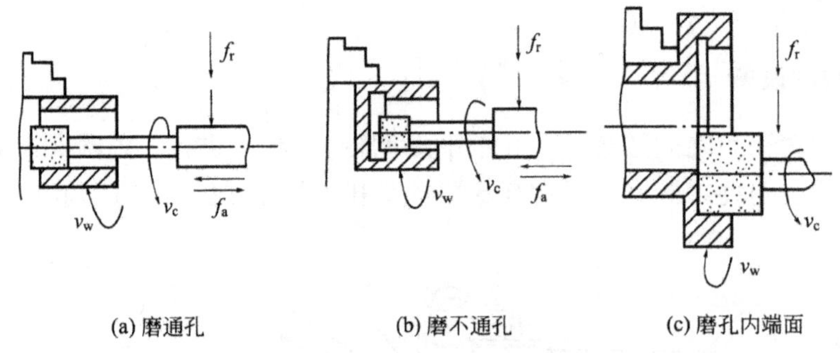

(a) 磨通孔　　(b) 磨不通孔　　(c) 磨孔内端面

图 9.12　磨孔示意图

3. 磨圆锥孔的方法

磨圆锥孔有转动工作台磨圆锥孔和转动头架磨圆锥孔两种基本方法。

(1) 转动工作台磨圆锥孔[图 9.13(a)]。在万能外圆磨床上转动工作台可以磨圆锥孔，它适合磨削锥度不大的圆锥孔。

(2) 转动头架磨圆锥孔。在万能外圆磨床上用转动头架的方法可以磨锥孔，如图 9.13(b)所示。在内圆磨床上也可以用转动头架的方法磨锥孔。前者适合磨削锥度较大的圆锥孔，后者适合磨削各种锥度的圆锥孔。

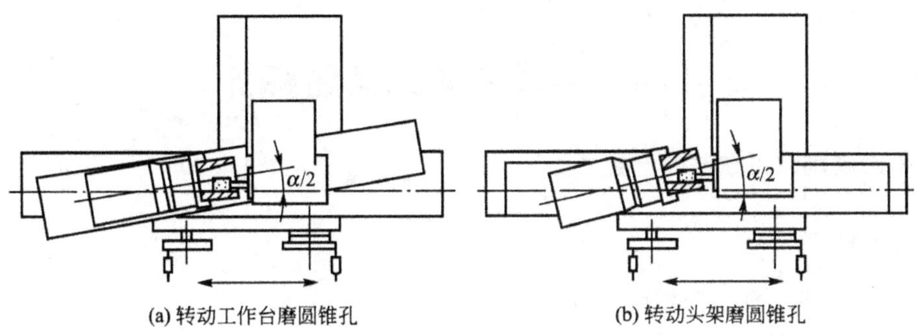

(a) 转动工作台磨圆锥孔　　(b) 转动头架磨圆锥孔

图 9.13　锥孔的磨削方法

9.3.3　专项技能训练课题

磨削如图 9.14 所示的套筒零件内孔，材料：20Cr 热处理：渗碳淬火 56～62HRC。套筒内孔的磨削工艺见表 9-6，磨削用量见表 9-7。

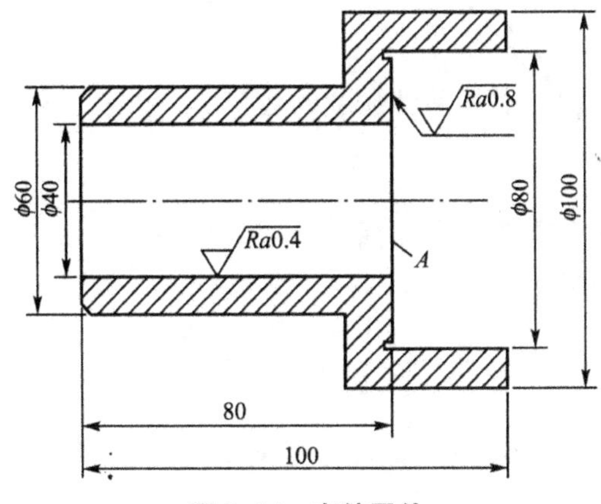

图 9.14　套筒零件

表 9-6　套筒内孔磨削工艺

工序号	工序名称	工艺要求
1	粗磨	磨 ϕ40mm 孔
2	粗、精磨	磨端面 A 至尺寸，控制 Ra0.8μm
3	精磨	磨 ϕ40mm 孔至尺寸，控制 Ra0.4μm

表 9-7　套筒内孔磨削用量

参　　数	用　　量
砂轮速度 v_s/(m/min)	15～18
工件速度 v_w/(m/min)	≈17
纵向进给速度 f_a/(m/min)	0.4
背吃刀量 a_p/(mm/单行程)	0.003～0.005

9.4 实践中常见问题解析

9.4.1 平面磨削常见缺陷的产生原因

1. 尺寸超差

(1) 看错图纸，测量时看错尺寸。
(2) 量具不准确。
(3) 工件受热未冷却即测量。
(4) 垂直手轮刻度不准。

2. 表明烧伤

(1) 磨削深度过大。
(2) 砂轮粒度细，硬度高。
(3) 切削液不足。
(4) 磨削时产生了振动，引起磨削深度的改变。

3. 表面产生波纹

(1) 液压系统中进入空气，产生爬行。
(2) 砂轮或磨头电动机不平衡。
(3) 砂轮选择不当。
(4) 砂轮轴承间隙过大。

4. 几何形状不正确，平行度超差，垂直度超差

(1) 磨床几何精度超差。
(2) 工件有毛刺，磁性吸盘不清洁，有伤痕等。
(3) 工件装夹，找正不准确。

9.4.2 外圆磨削常见缺陷的产生原因

1. 工件表面有垂直波形振痕

(1) 砂轮不平衡。新砂轮需经过两次静平衡；砂轮使用一段时间后，需要做静平衡；砂轮停车前，先关掉切削液，使砂轮空转进行脱水以免切削液聚集在下部而引起不平衡。
(2) 砂轮硬度太高。
(3) 砂轮钝化后没有及时修整。
(4) 砂轮修得过细，或金刚钻顶角已磨平修出砂轮不锋利。
(5) 工件圆周速度过大，工件中心孔有多角形。
(6) 工件直径、质量过大，不符合机床规格。
(7) 砂轮主轴轴承磨损产生径向跳动。
(8) 头架主轴轴承松动，应调整头架主轴轴承间隙。

2. 工件表面有螺旋形痕迹

(1) 砂轮硬度高，修得过细，横向进给量过大。
(2) 纵向进给量过大。
(3) 砂轮磨损。
(4) 金刚石在修整器中未夹紧或金刚石在刀杆上焊接不牢，有松动现象，使修出的砂轮凹凸不平。
(5) 切削液太少或太淡。
(6) 工作台导轨润滑油浮力过大使工作台漂起，在运行中产生摆动。
(7) 工作台运行时有爬行现象。
(8) 砂轮主轴有轴向窜动。

3. 工件表面有烧伤现象

(1) 砂轮太硬或粒度太细。
(2) 砂轮修得过细，不锋利。
(3) 砂轮太钝。
(4) 纵、横向进给量过大或工件的圆周速度过低。
(5) 切削液不足。

4. 工件有圆度误差

(1) 中心孔形状不正确或中心孔内有污垢、铁屑、尘埃等。
(2) 中心孔或顶尖因润滑不良而磨损。
(3) 工件顶的过松或过紧。
(4) 顶尖在主轴或尾架套筒锥孔内配合不紧密。
(5) 砂轮过钝。
(6) 切削液不充分或供应不及时。
(7) 工件刚性较差而毛坯形状误差又大，磨削时余量不均匀而引起横向进给量变化，使工件弹性变形，发生相应变化，结果磨削后的工件表面部分地保留着毛坯形状误差。
(8) 工件有不平衡质量。
(9) 砂轮主轴轴承间隙过大。
(10) 用卡盘装夹磨削外圆时，头架主轴径向跳动过大，需调整头架主轴轴承间隙。

5. 工件有锥形

(1) 工作台未调整好。
(2) 工件和机床的弹性变形发生变化。
(3) 工作台导轨润滑油浮力过大，运行中产生摆动。
(4) 头架和尾架顶尖的中心线不重合。擦净工作台与尾架的接触面，或在尾架底下垫上一层纸垫或薄铜皮，使中心线重合。

6. 工件有腰鼓形

(1) 工件刚性差，磨削时产生弹性弯曲变形。应减小横向进给量，多做“光磨”行程；及时修整砂轮；使用适当数量的中心架。

(2) 中心架调整不适当。

7. 工件有细腰形

(1) 磨细长轴时，顶尖顶的过紧，工件产生弯曲变形，使中间部分磨去较多金属。
(2) 中心架水平撑块压力过大。

8. 工件有弯曲形

(1) 磨削用量太大。
(2) 切削液不充分，不及时。

9. 轴肩端面有跳动

(1) 进给量过大，退刀过快。
(2) 切削液不充分。
(3) 工件顶的过紧或过松。
(4) 砂轮主轴有轴向窜动。
(5) 头架主轴推力轴承间隙过大。
(6) 用卡盘装夹磨削端面时，头架主轴轴向窜动过大。

10. 台肩端面内部凸起

(1) 进刀太快，“光磨”时间不够。
(2) 砂轮与工件接触面积大，磨削压力大。
(3) 砂轮主轴中心线与工作台运动方向不平行。

11. 阶梯轴各外圆表面有同轴度误差

(1) 与圆度误差产生原因(1)～(5)相同。
(2) 磨削用量过大及“光磨”时间不够。
(3) 磨削步骤安排不当。
(4) 用卡盘装夹磨削时，工件找正不对，或头架主轴径向跳动太大。

9.4.3 内圆磨削常见缺陷的产生原因

1. 表面有振痕、粗糙度过大

(1) 砂轮直径小。

(2) 因头架主轴松动，砂轮心轴弯曲，砂轮修整不圆等原因砂轮产生强烈振动，使工件表面产生波纹；应调整轴承间隙，最主要的是正确修整砂轮，以减少跳动和振动现象。

(3) 砂轮被堵塞，应选择粒度较粗、组织较疏松、硬度较软的砂轮。

2. 表面烧伤

(1) 散热不良，应供给充分的切削液。
(2) 砂轮粒度过细、硬度高或维修不及时。
(3) 进给量大，磨削热量增加。

3. 喇叭口

(1) 纵向进给不均匀。

(2) 砂轮有锥度，注意修整。

(3) 砂轮接长轴细长，应根据工件内孔大小及长度合理选择接长轴的粗细。

4. 锥形孔

(1) 头架调整角度不正确。

(2) 纵向进给不均匀，横向进给过大。

(3) 砂轮接长轴在两端伸出量不等。

(4) 砂轮磨损。

5. 圆度误差及内外圆同轴度误差

(1) 工件装夹不牢发生窜动。

(2) 薄壁工件夹得过紧而产生弹性变形。

(3) 调整不准确，内外表面不同轴。

(4) 卡盘在主轴上松动，主轴和轴承间有较大间隙。

6. 端面与孔中心不垂直

(1) 工件装夹不牢。

(2) 找正不准确。

(3) 磨端面时进给量大，使工件松动。

(4) 使用塞规测量时用力摇晃，工件变位。

7. 螺旋形刀痕迹

(1) 纵向进给太快。

(2) 磨粒钝化。

(3) 接长轴弯曲。

9.5 磨工操作安全规范

磨工安全注意事项如下：

(1) 工作时要穿工作服，女学员要戴安全帽，不能戴手套，夏天不得穿凉鞋进入车间。

(2) 应根据工件材料、硬度及磨削要求，合理选择砂轮。新砂轮要用木锤轻敲检查有无裂纹，有裂纹的砂轮严禁使用。

(3) 安装砂轮时，在砂轮与法兰盘之间要垫衬纸。砂轮安装后要做砂轮静平衡。

(4) 高速工作砂轮应符合所用机床的使用要求。高速磨床特别要注意校核，以防发生砂轮破裂事故。

(5) 开机前应检查磨床的机械是否正常，砂轮罩壳等是否坚固，防护装置是否齐全。启动砂轮时，人不应正对砂轮站立。

(6) 砂轮应经过 2min 空运转试验，在确定砂轮运转正常后才能开始磨削。

(7) 无切削液磨削的磨床在修整砂轮时要戴口罩并开启吸尘器。

(8) 不得在加工中测量。测量工件时要将砂轮退离工件。

(9) 外圆磨床纵向挡铁的位置要调整得当，要防止砂轮与顶尖、卡盘、轴肩等部位发生撞击。

(10) 使用卡盘装夹工件时，要将工件夹紧，以防脱落。卡盘钥匙用后应立即取下。

(11) 在头架和工作台上不得放置工具、量具及其他杂物。

(12) 在平面磨床上磨削高而窄的工件时，应在工件的两侧放置挡块。

(13) 使用切削液的磨床，使用结束后应让砂轮空转1～2min以脱水。

9.6 本章小结

通过本章的学习可以掌握平面磨削、外圆磨削、内圆磨削的基础理论知识及操作方法、技术要领等内容。本章还详细阐述了砂轮的特征要素、选择原则，以及磨削加工与其他金属切削加工在材料切削原理、切削过程中的差异；总结归纳了磨削操作常见的缺陷与产生原因，对于实践教学具有重要指导意义。通过本章实践课题的训练，应熟悉磨床主要部件的作用，并能够独立操作磨床设备。

9.7 思考与练习

1. 思考题

(1) 磨削加工的特点是什么?

(2) 磨削加工适用于加工哪类零件? 有哪些基本磨削方法?

(3) 万能外圆磨床由哪几部分组成? 各有何功用?

(4) 外圆磨削的方法有哪几种? 各有什么特点?

(5) 外圆磨削时，砂轮和工件各作哪些运动?

(6) 磨硬材料应选用什么样的砂轮? 磨较软材料应选用什么样的砂轮?

(7) 磨内圆与磨外圆有什么不同之处? 为什么?

2. 实训题

试编写如图9.15所示的叶片零件的磨削工艺路线(零件材料：W18Cr4V；生产类型：大批量)。

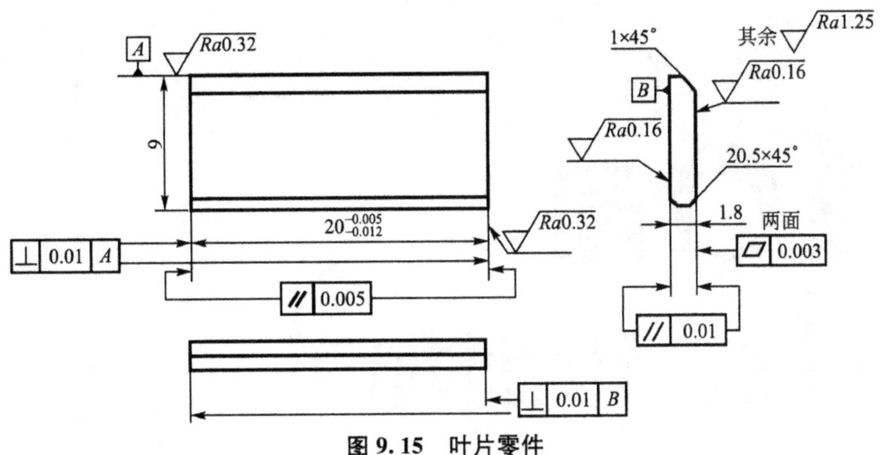
A
Ra0.32
9
$20^{-0.005}_{-0.012}$
Ra0.32
⊥ 0.01 A
// 0.005
⊥ 0.01 B
1×45°
其余 Ra1.25
B
Ra0.16
Ra0.16
20.5×45°
1.8
两面
▱ 0.003
// 0.01

图 9.15 叶片零件

第10章 刨、拉、镗削加工

教学提示：本章介绍了刨、拉、镗削机床与刀具，同时简要概述了常用装夹定位工艺系统原理和使用；比较全面地叙述了水平面刨削、垂直面刨削、斜面刨削、沟槽刨削、拉削、单孔的镗削、平行孔的镗削、垂直孔的镗削、圆柱孔端面的镗削和铣削等各类加工方法。

教学要求：通过本章的学习，读者应该掌握各种类型表面的刨、插、拉、镗削加工技能与技巧。熟悉常规性加工技术，领悟工艺窍门、操作要领。

10.1 刨削加工

刨削加工就是在刨床上利用刨刀的往复直线运动和工件的横向进给运动来改变毛坯的形状和尺寸，把其加工成符合图样要求的零件的加工方法。刨削常用来加工平面、垂直面、斜面、直槽、T形槽、燕尾槽、成形表面等，如图10.1所示。刨削加工精度为IT9～IT7，最高精度可达IT6；表面粗糙度 Ra 值为6.3～3.2μm，最佳可达 Ra1.6μm。

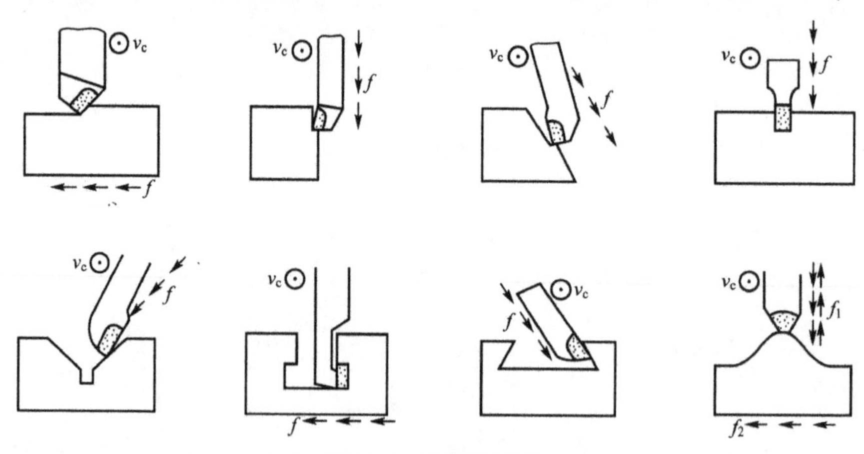

图10.1 刨削的应用

10.1.1 刨削插削设备与刀具

常用刨削类机床包括牛头刨床、龙门刨床和插床等。

1. 牛头刨床和龙门刨床简介

牛头刨床(图 10.2)多用于刨削长度不超过 1m 的中小型工件。它完成刨削工作有 3 个基本运动，即主运动、进给运动和辅助运动。刨削时，滑枕带着刀架上的刨刀作往复直线运动，这是主运动。滑枕前进时刨刀对工件进行切削，而滑枕返回时刨刀不切削工件；被切削工件装夹在工作台上，通过进给机构使工作台在横梁上作间歇式直线移动，这是进给运动。牛头刨床的辅助运动是横梁连同工作台沿床身垂直导轨作上下升降和刀架带动刨刀作上下垂直移动。刀架可偏转一定的角度，以完成角度类工件的刨削。

龙门刨床(图 10.3)的工作情况与牛头刨床不一样，它以工作台的往复直线运动为主运动，而刨刀的间歇式进刀移动是进给运动。由于龙门刨床工作台的刚性好，所以，被加工工件的质量不受限制，它可以承受大质量和大尺寸工件，也可在工作台上依次装夹多个工件同时进行加工。

图 10.2 牛头刨床

图 10.3 龙门刨床

2. 插床简介

插床(图 10.4)和牛头刨床同属一个类别，又称立式牛头刨床。插床的滑枕是沿垂直于水平面方向做上下往复直线运动，插床的工作台除了做纵向和横向的进给运动外，还可做回转运动，以完成圆弧形表面的加工。插床主要用于加工在刨床上难以加工的内外表面或槽类工件，如插键槽、花键槽等，特别适于加工盲孔或有障碍台阶的内表面。

图 10.4 插床

3. 刨刀的结构形式

(1) 刨刀的基本形状。刨刀基本形状有直柄刨刀和弯柄刨刀两种。但在实际工作中，很少有人使用直柄刨刀，而是使用弯柄刨刀(图 10.5)。这是为什么呢？刨刀在刨削加工时，由于受切削力作用，刀杆(刀柄)产生弹性变形。如果刀杆是直的，在弹性变形后，刀尖易啃入已加工表面[图 10.6(a)]，使已加工表面产生凹坑或印痕，而影响加工表面粗糙度；如果把刀杆做成弯柄形的向后部弯曲，当切削力较大或刀杆受力不均匀时，刀杆产生弯曲变形，向后上方弹起[图 10.6(b)]，使刀尖离开已加工表面，刀尖不会啃入工件，能保持已加工表面粗糙度，同时，弯柄刨刀弹性较好，还能起消振作用。

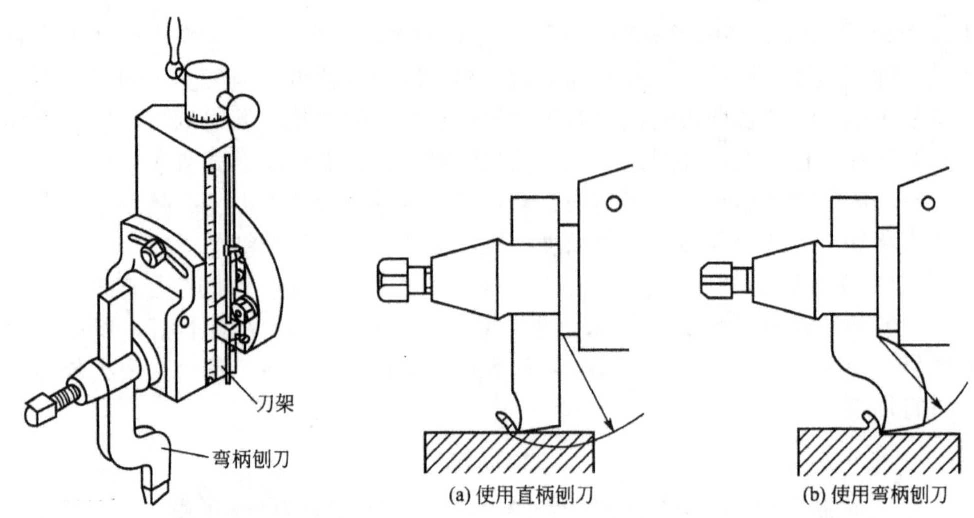

图 10.5　弯柄刨刀装夹在刀架上　　**图 10.6　直柄和弯柄刨刀刨削情况**

(2) 不同形式的刨刀结构。刨刀结构形式有整体式刨刀和组合式刨刀。

整体形状的刨刀是刨刀结构中的基本形式。高速钢整体式刨刀如图 10.7 所示，它由一整块高速钢材料，锻造成弯柄的形式，经刃磨后直接安装在刨床刀架上进行使用。图 10.8所示为硬质合金整体式刨刀，它将硬质合金刀片焊接在刀柄(刀杆)上。

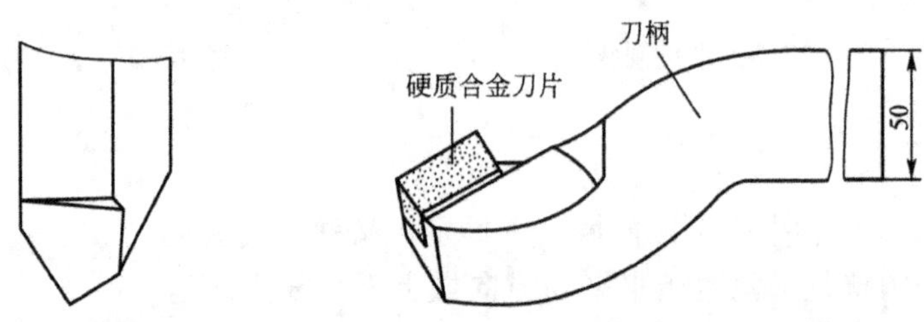

图 10.7　高速钢整体式刨刀　　**图 10.8　硬质合金整体式刨刀**

组合式刨刀多种多样，在下面几个示例中，重点对刨刀的结构形式进行介绍。

① 六刃刨刀。六刃刨刀结构如图 10.9 所示，它有 6 个切削刀刃，松开螺母可以转换刀刃位置 6 次，这样一来，就大大地减少了换刀和刃磨次数，从而缩短了辅助时间，并且节省很多刀杆。

② 楔铁式夹固刨刀。如图 10.10 所示，刀片为 W18Cr4V 高速钢或型号为 A123 的 YG 类硬质合金，它同楔块 3 一起斜装在刀杆 1 的长槽中，用木棒或铜锤轻轻打入后，应保持刀尖高于刀杆 1～2mm，然后，用螺钉 4 顶紧，用楔块 3 夹牢。该刨刀前角可选为 30°，因而切削轻快、平稳，刃倾角较大，抗冲击性好。刀杆应经过淬火处理，以提高强度和刚性；可以多次使用，节约钢材。

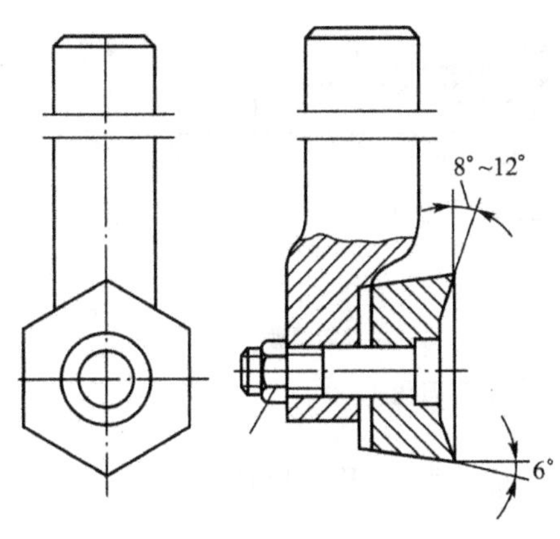

图 10.9 六刃刨刀

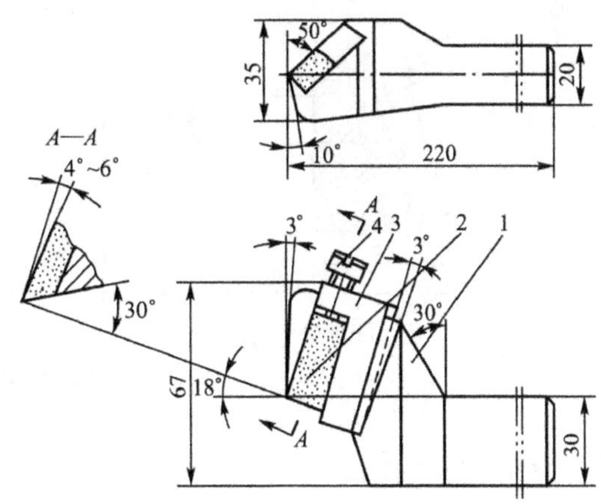

图 10.10 楔铁式夹固刨刀

1—刀杆；2—刀片；3—楔块；4—螺钉

③ 机夹多用可换式刨刀。机夹多用可换式刨刀由刀杆、刀盘等组成。刀杆做成弯拐形(图 10.11)，使它能承受较大的抗弯强度和冲击韧度，提高刨刀的切削能力。刀杆材料选用 40Cr 钢，经锻造、热处理，其硬度为 38～45HRC。刨刀装入刨床刀架后，夹持回转式刀盘的中心应低于刨床的切削中心 3～4mm，这样，可减少振动、扎刀等现象，从而提高刨削精度。刀盘做成可调换式的，针对不同的切削情况，刀盘做成以下形式。松开锁紧螺母，刀盘即可转动或进行更换。

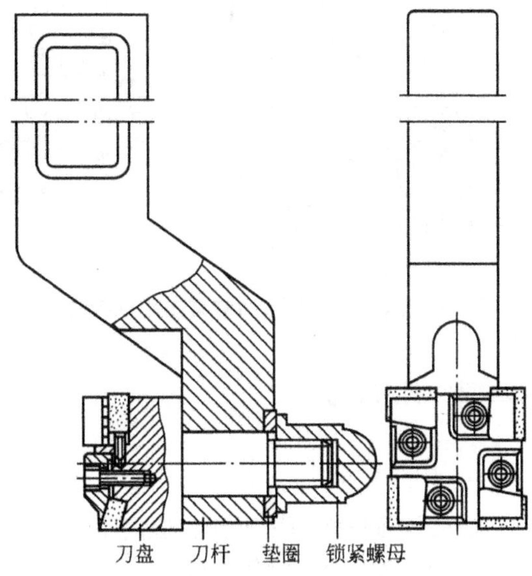

图 10.11 机夹多用可换式刨刀

a. 回转式刨刀盘(图 10.11 中的刀盘)。适于刨削硬度较高(200HBS 以上)、余量大的铸钢、锻钢、球墨铸铁件。使用时，一个刀片磨钝后，只要回转刀体，调换另一个刀片，便可继续切削。

b. 大前角切削刀盘[图 10.12(a)]。主要用于刨削余量较小，表面光洁、直线度要求较高的一般铸铁、球墨铸铁和铸铝件等。

c. 通用切削刀盘[图 10.12(b)]。使用时，在刀盘的方孔内装夹上各种焊接式刨刀或成形刨刀，可用于刨圆弧、倒角、燕尾槽、T 形槽等加工。

④ 可调式双刃刨刀。用普通双刃刨刀批量加工沟槽时，使用一段时间后，会因两刃之间尺寸变小而报废。如果采用图 10.13 所示的可调双刃刨刀，只要用螺栓作微量调整，就能补偿刀具的磨损，克服尺寸变小的缺点，并且制造容易，调整方便，能提高生产效率。

(3) 刨刀的安装。刨刀安装在刀架的刀夹上。安装时(图 10.14)，把刨刀放入刀夹槽内，将锁紧螺柱旋紧，即可将刨刀压紧在抬刀板上。刨刀在夹紧之前，可与刀夹一起

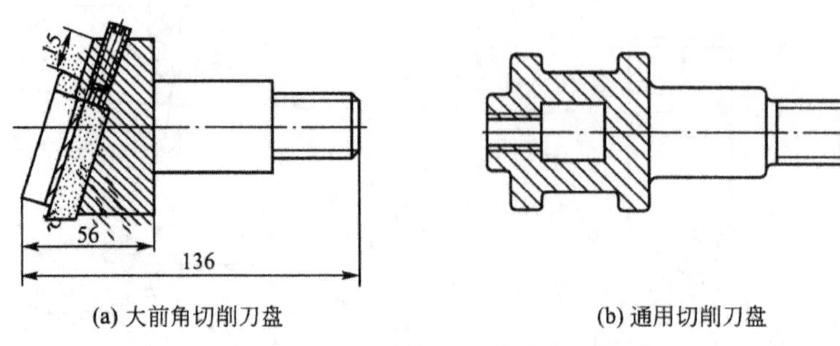

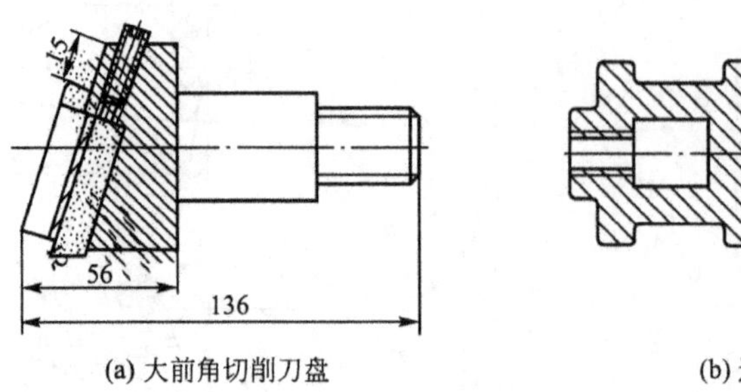

(a) 大前角切削刀盘　　(b) 通用切削刀盘

图 10.12　机夹多用可换式刨刀刀盘

倾转一定的角度。刨刀与刀夹上的锁紧螺柱之间，通常加垫 T 形垫铁，以提高夹持的稳定性。

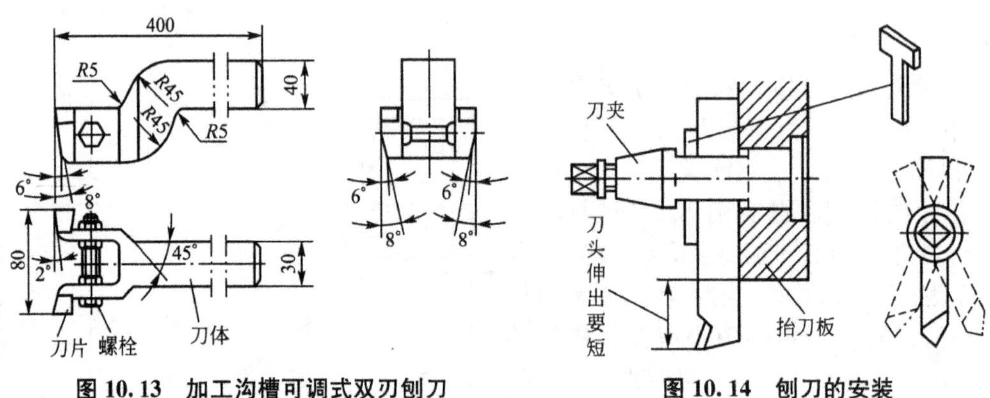

图 10.13　加工沟槽可调式双刃刨刀　　**图 10.14　刨刀的安装**

10.1.2　刨削操作

1. 水平面刨削

刨水平面是指利用工作台横向走刀来刨削平面的加工方法。

(1) 刨水平面的操作步骤：

① 安装好工件与刨刀，将转盘上的刻度对准零线，否则，转动刀架手柄进刀时，刨刀将沿斜向移动，使相对于水平面的实际进刀深度与手柄的刻度读数不相符，造成进刀深度不准确。

② 升降工作台，使工件在高度上接近刨刀。

③ 根据所需的往复速度，调整好变速手柄的位置。

④ 根据工件的长度及安装位置，调整好刨床的行程长度和行程位置。

⑤ 调整棘轮棘爪机构，调出合适的进给量和进给方向。

⑥ 将拨爪拉起旋转 90°，使之不会拨动棘轮；转动横向进给丝杆上的手轮，使工件移到刨刀的下方。开机对刀，慢慢转动刀架上的手柄，使刨刀与工件表面相接触，在工件表面划出一条细线。用手掀起抬刀板，转动横向手轮，向进给的反方向退出工作台，使工件的侧面退离刀尖 3～5mm，停机。

⑦ 转动小刀架上的手柄，利用刻度进到所需的背吃刀量。开机，横向手动进给 0.5～

1mm 试切，停机测量尺寸，根据测量结果进一步调整背吃刀量，再按进给方向落下拨爪，自动进给进行刨削。若工件余量较大，可分多次刨削。

⑧ 整个加工面刨削完毕后，先拉起拨爪旋转 90°，停机，再用手掀起抬刀板，转动横向手轮，使工件退到一边；检验尺寸，尺寸合格后再卸下工件。

(2) 矩形零件的刨削示例。在刨削加工中，常有矩形零件的刨削。刨削时，为了保证相邻表面之间的垂直度和相对表面之间的平行度，常采用图 10.15 所示的刨削步骤。

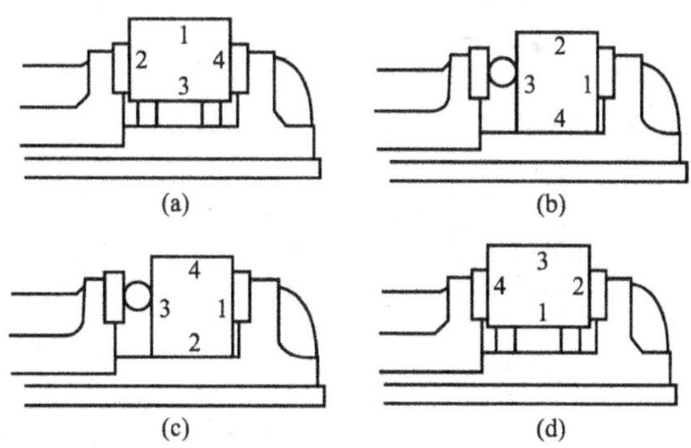

图 10.15 矩形工件刨削步骤

① 选择一个较大、较平整的平面 3，底面定位，刨出平面 1；平面 1 作为后继加工的精基准面。

② 将平面 1 贴紧在固定钳口上，刨出平面 2，保证平面 1 与平面 2 之间的垂直度。

③ 把工件换向，将平面 1 贴紧在固定钳口上，刨出平面 4，保证平面 1 与平面 4 之间的垂直度。

④ 将平面 1 贴紧在钳口的底面，刨出平面 3，保证平面 1 与平面 3 之间的平行度。

注意，每刨出一个面后，要将锐边倒钝，或用锉刀锉去锐边毛刺，否则，下次安装工件时，会因工件表面有毛刺而影响工件定位与夹持的可靠性。

2. 垂直面刨削

刨削垂直面的关键是要保证相邻两个表面间互成 90°的角度，这样也就保证了相对两表面间的互相平行，具体方法如下。

(1) 工件装夹在机用平口虎钳上刨垂直面。刨削尺寸较小的垂直面，一般在机用平口虎钳上装夹，刨出的表面能否互相垂直，与加工方法及所使用夹具有一定的关系。下面将在机用平口虎钳上安装工件，刨垂直面时的操作步骤和方法介绍如下：

① 先粗刨各表面，并按规定留出精刨余量。

② 精刨时，要先刨出基准面 1[图 10.16(a)]。

③ 以基准面 1 为定位面，使它贴紧在机用平口虎钳的固定钳口面上。为了使夹紧力集中，保证基准面 1 和固定钳口面严密接触，应在活动钳口处夹上一根圆棒[图 10.17(a)]或一块撑板[图 10.17(b)]，接着刨出表面 2[图 10.16(b)]。由于固定钳口面垂直于刨床工作台面，所以，用这样的方法刨出的表面 2 和基准面 1 是垂直的。

④ 刨削表面 3。仍以基准面 1 为定位面，同样在活动钳口处夹上一根圆棒或撑板，使基准面 1 与固定钳口面靠紧。为了使刨出的表面 3 和表面 2 平行，在表面 2 和钳口平面中间垫上平行垫铁，然后用一般的力量夹紧工件，当用铜锤向下敲击表面 3(图 10.18)，平行垫铁不活动时，则表面 2 已和平行垫铁贴紧，再用力把工件夹紧，刨出表面 3[图 10.16(c)]。用这样的方法刨出的表面 3 和基准面 1 垂直，而和表面 2 是平行的。

⑤ 将工件放到平行垫铁上，去掉固定钳口和活动钳口间的圆棒，夹持表面 2 和 3，夹紧后同样用铜锤向下敲击工件，至垫铁不活动为止，使表面 1 和平行垫铁严密接触，刨出

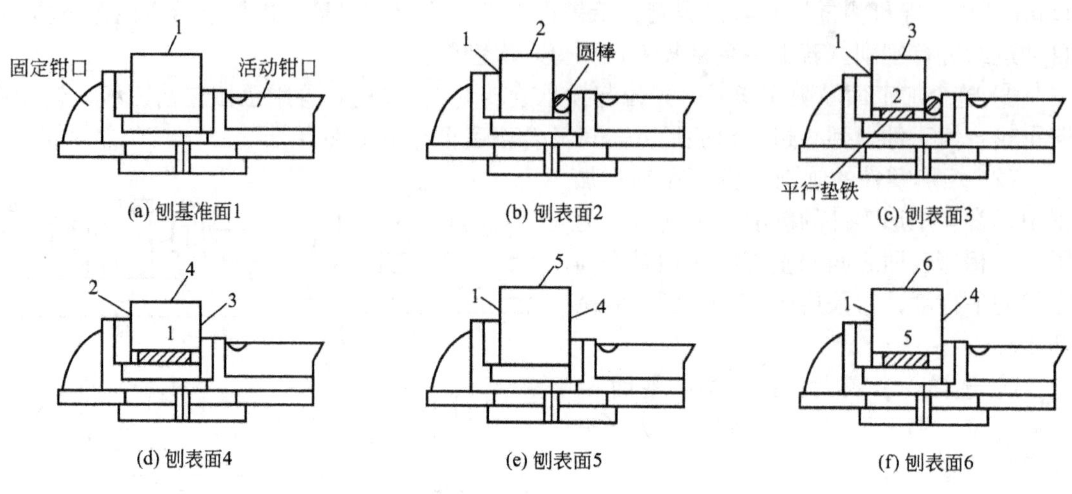

图 10.16　机用台虎钳装夹工件刨垂直面

1～6—加工面

圆棒　2　固定钳口　1　工件　活动钳口

撑板　固定钳口　工件　活动钳口

(a) 用圆棒辅助装夹　(b) 用撑板辅助装夹

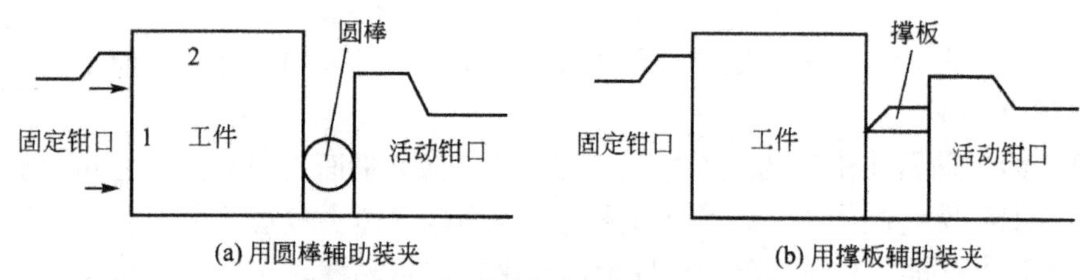

图 10.17　用圆棒或撑板辅助装夹工件

表面 4[图 10.16(d)]。

⑥ 使基准面 1 贴紧固定钳口，用活动钳口夹紧工件，分别刨出端面 5 和 6[图 10.16(e)和图 10.16(f)]。

采用以上方法刨垂直面时，要注意所使用的机用平口虎钳的精度误差、平行垫铁的平行度误差及刨床的精度误差等对刨削的影响。

(2) 工件装夹在工作台上刨垂直面。工件装夹在工作台上刨垂直面时，使用压板和螺栓将工件夹紧。刨刀的进给方向必须与工作台面呈 90°(图 10.19)，这时，需校正刀架的切削位置，使刀架的移动方向与工作台面垂直。校正时可使用百分表测量或采用试切的方法。

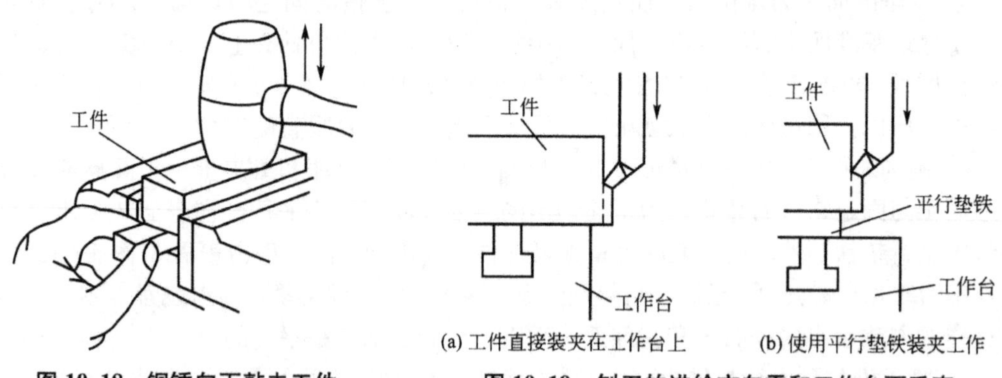

图 10.18　铜锤向下敲击工件　　**图 10.19　刨刀的进给方向需和工作台面垂直**

采用图 10.19(a)所示方法装夹工件，被加工表面露在工作台外，为了切削中稳定和减少振动，工件外伸不可太多(但也不能太少，防止切伤工作台)。装夹工件中可按照图 10.20所示方法，先将工件轻轻夹住，然后用直角尺进行找正。直角尺的一条直角边靠紧刨床垂直导轨面[图 10.20(a)]，使表面 4 与另一条直角边靠紧。找正后把工件紧固好，开动刨床进行刨削，加工出表面 1；然后以表面 1 作为找正基准面，仍然用上面的方法找正和安装，接着刨出表面 2[图 10.20(b)]；仍然以表面 1 作为找正基准面找正工件，刨出表面 4[图 10.20(c)]；最后以表面 2 为找正基准面对工件进行找正，刨出表面 3[图 10.20(d)]。

用以上方法刨出的各表面是互相垂直的。安装工件时，注意把各表面擦干净，防止下面有垫物而出现相互位置偏差和影响工件安装中的平稳性。

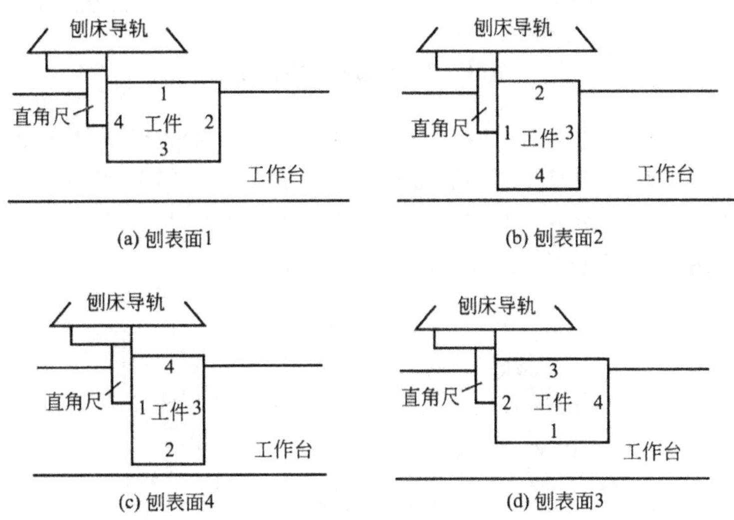

图 10.20 工件装夹在工作台上刨垂直面

(3) 垂直面垂直度的检测。刨削中，如加工方法不当或操作有误等，都会出现垂直度误差，可使用直角尺用透光检测法检测。直角尺一边与被检测面的基准面密合，观察直角尺的另一边与被检测面的另一边是否贴合(图 10.21)，如果接触严密不透光，说明垂直度准确，否则，说明有一定的误差。

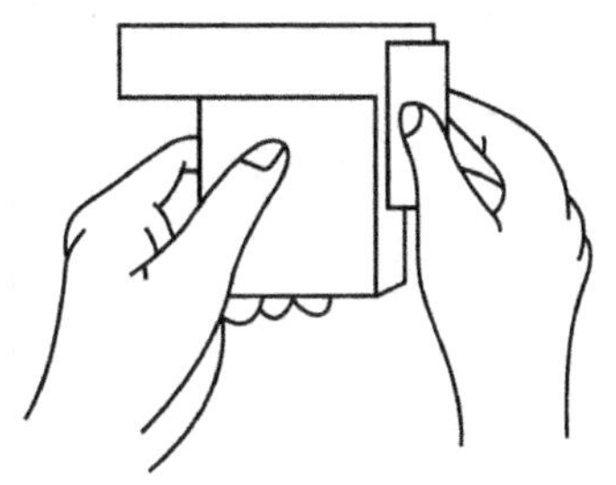

图 10.21 用直角尺检测垂直度

3. 刨削斜面

刨削斜面的方法有很多(图 10.22)，最常用的方法是倾斜刀架法，如图 10.23 所示。

倾斜刀架法是把刀架倾斜一个角度，同时偏转刀座，用手转动刀架手柄，使刨刀沿斜向进给。刀架转盘刻度值所反映的是刀架与垂面方向的夹角，要注意与工件角度的转换，转换方法如图 10.23 所示。刨削操作方法与刨垂直面类似。

4. 沟槽刨削

刨直槽时采用切断刀，其形状与车削的切断刀相似，如图 10.24 所示。切断刀的前角较小，刨削铸铁时一般取 5°～10°，刨削软钢时一般取 10°～15°。加工窄槽时，可在前刀

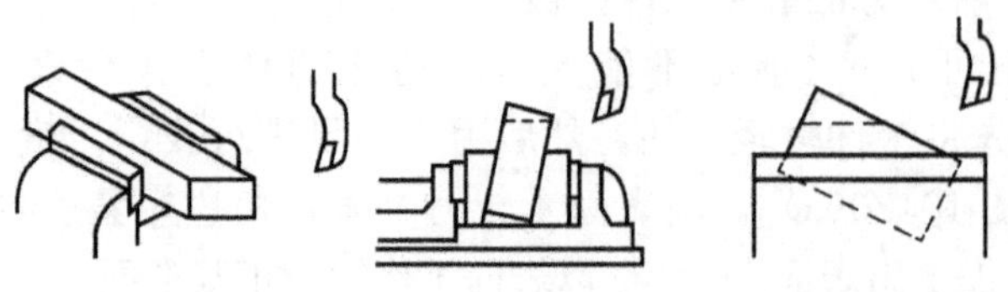

(a) 钳身转角垂直走刀　(b) 斜装工件水平走刀　(c) 划线找正水平走刀

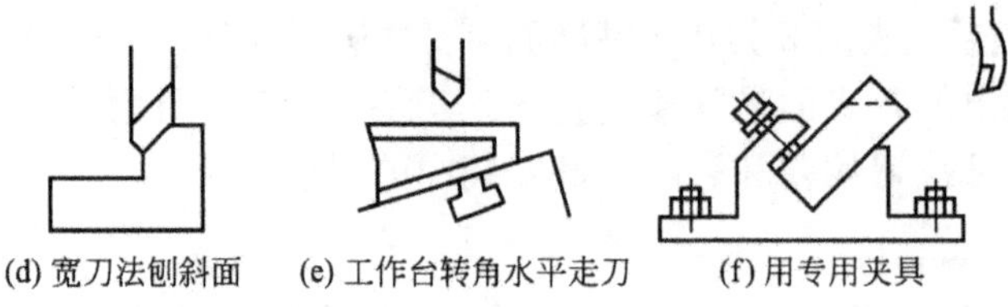

(d) 宽刀法刨斜面　(e) 工作台转角水平走刀　(f) 用专用夹具

图 10.22　斜面刨削方法示例

面磨出大圆弧，以便切屑的导出。后角一般取 4°～8°，较小的后角可托起刨刀，有利于防止刨削时扎刀。主切削刃与刀杆的中心线相垂直，宽度 b 一般取 2～5mm。两副切削刃关于刀杆的中心线对称，副偏角一般取 1°～2°，副后角一般取 1°～2°。刀头长度 L 应比槽深长 5～10mm。安装时，刀杆中心线应垂直于水平面。

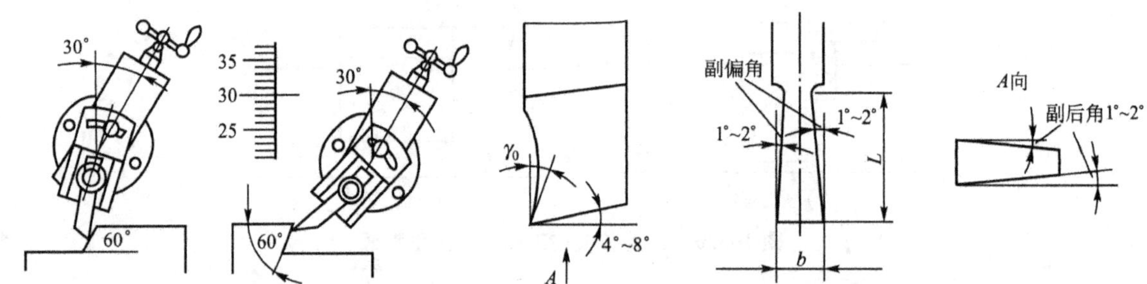

图 10.23　倾斜刀架刨斜面　　**图 10.24　刨槽刀的几何角度**

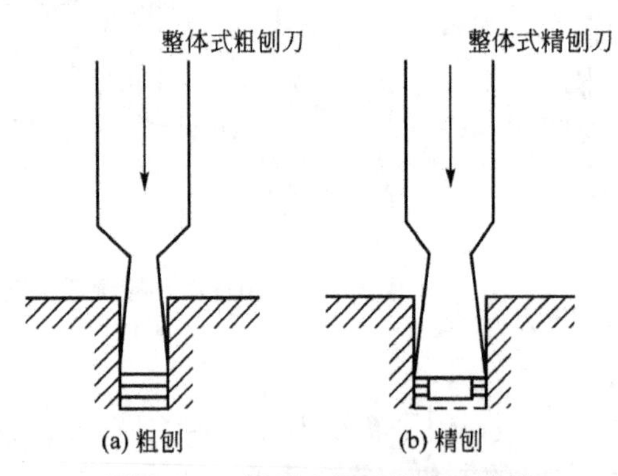

(a) 粗刨　(b) 精刨

图 10.25　刨精度要求较高的沟槽

在工件平面和侧面上刨削的普通沟槽，精度要求较高时，可采用先粗刨[图 10.25(a)]，后精刨[图 10.25(b)]的方法来加工。粗刨主要是开槽，精刨用于成形和修光。

刨削宽度较大的直角沟槽，可采用图 10.26所示方法，先刨槽两边(即先刨图中的 1 和 2)，然后刨中间(图中的 3)，并留出最后的精刨余量。精刨时，先按照深度尺寸刨出一个垂直槽壁面[图 10.27(a)]，然后水平进给，刨出沟槽的底面[图 10.27(b)]，最后精刨另一个垂直槽壁面[图 10.27(c)]。

常见的沟槽还有 T 形槽、燕尾槽、V 形槽等。

图 10.28 所示为 T 形槽刨削，先刨出直角槽，然后用弯切刀刨出一侧凹槽，再换上反方向的弯切刀刨出另一侧凹槽。

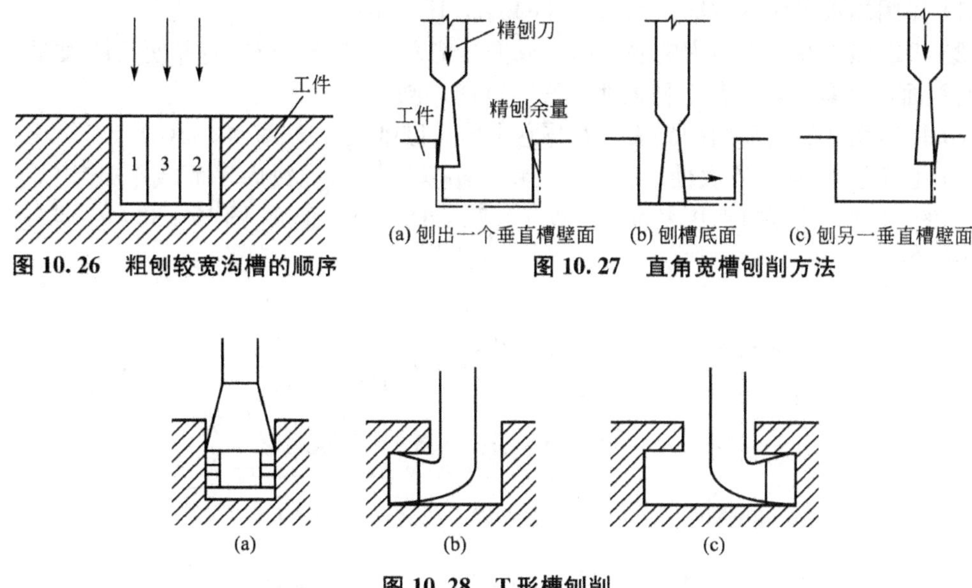

图 10.26 粗刨较宽沟槽的顺序

图 10.27 直角宽槽刨削方法

图 10.28 T 形槽刨削

图 10.29 所示为燕尾槽刨削，先刨出直角槽，然后用偏刀刨斜面的方法，刨出一侧斜面，再换上反方向的偏刀刨出另一侧斜面。

图 10.30 所示为 V 形槽刨削，先用刨平面的方法刨去 V 形槽的大部分余量，然后用切槽刀切出退刀槽，再用刨斜面的方法刨出两侧斜面。

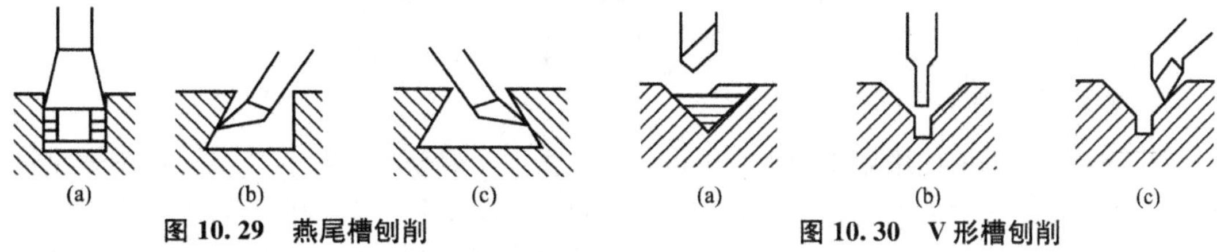

图 10.29 燕尾槽刨削

图 10.30 V 形槽刨削

10.1.3 专项技能训练课题

1. 利用靠胎刨正六边形

工件为六边形，靠胎的夹角 $\theta=120°$，如图 10.31 所示；利用靠胎刨正六边形的操作方法和步骤如下。

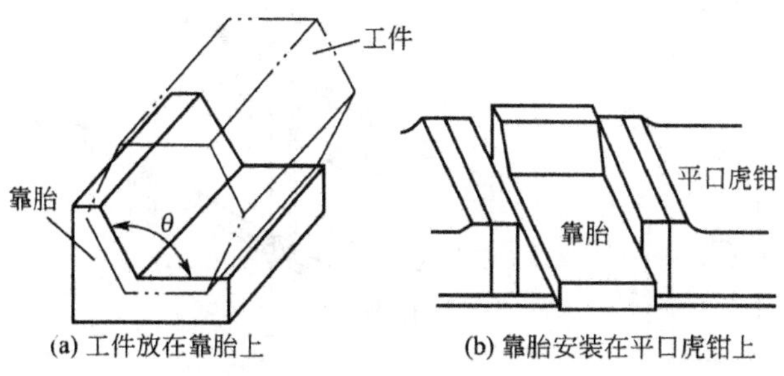

图 10.31 用靠胎刨正多边形

(1) 先用刨水平面的方法，刨出工件的表面 1[图 10.32(a)]。

(2) 将靠胎放在台虎钳内的底平面上或平行垫铁上[图 10.32(b)]并使工件表面 1 贴紧靠胎的斜面，夹紧时，夹住工件的两端面，这样，刨削表面 3。

(3) 使表面 3 贴紧靠胎的斜面，并将它夹紧，刨削表面 5[图 10.32(c)]。

(4) 把靠胎去掉。依次使表面 1、3 和 5 贴紧在平口虎钳底平面或平行垫铁上，用刨平面的方法，分别刨出表面 4[图 10.32(d)]、表面 6[图 10.32(e)]和表面 2[图 10.32(f)]。

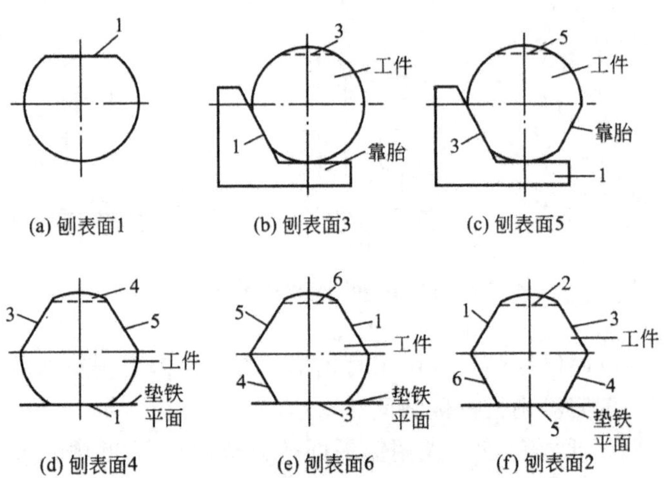

图 10.32　使用靠胎刨正六边形步骤

1～6—加工面

2. 使用靠模刨正六边形工件

图 10.33 所示为使用靠模刨正六边形工件。做一个靠模板[图 10.33(a)]，用螺栓将它固定在刨床工作台台面上[图 10.33(b)]，然后把圆钢工件夹紧。刨削按图 10.33(c)所示顺序进行：在刨表面 1、2、3 三面时，刨刀的背吃刀量是相同的。在刨表面 4、5、6 三面时，由于相对的面已经刨平，所以刨刀要进行调整。在每次调面时，必须把工件的已加工面紧紧地贴在靠模板的斜面上，这样才能保证六边形正确。要想充分发挥刨床的效能，原材料的下料长度，应该接近刨床的最大行程，刨削时最好采用一次走刀。如果条件许可，

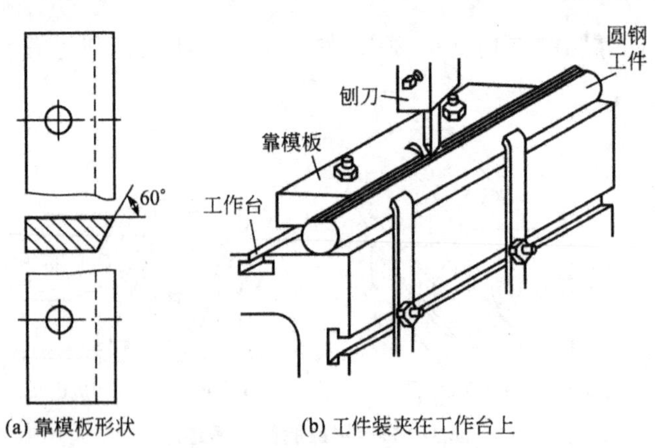

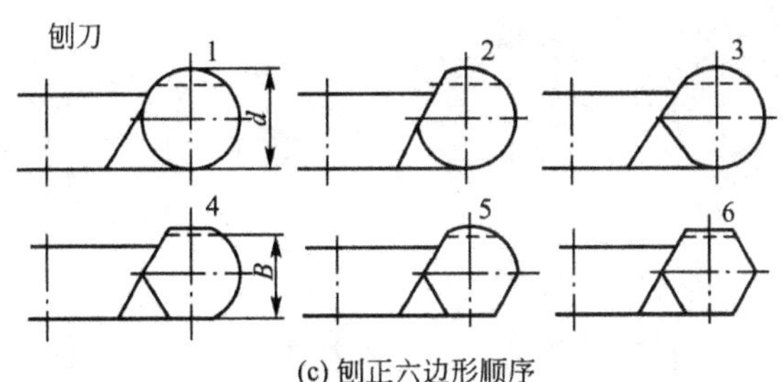

(c) 刨正六边形顺序

图 10.33 使用靠模刨正六边形工件

还可以分两台刨床加工，甲刨床专刨表面 1、2、3 三面，乙刨床专刨表面 4、5、6 三面，这样就省去了调整刀具的时间，只需一人操作，提高了生产效率。

10.2 拉 削 加 工

在拉床上用拉刀加工工件称为拉削。图 10.34 所示为卧式拉床示意图。

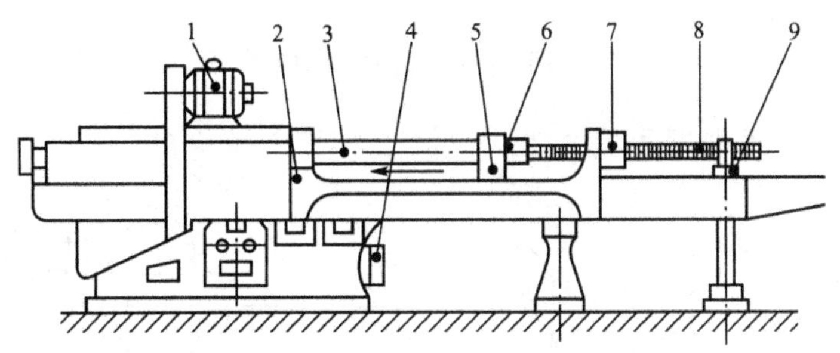

图 10.34 卧式拉床示意图

1—电动机；2—床身；3—活塞拉杆；4—液压部件；5—随动刀架；6—刀架；7—工件；8—拉刀；9—随动刀架

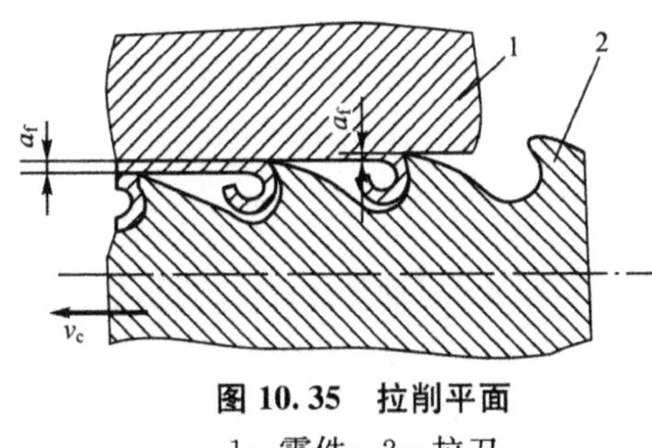

图 10.35 拉削平面

1—零件；2—拉刀

拉削加工从切削性质上看近似刨削。拉削时拉刀的直线移动为主运动，进给运动则是靠拉刀的结构来完成的，如图 10.35 所示。拉刀的切削部分由一系列的刀齿组成，这些刀齿由前到后逐一增高地排列。当拉刀相对工件作直线移动时，拉刀上的刀齿一个个地依次从工件上切去一层层金属。当全部刀齿通过工件后，即完成了工件的加工。

在拉床上可以加工各种形状的孔(图 10.36)、平面、半圆弧面及一些不规则表面等。需经拉削加工的孔必须预先加工过(钻、镗等)。被拉孔的长度一般不超过孔径的 3 倍。拉刀的结构如图 10.37 所示。拉孔前，孔的端面一般要经过加工，若未加工过，应垫以球面垫圈(图 10.38)，以调整工件的轴线与拉刀轴线一致，避免拉刀变形或折断。

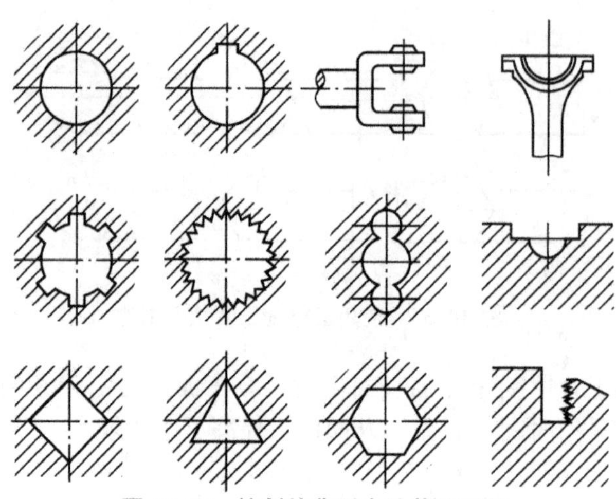

图 10.36　拉削的典型内孔截面形状

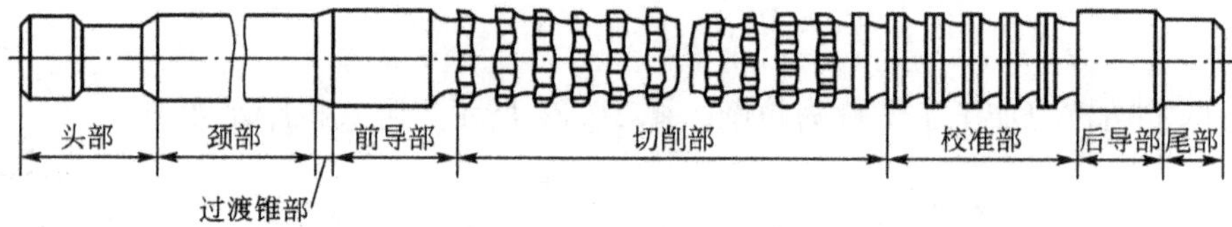

图 10.37　拉刀的结构

由于拉削在一次行程中即可完成工件的粗、精加工，所以不仅加工质量较好，其尺寸公差等级一般为IT9～IT7，表面粗糙度 Ra 值一般为1.6～0.8μm，而且生产效率很高。但由于一把拉刀只能加工一种尺寸的表面，且拉刀成本较高，故拉削主要用于大批量生产中加工适宜拉削的零件。

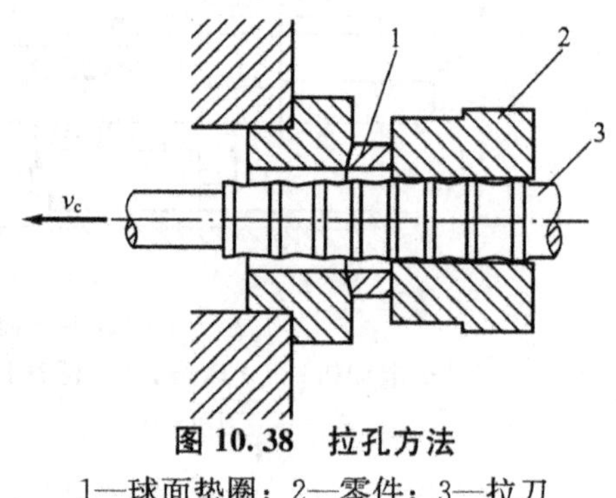

图 10.38　拉孔方法

1—球面垫圈；2—零件；3—拉刀

10.3　镗 削 加 工

镗削加工是镗刀旋转作主运动，工件或镗刀作进给运动的切削加工方法。镗削加工主要在镗床上进行，镗孔是最基本的孔加工方法之一。

10.3.1　镗削设备与刀具

1. 镗削设备

卧式镗床是镗床类机床中应用最广泛的一种机床。图 10.39 所示为卧式镗床外形，它主要由床身、前立柱、主轴箱、工作台及带支承架的后立柱等组成。前立柱固定在床身的一端，在它的垂直导轨上装有可以上下移动的主轴箱，主轴可以在其中左右移动，以完成纵向进给运动。主轴前端带有锥孔，以便插入镗杆。平旋盘上有径向导轨，其上装有径向刀具溜板，当平旋盘在旋转时，径向刀具溜板可沿其导轨移动，以作径向进给运动。装在后立柱上的支承架，用于支承悬臂较长的镗杆。支承架可沿后立柱的垂直导轨与主轴箱同步升降，以保持支承孔与主轴在同一轴线上。工作台部件装在床身的导轨上，它由下滑座、上滑座和工作台组成。下滑座可沿床身导轨作纵向移动，上滑座可沿下滑座顶部的导轨作横向移动，工作台可在上滑座的环形导轨上绕垂直轴线回转任意角度，以便在工件一次安装中能对互相平行或成一定角度的孔与平面进行加工。

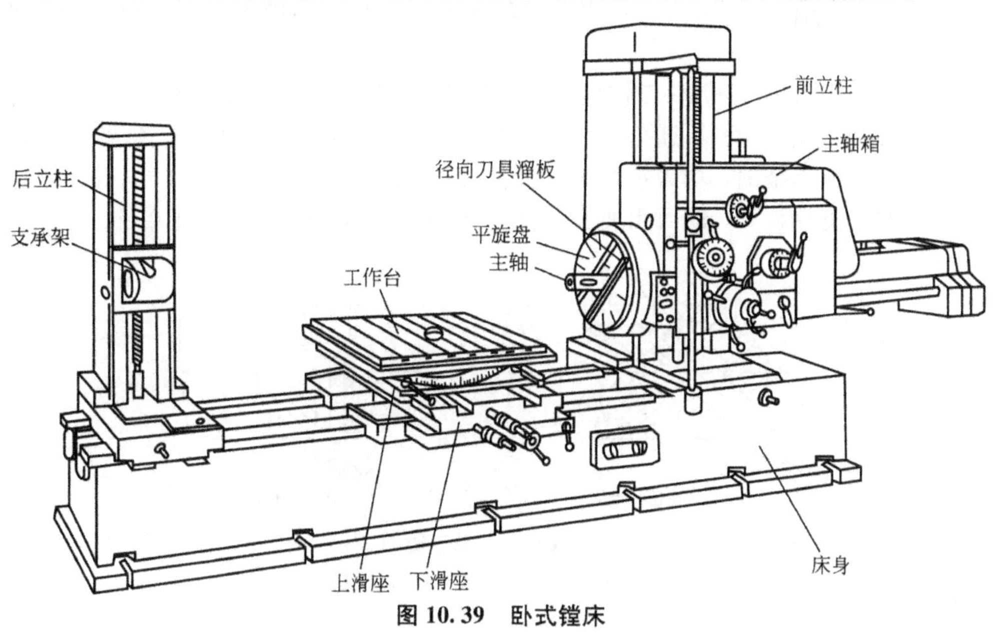

图 10.39　卧式镗床

卧式镗床的工作范围非常广泛，它主要用于在复杂形状的零件上镗削尺寸较大、精度要求较高的孔，特别是分布在不同位置上、轴线间距离和相互位置精度(平行度、垂直度和同轴度等)要求很高的孔系加工，如变速箱体等零件上的轴承孔。

图 10.40 所示为镗削机架上的同轴孔，利用后立柱上的支承架支承镗杆镗削，由工作台移动完成纵向进给。图 10.41 所示为刀杆装在平旋盘上镗削大孔，由工作台移动完成纵向进给。图 10.42 所示为镗刀装在径向刀具溜板的刀架上加工端面。

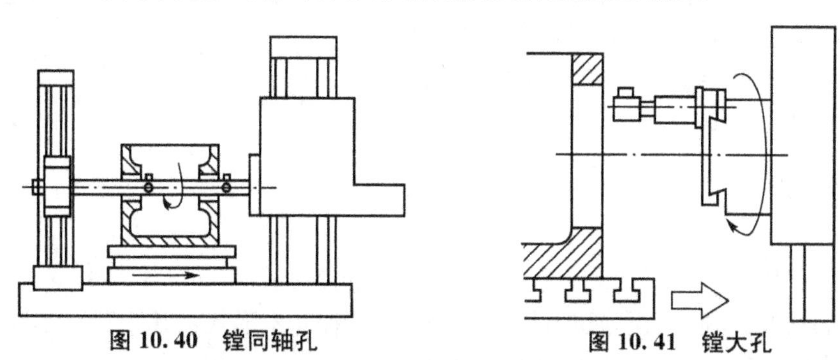

图 10.40　镗同轴孔　　　图 10.41　镗大孔

在镗平行孔时，第一个孔加工完成后，工件上第二个孔加工位置的调整，是由镗床主轴上下移动或工作台的横向移动来完成的。若第二个孔要求与第一个孔垂直时，将工作台

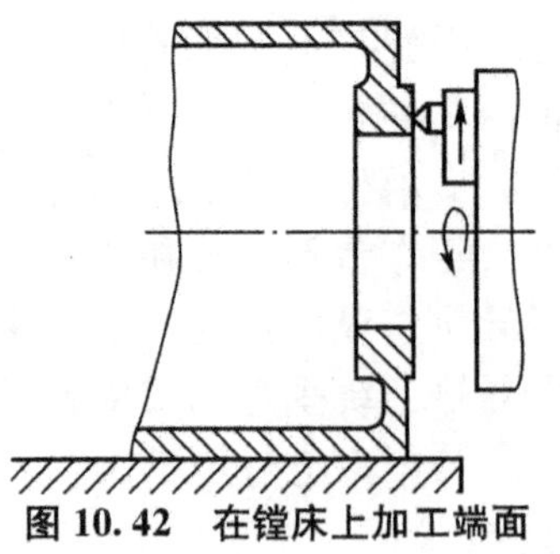

图 10.42　在镗床上加工端面

旋转 90°即可，两孔的垂直度是由镗床回转工作台的高定位精度来保证的。卧式镗床除能镗孔、加工端面外，还可进行铣削平面、钻孔、扩孔、铰孔和镗削内外环形槽等。

2. 镗削刀具

根据镗刀的结构特点及使用方式，镗刀可分为单刃镗刀、多刃镗刀和浮动镗刀。其中单刃镗刀和浮动镗刀较为常用。

单刃镗刀(图 10.43)的刀头结构与内圆车刀相似。镗刀头垂直安装的只能镗削通孔，镗刀头倾斜安装的适用于镗削不通孔。单刃镗刀镗孔时，孔的尺寸是由操作者调节镗刀头在刀杆上的径向位置来保证的。单刃镗刀参加切削的刀刃少，因此生产率比扩孔、铰孔低。单刃镗刀结构简单，通用性大，既可粗加工，也可半精加工或精加工，适用于单件、小批生产。

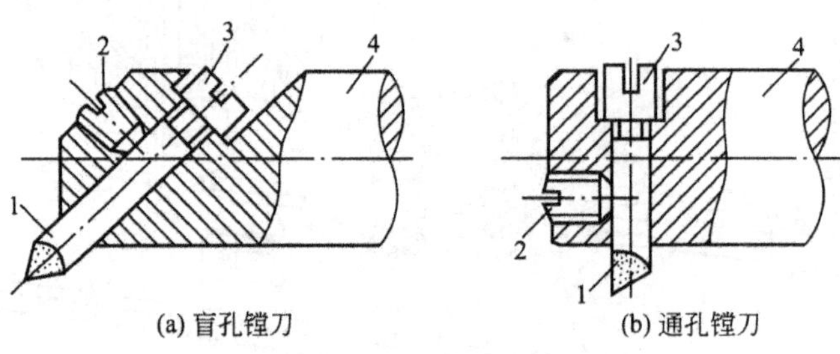

(a) 盲孔镗刀　　(b) 通孔镗刀

图 10.43　单刃镗刀

1—刀头；2—紧固螺钉；3—调节螺钉；4—镗杆

图 10.44 所示为浮动可调镗刀片。这种镗刀片的尺寸可以通过两个螺钉调整，并以间隙配合状态浮动地安装在刀杆的矩形槽中，使用时不需要严格地进行找正，可通过作用在两个切削刃上的切削力自动平衡其切削位置，以保证镗刀片的两个切削刃切除相同的余量。浮动镗刀片的镗孔质量(孔的尺寸精度)与效率比单刃镗刀高，但它不能校正原有孔的轴线歪斜或位置偏差，主要用于成批生产中精加工箱体类零件上直径较大的孔。

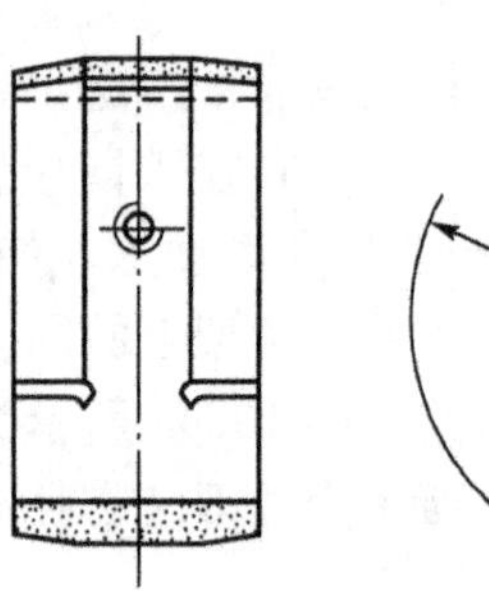

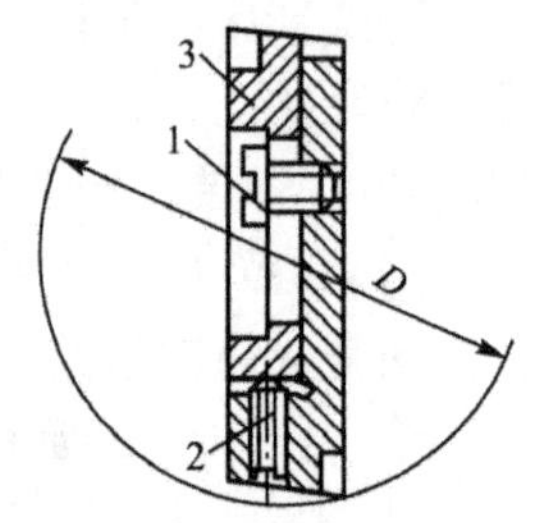

图 10.44　浮动可调镗刀片

1—锁紧螺钉；2—调整螺钉；3—刀片

10.3.2　镗削操作

1. 单孔的镗削方法

单孔(台阶孔、通孔及不通孔)的构成有下列两种基本形式：几个孔径不同且连在一起的孔，如图 10.45(a)所示；几个相距一定间隔的孔。

单孔镗削时除了各孔自身的尺寸精度和形状精度外，还要求各孔的同轴度。在决定采用何种镗削方式时，主要视同轴度的允差大小而定。一般对连在一起的几个不同尺寸的孔

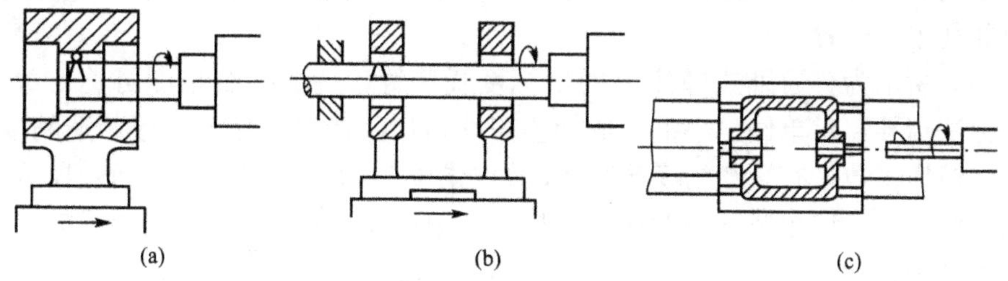

图 10.45 同轴孔系的镗削

可采用短镗杆，悬伸加工，如图 10.45(a)所示。对间隔较大的孔，可采用利用尾架支承的双支承镗削，如图 10.45(b)所示。如果机床台面的回转定位精度能满足图样要求，则可利用图 10.45(c)所示方法镗好一孔后，将台面回转 180°再镗另一孔。

2. 平行孔的镗削方法

对平行孔系来说，除各孔的自身精度外，还要求各孔轴线的平行度、相互距离和孔轴线对基面的平行度及到基面的距离。平行孔系常用的加工方法如下：

(1) 划线法。首先在工件上划出各孔的校正线，再利用夹持在主轴上的划针校正所镗孔的校正线，使孔的中心线和主轴中心线一致，然后镗孔。

按划线校正加工出的孔系、各孔间的相互位置误差及孔对基面的位置误差均比较大，这是因为划线本身的误差及按线校正的误差不易控制。为了消除这种误差，实际生产中往往先进行试镗。如图 10.46 所示的箱体，两孔直径分别为 D_1、D_2，孔距为 L。加工中先将第 1 个孔按线校正镗至尺寸 D_1；镗第 2 个孔时，先按线校正，镗孔至尺寸 D'_2，使 $D'_2<D_2$；量出此时两孔间的孔壁距离 A_1，然后算出孔距 L_1

$$L_1=\frac{D_1}{2}+A_1+\frac{D'_2}{2}$$

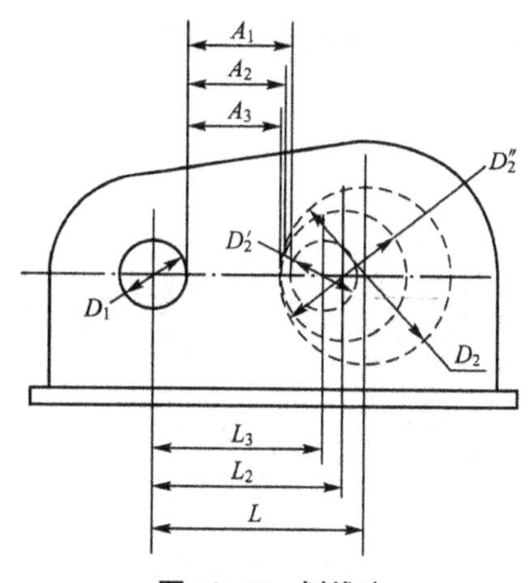

图 10.46 划线法

当 L_1 不等于 L 时，就应按 L_1 大小，调整第 2 个孔的位置，进行第二次试切，通过多次试切逐渐接近中心距，直至合格为止。用划线找正法加工，精度较低；操作繁琐，操作技能要求高，生产率低，只适于单件小批生产。

(2) 坐标法。利用量块、百分表等工具，控制机床工作台的横向移动量及主轴箱的垂直方向移动量，以保证孔的相互位置精度和孔对基面的位置精度。

孔的中心位置在一个平面内总是由两个坐标位置来决定的。

如图 10.47 所示的Ⅰ孔由 y_1、z_1 两坐标值决定；Ⅱ孔则由 y_2、z_2 两坐标值决定。

因此如果镗Ⅰ孔时，Ⅰ孔中心到基面 B 的距离为 z_1，到侧基面 A 的距离为 y_1，也就是说镗Ⅰ孔时调整主轴位置应当是将主轴中心从 A 面横向移动 y_1，从 B 面垂直移动 z_1。移动 y_1 和移动 z_1 可利用量块和镗床上的百分表定位装置来达到。镗Ⅰ孔时，此时的坐标原点可取Ⅰ孔的中心 O'，也就是说镗Ⅱ孔时，主轴只需横向移动 y_2-y_1，垂直移动 z_2-z_1来获得Ⅱ孔中心位置。

图 10.48 所示为普通卧式镗床上的坐标度量装置，一般孔距精度可达±0.03mm 左右。用坐标法镗孔，对单件、小批或成批生产均适用。特别是随着镗床制造精度的提高，目前国内外镗床多数带有精密的读数装置，如光栅数字显示装置和感应同步器测量系统及其数码显示装置等。读数精度一般在 1m 内为 0.01mm。这样就大大提高了加工平行孔系的精度及生产率。

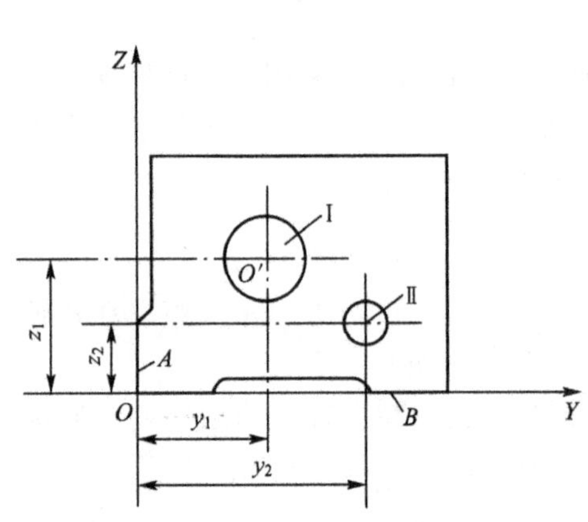

图 10.47 孔中心在平面内的坐标位置

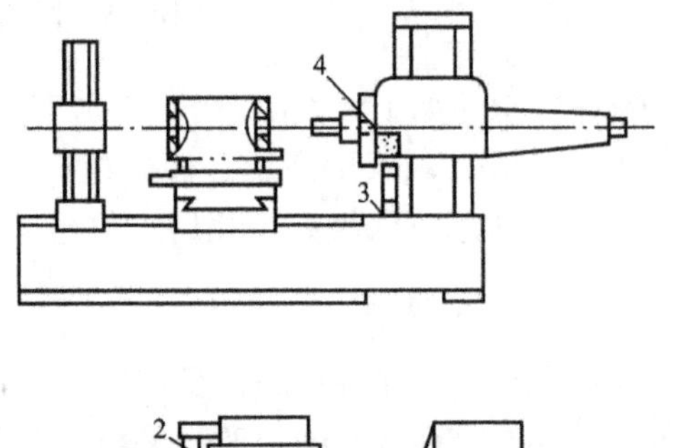

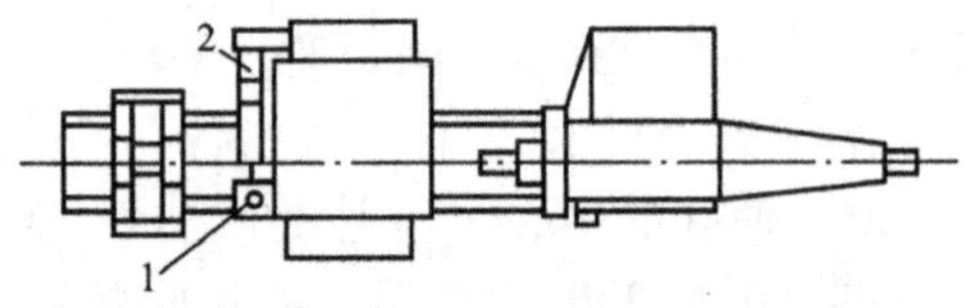

图 10.48 卧式镗床上的坐标度量装置

1—横向工作台千分表；2、3—量块；4—主轴箱千分表

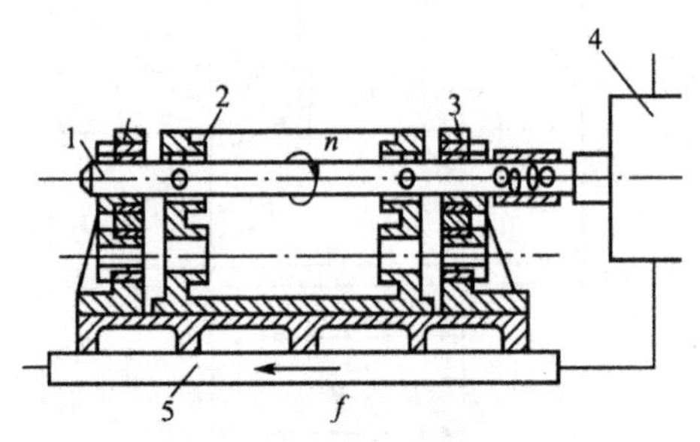

图 10.49 用镗模镗平行孔系

1—镗杆；2—工件；

3—镗模；4—主轴箱；5—工作台

(3) 镗模法。在成批生产或大批量生产中，普遍应用镗模来加工中小型工件的孔系，如图 10.49所示。镗模能较好地保证孔系的精度，生产率较高。用镗模加工孔系时，镗模和镗杆都要有足够的刚度，镗杆与机床主轴为浮动连接，镗杆两端由镗模套支承，被加工孔的位置精度完全由镗模的精度来保证。

3. 垂直孔的镗削方法

几个轴线相互垂直的孔构成垂直孔系。垂直孔系的主要技术要求除各孔自身的精度外，还要保证相关孔的垂直度。垂直孔系的镗削基本上采用以下两种方法。

(1) 回转法。利用回转工作台的定位精度，在加工好一孔后将工作台回转 90°，再加工另一个孔，如图 10.50(a)所示。

(2) 校正法。利用已经加工好的孔或已经加工好的面作为校正基面，来保证相关孔的垂直度要求。

在图 10.50(b)中，如结构允许的话，在镗第一孔时，同时铣 A 面，使 A 面和第一孔轴线相垂直。镗第二孔时就只需校正 A 面使之与机床导轨或主轴轴线相平行，就可保证镗出的第二孔与第一孔相互垂直。如结构上没有 A 面这样的转换基准，则镗好第一孔后可在第一孔滑配一根长心轴，利用固定在镗轴上的百分表校正，使心轴轴线和主轴线垂直，这样镗出的第二孔与第一孔也是相互垂直的。

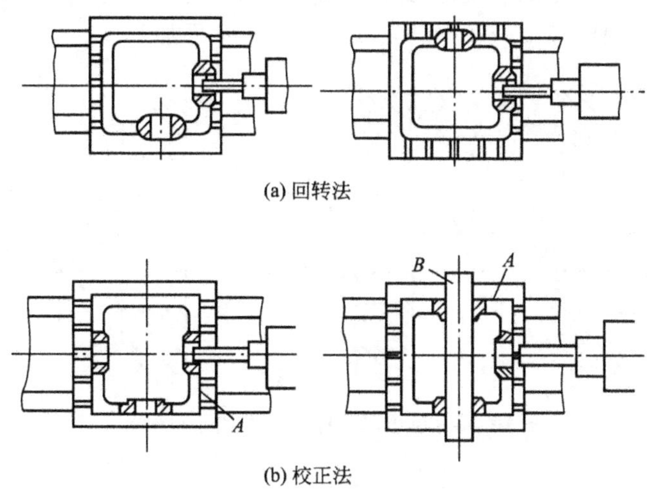

(a) 回转法

(b) 校正法

图 10.50 垂直孔系的镗削

4. 圆柱孔端面的镗削方法

(1) 90°镗刀镗削。工件孔的端面有图 10.51 所示的内凹和外凸等数种形状。尺寸不大时通常可采用以 90°镗刀镗削的方法进行加工。上述单刃刮平面镗刀刮削宽度不宜太宽，一般不超过 50mm，较适用镗削如图 10.52 所示的 3 种端面。单刃镗刀常见的装夹方法如图 10.53 所示。

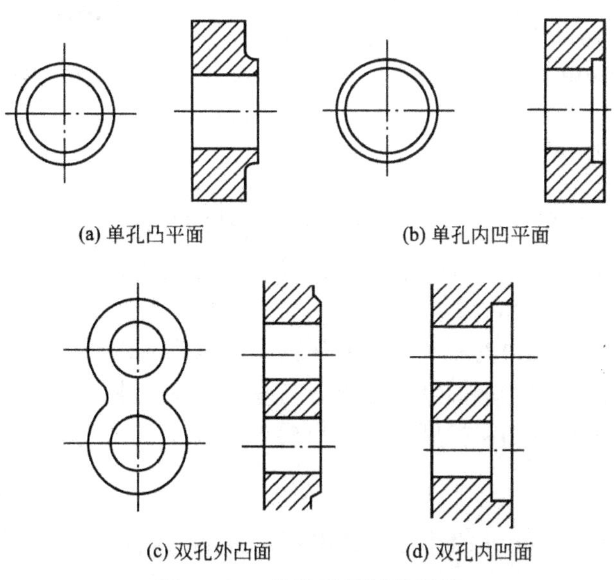

(a) 单孔凸平面 (b) 单孔内凹平面

(c) 双孔外凸面 (d) 双孔内凹面

图 10.51 几种孔端面的形状

(2) 平旋盘径向滑座装刀法。这是外端面镗削方法中效率高的一种。刀具装在平旋盘径向滑座上的刀夹中，镗刀随滑座作走刀运动和切削运动，工件作横向运动。图 10.54 所示为在滑座上装置两把镗刀切削端面的方法，经适当调整，使两把刀离平旋盘平面的轴向尺寸不一，轴向尺寸小的一把刀作粗切削，轴向尺寸大的一把刀作精切削。此法进给一次或两次便可完成平面镗削加工，效率高，较适用于大平面加工。

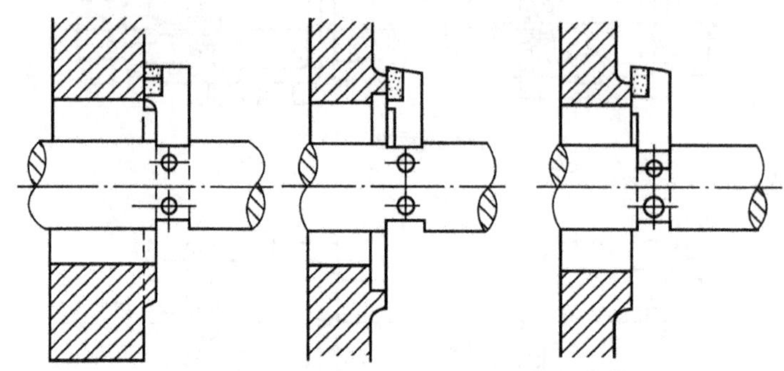

图 10.52　单刃镗刀镗削端面的三种形式

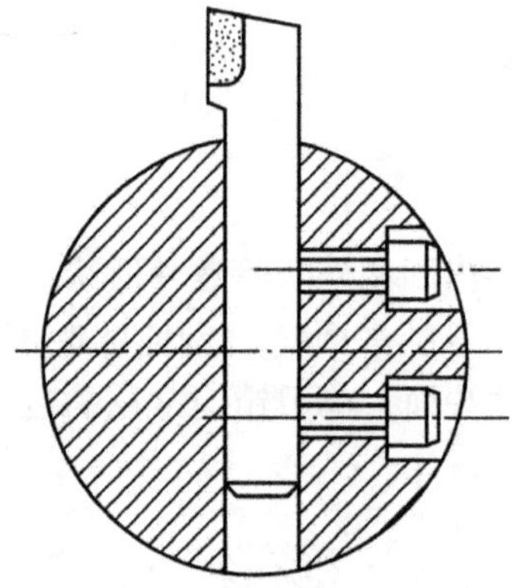

图 10.53　单刃镗刀的装夹方式

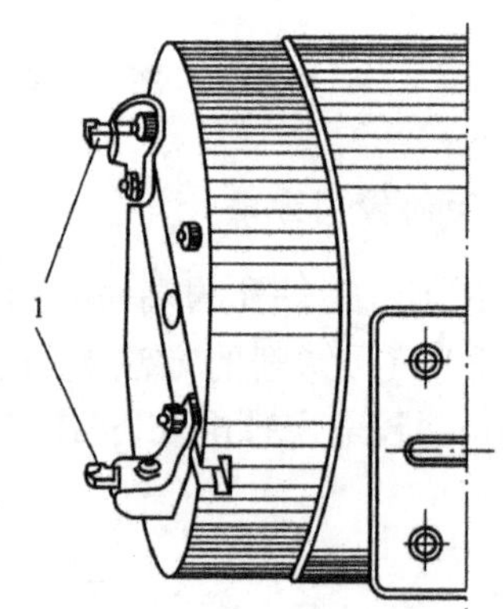

图 10.54　平旋盘径向刀架双刀切削

10.3.3　专项技能训练课题

以图 10.55 所示支架(材料：HT200)为例进行镗削分析、操作。

支架零件是机械制造中常见的零件，起着支承小型电动机、齿轮泵、轴承等作用，因此这类零件一般都有如下相似点：

(1) 孔与安装基面(底面)的距离都有一定的尺寸精度要求。

(2) 孔的一个端面或两个端面都与孔轴线有垂直度的要求。

(3) 孔径的精度和孔表面粗糙度一般都有要求。

1. 加工条件

(1) 支架面上直径 ϕ46mm 的孔处已铸出直径 ϕ32mm 的孔。

(2) 支架底面已加工。

(3) 设备为 T68 卧式镗床。

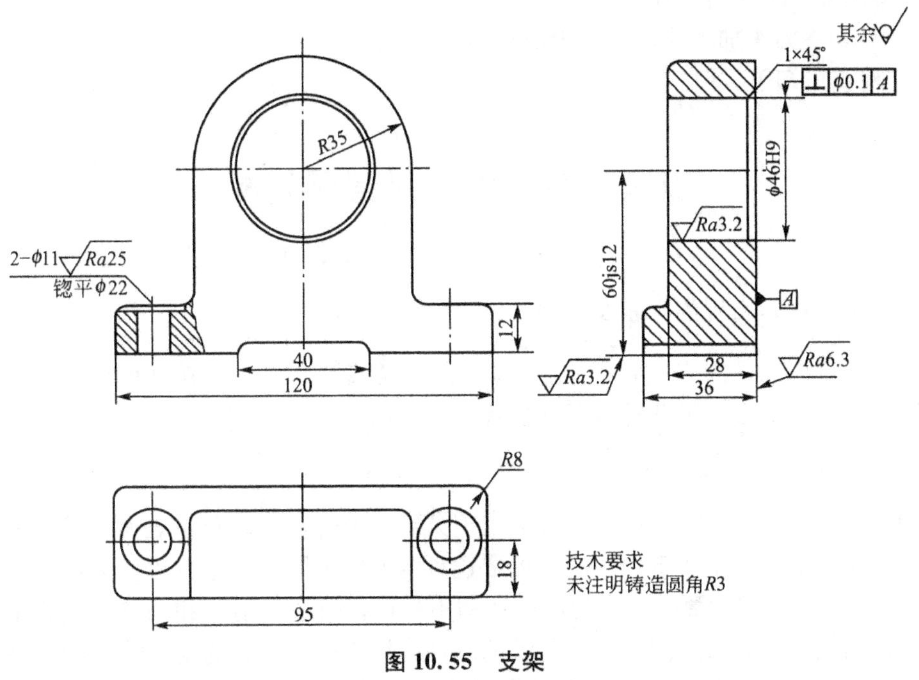

图 10.55　支架

2. 镗加工步骤

(1) 按相关工艺要求对工件进行找正安装，在支架底部垫上 40mm 的平行垫铁后将其装夹在工作台上。

(2) 主轴锥孔内插入直径 ϕ40mm 的定位心轴，用游标高度尺测出定位心轴与工作台台面之间的高度(60JS12＋40mm＋20mm)。

(3) 将定位心轴的轴端面与工件表面靠近，用钢直尺先以定位心轴的右侧母线为基准，测量与工件右侧的距离(图 10.56 所示)，再以定位心轴的左侧母线为基准测量与工件左侧的距离，移动上滑座，使两边测量距离大致相等。这时主轴已找正孔的横向坐标位置。

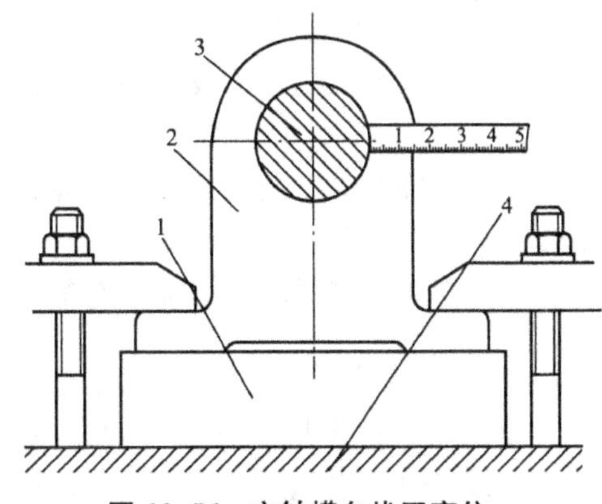

图 10.56　主轴横向找正定位

1—垫铁；2—工件；3—心轴；4—工作台

(4) 选用的镗杆不宜太长，粗镗 ϕ46mm 孔径至 ϕ44～44.5mm。根据镗孔先面后孔的原则应先加工端面后镗孔，现因大端面铣削要用平旋盘，而刀架两次安装很费时，另外如一次性将端面先加工好，再粗镗孔时，切削力较大，会破坏孔与面的垂直精度。

(5) 将主轴箱下降 10mm，按相关工艺中所要求的方法，使用平旋盘铣削平面，先粗铣，留 1mm 加工余量，再精铣尺寸至图样要求。

(6) 卸下平旋盘上刀架，将主轴箱再按步骤(2)～(3)进行找正定位。

(7) 半精镗 ϕ46mm 孔，留余量 0.3～0.5mm。

(8) 精镗 ϕ46H9 孔至图样要求。

(9) 用 45°镗刀头加工孔口倒角 1mm×45°。

(10) 检查后卸下工件。

10.4 实践中常见问题解析

10.4.1 刨平面中常出现的问题及解决方法

刨削时由于刨床、刨刀、夹具及加工情况复杂多变，因此，出现的问题和不正常现象也是多种多样的，下面列举几种情况，供提示和预防。

1. 刨削中产生振动或颤动

刨削时如果产生振动，会在加工表面出现条纹状痕迹，它恶化了表面质量，影响了表面粗糙度，这给加工带来一定的影响。形成这种情况的原因和防止方法如下：

(1) 由于运动部件间隙大，引起刨床运动不平衡。可通过消除和调整好刨床部分的配合间隙，提高刨床、夹具、刨刀工艺系统的刚性，增加刨床运转的稳定性等措施解决。

(2) 工件的加工余量不均匀，造成断续性带冲击性的切削。可采用锐利的大前角刨刀，并尽量使工件表面加工余量均匀。

(3) 刨床地脚螺栓松动或地脚螺栓损坏或地基损坏，使刨床安装刚性差。应拧紧或维修地脚螺栓，如地基损坏，则应修复地基。刨床安装牢固，才能使切削工作顺利进行。

(4) 切削用量选择太大。应调整和正确选择切削用量。

(5) 工件材料硬度不均匀。若工件材料硬度不均匀，应对工件进行退火处理，并改变刨刀的角度，如增大刨刀的前角、后角、主偏角或减小刀尖圆弧半径等。

(6) 工件安装刚性差或装夹不稳固。应采用合理正确的装夹方法，保证工件装夹牢稳可靠。

(7) 刀杆伸出太长。刀杆不宜伸出太长或采用增加刀杆的横截面积的方法；在刨床上工作，应尽可能使用弯柄刨刀。

(8) 刨床本身精度低，部件磨损严重。应维修刨床，使之达到精度要求。

2. 精加工表面出现波纹

精刨表面如果出现有规律的直波纹，则是由于切削速度偏高、刨刀前角过小，刃口不锋利或由于外界振动等方面引起的。若是选择刀具方面的原因就应该选择弹性弯头刨刀杆。如果出现鱼鳞状纹，则是由于刨刀与刀架板处的接触不良、刨刀后角过小、工作台处的运动部件(如蜗杆、齿条等处)的配合间隙太大或装夹工件中工件定位基准面不平等方面原因引起的。如果出现交叉纹，则是由于刨床精度方面原因引起的，如导轨在水平面内直线度超差、工作台处两导轨平行度误差而使工作台移动倾斜超差等。

3. 刨削薄板工件时，工件在各个方向上弯曲不平

出现这种现象是由于装夹工件中夹紧力太大，或工件装夹不牢固，使工件切削时产生

弹性变形；切削力过大，所产生切削热太高，致使工件出现变形或工件材料的内应力变化等。

4. 刨平面时出现“扎刀”现象

出现这种现象主要是由于刀架丝杠与螺母间的间隙过大，或安装刨刀刀架连接板处的间隙过大或滑枕等部分的配合间隙太大。操作中应定期进行检查和合理调整。

5. 刨出的平面上局部产生“深啃”现象

出现这种情况是由于大斜齿圆柱齿轮上曲柄销螺杆一端的螺母松动。刨床在运转中，当曲柄销上滑块带动摇杆和滑枕往复运动时，因受力方向的变化，丝杠发生窜动，使滑枕在往复运动的切削过程中有瞬间停止不前的现象。在停顿的一瞬间，刨刀就会下沉而刨得深一点，再继续前进时，刨刀又会因受力而向上抬起，就像在切削中途停车后再继续刨削一样，因而在平面上形成“深啃”现象，如图 10.57 所示。

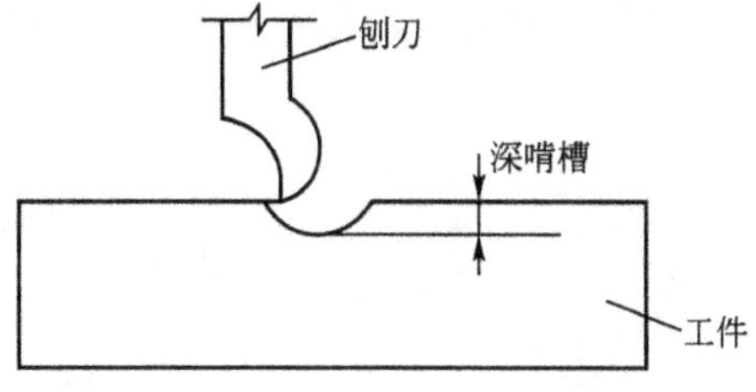

图 10.57 刨削中出现“深啃”现象

10.4.2 镗削加工时应避免出现的问题

(1) 刀架装夹在平旋盘上时要紧固，以防切削时发生事故。

(2) 使用平旋盘切削时，工作台进给和径向刀架进给不要同时进行。

(3) 粗镗平面后，应检查工件是否移动，然后精镗。

(4) 用内卡钳测量孔时，两脚连线应与孔径轴心线垂直，并在自然状态下摆动，否则其摆动量不正确，会出现测量误差。

(5) 用塞规测量孔径时，应保持孔壁清洁，否则会影响测量精度。

(6) 用塞规检查孔时，塞规不能倾斜，以防造成孔小的错觉，把孔镗大。相反，在孔径小的时候，不能用塞规硬塞，更不能用力敲击。

(7) 从孔内取出塞规时，应注意安全，防止手碰撞在镗刀头的刀刃上。

(8) 精镗孔时，应保持刀刃锋利，否则容易产生让刀，把孔镗成锥形。

10.5 拓展训练

10.5.1 刨削轴上键槽

轴类工具一般使用 V 形铁进行装夹。较长的轴类工件可直接装夹在刨床工作台上(图 10.58)，拧紧夹紧块上的两个螺钉，即可固定轴件。夹紧轴件前，先将定位块的位置找正和确定好，这样，定位块就起到保证轴件装夹位置正确的作用，轴件在夹紧过程中可不用进行找正。

单件或少量加工时，还可以在机用平口虎钳上，使用 V 形活动钳口(图 10.59)或利用平行活动钳口进行装夹。

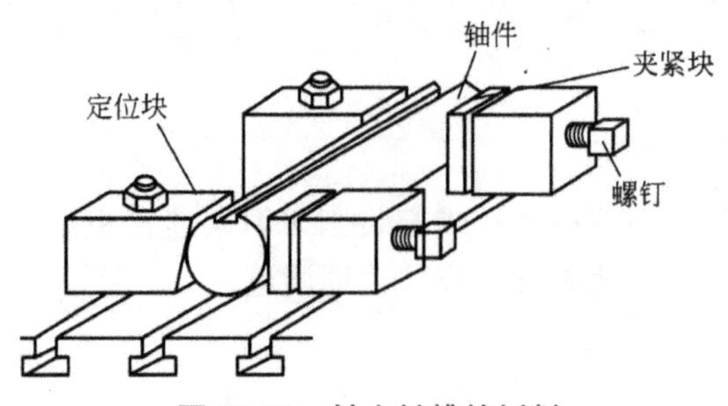

图 10.58　轴上键槽的刨削

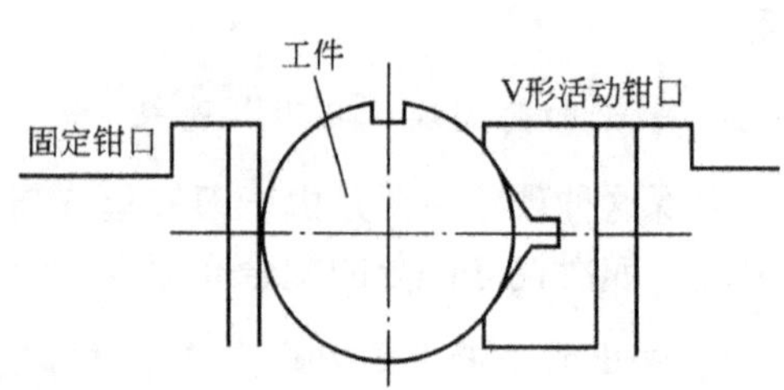

图 10.59　在平口虎钳上使用 V 形活动钳口装夹轴件

轴件上刨键槽，有时在外圆没有精加工之前进行，由于工件外圆直径各有差异，所以，在安装中应考虑其中心位置变动情况。利用 V 形铁安装工件[图 10.60(a)]，V 形槽两倾斜面确定了工件中心线位置，所以，工件直径的变动对其中心线只是上下改变，而对位置没什么影响；利用机用平口虎钳安装轴件[图 10.60(b)]，中心线位置会随着工件直径的不同而改变，中心线变动的距离等于两工件半径之差，工件最高点与刨刀相对高度变动也等于两工件半径之差。所以，成批加工轴件上的键槽时，如轴件未经精加工，最好不采用机用平口虎钳夹持法。

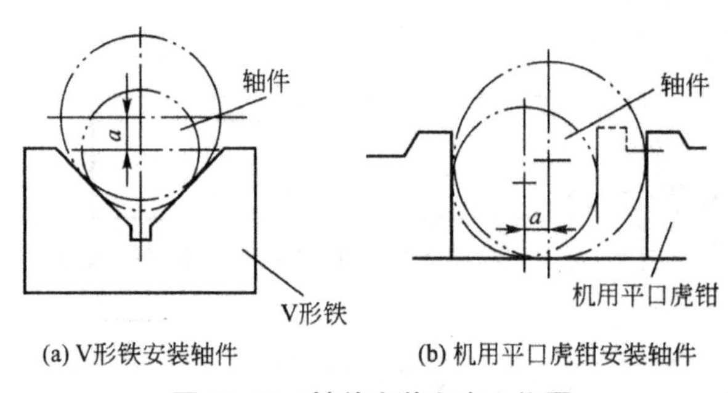

(a) V形铁安装轴件　(b) 机用平口虎钳安装轴件

图 10.60　轴件安装和中心位置

轴类工件上刨键槽，无论采用哪种装夹方法，都要保证和确定好切削位置，要使工件轴心线与滑枕的运动方向(工作台面)平行。为了达到这个目的，采用方法一般是在安装工件时进行找正，图 10.61 所示为工件安装在 V 形铁上的找正情况。找正时根据工件的上母线和侧母线进行，这两条母线 AB、CD 就是找正基准线。找正上母线 AB 与滑枕运动方向平行时，将磁性百分表座吸附在刨床滑枕导轨面上，使表测头接触工件上母线(图中 AB 线)，移动滑枕，测出两端的百分表读数值。若两端高度不一致，用纸片或薄铜片垫起两端 V 形铁，使两端的读数差在允许范围内。如果轴件上母线 AB 没有找正位置，刨出的键槽会一头高一头低。找正侧母线(图中 CD 线)与滑枕运动方向平行时，使百分表与工件侧母线接触，移动滑枕，若表针的摆差在允许范围内即已找正，否则需进行调整。如果轴件侧母线没有找正位置，刨出的键槽呈扭曲形。

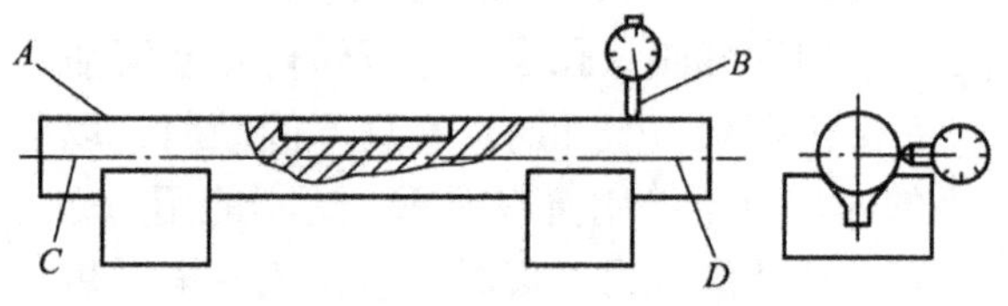

图 10.61　轴件上刨键槽进行找正

10.5.2　阀体镗削实例

完成图 10.62 所示的阀体(材料：HT200)的镗削加工。

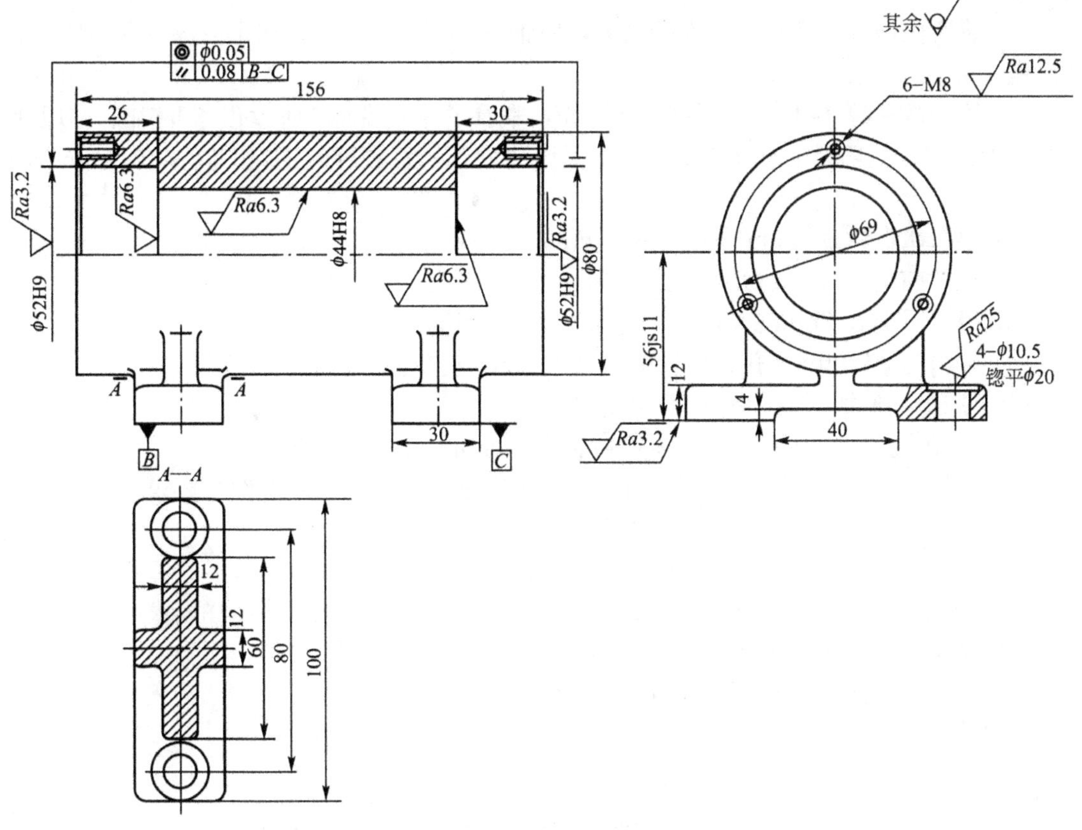

图 10.62 阀体

1. 阀体工件在装夹和加工中须注意的技术要求

(1) 工件装夹一般以安装面为基准面定位，找正工件毛坯外圆侧母线与镗床主轴线平行即可，或按钳工划线找正。

(2) 这类零件两端的孔大都是轴承支承孔。孔本身有尺寸精度、形状精度及较小表面粗糙度要求，同时还应注意位置精度的要求。

2. 加工条件

(1) 阀体上直径 ϕ44mm 的孔已铸出直径 ϕ30mm 的通孔。

(2) 安装面已加工至图样要求，长度 156mm 两端面粗铣至 158mm(留量大则刮削面很费时)。

(3) 设备为 T68 卧式镗床。

3. 镗加工步骤

(1) 检查工件上的两个安装面是否在一个平面上，放在工作台台面上要平稳，接触面要在 90%以上。

(2) 用四块压板分别压住两个安装面的左右两边，并紧固在工作台面上。

(3) 主轴找正定位。先在主轴锥孔内插入 ϕ40mm 的定位心轴，用游标高度尺以镗床工作台作基面测量定位心轴的上母线高度。移动主轴箱，使高度在 76js11 公差带之间，固定主轴箱。

(4) 将定位心轴端面贴在工件端面上，用钢直尺测量，找正定出上滑座的位置后固定上滑座。

(5) 第一次粗镗 ϕ44mm 通孔至 ϕ37mm，察看工件后端面，所镗孔是否镗圆，以及所镗孔是否大致在毛坯圆中心。如不对，上下设法调正，左右可调正(相差在 1～2mm 不用调正)。

(6) 第二次粗镗 ϕ44mm 通孔至 ϕ42mm。

(7) 粗镗前端 ϕ52mm 台阶孔至 ϕ50mm 深 30mm。

(8) 粗镗后端 ϕ52mm 台阶孔至 ϕ50mm 深 26mm。

(9) 半精镗 ϕ44mm 通孔，留铰削余量 0.1mm 左右。

(10) 用煤油作切削液，铰 ϕ44H8 通孔。

(11) 刮削前端面 1mm 长度，将铣后长度 158mm 刮削至 157mm。

(12) 半精镗前端 ϕ52mm 台阶孔留 0.3mm 余量，孔深 30mm 至图样要求。

(13) 精镗前端 ϕ52H9 台阶孔至图样要求。

(14) 刮削后端面，长度 156mm 至图样要求。

(15) 半精镗后端 ϕ52mm 台阶孔留 0.3mm 余量，孔深 26mm 至图样要求。

(16) 精镗后端 ϕ52H9 台阶孔至图样要求。

(17) 两端孔口用 45°镗刀头倒角 1mm×45°。

(18) 检查后卸下工件。

10.6 刨、镗削加工操作安全规范

10.6.1 刨削操作安全规范

(1) 刨削操作时必须穿好工作服，操作机床时不准戴手套。

(2) 开动机床前必须检查各手柄位置是否正确。在进行机床各种调整后，必须拧紧锁紧手柄，防止所调整的部件在工作中自动移位而造成人身事故。

(3) 工件、刀具和夹具必须夹持牢固可靠。

(4) 空车调整时，刨削速度不要调整过快，以免把刀架上的垫圈冲出来。如果要调整，应关机进行。

(5) 加工零件时，操作者应站在机床的两侧，以防工件未夹紧而受刨削力作用冲出误伤人体。一般应使平口虎钳与滑枕运动方向垂直，这样较为安全。

(6) 在刨削过程中，切勿拿量具测量工件或用手及量具扫除铁屑。

10.6.2 镗削操作安全规范

镗床操作必须提高遵守纪律的自觉性，遵守操作规程，同时还应熟悉以下安全知识：

(1) 工作前必须检查设备和工作场地，排除故障和隐患。操作人员必须穿合身的工作服，袖口要扎好。

(2) 操作时严禁戴手套。

(3) 工作中必须集中精力，坚守岗位，镗削时不准擅离岗位或做与镗削工作无关的事。

(4) 机床运转时，不准测量尺寸、对样板或用手摸加工面。镗孔、扩孔时不准将头贴近加工孔观察吃刀情况，更不准隔着转动的镗杆取物品。

(5) 使用平旋盘进行切削时，螺钉要拧紧，以防螺钉和斜铁甩出伤人。

(6) 启动工作台自动回转时，必须将镗杆缩回，工作台上禁止站人。

(7) 清除工作台面上的镗屑时，不能用手直接清理，要用刷子清除。

(8) 不准用手去刹住转动着的镗杆和平旋盘。

(9) 防止触电。

10.7 本章小结

本章介绍了刨床、插床和镗床及刨刀、插刀和镗刀等，同时简要概述了常用装夹定位等工艺系统的工作原理和合理使用；比较全面地叙述了水平面刨削、垂直面刨削、斜面刨削、沟槽刨削、拉削、单孔的镗削、平行孔的镗削、垂直孔的镗削、圆柱孔端面的镗削等各类加工方法。在介绍这些内容时，一方面讲述常规性技术，另一方面又突出了工艺窍门、操作关键，意在使读者能够全面掌握操作技能技巧。

10.8 思考与练习

1. 思考题

(1) 镗床镗孔与车床车孔有何不同？各适用于什么场合？

(2) 刨削时刀具和工件有哪些运动？与车削相比，刨削运动有何特点？

(3) 牛头刨床主要由哪几部分组成？各有何功用？

(4) 滑枕的往复运动是如何实现的？为什么工作行程慢、回行程快？这样有何实际意义？

(5) 刨垂直面时如何调整刀架？怎样调整切削深度和进给量？

(6) 刨削与水平面成60°的斜面时，刀架如何调整？

(7) 沟槽的刨削有何特点？

(8) 刨削窄槽时应如何防止断刀？

2. 实训题

(1) 刨削平面、垂直面、切槽时，刀架转盘刻度为什么要对零？用偏转刀架法加工斜面时，如何偏转刀架和刀座的角度？

(2) 试刃磨平面刨削刨刀。

第11章 典型表面成型工艺

教学提示：本章在前面各章所介绍的金属切削加工基本方法的基础上，归纳、总结了组成零件的外圆表面、内圆表面、平面、成型表面4种典型表面在不同技术要求及生产条件下的成型加工方案。并进一步通过综合技能训练课题引申到轴套类、箱体类、轮盘类、叉架类4种典型零件的机械加工工艺过程的分析及制订，体现了零件由原材料(毛坯)到产品的制造过程。

教学要求：本章主要训练学生能够利用所学知识，根据图样要求，结合生产条件正确制订并选择零件的机械加工工艺方案，生产出一些简单的合格产品，培养学生的综合工程素养与能力。

前面我们介绍了金属切削加工的一些基本方法及设备，现在我们具体来分析一些典型表面的加工方法的选择。机械零件不管多复杂，都是由外圆面、内圆面、平面及各种成型表面组合而成的。而对于一种表面的加工来讲，根据它在零件上的作用、技术要求不同，所选择的加工方法、方案也不同。合理的加工方法及方案必须满足优质、高产、低耗、安全的要求，即合理的经济性要求。本章主要介绍典型表面成型。

11.1 典型表面成型

11.1.1 外圆表面成型

外圆表面是组成零件的基本表面，是轴、套、盘类零件的主要表面或辅助表面。外圆加工在零件加工中占有相当大的比例。

1. 外圆表面的种类

根据外圆表面在零件上的组合方式，它可分为如下两大类：

(1) 单一轴线的外圆表面的组合。轴类、套筒类、盘环类零件大都具有外圆表面组合。这类零件按长径比(长度与直径比)的大小分为刚性轴($0<L/D\leqslant 12$)和柔性轴($L/D>12$)。加工柔性轴时，由于刚度差，易产生变形，车削时应采用中心架或跟刀架。大批量的光轴还可采用冷拔成型。

(2) 多轴线的外圆表面组合。根据轴线之间的相互位置关系，可分为轴线相互平行的外圆表面组合(如曲轴、偏心轮等)和轴线互相垂直的外圆表面组合(如十字轴等)，这类零件的刚度一般都较差。

2. 外圆表面的技术要求

外圆表面的技术要求包括：尺寸精度(直径和长度的尺寸精度)、形状精度(外圆面的圆度、圆柱度)、位置精度(与其他外圆表面或孔的同轴度、与端面的垂直度)和表面质量(表面粗糙度、表层硬度、残留应力和显微组织)。

3. 外圆表面加工方案分析

车削、磨削及研磨、超精加工、抛光等光整加工是外圆表面的主要加工方法。不同零件上的外圆面或同一零件上不同的外圆面，往往具有不同的技术要求，需要结合具体的生产条件，拟订较合理的加工方案。外圆表面常见的加工方案见表11-1。

表11-1　外圆表面的加工方案

序号	加工方案	公差等级	表面粗糙度 Ra/μm	适用范围
1	粗车	IT13～IT11	50～25	淬火钢以外的所有金属
2	粗车→半精车	IT9	12.5～6.3	
3	粗车→半精车→精车	IT7～IT6	3.2～1.6	
4	粗车→半精车→精车→滚压(或抛光)	IT8～IT6	0.4～0.05	
5	粗车→半精车→磨削	IT7～IT6	1.6～0.8	淬火钢，也可用于不淬火钢，但不宜加工有色金属
6	粗车→半精车→粗磨→精磨	IT6～IT5	0.8～0.2	
7	粗车→半精车→粗磨→精磨→超精加工(或轮式超精磨)	IT5	0.2～0.025	
8	粗车→半精车→精车→金刚石车削	IT6～IT5	0.8～0.05	有色金属加工
9	粗车→半精车→粗磨→精磨→超精磨或镜面磨	IT3～IT5	0.05～0.012	极高精度的外圆加工
10	粗车→半精车→粗磨→精磨→研磨	IT5～IT3	0.2～0.012	

为了使加工工艺合理从而提高生产率，外圆表面加工时，应合理选择机床。对精度要求较高的试制产品，可选用数控车床；对一般精度的小尺寸零件，可选用仪表车床；对直径大、长度短的大型零件，可选用立式车床；对单件小批量生产轴、套及盘类零件，选用卧式车床；对成批生产套及盘类零件，一般选用回轮、转塔车床；对成批生产轴类零件则选用仿形及多刀车床；对大量生产轴、套及盘类零件，常选用自动或半自动车床。

11.1.2　内圆表面成型

1. 内圆表面的种类

零件上内圆表面即圆孔，是零件的基本表面，零件上有多种多样的圆孔，常见的有以下几种：

(1) 紧固孔(如螺钉孔等)和其他非配合的油孔等。

(2) 回转体零件上的孔，如套筒、法兰盘及齿轮上的孔等。

(3) 箱体类零件上的孔，如床头箱箱体上主轴和传动轴轴承孔等，这类孔往往构成“孔系”。

(4) 深孔，即 $L/D>5\sim10$ 的孔，如车床主轴上的轴向通孔等。

(5) 圆锥孔，如车床主轴前端的锥孔及装配用的定位销孔等。

2. 内圆表面的技术要求

与外圆表面相似，孔的技术要求大致也分为 3 个方面：

(1) 本身精度：孔径和长度的尺寸精度；孔的形状精度，如圆度、圆柱度及轴线直线度等。

(2) 位置精度：孔与孔或孔与外圆面的同轴度，或孔与其他表面之间的尺寸精度、平行度、垂直度、角度等。

(3) 表面质量：表面粗糙度和表层硬度、残留应力和显微组织等。

3. 内圆表面加工方案分析

内圆表面的加工方法很多，切削加工方法有钻孔、扩孔、锪孔、铰孔、车孔、镗孔、拉孔、磨孔、研磨、珩磨、滚压等。除此之外，还有许多特种加工孔的方法，如电火花穿孔、超声波穿孔和激光打孔等。一般情况下，在实体材料上加工孔，必须先钻孔；若是对已铸出或锻出的孔则可采用扩孔或镗孔；大孔和孔系则在镗床上加工。通常钻孔、锪孔用于孔的粗加工；车孔、扩孔、镗孔用于孔的半精加工或精加工；铰孔、磨孔、拉孔用于孔的精加工；珩磨、研磨、滚压主要用于孔的高精加工；特种加工方法主要用于加工各种特殊的难加工材料。常用的内圆表面加工方案见表 11-2。

选择内圆表面的加工方案时，除应考虑孔径的大小和孔的深度、精度和表面粗糙度等的要求外，还要考虑工件的材料、形状、尺寸、质量和批量，以及车间的具体生产条件(如现有加工设备)。

表 11-2　内圆表面加工方案

序号	加工方案	公差等级	表面粗糙度 $Ra/\mu m$	适用范围 (d/mm)
1	钻	IT13～IT11	25	加工未淬火钢、铸铁、实心毛坯、有色金属($d<15$)
2	钻→铰	IT9	6.3～3.2	
3	钻→粗铰→精铰	IT8～IT7	3.2～1.6	
4	钻→扩	IT10～IT9	25～6.3	
5	钻→扩→铰	IT9～IT7	6.3～3.2	
6	钻→扩→粗铰→精铰	IT7	3.2～1.6	
7	钻→扩→机铰→手铰	IT7～IT6	0.8～0.2	
8	钻→扩→拉	IT9～IT7	3.2～0.2	大批量生产

（续）

序号	加工方案	公差等级	表面粗糙度 *Ra*/μm	适用范围 (*d*/mm)
9	粗镗(或扩孔)	IT13～IT11	25～12.5	除淬火钢以外的各种材料及具有铸造毛坯孔或锻造毛坯孔的工件
10	粗镗(粗扩)→半精镗(精扩)	IT9～IT8	6.3～3.2	
11	粗镗(粗扩)→半精镗(精扩)→精镗(铰)	IT9～IT8	3.2～1.6	
12	粗镗→半精镗→精镗→浮动镗刀精镗	IT7～IT6	1.6～0.8	
13	粗镗→半精镗→精镗→浮动镗刀精镗→挤压	IT7～IT6	1.6～0.4	
14	粗镗→半精镗→精镗→磨孔	IT8～IT7	1.6～0.4	用于淬火钢，不宜用于有色金属
15	粗镗→半精镗→粗磨→精磨	IT7～IT6	0.4～0.2	
16	粗镗→半精镗→精镗→金刚镗	IT7～IT6	0.8～0.1	用于有色金属
17	钻→扩→粗铰→精铰→珩磨	IT7～IT6	0.4～0.05	精度要求很高的孔
18	钻→扩→拉→珩磨			
19	粗镗→半精镗→精镗→珩磨			
20	钻→扩→粗铰→精铰→研磨	IT6以上	0.2～0.012	
21	钻→扩→拉→研磨			
22	粗镗→半精镗→精镗→研磨			

内圆表面的加工条件与外圆表面加工有很大的不同，刀具的刚度差，排屑、散热困难，切削液不易进入切削区，刀具易磨损。加工同样精度和表面粗糙度的圆孔，要比加工外圆面困难，成本也高。

11.1.3 平面成型

平面是盘型和板型零件的主要表面，也是箱体类零件的主要表面之一。

1. 平面的种类

根据平面所起的作用不同，大致可分为以下几种。

(1) 非接触面，这些平面只是在外观或防腐蚀需要时才进行加工。

(2) 结合面和重要结合面，如零部件的固定连接平面。

(3) 导向平面，如机床的导轨面。

(4) 精密测量工具的工作面等。

2. 平面的技术要求

与外圆面和内圆面不同，一般平面本身的尺寸精度要求不高，其技术要求主要有以下3个方面：

(1) 形状精度，如平面度和直线度等。

(2) 位置精度，如平面之间的平行度、垂直度等。

(3) 表面质量，如表面粗糙度、表面硬度、残留应力、显微组织等。

3. 平面加工方案的分析

根据平面的技术要求及零件的结构形状、尺寸、材料和毛坯种类，结合具体的加工条件(如现场现有设备)，平面可分别采用车、铣、刨、磨、拉等方法加工 。要求更高的精密平面，可以用刮研、研磨等进行精整加工；回转体零件的端面，多采用车削和磨削加工；其他类型的平面，以铣削或刨削加工为主；拉削仅适于在大批量生产中加工技术要求较高且面积不太大的平面；淬硬的平面则必须用磨削加工。常用的平面加工方案见表 11-3。

表 11-3　平面加工方案

序号	加工方案	公差等级	表面粗糙度 $Ra/\mu m$	适用范围 (d/mm)
1	粗车	IT13～IT11	50～12.5	端面
2	粗车→半精车	IT10～IT8	6.3～3.2	
3	粗车→半精车→精车	IT8～IT7	1.3～0.8	
4	粗车→半精车→精车→磨削	IT8～IT6	0.8～0.6	
5	粗刨(或粗铣)	IT13～IT11	25～6.3	一般不淬硬平面(端铣)表面粗糙度 Ra 值较小
6	粗刨(或粗铣)→精刨(或精铣)	IT10～IT8	6.3～1.6	
7	粗刨(或粗铣)→精刨(或精铣)→刮研	IT7～IT6	0.8～0.1	精度要求较高的不淬硬平面，批量较大时宜采用宽刃精刨方案
8	以宽刃精刨代替上述刮研	IT7	0.8～0.2	
9	粗刨(或粗铣)→精刨(或精铣)→磨削	IT7	0.8～0.2	精度较高的淬硬平面或不淬硬平面
10	粗刨(或粗铣)→精刨(或精铣)→粗磨→精磨	IT7～IT6	0.4～0.025	
11	粗铣→拉削	IT9～IT7	0.8～0.2	大量生产、较小的平面(精度视拉刀的精度而定)
12	粗铣→精铣→磨削→研磨	IT5 以上	0.1～0.006	高精度平面

注：表中公差等级是指平行平面间距离尺寸公差等级。

11.1.4　成型表面加工

成型表面分为一般成型表面和特殊成型表面。一般成型表面是指圆锥面(包括内、外)、圆弧回转面(如机床手柄等)、凸轮、汽轮机的叶片等；特殊成型表面有齿轮、螺纹等。各种成型表面由于其形状、用途不同，故其技术要求、加工方法的选择也不同。下面以圆锥面、圆弧面、螺纹、齿轮为例介绍其加工方案。

1. 圆锥面的加工

圆锥面的技术要求一般要求圆锥母线有较高的直线度和同轴度，由于圆锥面配合主要用在工具上，一般表面粗糙度要求较低。圆锥面的加工根据技术要求一般采用车削、车削—磨削的加工方案。车削、磨削圆锥面的具体方法前面已经介绍过，这里不再重复。表 11－4是车削圆锥面的方法及其适应条件，供选择时参考。

表 11－4 车削圆锥面的方法及适用范围

车削方法	适用范围
宽刃刀法	适用于批量生产时加工较短的锥面
转动小拖板法	适用于单件小批量生产时加工锥角很大的内外锥面
偏移尾座法	适用于生产时加工半锥角较小($\alpha<8°$)、锥面较长的外锥面
靠模法	适用于大批量生产时加工小锥度($\alpha<12°$)的内外长锥面

2. 圆弧成型面的加工

根据技术要求圆弧成型面的加工一般采用车削、车削—磨削—抛光的加工方案，具体的加工方法前面已经介绍过，这里不再重复。表 11－5 是车削圆弧成型面的方法及适用范围。供选择时参考。

表 11－5 车削圆弧成型面的方法及适用范围

加工方法	适用范围
双手控制法	适用于生产率、精度低的单件小批量生产
成型刀法	适用于批量生产
靠模法	适用于成批生产
数控加工	适用于大批量生产

3. 螺纹面的加工

螺纹也是零件上常见的表面之一，它的种类很多，应用很广。按牙型分为三角螺纹、方形螺纹、梯形螺纹等；按用途分为紧固螺纹、连接螺纹和传动螺纹。三角螺纹一般用作连接和紧固，方形螺纹和梯形螺纹用作传动。

(1) 螺纹的技术要求。螺纹和其他类型的表面一样，也有一定的尺寸精度、形位精度和表面质量的要求。由于它们的用途和使用要求不同，技术要求也有所不同。

对于紧固螺纹和无传动精度要求的传动螺纹，一般只要求中径、外螺纹的大径、内螺纹的小径的精度。对于有传动精度要求或用于读数的螺纹，除要求中径和顶径的精度外，还要求螺距和牙型角的精度。为了保证传动或读数精度及耐磨性，对螺纹表面的粗糙度和硬度等也有较高的要求。

(2) 螺纹加工方法的分析。螺纹的加工方法很多，除前面介绍过的钳工攻螺纹、套螺纹，车工在车床上车削螺纹外，一般在成批和大量生产中，广泛采用铣削和滚压的方式进行，对于精度要求高的淬硬螺纹的精加工，如丝锥、螺纹量规、滚丝轮、精密螺杆上的螺纹，为了修正热处理引起的变形，提高加工精度，必须进行磨削或研磨。铣削、滚压、磨削、研磨螺纹一般都在专用的螺纹加工机床上加工。选择螺纹的加工方法时，要考虑的因素很多，其中主要的是工件形状、螺纹牙型、螺纹的尺寸和精度、工件材料和热处理及生产类型等。表 11-6 列出了常见螺纹加工方法所能达到的精度和表面粗糙度，可以作为选择螺纹加工方法的依据和参考。

表 11-6　常见螺纹加工方法

加工方法		螺纹中径的公差等级	表面粗糙度 *Ra*/μm	应用范围
车削螺纹		IT8～IT4	3.2～0.8	单件小批量生产
铣削螺纹	盘铣刀铣削	IT9～IT8	6.3～3.2	批量生产大螺距、长螺纹的粗加工和半精加工
	旋风铣削			大批量生产螺杆和丝杆的粗加工和半精加工
磨削螺纹		IT4～IT3	0.8～0.2	各种批量螺纹精加工或直接加工淬火后小直径螺纹
攻螺纹		IT8～IT6	6.3～1.6	各类零件上的小径螺孔
套螺纹		IT8～IT6	6.3～1.6	单件小批量生产使用板牙，大批量生产可用螺纹切头
滚轧螺纹		IT6～IT3	0.8～0.2	(纤维组织不被切断，强度高、硬度高、表面光滑、生产率高)应用于大批量生产中加工塑性材料的螺纹

4. 齿轮齿形表面的加工

齿轮齿形表面形式根据用途不同有多种，一般机械上所用的齿轮多为渐开线齿形，仪表中的齿轮常为摆线齿形，矿山机械、重型机械中的齿轮有时采用圆弧齿形等。

(1) 齿轮的技术要求：由于齿轮在使用上的特殊性，除了一般的尺寸精度、形位精度和表面质量的要求外，还有一些特殊要求，归纳起来有如下四项：一是传递运动的准确性；二是传动的平稳性；三是载荷分布的均匀性；四是要有合理的传动侧隙。对于以上四项要求，不同齿轮会因用途和工作条件的不同而有所不同。

国家标准(GB/T 10095.1—2008)对渐开线圆柱齿轮及齿轮副规定了 13 个精度等级，精度由高到低依次为 0，1，2，3，…，12 级。其中 0，1，2 级是为发展远景而规定的，目前加工工艺尚未达到这样高的水平。7 级精度为基本级，是在实际使用(或设计)中普遍应用的精度等级。在加工中，基本级就是在一般条件下，应用普遍的滚、插、剃 3 种切齿工艺所能达到的精度等级。齿轮副中两个齿轮的精度等级一般取成相同。

(2) 齿轮齿形加工方案：在齿轮上成型表面就是指齿形表面，齿形加工是齿轮加工的核心和关键，目前制造齿轮主要是用切削加工，也可以用铸造或碾压(热轧、冷轧)等方法。铸造齿轮的精度低、表面粗糙；碾压齿轮生产率高、力学性能好，但精度仍低于切齿，未被广泛采用。

用切削加工的方法加工齿轮齿形，按照加工时的工作原理可分为成形法和展成法两种。

① 成形法(也称仿形法)是指用与被切齿轮齿间形状相符的成形刀具，直接切出齿形的加工方法。常见加工方式有铣齿、拉齿、成形法磨齿等。

② 展成法(也称范成法或包络法)是指利用齿轮刀具与被切齿轮的啮合运动，切出齿

形的加工方法。常见的加工方式有滚齿、插齿、珩齿、研齿、剃齿和展成法磨齿等。

以上常见加工方式中，铣齿、插齿、滚齿只能获得一般精度的齿面，精度超过 IT7 级或加工淬硬齿面就需用剃齿、珩齿、磨齿、研齿来精加工。

齿轮齿面的精度要求大多较高，加工工艺也较复杂，选择加工方法时应综合考虑齿轮的精度，齿面的粗糙度要求及齿轮的结构、形状、模数、尺寸、材料和热处理状态，还要考虑生产类型、企业的加工条件等。表 11－7 所列出的精度为 IT10～IT5 级，模数为 1～10mm 的中等尺寸圆柱齿轮齿面的常见加工方案，可作为我们实际选择时的依据和参考。

表 11－7　圆柱齿轮齿面加工方案选择

特征	齿轮加工工艺路线	齿轮精度等级
轮齿面	滚齿	7 级及 7 级以下
	插齿	6 级及 6 级以下
	滚齿→剃齿	6～7 级
	插齿→剃齿	6～7 级
中硬齿面齿部感应淬火	滚齿(插齿)→剃齿→感应淬火→滚光	8 级及 8 级以下
	滚齿(插齿)→剃齿→感应淬火→珩齿	8 级及 8 级以下
	滚齿(插齿)→剃齿→感应淬火→中硬齿面剃齿→软珩轮珩齿	6 级及 6 级以下
	滚齿(插齿)→剃齿→感应淬火→蜗杆珩齿	7 级及 7 级以下
	滚齿→感应淬火→中硬齿面滚齿→蜗杆珩齿	6 级及 6 级以下
	滚齿(插齿)→剃齿→感应淬火→蜗杆珩齿	7 级及 7 级以下
硬齿面渗碳淬火	滚齿(插齿)→渗碳淬火→磨齿	6～7 级
	滚齿(插齿)→渗碳淬火→粗磨齿→精磨齿	4～5 级
	滚齿(插齿)→渗碳淬火→粗磨齿→时效→半精磨齿→精磨齿	3 级以上
	滚齿(插齿)→剃齿→渗碳淬火→蜗杆珩齿	7 级及 7 级以下

11.2　综合技能训练课题

前面介绍了零件上各种基本表面的一般技术要求、常用加工方法及加工设备，但是组成机器的零件是多种多样的，有简单和复杂；有单一基本表面的组合和两种或多种基本表面的组合；有高精度和低精度。这就要求具体问题具体分析，在保证质量的前提下，尽可能做到经济，选择制订合理可行的零件机械加工工艺，实现制造目标。

(1) 制订零件机械加工工艺的内容。零件的机械加工工艺就是零件加工的方法和步骤。它的内容包括排列加工工序(包括毛坯制造、热处理和检验工序)、确定各工序所用的机床、装夹方法、加工方法、度量方法、加工余量、切削用量和工时定额等。将这些内容填写在一定形式的卡片上，就是通常所说的“机械加工工艺卡片”。

(2) 制订零件机械加工工艺的步骤。

① 认真研究图样及其技术要求，即通常所说的图纸分析。

② 选择毛坯的类型。

③ 进行工艺分析。

④ 拟定工艺路线，就是把零件各表面的加工顺序作合理的安排。

⑤ 确定各工序所用的机床、装夹方法、加工方法及度量方法。

⑥ 确定各工序的加工余量。

⑦ 编制工艺卡片。

尽管各种零件功能不同，种类繁多(图 11.1)，但是它们基本可归纳为四类：即轴套类、轮盘类、箱体类、叉架类。下面我们选择几种有代表性的零件一起来分析、学习零件机械加工工艺制订的步骤及方法。

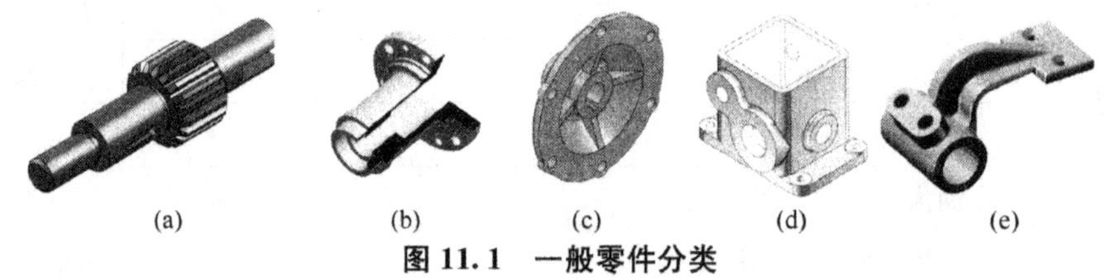

(a) (b) (c) (d) (e)

图 11.1 一般零件分类

11.2.1 轴类零件加工工艺

阶梯轴是轴类零件中用得最多的一种。它一般由外圆、端面、轴肩、螺纹、螺纹退刀槽、砂轮越程槽、键槽和中心孔等组成。阶梯轴的加工工艺比较典型，反映了轴类零件加工的基本规律。图 11.2 所示为一减速箱的传动轴。轴颈 A、B 段安装滚动轴承，外圆 C 段安装齿轮，外圆 D 段安装带轮。材料为 45 钢，加工数量为 8 件。

1. 毛坯的选择

此轴的各段直径相差不大，可选热轧圆钢为坯料。轴的最大直径为 ϕ40mm，查表取整确定直径上加工总余量为 5mm，坯料直径取为 ϕ45mm，两端面各取余量 2mm，故毛坯直径定为 ϕ45mm，长度为 204mm。

2. 定位基准的选择

加工精度要求较高的实心轴类零件，一般选择两端中心孔为定位精基准面。由于坯料的直径和长度都不大，又是单件小批量生产，坯料可以装夹在车床的三爪自定心卡盘上，以坯料外圆为粗基准，依次在两端加工端面和钻中心孔，然后以两端中心孔为精基准面，加工各段外圆和台阶面。

3. 加工方法的选定

轴颈 A、B 段直径的尺寸公差等级为 IT6，C、D 段为 IT7，表面粗糙度分别为 $Ra0.4\mu m$ 和 $Ra0.8\mu m$，又有位置公差要求，需经粗车→半精车→磨削。其他外圆表面通过车削便可达到要求。有端面跳动公差要求的 4 个台阶面需在磨床上用砂轮靠磨。键槽可在立式铣床上用键槽铣刀铣出。

4. 加工顺序的安排

两端中心孔是加工各外圆面的定位基准面，故应先进行加工；车削外圆时，应粗、精

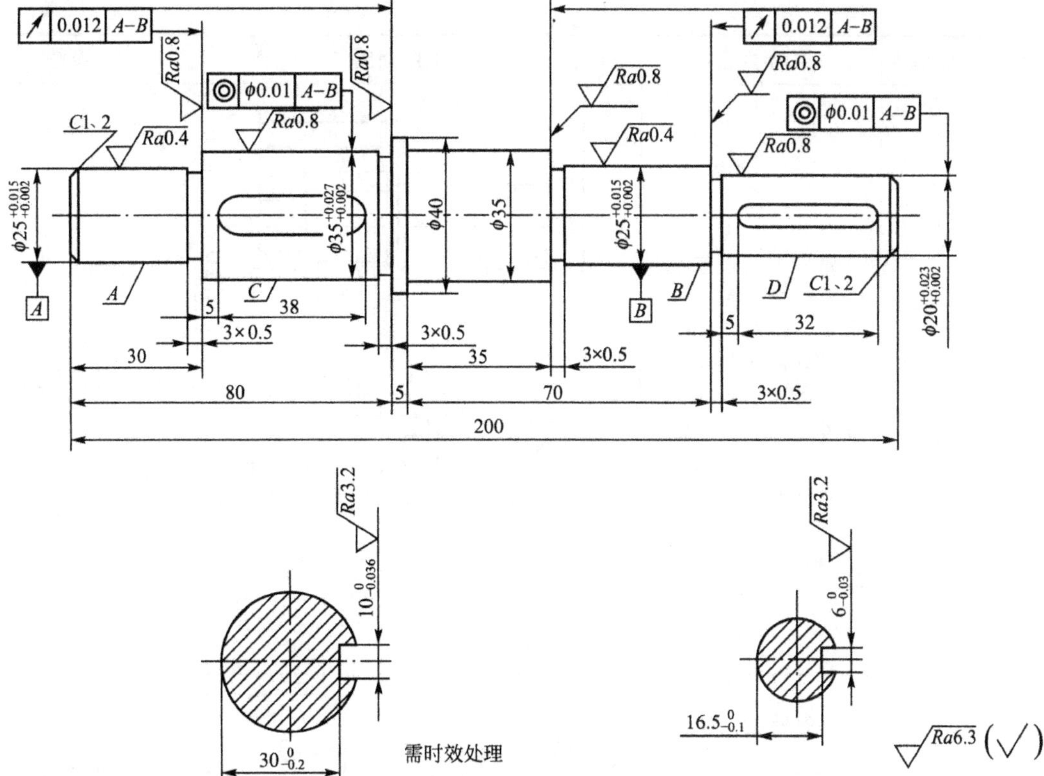

图 11.2　减速箱的传动轴

加工分阶段进行；粗车与半精车之间安排时效处理，以消除粗车时产生的应力；铣键槽安排在半精车后、磨削前进行；机械加工完毕，最终进行检验。

5. 传动轴的机械加工工艺卡片

传动轴的机械加工工艺卡片见表 11-8。

表 11-8　传动轴的机械加工工艺卡片

工序号	工序名称	工序内容	工序简图	设备
1	下料	圆钢下料 $\phi \times L=$ 45mm×204mm		锯床
2	车	装夹Ⅰ：车平一端端面，钻 ϕ2.5mm B 型中心孔 装夹Ⅱ：调头，车另一端面，保证总长 200mm，钻 ϕ2.5mm B 型中心孔	Ra6.3 Ra6.3 200	卧式车床

（续）

工序号	工序名称	工序内容	工序简图	设备
3	车	装夹Ⅰ：粗车 A、C 段外圆，留 2mm 余量，粗车 ϕ40mm 外圆至 ϕ40.5mm 装夹Ⅱ：粗车 B、D 段外圆，各留 2mm 余量，粗车 ϕ35mm 外圆至 ϕ35.5mm		卧式车床
4	热	时效处理		卧式车床
5	钳	修研两端中心孔		
6	车	装夹Ⅰ：半精车 A、C 段外圆，留磨量 0.4mm；车 ϕ40mm 到尺寸；切各越程槽和倒角 装夹Ⅱ：调头，半精车 B、D 段外圆，留磨量 0.4mm；车 ϕ35mm 外圆到尺寸；切各越程槽和倒角		卧式车床

（续）

工序号	工序名称	工序内容	工序简图	设备
7	钳	键槽划线		
8	铣	用机用平口虎钳装夹，铣宽度为6mm及10mm的两个键槽		立式铣床
9	磨	装夹Ⅰ：粗磨精磨A、C段两外圆到尺寸，并靠磨两个台阶面 装夹Ⅱ：调头，粗磨精磨B、D段外圆到所需尺寸，并靠磨两个台阶面	$\phi35^{+0.027}_{+0.002}$ $\phi25^{+0.015}_{+0.002}$ $\phi25^{+0.015}_{+0.002}$ $\phi20^{+0.023}_{+0.002}$ x = Ra0.8 y = Ra0.4	外圆磨床
10		检验		

11.2.2 箱体类零件的加工工艺

箱体零件是机器中箱体部分的基础零件，各种箱体零件结构形状有较大差别，但它们在结构上仍有一些共同的特点：结构形状一般都比较复杂，箱壁较薄且不均匀，内部成空腔，在箱体壁上有各种形状的平面及较多的轴承支撑孔和紧固孔，这些平面和支撑孔的精度与表面粗糙度要求均较高。一般来说，箱体零件需要加工的部位较多，且加工的难度也较大。

图11.3所示为一减速箱的底座，材料为HT200，数量为30件。

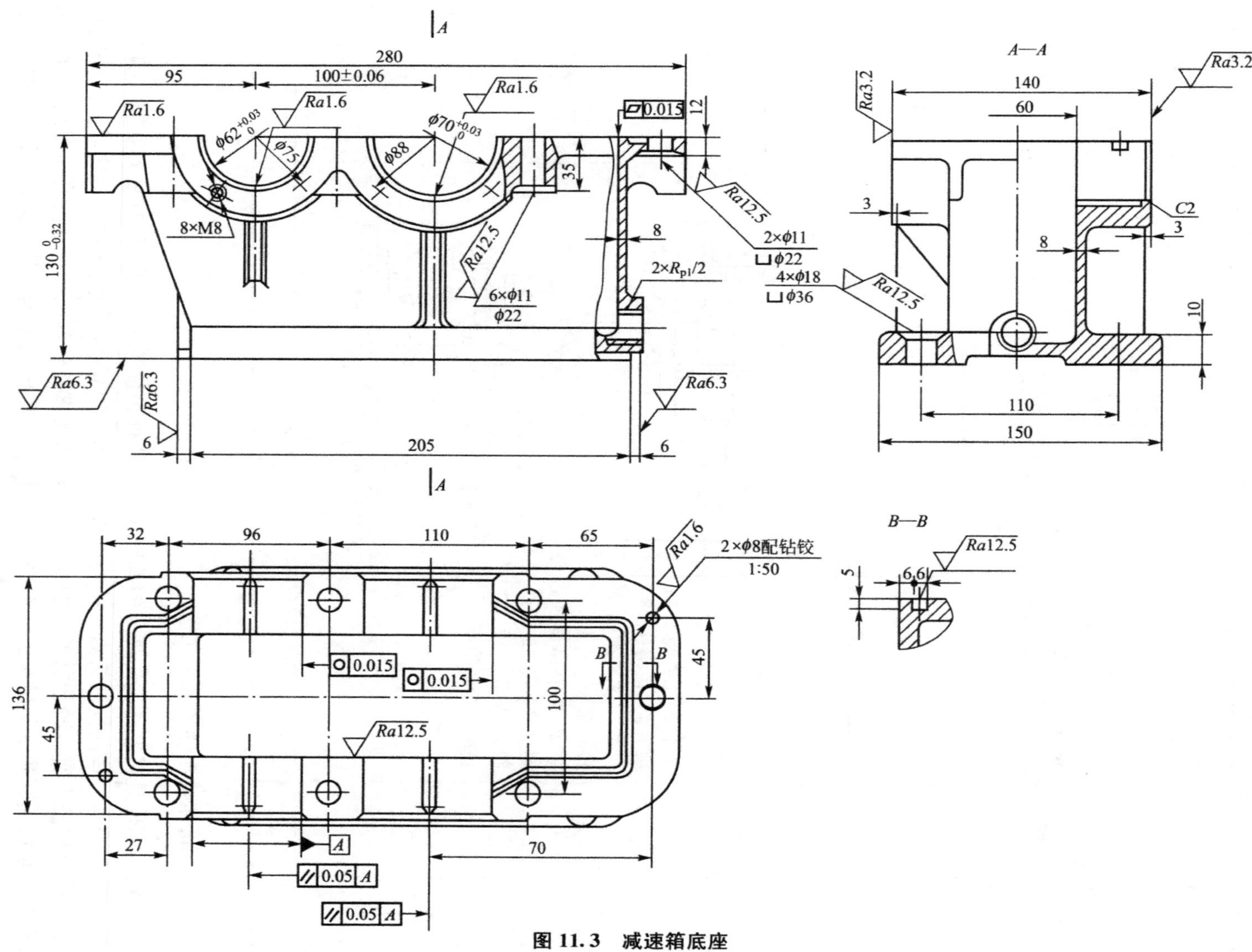
A
280
95
100±0.06
Ra1.6
ϕ62$^{+0.03}_{0}$
ϕ75
ϕ88
ϕ70$^{+0.03}_{0}$
0.015
12
35
Ra12.5
2×ϕ11
ϕ22
4×ϕ18
ϕ36
8×M8
130$^{0}_{-0.32}$
8
2×R_{p1}/2
6×ϕ11
ϕ22
Ra6.3
6
205
A—A
Ra3.2
140
60
C2
3
10
110
150
B—B
Ra12.5
5
6.6
32
96
110
65
Ra1.6
2×ϕ8配钻铰
1:50
B
45
100
136
27
70
A
0.05 A

图 11.3 减速箱底座

1. 毛坯的选择

因为是小批量生产，所以选手工铸造件为毛坯，铸件需经退火处理。

2. 定位基准的选择

以与箱盖结合的顶平面为粗基准，以底面为精基准。

3. 加工方法的选择

箱体零件机械加工的主要任务是平面和孔，加工平面一般采用刨、铣、磨削等，加工重要的孔常用镗削，小孔多采用钻孔→扩孔→铰孔。顶平面是与箱盖的结合面，平面度要求很高，其最后工序可用刮削，前面的工序可为粗刨及精刨；支撑轴承的各半圆孔，其尺寸精度、形位精度要求都较高，还要与箱盖上对应的另一半准确相配，因此，在结合面精加工之后，需将箱盖与底座用螺栓穿过螺栓孔将两者装配起来，再钻、铰两个 ϕ8mm 定位销孔，打入定位销，最后一起镗削这两排孔；镗孔时需在卧式镗床上经粗镗→半精镗→精镗，随即用镶齿面铣刀铣削轴承孔的两端面；各螺栓孔和油塞孔可用钻床钻出；底面经粗、精刨即可。

4. 减速箱底座的机械加工工艺卡片

减速箱底座的机械加工工艺卡片见表 11-9。

表 11-9　减速箱底座的机械加工工艺卡片

工序号	工序名称	工序内容	设备
1	铸	铸造毛坯及退火	
2	钳	划线(顶面、底面、各端面)	
3	刨	以顶面为粗基准，找正后，用压板及螺栓将工件压紧在刨床工作台上，粗、精刨底面	牛头刨床
4	刨	以底面为精基准，找正后，用压板及螺栓将工件压紧在刨床工作台上，粗、精刨顶面；刨两侧端面，留余量 0.75mm	牛头刨床
5	钳	划线(各螺栓孔、油塞孔)	
6	钻	分别以底面和顶面为精基准，用压板及螺栓将工件压紧在钻床工作台上，钻上下各螺纹孔	立式钻床
7	钻	用螺栓及压板将工件装夹到钻床工件台的弯板上，钻油塞螺纹孔的底孔，并锪平其端平面	立式钻床
8	钳	刮削顶平面	
9	钳	将已加工好接合面的箱盖与底座组装。钻、铰定位锥销孔，打入定位销钉	
10	镗	粗镗、半精镗和精镗各轴承孔到尺寸，并用镶齿面铣刀铣削轴承孔的两边端面(工作台靠定位挡块转 180°)	T68 卧式镗床

（续）

工序号	工序名称	工序内容	设备
11	钳	划轴承孔端面上各螺纹孔加工线	
12	钻	钻轴承孔端面上各螺纹孔的底孔	
13	钳	攻 M8 螺纹孔 8 个及油塞螺纹孔	
14	铣	拆开箱盖后，在顶面铣油槽	
15	钳	去毛刺	
16	检	检验，需要与箱盖组装后进行总检	

11.2.3 轮盘类零件的加工工艺

轮盘类零件的结构特点是纵向尺寸与横向尺寸差别不大，形状各异，主要用于配合轴套类零件传递运动和扭矩。其主要加工表面有内圆面、外圆面、端面和沟槽等。现以图 11.4所示台阶齿轮为例来分析轮盘类零件的加工工艺。零件加工数量 50 件。

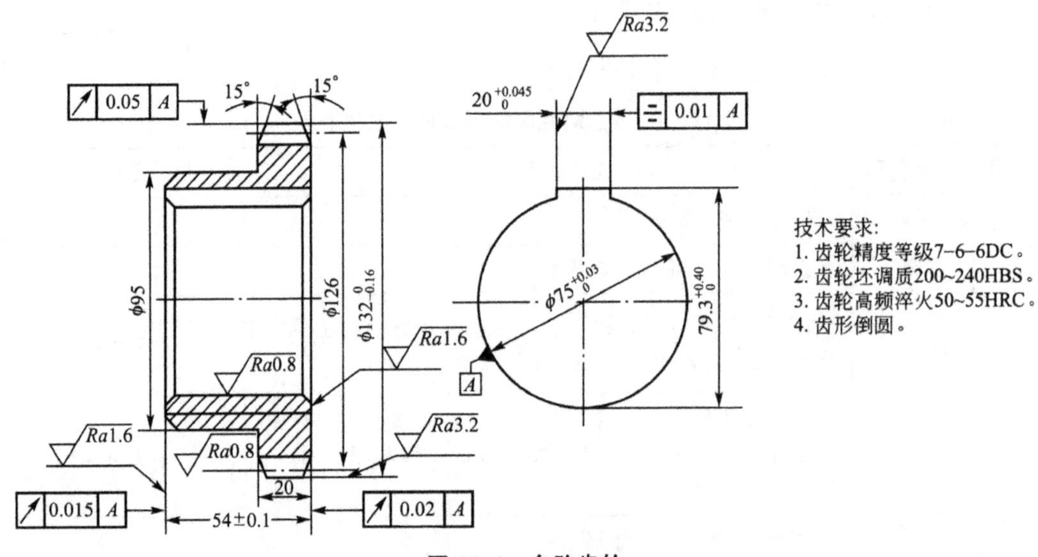

图 11.4 台阶齿轮

1. 材料与毛坯的选择

齿轮承受交变载荷，工作在复杂应力状态。其材料应具有良好的综合力学性能，常选用 45 钢或 40Cr 钢锻件毛坯，并进行调质处理，很少直接用圆钢作毛坯。对于受力不大，主要用来传递运动的齿轮，也可采用铸件、非铁金属和非金属毛坯。本例选用 40Cr 锻件毛坯。

2. 主要技术要求与工艺问题

齿轮的内孔，端面的尺寸精度、形位精度、表面粗糙度及齿形精度是齿轮加工的主要技术要求和要解决的主要工艺问题。

3. 定位基准与装夹方法

齿轮加工时通常以内孔、端面定位或外圆、端面定位，使用专用心轴或自定心卡盘装夹工件。本例齿坯加工主要选用外圆、端面定位，自定心卡盘装夹工件，齿形加工选用内孔、端面定位，使用专用心轴安装工件加工。

4. 工艺过程特点

齿轮加工分为齿坯和齿形加工两个阶段。齿坯加工过程代表了一般轮盘类零件加工的基本工艺过程，采用通用设备和通用工装；齿形加工属特型表面加工，多采用专用设备(齿轮加工机床)和专用工装，通常以内孔、端面定位，插入心轴装夹工件。

5. 台阶齿轮的基本工艺过程

台阶齿轮的基本工艺过程如图 11.5 所示。

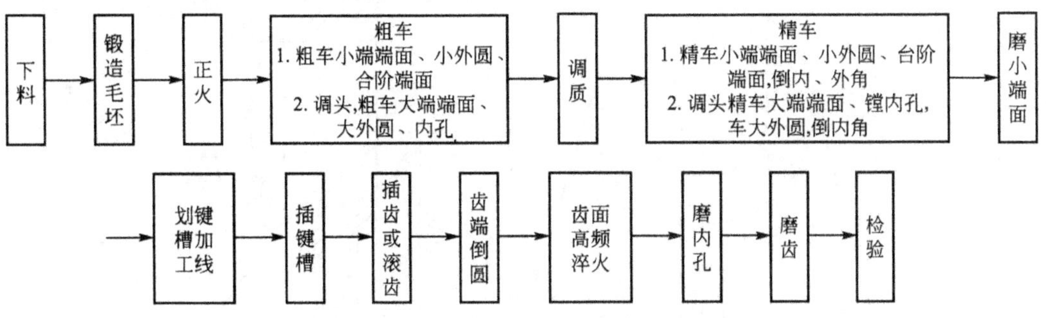

图 11.5 台阶类齿轮的基本工艺过程

这个基本工艺过程实际是加工顺序的一个基本安排，实际生产中根据生产条件以此为基础适当调整增减细化某些工序即可。

11.2.4 叉架类零件的加工工艺

叉架类零件的特点是形状多样、不规则，有简单或复杂；主要在机器上起支撑与连接的作用；主要加工表面有内孔、平面、用于连接的螺纹孔等。

1. 材料与毛坯的选择

叉架类零件一般承载不大，有些形状复杂，因此多选用灰铸铁毛坯，对一些承载较大的零件可选用球墨铸铁或铸钢毛坯；在单件小批量生产中也可以采用钢焊接结构毛坯。

2. 主要技术要求与工艺问题

叉架类零件轴承孔和基准面的形状精度、位置精度，平行孔之间的平行度，同轴孔之间的同轴度及主要加工表面的表面粗糙度等，是叉架类零件的主要技术要求，也是加工时要解决的主要工艺问题。

3. 定位基准与装夹方法

叉架类零件在单件小批量生产中要安排划线工序，因为这类零件的不规则性，通过划线，可以合理分配各加工表面的加工余量，调整加工表面与非加工表面之间的位置关系，并且为加工提供了定位依据。叉架类零件在加工过程中，主要的定位方式有底平面和导向平面定位，底平面和一个孔定位。叉架类零件在单件小批量生产中常用螺钉、压板等直接装夹在机床工作台上；在大批量生产中则多采用专用夹具装夹。

4. 工艺过程特点

一般来说，叉架类零件加工时，通常采用先面后孔的加工原则；安排时效热处理以消除内应力；常采用通用的设备和工装。在大批量生产中也只能部分采用专用设备与工装。

5. 叉架类零件的基本工艺过程

以图 11.6 所示的单孔支架为例，生产数量 20 件。

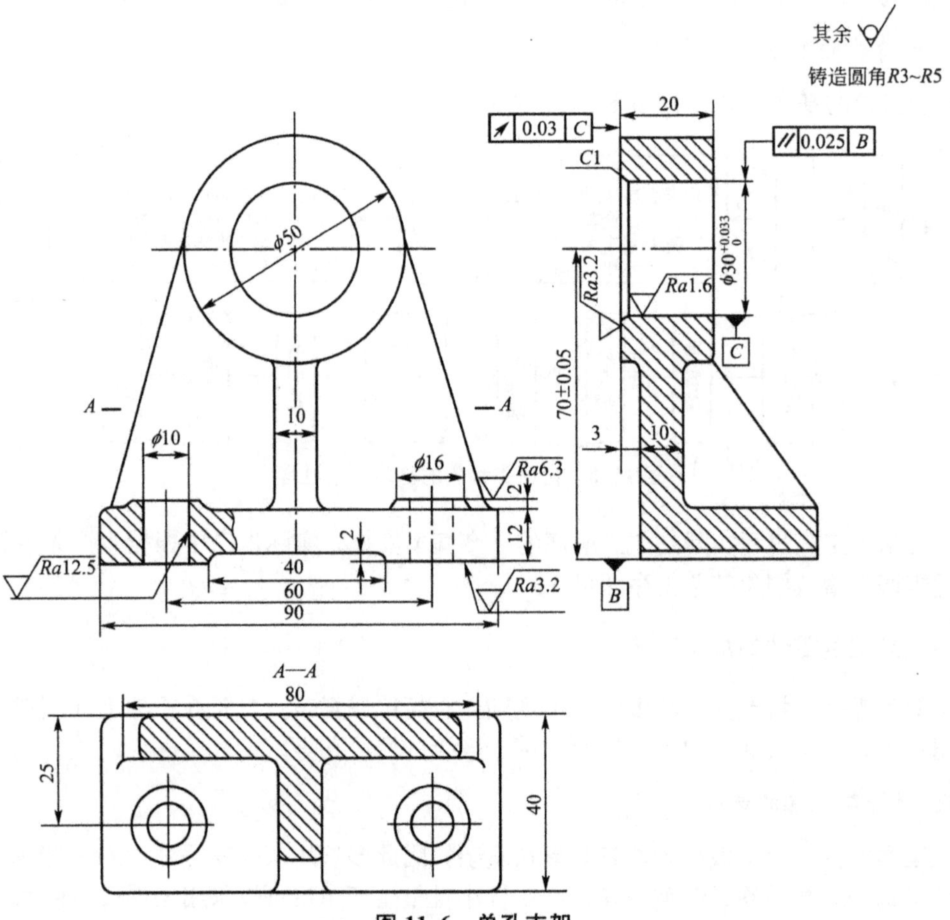

图 11.6　单孔支架

叉架类零件基本工艺过程如图 11.7 所示，具体拟定各种叉架类零件的加工工艺时，可以根据图样及技术要求、生产条件以此为基础适当增减某些工序即可。

铸造毛坯 → 时效 → 划线 → 粗加工主要平面 → 粗加工轴承孔 → 划线 → 精加工主要平面 → 精加工轴承孔

图 11.7　叉架类零件基本工艺过程

通过以上分析可知，不同的零件，由于结构、尺寸、精度和表面粗糙度等技术要求不同，其加工工艺也随之不同；即使是同一零件，由于批量和机床设备、工夹量具等条件不同，加工工艺也不尽相同；在一定生产条件下，同一个零件的加工工艺方案可以有几种，但往往只有一两种相对更为合理。因此，我们在制订零件的加工工艺时，一定要综合考虑产品质量、生产率和经济性3个产品生产的根本性指标，工艺设计时，应联系有关内容，对所拟定的各个工艺方案进行分析、优选，以求在保证加工质量的同时获得较高的生产率和较好的经济性。

11.3 实践中常见问题解析

在机械制造实习的综合训练中，制订工艺方案和实际加工训练时，我们经常遇到生产类型与加工方法、机床工装、毛坯成型方法的选择，如何选择材料成型方法，如何确定工序加工余量等具体问题。下面简单介绍一些这方面的知识，可作为实际选择时的依据和参考。

11.3.1 生产类型与工艺方案

某企业一年制造的合格产品数量称为生产纲领(即年产量)。生产纲领是划分生产类型的依据，对企业的生产过程及管理有着决定性的影响。根据产品零件的大小和生产纲领，机械制造生产一般可以分为单件生产、成批生产和大量生产3种不同的生产类型。目前，按产品的生产纲领划分生产类型国内外尚无十分严格的标准，但表11-10所列的划分方法通常被业内认可，可供参考。

表11-10 生产类型的划分

生产类型		同一零件的年产量/件		
		重型零件(质量>2000kg)	中型零件(质量100～2000kg)	轻型零件(质量<100kg)
单件生产		<5	<10	<100
成批生产	小批生产	5～100	10～200	100～500
	中批生产	100～300	200～500	500～5000
	大批生产	300～1000	500～5000	5000～50 000
大量生产		>1000	>5000	>50 000

在拟定零件的工艺过程时，由于生产类型不同，所采用的加工方法、机床设备、工夹量具、毛坯形式及对工人的技术要求等都有很大的不同。表11-11为各种生产类型的要求和特征，可作为拟定零件工艺过程、组织生产时的参考。

表11-11 各种生产类型的要求和特征

	单件生产	成批生产	大量生产
机床设备	通用(万能)设备	通用的和部分专用的设备	广泛使用高效率专用设备
夹具	很少用专用夹具	广泛使用专用夹具	广泛使用高效率专用夹具

（续）

	单件生产	成批生产	大量生产
刀具和量具	一般刀具和通用量具	部分采用专用刀具和量具	高效率专用刀具和量具
毛坯	木模铸造和自由锻	部分采用金属模铸造和模锻	机器造型、压力铸造、模锻、滚锻等
对工人的技术要求	需要技术熟练的工人	需要比较熟练的工人	调整工要求技术熟练，操作工要求熟练程度较低

11.3.2 毛坯成型方法的选择

前面我们已经学过毛坯成型的方法有铸造、锻造、冷挤压、板料冷冲压、型材切割、粉末冶金、焊接和组合毛坯等。实践中我们选择毛坯主要是根据零件的形状、使用要求、生产类型和现场条件，以及技术经济分析和论证来确定。表 11－12 所列为常用毛坯的制造方法与工艺特点，供选择时参考。

表 11－12　常用毛坯的制造方法与工艺特点

毛坯制造方法		最大质量/mg	最小壁厚/mm	形状复杂程度	适用材料	生产类型	公差等级(IT)	毛坯尺寸公差/mm	表面粗糙度/μm	生产率	其他
铸造	木模手工砂型	无限制	3～5	最复杂	铁碳合金、有色金属及其合金	单件及小批生产	11～13	1～8	$\checkmark$	低	表面有气孔、砂眼、结砂、硬皮，废品率高
	金属模机械砂型	至 250	3～5	最复杂	铁碳合金、有色金属及其合金	大批量生产	8～10	1～3	$\checkmark$	高	设备复杂，工人水平可降低
	金属型浇注	至 100	1.5	一般	铁碳合金、有色金属及其合金	大批量生产	7～9	0.1～0.5	12.5～6.3	高	结构细密，承受较大压力
	离心铸造	至 200	3～5	回转体	铁碳合金、有色金属及其合金	大批量生产		1～8	12.5	高	力学性能好，砂眼少，壁厚均匀
	压力铸造	10～16	0.5(锌) 10(其他合金)	取决于模具	有色金属、合金	大批量生产	6～8	0.05～0.15	6.3～3.2	最高	直接出成品、设备昂贵
	熔模铸造	小型零件	0.8	较复杂	难加工材料	单件及成批生产	5～7	0.05～0.2	12.5～3.2	一般	铸件性能好，便于组织流水生产，直接出成品
	壳模铸造	至 200	1.5	复杂	铁和有色金属	小批至大批生产	8～10		12.5～6.3	一般	

（续）

毛坯制造方法		最大质量/mg	最小壁厚/mm	形状复杂程度	适用材料	生产类型	公差等级(IT)	毛坯尺寸公差/mm	表面粗糙度/μm	生产率	其他
锻造	自由锻造	不限制	不限制	简单	碳素钢、合金钢	单件及小批生产	14～16	1.5～10		低	技术水平高
	模锻（锤锻）	至100	2.5	由锻模制造难易而定	碳素钢、合金钢	成批及大量生产	12～14	0.2～2	12.5	高	锻件力学性能好，强度高
	精密模锻	至100	1.5	由锻模制造难易而定	碳素钢、合金钢	成批及大量生产	11～12	0.05～0.1	6.3～3.2	高	要增加精压工序，锻模精度高，加热条件好，变形小
冷挤压		小型件		简单	碳钢、合金钢、有色金属	大批量	6～7	0.02～0.05	1.6～0.8	高	用于精度较高的小零件，不需机械加工
板料冷冲压		（板料厚度0.2～0.6）		复杂	各种板料	大批量	9～12	0.05～0.5	1.6～0.8	高	有一定的尺寸、形状精度，可满足一般装配要求
型材	热轧	（圆钢直径范围 ϕ10～ϕ250）		圆、方、扁、角、槽等形状	碳素钢、合金钢	各种批量	4～15	1～2.5	12.5～6.3	高	普通精度采用热轧
	冷轧	（圆钢直径范围 ϕ3～ϕ60）		圆、方、扁、角、槽等形状	碳素钢、合金钢	大批量	9～12	0.05～1.5	3.2～1.6	高	精度高、价格贵适于自动及转塔车床
粉末冶金		（尺寸范围宽5～120，高3～40）		简单	铁基、铜基	大批量	6～9	0.02～0.05	0.4～0.1		成形后，可不切削，设备简单，成本高
焊接	熔焊	不限制	气焊1 电弧焊0.8 电渣焊勿压	简单	碳素钢、合金钢	单件及成批生产	14～16	4～8	√(○)	一般	制造简单，生产周期短，结构轻便，抗振性差，热变形大，需要消除内应力
	压焊		≤12								

11.3.3 工序加工余量的确定

需从毛坯上切除的那层金属称为加工余量。从毛坯到成品总共需要切除的余量称为总余量。其工序中需切除的余量称为该工序的工序余量。工序余量的大小应按加工要求来确定。余量过大，既浪费材料，又增加切削工时；余量过小，会使工件局部切削不到，不能修正前工序的误差，影响加工质量，甚至造成废品。加工余量的确定与生产类型、毛坯形式、零件大小、机械加工方式等因素有关。现将单件小批生产时小型零件的加工余量简介如下，供选用时参考。所列数据，对内外圆柱面是指直径方向的余量，对平面是指单边余量。

1. 总余量

手工造型铸件为3.5～7mm；自由锻件和焊件(指手工焊、气焊和气割体件)为2.5～7mm；模锻为1.6～3mm；圆钢料为1.5～2.5mm。

2. 各种机械加工方法的工序余量

机械加工的工序余量可参考表11-13选取。

表11-13 机械加工的工序余量 (单位：mm)

<table>
<tr><th>外圆加工</th><th>直径余量</th><th>内圆加工</th><th>直径余量</th><th>平面加工</th><th>单边余量</th></tr>
<tr><td>粗车</td><td>1.5～4</td><td>扩孔</td><td>扩后孔径的1/8</td><td>粗刨、粗铣</td><td>1～2.5</td></tr>
<tr><td>半精车</td><td>0.5～2.5</td><td>粗铰</td><td>0.15～0.25</td><td>精刨、精铣</td><td>0.25～0.3</td></tr>
<tr><td>精车</td><td>0.2～1.0</td><td>精铰</td><td>0.05～0.15</td><td rowspan="2">拉削</td><td rowspan="2">精锻、精铸：2～4，
预加工后：0.3～0.6</td></tr>
<tr><td>粗磨</td><td>0.25～0.6</td><td>粗镗</td><td>1.8～4.5</td></tr>
<tr><td>精磨</td><td>0.1～0.2</td><td>半精镗</td><td>1.2～1.5</td><td>粗磨</td><td>0.15～0.3</td></tr>
<tr><td>研磨</td><td>0.01～0.02</td><td>精镗</td><td>0.2～0.8</td><td>精磨</td><td>0.05～0.1</td></tr>
<tr><td rowspan="2">超精加工</td><td rowspan="2">0.003～0.02</td><td>金刚镗削</td><td>0.2～0.5</td><td rowspan="2">研磨</td><td rowspan="2">0.005～0.01</td></tr>
<tr><td>拉孔</td><td>0.5～1.2</td></tr>
<tr><td rowspan="4">高精度低
粗糙度磨削</td><td rowspan="4">0.02～0.05</td><td>粗磨</td><td>0.2～0.5</td><td rowspan="2">宽刀细刨</td><td rowspan="2">0.05～0.15</td></tr>
<tr><td>精磨</td><td>0.1～0.2</td></tr>
<tr><td>研孔</td><td>0.01～0.02</td><td rowspan="2">刮削</td><td rowspan="2">0.1～0.4</td></tr>
<tr><td>珩孔</td><td>0.05～0.14</td></tr>
</table>

11.4 本章小结

本章在前面各章所介绍的金属切削加工基本方法的基础上，归纳、总结了组成零件的外圆表面、内圆表面、平面、成型表面4种典型表面在不同技术要求及生产条件下的成型加工方案。并进一步通过综合技能训练课题引申到轴套类、箱体类、轮盘类、叉架类4种典型零件的机械加工工艺过程的分析及制订。实现了零件由原材料(毛坯)到产品的制造过程。本章主要训练学生能够利用所学知识，根据图样要求，结合生产条件正确制订并选择零件的机械加工工艺方案，生产出一些简单的合格产品。初步培养学生的综合工程素养与能力。

11.5 思考与练习

1. 思考题

(1) 零件机械加工工艺过程制订的一般步骤是什么?

(2) 读图11.4所示的台阶齿轮零件图及技术要求，请思考：

① 从齿轮的结构形状和组织性能要求考虑，是选用铸件毛坯还是选用锻件毛坯?

② 若选用锻件毛坯，宜采用(自由锻、模锻、胎膜锻)哪种成型方法? 画锻件图。

③ 齿轮加工通常分为齿轮坯加工和齿形加工两个阶段，为什么?

④ 齿轮坯加工阶段的主要内容是什么(即需加工哪些表面)? 各采用什么方法加工? 齿轮加工顺序如何?

⑤ 齿轮齿形的合理加工方案是铣齿→齿面高频淬火→磨齿，还是插齿(滚齿)→齿面高频淬火→磨齿? 为什么?

(3) 读图11.6所示单孔支架的零件图及技术要求，请思考：

① 从支架的结构形状和组织性能要求(受力特点)考虑是选用锻件毛坯还是选用铸件毛坯?

② 若选用铸件毛坯，从载荷性质考虑是选用铸钢材料还是选用灰铸铁材料? 有无必要选用球墨铸铁材料? 画铸造工艺图。

③ 支架的轴承孔、底面、两侧端面都是比较重要的加工表面，在工艺过程中它们的加工顺序应如何排列?

④ 若先加工底面，宜选择采用什么加工方法?

⑤ 支架轴承孔应采用何种加工方法? 若轴承孔轴线至底面距离尺寸公差0.2mm，能否在车床上加工轴承孔? 应如何加工?

(4) 生产类型有哪几种? 不同的生产类型对零件的工艺过程有哪些主要影响?

(5) 7级精度的斜齿圆柱齿轮、蜗轮、扇形齿轮、多联齿轮和内齿轮，各采用什么方法加工比较合适?

(6) 加工相同材料、尺寸、精度和表面粗糙度的外圆与内孔，哪一个更困难?

2. 实训题

(1) 图11.8所示是高校机械工程实训的一个典型的实训产品——燕尾锤锤头与锤柄的零件图，试结合实训的实际制作过程，分析并分别编写锤头与锤柄的机械加工工艺过程卡片。

(2) 图11.4所示的有台阶齿轮，其机械加工工艺过程在教材中已进行了分析，试参照图11.5所示的有台阶齿轮的基本工艺过程，编写该齿轮的机械加工工艺过程卡。

(3) 图11.9所示为轴承套的零件图，材料为HT200，生产35件。结合本校的实训条

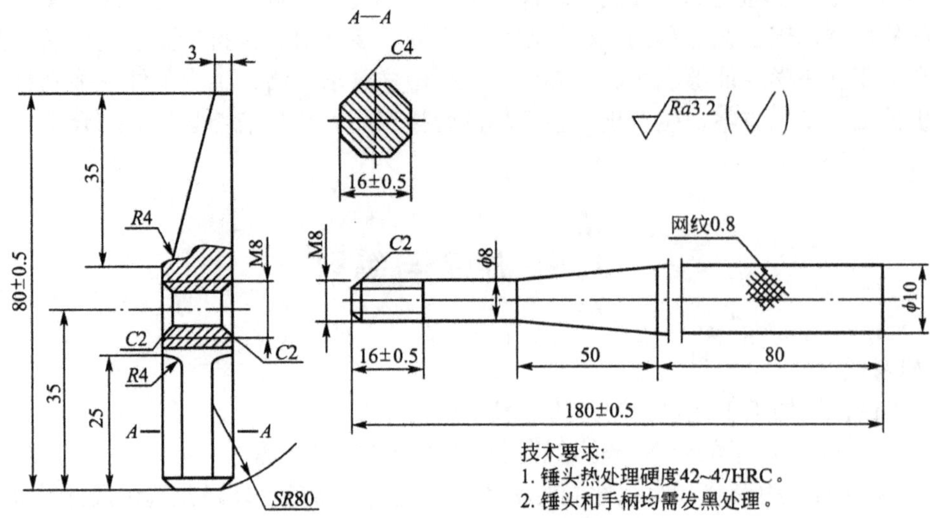

图 11.8 燕尾锤(锤头及其锤柄)

件，试分析并编写该轴承套的机械加工工艺卡。并试加工、检验。

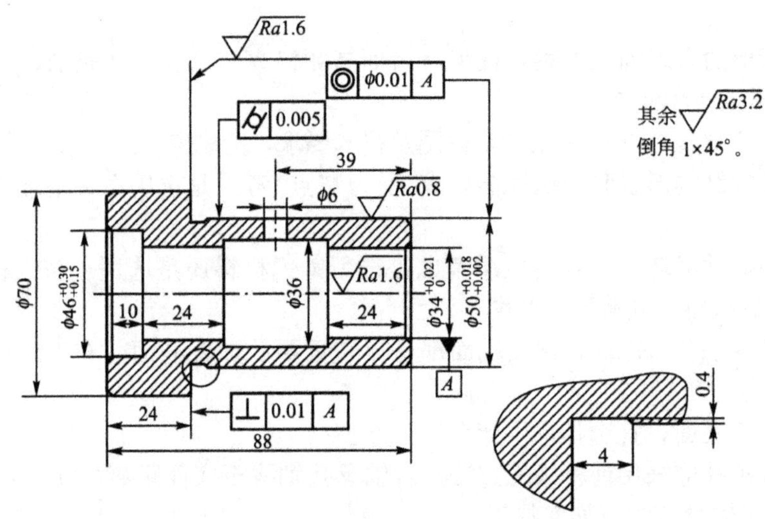

图 11.9 轴承套

第12章 数控加工

教学提示：在机械行业中，单件、小批量的零件所占有的比例越来越大，而且零件的精度和质量也在不断提高。所以普通机床越来越难以满足加工精密零件的要求。随着计算机技术的迅速发展，数控机床逐渐发展起来，在机械行业中的使用越来越普遍，成为重要的机械加工设备。

教学要求：本章让学生了解数控机床的基本原理、特点和操作方法。了解数控机床加工程序的编制、输入方法。掌握加工程序的常用代码、功能、程序段格式。能够编制一般零件的加工程序，完成该零件的数控加工操作实习全过程。

12.1 数控加工基础知识

12.1.1 概述

数控机床是计算机、自动控制、伺服驱动、精密检测与新型机械结构等多方面技术综合应用的成果。它采用数字化信息对机床的运动及其加工过程进行自动控制与操纵运行，是一种新型的高效自动化机床。它较好地解决了形状结构复杂、精度要求高、单件小批量零件的加工问题。采用数控机床加工具有加工精度稳定、工人劳动强度小、加工成本低，并有利于实现机械加工的现代化管理等特点。

1. 数控机床的组成

数控机床由机床主体、伺服系统、数控系统和辅助装置组成。

1）机床主体

机床主体指的是数控机床机械结构实体。它与普通机床的布局形式大致相似，由主传动机构、进给传动机构、工作台、床身及立柱等部分组成，但数控机床的整体布局、外观造型、传动机构、刀具系统及操作机构等方面都发生了很大的变化。这种变化的目的是为了满足数控技术的要求和充分发挥数控机床的特点，归纳起来有以下几点：

（1）采用高性能主传动及主轴部件。具有传递功率大、刚度高、抗振性好及热变形小等优点。

(2) 进给传动采用高效传动件。具有传动链短、结构简单、传动精度高等特点，一般采用滚珠丝杠副、直线滚动导轨副等。

(3) 有较完善的刀具自动交换和管理系统。工件在加工中心类机床上一次安装后，能自动地完成或者接近完成工件各面的加工工序。

(4) 有工件自动交换、工件夹紧与放松机构。如在加工中心类机床上采用工作台自动交换机构。

(5) 床身机架具有很高的动、静刚度。

(6) 采用全封闭罩壳。由于数控机床是自动完成加工，为了操作安全等，一般采用移动门结构的全封闭罩壳，对机床的加工部位进行全封闭。

2) 伺服系统

伺服是数控系统与机床本体之间的电传动联系环节，主要由伺服电动机、驱动控制系统及位置检测反馈装置等组成。伺服电动机是系统的执行元件，驱动控制系统则是伺服电动机的动力源。数控系统发出的指令信号与位置检测反馈信号比较后作为位移指令，再经驱动控制系统功率放大后，驱动电动机运转，从而通过机械传动装置拖动工作台或刀架运动。

3) 数控系统

数控系统是机床实现自动加工的核心，主要有操作系统、主控制系统、可编程控制器、各类输入输出接口等组成，其中操作系统由显示器和操纵键盘组成。显示器有数码管、CRT、液晶等多种形式。主控制系统与计算机主板相似，主要由 CPU、存储器、控制器等部分组成。数控系统所控制的一般对象是位置、角度、速度等机械量，以及温度、压力、流量等物理量。它的作用是根据数控加工程序的要求，进行信息处理和大量的计算，然后将运算结果传送到相应的伺服驱动机构中，指挥机床各部件协调运动，进行加工。

4) 辅助装置

辅助装置主要包括润滑装置、切削液装置、排屑装置、过载与限位保护装置等部分。机床加工功能与类型不同，所包含的部分也不同。

2. 数控机床的分类

数控机床的规格种类较多，常按以下方法进行分类。

1) 按工艺用途分类

按工艺用途分类，数控机床可分为普通数控机床和数控加工中心两大类。普通数控机床有数控车床、数控铣床、数控镗床、数控磨床、数控钻床、数控冲床、数控齿轮加工机床、数控电火花加工机床等。数控加工中心是在普通数控机床的基础上进行功能扩充复合、精化改造的带刀库和自动换刀装置的较高档数控机床。

2) 按运动轨迹分类

(1) 点位控制数控机床。其特点是只要求控制机床移动部件从一点移动到另一点的准确定位，至于点与点之间移动的轨迹(路径和方向)并不严格要求，各坐标轴之间的运动是不相关的。这类机床主要有数控钻床、数控冲床等。

(2) 直线控制数控机床。其特点是除了控制点与点之间的准确定位外，还可以保证刀具运动轨迹是某一特定斜率的直线，并能沿该直线控制刀具以不同的速度移动，一般只能加工矩形、台阶形零件。这类机床主要有数控电火花机床、简易数控车床、数控铣床、数控磨床等。

(3) 轮廓控制数控机床。轮廓控制数控机床也称为连续控制数控机床，其特点是能够对两个或两个以上运动坐标的位移和速度同时进行连续相关控制，不仅要求点与点之间的准确定位，还要控制整个加工过程的每一点的速度、方向和位移量。因此，这类机床的数控装置具有插补运算的功能，将各坐标运动的位移控制和速度控制按照规定的比例关系精确地协调起来，使刀具沿工件轮廓轨迹进行移动。这种机床可以加工各种直线、圆弧、曲线。这类机床主要有数控车床、数控铣床、数控线切割机床、加工中心等。

3) 按伺服控制方式分类

(1) 开环控制数控机床。这类机床的进给伺服驱动是开环的，即没有检测反馈装置。该控制方式的最大特点是控制方便、结构简单、价格便宜，但位移精度一般不高。这种控制方式常用于低档数控车床。

(2) 闭环控制数控机床。在机床的移动部件上直接安装有位置检测反馈元件的控制系统。它根据移动部件(工作台)运动的实际位置和加工程序中规定的位置信息相比较，以其差值来控制伺服电动机(直流或交流伺服电动机，并带有光栅、感应同步器等检测装置)驱动数控机床移动部件运动，可以消除因传动环节的制造精度而引起的误差。主要用于精度要求高的机床。机床结构复杂，加工昂贵，生产成本高。

(3) 半闭环控制数控机床。将位置测量反馈元件(如旋转变压器等)安装在电动机轴或丝杠上的控制方式。这样反馈信息不是直接取自工作台，而是取自丝杠或伺服电动机的转角。这种系统容易获得稳定的控制特性，其控制精度介于开环控制系统与闭环控制系统之间。目前在生产中使用的数控机床，绝大多数都是半闭环控制的数控机床。

3. 数控加工方法的特点

数控加工方法与传统加工方法相比具有许多优点，分述如下：

(1) 自动化程度高。在数控机床上加工零件时，除了手工装夹毛坯外，全部加工过程都由机床自动完成，这样减轻了操作者的劳动强度，改善了劳动条件。

(2) 对加工对象的适应性强。数控机床上实现自动加工的控制信息由程序实现。当加工对象改变时，除了相应更换刀具和解决毛坯装夹方式外，只要重新编制该零件的加工程序，便可自动加工出新的零件，不必对机床作任何复杂的调整。

(3) 加工精度高，加工质量稳定。数控加工的尺寸精度通常在0.005～0.1mm之间，不受零件形状复杂程度的影响。加工中消除了操作者的人为误差，提高了同批零件尺寸的一致性，使产品质量保持稳定。

(4) 具有高的生产效率。数控机床具有高的自动化程度，同时加工过程中省去了划线、多次装夹定位、检测等工序，有效地提高了生产率。

(5) 易于建立计算机通信网络。易于与计算机辅助设计(CAD)系统连接，形成计算机辅助设计与制造紧密结合的一体化系统。

应当指出，数控加工方法应用中也有不利的条件，数控机床价格昂贵、技术复杂、对机床维护与编程技术要求较高等。

12.1.2 数控加工原理及编程基础

1. 数控编程的方法

数控编程的方法有两种：手工编程和自动编程。

(1) 手工编程。手工编程时，编程的各个步骤均由人工完成，适用于形状简单的几何零件。手工编程的工作量大，容易出错，很难满足实际生产需要，对于一些复杂零件、特别是具有曲面的零件等，常需采用自动编程。

(2) 自动编程。自动编程也称计算机辅助编程，是编程人员采用 ATP 语言或采用人机交互方式编写源程序并输入计算机，然后采用人机交互方式指定加工部位、走刀路径、加工环境条件等技术参数，由计算机自动完成数控加工程序编制的方法。常用的自动编程系统软件有 Pro/Engineer、UG、CAXA 等。自动编程方法可以大大减轻编程人员的劳动强度，缩短编程时间，提高编程精度和效率，在生产中得到了广泛应用。

2. 数控机床的坐标系

按照 ISO 标准及我国 GB/T 19660—2005《工业自动化系统与集成机床数值控制坐标系和运动命名》标准，数控机床坐标系的统一规定为：①数控机床坐标系采用右手笛卡尔直角坐标系；②一律视为工件静止、刀具相对于工件移动来完成数控加工；③规定刀具移动远离工件的方向为数控机床坐标轴的正方向。

3. 数控程序格式

数控程序格式指程序和程序段的书写规则。数控机床的程序段格式通常有三种，目前国内外广泛采用的是“字地址可变长度程序段”格式，其示例为：N05 G02 X36 Y43 Z-26 F04 S04 T03 M02 LF。数控程序段格式规定：由 N05(开头)至 LF(结束)之间的若干个指令字构成一条程序段，表示需要同时执行的机床运动或操作；由若干条程序段构成数控加工程序，表示一个零件的某一部分完整的加工过程。数控程序格式规定：一个完整的数控加工程序由程序名、程序主体、结束程序三部分组成，用于实现零件某一加工部位的连续自动加工。其中，程序主体由许多条程序段按程序段号(N05)的大小顺序依次排列组成，每一条程序段又由程序段号、准备功能字、尺寸字、进给功能字、主轴功能字、刀具功能字、辅助功能字、程序段结束符等组成。在示例中，N05 为程序段号；G02 为准备功能代码(常用 G 代码见表 12-1)；X36、Y43、Z-26 为尺寸字，是刀具运动绝对坐标；F04 为进给功能字；S04 为主轴功能字；T03 为刀具功能字；M02 为辅助功能字(常用 M 代码见表 12-2)；LF 为程序段结束符。

在主程序中可以调用子程序，子程序的编程格式为：M98P02L2;其中，P 后的数字为子程序号，L 后的数字为子程序调用次数。L 的默认值为 1，即调用一次。

表 12-1 准备功能 G 代码

代码	模态	非模态	功能	代码	模态	非模态	功能
G00	a		快速点定位	G03	a		逆时针方向圆弧插补
G01	a		直线插补	G04		*	暂停
G02	a		顺时针方向圆弧插补	G05	#	#	不指定

（续）

代码	模态	非模态	功能	代码	模态	非模态	功能
G06	a		抛物线插补	G53	f		直线偏移注销
G07	#	#	不指定	G54	f		直线偏移 *X*
G08		*	加速	G55	f		直线偏移 *Y*
G09		*	减速	G56	f		直线偏移 *Z*
G10～G16	#	#	不指定	G57	f		直线偏移 *XY*
				G58	f		直线偏移 *XZ*
G17	c		*XY* 平面选择	G59	f		直线偏移 *YZ*
G18	c		*ZX* 平面选择	G60	h		准确定位 1(精)
G19	c		*YZ* 平面选择	G61	h		准确定位 2(中)
G20～G32	#	#	不指定	G62	h		快速定位(粗)
				G63			攻螺纹
G33	a		螺纹切削，等螺距	G64～G67	#	#	不指定
G34	a		螺纹切削，增螺距				
G35	a		螺纹切削，减螺距	G68	#(d)	#	刀具偏置，内角
G36～G39	#	#	永不指定	G69	#(d)	#	刀具偏置，外角
G40	d		刀具补偿/刀具偏置注销	G70～G79	#	#	不指定
				G80	e		固定循环注销
G41	d		刀具补偿—左	G81～G89	e		固定循环
G42	d		刀具补偿—右				
G43	#(d)	#	刀具偏置—正	G90	j		绝对尺寸
G44	#(d)	#	刀具偏置—负	G91	j		增量尺寸
G45	#(d)	#	刀具偏置+/—	G92		*	预置寄存
G46	#(d)	#	刀具偏置+/—	G93	k		时间倒数进给率
G47	#(d)	#	刀具偏置—/—	G94	k		每分钟进给
G48	#(d)	#	刀具偏置—/+	G95	k		主轴每转进给
G49	#(d)	#	刀具偏置 0/+	G96	i		恒线速度
G50	#(d)	#	刀具偏置 0/—	G97	i		每分钟转数(主轴)
G51	#(d)	#	刀具偏置+/0	G98～G99	#	#	不指定
G52	#(d)	#	刀具偏置—/0				

注：1. #号表示如选作特殊用途，必须在程序格式说明中说明。

2. 表中凡有小写字母 a，b，c，d…指示的 G 代码为同一组续效性代码，又称为模态命令。

表 12-2 辅助功能 M 代码

代码	功能开始时间		模态	非模态	功能
	与程序段指令运动同时开始	在程序段指令运动完成后开始			
M00		*		*	程序停止
M01		*		*	计划停止
M02		*		*	程序结束，不倒带
M03	*		*		主轴顺时针方向
M04	*		*		主轴逆时针方向
M05		*	*		主轴停止
M06	#	#		*	换刀
M07	*		*		2 号冷却液开
M08	*		*		1 号冷却液开
M09		*	*		冷却液关
M10	#	#	*		夹紧
M11	#	#	*		松开
M12	#	#	#	#	不指定
M13	*		*		主轴顺时针方向，冷却液开
M14	*		*		主轴逆时针方向，冷却液开
M15	*			*	正运动
M16	*			*	负运动
M17～M18	#	#	#	#	不指定
M19				*	主轴定向停止
M20～M29	#	#	#	#	永不指定
M30		*		*	程序结束并返回
M31	#		#	*	互锁旁路
M32～M35	#	#	#	#	不指定
M36	*		*		进给范围 1
M37	*		*		进给范围 2
M38	*		*		主轴速度范围 1
M39	*		*		主轴速度范围 2
M40～M45	#	#	#	#	如有需要可作为齿轮换挡，此外不指定
M46～M47	#	#	#	#	不指定

（续）

代码	功能开始时间		模态	非模态	功能
	与程序段指令运动同时开始	在程序段指令运动完成后开始			
M48		*	*		注销 M49
M49	*		*		进给率修正旁路
M50	*		*		3 号冷却液开
M51	*		*		4 号冷却液开
M52～M54	#	#	#	#	不指定
M55	*		*		刀具直线位移，位置 1
M56	*		*		刀具直线位移，位置 2
M57～M59	#	#	#	#	不指定
M60		*		*	更换工件
M61	*		*		工件直线位移，位置 1
M62	*		*		工件直线位移，位置 2
M63～M70	#	#	#	#	不指定
M71	*		*		工件角度位移，位置 1
M72	*		*		工件角度位移，位置 2
M73～M89	#	#	#	#	不指定
M90～M99	#	#	#	#	永不指定

注：1. * 号表示该代码具有表头中列出的相应功能。
2. # 号表示如选作特殊用途，必须在程序中说明。
3. M90～M99 可指定为特殊用途。

12.2 数控车削加工

12.2.1 数控车床简介

数控车床主要用于加工轴类、盘套类等回转体零件，能够通过程序控制自动完成内外圆柱面、锥面、圆弧、螺纹等切削加工，并可进行切槽，钻、扩、铰孔等工作。具有加工精度高、生产效率高、适用于复杂形状的回转类零件加工等特点。

数控车床的基本组成包括床身、数控装置、主轴系统、刀架进给系统、尾座、液压系统、冷却系统、润滑系统、排屑器等部分，其中数控装置、主轴系统、刀架进给系统是数控车床的核心部件。数控车床的整体结构组成基本与普通车床相同，同样具有车身、主轴、刀架及其拖板和尾座等基本部件，但数控柜、操作面板和显示监控器却是数控机床特有的部件。

与普通车床相比，数控车床具有以下特点：

(1) 常采用全封闭或半封闭防护装置。用以防止切屑或切削液飞出，减少了给操作者带来的意外伤害。

(2) 采用自动排屑装置。数控车床自动化程度高，加工过程人为干预少，常采用斜床身结构布局，以便于采用自动排屑装置。

(3) 主轴转速高，工件装夹安全可靠。数控车床常采用动力卡盘，夹紧力调整方便可靠，同时也降低了操作工人的劳动强度。

(4) 可自动换刀。数控车床一般都采用自动回转刀架，在加工过程中可自动更换刀具，实现连续完成多道工序的加工。

(5) 主传动、进给传动分离。数控车床的主传动与进给传动采用了各自独立的伺服电动机，使传动链变得简短、可靠，同时，各电动机既可独立运动，也可按要求实现多轴联动。

12.2.2 数控车削加工工艺基础

1. 数控车削加工工艺的制订原则

由于数控加工对象的复杂性，在对具体零件制订加工工艺时，应考虑以下原则：

(1) 先粗后精原则。加工零件时，应先进行粗加工，再进行半精加工和精加工。其中，安排半精加工的目的是当粗加工后所留余量的均匀性满足不了精加工要求时，则可安排半精加工作为过渡性工序，以便使精加工余量小而均匀。

精加工时，零件的轮廓应由最后一刀连续加工而成。这时加工刀具的进、退刀位置要考虑妥当，尽量沿轮廓的切线方向切入和切出，以免因切削力突然变化而造成弹性变形，致使光滑连续轮廓上产生表面划伤、形状突变或滞留刀痕等。

(2) 先近后远原则。这里所说的远与近，是按加工部位相对于对刀点的距离大小而言的。通常在粗加工时，离对刀点近的部位先加工，离对刀点远的部位后加工，以便缩短刀具移动距离，减少空行程时间。对于车削加工，先近后远还有利于保持毛坯件或半成品件的刚性，改善其切削条件。

(3) 先内后外原则。对既有内表面(内型腔)，又有外表面的零件，在制订其加工方案时，通常应先加工内型腔，后加工外表面。这是因为控制的尺寸和形状较为困难，刀具刚性相对较差，刀刃的耐用度易因切削热而降低，以及在加工中清除切屑较困难等原因。

(4) 刀具集中原则。即用一把刀加工完相应各部位，再换另一把刀，加工相应的其他部位，以减少空行程和换刀时间，提高生产效率。

2. 数控车削加工工艺的制订步骤

(1) 分析零件图样，明确技术要求和加工内容。

(2) 确定工件坐标系原点位置。在一般情况下，Z 轴应设置为与工件的回转中心线重合，X 轴的零点应设置为在工件的右端面上。

(3) 确定数控加工工艺路线。首先确定刀具的起始点位置。该起始点应有利于安装和检测工件；同时，该起始点一般也作为加工的终点。其次确定粗、精车的走刀路线。在保证零件加工精度和表面粗糙度的前提下，应尽可能使加工总路线为最短。最后确定换刀点位置。换刀点位置可以设置为与刀具的起始点重合，也可以设置为不重合，应以在自动换刀过程中不发生干涉为原则。

(4) 选择合理的切削用量。主轴转速 S 主要根据刀具材料而定，大致范围为 30～2000r/min，应同时参考工件材料和加工性质(粗、精加工)选取。进给速度 F 根据零件的加工速度和加工性质而定，大致范围为：粗加工为 0.2～0.3mm/r，精加工为 0.08～0.18mm/r，快速移动为 100～2500mm/min。背吃刀量 a_p 根据零件的刚度和加工性质而定，粗加工时一般不小于 2.5mm，半精加工时一般为 0.5mm，精加工时为 0.1～0.4mm。

(5) 选择合适的刀具。根据零件的形状和精度要求选择刀具，自动回转刀架最多可以安装 4 把刀具。

(6) 编制和调试加工程序。

(7) 仿真检查，然后首件试切，最终应完成一个合格零件从毛坯到成品的全部加工工作。

12.2.3 数控车削编程

数控车床采用的数控系统种类较多，下面以 FANUC 0i 数控系统的数控车床为例进行介绍。

1. 准备功能指令

准备功能指令见表 12-3。

表 12-3 常用 FANUC 车床 G 指令

代码	功能	说明	代码	功能	说明
G00	快速定位	01 组	G50	设定坐标系或限制主轴最高转速	00 组
G01	直线插补				
G02	顺时针圆弧插补		G54	选择工件坐标系 1	04 组
G03	逆时针圆弧插补		G55	选择工件坐标系 2	
G04	程序暂停	00 组	G56	选择工件坐标系 3	
G10	通过程序输入数据		G57	选择工件坐标系 4	
G11	取消用程序输入数据		G58	选择工件坐标系 5	
G20	英制尺寸输入	06 组	G59	选择工件坐标系 6	
G21	公制尺寸输入		G65	调用宏程序	00 组
G27	返回参考点的校验	00 组	G66	模态调用宏程序	12 组
G28	自动返回参考点		G67	取消模态调用宏程序	
G29	从参考点返回		G70	精车固定循环	00 组
G31	跳步功能		G71	粗车外圆固定循环	
G32	螺纹加工功能	01 组	G72	精车端面固定循环	
G40	刀尖半径补偿取消	07 组	G73	固定形状粗车固定循环	
G41	刀尖半径左补偿		G74	中心孔加工固定循环	
G42	刀尖半径右补偿		G76	复合型螺纹切削循环	

（续）

代码	功　能	说明	代码	功　能	说明
G90	内、外圆车削循环	01 组	G96	线速度恒定限制生效	02 组
			G97	线速度恒定限制撤销	
G92	螺纹切削循环		G98	每分钟进给	05 组
G94	端面车削循环		G99	每转进给	

2. 螺纹车削指令

螺纹切削进给速度(mm/r)指令格式：G32/G76/G92F_;其中，F_为指定螺纹的螺距。

3. 单一固定循环指令

利用单一固定循环可以将一系列连续的动作，如“切入→切削→退刀→返回”，用一个循环指令完成。

指令格式：G90/G94X(U)_ Z(W)_ F_ ;

4. 复合循环

运用复合循环 G 代码，只需指定精车加工路线和粗车加工的背吃刀量，系统就会自动计算出粗加工路线和加工次数，因此可大大简化编程。

(1) 粗车外圆固定循环指令：G71。

指令格式：G71 U(Δd) R(e);

G71 P(ns) Q(nf) U(Δu) W(Δw) F(f) S(s) T(t);

其中，Δd 为背吃刀量；e 为退刀量；ns 为精加工轮廓程序段中的开始程序段号；nf 为精加工轮廓程序段中的结束程序段号；Δu 为 X 轴方向精加工余量；Δw 为 Z 轴方向精加工余量；f、s、t 为 F、S 、T 指令值。

(2) 精车固定循环指令：G70。

指令格式：G70 P(ns) Q(nf);

其中，ns 为精加工轮廓程序段中的开始程序段号；nf 为精加工轮廓程序段中的结束程序段号。

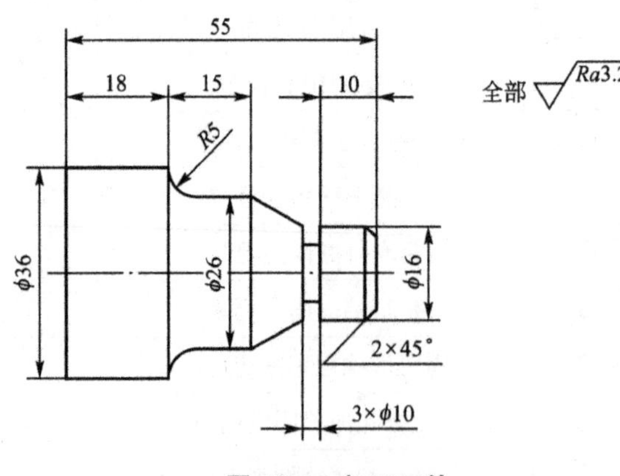

图 12.1　加工工件

12.2.4　专项技能训练课题

加工如图 12.1 所示的工件，毛坯为 ϕ45mm 的棒料，从右端至左端轴向走刀切削，粗加工每次背吃刀量为 1.5 mm，粗加工进给量为 0.12 mm/r，精加工进给量为 0.05 mm/r，精加工余量为 0.4 mm。

1. 数控车床加工过程分析

(1) 设置工件原点和换刀点。工件原点设在零件的右端面中心点(工艺基准处)。换刀点(即刀具起始点)设在工件的右上方

(120，100)点处。

(2) 确定刀具加工工艺路线。先从右至左车削外轮廓面。粗加工外圆采用外圆车刀 T0101，精加工外圆采用外圆车刀 T0202，加工退刀槽与切断工件采用割刀 T0303。

加工工艺路线为：车倒角 2mm×45°→车 ϕ16mm 圆柱面→车圆锥面→车 ϕ26mm 圆柱面→倒 R5 mm 圆角→车 ϕ36mm 圆柱面→用割刀车 3 mm 宽退刀槽。

2. 数控编程

采用 G71、G70 粗精加工固定循环指令编写数控程序，见表 12－4。

表 12－4 数控加工程序

程 序	说 明
O8001	主程序号
N10 G50 X120 Z100 S100 M03；	设置工件换刀，主轴正转
N20 M06 T0110；	换粗车外圆车刀 T0101
N30 G00 X46 Z10；	刀具快速移至粗车循环点
N40 G71 U1.5 R1；	调用粗加工固定循环指令 G71
N50 G71 P60 Q140 U0.4 W0.2 F0.12；	设定粗加工固定循环参数
N60 G01 X46 Z0 F0.05；	精加工起始程序段
N70 X0；	车右端面
N80 X12；	退刀
N90 X16 Z－2；	倒角 2mm×45°
N100 Z－13；	车 ϕ16mm 圆柱面至 Z－13
N110 X26 Z－22；	车圆锥面
N120 Z－32；	车 ϕ26mm 圆柱面至 Z－32
N130 G02 X36 Z－37 R5；	车圆角 R5mm
N140 Z－60；	车 ϕ36mm 圆柱面至 Z－60
N150 G00 X120 Z100；	回到换刀点
N160 M06 T0202；	换外圆精车刀 T0202
N170 G00 X46 Z10；	移动到精加工起始点
N180 G70 P60 Q140；	调用精车固定循环指令 G70
N190 G00 X120 Z100；	回到换刀点
N200 M06 T0303；	换割刀 T0303
N210 G00 X18 Z－13；	刀具定位
N220 G01 X10 F0.2；	车退刀槽
N230 G00 X40；	退刀

（续）

程　序	说　明
N240 Z-58；	移动的到工件切断点至 Z-58
N250 G01 X0 F0.2；	切断工件
N260 G00 X120 Z100；	回到换刀点
N270 M05；	主轴停
N280 M30；	程序结束

12.3　数控铣削加工

12.3.1　数控铣床简介

数控铣床可分为数控立式铣床和数控卧式铣床等。它具有加工适应性强、生产率高、加工精度高等特点，广泛应用于形状复杂、加工精度要求较高的零件的中、小批量生产，在汽车、航空航天、模具等行业中大量使用。以 XKA714 数控铣床为例，主要由床身底座、立柱(床身)、主轴箱、工作台底座(滑座)、工作台、进给箱、液压系统、润滑及冷却装置等组成。图 12.2 所示为 XKA714 型数控铣床外形图，表 12-5 是其主要技术参数。

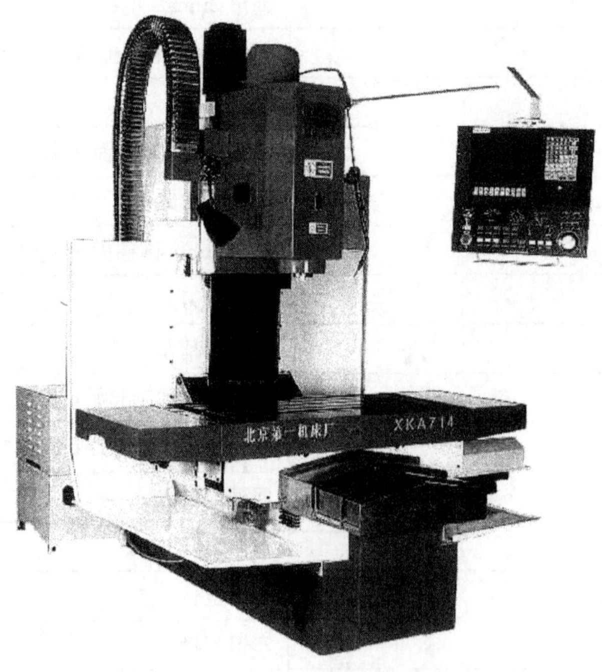

图 12.2　XKA714 数控铣床外形图

表 12-5 XKA714 数控铣床主要技术参数

项　　目		技术参数
工作台台面尺寸/mm		400×1100
工作台最大承载质量/kg		1500
X 轴行程/mm		600
Y 轴行程/mm		450
Z 轴行程/mm		500
主轴转速/(r/min)	低速挡	100～800
	高速挡	500～4000
切削进给速度/(mm/min)		X，Y：6～3200 Z：3～1600
快速移动速度/(mm/min)		X，Y：8000 Z：4000
定位精度/mm		±0.015
重复定位精度/mm		±0.005

该铣床工作台无升降运动，垂直方向运动是安装在床身上的主轴箱沿床身的导轨作上下运动。工作台作纵向运动，并与工作台底座一起作横向运动。因此承载较大，更适合于垂直方向频繁运动的工件加工。

12.3.2 数控铣削加工工艺基础

数控加工工序设计的主要任务是进一步确定具体加工内容、切削用量、工艺装备、定位夹紧方式及刀具运动轨迹等，为编制加工程序做好准备。

1. 零件图工艺分析

在确定数控加工零件和加工内容后，工艺分析主要从以下几个方面考虑。

(1) 检查零件图的完整性和正确性。对轮廓零件，检查构成轮廓各几何元素的尺寸或相互关系。

(2) 保证基准统一原则。检查零件图上各个方向的尺寸是否有统一的设计基准，如果没有，可考虑在不影响零件精度的前提下，选择统一的工艺基准。

2. 定位和装夹方式的确定

(1) 定位基准的选择。选择定位基准时，应注意减少装夹次数，尽可能做到在一次装夹后能加工出全部或大部分待加工表面，提高加工效率和保证加工精度，最好选择不需数控铣削的平面或孔作定位基准，并且注意所选的定位基准应有利于提高工件的刚性。

(2) 装夹方式。数控加工对夹具的要求可以从以下几个方面考虑。

① 尽量采用组合夹具、通用夹具，避免采用专用夹具。

② 装卸零件要方便可靠，能迅速完成零件的定位、夹紧和拆卸过程，减少加工辅助时间。

③ 零件的装夹定位要有利于对刀。

④ 避免加工路径中刀具与夹具元件发生碰撞。

3. 加工顺序的确定

在数控铣削加工中，加工(工步)顺序的安排遵循下列原则。

(1) 先安排粗加工工步，后安排精加工工步。

(2) 先安排加工平面的工步，后安排加工孔的工步。

(3) 先安排用大直径刀具加工表面，后安排用小直径刀具加工表面。

4. 进给路线的确定

在确定进给路线时，主要考虑遵循下列原则。

(1) 确定的加工路线应能保证零件的加工精度和表面粗糙度要求。

(2) 为提高生产效率，应尽量缩短加工路线，减少刀具空行程时间。

(3) 为减少编程工作量，还应使数值计算简单，程序段数量少，程序短。

5. 刀具和切削用量的选择

要根据零件材料的性能、加工工序的类型、机床的加工能力及准备选用的切削用量来合理地选择刀具。

对于铣削平面零件，可采用端铣刀和立铣刀；对于模具加工中常遇到的空间曲面的铣削，通常采用球头铣刀或带小圆角的圆角刀。图 12.3 所示为常用的立铣刀的 3 种类型。

在凹形轮廓铣削加工中，选用的刀具半径应小于零件轮廓曲线的最小曲率半径，以免产生零件过切，影响加工精度。在不影响加工精度的情况下，刀具半径尽可能取大一点，以保证刀具有足够的刚度和较高的加工效率。

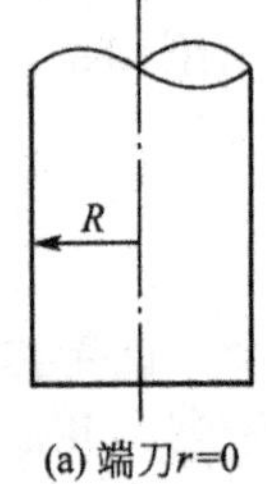

(a) 端刀r=0

(b) 球刀r=R

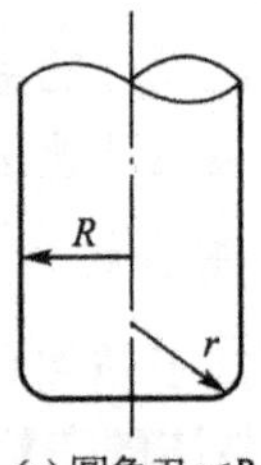

(c) 圆角刀r<R

图 12.3　立铣刀的 3 种类型

在刀具装入机床主轴前，应进行刀具几何尺寸(半径和长度)的预调。通常要使用对刀仪测量出刀具的几何尺寸，并把它存入数控系统，以备加工时使用。

数控加工中切削用量的确定，要根据机床说明书中规定的允许值，再按刀具耐用度允许的切削用量复核。也可按切削原理中规定的方法计算，并结合实践经验确定。

12.3.3　数控铣削编程与实例

1. 常用指令介绍

在本章开始已经对一些数控指令做了介绍，下面再介绍几个数控铣削加工编程常用指令。

(1) 刀具半径补偿指令 G41/G42/G40。刀具半径补偿又称刀具半径偏置。刀具半径补偿指令具有改变刀具中心运动轨迹的功能。当数控装置具有刀具半径补偿功能时，可直接按零件实际轮廓编程，如图 12.4 所示。

刀具半径补偿程序格式：G01 G41/G42/G40 X_Y_Z_D_;

其中，G01 为直线插补，G41、G42 分别为左半径补偿和右半径补偿，X、Y、Z 为建立刀具半径补偿运动的终点坐标值，D 为刀具半径补偿代号。

G40 为刀具半径补偿撤销指令。使用 G40 指令后，使 G41 和 C42 指定的刀具半径补偿指令自动撤销。G40、G41、G42 指令均是模态指令。

G41 为左偏刀具半径补偿指令，是指刀具沿前进方向向左侧偏置一个刀具半径值(或偏置值)；G42 为右偏刀具半径补偿指令，是指刀具沿前进方向向右偏置一个刀具半径值(或偏置值)，如图 12.5 所示。

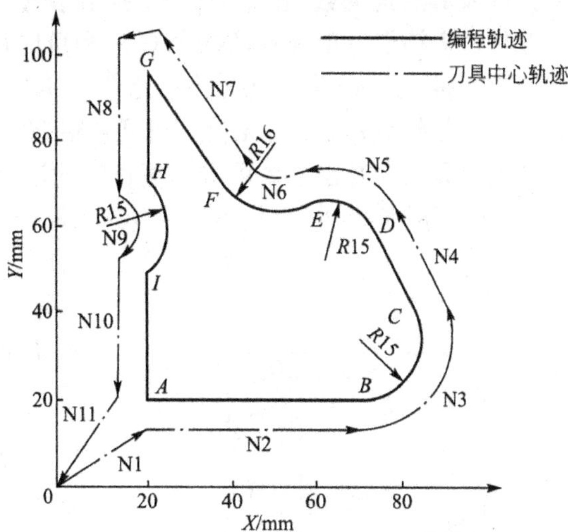

图 12.4 用刀具半径补偿加工轮廓线

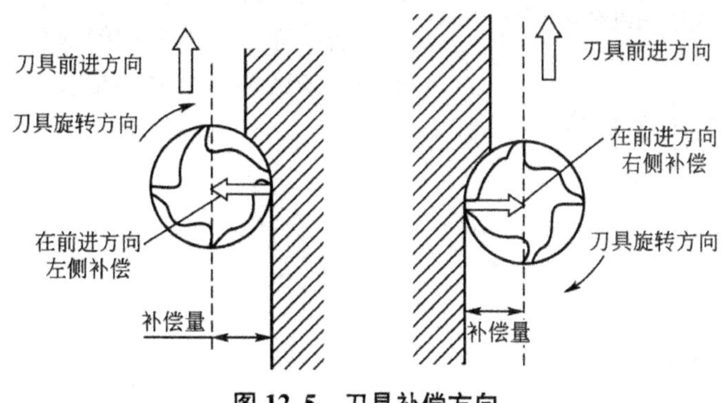

图 12.5 刀具补偿方向

D 为刀具半径补偿代号，它表示存储器中第×号刀具的半径补偿值。该半径补偿值预先已输入刀补存储器中的×号位置上。

D00 地址中的值永远是零，可用来取消刀具半径补偿。

(2) 坐标平面选择指令 G17、G18、G19。G17、G18、G19 分别指定被加工工件在 *XY*、*ZX*、*YZ* 平面上进行插补加工。这些指令在进行圆弧插补和刀具补偿时使用。对于三坐标运动的数控铣床和镗铣加工中心常用这些指令指定机床在哪一平面内进行插补运动。

平面选择可由程序段中的坐标字确定，也可由 G17、G18、G19 确定。若程序段中出现两个相互垂直的坐标字，则可决定平面。

(3) 刀具长度补偿指令 G43/G44/G49。刀具长度补偿指令具有补偿刀具长度差额的功能，可使刀具轴向的实际位移量大于或小于程序给定值，即：实际位移量＝程序给定值±

偏置值。

刀具长度补偿指令程序格式为：G43/G44 Z_H_；
其中，H 及其后面的数值(如 H01)是控制装置存储器中刀补表的号码。

刀具长度补偿分正向补偿指令 G43 和负向补偿指令 G44。

G43、G44、G49 指令均为模态指令。G49 是刀具长度补偿撤销指令，调用该指令后，G43、G44 从该程序段起为无效。还可采用 H00 取消，H00 中的值永远为 0。

应用刀具长度补偿指令可简化编程时的计算。编程时可以在未知刀具实际长度的情况下先按假定刀具长度进行编程，在刀具实际长度发生变化或更换新刀具时，不必修改程序，只需把实际刀具长度与假定刀具长度之差(偏置值)输入至相应的偏置存储器中即可，使用起来十分方便。

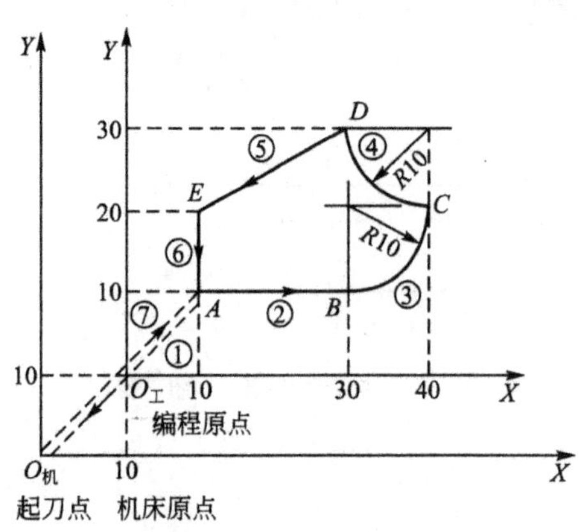

图 12.6 轮廓加工零件

2. 手工编程

采用手工方式编制图 12.6 所示轮廓零件的加工程序(不考虑刀具半径补偿)。

图中 $XO_工Y$ 是零件坐标系，零件的尺寸按绝对坐标标注。$XO_机Y$ 是机床的坐标系，$O_机$ 是机床的原点，两个坐标系的关系就是零件在机床上的安装位置关系。

此零件可分别采用绝对坐标编程和相对坐标编程，并且两个程序都是按工件轮廓编制的。

绝对坐标编程的程序如下：

```
O0005
N10 G90 G17 G00 X10 Y10;
N20 G01 X30 F100;
N30 G03 X40 Y20 I0 J10;
N40 G02 X30 Y30 I0 J10;
N50 G01 X10 Y20;
N60 Y10;
N70 G00 X-10 Y-10;
N80 M02
```

相对坐标编程的程序如下：

```
O0006
N10 G91 G17 G00 X20 Y20;
N20 G01 X20 F100;
N30 G03 X10 Y10 I0 J10;
N40 G02 X-10 Y10 I0 J10;
N50 G01 X-20 Y-10;
N60 Y-10;
N70 G00 X-20 Y-20;
N80 M02
```

3. 自动编程(使用 CAM 软件)

下面结合如图 12.7 所示的五角星零件的造型，介绍 CAXA 制造工程师的曲线和曲面绘制、编辑及特征造型的使用方法和自动编程加工方法。

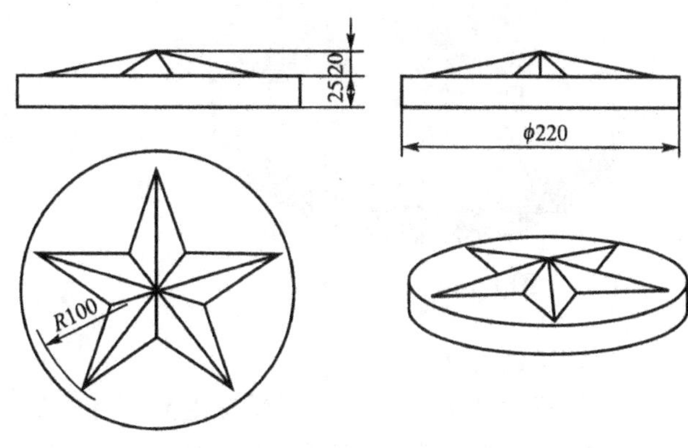

图 12.7 五角星零件图

由图样知五角星的造型特点主要是由多个空间曲面组成的，因此在构造实体时首先应使用空间曲线先构造实体的空间线架，然后利用直纹面生成曲面。最后使用曲面裁剪实体的方法生成实体，完成造型。

(1) 绘制五角星的框架。绘制出的五角星空间框架如图 12.8 所示。

(2) 五角星曲面生成。通过直纹面生成曲面如图 12.9 所示。

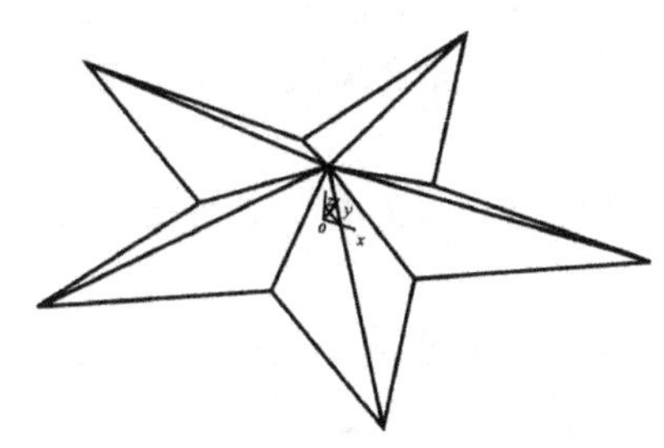

图 12.8 五角星空间框架

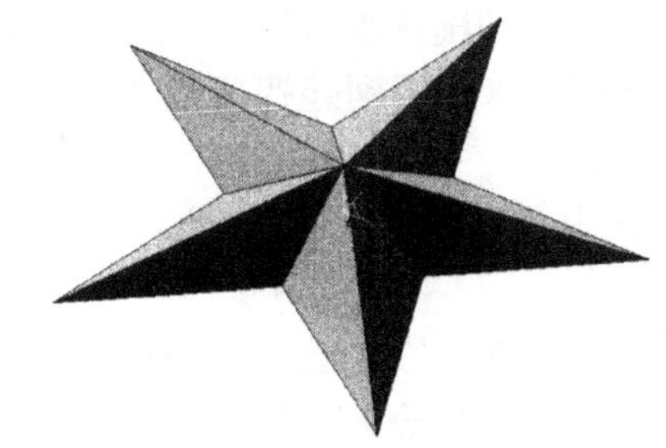

图 12.9 生成曲面

(3) 生成五角星的加工轮廓平面。完成加工轮廓平面如图 12.10 所示。

(4) 生成加工实体。完成基本体如图 12.11 所示。

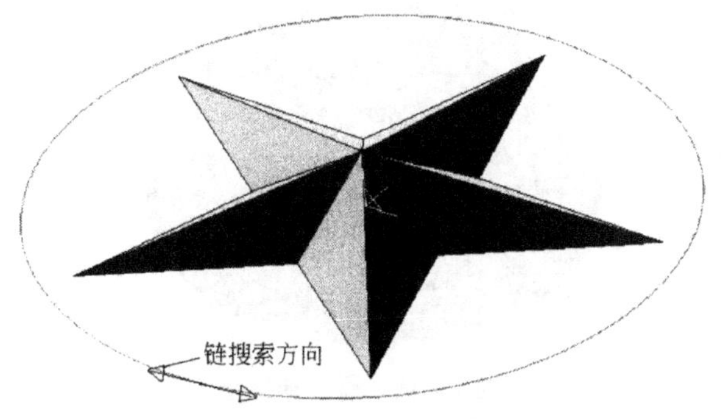

图 12.10 加工轮廓平面

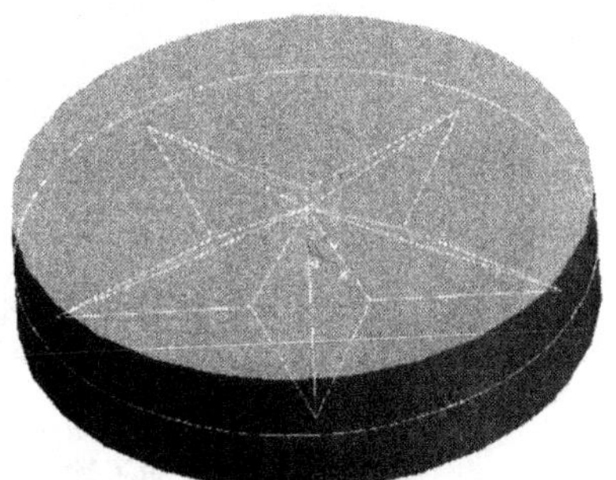

图 12.11 基本体

(5) 利用曲面裁剪除料生成实体。生成实体如图 12.12 所示，利用隐藏功能把实体上的曲面隐藏，得到的实体如图 12.13 所示。

(6) CAXA 制造工程师的加工功能。五角星的整体形状是较为平坦的，粗加工时可选择等高粗加工，而精加工时可采用曲面区域加工。

图 12.12　生成实体

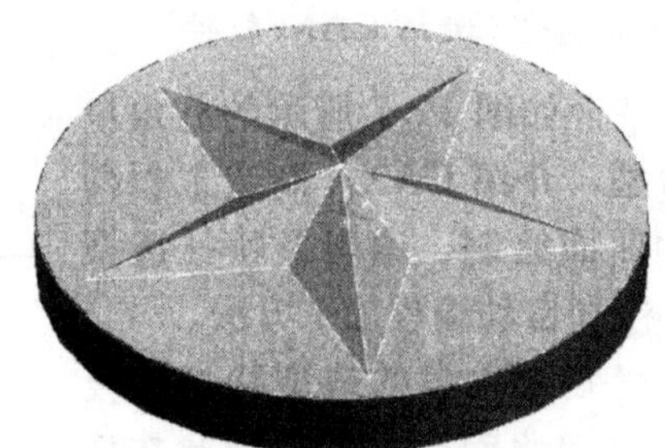
图 12.13　最终实体

① 等高粗加工。

a. 设置粗加工参数。单击【应用】→【轨迹生成】→【等高粗加工】，在弹出的“粗加工参数表”中设置粗加工参数。可将参数设置如下：拾取轮廓、直接切入、层优先、环切加工、从外向里、加工行距为 4、加工余量为 0.5、加工精度为 0.1、顶层高度为 20、底层高度为 0、降层高度为 3。

b. 设置粗加工铣刀参数。选择 r5 球面铣刀。

c. 设置粗加工切削用量参数。主轴转速为 800～1000、接近速度为 100、切削速度为 200、退刀速度为 800、行间连接速度为 100、起止高度为 60、安全高度为 50、相对下刀高度为 10。

d. 确认进退刀方式、下刀方式、清根方式为系统默认值。按【确定】键退出参数设置。

e. 拾取加工轮廓。按系统提示“拾取轮廓”，选中圆，单击链搜索箭头；系统又提示“拾取加工曲面”，选中任一实体表面，系统将拾取到的所有曲面变红，如图 12.14 所示。然后按鼠标右键结束。

f. 生成粗加工轨迹。系统提示“正在准备曲面请稍候”、“处理曲面”等，然后系统就会自动生成粗加工轨迹，结果如图 12.15 所示。

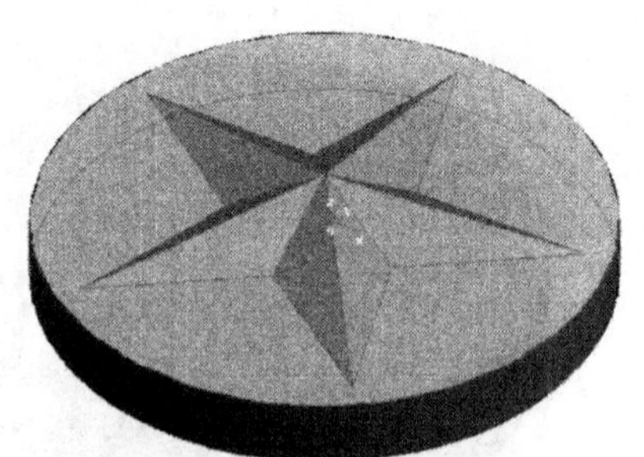
图 12.14　拾取加工轮廓

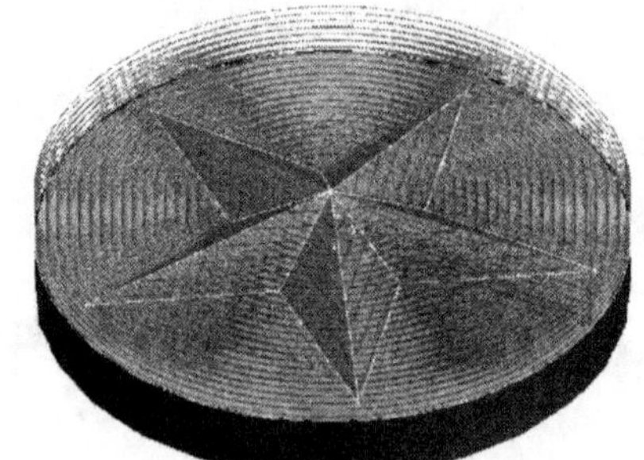
图 12.15　最终结果

② 曲面区域加工。

a. 设置曲面区域加工参数。单击【应用】→【轨迹生成】→【曲面区域加工】，在弹出的“曲面区域加工参数表”中设置曲面区域加工精加工参数，如图 12.16 所示。

b. 设置精加工铣刀参数，仍选择 r5 球面铣刀。

c. 设置精加工切削用量参数，与等高粗加工同。

d. 确认进退刀方式为系统默认值。按【确定】键完成并退出精加工参数设置。

e. 按系统提示拾取整个零件表面为加工曲面，按鼠标右键确定。系统提示“拾取干涉面”，如果零件不存在干涉面，按鼠标右键确定跳过。系统会继续提示“拾取轮廓”，用鼠标直接拾取零件外轮廓，单击鼠标右键确认，然后选择并确定链搜索方向。系统最后提示“拾取岛屿”，由于零件不存在岛屿，可以单击右键确定跳过。

f. 生成精加工轨迹，如图 12.17 所示。

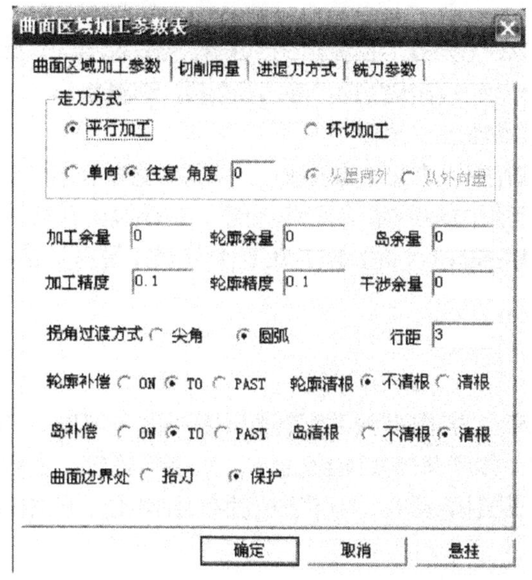

图 12.16　设置曲面区域加工参数

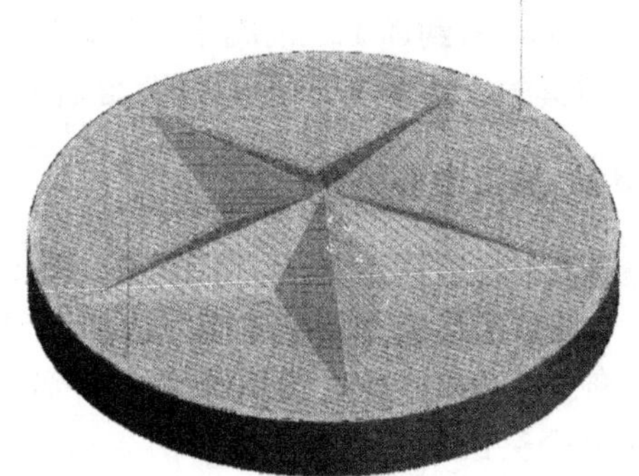

图 12.17　精加工轨迹

③ 加工仿真、刀路检验与修改。在生成粗及精加工轨迹后，可以进行加工仿真、刀路检验。单击【应用】→【轨迹仿真】，选定选项：自动计算、刀具不透明、XOZ 平面、型腔不透明；按系统提示同时拾取粗加工刀具轨迹与精加工轨迹，按鼠标右键确定，系统将进行仿真加工，如图 12.18 所示。

在仿真过程中，系统显示走刀方式。仿真结束后，拾取点观察截面，如图 12.19 所示。

观察仿真加工走刀路线，检验判断刀路是否正确、合理，主要是有无过切等错误。可以拾取相应加工轨迹或相应轨迹点，修改相应参数，进行局部轨迹修改。若修改过大，应该重新生成加工轨迹。仿真检验无误后，可保存粗/精加工轨迹。

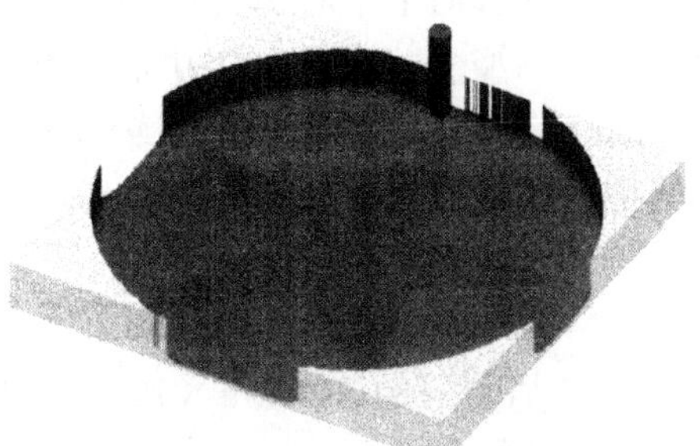

图 12.18　加工仿真、刀路检验

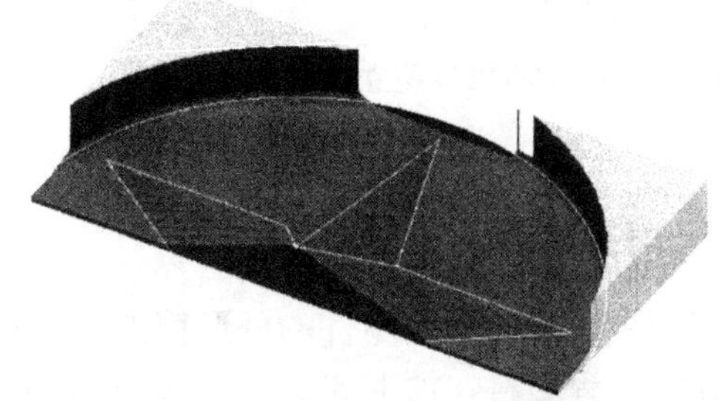

图 12.19　拾取点观察截面

④ 后置设置。用户可以增加当前使用的机床，给出机床名，定义适合自己机床的后置格式。系统默认的格式为 FANUC 系统的格式。

a. 选择【应用】→【后置处理】→【后置设置】命令，弹出“后置设置”对话框。

b. 增加机床设置。选择当前机床类型，在此为 SIEMENS。

c. 后置处理设置。选择“后置处理设置”标签，根据当前的机床，设置各参数，一般使用系统默认值。

⑤ 生成 G 代码。

a. 单击【应用】→【后置处理】→【生成 G 代码】，在弹出的“选择后置文件”对话框中给定要生成的 NC 代码文件名(五角星 . cut)及其存储路径，按【确定】键退出。

b. 分别拾取粗加工轨迹与精加工轨迹，生成加工 G 代码。

至此五角星的造型、生成加工轨迹、加工轨迹仿真检查及生成 G 代码程序的工作已经完成。在加工之前还可以通过 CAXA 制造工程师中的校核 G 代码功能，查看加工代码的轨迹形状，做到加工之前胸中有数。把工件打表找正，按要求找好工件零点，装好刀具，找好刀具的 Z 轴零点，便可以开始加工。

12.3.4 加工中心简介

加工中心适用于复杂、工序多、精度要求高、需用多种类型普通机床和繁多刀具、工装，经过多次装夹和调整才能完成加工的零件，如汽车的发动机缸体、变速器箱体、主轴箱，航空发动机叶轮，船用螺旋桨，各种曲面成型模具等。与普通数控机床相比，它具有以下几个突出的特点。

(1) 具有刀库和自动换刀装置，能够自动更换刀具，在一次装夹中完成铣、镗、钻、扩、铰、攻螺纹和切螺纹等加工，工序高度集中。

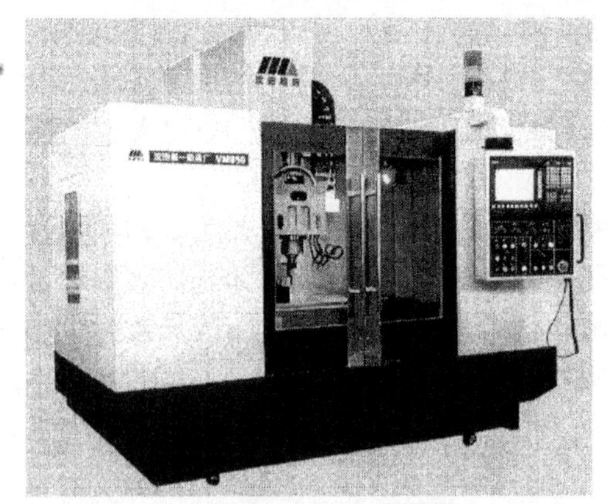

图 12.20 VMC850 型立式镗铣加工中心

(2) 加工中心通常具有多个进给轴(三轴以上)，甚至多个主轴。因此能够自动完成多个平面和多个角度位置的加工，实现复杂零件的高精度定位和精确加工。

(3) 加工中心上如果带有自动交换工作台，一个工件在加工的同时，另一个工作台可以实现工件的装夹，从而大大缩短辅助时间，提高加工效率。

图 12.20 所示加工中心为沈阳第一机床厂生产的 VMC850 型立式镗铣加工中心，数控系统为 FANUC 0i - MC，三轴控制三轴联动。机床由床身、立柱、滑板、工作台、主轴箱、刀库、电气柜、控制箱等几大主要部分组成。

12.3.5 专项技能训练课题

编制图 12.21 所示零件的外形精加工程序。材料为已加工好的 140mm×100mm 厚度 25mm 的工程塑料，加工 80mm×72mm 多边形凸台，深度为 5mm。

(1) 工艺分析。

① 技术要求：用刀具半径补偿功能进行一次零件的精加工，刀具半径补偿值为 6mm。

② 装夹定位的确定：用机用平口虎钳装夹，装夹时材料要高出钳口 8mm。

③ 加工刀具的确定：选用直径为 12mm 的通心圆柱铣刀。

④ 切削用量：主轴转速为 800r/min，平面进给速度为 200mm/min，垂直进给速度为 60mm/min。

（2）建立工件坐标系。图 12.22 所示建立的工件坐标系中，以左下角 O 为程序原点，求得各点坐标为：A(20，14)，B(20，72)，C(34，86)，D(96，86)，E(120，62)，F(120，40)，G(100，14)。

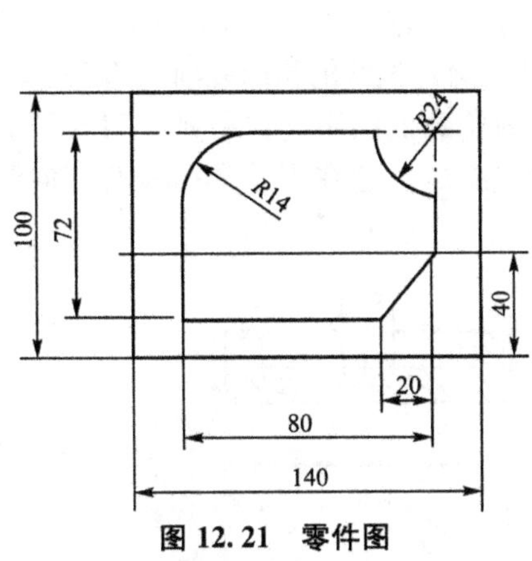

图 12.21 零件图

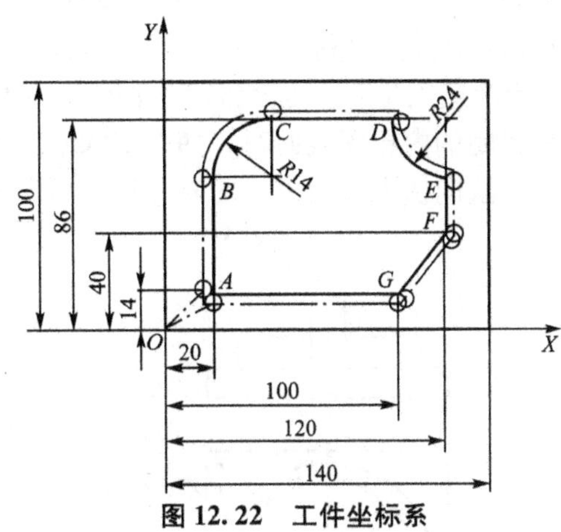

图 12.22 工件坐标系

（3）参考程序。

```
0008;
N10 G90 G54 G17 G41 G00 X0 Y0 Z50 D01;
N20 G00 Z10 M03 S800;
N30 G01 Z-5 F60;
N40 X20 Y14 F200;
N50 Y72;
N60 G02 X34 Y86 R14;
N70 G01 X96;
N80 G03 X120 Y62 R24;
N90 G01 Y40;
N100 X100 Y14;
N110 X20;
N120 G00 Z50;
N130 G40 G00 X0 Y0;
N140 M05;
N150 M30;
```

程序段 1 中 D01 指令调用的 01 号刀的半径值为 6mm，该值要在运行程序前设置在刀具表中。

（4）把零件程序输入机床。

（5）程序校验及加工轨迹仿真，修改程序。

（6）对刀确定工件坐标系。

(7) 自动加工。

12.4 实践中常见问题解析

1. 零件轮廓接刀处留下痕迹

刀具切入工件时，应避免沿零件外廓的法向切入，而应沿外廓曲线延长线的切向切入，以避免在切入处产生刀具的刻痕，保证零件曲线平滑过渡，如图 12.23 所示。同理，在切离工件时，也应避免在工件的轮廓处直接退刀，要沿零件轮廓延长线的切向逐渐切离工件。

铣削封闭的内轮廓表面时，如图 12.24 所示，因内轮廓曲线不允许外延，刀具只能沿轮廓曲线的法向切入和切出，此时刀具的切入和切出点应尽量选在内轮廓曲线两几何元素的交点处。

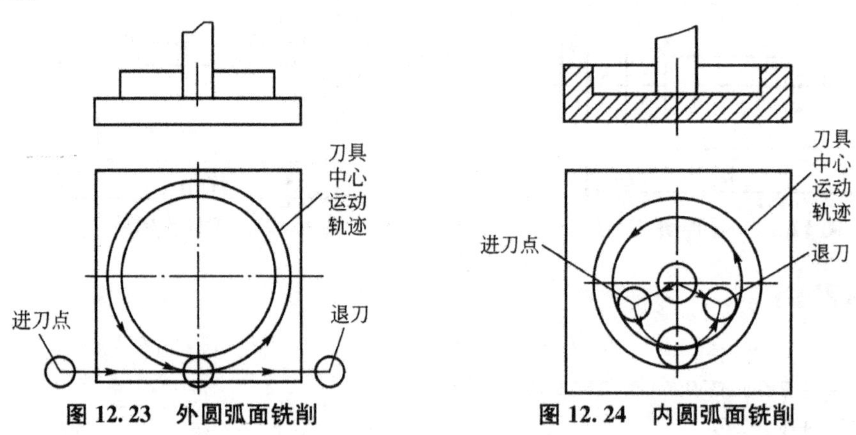

图 12.23 外圆弧面铣削　　图 12.24 内圆弧面铣削

在轮廓加工中应避免进给停顿。进给停顿，切削力减小，刀具会在进给停顿处的零件轮廓处留下划痕。

2. 零件轮廓下刀处残缺

在用 G41/G42 半径补偿的时，半径补偿要加在零件轮廓加工之前，且下刀点与轮廓之间的距离要大于补偿的刀具半径值。

12.5 数控机床操作安全技术

在使用数控机床的过程中要严格遵守操作规程，操作规程如下：

(1) 操作者必须熟悉机床的性能、结构、传动原理及控制，严禁超性能使用。

(2) 工作前，应按规定对机床进行检查，包括电气控制是否正常，各开关、手柄位置是否在规定位置上，润滑油路是否畅通，油质是否良好，并按规定进行润滑。

(3) 开机时应先注意液压和气压系统的调整，检查系统的工作压力必须在额定范围内。定期清理气压系统内的杂质和水液，保持清洁和干燥。

(4) 开机时应低速运行 3～5min，查看各部分运转是否正常。

(5) 加工工件前，必须进行加工模拟或试运行，严格检查调整加工原点、刀具参数、加工参数及运动轨迹，特别要注意工件安装固定是否牢固，调节工具是否已经移开。

(6) 按动按键时用力适度，不得用力拍打键盘、按键和显示屏。

(7) 工作完毕后，应及时清扫机床。

12.6 本章小结

本章主要内容是数控加工的基础知识和数控车削加工、数控铣削加工、加工中心的工艺基础及编程；数控车削加工、数控铣削加工、加工中心综合技能训练和数控机床操作应该注意的安全技术。

(1) 数控加工的基础知识主要介绍了数控机床的组成、分类、数控加工方法的特点、数控加工原理及编程基础。

(2) 数控车削、铣削及加工中心是广泛使用的数控加工方法。这部分内容主要包括3种数控加工方法所对应的数控车床简介、加工工艺基础和编程方法。

12.7 思考与练习

1. 思考题

(1) 数控机床一般有哪几部分组成？数控加工有何特点？

(2) 简述数控加工原理。

(3) 数控车削加工工艺的制订原则是什么？

(4) 数控车削加工工艺的制订步骤是什么？

(5) 数控铣削加工有何特点？主要对象有哪些？

(6) 数控铣床操作要注意哪些问题？

(7) 加工中心与普通数控机床相比有哪些特点？

2. 实训题

数控车削加工如图12.25所示的零件，编写数控程序代码，并在数控车削机床上加工出该零件。

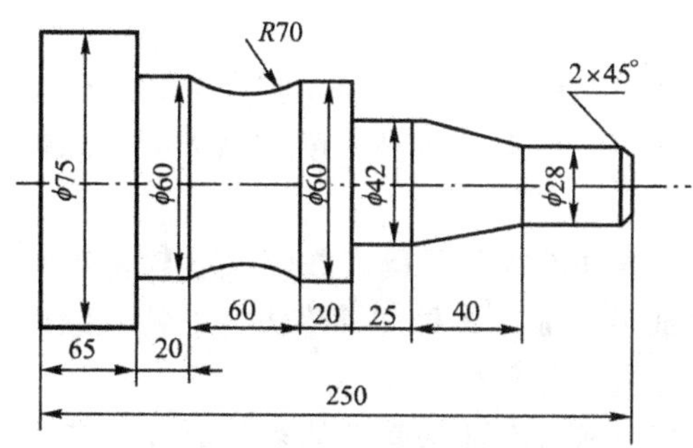

图12.25 数控车削实训零件

第13章 特种加工技术

教学提示：随着现代科学技术的迅猛发展，国防、航天、电子、机械等工业部门，要求产品向高精度、高速度、大功率、耐高温、耐高压、小型化等方向发展，产品工件所使用的材料越来越难加工，形状和结构越来越复杂，要求精度越来越高，表面粗糙度越来越小，普通的加工方法已不能满足其需要，人们便研究和开发了一些特种加工技术。本章简要地介绍它们当中常用的几种。

教学要求：通过本章的学习，要求学生了解常见的几种特种加工方法，了解其加工机理、特点及其工程应用。

13.1 概　　述

13.1.1 特种加工的产生与发展

第二次世界大战后，特别是进入20世纪50年代后，随着生产的发展和科学实验的需要，很多工业部门，尤其是国防工业部门要求尖端科学技术产品向高精度、高速度、高温、高压、大功率、小型化等方向发展，它们所使用的材料越来越难加工，零件形状越来越复杂，表面精度、粗糙度和某些特殊要求也越来越高，对机械制造部门提出了下列新的要求：

(1) 解决各种难切削材料的加工问题。如硬质合金、钛合金、耐热钢、不锈钢、淬硬钢、金刚石、宝石、石英及锗、硅等各种高硬度、高强度、高韧性、高脆性的金属和非金属材料的加工。

(2) 解决各种特殊复杂表面的加工问题，如喷气涡轮机叶片、整体涡轮、发动机机匣及锻压模和注射模的立体成型表面，各种冲模冷拔模上特殊断面的型孔，炮管内膛线，喷油嘴、栅网、喷丝头上的小孔窄缝等的加工。

(3) 解决各种超精、光整或具有特殊要求的零件的加工问题，如对表面质量和精度要求很高的航天航空陀螺仪、伺服阀，以及细长轴、薄壁零件、弹性元件等低刚度零件的加工。

要解决上述一系列工艺问题，仅仅依靠传统的切削加工方法就很难实现，甚至根本无法实现，人们相继探索研究新的加工方法，特种加工方法就是在这种前提条件下产生和发展起来的。到目前为止，已经找到了多种这一类的加工方法，为区别于现有的金属切削加工，这类新加工方法统称为特种加工，国外称作非传统加工(Non - Traditional Machining，NTM)或非常规机械加工(Non - Conventional Machining，NCM)。它们与切削加工的不同点是：

(1) 不是主要依靠机械能，而是主要用其他能量(如电、化学、光、声、热等)去除金属材料。

(2) 工具硬度可以低于被加工材料的硬度。

(3) 加工过程中工具和工件之间不存在显著的机械切削力。

13.1.2 特种加工的分类

特种加工的分类还没有明确的规定，一般按能量形式可分为以下几类：电、热能—电火花加工，电子束加工，等离子弧加工；电、机械能—等离子束加工；电、化学能—电解加工，电解抛光；电、化学、机械能—电解磨削，电解珩磨，阳极机械磨削；光、热能—激光加工；化学能—化学加工，化学抛光；声、机械能—超声加工；液、气、机械能—磨料喷射加工，磨料流加工、液体喷射加工。值得注意的是将两种以上的不同能量和工作原理结合在一起，可以取长补短获得很好的效果，近年来这些新的复合加工方法正在不断出现。

1. 各种特种加工方法适用的材料

因各种特种加工方法的能量形式和加工原理不同，它们加工适用的材料也不同，见表13-1。

表13-1 各种特种加工方法适用的材料

加工方法	铝	钢	高合金钢	钛合金	耐火材料	塑料	陶瓷	玻璃
电火花加工	△	○	○	○	□	×	×	×
电子束加工	△	△	△	△	○	△	○	△
等离子弧加工	○	○	○	△	□	□	×	×
激光加工	△	△	△	△	○	△	○	△
电解加工	△	○	○	△	△	×	×	×
化学加工	○	○	△	△	□	□	□	△
超声波加工	□	△	□	△	○	△	○	○
磨料喷射加工	△	△	○	△	○	△	○	○

注：○—好；△—尚好；□—不好；×—不适用。

2. 特种加工对机械制造的变革

(1) 提高了材料的可加工性。以往人们认为金刚石、硬质合金、淬硬钢、石英、玻璃、陶瓷等很难加工，但现在已经可以广泛采用电火花、电解、激光等多种方法来加工它们。

(2) 改变了零件的典型工艺路线。以往除磨削外，其他切削加工、成形加工等都必须安排在淬火热处理工序之前，这是一切工艺人员决不可违反的工艺准则。特种加工的出现，改变了这种一成不变的程序格式。由于它基本上不受工件硬度的影响，而且为了免除加工后引起淬火热处理变形，一般都先淬火后加工。最为典型的是电火花线切割加工、电火花成形加工和电解加工等都必须先淬火后加工。

(3) 试制新产品 。采用光电、数控电火花线切割，可以直接加工出各种标准和非标准直齿轮(包括非圆齿轮和非渐开线齿轮)，微电机定子、转子硅钢片，各种变压器铁心，各种特殊、复杂的二次曲面体零件。这样可以省去设计和制造相应的刀、夹、量具、模具及二次工具，大大缩短了试制周期。

(4) 特种加工对产品零件的结构设计带来很大的影响。例如，花键孔、轴，枪炮膛线齿根部分，从设计观点为了减少应力集中，最好做成小圆角，但拉削加工时刀齿做成圆角对排屑不利，容易磨损，刀齿只能设计与制造成清棱清角的齿根，而用电解加工时由于存在尖角变圆现象，非采用小圆角的齿根不可。又如各种复杂冲模如山形硅钢片冲模，过去由于不易制造，往往采用拼镶结构，采用电火花、线切割加工后，即使是硬质合金的模具或刀具，也可做成整体结构。喷气发动机涡轮也由于电加工而可采用整体结构。

(5) 对传统的结构工艺性的好与坏，需要重新衡量。过去像方孔、小孔、弯孔、窄缝等被认为是工艺性很“坏”的典型，是工艺、设计人员非常“忌讳”的，有的甚至是“禁区”，特种加工的采用改变了这种现象。对于电火花穿孔，电火花线切割工艺来说，加工方孔和加工圆孔的难易程度是一样的。喷油嘴小孔、喷丝头小异形孔、涡轮叶片上大量的小冷却深孔、窄缝、静压轴承、静压导轨的内油囊型腔的加工因采用电加工而变难为易。过去淬火前忘了钻定位销孔、铣槽等工艺，淬火后这种工件只能报废，现在则大可不必，可用电火花打孔、切槽进行补救。相反有时为了避免淬火开裂、变形等影响，故意把钻孔、开槽等工艺安排在淬火后。

13.2　电火花加工

13.2.1　电火花成形加工机床

电火花成形加工机床一般由脉冲电源、自动进给调节装置、机床本体和工作液及其循环过滤系统等部分组成。

(1) 脉冲电源。其作用是把普通 50Hz 的交流电转换成频率较高的脉冲电源，加在工具电极与工件上，提供电火花加工所需的放电能量。如图 13.1 所示的脉冲发生器是一种最基本的脉冲发生器，它由电阻 R 和电容器 C 构成。直流电源 E 通过电阻 R 向电容器 C 充电，电容器两端电压升高，当达到一定电压极限时，工具电极(阴极)与工件(阳极)之间的间隙被击穿，产生火花放电。火花放电时，电容器将所储存的能量瞬时放出，电极间的电压骤然下降，工作液便恢复绝缘，电源即重新向电容器充电，如此不断循环，形成每秒数千到数万次的脉冲放电。

(2) 自动进给调节装置。脉冲放电必须在一定间隙下才能产生，两极间短路或断路

(间隙过大)都不能产生，并且放电间隙的大小对电蚀效果有一最佳值，加工中应将放电间隙控制在最佳间隙附件。为此，需采用自动调节器控制工具电极，以自动调节工具电极的进给，自动维持工具电极和工件之间的合理间隙，以保证脉冲放电正常进行。

(3) 机床本体。用来实现工具电极和工件的装夹固定及保持一定位置精度的机械系统，包括床身、工作台、立柱等。

(4) 工作液。放电区域必须在煤油等具有高绝缘强度的液体介质中进行，以便击穿放电，形成放电通道，并利于排泄和冷却。常用的液体介质有煤油、锭子油及其混合油，也可用去离子水等水质工作液。

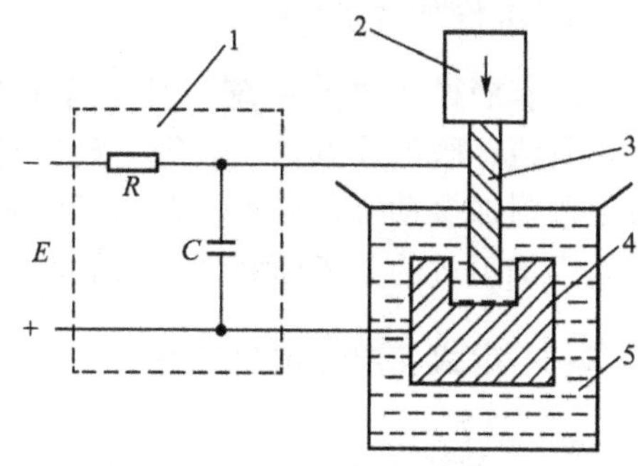

图 13.1 电火花加工装置原理图

1—脉冲发生器；2—自动进给调节装置；
3—工具电极；4—工件；5—工件液

电火花穿孔成形加工机床主要由主机(包括自动调节系统的执行机构)、脉冲电源、自动进给调节系统、工作液净化及循环系统几部分组成。

1. 机床总体部分

机床总体部分主要包括主轴头、床身、立柱、工作台及工作液箱等，如图 13.2 所示。

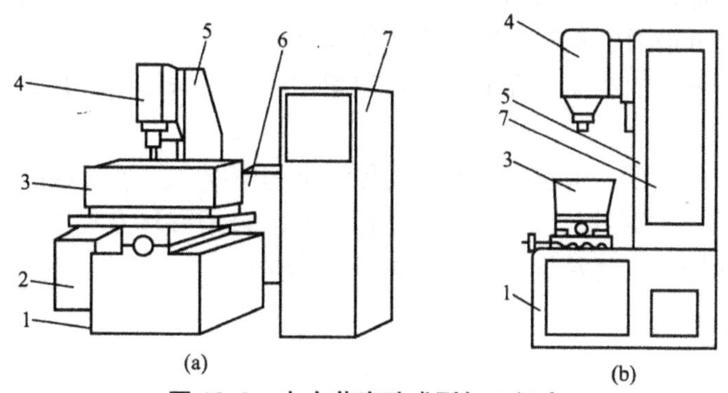

图 13.2 电火花穿孔成型加工机床

1—床身；2—液压油箱；3—工作油槽；
4—主轴头；5—立柱；6—工作液箱 ；7—电源

2. 主轴头

主轴头是电火花成形机床中最关键的部件，是自动调节系统中的执行机构，对加工工艺指标的影响极大。对主轴头的要求是结构简单、传动链短、传动间隙小、热变形小、具有足够的精度和刚度，以适应自动调节系统的惯性小、灵敏度好、能承受一定负载的要求。主轴头主要由进给系统、导向防扭机构、电极装夹及其调节环节组成。

3. 工具电极夹具

工具电极的装夹及其调节装置的形式很多，其作用是调节工具电极和工作台的垂直度及调节工具电极在水平面内微量的扭转角。常用的有十字铰链式和球面铰链式。

4. 工作液循环系统

工作液循环过滤系统包括工作液(煤油)箱、电动机、泵、过滤装置、工作液槽、油杯、管道、阀门及测量仪表等。放电间隙中的电蚀产物除了靠自然扩散、定期抬刀及使工具电极附加振动等排除外，常采用强迫循环的办法加以排除，以免间隙中电蚀产物过多，引起已加工过的侧表面间“二次放电”，影响加工精度，此外也可带走一部分热量。

13.2.2 电火花成形加工工艺

1. 冷冲模加工

冷冲模常采用粗、中、精三挡规准转换。粗规准主要是将工件余量的大部分蚀除掉，提高加工速度。脉宽选 16～30μs，脉间 50～100μs，峰值电流根据加工面积而定，不超过 3～5A/cm²。中规准用在过渡加工，以便较快地修掉粗规准加工后的麻点和余量。一般脉宽在 6～18μs，脉间 20～40μs，峰值电流 1～3A/cm²。精规准加工主要是满足较高工艺要求的指标，如表面粗糙度、间隙、斜度等，一般脉宽选在 1.5～4μs，脉间 5～15μs，峰值电流小于 2A/cm²。上述数据范围应根据不同要求合理选择。按要求分以下几种情况：

(1) 大间隙：规准选择要大，在无尖角的部位时采用平动法或对电极采取电镀法来解决。

(2) 小间隙：全刃口部位采用精规准。

(3) 大斜度：可增加电极转换次数和冲油办法。

(4) 小斜度：采用抽油精规准加工，或用粗、中、精转换的办法，对全刃口加工也可采用此种办法。

(5) 大余量：选择粗、中规准或脉宽间隔一定的情况下，加大峰值电流。

在转换规准时，根据具体加工条件，间隙大小，排屑好坏及加工的稳定性适当地改变抽油压力。要求小间隙高光洁度时，可由冲油改为抽油。

2. 型腔模加工

型腔模加工的规准转换同样分粗、中、精三挡。

(1) 粗规准。一般脉宽大(大于 200μs)，峰值电流适当高(10～50A)的参数组合就是粗规准。其加工效果是电极损耗小(有时可能出现“反粘”)、表面粗糙度差($Ra>20\mu m$)、加工速度高、放电间隙大。粗规准在型腔加工时，蚀除大部分余量，使工件基本成型。选用粗规准加工时电流密度不能选得过大，否则会引起烧弧或破坏电极表面质量。一般石墨电极加工钢件，其加工电流密度不超过 3A/cm²；纯铜加工钢时的电流密度应不超过 5A/cm²;铁合金(包括钢和铸铁)加工钢的电流密度应不超过 2A/cm²。为了达到电极低损耗，应使峰值电流脉宽不超过 0.01A/μs。

(2) 中规准。一般脉宽中等(20～200μs)，峰值电流适中的参数组合就为中规准。其加工结果是电极略有损耗(有的电极可实现小于 1%的损耗)，表面粗糙度 Ra 为 10～2.5μm，火花间隙在 0.1～0.3mm(双面)，加工速度适中。

中规准与粗规准无明显界限，其划分依照具体加工对象而定。中规准在型腔加工时，主要作修整用，在穿孔加工时可作粗成型用。

(3) 精规准。一般脉宽较小(小于 10μs)或峰值电流较低的参数组合即为精规准。它是在中加工的基础上进行精修的规准。其加工结果是电极相对损耗大(10%～30%)，表面粗糙度 $Ra \leqslant 2\mu m$，加工速度低。由于实际加工时，留给精修的余量很少，一般不超过0.02～0.2mm，因此，电极的绝对损耗量不大，但边损耗与角损耗较大。

选择脉冲电源参数应根据具体加工对象来确定。对于尺寸小、形状简单的浅型腔加工，规准转换挡数可少些；对于尺寸大、型腔深、形状复杂的工件，规准转换的挡数要多些。当本挡规准的表面粗糙度全部修光时，应及时转换规准，这样既可提高工效，又能减少电极损耗，并使加工精度高。

13.2.3 专项技能训练课题

工件材料：厚0.1mm的不锈钢薄板。工具电极为方形刷形电极束。工具电极为10mm×10mm方条块的纯铜，用线切割在端部切出有许多方截面的刷状电极，如图13.3所示。

加工方法：找正工具电极和工件的垂直度后，选用正极性加工，脉宽4～5μs，脉间10～15μs，峰值电流3～4A，直至穿透，加工出方形筛网孔。

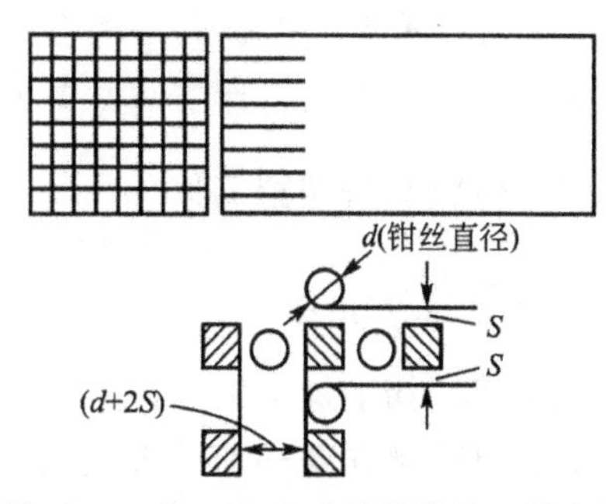

图13.3 加工小方孔滤网用的工具电极

13.3 电火花线切割加工

13.3.1 线切割加工机床

如图13.4所示，数控线切割加工机床由机床本体、脉冲电源和数控装置三部分组成，其中机床本体又由床身、工作台、运丝机构、工作液系统等组成。

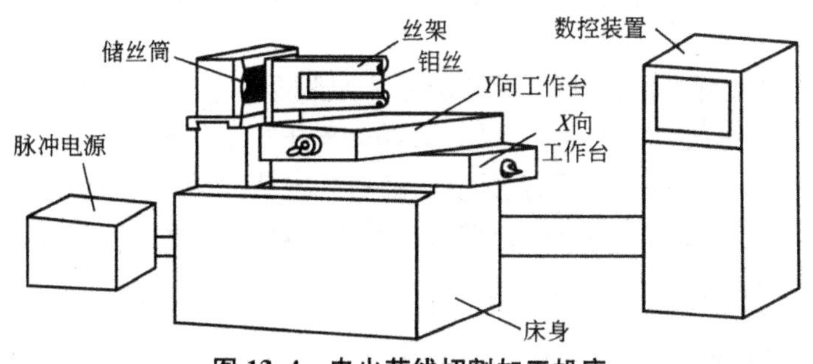

图13.4 电火花线切割加工机床

(1) 床身：用于支撑和连接工作台、运丝机构、机床电器及存放工作液系统。

(2) 工作台：用于安装并带动工件在工作台面内作 X、Y 两个方向的移动。工作台分上下两层，分别与 X、Y 向丝杠相连，由两个步进电动机分别驱动。步进电动机每收到计算机发出的一个脉冲信号，其输出轴就旋转一个步距角，通过一对齿轮变速带动丝杠转动，从而使工作台在相应的方向上移动一定距离。

(3) 运丝机构：电动机通过联轴节带动储丝筒交替作正、反向运转，电极丝整齐地排列在储丝筒上，并经过丝架作往复高速移动(9m/s左右)。

(4) 工作液系统：由工作液、工作液箱、工作液泵和循环导管组成。工作液起绝缘、排屑和冷却作用。每次脉冲放电后，工件与钼丝之间必须恢复绝缘状态，否则脉冲放电就会转变为稳定持续的电弧放电，影响加工质量。在加工过程中，工作液可把加工过程产生的金属颗粒迅速从电极之间冲走，使加工顺利进行。工作液还可冷却受热的电极和工件，防止工件变形。

(5) 脉冲电源：把普通的 50Hz 交流电转换成高频率的单向脉冲电压。加工时电极丝接脉冲电源负极，工件接正极。

(6) 数控装置：以微机为核心，配备相关硬件和控制软件。加工程序可用键盘输入或直接自动生成。控制工作台 X、Y 两个方向步进电动机或伺服电动机的运动。

13.3.2 电火花线切割工艺

1. 加工工艺指标

电火花线切割加工工艺指标主要包括切割速度、表面粗糙度、加工精度等，此外，放电间隙、电极丝损耗和加工表面层变化也是反映加工效果的重要内容。

影响工艺指标的因素很多，如机床精度、脉冲电源的性能、工作液脏污程度、电极丝与工件材料和切割工艺路线等。它们是互相关联又互相矛盾的。其中，脉冲电源的波形及参数的影响是相当大的，如矩形波脉冲电源的参数主要有电压、电流、脉冲宽度、脉冲间隔等，所以，根据不同的加工对象，选择合理的加工参数是非常重要的。

2. 合理选择电参数

(1) 要求切割速度高时。必须在满足表面粗糙度的前提下再追求高的切割速度。而且切割速度还受到间隙消电离的限制，即脉冲间隔也要适宜。

(2) 要求表面粗糙度好时。若切割的工件厚度在 80mm 以内，则选用分组波的脉冲电源为好，它与同样能量的矩形波脉冲电源相比，在相同的切割速度条件下，可以获得较好的表面粗糙度。

(3) 要求电极丝损耗小时。多选用前阶梯脉冲波形或脉冲前沿上升缓慢的波形，由于这种波形电流的上升率低(d_i/d_t小)，故可以减小丝损。

(4) 要求切割厚工件时。选用矩形波、高电压、大电流、大脉冲宽度和大的脉冲间隔。因为工件厚，排屑比较困难，所以要加大脉冲间隔，以便加工产物能充分排出，间隙可充分消电离，从而保证加工的稳定性。

13.3.3 数控线切割编程

1. 程序格式

数控线切割加工程序的格式与一般数控机床不一样，常采用如下的“3B”格式：

```
N R B X B Y B J G Z (FF)
```

其中，N 为程序段号；R 为圆弧半径，加工直线时 R 为零；X、Y 为 X、Y 方向的坐标值；J 为计数长度；G 为计数方向；Z 为加工指令；3 个 B 是间隔符，其作用是将 X、Y、J 的数值区分开；FF 为停机符，用于完整程序之后。

(1) 坐标系原点及其坐标值的确定。平面坐标系规定如下：操作者面对机床，工作台平面为坐标平面，左右方向为 X 轴方向，向右为正；前后方向为 Y 轴方向，向前为正。

坐标系的原点和坐标值随程序段的不同而变化：加工直线时，以直线的起点为坐标系的原点，X、Y 取直线终点的坐标值；加工圆弧时，以圆弧的圆心为坐标系的原点，X、Y 取圆弧起点的坐标值。坐标值的负号均不写，单位为 μm。

(2) 计数方向 G 的确定。不管是加工直线还是圆弧，计数方向均按位置确定。确定原则如下：

加工直线时，直线的终点靠近何轴，则计数方向取该轴。例如，在图 13.5 中加工直线 OA，计数方向取 X 轴，记作 GX；加工直线 OB，计数方向取 Y 轴，记作 GY；加工直线 OC，计数方向取 X 轴、Y 轴均可，记作 GX 或 GY。

加工圆弧时，终点靠近何轴，则计数方向取另一轴。例如：在图 13.6 中，加工圆弧 $\overset{\frown}{AB}$，计数方向取 X 轴，记作 GX；加工圆弧 $\overset{\frown}{MN}$，计数方向取 Y 轴，记作 GY；加工圆弧 $\overset{\frown}{PQ}$，计数方向取 X 轴、Y 轴均可，记作 GX 或 GY。

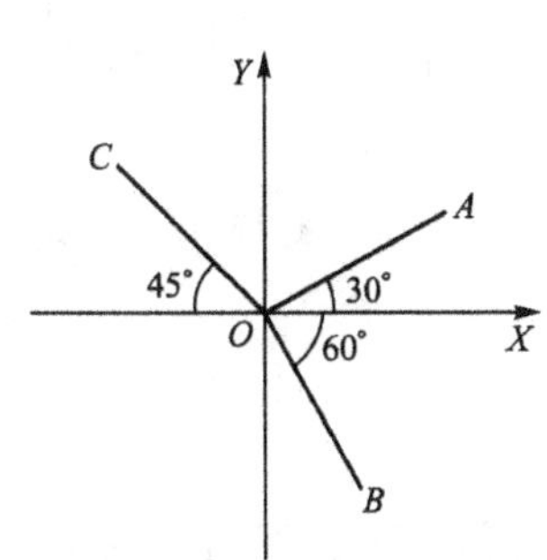

图 13.5　直线计数方向的确定

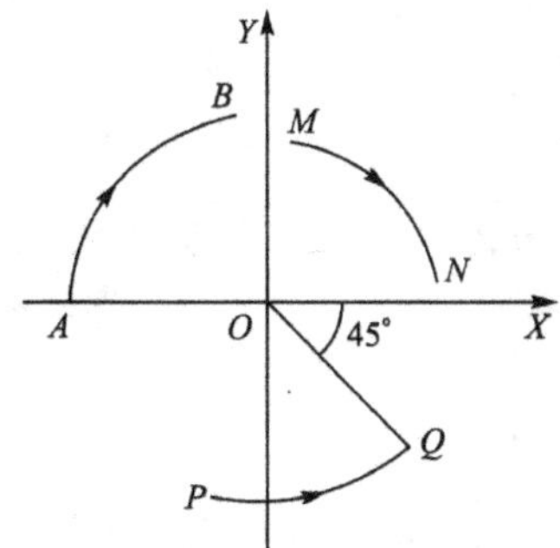

图 13.6　圆弧计数方向的确定

(3) 计数长度 J 的确定。计数长度在计数方向的基础上确定，是被加工的直线或圆弧在计数方向的坐标轴上投影的绝对值总和。单位为 μm。

例如，在图 13.7 中，加工直线 OA，计数方向在 X 轴，计数长度为 OB，其数值等于 A 点的 X 坐标值。在图 13.8 中，加工半径 0.5mm 的圆弧 $\overset{\frown}{MN}$，其计数方向为 X 轴，计数长度为 $500\times3=1500\mu$m，即 $\overset{\frown}{MN}$ 中 3 段 90°圆弧在 X 轴上投影的绝对值总和，而不是 $500\times2=1000\mu$m。

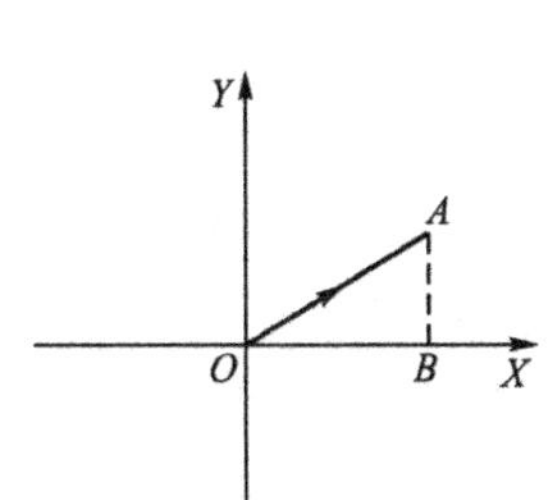

图 13.7　直线计数长度的确定

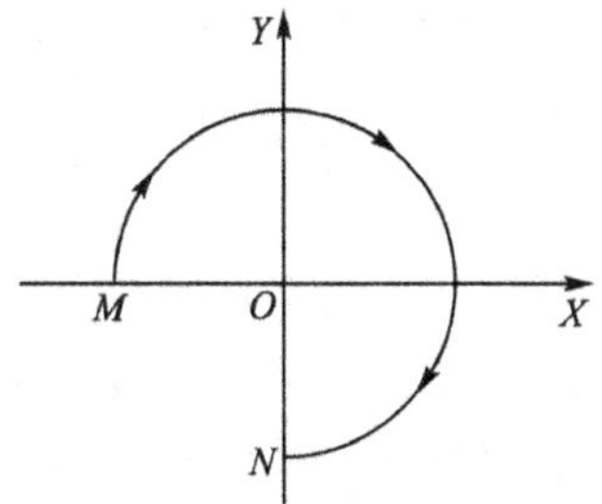

图 13.8　圆弧计数长度方向的确定

(4) 加工指令 Z 的确定。加工直线时有 4 种加工指令：L_1、L_2、L_3、L_4，如图 13.9 所示，当直线处于第Ⅰ象限(包括 X 轴而不包括 Y 轴)时，加工指令记作 L_1；当直线处于第Ⅱ象限(包括 Y 轴而不包括 X 轴)时，加工指令记作 L_2；L_3、L_4 依此类推。加工顺圆弧时有 4 种加工指令：SR_1、SR_2、SR_3、SR_4，如图 13.10 所示，当圆弧起点在第Ⅰ象限(包括 Y 轴而不包括 X 轴)时，加工指令记作 SR_1；当起点在第Ⅱ象限(包括 X 轴而不包括 Y 轴)时，加工指令记作 SR_2；SR_3、SR_4 依此类推。

加工逆圆弧时有 4 种加工指令：NR_1、NR_2、NR_3、NR_4。如图 13.11 所示，当圆弧起点在第Ⅰ象限(包括 X 轴而不包括 Y 轴)时，加工指令记作 NR_1；当起点在第Ⅱ象限(包括 Y 轴而不包括 X 轴)时，加工指令记作 NR_2；NR_3、NR_4 依此类推。

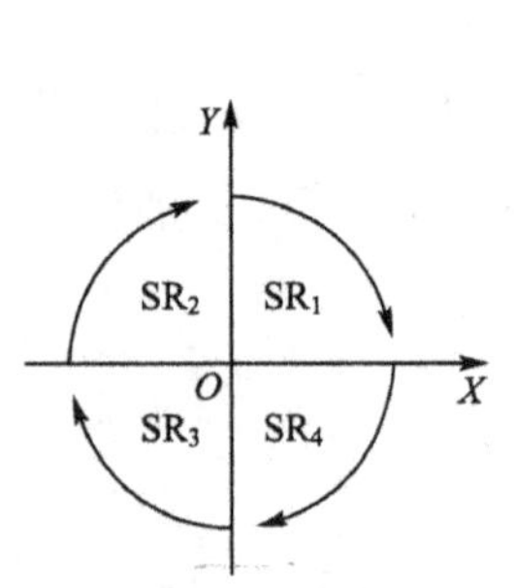

图 13.10 顺圆弧加工指令的确定

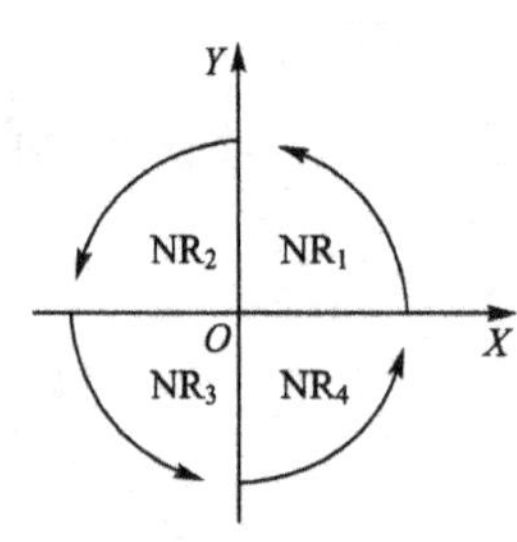

图 13.11 逆圆弧加工指令的确定

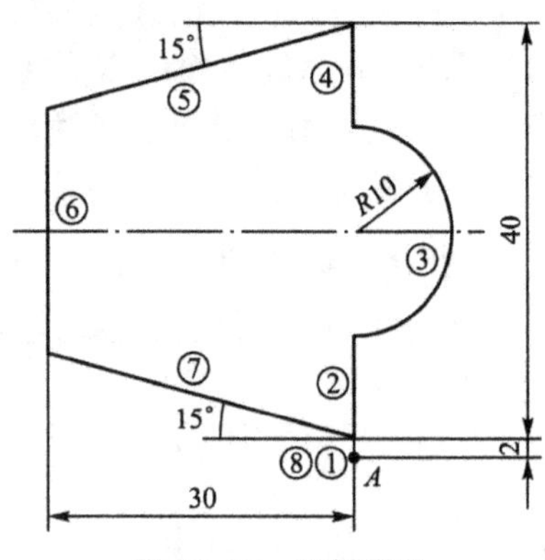

图 13.12 样板零件

2. 编程方法

编制数控线切割加工程序有手工编程和机床自动编程两种。下面以图 13.12 所示样板零件为例，只介绍手工编程的方法。

(1) 确定加工路线。起点和终点均为 A，加工路线按照图中所标的①，②，…，⑧进行，共分 8 个程序段。其中①为切入程序段，⑧为切出程序段。

(2) 计算坐标值。按照坐标系和坐标 X、Y 的规定，分别计算①～⑧程序段的坐标值。

(3) 填写程序单。按程序标准格式逐段填写 N、R、B、X、B、Y、B、J、G、Z，见表 13-2。注意：表中的 G、Z 两项需转换成数控装置能识别的代码形式，具体转换见表 13-3。例如，GY 和 L_2 的代码为 89，输入计算机时，只需输入 89 即可。

表 13-2 样板零件数控线切割加工程序

N	R	B	X	B	Y	B	J	G	Z	G、Z 码
1	0	B	0	B	2000	B	2000	GY	L_2	89
2	0	B	0	B	10000	B	10000	GY	L_2	89
3	10000	B	0	B	10000	B	20000	GY	NR_4	14
4	0	B	0	B	10000	B	10000	GY	L_2	89
5	0	B	30000	B	8040	B	30000	GY	L_3	1B
6	0	B	0	B	23920	B	23920	GY	L_4	8A
7	0	B	30000	B	8040	B	30000	GY	L_4	0A
8	0	B	0	B	2000	B	2000	GY	L_4	8A
FF										

表 13-3 G、Z代码

G	Z											
	L_1	L_2	L_3	L_4	SR_1	SR_2	SR_3	SR_4	NR_1	NR_2	NR_3	NR_4
GX	18	09	1B	0A	12	00	11	03	05	17	06	14
GY	98	89	9B	8A	92	80	91	83	85	97	86	94

13.3.4 自动编程

数控线切割编程，是根据图样提供的数据，经过分析和计算，编出线切割机床能接受的程序单。自动编程使用专用的数控语言及各种输入手段，向计算机输入必要的形状和尺寸数据，利用专门的应用软件即可求得各交、切点坐标及编写数控加工程序所需的数据，编写出数控加工程序，并可由打印机打印加工程序单，由穿孔机穿出数控纸带，或直接将程序传输给线切割机床。

近年来已出现了可输出两种格式(ISO 和 3B)的自动编程机。值得指出的是，在一些 CNC 线切割机床上，本身已具有多种自动编程机的功能，或做到控制机与编程机合二为一，在控制加工的同时，可以“脱机”进行自动编程。

对一些毛笔字体或熊猫、大象等工艺美术品复杂曲线图案的编程，可以用扫描仪直接对图形扫描输入计算机，再经内部的软件处理，编译成线切割程序。这些绘图式和扫描仪等直接输入图形的编程系统，目前都已有商品出售。图 13.13 是扫描仪直接输入图形编程切割出的工件图形。

图 13.13 用扫描仪直接输入图形编程切割出的图形

13.3.5 偏移补偿值的计算

在软件里都会有自动补偿功能，一般补偿值为钼丝直径除以 2 加上 0.015。

比如说钼丝直径为 0.18mm，除以 2 等于 0.09，再加上 0.015 等于 0.105。一般 5μm 都被忽略掉。所以一般快走丝线切割的补偿值都为 0.1。X、Z 两种进给量，其中 X 是纵向，Z 是横向。偏移量也是根据所给的 X、Z 确定坐标来定位，首先要从 X_0、Z_0 起始原点开始计算的，一般来说，可以用绘图软件绘出所要加工图形，然后用编程软件转成 NC 程序，直接传入线切割即可。

钼线直径加上放电间隙再除以 2 就是偏移量。钼线直径可用千分尺测得，调整放电间隙，直到切落的工件符合图样尺寸。

13.3.6 专项技能训练课题

在对零件进行线切割加工时，必须正确地确定工艺路线和切割程序，包括对图样的审核及分析，加工前的工艺准备和工件的装夹，程序的编制，加工参数的设定和调整及检验等步骤。

按照技术要求，完成如图 13.14 所示的平面样板的加工。

(1) 零件图工艺分析。经过分析图样，该零件尺寸要求比较严格，但是由于原材料是2 mm厚的不锈钢板，因此装夹比较方便。编程时要注意偏移补偿的给定，并留够装夹位置。

(2) 确定装夹位置及走刀路线。为了减少材料的内部组织及内应力对加工的影响，要选择合适的走刀路线，如图13.15所示。

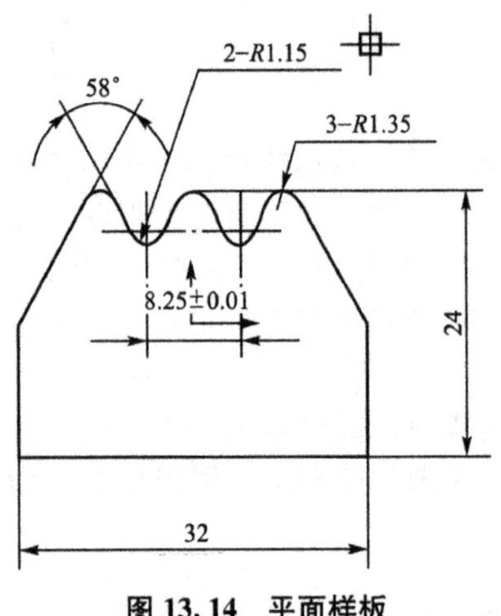

图13.14　平面样板

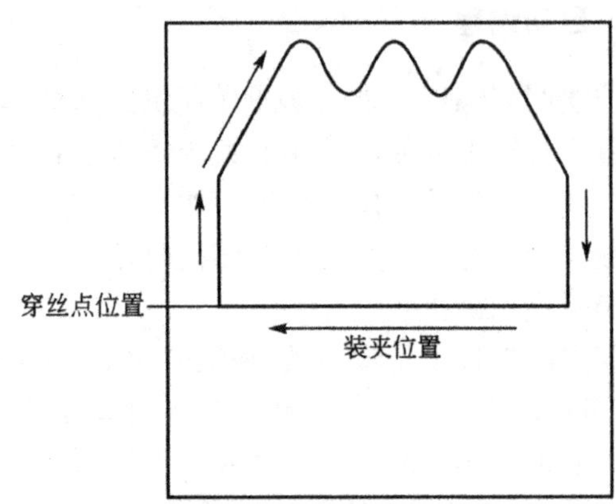

图13.15　装夹位置

(3) 编制程序单。编制程序单的过程如下。

① 用CAXA线切割V2版绘图软件绘制零件图。

② 生成加工轨迹并进行轨迹仿真。生成加工轨迹时注意穿丝点的位置应选在图形的尖角处，减小累积误差对工件的影响。

③ 生成G代码程序。

G代码程序如下。

```
%(例1.ISO，03/22/04，17：24：28)
G92 X16000 Y-18000;
G01 X18100 Y-12100;
G01 X-16100 Y-12100,
G01 X-16100 Y-521;
G01 X-9518 Y11353;
G02 X-6982 Y11353 I1268 J-703;
G01 X-5043 Y7856;
G03 X-3207 Y7856 I918 J509;
G01 X-1268 Y11353;
G02 X1268 Y11353 I268 J703;
G01 X3207 Y7856;
G03 X5043 Y7856 I918 J509;
G01 X6982 Y11353;
G02 X9518 Y11353 I1268 J703;
G01 X16100 Y-521;
G01 X16100 Y-12100;
```

```
G01 X16000 Y-18000;
M02
```

(4) 调试机床。调试机床应校正电极丝的垂直度(用垂直校正仪或校正模块)，检查工作液循环系统及运丝机构工作是否正常。

(5) 工件装夹及加工。

① 将坯料放在工作台上，保证有足够的装夹余量。然后固定夹紧，工件左侧悬置。

② 将电极丝移至穿丝点位置，注意别碰断电极丝，准备切割。

③ 选择合适的电参数，进行切割。

由于此零件作为样板，故对切割表面质量有一定要求，而且板比较薄，属于粗糙度型加工，所以选择切割参数为：最大电流 3A，脉宽 3μs，脉间 4μs，进给速度 6m/s。加工时注意电流表及电压表数值应稳定，进给速度应均匀。

13.4 激光加工

13.4.1 激光加工原理和加工特点

激光是一种亮度高、方向性好、单色性好、发散角小的相干光，理论上可以聚焦到尺寸与光的波长相近的小斑点上，加上亮度高，其焦点处的功率密度可达 $10^3 \sim 10^7 W/mm^2$，温度可高至上万摄氏度。在此高温下，任何坚硬的材料都将瞬时急剧熔化和汽化，并产生很强烈的冲击波，使熔化物质爆炸式地喷射去除。激光加工就是利用这种原理进行打孔、切割的。

13.4.2 激光加工的特点和应用

1. 加工特点

(1) 可加工任何硬度的金属和非金属材料，如硬质合金、不锈钢、金刚石。宝石、陶瓷等。

(2) 适于精密加工。可把激光聚焦成极细的光束加工微孔($\phi 0.01 \sim \phi 1.0$mm)、深孔窄缝。

(3) 加工时间极短(仅千分之一秒)，热影响小、易于实现自动化。

(4) 加工时无需加工工具，系非接触加工，无机械加工变形。

(5) 可用反射镜将激光束送往远处的隔离室进行加工。

2. 应用

(1) 激光打孔。如用于化纤喷丝头打孔、钟表宝石轴承打孔、金刚石拉丝模打孔及发动机燃油喷嘴孔的加工等。

(2) 激光切割。如集成电路用的单晶硅片的切割、异形孔切割、精密狭窄缝隙的切割等。

(3) 激光焊接。如晶体管元件及精密仪表的焊接等，激光焊接具有焊接迅速、加热影响区小、没有熔淹等特点。

(4) 激光表面强化。利用激光对金属表面扫描，在极短时间内加热到淬火温度，立即迅速冷却使表面淬硬。这种技术已应用到机械工业和汽车工业中。

13.4.3 激光加工机床

激光加工机床包括激光器、电源、光学系统及机械系统四大部分。

(1) 激光器激光加工的重要设备，把电能转换为光能，产生激光束。

(2) 激光器电源为激光器提供所需的能量及控制功能。

(3) 光学系统包括激光聚焦系统和观察瞄准系统，后者能观察和调整激光束的焦点位置，并将位置显示在投影仪上。

(4) 机械系统主要包括床身、能三坐标移动的工作台及机电控制系统等。随着电子技术的发展，目前已采用计算机控制工作台移动，实现激光加工数控操作。

13.4.4 专项技能训练课题

1. 水晶内雕

水晶内雕产品是20世纪90年代后期才出现的工艺品。雕刻的作品悬浮在水晶内部，表面完好无缺。它利用具有一定穿透力的激光，加工水晶时在局部产生高热量蒸发水晶中的一点，产生一个小孔，这些小孔能排列成特定的形状，制成独特的工艺品，如图13.16所示。

2. 激光微焊接

微焊接技术中的传统技术是以接触性焊接方式，利用电极或其他材料进行微焊接加工，其接合效果不理想。而激光采用非接触方式，使微焊接技术领域得到了极大的拓展。激光微焊接技术以其全面能量控制，高质量焊点，低热注入和可重复焊接特性，使所生产的精密产品(图13.17)，以低成本获得更高质量生产效率。

图13.16 水晶内雕

图13.17 首饰焊接

13.5 超声波加工

13.5.1 超声波加工机床

如图 13.18 所示，超声波加工机床主要由以下三大部分组成：

(1) 超声发生器。它将 50Hz 交流电转变为高频电，供给超声换能器。

(2) 超声振动系统。它包括超声换能器和变幅杆。它的作用是将换能器的振幅放大，并传给工具。

(3) 机床本体。加工机床有立式和卧式两种。

超声波加工机床具有以下特点：

(1) 由于工具与工件间相互作用力小，故机床本体不需要一般机床那样高的结构强度和强力传动机构，但刚度要好。

(2) 加工机床的主要运动有工作进给运动和调整运动两个。工作台带有纵横坐标移动及转动机构，用以调节工具与工件间的相对位置。

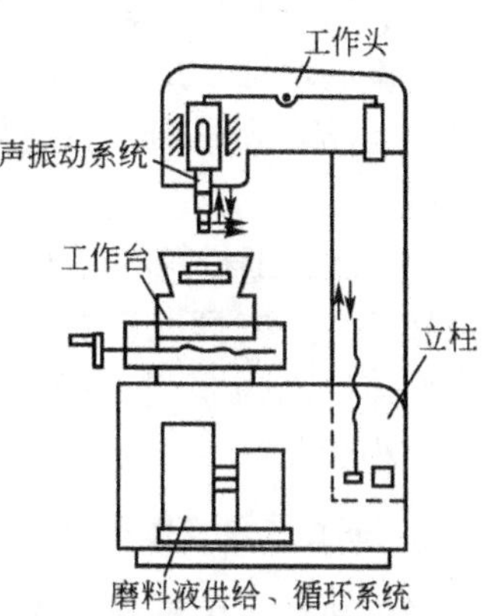

图 13.18 超声波加工机床

(3) 工作台带有盛放磨料液的工作槽，以防止磨料液飞溅，并使磨料液顺利地流回磨料液泵。为了使磨料液在加工区域良好循环，一般都带有强制磨料液循环的装置。

(4) 加工机床还应具备冷却装置。

13.5.2 超声波加工工艺

1. 加工速度及其影响因素

加工速度是指单位时间内去除材料的多少，单位通常以 g/min 或 mm^3/min 表示。玻璃的最大加工速度可达到 2000～4000mm^2/min。

影响加工速度的主要因素有工具振动频率、振幅、工具和工件之间的净压力、磨料的种类和粒度、磨料悬浮液的浓度、供给和循环方式、工具与工件材料、加工面积、加工深度等。

(1) 工具的振幅和频率的影响。过大的振幅和过高的频率会使工具和变幅杆承受很大的内应力，可能超过它的疲劳强度而降低使用寿命，而且在联结处的损耗也增大，因此一般振幅在 0.01～0.1mm，频率在 16000～25000Hz 之间。实际加工中应调至共振频率，以获得最大的振幅。

(2) 进给压力的影响。加工时工具对工件应有一个合适的进给压力，压力过小，则工具末端与工件加工表面间的间隙增大，从而减弱了磨料对工件的撞击力和打击深度；压力过大，会使工具与工件间隙减小，磨料和工作液不能顺利循环更新，都将降低生产率。

一般而言，加工面积小时，单位面积最佳静压力可较大。例如，采用圆形实心工具在玻璃上加工孔时，加工面积在 5～13mm^2 时，其最佳静压力约为 400kPa，当加工面积在

$20mm^2$以上时，最佳静压力为200～300kPa。

(3) 磨料的种类和粒度的影响。磨料硬度越高，加工速度越快，但要考虑价格成本。加工金刚石和宝石等超硬材料时，必须用金刚石磨料；加工硬质合金、淬火钢等高硬脆性材料时，宜采用硬度较高的碳化硼磨料；加工硬度不太高的脆硬材料时，可采用碳化硅磨料；至于加工玻璃、石英、半导体等材料时，用刚玉之类氧化铝(Al_2O_3)作磨料即可。另外，磨料粒度越粗，加工速度越快，但精度和表面粗糙度则变差。

(4) 磨料悬浮液浓度的影响。磨料悬浮液浓度低，加工间隙内磨粒少，特别在加工面积和深度较大时可能造成加工区局部无磨料的现象，使加工速度大大下降。随着悬浮液中磨料浓度的增加，加工速度也增加。但浓度太高时，磨粒在加工区域的循环运动和对工件的撞击运动受到影响，又会导致加工速度降低。通常采用的浓度为磨料对水的质量比为0.5～1。

(5) 被加工材料的影响。被加工材料越脆，则承受冲击载荷的能力越低，因此越易被去除加工；反之韧性较好的材料则不易加工。如玻璃的可加工性(生产率)为100%，锗、硅半导体单晶为200%～250%，石英为50%，硬质合金为2%～3%，淬火钢为1%，不淬火钢小于1%。

2. 加工精度及其影响因素

超声波加工的精度，除受机床、夹具精度影响外，还与磨料粒度、工具精度及其磨损情况、工具横向振动大小、加工深度、被加工材料性质等有关。一般加工孔的尺寸精度可达±0.02～0.05mm。

超声波加工孔的精度，在采用240～280号磨粒时，一般可达±0.05mm，采用W28～W7磨粒时，可达±0.02mm或更高。

此外，对于加工圆形孔，其形状误差主要有圆度和圆柱度。圆度误差大小与工具横向振动大小和工具沿圆周磨损不均匀有关。圆柱度误差大小与工具磨损量有关。如果采用工具或工件旋转的方法，可以提高孔的圆度和生产率。

3. 表面质量及其影响因素

超声波加工具有较好的表面质量，不会产生表面烧伤和表面变质层。超声波加工的表面粗糙度也较好，一般可达$Ra1$～0.1μm。这取决于每粒磨粒每次撞击工件表面后留下的凹痕大小，与磨料颗粒的直径、被加工材料的性质、超声振动的振幅及磨料悬浮工作液的成分等有关。

当磨粒尺寸较小、工件材料硬度较大、超声振幅较小时，加工表面粗糙度将得到改善，但生产率则也随之降低。

磨料悬浮工作液的性能对表面粗糙度的影响比较复杂。实践表明，用煤油或润滑油代替水可使表面粗糙度更有所改善。

13.5.3 专项技能训练课题

超声波加工的生产率虽比电火花加工低，但加工精度和表面粗糙度却比电火花加工好，而且能加工非导体、半导体等硬脆材料，如玻璃、石英、宝石、锗甚至金刚石等，即使是电火花加工后的一些用淬硬钢、硬质合金制作的冲模、注塑模，也常采用超声波进行后续的光整加工。超声波加工的尺寸精度可达0.05～0.1mm，表面粗糙度Ra值可达

0.8～0.1μm，它适合加工各种型孔和型腔，也可以进行套料、切割、开槽和雕刻等，如图13.19所示。

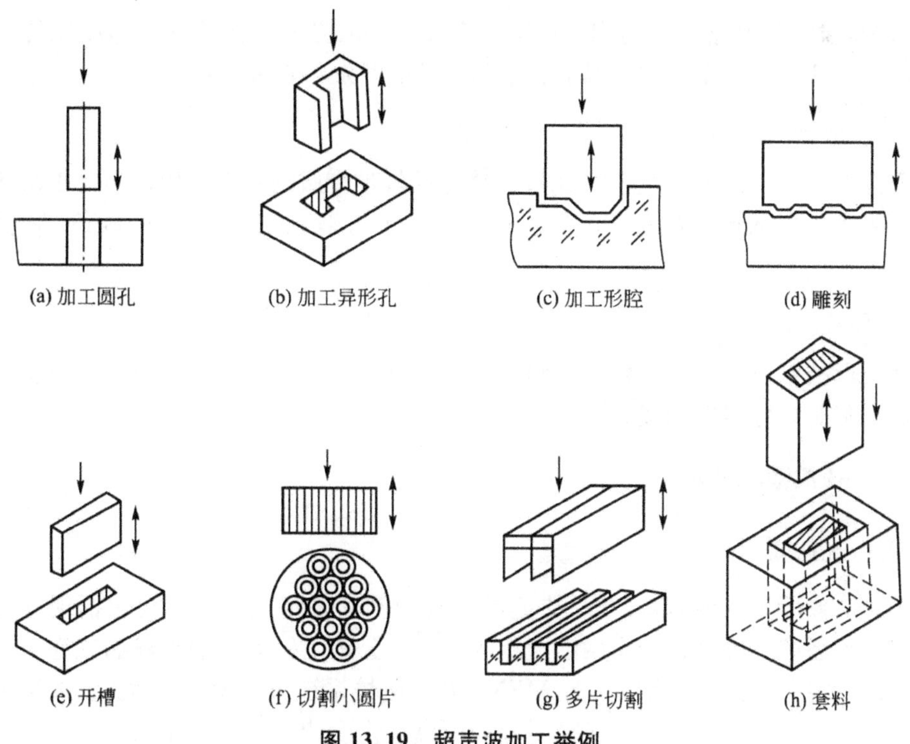

图13.19　超声波加工举例

13.6　快速成型技术

快速成型法(Rapid Prototyping)又称为快速成型技术或快速原型法。它是国外20世纪80年代中后期发展起来的一种新技术，与虚拟制造技术(Virtual Manufacturing)一起，被称为未来制造业的两大支柱技术。快速成型技术对缩短新产品开发周期，降低开发费用具有极其重要的意义，有人称快速成型技术是继NC技术后制造业的又一次革命。

13.6.1　快速成型原理及特点

快速成型技术是综合利用CAD技术、数控技术、激光加工技术和材料技术实现从零件设计到三维实体原形制造一体化的系统技术。

快速成型技术采用软件离散—材料堆积的原理实现零件的成型，其过程是：先由三维CAD软件设计出所需要零件的计算机三维曲面或实体模型(也称电子模型)，然后根据工艺要求，将其按一定厚度进行分层，把原来的三维电子模型变成二维平面信息(截面信息)，即离散的过程；再将分层后的数据进行一定的处理，加入加工参数，产生数控代码，在微机控制下，数控系统以平面加工方式有序地连续加工出每个薄层并使它们自动粘接而成型，这就是材料堆积的过程。

快速成型技术的特点如下：

1. 快速性

从 CAD 设计到原型零件制成，一般只需几个小时至几十个小时，速度比传统的成型方法快得多，使快速成型技术尤其适合于新产品的开发与管理。

2. 设计制造一体化

落后的 CAPP 一直是实现设计制造一体化的较难克服的一个障碍，而对于快速成型来说，由于采用了离散堆积的加工工艺，CAPP 已不再是难点，CAD 和 CAM 能够很好地结合。

3. 材料的广泛性

快速成形技术可以用于树脂类、塑料类材料成型，还可以用于纸类、石蜡类、复合材料及金属材料和陶瓷材料的成型。

13.6.2 FDM 成型机及操作

1. 成型机结构

以图 13.20 所示的 MEM - 300 快速成型机为例，该制造系统主要包括硬件系统、软件系统和供料系统。硬件系统由两部分组成，一部分是以机械运动承载加工为主，另一部分以电气运动控制和温度控制为主。MEM - 300 机械系统包括运动、喷头、成型室、材料室、控制室和电源室等单元。其机械系统采用模块化设计，各个单元相互独立。如运动单元只完成扫描和升降动作，而且整机运动精度只取决于运动单元的精度，与其他单元无关。因此每个单元可以根据其功能需求采用不同的设计。运动单元和喷头单元对精度要求较高，其部件的选用及零件的加工都要特别考虑。电源室和控制室需要具有防止干扰和抗干扰功能，应采用屏蔽措施。基于 PC 总线的运动控制卡能实现直线、圆弧插补和多轴联动。PC 总线的喷头控制卡用于完成喷头的出丝控制，具有超前和滞后动作补偿功能。喷头控制卡与运动控制卡能够协同工作，通过运动控制卡的协同信号控制喷头的启停和转向。

图 13.20　MEM300 快速成型机

制造系统配备了三套独立的温度控制器，分别检测与控制成型喷嘴、支撑喷嘴和成型室的温度。为了适应对控制长时间连续工作下高可靠性的要求，整个控制系统采用了多微处理机二级分布式集散控制结构，各个控制单元具有故障诊断和自修复功能，使故障的影响局部化。由于采用了 PC 总线和插板式结构，使系统具有组态灵活、扩展容量大、抗干扰能力强等特点。

该系统关键部件是喷头，喷头内的螺杆与送丝机构用可旋转的同一步进电动机驱动，当外部计算机发出指令后，步进电动机驱动螺杆，同时，又通过同步带传动与送料辊将塑料丝送入成型头，在喷头中，由于电热棒的作用，丝料呈熔融状态，并在螺杆的推挤下，通过铜质喷嘴涂覆在工作台上。

系统软件包括几何建模和信息处理两部分。几何建模单元是由设计人员借助CAD软件，如Pro/E、AutoCAD等构造产品的实体模型或由三维测量仪（CT、MRI等）获取的数据重构产品的实体模型。最后以STL格式输出原型的几何信息。

信息处理单元由STL文件处理、工艺处理、数控、图形显示等模块组成，分别完成STL文件错误数据检验与修复、层片文件生成、填充线计算、数控代码生成和对成型机的控制。其中，工艺处理模块根据STL文件判断制件成型过程中是否需要支撑，如需要则进行支撑结构设计，然后对STL分层处理。最后根据每一层的填充路径设计与计算，并以CLI格式输出产生分层CLI文件。信息系统是在Pentium微机上用Visual C++开发的，系统界面采用窗口、菜单、对话框等方式输入输出信息，使用十分方便。

MEM-300制造系统要求成型材料及支撑材料为直径2mm的丝材，并且具有低的凝固收缩率、陡的黏度温度曲线和一定的强度、硬度、柔韧性。一般的塑料、蜡等热塑性材料经适当改性后都可以使用。目前已成功开发了多种颜色的精密铸造用蜡丝、ABS材料丝。

2. 成型机操作

由控制软件Poppy控制成型机进行原型制作，下面简要介绍原型制作过程。

(1) 打开终端工控机。

(2) 执行机构开机：依次按下设备的“电源”“照明”“温控”“散热”“数控”按钮。

(3) 材料及成型室预热：以50℃为一次升温梯度，将成型材料逐步升温至210～225℃

(4) 启动控制软件Poppy，以只读方式读入需要加工的CLI文件，读入CLI文件后提问是否有支撑，答“否”。

(5) 数控初始化：打开控制窗口，选择“数控系统”下的“数控初始化”菜单，系统进行数控初始化，喷头回至原点。

(6) 确认成型材料温度达到指定温度后，打开“喷头”按钮。

(7) 挤出旧丝：选择“数控系统”下的“控制面板”菜单，弹出控制面板对话框(图13.21)，依次选取喷头“开”、送丝“开”，观察喷头出丝情况，并持续出丝一段时间，将喷头中已老化的丝材吐出。喷头正常出丝后，依次选取送丝“关”、喷头“关”，停止送丝。

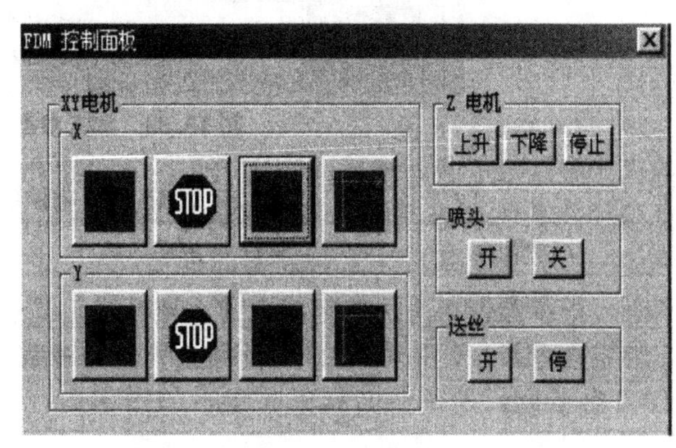

图13.21 控制面板

(8) 工作台对高：选择“数控系统”下的“点动面板”菜单，调出点动面板(图13.22)。

将喷头移至工作台适当位置(大约为零件加工位置)，在喷头下放一张纸。然后使用点动面板右侧按钮上升工作台，在工作台“上升”按钮处按住鼠标不放则工作台连续上升，目测喷头与工作台相距 1～2mm 时，在工作台“上升”按钮处单击鼠标左键使工作台点动上升，直至喷头下面的纸移动困难时，证明工作台面已与喷头贴紧，取出纸。

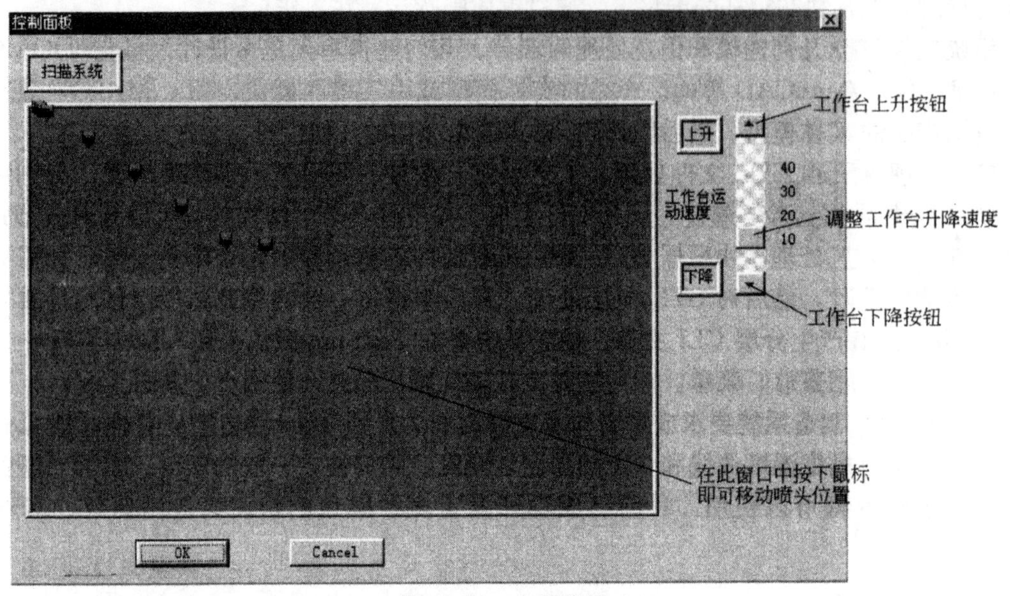

图 13.22　点动面板

(9) 加工参数设置：打开图形窗口，选择“参数设置”下的“FDM 参数”，在对话框中设定加工参数(参见图 13.23)。造型之初的参数设置值见表 13－4。

FDM 工艺参数设定(长度单位:毫米　速度单位:毫米/秒)

运动速度(毫米/秒)
轮廓: 30
网格: 35
支撑: 40
空程: 250

喷头参数
轮廓速度: 15
网格速度: 15
支撑速度: 12
清理频度: 10
层厚: 0.15

路径参数
加速时间(毫秒): 10
最大夹角(度): 180

工作台参数
长度: 0
高度: 0
运动速度: 10
下降距离: 10

喷头延时(毫秒)
开启延时: 50
关闭延时: 0

确定
取消

图 13.23　加工参数设置对话框

表 13－4　初始参数设置

运动速度	单位 mm/s	喷头参数	无单位
轮廓	29	轮廓	20
网格	35	网格	20
支撑	40	支撑	12
层厚		0.15	

(10) 成型：打开控制窗口，选择“数控系统”下的“造型”菜单，弹出几个确认对话框，检查准备工作是否完成。之后弹出造型对话框，如图13.24所示，单击“开始”按钮开始造型。

(11) 修改加工参数。基底制作4～5层后，按步骤(9)修改加工参数，按表13-5设定新的加工参数后，单击“确定”按钮完成。

注意：加工过程中如遇意外情况，立即单击造型对话框(图13.24)中的“急停”按钮。若很快将问题解决，可单击“继续”按钮继续造型，不用再初始化。

表13-5　后续参数设置

运动速度	单位 mm/s	喷头参数	无单位
轮廓	29	轮廓	20
网格	35	网格	20
支撑	0	支撑	20
层厚/mm		0.15	

(12) 加工完毕，零件保温：零件加工完毕后，下降工作台[参见步骤(8)]，将零件留在成型室内保温(一般为5～20min)。之后用小铲子小心取出原型。如需继续制作其他零件，重复步骤(4)～(11)。如不需继续制作其他零件，立即关闭设备的“喷头”按钮。

(13) 关闭设备：关闭“数控”按钮，把成型材料与成型室温度控制表上的预定温度设为室温，等待降温。当成型材料温度降至室温后，依次关闭设备的“散热”“温控”“照明”“电源”按钮。然后关闭工控机，清理现场。

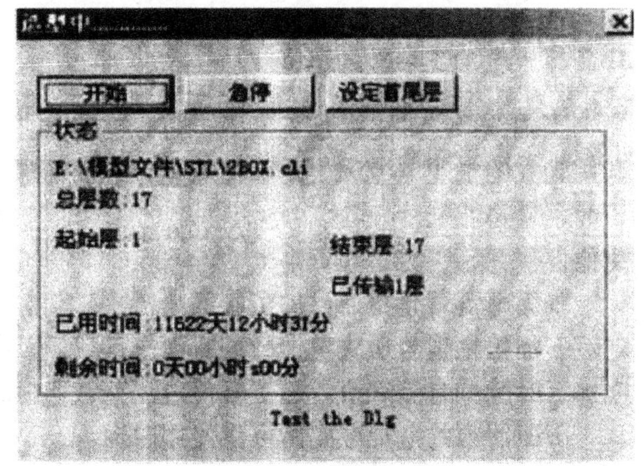

图13.24　造型中对话框

(14) 原型后处理：小心取出支撑，用砂纸打磨台阶效应较明显处，用小刀处理多余部分，用填补液处理台阶效应造成的缺陷，用上光液给原型表面上光。

13.6.3　专项技能训练课题

快速模具制造，目前RPM的快速制模主要有用RP原型间接制模和RP系统上直接制模两种方式。用RP原型间接制模是通过快速制造系统设计、制造出各种复杂的原型件，将原型件作为样件用于传统的模具制造工艺。这种间接制模工艺已基本成熟，一般可使模具制造成本和周期减少1/2，明显提高了生产率。常用的制模工艺有铸造熔模、硅橡胶模和环氧树脂模等。采用RPM技术直接制模是将模具CAD的结果由RP系统直接制造成型。这种方法不需要RP系统制造样件，也不依赖传统的模具制造工艺，它是将CAD系统得到的三维实体STL模型进行分层切片，得到零件层面的边界，根据此边界就可以求得正型烧结线。在零件边界外人为地加上一个方框，方框大小由最大层面边界和模具的最小厚度来确定，模具的层面实际上是零件层面的“逆”层面。通过对方框内的烧结线进行一次求反，即“实”变“虚”或“虚”变“实”，将CAD设计的实型变成空腔，其外围变实的烧结线即为零件反型的烧结线。基于上述基本原理，我们选择覆膜陶瓷作为基体材料，覆膜陶瓷的覆膜材料主要为树脂类热固性塑料，为了提高烧结强度，需加入适当比例的粘结剂，材料为250目环氧树脂粉末。根据SLS系统中分层切片软件得到零件CAD模型的各层面信息，通过“虚”“实”变换求得零件反型的烧结线。在计算机的控制下有选择地烧结粉末材料，经过层层叠加得到铸造用的陶瓷型壳、型芯，并结合传统的砂型铸造工艺，直接用于铸造金属零件，如烧结出精密铸造用的叶轮型壳，制作叶轮铸件(图13.25)。

图13.25　叶轮铸件

13.7　实践中常见问题解析

13.7.1　电加工参数的选择

正确选择脉冲电源加工参数，可以提高加工工艺指标和加工的稳定性。粗加工时，应选用较大的加工电流和大的脉冲能量，以获得较高的材料去除率(即加工生产率)。而精加工时，应选用较小的加工电流和小的单个脉冲能量，以获得加工工件较低的表面粗糙度值。

加工电流就是指通过加工区的电流平均值，单个脉冲能量大小主要由脉冲宽度、峰值电流、加工幅值电压决定。脉冲宽度是指脉冲放电时脉冲电流持续的时间，峰值电流指放电加工时脉冲电流峰值，加工幅值电压指放电加工时脉冲电压的峰值。

下面所列的电规准实例可供使用时参考：

(1) 精加工：脉冲宽度选择最小挡，幅值电压选择低挡，幅值电压为75V左右，接通1～2个功率管，调节变频电位器，加工电流控制在0.8～1.2A，加工表面粗糙度$Ra\leqslant 2.5\mu m$。

(2) 最大材料去除率加工：脉冲宽度选择4～5挡，电压幅值选取“高”值，幅值电压为100V左右，功率管全部接通，调节变频电位器，加工电流控制在4～4.5A，可获得100 /min左右的去除率(材料厚度为40～60mm)。

(3) 大厚度工件加工(材料厚度大于300mm)：幅值电压打至高挡，脉冲宽度选5～6挡，功率管接通4～5个，加工电流控制在2.5～3A，材料去除率大于30/min。

(4) 较大厚度工件加工(材料厚度为60～100mm)：幅值电压打至高挡，脉冲宽度选取5挡，功率管接通4个左右，加工电流调至2.5～3A，材料去除率50～60/min。

(5) 薄工件加工：幅值电压选低挡，脉冲宽度选第1或第2挡，功率管接通2～3个，加工电流调至1A左右。

注意：改变加工的电规准，必须关断脉冲电源输出(调整间隔电位器RP1除外)，在加工过程中一般不应改变加工电规准，否则会造成加工表面粗糙度不一样。

13.7.2 机械参数的选择

对于普通的快走丝线切割机床，其走丝速度一般都是固定不变的。进给速度的调整主要是电极丝与工件之间的间隙调整。切割加工时进给速度和电蚀速度要协调好，不要欠跟踪或跟踪过紧。进给速度的调整主要靠调节变频进给量，在某一具体加工条件下，只存在一个相应的最佳进给量，此时钼丝的进给速度恰好等于工件实际可能的最大蚀除速度。欠跟踪时使加工经常处于开路状态，无形中降低了生产率，且电流不稳定，容易造成断丝，过紧跟踪时容易造成短路，也会降低材料去除率。一般调节变频进给，使加工电流为短路电流的85%倍左右(电流表指针略有晃动即可)。这样就可保证为最佳工作状态，即此时变频进给速度最合理、加工最稳定、切割速度最高。表13-6给出了根据进给状态调整变频的方法。

表13-6 根据进给状态调整变频的方法

实频状态	进给状态	加工面状况	切割速度	电极丝	变频调整
过跟踪	慢而稳	焦褐色	低	略焦，老化快	应减慢进给速度
欠跟踪	忽慢忽快不均匀	不光洁易出深痕	较快	易烧丝，丝上有白斑伤痕	应加快进给速度
欠佳跟踪	慢而稳	略焦褐，有条纹	低	焦色	应稍增加进给速度
最佳跟踪	很稳	发白，光洁	快	发白，老化慢	不需再调整

13.8 操作安全技术

以特种加工技术中应用最普遍的电火花线切割技术为例说明安全技术：

(1) 学生初次操作机床，须仔细阅读线机床实训指导书或机床操作说明书，并在实训教师指导下操作。

(2) 手动或自动移动工作台时，必须注意钼丝位置，避免钼丝与工件或工装产生干涉而造成断丝。

(3) 用机床控制系统的自动定位功能进行自动找正时，必须关闭高频，否则会烧丝。

(4) 关闭运丝筒时，必须停在两个极限位置(左或右)。

(5) 装夹工件时，必须考虑本机床的工作行程，加工区域必须在机床行程范围内。

(6) 工件及装夹工件的夹具高度必须低于机床线架高度，否则，加工过程中会发生工件或夹具撞上线架而损坏机床。

(7) 支撑工件的工装位置必须在工件加工区域外，否则，加工时会连同工件一起割掉。

(8) 工件加工完毕，必须随时关闭高频。

(9) 经常检查导轮、排丝轮、轴承、钼丝、切割液等易损、易耗件(品)，发现损坏(耗)，及时更换。

13.9 本 章 小 结

本章主要介绍了几种精密及光整加工和特种加工方法，讲解了其工作原理、设备组成及应用特点。这些加工方法可应用于高精度、形状复杂的工件加工，不仅对金属材料，而且对各种非金属材料、难加工材料都可应用，具有常规加工方法所不具备的诸多优点。

13.10 思考与练习

1. 思考题

(1) 简述电火花加工的原理和应用。
(2) 为什么要及时排除电火花加工过程中的产生的电蚀产物?
(3) 电火花加工分为哪几类? 影响加工精度的因素有哪些?
(4) 简述电火花线切割加工的原理和应用。
(5) 电火花线切割加工有何加工特点?
(6) 简述激光加工的原理和应用。
(7) 简述激光加工机床各部分的功能。
(8) 简述超声波加工的原理和应用。
(9) 影响超声波加工质量的因素有哪些?
(10) 简述快速成型技术的原理和特点。

2. 实训题

(1) 电火花机床操作。
(2) 电火花线切割机床操作。
(3) 激光加工操作。
(4) 超声波加工机床操作。
(5) 快速成型机操作。

参 考 文 献

[1] 石伯平，李家枢. 金属工艺学实习教材 [M]. 北京：高等教育出版社，1982.
[2] 刘宝俊. 材料的腐蚀及其控控制 [M]. 北京：北京航空航天大学出版社，1987.
[3] 刘国杰. 现代涂料工艺新技术 [M]. 北京：化学工业出版社，1987.
[4] 中国机械工程学会热处理学会. 表面沉积技术 [M]. 北京：机械工业出版社，1989.
[5] 高荣发. 热喷涂 [M]. 北京：化学工业出版社，1991.
[6] 沈宁一. 表面处理工艺手册 [M]. 上海：上海科技出版社，1991.
[7] 郝广发. 钳工工艺学 [M]. 北京：机械工业出版社，1991.
[8] 严绍华. 热加工工艺基础 [M]. 北京，高等教育出版社，1991.
[9] 李志忠. 激光表面强化 [M]. 北京：机械工业出版社，1992.
[10] 刘世雄. 金工实习 [M]. 重庆：重庆大学出版社 1996.
[11] 张万昌，等. 机械制造实习 [M]. 北京：高等教育出版社，1996.
[12] 刘江龙，邹至荣，苏宝容. 高能束热处理 [M]. 北京：机械工业出版社，1997.
[13] 李国英. 表面工程手册 [M]. 北京：机械工业出版社，1998.
[14] 孙以安，陈茂贞. 金工实习教学指导 [M]. 上海：上海交大出版社，1998.
[15] 徐冬元. 钳工工艺与技能训练 [M]. 北京：高等教育出版社，1998.
[16] 刘三刚. 职业技能培训 MES 系列教材 [M]. 北京：航空工业出版社/中国劳动出版社，1999.
[17] 陈刚，杨举銮. 钳工（初级、中级、高级）[M]. 北京：中国劳动出版社，1999 .
[18] 严绍华. 材料成型工艺基础 [M]. 北京：清华大学出版社，2000.
[19] 赵万生. 电火花加工技术工人培训自学教材 [M]. 哈尔滨：哈尔滨工业大学出版社，2000.
[20] 陈佩芳. 金属工艺实习 [M]. 北京：中国农业出版社，2000.
[21] 倪楚英. 机械制造基础实训教程 [M]. 上海：上海交通大学出版社，2000.
[22] 孔庆华，黄午阳. 制造技术实习 [M]. 上海：同济大学出版社，2000.
[23] 张学仁. 电火花线切割加工技术工人培训自学教材 [M]. 哈尔滨：哈尔滨工业大学出版社，2001.
[24] 王运炎，叶尚川. 机械工程材料 [M]. 北京：机械工业出版社，2001.
[25] 吕广庶，张远明. 工程材料及成形技术基础 [M]. 北京：高等教育出版社，2001.
[26] 张力真，徐允长. 金属工艺学实习教材 [M]. 北京：高等教育出版社，2001.
[27] 高国平. 机械制造技术实训教程 [M]. 上海：上海交通大学出版社，2001.
[28] 王瑞芳. 金工实习 [M]. 北京：机械工业出版社，2002 .
[29] 李德玉. 机械工程材料学 [M]. 北京：中国农业出版社 2002.
[30] 朱世范. 机械工程训练 [M]. 哈尔滨：哈尔滨工程大学出版社 2003.
[31] 张学政，李家枢. 金属工艺学实习教材 [M]. 北京：高等教育出版社，2003.
[32] 刘世雄. 金工实习 [M]. 重庆：重庆大学出版社，2003.
[33] 谷春瑞，韩广利，曹文杰. 机械制造工程实践 [M]. 天津：天津大学出版社，2004.
[34] 郑晓，等. 金属工艺学实习教材 [M]. 北京：北京航空航天大学出版社，2004.
[35] 林建榕，等. 工程训练 [M]. 北京：航空工业出版社，2004.
[36] 徐滨士，朱绍华，刘世参. 材料表面工程 [M]. 哈尔滨：哈尔滨工业大学出版社，2005.
[37] 孙希泰，等. 材料表面强化技术 [M]. 北京：化学工业出版社，2005.
[38] 刘晋春，等. 特种加工 [M]. 北京：机械工业出版社，2005.
[39] 左敦稳. 现代加工技术 [M]. 北京：北京航空航天大学出版社，2005.
[40] 刘胜青，陈金水. 工程训练 [M]. 北京：高等教育出版社，2005.

[41] 张远明. 金属工艺学实习教材 [M]. 北京：高等教育出版社，2005.
[42] 杨若凡. 金工实习 [M]. 北京：高等教育出版社，2005.
[43] 严绍华，张学政. 金属工艺学实习 [M]. 2 版. 北京：清华大学出版社，2006.
[44] 周伯伟. 金工实习 [M]. 南京：南京大学出版社，2006.
[45] 技工学校机械类通用教材编审委员会. 车工工艺学 [M]. 北京：机械工业出版社，2006.
[46] 董丽华. 金工实习实训教程 [M]. 北京：电子工业出版社，2006.
[47] 侯书林. 金属工艺学实习 [M]. 北京：中国农业出版社，2010.
[48] 于文强，张丽萍. 金工实习教程 [M]. 北京：清华大学出版社，2010.
[49] 冀秀焕. 金工实习教程 [M]. 北京：机械工业出版社，2009.
[50] 高美兰. 金工实习 [M]. 北京：机械工业出版社，2009.
[51] 倪小丹，杨继荣，熊运昌. 机械制造技术基础 [M]. 北京：清华大学出版社，2007.

北京大学出版社教材书目

✧ 欢迎访问教学服务网站www.pup6.com，免费查阅已出版教材的电子书(PDF版)、电子课件和相关教学资源。

✧ 欢迎征订投稿。联系方式：010-62750667，童编辑，13426433315@163.com，pup_6@163.com，欢迎联系。

序号	书　　名	标准书号	主　　编	定价	出版日期
1	机械设计	978-7-5038-4448-5	郑　江，许　瑛	33	2007.8
2	机械设计	978-7-301-15699-5	吕　宏	32	2013.1
3	机械设计	978-7-301-17599-6	门艳忠	40	2010.8
4	机械设计	978-7-301-21139-7	王贤民，霍仕武	49	2014.1
5	机械设计	978-7-301-21742-9	师素娟，张秀花	48	2012.12
6	机械原理	978-7-301-11488-9	常治斌，张京辉	29	2008.6
7	机械原理	978-7-301-15425-0	王跃进	26	2013.9
8	机械原理	978-7-301-19088-3	郭宏亮，孙志宏	36	2011.6
9	机械原理	978-7-301-19429-4	杨松华	34	2011.8
10	机械设计基础	978-7-5038-4444-2	曲玉峰，关晓平	27	2008.1
11	机械设计基础	978-7-301-22011-5	苗淑杰，刘喜平	49	2015.8
12	机械设计基础	978-7-301-22957-6	朱　玉	38	2014.12
13	机械设计课程设计	978-7-301-12357-7	许　瑛	35	2012.7
14	机械设计课程设计	978-7-301-18894-1	王　慧，吕　宏	30	2014.1
15	机械设计辅导与习题解答	978-7-301-23291-0	王　慧，吕　宏	26	2013.12
16	机械原理、机械设计学习指导与综合强化	978-7-301-23195-1	张占国	63	2014.1
17	机电一体化课程设计指导书	978-7-301-19736-3	王金娥　罗生梅	35	2013.5
18	机械工程专业毕业设计指导书	978-7-301-18805-7	张黎骅，吕小荣	22	2015.4
19	机械创新设计	978-7-301-12403-1	丛晓霞	32	2012.8
20	机械系统设计	978-7-301-20847-2	孙月华	32	2012.7
21	机械设计基础实验及机构创新设计	978-7-301-20653-9	邹旻	28	2014.1
22	TRIZ 理论机械创新设计工程训练教程	978-7-301-18945-0	蒯苏苏，马履中	45	2011.6
23	TRIZ 理论及应用	978-7-301-19390-7	刘训涛，曹　贺等	35	2013.7
24	创新的方法——TRIZ 理论概述	978-7-301-19453-9	沈萌红	28	2011.9
25	机械工程基础	978-7-301-21853-2	潘玉良，周建军	34	2013.2
26	机械工程实训	978-7-301-26114-9	侯书林，张　炜等	52	2015.10
27	机械 CAD 基础	978-7-301-20023-0	徐云杰	34	2012.2
28	AutoCAD 工程制图	978-7-5038-4446-9	杨巧绒，张克义	20	2011.4
29	AutoCAD 工程制图	978-7-301-21419-0	刘善淑，胡爱萍	38	2015.2
30	工程制图	978-7-5038-4442-6	戴立玲，杨世平	27	2012.2
31	工程制图	978-7-301-19428-7	孙晓娟，徐丽娟	30	2012.5
32	工程制图习题集	978-7-5038-4443-4	杨世平，戴立玲	20	2008.1
33	机械制图(机类)	978-7-301-12171-9	张绍群，孙晓娟	32	2009.1
34	机械制图习题集(机类)	978-7-301-12172-6	张绍群，王慧敏	29	2007.8
35	机械制图(第 2 版)	978-7-301-19332-7	孙晓娟，王慧敏	38	2014.1
36	机械制图	978-7-301-21480-0	李凤云，张　凯等	36	2013.1
37	机械制图习题集(第 2 版)	978-7-301-19370-7	孙晓娟，王慧敏	22	2011.8
38	机械制图	978-7-301-21138-0	张　艳，杨晨升	37	2012.8
39	机械制图习题集	978-7-301-21339-1	张　艳，杨晨升	24	2012.10
40	机械制图	978-7-301-22896-8	臧福伦，杨晓冬等	60	2013.8
41	机械制图与 AutoCAD 基础教程	978-7-301-13122-0	张爱梅	35	2013.1
42	机械制图与 AutoCAD 基础教程习题集	978-7-301-13120-6	鲁　杰，张爱梅	22	2013.1
43	AutoCAD 2008 工程绘图	978-7-301-14478-7	赵润平，宗荣珍	35	2009.1
44	AutoCAD 实例绘图教程	978-7-301-20764-2	李庆华，刘晓杰	32	2012.6
45	工程制图案例教程	978-7-301-15369-7	宗荣珍	28	2009.6
46	工程制图案例教程习题集	978-7-301-15285-0	宗荣珍	24	2009.6
47	理论力学（第 2 版）	978-7-301-23125-8	盛冬发，刘　军	38	2013.9

序号	书　　名	标准书号	主　编	定价	出版日期
48	材料力学	978-7-301-14462-6	陈忠安，王　静	30	2013.4
49	工程力学(上册)	978-7-301-11487-2	毕勤胜，李纪刚	29	2008.6
50	工程力学(下册)	978-7-301-11565-7	毕勤胜，李纪刚	28	2008.6
51	液压传动（第2版）	978-7-301-19507-9	王守城，容一鸣	38	2013.7
52	液压与气压传动	978-7-301-13179-4	王守城，容一鸣	32	2013.7
53	液压与液力传动	978-7-301-17579-8	周长城等	34	2011.11
54	液压传动与控制实用技术	978-7-301-15647-6	刘　忠	36	2009.8
55	金工实习指导教程	978-7-301-21885-3	周哲波	30	2014.1
56	工程训练（第3版）	978-7-301-24115-8	郭永环，姜银方	38	2014.5
57	机械制造基础实习教程	978-7-301-15848-7	邱　兵，杨明金	34	2010.2
58	公差与测量技术	978-7-301-15455-7	孔晓玲	25	2012.9
59	互换性与测量技术基础(第3版)	978-7-301-25770-8	王长春等	35	2015.6
60	互换性与技术测量	978-7-301-20848-9	周哲波	35	2012.6
61	机械制造技术基础	978-7-301-14474-9	张　鹏，孙有亮	28	2011.6
62	机械制造技术基础	978-7-301-16284-2	侯书林　张建国	32	2012.8
63	机械制造技术基础	978-7-301-22010-8	李菊丽，何绍华	42	2014.1
64	先进制造技术基础	978-7-301-15499-1	冯宪章	30	2011.11
65	先进制造技术	978-7-301-22283-6	朱　林，杨春杰	30	2013.4
66	先进制造技术	978-7-301-20914-1	刘　璇，冯　凭	28	2012.8
67	先进制造与工程仿真技术	978-7-301-22541-7	李　彬	35	2013.5
68	机械精度设计与测量技术	978-7-301-13580-8	于　峰	25	2013.7
69	机械制造工艺学	978-7-301-13758-1	郭艳玲，李彦蓉	30	2008.8
70	机械制造工艺学(第2版)	978-7-301-23726-7	陈红霞	45	2014.1
71	机械制造工艺学	978-7-301-19903-9	周哲波，姜志明	49	2012.1
72	机械制造基础(上)——工程材料及热加工工艺基础(第2版)	978-7-301-18474-5	侯书林，朱　海	40	2013.2
73	制造之用	978-7-301-23527-0	王中任	30	2013.12
74	机械制造基础(下)——机械加工工艺基础(第2版)	978-7-301-18638-1	侯书林，朱　海	32	2012.5
75	金属材料及工艺	978-7-301-19522-2	于文强	44	2013.2
76	金属工艺学	978-7-301-21082-6	侯书林，于文强	32	2012.8
77	工程材料及其成形技术基础（第2版）	978-7-301-22367-3	申荣华	58	2013.5
78	工程材料及其成形技术基础学习指导与习题详解（第2版）	978-7-301-26300-6	申荣华	28	2015.9
79	机械工程材料及成形基础	978-7-301-15433-5	侯俊英，王兴源	30	2012.5
80	机械工程材料（第2版）	978-7-301-22552-3	戈晓岚，招玉春	36	2013.6
81	机械工程材料	978-7-301-18522-3	张铁军	36	2012.5
82	工程材料与机械制造基础	978-7-301-15899-9	苏子林	32	2011.5
83	控制工程基础	978-7-301-12169-6	杨振中，韩致信	29	2007.8
84	机械制造装备设计	978-7-301-23869-1	宋士刚，黄　华	40	2014.12
85	机械工程控制基础	978-7-301-12354-6	韩致信	25	2008.1
86	机电工程专业英语(第2版)	978-7-301-16518-8	朱　林	24	2013.7
87	机械制造专业英语	978-7-301-21319-3	王中任	28	2014.12
88	机械工程专业英语	978-7-301-23173-9	余兴波，姜　波等	30	2013.9
89	机床电气控制技术	978-7-5038-4433-7	张万奎	26	2007.9
90	机床数控技术(第2版)	978-7-301-16519-5	杜国臣，王士军	35	2014.1
91	自动化制造系统	978-7-301-21026-0	辛宗生，魏国丰	37	2014.1
92	数控机床与编程	978-7-301-15900-2	张洪江，侯书林	25	2012.10
93	数控铣床编程与操作	978-7-301-21347-6	王志斌	35	2012.10
94	数控技术	978-7-301-21144-1	吴瑞明	28	2012.9
95	数控技术	978-7-301-22073-3	唐友亮　佘　勃	45	2014.1
96	数控技术与编程	978-7-301-26028-9	程广振　卢建湘	36	2015.8
97	数控技术及应用	978-7-301-23262-0	刘　军	49	2013.10
98	数控加工技术	978-7-5038-4450-7	王　彪，张　兰	29	2011.7
99	数控加工与编程技术	978-7-301-18475-2	李体仁	34	2012.5
100	数控编程与加工实习教程	978-7-301-17387-9	张春雨，于　雷	37	2011.9
101	数控加工技术及实训	978-7-301-19508-6	姜永成，夏广岚	33	2011.9
102	数控编程与操作	978-7-301-20903-5	李英平	26	2012.8
103	现代数控机床调试及维护	978-7-301-18033-4	邓三鹏等	32	2010.11
104	金属切削原理与刀具	978-7-5038-4447-7	陈锡渠，彭晓南	29	2012.5

序号	书　　名	标准书号	主　　编	定价	出版日期
105	金属切削机床(第2版)	978-7-301-25202-4	夏广岚，姜永成	42	2015.1
106	典型零件工艺设计	978-7-301-21013-0	白海清	34	2012.8
107	模具设计与制造(第2版)	978-7-301-24801-0	田光辉，林红旗	56	2015.1
108	工程机械检测与维修	978-7-301-21185-4	卢彦群	45	2012.9
109	特种加工	978-7-301-21447-3	刘志东	50	2014.1
110	精密与特种加工技术	978-7-301-12167-2	袁根福，祝锡晶	29	2011.12
111	逆向建模技术与产品创新设计	978-7-301-15670-4	张学昌	28	2013.1
112	CAD/CAM 技术基础	978-7-301-17742-6	刘　军	28	2012.5
113	CAD/CAM 技术案例教程	978-7-301-17732-7	汤修映	42	2010.9
114	Pro/ENGINEER Wildfire 2.0 实用教程	978-7-5038-4437-X	黄卫东，任国栋	32	2007.7
115	Pro/ENGINEER Wildfire 3.0 实例教程	978-7-301-12359-1	张选民	45	2008.2
116	Pro/ENGINEER Wildfire 3.0 曲面设计实例教程	978-7-301-13182-4	张选民	45	2008.2
117	Pro/ENGINEER Wildfire 5.0 实用教程	978-7-301-16841-7	黄卫东，郝用兴	43	2014.1
118	Pro/ENGINEER Wildfire 5.0 实例教程	978-7-301-20133-6	张选民，徐超辉	52	2012.2
119	SolidWorks 三维建模及实例教程	978-7-301-15149-5	上官林建	30	2012.8
120	UG NX 9.0 计算机辅助设计与制造实用教程(第2版)	978-7-301-26029-6	张黎骅，吕小荣	36	2015.8
121	CATIA 实例应用教程	978-7-301-23037-4	于志新	45	2013.8
122	Cimatron E9.0 产品设计与数控自动编程技术	978-7-301-17802-7	孙树峰	36	2010.9
123	Mastercam 数控加工案例教程	978-7-301-19315-0	刘　文，姜永梅	45	2011.8
124	应用创造学	978-7-301-17533-0	王成军，沈豫浙	26	2012.5
125	机电产品学	978-7-301-15579-0	张亮峰等	24	2015.4
126	品质工程学基础	978-7-301-16745-8	丁　燕	30	2011.5
127	设计心理学	978-7-301-11567-1	张成忠	48	2011.6
128	计算机辅助设计与制造	978-7-5038-4439-6	仲梁维，张国全	29	2007.9
129	产品造型计算机辅助设计	978-7-5038-4474-4	张慧姝，刘永翔	27	2006.8
130	产品设计原理	978-7-301-12355-3	刘美华	30	2008.2
131	产品设计表现技法	978-7-301-15434-2	张慧姝	42	2012.5
132	CorelDRAW X5 经典案例教程解析	978-7-301-21950-8	杜秋磊	40	2013.1
133	产品创意设计	978-7-301-17977-2	虞世鸣	38	2012.5
134	工业产品造型设计	978-7-301-18313-7	袁涛	39	2011.1
135	化工工艺学	978-7-301-15283-6	邓建强	42	2013.7
136	构成设计	978-7-301-21466-4	袁涛	58	2013.1
137	设计色彩	978-7-301-24246-9	姜晓微	52	2014.6
138	过程装备机械基础（第2版）	978-301-22627-8	于新奇	38	2013.7
139	过程装备测试技术	978-7-301-17290-2	王毅	45	2010.6
140	过程控制装置及系统设计	978-7-301-17635-1	张早校	30	2010.8
141	质量管理与工程	978-7-301-15643-8	陈宝江	34	2009.8
142	质量管理统计技术	978-7-301-16465-5	周友苏，杨　飒	30	2010.1
143	人因工程	978-7-301-19291-7	马如宏	39	2011.8
144	工程系统概论——系统论在工程技术中的应用	978-7-301-17142-4	黄志坚	32	2010.6
145	测试技术基础(第2版)	978-7-301-16530-0	江征风	30	2014.1
146	测试技术实验教程	978-7-301-13489-4	封士彩	22	2008.8
147	测控系统原理设计	978-7-301-24399-2	齐永奇	39	2014.7
148	测试技术学习指导与习题详解	978-7-301-14457-2	封士彩	34	2009.3
149	可编程控制器原理与应用(第2版)	978-7-301-16922-3	赵　燕，周新建	33	2011.11
150	工程光学	978-7-301-15629-2	王红敏	28	2012.5
151	精密机械设计	978-7-301-16947-6	田　明，冯进良等	38	2011.9
152	传感器原理及应用	978-7-301-16503-4	赵　燕	35	2014.1
153	测控技术与仪器专业导论(第2版)	978-7-301-24223-0	陈毅静	36	2014.6
154	现代测试技术	978-7-301-19316-7	陈科山，王燕	43	2011.8
155	风力发电原理	978-7-301-19631-1	吴双群，赵丹平	33	2011.10
156	风力机空气动力学	978-7-301-19555-0	吴双群	32	2011.10
157	风力机设计理论及方法	978-7-301-20006-3	赵丹平	32	2012.1
158	计算机辅助工程	978-7-301-22977-4	许承东	38	2013.8
159	现代船舶建造技术	978-7-301-23703-8	初冠南，孙清洁	33	2014.1